이 교재의 표지는 생성형 AI와 함께 만들었습니다.

안을 연필로 칠하거나 동전으로 긁으면 답이 나옵니다.

V 힘의 작용

회보 5.1 중력

진도 교재 14쪽

- 중력의 방향은 지구 ______ 방향이다.
- 물체가 받는 중력의 크기는 ______라고 하며, 단위는 N(뉴턴)이다.

▲ 사과나무에서 떨어지는 사과

▲ 고드름

▲ 스카이다이빙

회보 5.2 탄성력

진도 교재 14쪽

- 변형된 물체가 원래 모양으로 되돌아가려는 힘이 ______이다.
- 탄성력의 방향은 탄성체에 작용한 힘과 ______ 방향이다.

△ 번지점프

▲ 양궁

▲ 트램펄린

화보 5.3 마찰력

진도 교재 16쪽

마찰력은 두 물체의 접촉면에서 물체의 운동을 ________하는 힘이다.

마찰력을 크게 하는 경우

▲ 고무장갑의 손바닥

▲ 자동차 바퀴 체인

▲ 신발 미끄럼 방지 패드

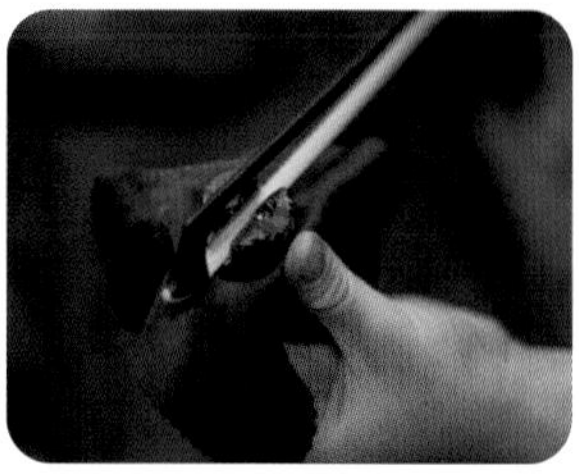
▲ 활에 바르는 송진

마찰력을 작게 하는 경우

▲ 수영장의 미끄럼틀

▲ 기름칠한 톱니

▲ 자전거 체인에 뿌리는 윤활유

▲ 창문의 바퀴

화보 5.4 부력

진도 교재 16쪽

부력의 방향은 ________의 방향과 반대 방향인 위쪽이다.

▲ 헬륨 풍선

▲ 열기구

▲ 배

△ 잠수함

VI 기체의 성질

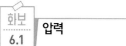

화보 6.1 압력
진도 교재 48쪽

압력을 [ ] 하는 경우

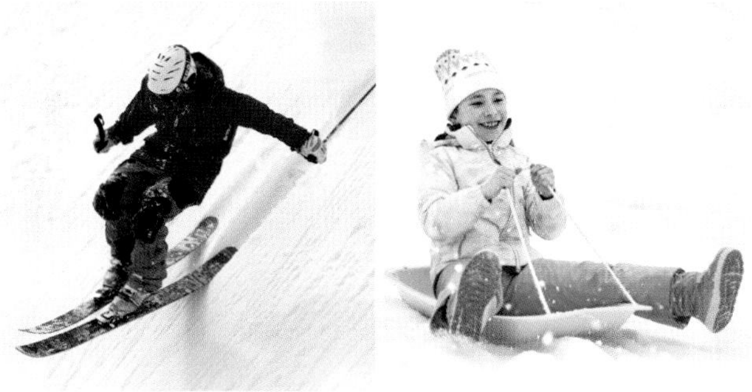

▲ 스키, 눈썰매는 힘이 작용하는 면적이 넓어 압력이 작으므로 눈밭에 빠지지 않고 쉽게 이동할 수 있다.

압력을 [ ] 하는 경우

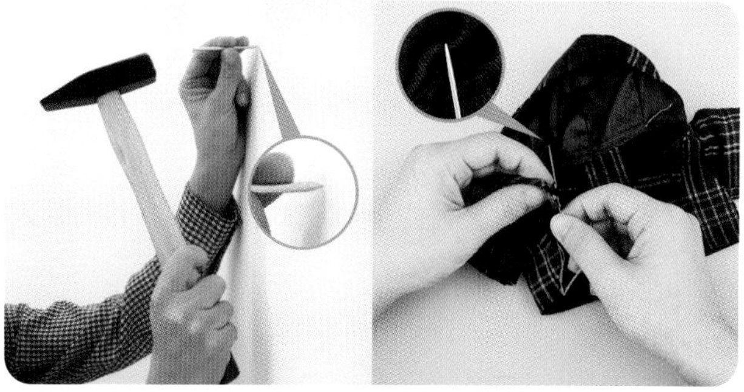

▲ 못, 바늘의 뾰족한 끝부분은 힘이 작용하는 면적이 좁아 압력이 크므로 못질이나 바느질을 쉽게 할 수 있다.

화보 6.2 기체의 압력
진도 교재 48쪽

기체의 압력

찌그러진 축구공에 공기를 넣으면 축구공 속 기체 입자의 수가 늘어나 공기의 압력이 커지고, 공기의 압력이 [ ] 방향으로 작용하므로 축구공이 사방으로 부풀어 오른다.

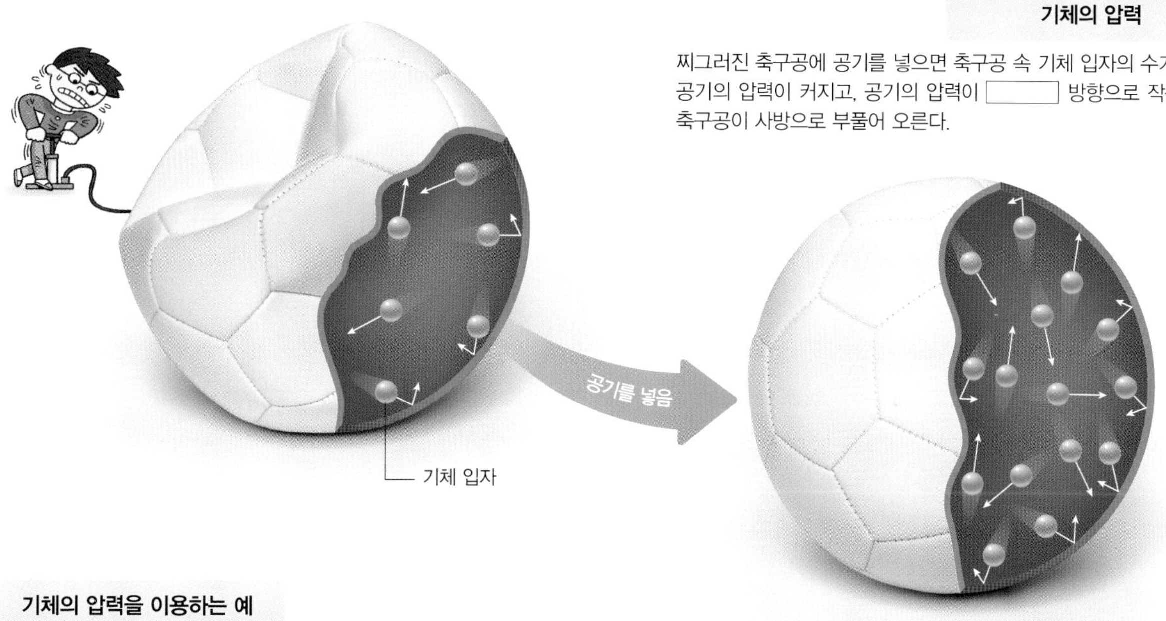

기체의 압력을 이용하는 예

에어백

풍선 놀이 틀

화보 6.3 보일 법칙과 관련된 현상

진도 교재 56쪽

▼ 물속에서는 수면에 가까워질수록 압력이 감소하므로 잠수부가 내뿜은 공기 방울은 수면 가까이 올라올수록 크기가 ______ 진다.

▲ 높은 산에 올라가면 압력이 ______져 과자 봉지가 팽팽해진다.

▲ 천연가스 버스의 기체 저장 용기에는 천연가스를 부피가 작은 용기에 높은 ______으로 압축하여 저장한다.

화보 6.4 샤를 법칙과 관련된 현상

진도 교재 58쪽

◀ 열기구의 풍선 속 공기를 가열하면 공기의 부피가 ______하여 열기구가 위로 떠오른다.

▲ 물이 들어 있는 오줌싸개 인형에 뜨거운 물을 부으면 인형 속 공기의 부피가 ______하여 물이 나온다.

▲ 찌그러진 탁구공을 뜨거운 물에 넣으면 탁구공 속 공기의 ______가 증가하여 탁구공이 펴진다.

VII 태양계

화보 7.1 **태양계 구성 천체**

진도 교재 78쪽

화보 7.2 **태양의 표면(광구)과 흑점의 이동**

진도 교재 80쪽

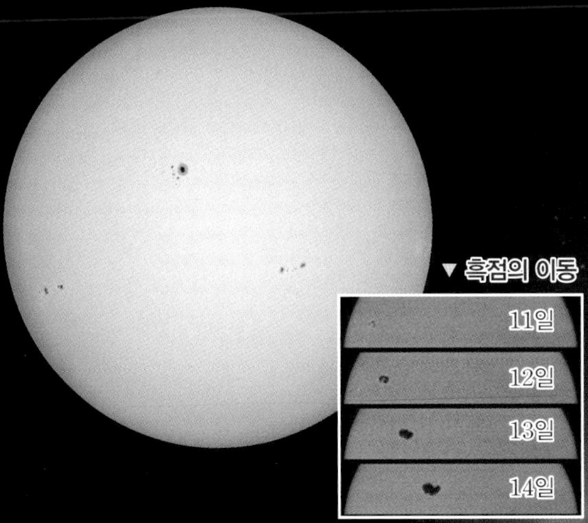

▲ **광구** 우리 눈에 보이는 태양 표면을 ______라고 하며, 태양의 흑점은 지구에서 봤을 때 ______에서 ______(으)로 이동한다.

화보 7.3 **태양 활동의 영향**

진도 교재 82쪽

▲ **오로라** 태양 활동이 활발할 때 지구에서는 오로라 발생 횟수가 ______한다.

회보 7.4 북반구 중위도의 관측자가 본 천체의 일주 운동

진도 교재 92쪽

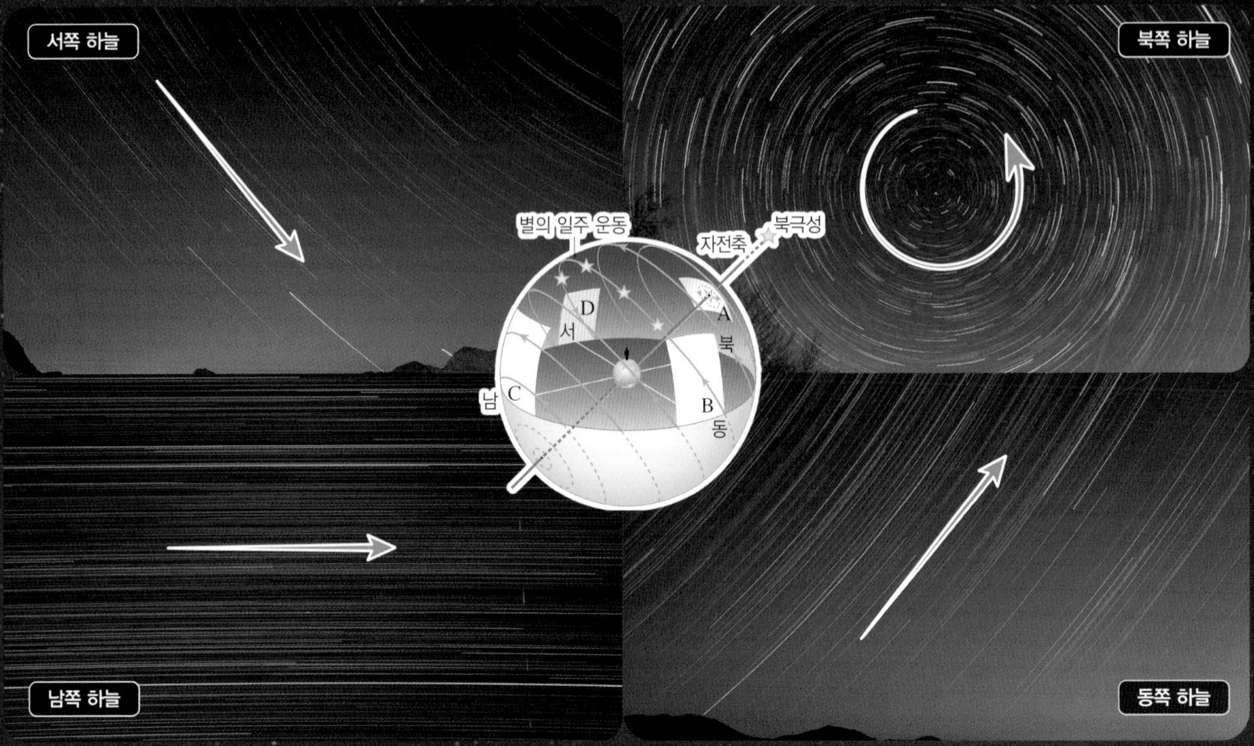

회보 7.5 일식과 월식

진도 교재 108쪽

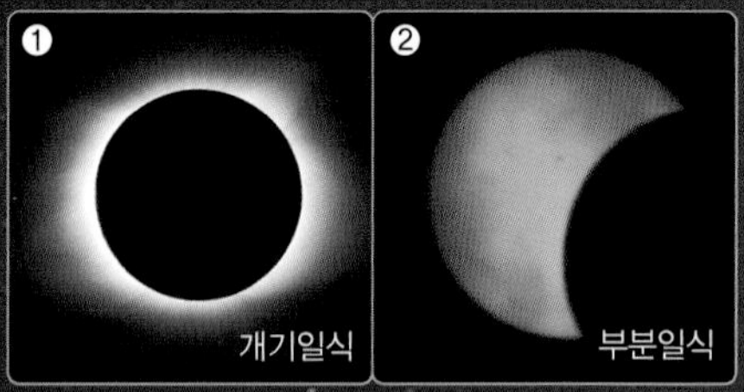

▲ 일식

달이 태양 전체를 가리는 지역에서는 개기일식을 볼 수 있고, 달이 태양의 일부를 가리는 지역에서 ______을 볼 수 있다.

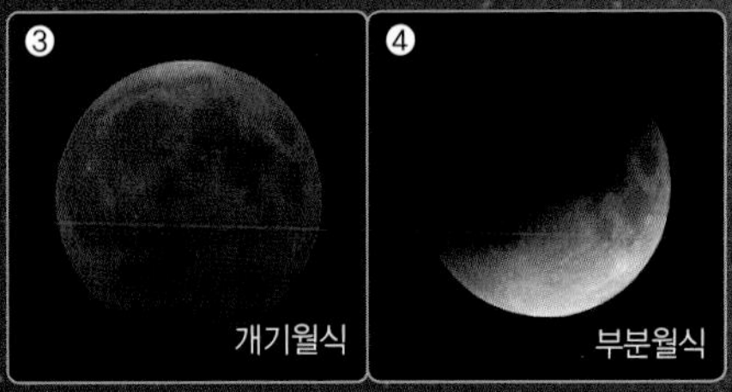

◀ 월식

달의 전체가 지구의 그림자 속으로 들어갈 때 ______을 볼 수 있고, 달의 일부가 지구의 그림자 속으로 들어갈 때 부분월식을 볼 수 있다.

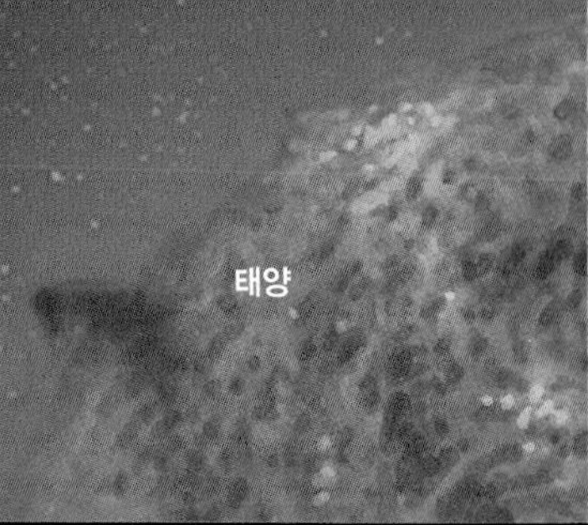

오투

1-2

오투 알차게 활용하기

이해

교과서에 나오는 개념들을
깔끔하게 정리한
핵심 개념을 공부해요!

02 여러 가지 힘

A 중력

1 중력 지구, 달 등과 같은 천체가 물체를 당기는 힘
① 방향: 지구 중심 방향(=연직 아래 방향)
② 크기: 물체의 질량이 클수록 크다.

2 무게와 질량

구분	무게	질량
정의	물체에 작용하는 중력의 크기	물질의 고유한 양
단위	N(뉴턴) ➡ 힘의 단위와 같다.	g(그램), kg(킬로그램)
측정 기구	용수철저울, 앉은뱅이저울	양팔저울, 윗접시저울
특징	측정 장소에 따라 물체를 당기는 중력이 달라지므로 무게가 달라진다.	측정 장소가 바뀌어도 물질의 양은 변하지 않으므로 질량은 변하지 않는다.
관계	무게는 질량에 비례한다. ➡ 지구 표면에서 물체의 무게=9.8×질량 예 질량이 1 kg인 물체의 지구 표면에서 무게는 약 9.8 N이다.	

3 지구와 달에서의 무게와 질량
① 질량은 물질의 고유한 양이므로 지구와 달에서 질량은 같다.
② 달의 중력은 지구 중력의 약 $\frac{1}{6}$이므로 달에서 물체의 무게는 지구에서의 약 $\frac{1}{6}$이다.

B 탄성력

1 탄성력 변형된 물체가 원래 모양으로 되돌아가려는 힘
① 방향: 탄성체에 작용한 힘의 방향과 반대 방향
② 크기: 탄성체에 작용한 힘의 크기와 같으며, 탄성체의 변형이 클수록 탄성력의 크기가 크다.

용수철을 눌렀을 때	용수철을 당겼을 때
왼쪽으로 2 N의 힘으로 누르면 탄성력은 오른쪽으로 2 N의 크기만큼 작용한다.	오른쪽으로 2 N의 힘으로 당기면 탄성력은 왼쪽으로 2 N의 크기만큼 작용한다.

2 용수철이 늘어난 길이와 용수철의 탄성력과의 관계 탐구a 18쪽

용수철을 잡아당겨 용수철이 늘어난 길이가 2배, 3배가 되면 탄성력의 크기도 2배, 3배가 된다. ➡ 용수철의 탄성력 크기는 용수철이 늘어난 길이에 비례한다.

플러스 강의

- 중력에 의해 나타나는 현상: 눈과 비가 아래로 내린다. 운석이 지구로 떨어진다. 사람이 땅에 발을 딛고 선다. 달이 지구 주위를 공전한다. 겨울철 처마 밑에 고드름이 생긴다.
- 탄성력을 이용하는 예: 자전거 안장의 용수철, 볼펜, 트램펄린, 장대높이뛰기, 양궁, 침대, 컴퓨터 자판, 머리 묶는 고무줄, 다이빙대 등
- 용수철의 양쪽에서 힘을 가할 때: 용수철을 양쪽에서 잡아당길 때 각 부분에 작용하는 힘의 방향이 반대이므로 양 끝에 작용하는 탄성력의 방향도 반대이다.
- 용수철이 늘어난 길이와 비례하는 것: 용수철을 잡아당긴 힘의 크기와 용수철의 탄성력의 크기는 같고, 이 두 힘의 크기는 용수철이 늘어난 길이에 비례한다.

개념을
한층 더 쉽게
이해할 수 있어요.

배웠던 내용 알고 있나요?

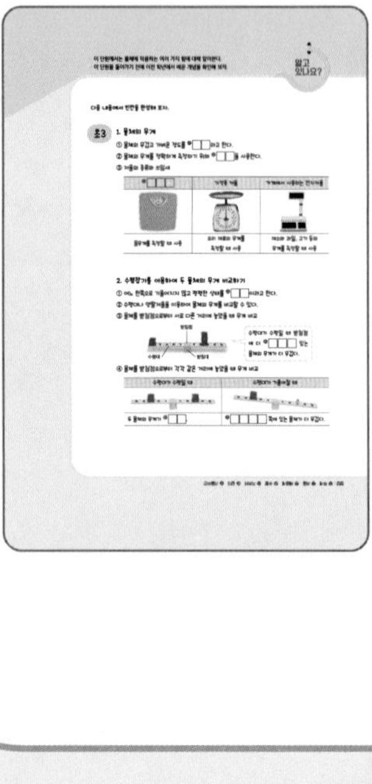

시험에 꼭 나오는 탐구

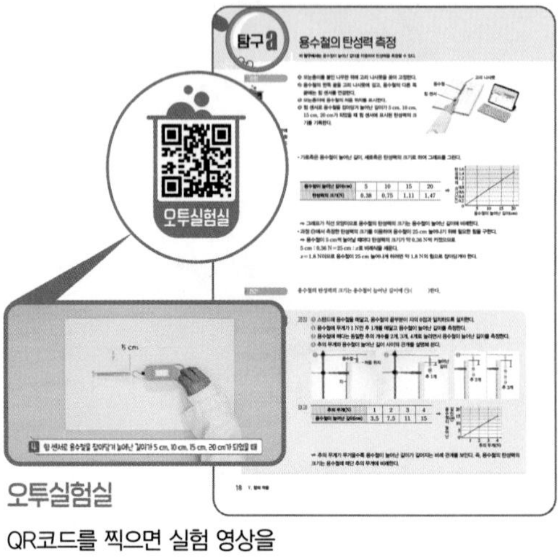

오투실험실
QR코드를 찍으면 실험 영상을
바로 볼 수 있어요.

세부 공략 여기서 잠깐

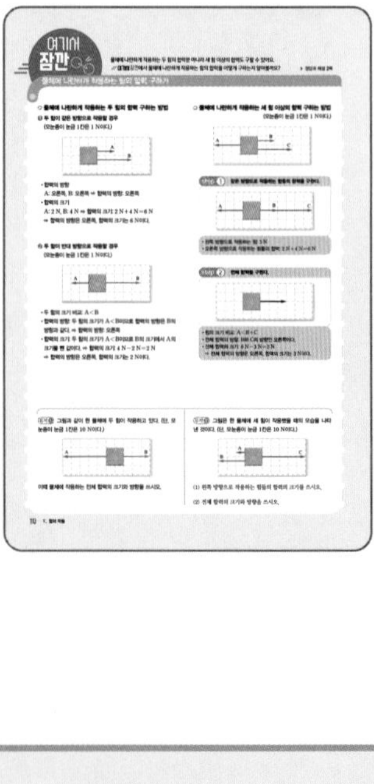

오투의 완벽한 학습 시스템

익힘 → 실전 → 다지기

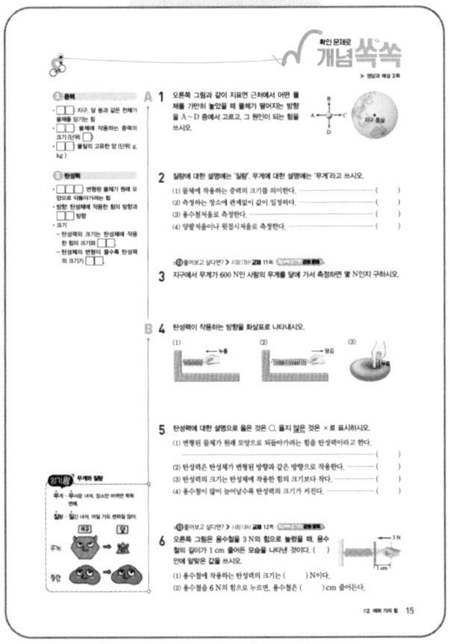

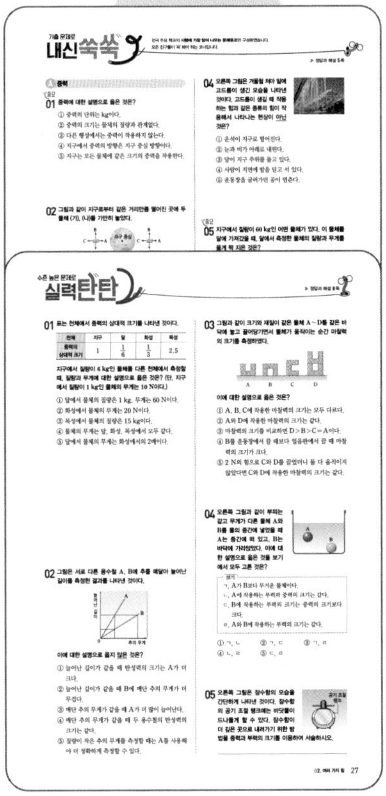

시험 대비 교재

- 중단원 핵심 요약
- 잠깐 테스트
- 계산력·암기력 강화 문제
- 중단원 기출 문제
- 서술형 정복하기

미니북

- 한손에 들고 다닐 수 있는 **핵심 요약**

시험 대비 교재, 미니북으로 시험 직전 점검해요.

오투 문제를 단계별로 풀어 실전 감각을 익혀요!

매년 전국의 기출 문제를 모아 영역별 ➡ 단원별 ➡ 개념별로 세분화하여
기출 경향과 기출 유형을 완벽하게 적용한 **오투**

오투 1-2의 단원 구성 살펴보기

V 힘의 작용

VI 기체의 성질

Ⅶ 태양계

오투와 내 교과서 비교하기

QR코드를 찍으면 오투와 내 교과서를 비교하여 내용을 확인할 수 있어요.

오투 1-1에서 배운 내용

Ⅰ. 과학과 인류의 지속가능한 삶

01 과학과 인류의 지속가능한 삶

Ⅱ. 생물의 구성과 다양성

01 생물의 구성

02 생물다양성과 분류

03 생물다양성보전

Ⅲ. 열

01 열의 이동

02 비열과 열팽창

Ⅳ. 물질의 상태 변화

01 물질을 구성하는 입자의 운동

02 물질의 상태와 상태 변화

03 상태 변화와 열에너지

V 힘의 작용

다른 학년과의 연계는?

초등학교 3학년

- 밀기와 당기기: 물체를 밀고 당길 때 드는 힘의 크기를 느낄 수 있다.
- 무게: 지구가 물체를 끌어당기고 있기 때문에 물체의 무거운 정도를 느낄 수 있다.
- 수평잡기: 수평잡기를 통해 물체의 무게를 비교할 수 있다.

중학교 1학년

- 힘: 물체의 운동 상태나 모양을 변하게 하는 원인이다.
- 중력과 탄성력: 지구가 물체를 당기는 힘을 중력이라 하고, 변형된 탄성체가 원래 모양으로 되돌아가려는 힘을 탄성력이라고 한다.
- 마찰력과 부력: 물체가 접촉하여 운동할 때 마찰력이 작용하고, 액체나 기체 속의 물체는 위로 밀어 올리는 힘인 부력을 받는다.

통합과학 1

- 충격량과 운동량: 물체가 충돌할 때 운동량이 변하는데, 물체가 받는 충격의 정도를 충격량이라고 한다.

물리학

- 평형과 안정성: 물체가 평형을 이루는 조건을 알고 다양한 구조물의 안정성을 비교할 수 있다.

이 단원에서는 물체에 작용하는 여러 가지 힘에 대해 알아본다.
이 단원을 들어가기 전에 이전 학년에서 배운 개념을 확인해 보자.

알고 있나요?

다음 내용에서 빈칸을 완성해 보자.

초3

1. 물체의 무게

① 물체의 무겁고 가벼운 정도를 ❶ □□라고 한다.

② 물체의 무게를 정확하게 측정하기 위해 ❷ □□을 사용한다.

③ 저울의 종류와 쓰임새

❸ □□□	가정용 저울	가게에서 사용하는 전자저울
		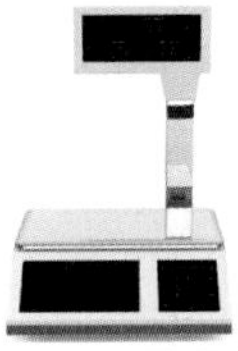
몸무게를 측정할 때 사용	요리 재료의 무게를 측정할 때 사용	채소와 과일, 고기 등의 무게를 측정할 때 사용

2. 수평잡기를 이용하여 두 물체의 무게 비교하기

① 어느 한쪽으로 기울어지지 않고 평평한 상태를 ❹ □□이라고 한다.

② 수평대나 양팔저울을 이용하여 물체의 무게를 비교할 수 있다.

③ 물체를 받침점으로부터 서로 다른 거리에 놓았을 때 무게 비교

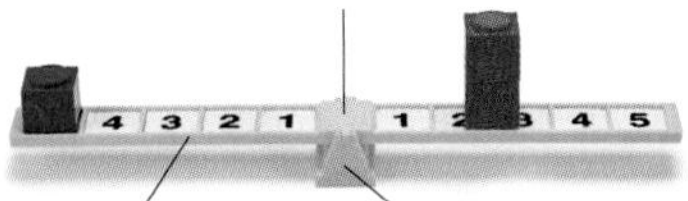

수평대가 수평일 때 받침점에 더 ❺ □□□ 있는 물체의 무게가 더 무겁다.

④ 물체를 받침점으로부터 각각 같은 거리에 놓았을 때 무게 비교

수평대가 수평일 때	수평대가 기울어질 때
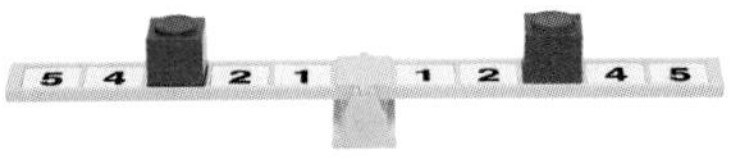	
두 물체의 무게가 ❻ □□.	❼ □□□□ 쪽에 있는 물체가 더 무겁다.

정답 | ❶ 무게 ❷ 저울 ❸ 체중계 ❹ 수평 ❺ 가까이 ❻ 같다 ❼ 기울어진

01 힘의 표현과 평형

A 과학에서의 힘

1 과학에서의 힘 물체의 운동 상태나 모양을 변하게 하는 원인❶

① 힘의 단위: N(뉴턴)

② 힘의 측정 방법: 용수철저울, 힘 센서 등을 이용한다.

③ 힘이 작용하여 나타나는 현상❷

물체의 운동 상태 변화	물체의 모양 변화	물체의 운동 상태와 모양 모두 변화
• 정지해 있는 창문을 밀면 창문이 움직인다. • 굴러가던 공이 멈춘다. • 사과가 나무에서 떨어진다.	• 색 점토를 잡아당긴다. • 고무줄을 늘인다 • 종이를 찢는다.	• 공(축구공, 야구공, 배구공 등)을 세게 차거나 친다. • 자동차가 벽에 부딪히며 멈춘다.

2 힘의 표현 힘이 작용하는 지점에서 힘의 방향과 크기를 함께 나타낸다.❸

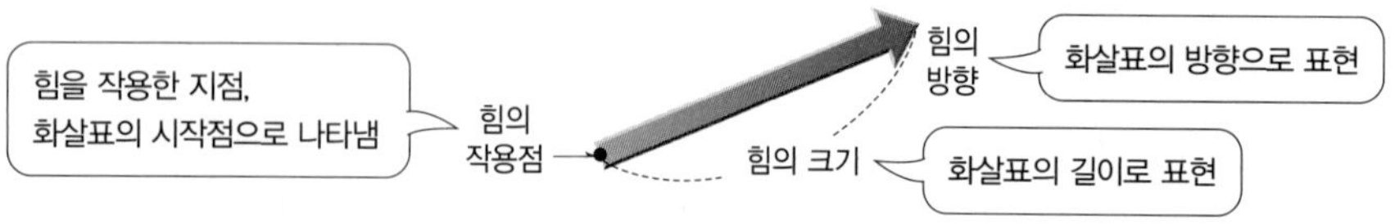

B 나란한 힘의 합력과 평형 여기서 잠깐 10쪽

1 힘의 *합력 물체에 둘 이상의 힘이 동시에 작용할 때, 이와 같은 효과를 나타내는 하나의 힘

구분	두 힘이 같은 방향으로 작용할 때	두 힘이 반대 방향으로 작용할 때
합력의 방향	두 힘의 방향과 같다.	큰 힘의 방향과 같다.
합력의 크기	두 힘의 크기를 더한 값	큰 힘의 크기에서 작은 힘의 크기를 뺀 값
예시	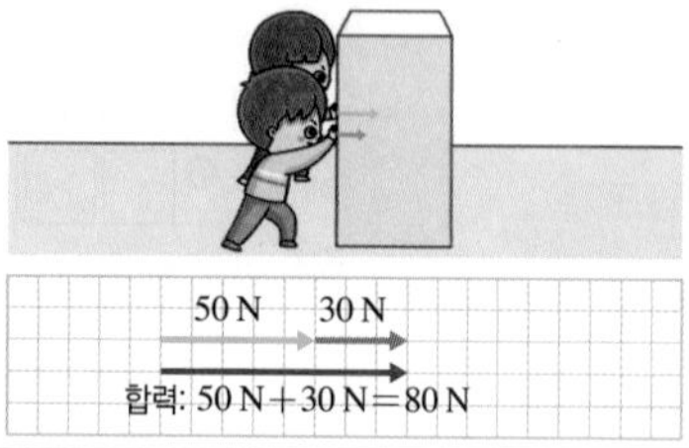	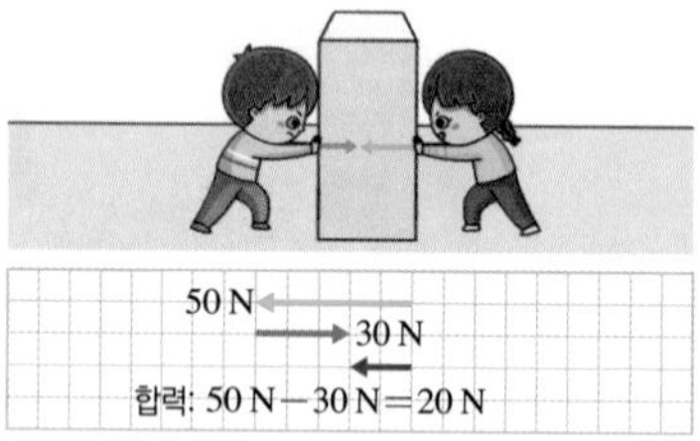

2 힘의 *평형 물체에 작용하는 두 힘의 합력이 0이어서 물체가 아무런 힘을 받지 않는 것처럼 보이는 상태

① 물체에 작용하는 두 힘이 평형을 이루는 조건: 두 힘의 크기는 같고 방향이 반대이며, 일직선상에서 작용해야 한다.

② 힘의 평형을 이루는 예

[자석끼리 서로 미는 힘을 이용해 초록색 고리 자석이 공중에 멈춰 있는 모습]

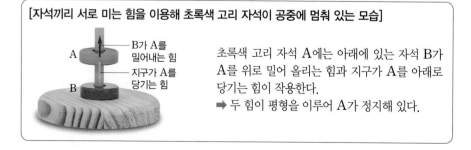

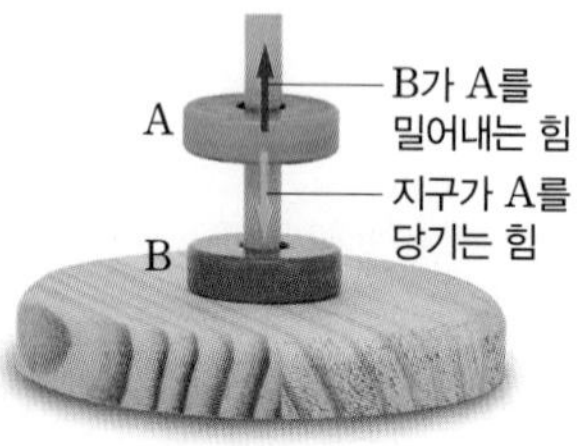

초록색 고리 자석 A에는 아래에 있는 자석 B가 A를 위로 밀어 올리는 힘과 지구가 A를 아래로 당기는 힘이 작용한다.

➡ 두 힘이 평형을 이루어 A가 정지해 있다.

플러스 강의

❶ **운동 상태**
물체의 속력이나 운동 방향을 뜻한다.

❷ **힘이 작용하여 나타나는 현상이 아닌 경우**
물질의 성질이나 상태가 변하는 것은 힘의 작용으로 인한 현상이 아니다.
예 • 못이 녹슨다.
• 물이 끓는다.
• 아이스크림이 녹는다.

❸ **힘의 3요소**
힘의 작용점, 힘의 방향, 힘의 크기를 힘의 3요소라고 한다.

용어 돋보기

* **합력(合 합하다, 力 힘)**_둘 이상의 힘이 동시에 작용할 때와 똑같은 효과를 나타내는 하나의 힘

* **평형(平 평평하다, 衡 저울)**_둘 이상의 힘이나 작용이 균형을 이루어 안정된 상태

확인 문제로 **개념쏙쏙**

정답과 해설 2쪽

A 과학에서의 힘

- 과학에서의 □은 물체의 운동 상태나 모양을 변하게 하는 원인이다.
- 힘의 단위: □(뉴턴)
- 힘의 표현: 힘의 크기, 힘의 방향, 힘의 □□□을 화살표로 나타낼 수 있다.

B 나란한 힘의 합력과 평형

- 힘의 □□: 물체에 둘 이상의 힘이 동시에 작용할 때, 이와 같은 효과를 나타내는 하나의 힘
- 힘의 □□: 물체에 작용하는 두 힘의 합력이 0이어서 물체가 아무런 힘을 받지 않는 것처럼 보이는 상태

암기콱 나란한 두 힘이 평형을 이루는 조건

A

1 과학에서의 힘이 작용할 때 나타날 수 있는 현상을 보기에서 모두 고르시오.

보기	
ㄱ. 물체의 모양이 변한다.	ㄴ. 물체의 빠르기가 변한다.
ㄷ. 물체의 질량이 변한다.	ㄹ. 물체의 운동 방향이 변한다.

2 (　　) 안에 알맞은 말을 쓰시오.

> 힘을 화살표로 표현할 때는 화살표의 시작점을 힘의 ㉠(　　　　), 화살표의 길이를 힘의 ㉡(　　　　), 화살표의 방향을 힘의 ㉢(　　　　)으로 하여 나타낸다.

3 오른쪽 그림은 어떤 힘을 화살표로 나타낸 것이다. 화살표가 나타내는 힘의 방향과 크기를 쓰시오. (단, 모눈종이 눈금 한 칸은 10 N이다.)

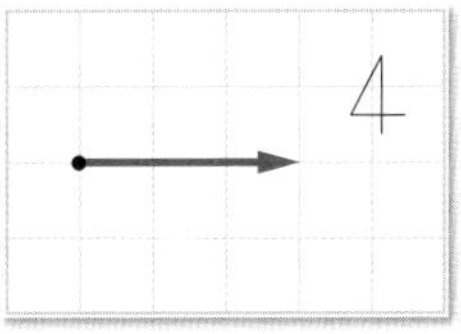

B

4 한 물체에 4 N과 2 N의 두 힘이 같은 방향으로 작용할 때 합력의 크기는?

① 2 N　　② 3 N　　③ 4 N　　④ 5 N　　⑤ 6 N

더 풀어보고 싶다면? 시험 대비 교재 4쪽 계산력·암기력 강화 문제

5 오른쪽 그림과 같이 한 물체에 300 N과 500 N의 힘이 작용할 때 합력의 크기와 방향을 쓰시오.

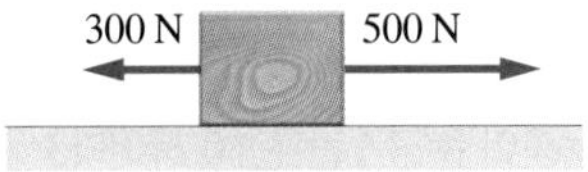

6 물체에 나란하게 작용하는 두 힘이 평형을 이루는 조건을 선으로 연결하시오.

(1) 두 힘의 크기가 •　　　　• ㉠ 반대이어야 한다.
(2) 두 힘의 방향이 •　　　　• ㉡ 같아야 한다.

여기서 잠깐

물체에 나란하게 작용하는 두 힘의 합력뿐 아니라 세 힘 이상의 합력도 구할 수 있어요.
여기서잠깐에서 물체에 나란하게 작용하는 힘의 합력을 어떻게 구하는지 알아볼까요?

› 정답과 해설 2쪽

물체에 나란하게 작용하는 힘의 합력 구하기

○ 물체에 나란하게 작용하는 두 힘의 합력 구하는 방법

❶ 두 힘이 같은 방향으로 작용할 경우
(모눈종이 눈금 1칸은 1 N이다.)

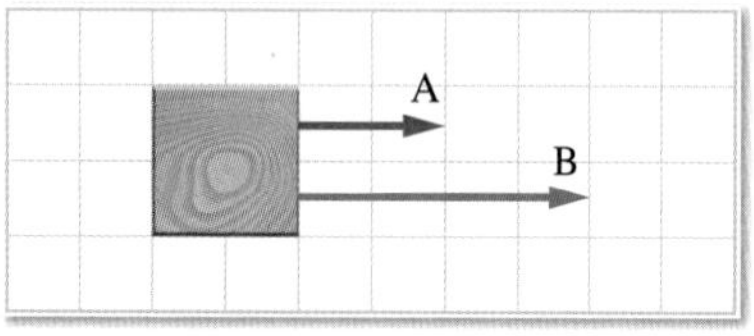

- 합력의 방향
  A: 오른쪽, B: 오른쪽 ➡ 합력의 방향: 오른쪽
- 합력의 크기
  A: 2 N, B: 4 N ➡ 합력의 크기: 2 N+4 N=6 N
  ➡ 합력의 방향은 오른쪽, 합력의 크기는 6 N이다.

❷ 두 힘이 반대 방향으로 작용할 경우
(모눈종이 눈금 1칸은 1 N이다.)

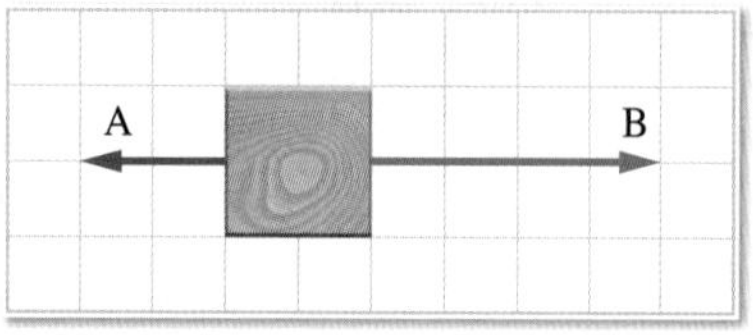

- 두 힘의 크기 비교: A<B
- 합력의 방향: 두 힘의 크기가 A<B이므로 합력의 방향은 B의 방향과 같다. ➡ 합력의 방향: 오른쪽
- 합력의 크기: 두 힘의 크기가 A<B이므로 B의 크기에서 A의 크기를 뺀 값이다. ➡ 합력의 크기: 4 N−2 N=2 N
  ➡ 합력의 방향은 오른쪽, 합력의 크기는 2 N이다.

○ 물체에 나란하게 작용하는 세 힘 이상의 합력 구하는 방법

(모눈종이 눈금 1칸은 1 N이다.)

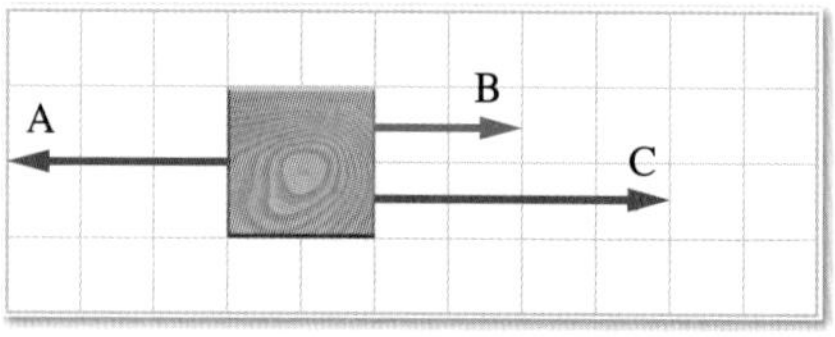

step 1 같은 방향으로 작용하는 힘들의 합력을 구한다.

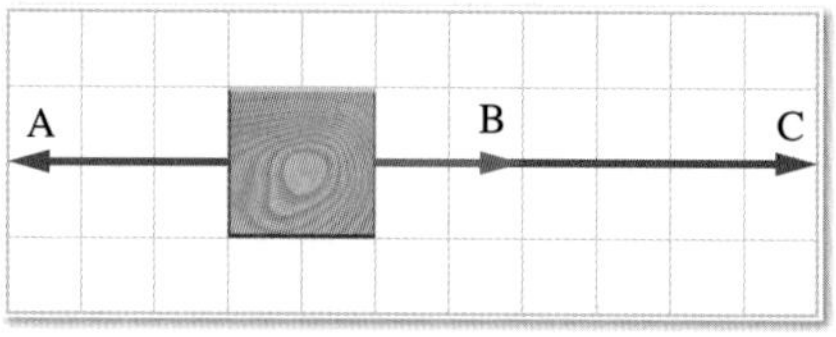

- 왼쪽 방향으로 작용하는 힘: 3 N
- 오른쪽 방향으로 작용하는 힘들의 합력: 2 N+4 N=6 N

step 2 전체 합력을 구한다.

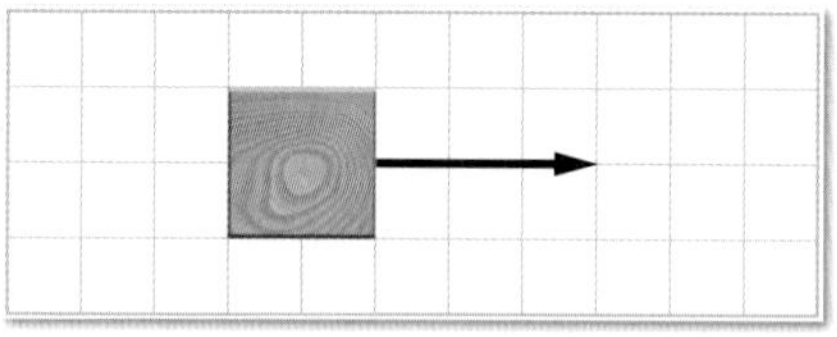

- 힘의 크기 비교: A<B+C
- 전체 합력의 방향: B와 C의 방향인 오른쪽이다.
- 전체 합력의 크기: 6 N−3 N=3 N
  ➡ 전체 합력의 방향은 오른쪽, 합력의 크기는 3 N이다.

유제❶ 그림과 같이 한 물체에 두 힘이 작용하고 있다. (단, 모눈종이 눈금 1칸은 10 N이다.)

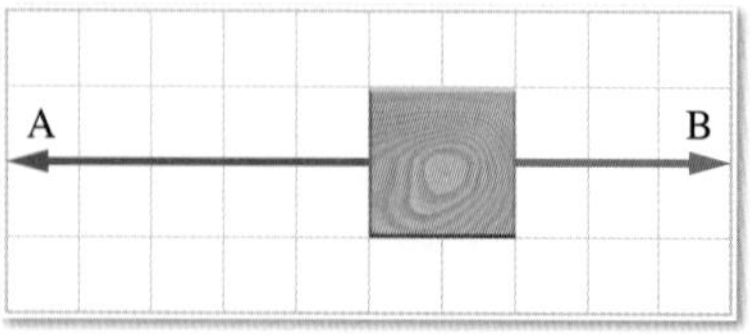

이때 물체에 작용하는 전체 합력의 크기와 방향을 쓰시오.

유제❷ 그림은 한 물체에 세 힘이 작용했을 때의 모습을 나타낸 것이다. (단, 모눈종이 눈금 1칸은 10 N이다.)

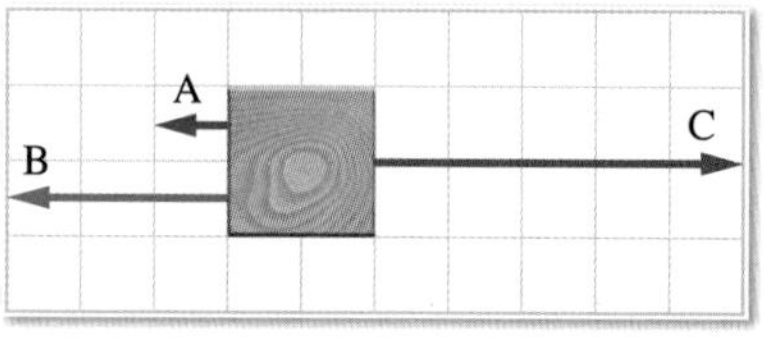

(1) 왼쪽 방향으로 작용하는 힘들의 합력의 크기를 쓰시오.

(2) 전체 합력의 크기와 방향을 쓰시오.

전국 주요 학교의 **시험에 가장 많이 나오는 문제**들로만 구성하였습니다.
모든 친구들이 '꼭' 봐야 하는 코너입니다.

정답과 해설 2쪽

A 과학에서의 힘

01 밑줄 친 힘이 과학에서 말하는 힘을 의미하는 것은?

① 아는 것이 힘이다.
② 점심을 굶었더니 힘이 없다.
③ 왕에게는 막강한 힘이 있다.
④ 배구공을 손으로 힘주어 쳤다.
⑤ 나의 의견을 힘주어 발표하였다.

중요
02 과학에서의 힘이 작용하여 나타나는 현상이 아닌 것은?

① 굴러가던 공을 발로 멈추었다.
② 빈 알루미늄 캔을 밟았더니 찌그러졌다.
③ 정지해 있는 창문을 밀어 창문을 열었다.
④ 얼음물이 든 컵을 책상 위에 올려 두었더니 얼음이 녹았다.
⑤ 야구공을 방망이로 세게 받아쳤더니 야구공이 찌그러지며 날아갔다.

03 과학에서의 힘이 작용할 때 물체의 모양과 운동 상태가 모두 변하는 경우로 옳은 것을 보기에서 모두 고른 것은?

보기
ㄱ. 색 점토를 잡아당겼다.
ㄴ. 굴러가던 공이 멈추었다.
ㄷ. 자동차가 벽과 충돌한 후 찌그러지면서 정지했다.
ㄹ. 날아오는 축구공을 발로 세게 찼더니 찌그러지며 날아갔다.

① ㄱ, ㄴ ② ㄱ, ㄹ ③ ㄴ, ㄷ
④ ㄴ, ㄹ ⑤ ㄷ, ㄹ

04 힘에 대한 설명으로 옳은 것은?

① 물체의 질량을 변화시킨다.
② 단위로는 kg(킬로그램)을 사용한다.
③ 물체의 모양이나 빠르기를 변화시킨다.
④ 화살표로 힘의 방향은 나타낼 수 없다.
⑤ 힘의 크기는 화살표의 굵기로 나타낸다.

05 오른쪽 그림과 같이 힘을 화살표로 나타낼 때, 화살표의 A~C가 의미하는 것을 옳게 짝 지은 것은?

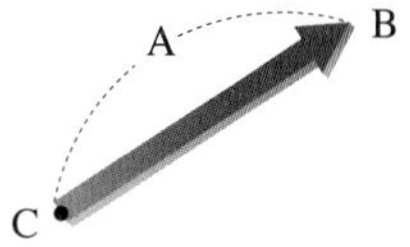

	A	B	C
①	힘의 크기	힘의 방향	힘의 작용점
②	힘의 크기	힘의 작용점	힘의 방향
③	힘의 방향	힘의 크기	힘의 작용점
④	힘의 방향	힘의 작용점	힘의 크기
⑤	힘의 작용점	힘의 방향	힘의 크기

중요
06 그림과 같이 어떤 힘을 화살표를 이용하여 나타냈다.

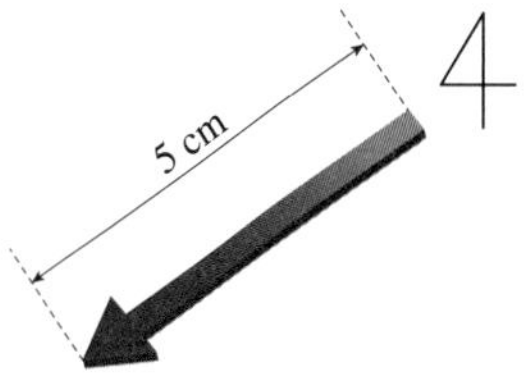

이 힘의 방향과 크기를 옳게 짝 지은 것은? (단, 1 cm는 2 N의 힘을 의미한다.)

	힘의 방향	힘의 크기
①	북동쪽	5 N
②	북동쪽	10 N
③	남서쪽	5 N
④	남서쪽	10 N
⑤	남쪽	5 N

B 나란한 힘의 합력과 평형

중요
07 그림과 같이 한 물체에 5 N과 3 N의 두 힘이 작용할 때, 합력의 방향과 크기는?

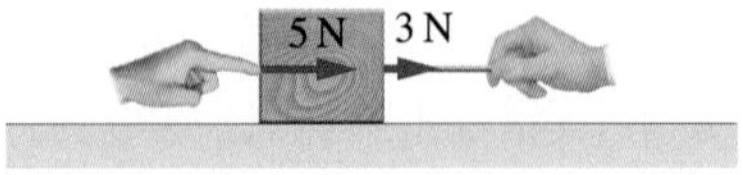

① 왼쪽으로 2 N ② 왼쪽으로 8 N
③ 오른쪽으로 3 N ④ 오른쪽으로 5 N
⑤ 오른쪽으로 8 N

중요
08 그림 (가), (나)와 같이 나무 도막에 2 N, 3 N의 두 힘이 작용하고 있다.

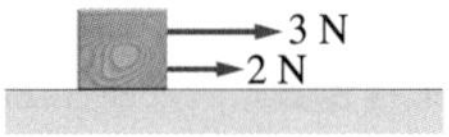

(가)

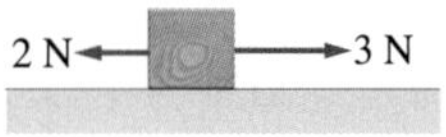

(나)

각각의 경우 나무 도막에 작용하는 합력의 크기를 옳게 짝 지은 것은?

	(가)	(나)		(가)	(나)
①	1 N	2 N	②	2 N	3 N
③	5 N	1 N	④	5 N	3 N
⑤	5 N	5 N			

09 나란하게 작용하는 두 힘 A, B의 합력의 크기와 방향이 나머지 넷과 <u>다른</u> 것은?

	A	B
①	오른쪽으로 20 N	오른쪽으로 10 N
②	오른쪽으로 40 N	왼쪽으로 10 N
③	오른쪽으로 80 N	왼쪽으로 30 N
④	왼쪽으로 20 N	오른쪽으로 50 N
⑤	왼쪽으로 50 N	오른쪽으로 80 N

중요
10 한 물체에 나란하게 작용하는 두 힘의 평형 조건으로 옳은 것은?

① 두 힘의 크기와 방향이 같아야 한다.
② 두 힘의 크기와 방향이 달라야 한다.
③ 두 힘의 크기가 다르고, 방향이 같아야 한다.
④ 두 힘의 크기가 같고, 방향이 반대여야 한다.
⑤ 두 힘의 크기가 다르고, 방향이 반대여야 한다.

11 그림과 같이 한 물체에 여러 힘이 동시에 작용하고 있을 때, 힘의 평형을 이루지 <u>않는</u> 것은?

①
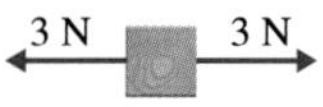

②
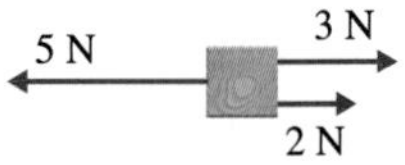

③
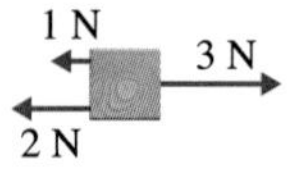

④
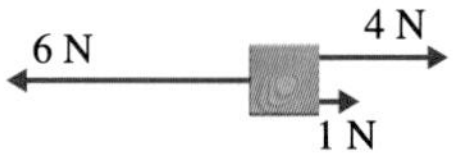

⑤

12 힘의 평형을 이루고 있는 경우가 <u>아닌</u> 것은?

① 추가 줄에 매달려 있을 때
② 책상 위에 물건이 놓여 있을 때
③ 책상을 밀었으나 책상이 움직이지 않을 때
④ 멈춰 있던 배에서 노를 저어 배가 앞으로 나아갈 때
⑤ 줄다리기에서 줄이 어느 쪽으로도 움직이지 않을 때

서술형 문제

13 그림은 물체에 오른쪽으로 작용하는 2 N의 힘을 화살표로 나타낸 것이다. 일직선상에서 물체에 왼쪽으로 작용하는 4 N의 힘을 화살표로 나타내시오.

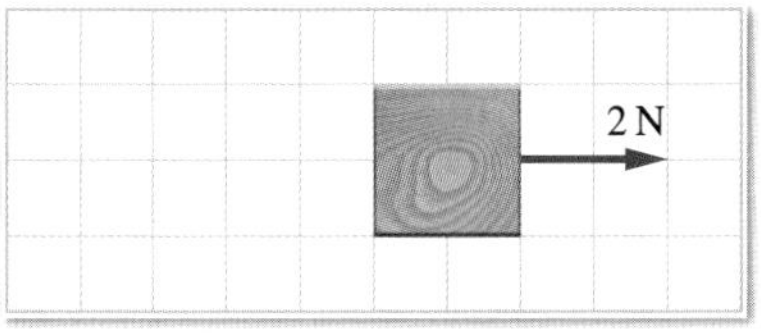

14 그림과 같이 한 물체에 세 힘이 작용하고 있다.

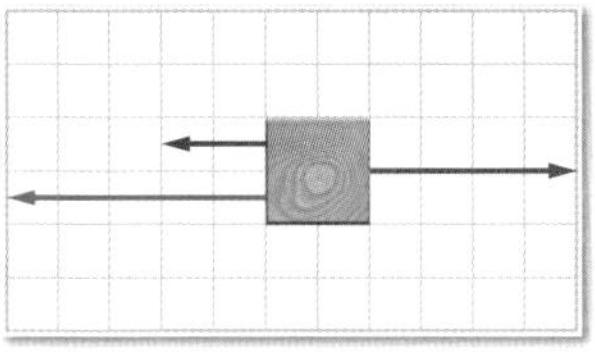

세 힘의 합력의 크기는 몇 N인지 풀이 과정과 함께 구하시오. (단, 모눈종이 눈금 1칸은 2 N이다.)

15 그림과 같이 한 물체에 크기가 같은 두 힘이 작용하고 있다.

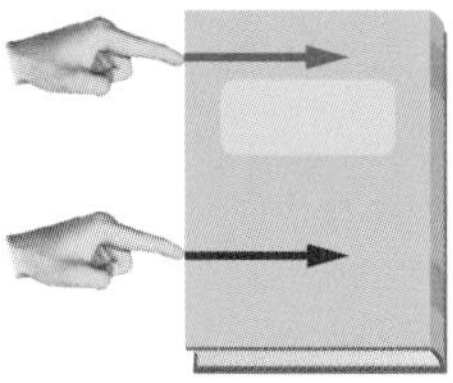

이때 물체에 작용하는 두 힘이 평형을 이루지 않는 까닭을 서술하시오.

01 그림은 힘과 관련된 활동을 하는 사람 A, B, C를 나타낸 것이다.

▲ A는 힘을 주어 아령을 들어 올렸다.
▲ B는 책상을 힘을 주어 밀었다.
▲ C는 친구가 응원을 해줘서 힘이 났다.

과학에서의 힘의 작용을 이용하지 않은 사람을 쓰고, 그 까닭을 서술하시오.

02 그림과 같이 두 학생이 줄다리기를 하고 있다.

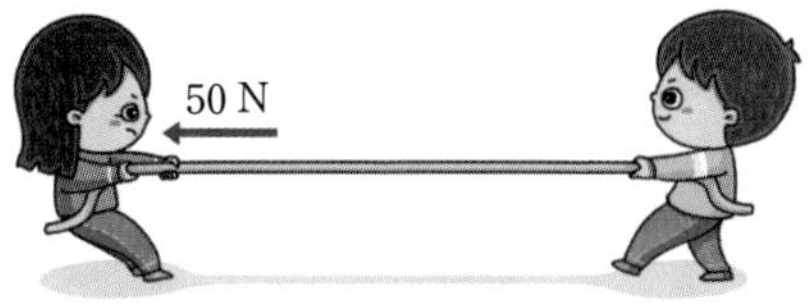

왼쪽 학생이 잡아당기는 힘의 크기가 50 N이고, 두 힘의 합력이 왼쪽 방향으로 30 N만큼 작용하고 있을 때 오른쪽 학생이 잡아당기는 힘의 크기는?

① 10 N ② 20 N ③ 30 N
④ 50 N ⑤ 80 N

03 그림은 작은 배 B, C가 왼쪽으로 2000 N의 힘이 작용하고 있는 큰 배 A를 끌고 가는 모습을 나타낸 것이다. B, C가 A를 오른쪽으로 끌고 가는 힘의 크기는 각각 1000 N, 1500 N이다.

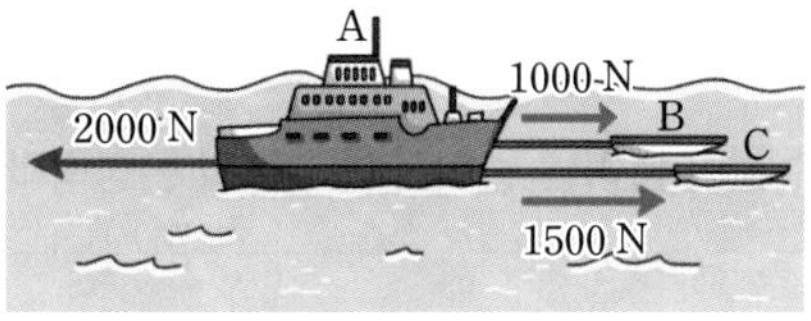

A에 작용하는 합력의 크기와 방향을 옳게 짝 지은 것은?

	크기	방향		크기	방향
①	500 N	왼쪽	②	500 N	오른쪽
③	2000 N	왼쪽	④	2000 N	오른쪽

⑤ 힘의 평형 상태이다.

02 여러 가지 힘

A 중력

회보 5.1

1 중력 지구, 달 등과 같은 천체가 물체를 당기는 힘❶

① 방향: 지구 중심 방향(=*연직 아래 방향)

② 크기: 물체의 질량이 클수록 크다.

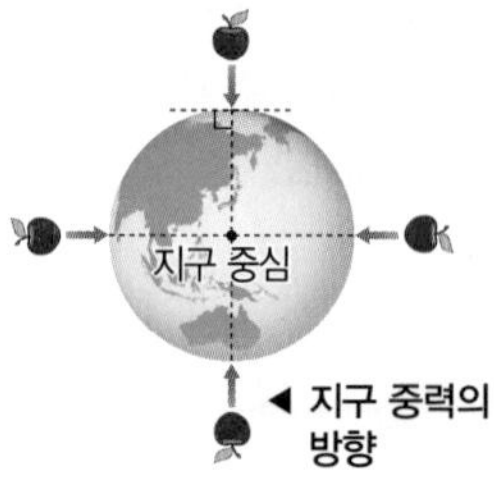

◀ 지구 중력의 방향

2 무게와 질량

구분	무게	질량
정의	물체에 작용하는 중력의 크기	물질의 고유한 양
단위	N(뉴턴) ➡ 힘의 단위와 같다.	g(그램), kg(킬로그램)
측정 기구	용수철저울, 앉은뱅이저울	양팔저울, 윗접시저울
특징	측정 장소에 따라 물체를 당기는 중력이 달라지므로 무게가 달라진다.	측정 장소가 바뀌어도 물질의 양은 변하지 않으므로 질량은 변하지 않는다.
관계	무게는 질량에 비례한다. ➡ 지구 표면에서 물체의 무게=9.8×질량 예 질량이 1 kg인 물체의 지구 표면에서 무게는 약 9.8 N이다.	

3 지구와 달에서의 무게와 질량

① 질량은 물질의 고유한 양이므로 지구와 달에서 질량은 같다.

② 달의 중력은 지구 중력의 약 $\frac{1}{6}$이므로 달에서 물체의 무게는 지구에서의 약 $\frac{1}{6}$이다.

예

질량: 60 kg 무게: 588 N

질량: 60 kg 무게: 98 N

B 탄성력

회보 5.2

1 *탄성력 *변형된 물체가 원래 모양으로 되돌아가려는 힘❷

① 방향: *탄성체에 작용한 힘의 방향과 반대 방향

② 크기: 탄성체에 작용한 힘의 크기와 같으며, 탄성체의 변형이 클수록 탄성력의 크기가 크다.

용수철을 눌렀을 때	용수철을 당겼을 때❸
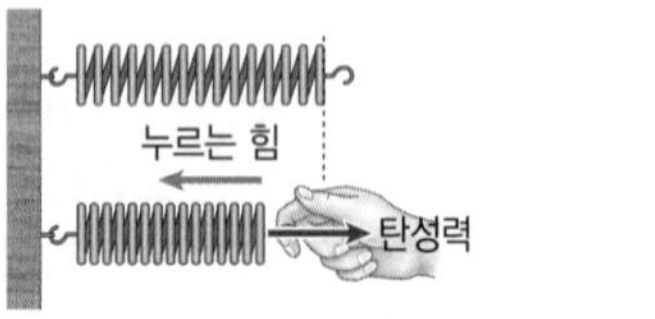	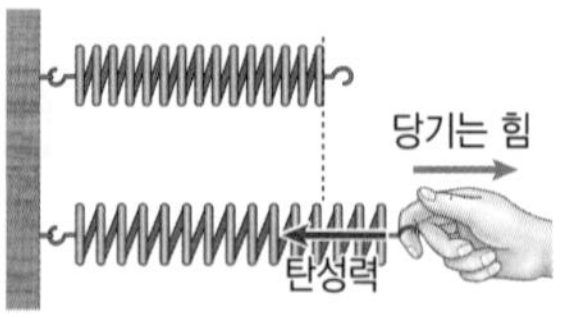
왼쪽으로 2 N의 힘으로 누르면 탄성력은 오른쪽으로 2 N의 크기만큼 작용한다.	오른쪽으로 2 N의 힘으로 당기면 탄성력은 왼쪽으로 2 N의 크기만큼 작용한다.

2 용수철이 늘어난 길이와 용수철의 탄성력과의 관계❹ |탐구a 18쪽

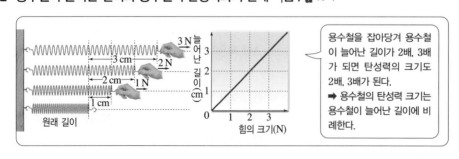

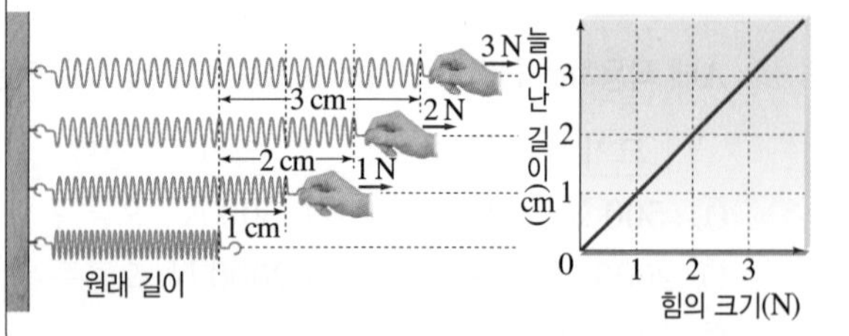

용수철을 잡아당겨 용수철이 늘어난 길이가 2배, 3배가 되면 탄성력의 크기도 2배, 3배가 된다.
➡ 용수철의 탄성력 크기는 용수철이 늘어난 길이에 비례한다.

플러스 강의

❶ 중력에 의해 나타나는 현상
- 눈과 비가 아래로 내린다.
- 운석이 지구로 떨어진다.
- 사람이 땅에 발을 딛고 선다.
- 달이 지구 주위를 공전한다.
- 겨울철 처마 밑에 고드름이 생긴다.

❷ 탄성력을 이용하는 예

자전거 안장의 용수철, 볼펜, 트램펄린, 장대높이뛰기, 양궁, 침대, 컴퓨터 자판, 머리 묶는 고무줄, 다이빙대 등

❸ 용수철의 양쪽에서 힘을 가할 때

용수철을 양쪽에서 잡아당길 때 각 부분에 작용하는 힘의 방향이 반대이므로 양 끝에 작용하는 탄성력의 방향도 반대이다.

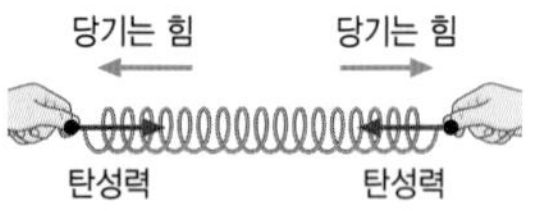

❹ 용수철이 늘어난 길이와 비례하는 것

용수철을 잡아당긴 힘의 크기와 용수철의 탄성력의 크기는 같고, 이 두 힘의 크기는 용수철이 늘어난 길이에 비례한다.

용어 돋보기

* **연직(鉛 납, 直 곧을) 방향**_지면에 대해 물체를 매단 실이 나타내는 수직 방향
* **탄성(彈 튀기다, 性 성질)**_물체가 변형되었을 때 원래 모양으로 돌아가려는 성질
* **변형(變 변하다, 形 모양)**_물체가 힘을 받아 모양이 변하는 것
* **탄성체(彈 튀기다, 性 성질, 體 물체)**_탄성이 있는 물체
예 고무줄, 용수철, 농구공 등

확인 문제로 개념쏙쏙

≫ 정답과 해설 3쪽

A 중력

- □□: 지구, 달 등과 같은 천체가 물체를 당기는 힘
- □□: 물체에 작용하는 중력의 크기 (단위: □)
- □□: 물질의 고유한 양 (단위: g, kg)

B 탄성력

- □□□: 변형된 물체가 원래 모양으로 되돌아가려는 힘
- 방향: 탄성체에 작용한 힘의 방향과 □□ 방향
- 크기
  - 탄성력의 크기는 탄성체에 작용한 힘의 크기와 □□.
  - 탄성체의 변형이 클수록 탄성력의 크기가 □□.

암기콱 무게와 질량

무게 - 무서운 녀석, 장소만 바뀌면 휙휙 변해.

질량 - 질긴 녀석, 어딜 가도 변하질 않아.

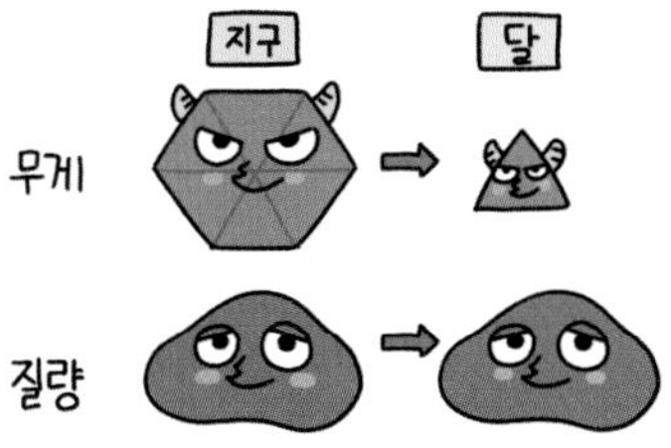

A

1 오른쪽 그림과 같이 지표면 근처에서 어떤 물체를 가만히 놓았을 때 물체가 떨어지는 방향을 A～D 중에서 고르고, 그 원인이 되는 힘을 쓰시오.

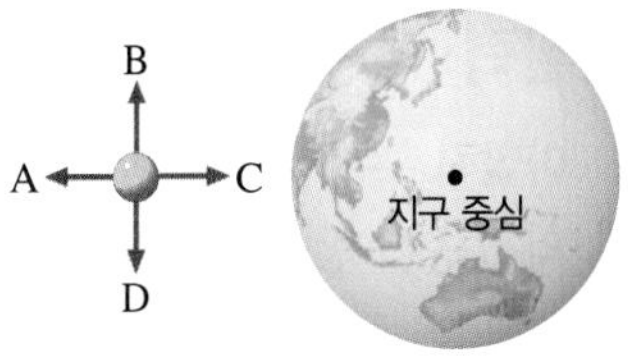

2 질량에 대한 설명에는 '질량', 무게에 대한 설명에는 '무게'라고 쓰시오.

(1) 물체에 작용하는 중력의 크기를 의미한다. ………… (　　　)

(2) 측정하는 장소에 관계없이 값이 일정하다. ………… (　　　)

(3) 용수철저울로 측정한다. ………… (　　　)

(4) 양팔저울이나 윗접시저울로 측정한다. ………… (　　　)

더 풀어보고 싶다면? ≫ 시험 대비 교재 11쪽 계산력·암기력 강화 문제

3 지구에서 무게가 600 N인 사람의 무게를 달에 가서 측정하면 몇 N인지 구하시오.

B

4 탄성력이 작용하는 방향을 화살표로 나타내시오.

(1)

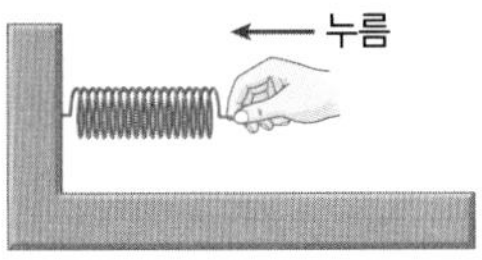

(2)

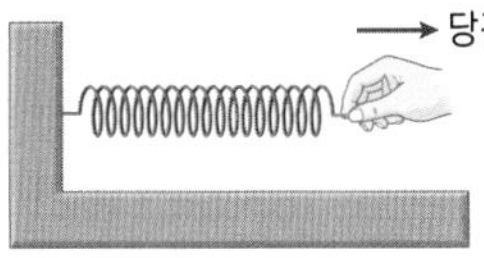

(3)

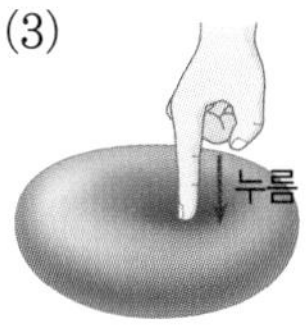

5 탄성력에 대한 설명으로 옳은 것은 ○, 옳지 않은 것은 ×로 표시하시오.

(1) 변형된 물체가 원래 모양으로 되돌아가려는 힘을 탄성력이라고 한다. ………… (　　　)

(2) 탄성력은 탄성체가 변형된 방향과 같은 방향으로 작용한다. ………… (　　　)

(3) 탄성력의 크기는 탄성체에 작용한 힘의 크기보다 작다. ………… (　　　)

(4) 용수철이 많이 늘어날수록 탄성력의 크기가 커진다. ………… (　　　)

더 풀어보고 싶다면? ≫ 시험 대비 교재 12쪽 계산력·암기력 강화 문제

6 오른쪽 그림은 용수철을 3 N의 힘으로 눌렀을 때, 용수철의 길이가 1 cm 줄어든 모습을 나타낸 것이다. (　) 안에 알맞은 값을 쓰시오.

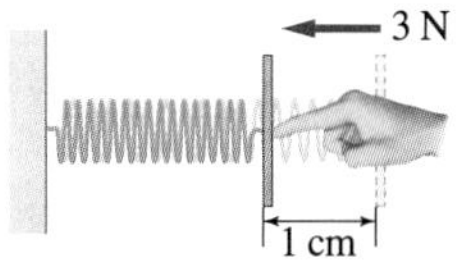

(1) 용수철에 작용하는 탄성력의 크기는 (　　　) N이다.

(2) 용수철을 6 N의 힘으로 누르면, 용수철은 (　　　) cm 줄어든다.

02 여러 가지 힘

C 마찰력

회보 5.3

1 마찰력 두 물체의 접촉면에서 물체의 운동을 방해하는 힘

① 방향: 물체가 운동하거나 운동하려는 방향과 반대 방향

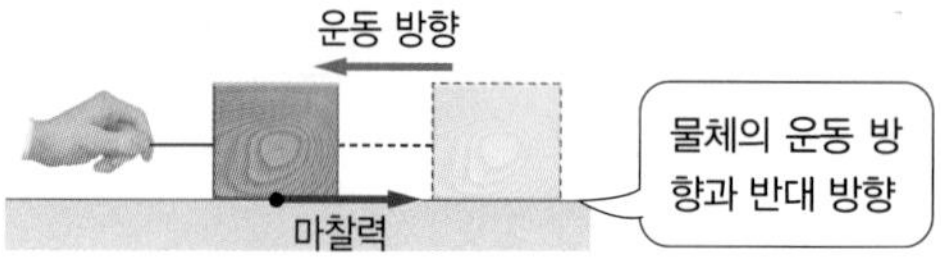

▲ 마찰력의 방향

② 크기❶: 마찰력은 물체의 무게와 접촉면의 거칠기에 영향을 받는다.❷ 여기서잠깐 22쪽

물체의 무게가 다를 때	접촉면의 거칠기가 다를 때
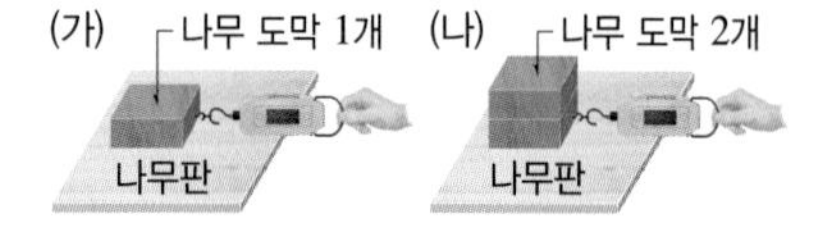	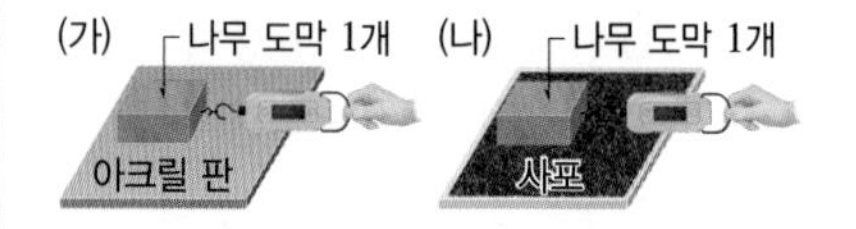
• 나무 도막의 무게: (가)<(나) • 나무 도막이 움직이는 순간 힘 센서의 값: (가)<(나) • 마찰력의 크기: (가)<(나) ➡ 물체의 무게가 무거울수록 마찰력의 크기가 크다.	• 접촉면의 거칠기: (가)<(나) • 나무 도막이 움직이는 순간 힘 센서의 값: (가)<(나) • 마찰력의 크기: (가)<(나) ➡ 접촉면이 거칠수록 마찰력의 크기가 크다.

2 마찰력의 이용

마찰력을 크게 하는 경우	마찰력을 작게 하는 경우
• 계단 끝에 미끄럼 방지 패드를 붙인다. • 눈 오는 날 자동차 타이어에 체인을 감는다. • 설거지를 할 때 사용하는 고무장갑의 손바닥 부분을 울퉁불퉁하게 만든다.	• 수영장의 미끄럼틀에 물을 뿌린다 • 창문을 열고 닫을 때 바퀴를 사용하거나 기름칠을 한다. • 기계나 자전거의 체인에 *윤활유를 사용한다.

D 부력 | 탐구 b 20쪽

회보 5.4

1 부력 액체나 기체가 물체를 위로 밀어 올리는 힘

① 방향: 중력과 반대 방향인 위쪽으로 작용한다.

② 크기: 물체가 물에 잠기기 전후 무게의 차이와 같다.

부력의 크기 = (물 밖에서 물체의 무게) − (물속에서 물체의 무게)

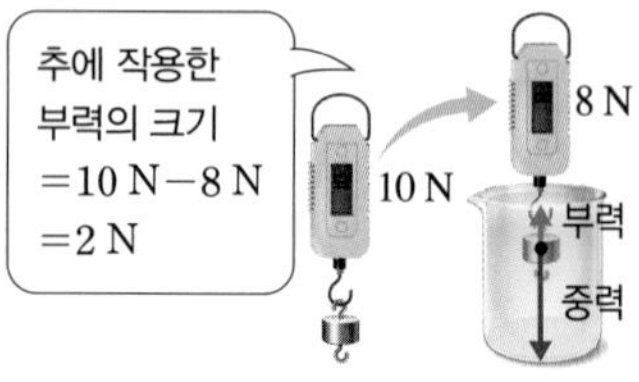

▲ 부력의 방향과 크기

[모양이 같은 서로 다른 세 물체에 작용하는 부력]

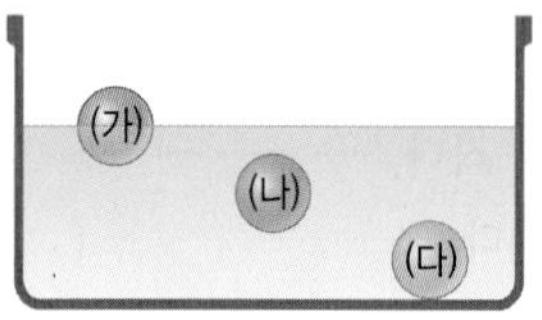

• 물에 잠긴 부분의 부피: (가)<(나)=(다)
➡ 물체에 작용하는 부력의 크기: (가)<(나)=(다)
➡ 물에 잠긴 물체의 부피가 클수록 부력의 크기가 크다.
• (가)와 (나)는 떠 있으므로 부력=중력이다.
• (다)는 가라앉아 있으므로 부력<중력이다.❸

2 부력의 이용

액체 속에서 받는 부력	기체 속에서 받는 부력
• 구명조끼나 구명환, 튜브를 사용하면 물에 쉽게 뜬다. • 무거운 배가 부력을 이용해 물 위에 뜬다. • 잠수함은 부력과 중력을 이용해 뜨고 가라앉는다.	• 열기구 안이 뜨거운 공기로 차면 부력이 생겨 뜬다. • 헬륨을 채운 비행선이 부력을 이용해 뜬다. • 풍선이나 풍등에 부력이 작용해 하늘로 올라간다.

플러스 강의

❶ 물체에 작용하는 마찰력의 크기

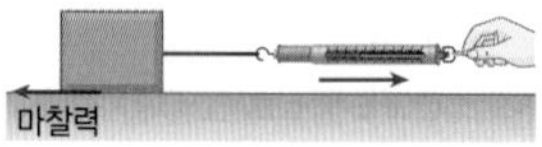

• 힘을 가해도 물체가 움직이지 않을 때: 물체에 작용한 힘의 크기와 마찰력의 크기는 같다.
• 물체가 움직일 때: 물체가 움직이기 시작하는 순간의 용수철저울의 눈금과 마찰력의 크기는 같다.

❷ 접촉면의 넓이가 다를 때 마찰력의 크기 비교

(가)

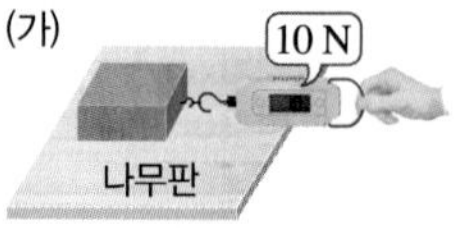

(나)

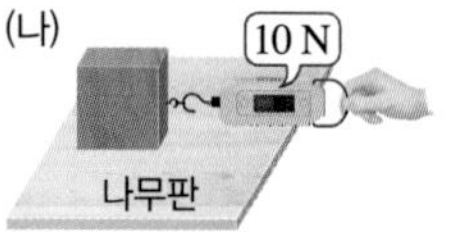

• 접촉면의 넓이: (가)>(나)
• 마찰력의 크기: (가)=(나)
➡ 접촉면의 넓이는 마찰력의 크기와 관계없다.

❸ 부력과 중력의 크기 비교

• 부력>중력: 물체가 위로 떠오른다.

• 부력=중력: 물체가 물 위에 떠 있다.

• 부력<중력: 물체가 물속에 가라앉는다.

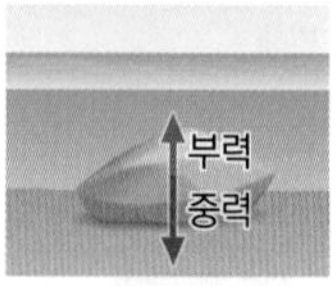

용어 돋보기

* **윤활유(潤 젖다, 滑 미끄럽게 하다, 油 기름)**_기계가 맞닿아 있는 부분의 마찰을 작게 하기 위해 쓰는 기름

정답과 해설 3쪽

C 마찰력

- □□□: 두 물체의 접촉면에서 물체의 운동을 방해하는 힘
- 방향: 물체가 운동하거나 운동하려는 방향과 □□ 방향
- 크기: 물체의 무게가 무거울수록, 접촉면이 거칠수록 □□.

D 부력

- □□: 액체나 기체가 물체를 위로 밀어 올리는 힘
- 방향: 중력과 □□ 방향
- 크기: 물에 잠긴 물체의 부피가 클수록 □□.
- 물속에서 물체가 받은 부력의 크기
  =물 □에서 물체의 무게
  −물 □에서 물체의 무게

암기팡 마찰력과 부력의 크기

- 마찰력의 크기
  마찰력은 **무거**운게 커!
  거 칠
  울 수
  수 록
  록
- 부력의 크기
  부력의 크기는 물에 잠긴
  부피에 비례해!

C

7 오른쪽 그림과 같이 무게가 100 N인 물체를 20 N의 힘으로 끌어당겼더니 물체가 움직이지 않았다.

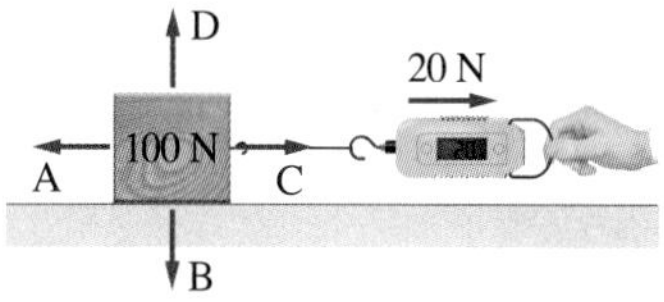

(1) 이때 물체에 작용한 마찰력의 방향을 A~D 중에서 고르시오.

(2) 이때 물체에 작용하는 마찰력의 크기는 몇 N인지 구하시오.

8 오른쪽 그림은 나무판 위에 놓여 있는 크기와 재질이 같은 나무 도막을 힘 센서로 끌어당기고 있는 모습을 나타낸 것이다. (   ) 안에 알맞은 말을 고르시오.

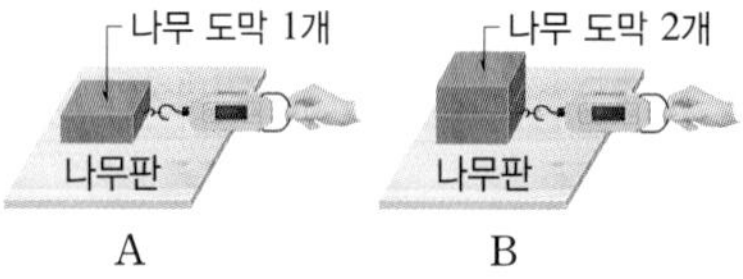

(1) 마찰력은 두 물체 사이의 접촉면에서 물체의 운동을 (방해하는, 도와주는) 힘이다.

(2) 마찰력은 물체의 무게가 무거울수록 ㉠ (작기, 크기) 때문에 A와 B 중에서 마찰력이 더 크게 작용하는 것은 ㉡ (A, B)이다.

9 다음 설명에 해당하는 경우를 보기에서 모두 고르시오.

보기

ㄱ. 스케이트나 스키를 탄다.	ㄴ. 길 위를 걷는다.
ㄷ. 바이올린을 켜서 소리를 낸다.	ㄹ. 창문을 연다.
ㅁ. 투수가 야구공을 던진다.	ㅂ. 미끄럼틀을 탄다.

(1) 마찰력이 커야 편리한 경우:

(2) 마찰력이 작아야 편리한 경우:

D

10 오른쪽 그림은 나무 도막이 물 위에 떠 있는 모습을 나타낸 것이다. (   ) 안에 알맞은 말을 쓰시오.

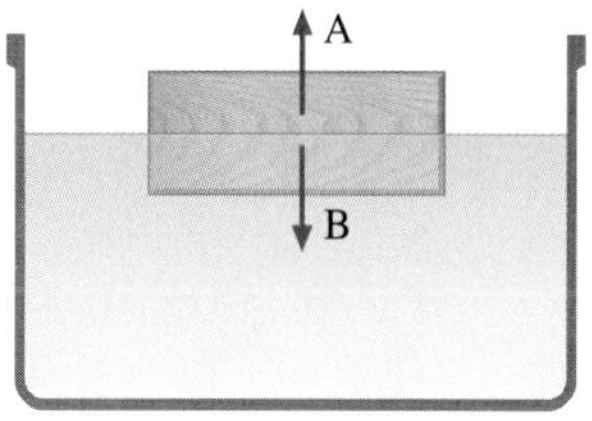

(1) A는 나무 도막에 작용한 ㉠ (   )의 방향을, B는 ㉡ (   )의 방향을 나타낸다.

(2) 이 상태에서 A와 B의 크기는 (   ).

11 오른쪽 그림은 수조에 같은 부피의 쇠구슬을 실에 매달아 넣은 모습을 나타낸 것이다. 쇠구슬에 작용한 부력의 크기를 등호 또는 부등호를 사용해 비교하시오. (단, 실의 부피는 무시한다.)

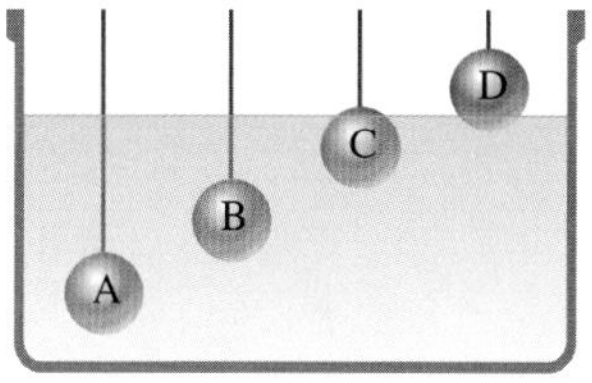

12 부력을 이용한 경우를 보기에서 모두 고르시오.

보기

ㄱ. 고무보트	ㄴ. 농구공	ㄷ. 열기구
ㄹ. 잠수함	ㅁ. 자동차 타이어	ㅂ. 수영장의 다이빙대

탐구 a 용수철의 탄성력 측정

이 탐구에서는 용수철이 늘어난 길이를 이용하여 탄성력을 측정할 수 있다.

과정

오투실험실

❶ 모눈종이를 붙인 나무판 위에 고리 나사못을 꽂아 고정한다.
❷ 용수철의 한쪽 끝을 고리 나사못에 걸고, 용수철의 다른 쪽 끝에는 힘 센서를 연결한다.
❸ 모눈종이에 용수철의 처음 위치를 표시한다.
❹ 힘 센서로 용수철을 잡아당겨 늘어난 길이가 5 cm, 10 cm, 15 cm, 20 cm가 되었을 때 힘 센서에 표시된 탄성력의 크기를 기록한다.

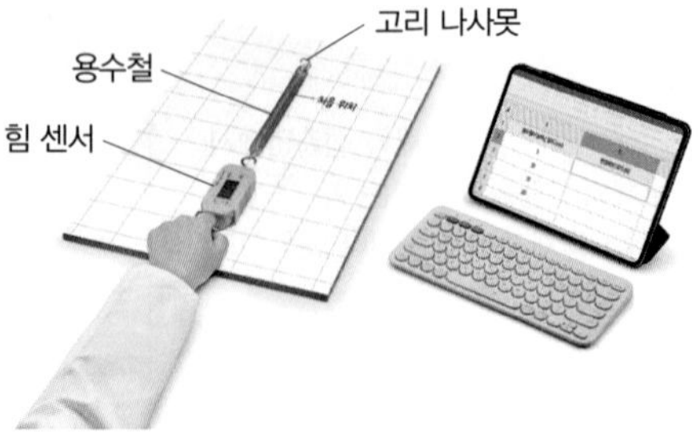

유의점
- 고리 나사못은 나무판에 단단히 고정시켜 용수철을 당길 때 빠지지 않도록 한다.

결과 & 해석

- 가로축은 용수철이 늘어난 길이, 세로축은 탄성력의 크기로 하여 그래프를 그린다.

용수철이 늘어난 길이(cm)	5	10	15	20
탄성력의 크기(N)	0.38	0.75	1.11	1.47

➡

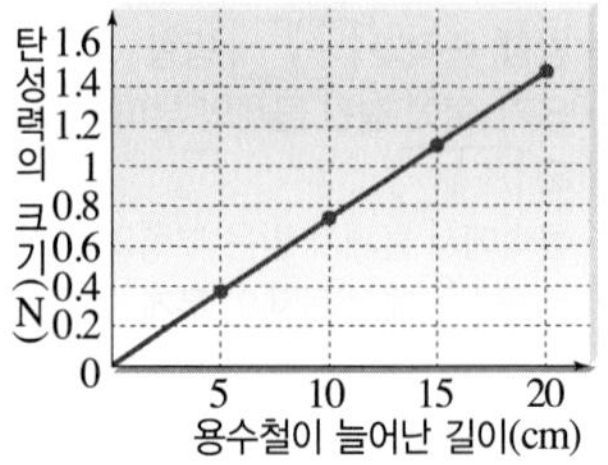

➡ 그래프가 직선 모양이므로 용수철의 탄성력의 크기는 용수철이 늘어난 길이에 비례한다.

- 과정 ❹에서 측정한 탄성력의 크기를 이용하여 용수철이 25 cm 늘어나기 위해 필요한 힘을 구한다.

➡ 용수철이 5 cm씩 늘어날 때마다 탄성력의 크기가 약 0.36 N씩 커졌으므로
5 cm : 0.36 N = 25 cm : x로 비례식을 세운다.
x = 1.8 N이므로 용수철이 25 cm 늘어나게 하려면 약 1.8 N의 힘으로 잡아당겨야 한다.

정리

용수철의 탄성력의 크기는 용수철이 늘어난 길이에 ㉠(　　　)한다.

이렇게도 실험해요

과정 ❶ 스탠드에 용수철을 매달고, 용수철의 끝부분이 자의 0점과 일치하도록 설치한다.
❷ 용수철에 무게가 1 N인 추 1개를 매달고 용수철이 늘어난 길이를 측정한다.
❸ 용수철에 매다는 동일한 추의 개수를 2개, 3개, 4개로 늘리면서 용수철이 늘어난 길이를 측정한다.
❹ 추의 무게와 용수철이 늘어난 길이 사이의 관계를 설명해 본다.

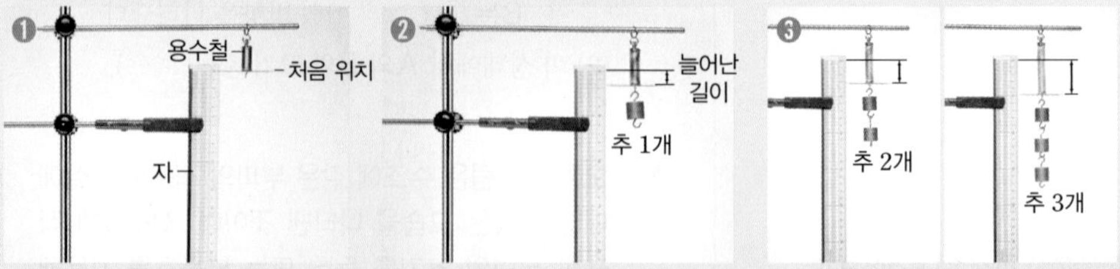

결과

추의 무게(N)	1	2	3	4
용수철이 늘어난 길이(cm)	3.5	7.5	11	15

➡

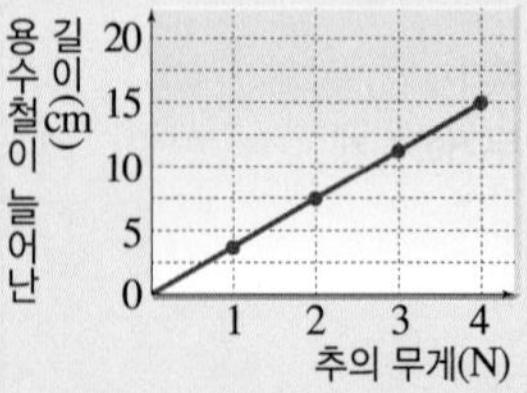

➡ 추의 무게가 무거울수록 용수철이 늘어난 길이가 길어지는 비례 관계를 보인다. 즉, 용수철의 탄성력의 크기는 용수철에 매단 추의 무게에 비례한다.

확인 문제

01 탐구 a에 대한 설명으로 옳은 것은 ○, 옳지 않은 것은 ×로 표시하시오.

(1) 용수철이 늘어난 길이는 용수철의 탄성력의 크기에 비례한다. ( )

(2) 용수철을 당기는 힘이 2배로 증가하면 용수철이 늘어난 길이는 4배가 된다. ( )

(3) 이 용수철로 같은 실험을 한다면, 용수철을 100 cm까지 당겼을 때 탄성력의 크기는 약 3.6 N이다. ( )

[02~03] 그림과 같이 용수철을 10 N의 힘으로 잡아당겼더니 용수철이 2 cm 늘어났다.

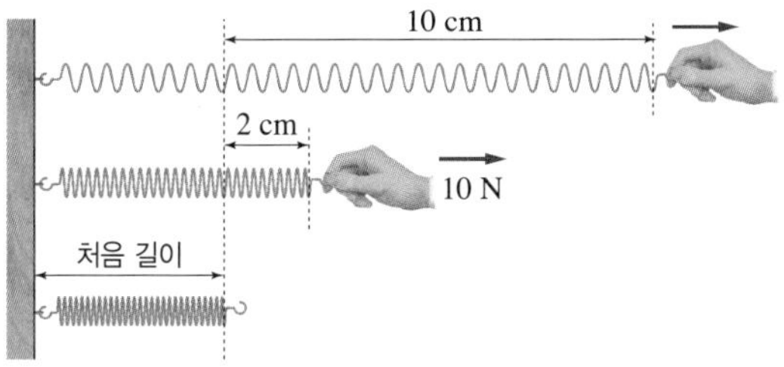

02 이 용수철을 손으로 잡아당겨 용수철이 10 cm 늘어났을 때, 손이 용수철을 당긴 힘의 크기는?

① 10 N ② 20 N ③ 30 N
④ 40 N ⑤ 50 N

03 이 실험을 통해 알 수 있는 용수철을 잡아당기는 힘의 크기와 용수철이 늘어난 길이의 관계를 서술하시오.

04 그림은 용수철을 손으로 잡아당기는 힘을 1 N, 2 N, 3 N으로 증가시키면서 용수철이 늘어난 길이를 측정하여 나타낸 것이다.

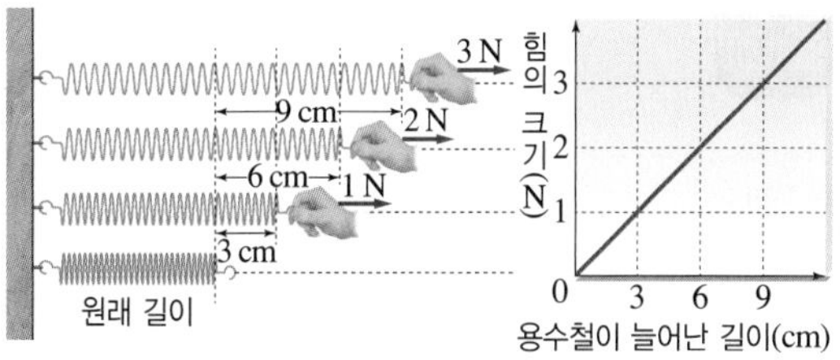

이에 대한 설명으로 옳지 않은 것은?

① 용수철의 왼쪽 방향으로 탄성력이 작용한다.
② 용수철이 30 cm 늘어나려면 10 N의 힘이 필요하다.
③ 용수철의 탄성력의 크기는 용수철의 전체 길이에 비례한다.
④ 용수철이 늘어난 길이는 손으로 잡아당긴 힘의 크기에 비례한다.
⑤ 용수철이 늘어난 길이가 2배가 되면 용수철의 탄성력의 크기도 2배가 된다.

이렇게도 실험해요 **확인 문제**

05 표는 어떤 용수철에 매단 추의 개수에 따른 용수철이 늘어난 길이를 나타낸 것이다.

추의 개수(개)	1	2	3	4
늘어난 길이(cm)	4	8	12	16

이 용수철에 어떤 물체를 매달아 20 cm 늘어났다면, 이 물체의 무게는? (단, 추 1개의 무게는 5 N이다.)

① 5 N ② 10 N ③ 15 N
④ 20 N ⑤ 25 N

06 그림과 같이 용수철에 매단 추의 개수를 늘려가면서 용수철이 늘어난 길이를 측정하였다.

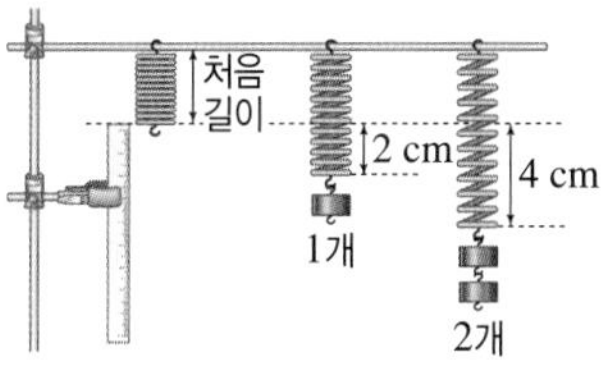

이 용수철에 무게가 7 N인 물체를 매달았을 때 용수철이 늘어난 길이를 풀이 과정과 함께 구하시오. (단, 추 1개의 무게는 2 N이다.)

탐구 b 부력의 크기 측정

이 탐구에서는 물속에 있는 물체에 작용하는 부력의 크기를 측정할 수 있다.

과정 및 결과

오투실험실

❶ 힘 센서를 스탠드에 걸고, 추 2개를 힘 센서 아래로 나란하게 매단다.
❷ 물이 담긴 컵을 스탠드 위에 올려놓고, 추가 물에 닿지 않게 스탠드의 높이를 조절한다.

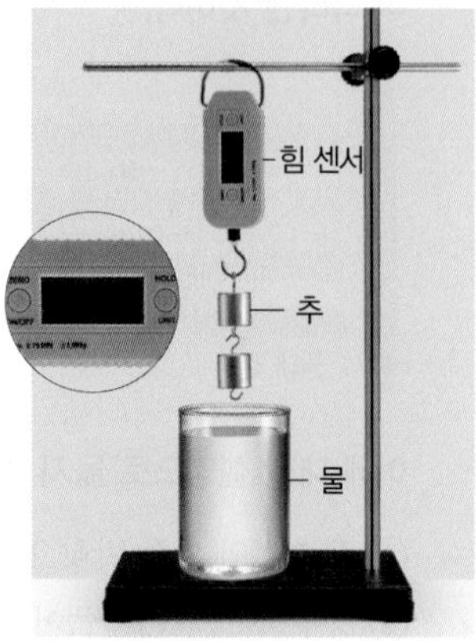

(가)

❸ 추를 물에 넣기 전 힘 센서에 표시된 추의 무게를 기록한다.
결과 1.96 N

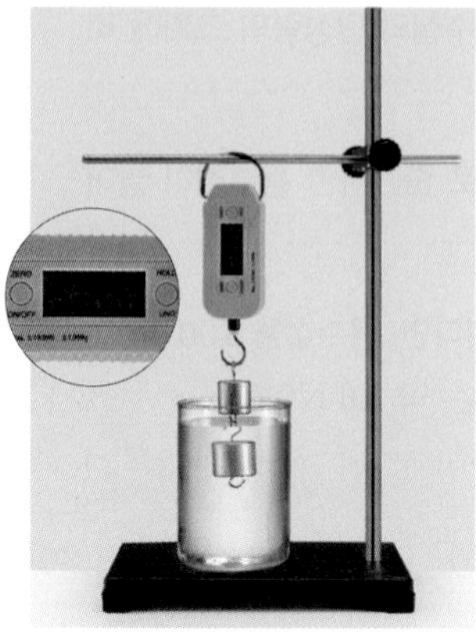
(나)

❹ 추 1개만 물에 잠기게 한 뒤 힘 센서에 표시된 측정값을 기록한다.
결과 1.85 N

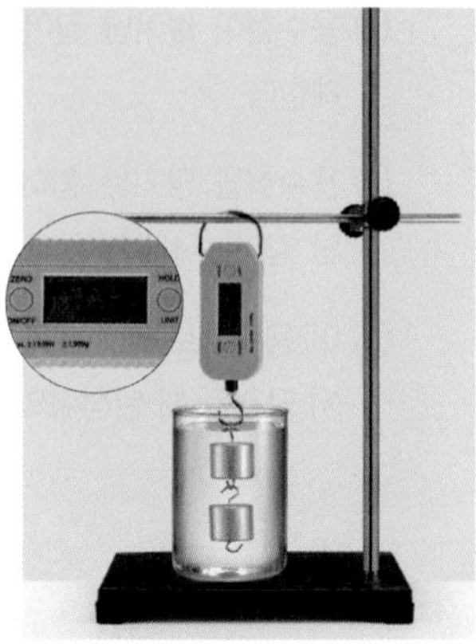
(다)

❺ 추 2개를 물에 완전히 잠기게 한 뒤 힘 센서에 표시된 측정값을 기록한다.
결과 1.73 N

유의점
- 투명한 컵을 사용하여 추가 물에 잠기는 모습을 볼 수 있도록 한다.
- 추 2개가 바닥에 닿지 않고 완전히 잠길 수 있도록 높이가 높은 컵을 준비한다.

해석

- (나)와 (다)에서 (가)에 비해 감소한 측정값을 이용하여 부력의 크기를 구한다.

구분	(가)	(나)	(다)
무게(N)	1.96	1.85	1.73
(가)와 비교한 무게 차이(N)	–	1.96−1.85=0.11	1.96−1.73=0.23
부력(N)	–	0.11	0.23

- 추가 받은 부력의 크기는 추 1개만 물에 잠겼을 때 0.11 N, 추 2개가 물에 잠겼을 때 0.23 N이다.
  ➡ 추가 받은 부력의 크기=물 밖에서 추의 무게−물속에서 추의 무게

정리

1. 물 밖에서 측정한 물체의 무게에서 물속에서 측정한 물체의 무게를 빼면 물체가 받은 ㉠(　　　)의 크기를 구할 수 있다.

2. 물에 잠긴 물체의 부피가 ㉡(　　　)수록 부력의 크기가 크다. ➡ (나)에서의 부력 < (다)에서의 부력

이렇게도 실험해요

과정 ❶ 힘 센서에 추를 매달아 물에 잠기기 전 추의 무게를 측정한다.
❷ 힘 센서에 매달린 추를 물이 가득한 비커에 넣고 넘치는 물을 다른 용기에 받는다.
❸ 물속에서의 추의 무게와 넘친 물의 무게를 측정한다.

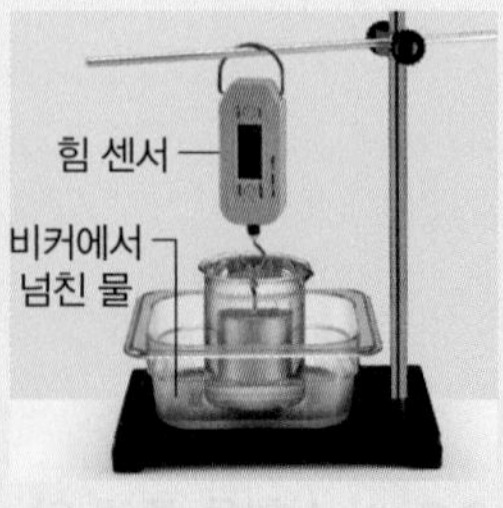

결과

물 밖에서 추의 무게	물속에서 추의 무게	넘친 물의 무게
10 N	8 N	2 N

➡ 넘친 물의 무게=(물 밖에서 추의 무게)−(물속에서 추의 무게)=추가 받은 부력의 크기
➡ 물에 잠긴 추에 의해 넘친 물의 무게는 추에 작용한 부력의 크기와 같으므로, 부력의 크기는 2 N이다.

01 |탐구 **b**에 대한 설명으로 옳은 것은 ○, 옳지 않은 것은 ×로 표시하시오.

(1) 추에 작용한 부력의 방향은 중력의 방향과 반대 방향이다. ······ ( )

(2) 추가 물속에 잠기면 부력이 작용하기 때문에 힘 센서에 표시된 측정값이 줄어든다. ······ ( )

(3) 질량은 같지만 부피가 더 작은 추를 사용하면 추에 작용하는 부력의 크기가 작아질 것이다. ······ ( )

(4) 추를 힘 센서에서 분리해 물속에 넣었을 때, 추가 가라앉으면 추에는 부력이 작용하지 않는다. ······ ( )

[02~03] 그림 (가)~(다)와 같이 무게가 1 N인 추 2개를 힘 센서에 매달아 물에 잠긴 추의 개수를 달리하면서 추의 무게를 측정하였다.

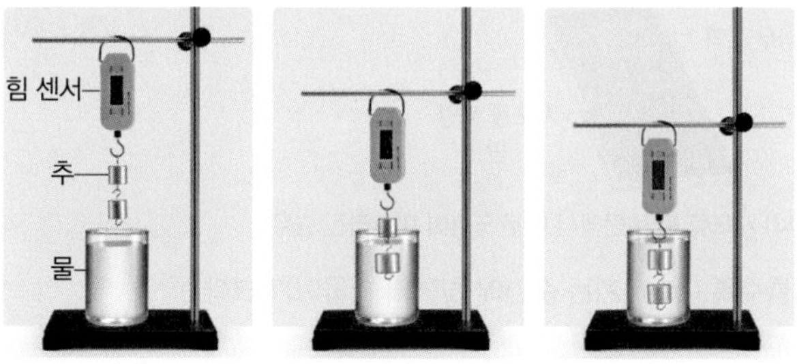

(가) (나) (다)

02 추에 작용하는 부력의 크기를 옳게 비교한 것은?

① (가)>(나)>(다)
② (가)>(나)=(다)
③ (가)>(다)>(나)
④ (다)>(나)>(가)
⑤ (다)>(나)=(가)

03 위 실험에 대한 설명으로 옳지 않은 것은?

① (나)보다 (다)에서 작용한 부력의 크기가 더 크다.
② (나)에서 힘 센서에 나타난 값은 2 N보다 작다.
③ 추가 물에 많이 잠길수록 힘 센서로 측정한 값이 작아진다.
④ (나)에서 측정값이 1.6 N이라면 추 1개에 작용한 부력의 크기는 0.4 N이다.
⑤ (다)에서 측정값이 1.2 N이라면 추 2개에 작용한 부력의 크기는 0.4 N이다.

04 그림과 같이 질량과 부피가 같은 추 A, B를 나무 막대에 균형을 이루도록 매달았다.

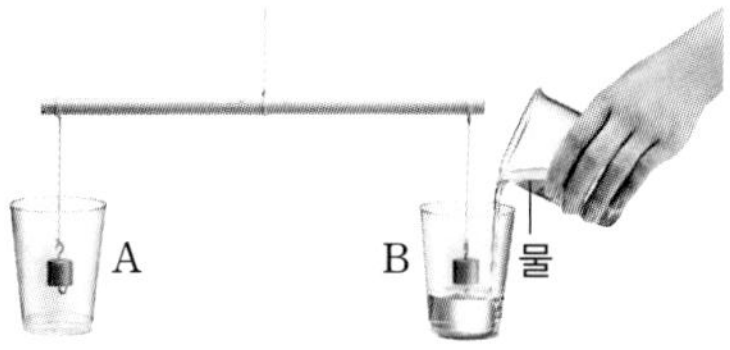

B 쪽의 컵에 물을 부어 B가 물에 잠기도록 할 때 막대의 변화를 쓰고, 그렇게 생각한 까닭을 서술하시오.

05 그림 (가)는 무게가 2 N인 추를 힘 센서에 매달아 물속에 넣은 모습을, 그림 (나)는 같은 추를 플라스틱 컵에 넣고 줄로 힘 센서에 매달아 물속에 넣은 모습을 나타낸 것이다.

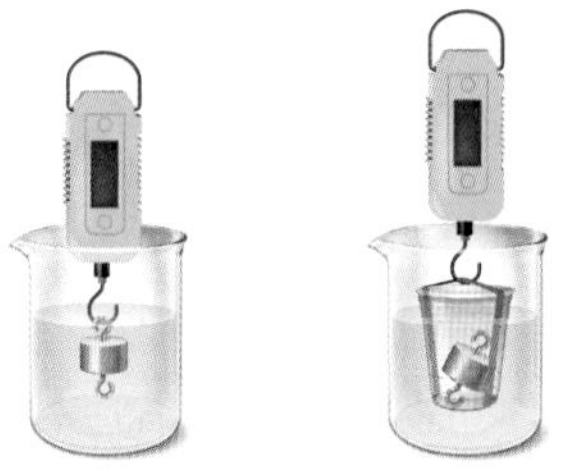
(가) (나)

이에 대한 설명으로 옳은 것은? (단, 플라스틱 컵과 줄의 질량은 무시한다.)

① 힘 센서로 측정한 측정값은 (가)와 (나)에서 같다.
② 추에 작용한 중력의 크기는 (가)에서 더 크다.
③ (가)와 (나)에서 추에 작용한 부력의 크기는 같다.
④ 물에 잠긴 부피는 (나)에서가 더 크므로 부력의 크기도 (나)에서가 더 크다.
⑤ 더 큰 플라스틱 컵에 추를 넣고 물에 담글 때 힘 센서의 측정값은 (나)에서와 같다.

이렇게도 실험해요 **확인 문제**

06 오른쪽 그림과 같이 물이 가득 담긴 수조에 무게가 6 N인 추를 완전히 잠기도록 넣었더니 흘러넘친 물의 무게가 2 N이었다. 이때 추가 받은 부력의 크기는?

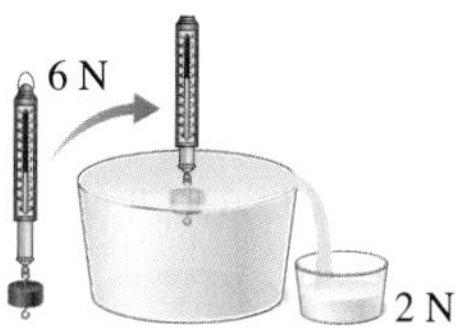

① 2 N
② 3 N
③ 4 N
④ 6 N
⑤ 8 N

여기서 잠깐

물체에 접촉하는 면의 거칠기에 따라 물체에 작용하는 마찰력의 크기는 달라져요.
여기서 잠깐에서 마찰력의 크기를 비교하는 여러 실험들을 살펴볼까요?

› 정답과 해설 5쪽

마찰력의 크기 비교하기

○ 평면에서 끌어당기는 실험

❶ 그림과 같이 나무판과 사포를 붙인 판 위에 올려 놓은 동일한 나무 도막을 끌어당겼다.
❷ 힘 센서를 이용하여 나무 도막이 움직이기 시작할 때 힘의 크기를 측정하였다.

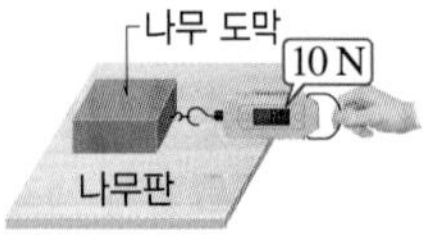

(가) 나무판에서 나무 도막을 끌어당긴 경우

(나) 사포를 붙인 판에서 나무 도막을 끌어당긴 경우

- 힘 센서의 측정값: (가)<(나) ➡ 나무 도막이 나무판과 접촉했을 때보다 접촉면이 거친 사포를 붙인 판과 접촉했을 때 나무 도막이 움직이기 시작하는 순간의 힘의 크기가 더 크다.
- 마찰력의 크기: (가)<(나) ➡ 접촉면이 거칠수록 마찰력의 크기가 크다.

○ 빗면을 기울이는 실험

❶ 그림과 같이 나무판과 사포를 붙인 판 위에 동일한 나무 도막을 올려놓고 판을 천천히 들어 올렸다.
❷ 나무 도막이 미끄러져 내려가는 순간의 빗면의 각도를 측정하였다.

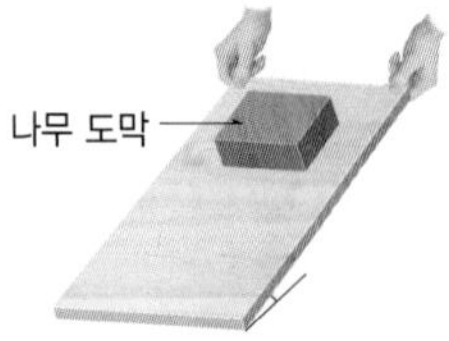

(가) 나무판에서 나무 도막이 미끄러진 경우

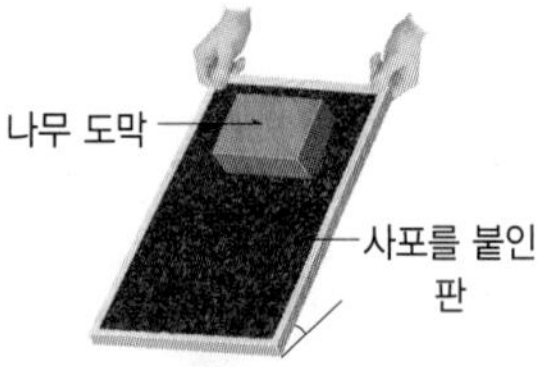

(나) 사포를 붙인 판에서 나무 도막이 미끄러진 경우

- 나무 도막이 미끄러지는 순간의 기울기: (가)<(나) ➡ 마찰력의 크기가 클수록 미끄러지는 순간에 빗면의 기울기가 크다.
- 마찰력의 크기: (가)<(나) ➡ 접촉면이 거칠수록 마찰력의 크기가 크다.

유제 ❶ 나무판의 한쪽 면에 사포와 비닐을 각각 붙인 뒤, 동일한 나무 도막을 힘 센서로 천천히 끌어당겨 움직이기 시작할 때의 힘의 크기를 확인했다. 이때 판의 재질에 따라 나무 도막에 작용한 마찰력의 크기를 부등호를 이용해 비교하시오.

사포 ☐ 나무 ☐ 비닐

유제 ❷~❸ 그림은 재질이 다른 두 종류의 판 위에 각각 동일한 나무 도막을 올려놓고 판의 한쪽 끝을 들어 올리다가 나무 도막이 미끄러지기 시작할 때 멈춘 모습을 나타낸 것이다. 이때 빗면의 기울기는 (나)에서가 (가)에서보다 크다.

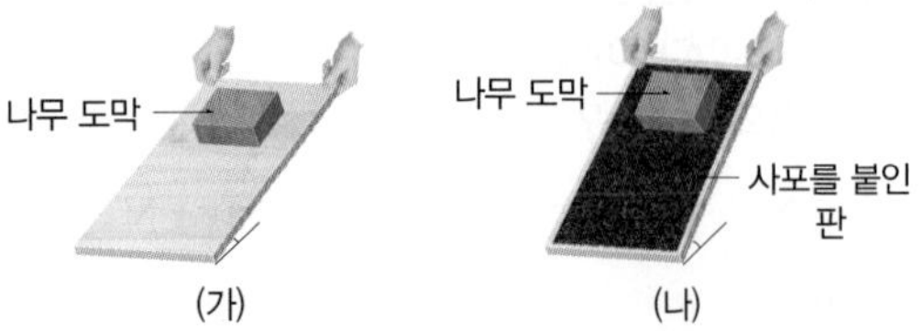

유제 ❷ (가)와 (나) 중 마찰력이 더 크게 작용하는 경우를 고르시오.

유제 ❸ 이 실험을 통해 알 수 있는 사실을 보기의 단어를 모두 포함하여 서술하시오.

> **보기**
> 빗면의 기울기, 마찰력의 크기, 접촉면, 거칠수록

기출 문제로

내신쑥쑥

전국 주요 학교의 **시험에 가장 많이 나오는 문제**들로만 구성하였습니다.
모든 친구들이 '꼭' 봐야 하는 코너입니다.

▶ 정답과 해설 5쪽

A 중력

중요
01 **중력에 대한 설명으로 옳은 것은?**

① 중력의 단위는 kg이다.
② 중력의 크기는 물체의 질량과 관계없다.
③ 다른 행성에서는 중력이 작용하지 않는다.
④ 지구에서 중력의 방향은 지구 중심 방향이다.
⑤ 지구는 모든 물체에 같은 크기의 중력을 작용한다.

02 **그림과 같이 지구로부터 같은 거리만큼 떨어진 곳에 두 물체 (가), (나)를 가만히 놓았다.**

두 물체가 움직이는 방향을 옳게 짝 지은 것은?

	(가)	(나)		(가)	(나)
①	A	A	②	A	C
③	B	D	④	D	C
⑤	D	D			

03 **다음은 공원의 사과나무에서 사과가 떨어지는 것을 보며 친구들이 나눈 대화이다.**

- 한아: 사과에 작용하는 중력의 방향은 지구 중심 방향이지.
- 동수: 사과에 작용하는 중력의 크기는 사과의 질량과 같아.
- 민희: 사과의 질량이 500 g이라면 사과에 작용하는 중력의 크기는 약 9.8 N이야.

위의 상황에 대해 옳게 설명한 친구의 이름을 모두 고른 것은?

① 한아 ② 민희
③ 한아, 동수 ④ 동수, 민희
⑤ 한아, 동수, 민희

04 **오른쪽 그림은 겨울철 처마 밑에 고드름이 생긴 모습을 나타낸 것이다. 고드름이 생길 때 작용하는 힘과 같은 종류의 힘이 작용해서 나타나는 현상이 아닌 것은?**

① 운석이 지구로 떨어진다.
② 눈과 비가 아래로 내린다.
③ 달이 지구 주위를 돌고 있다.
④ 사람이 지면에 발을 딛고 서 있다.
⑤ 운동장을 굴러가던 공이 멈춘다.

중요
05 **지구에서 질량이 60 kg인 어떤 물체가 있다. 이 물체를 달에 가져갔을 때, 달에서 측정한 물체의 질량과 무게를 옳게 짝 지은 것은?**

	질량	무게		질량	무게
①	10 kg	49 N	②	10 kg	98 N
③	60 kg	49 N	④	60 kg	98 N
⑤	60 kg	196 N			

06 **달에서 측정한 어떤 물체의 무게가 49 N이다. 이 물체를 지구에서 측정했을 때의 질량으로 옳은 것은?**

① 30 kg ② 49 kg
③ 98 kg ④ 196 kg
⑤ 480 kg

중요
07 **무게와 질량에 대한 설명으로 옳은 것은?**

① 무게는 질량에 반비례한다.
② 무게는 장소에 관계없이 항상 일정하다.
③ 질량의 단위는 N, 무게의 단위는 kg이다.
④ 지구에서 물체의 무게는 달에서의 $\frac{1}{6}$이다.
⑤ 물체를 들 때 무겁거나 가볍게 느끼는 것은 물체에 작용하는 중력의 크기가 다르기 때문이다.

08 그림 (가)는 지구에서 무게가 294 N인 물체를, 그림 (나)는 달에서 무게가 98 N인 물체를 나타낸 것이다.

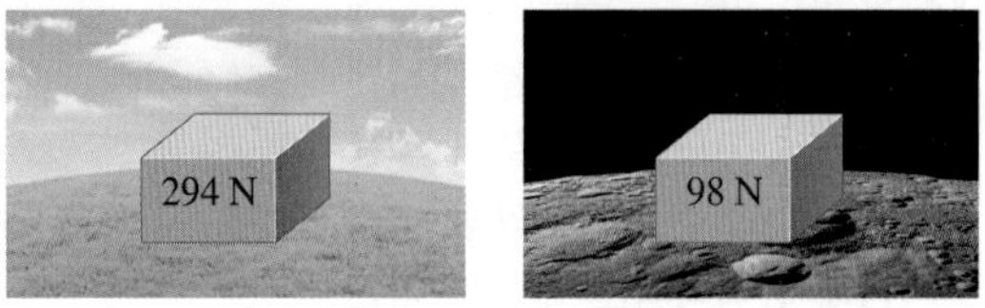

(가) (나)

이에 대한 설명으로 옳은 것을 보기에서 모두 고른 것은?

> 보기
> ㄱ. (가)의 물체를 달에 가져가면 무게가 49 N이다.
> ㄴ. (나)의 물체를 지구에 가져가면 무게가 588 N이다.
> ㄷ. 질량은 (가)의 물체가 (나)의 물체보다 크다.

① ㄱ ② ㄴ ③ ㄷ
④ ㄱ, ㄴ ⑤ ㄴ, ㄷ

B 탄성력

중요
09 탄성력에 대한 설명으로 옳지 않은 것을 모두 고르면? (2개)

① 탄성체의 변형이 클수록 탄성력의 크기가 크다.
② 변형된 물체가 원래 모양으로 되돌아가려는 힘이다.
③ 탄성력의 크기는 탄성체를 변형시킨 힘의 크기와 같다.
④ 탄성력은 탄성체를 변형시킨 힘과 같은 방향으로 작용한다.
⑤ 모양이 변한 물체는 모두 탄성력이 있다.

10 오른쪽 그림과 같이 마찰이 없는 수평면에서 용수철의 한쪽 끝을 고정하고, 나무 도막을 연결한 뒤 나무 도막을 5 N의 힘으로 눌렀다. 이때 나무 도막에 작용하는 탄성력의 크기와 방향을 옳게 짝 지은 것은?

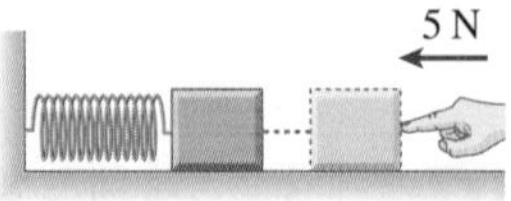

	크기	방향		크기	방향
①	5 N	왼쪽	②	5 N	오른쪽
③	10 N	왼쪽	④	10 N	오른쪽
⑤	15 N	오른쪽			

중요 | 탐구a
11 그림은 같은 용수철의 길이를 늘이거나 줄인 모습을 나타낸 것이다.

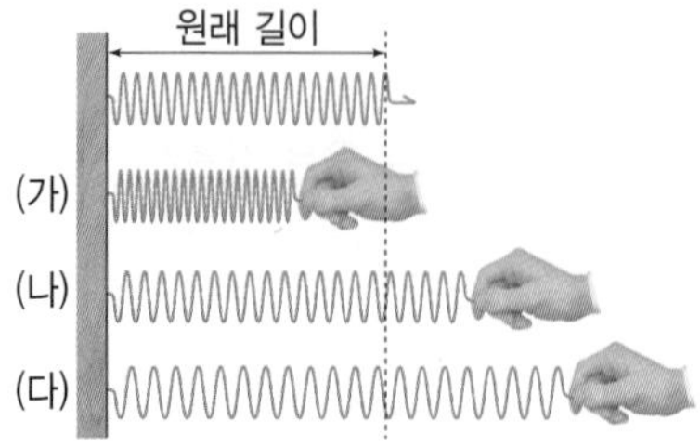

용수철이 손에 작용하는 탄성력에 대한 설명으로 옳은 것을 보기에서 모두 고른 것은?

> 보기
> ㄱ. (나)에서 탄성력의 크기는 0이다.
> ㄴ. 탄성력의 크기는 (다)에서가 (나)에서보다 크다.
> ㄷ. (가)에서의 탄성력은 용수철이 늘어나는 방향으로 작용한다.

① ㄱ ② ㄷ ③ ㄱ, ㄴ
④ ㄱ, ㄷ ⑤ ㄴ, ㄷ

[12~13] 그림 (가)와 같이 용수철에 추를 매달 때 추의 개수에 따른 용수철이 늘어난 길이가 그림 (나)와 같았다. (단, 추 1개의 무게는 5 N이다.)

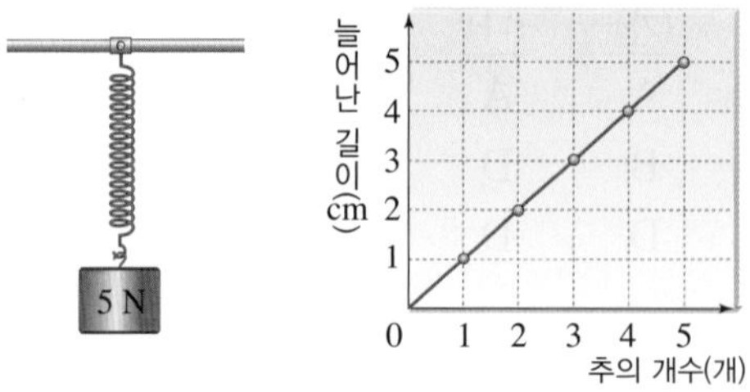

(가) (나)

12 이 용수철에 무게가 40 N인 물체를 매달았을 때 용수철이 늘어난 길이는?

① 5 cm ② 6 cm ③ 8 cm
④ 20 cm ⑤ 40 cm

13 이 실험에 대한 설명으로 옳지 않은 것은?

① 탄성력의 크기는 추의 무게보다 항상 크다.
② 용수철의 늘어난 길이가 길수록 탄성력의 크기가 크다.
③ 추에 작용하는 탄성력의 방향은 위 방향이다.
④ 추에 작용하는 중력의 방향은 탄성력의 방향과 반대 방향이다.
⑤ 용수철의 처음 길이가 10 cm일 때 10 N의 힘으로 용수철을 당겼다면 용수철의 전체 길이는 12 cm이다.

C 마찰력

중요

14 오른쪽 그림과 같이 나무 도막을 밀고 있다. 나무 도막에 작용하는 마찰력과 중력의 방향을 옳게 짝 지은 것은?

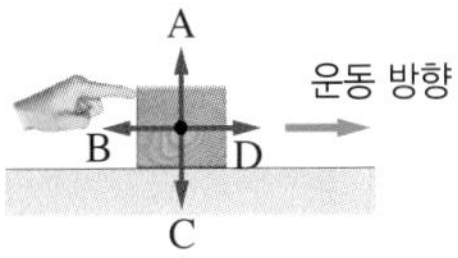

	마찰력	중력		마찰력	중력
①	B	A	②	B	C
③	B	D	④	D	A
⑤	D	C			

15 마찰력에 대한 설명으로 옳은 것을 보기에서 모두 고른 것은?

보기

ㄱ. 두 물체가 접촉해 있어야 작용하는 힘이다.
ㄴ. 물체의 질량이 클수록 마찰력의 크기가 작다.
ㄷ. 물체의 무게가 무거울수록 마찰력의 크기가 크다.
ㄹ. 물체에 힘을 가했을 때 물체가 움직이지 않았다면 물체에 작용하는 마찰력은 0이다.

① ㄱ, ㄴ ② ㄱ, ㄷ ③ ㄴ, ㄷ
④ ㄴ, ㄹ ⑤ ㄷ, ㄹ

16 그림과 같이 크기와 재질이 같은 물체 A～C를 같은 바닥에 올려놓고 끌어당겼다.

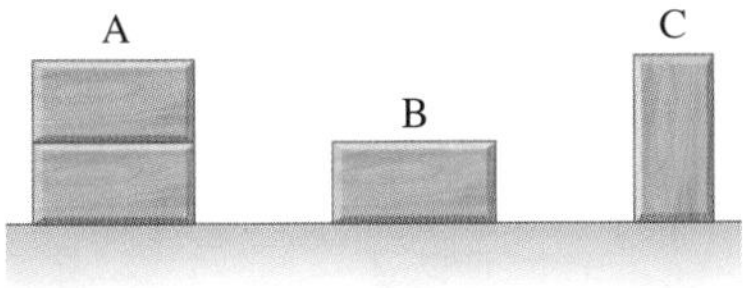

물체가 움직이는 순간 A～C에 작용하는 마찰력의 크기를 옳게 비교한 것은?

① A>B>C ② A>C>B
③ A>B=C ④ B>C>A
⑤ B>C>A

17 그림과 같이 크기와 재질이 같은 나무 도막을 끌어당기면서 나무 도막이 움직이는 순간 힘 센서에 나타난 측정값을 확인하였다.

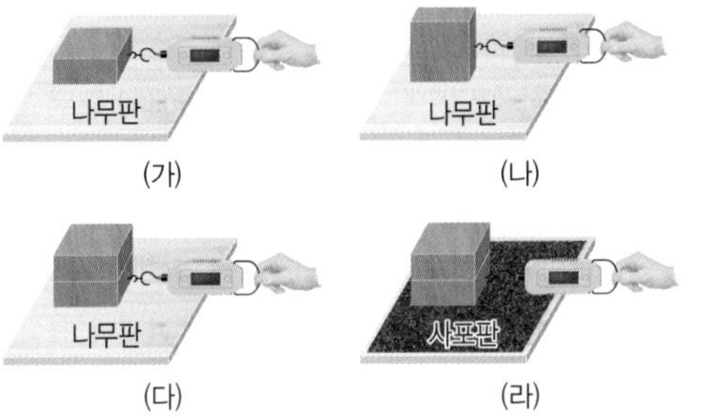

이에 대한 설명으로 옳지 않은 것은?

① 접촉면이 거칠수록 마찰력의 크기가 크다.
② 접촉면의 넓이는 마찰력의 크기와 관계없다.
③ 힘 센서에 나타난 측정값은 마찰력의 크기와 같다.
④ 마찰력의 크기는 나무 도막의 무게가 무거울수록 크다.
⑤ 마찰력의 크기를 비교하면 (라)>(다)>(가)>(나)이다.

중요

18 오른쪽 그림은 눈이 오는 날 자동차 바퀴에 체인을 감는 모습을 나타낸 것이다. 생활 속에서 이와 같은 원리로 마찰력을 이용하는 경우가 아닌 것은?

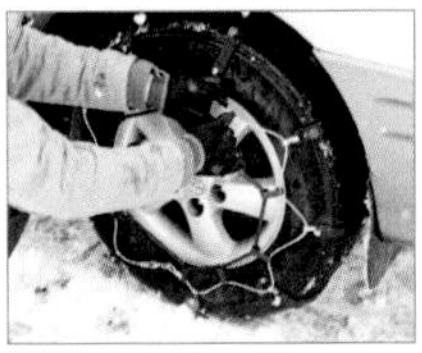

① 자전거 체인에 윤활유를 바른다.
② 아기용 양말 바닥에 고무를 붙인다.
③ 야구 선수가 손에 송진 가루를 묻힌다.
④ 계단 끝에 미끄럼 방지 패드를 붙인다.
⑤ 설거지를 할 때 사용하는 고무장갑의 손바닥 부분을 울퉁불퉁하게 만든다.

D 부력

중요 | 탐구 b

19 오른쪽 그림과 같이 힘 센서에 추를 매달았더니 물 밖에서의 측정값이 20 N이고, 물속에서 측정값이 17 N이었다. 이때 추에 작용하는 부력의 크기와 방향을 옳게 짝 지은 것은?

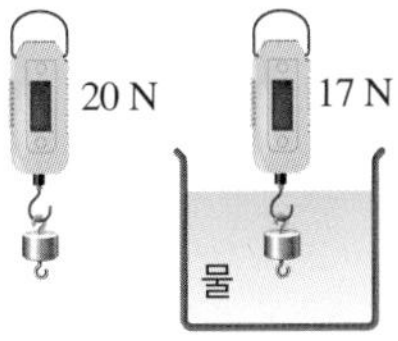

	크기	방향		크기	방향
①	3 N	위쪽	②	3 N	아래쪽
③	17 N	위쪽	④	17 N	아래쪽
⑤	20 N	아래쪽			

중요

20 오른쪽 그림과 같이 양팔저울에 왕관과 금덩어리를 올려 수평을 이루게 한 뒤 물속에 넣었더니 양팔저울이 금덩어리 쪽으로 기울었다.

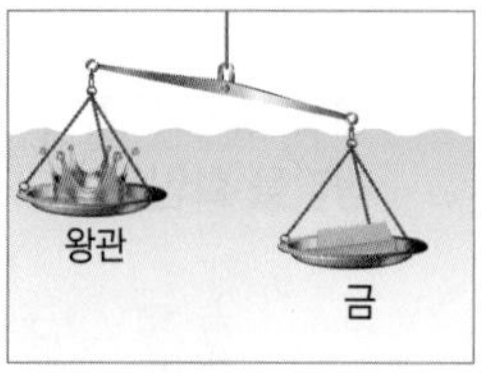

이에 대한 설명으로 옳은 것을 보기에서 모두 고른 것은?

> 보기
> ㄱ. 왕관과 금덩어리의 무게는 같다.
> ㄴ. 왕관보다 금덩어리에 더 큰 부력이 작용한다.
> ㄷ. 왕관의 부피가 금덩어리의 부피보다 크다.

① ㄱ ② ㄴ ③ ㄷ
④ ㄱ, ㄷ ⑤ ㄴ, ㄷ

21 그림은 같은 부피의 서로 다른 물체 A, B, C를 물에 넣었을 때의 모습을 나타낸 것이다.

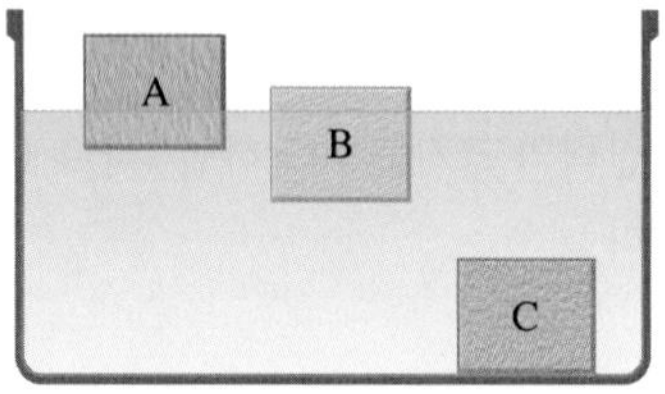

이에 대한 설명으로 옳은 것은?

① A와 B에는 중력이 작용하지 않는다.
② A와 B에 작용하는 부력의 크기는 같다.
③ A보다 C에 작용하는 부력의 크기가 더 크다.
④ B보다 A의 질량이 크다.
⑤ C에는 부력이 작용하지 않는다.

22 오른쪽 그림은 열기구가 하늘로 올라가는 모습을 나타낸 것이다. 열기구를 떠오르게 하는 힘과 같은 힘을 사용하는 경우가 아닌 것은?

① 놀이공원의 헬륨 풍선 ② 하늘로 띄우는 풍등
③ 물놀이에 사용하는 튜브 ④ 물 위로 떠오르는 잠수함
⑤ 물체를 쏘아 올리는 새총

서술형 문제

중요

23 지구에서 질량이 6 kg인 물체가 있다. 이 물체의 무게를 지구와 달에서 측정하면 각각 몇 N인지 풀이 과정과 함께 구하시오.

• 지구에서 물체의 무게:

• 달에서 물체의 무게:

중요

24 그림은 용수철을 잡아당기며 용수철이 늘어난 길이를 측정한 결과이다.

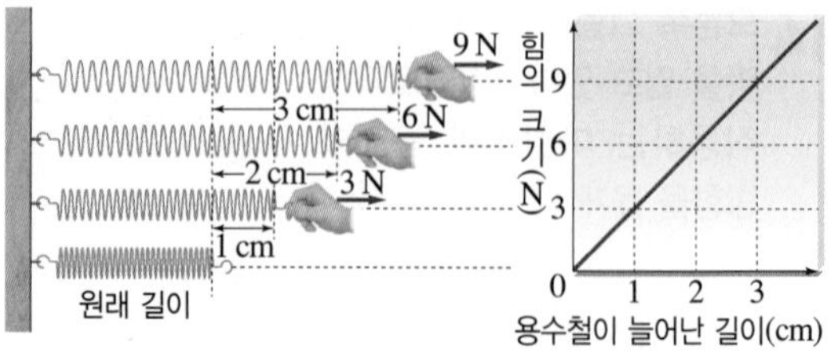

이 용수철을 잡아당겼을 때 늘어난 길이가 5 cm가 되었다면, 이때의 탄성력의 크기는 몇 N인지 풀이 과정과 함께 구하시오.

중요

25 그림 (가)~(라)와 같이 크기와 재질이 같은 나무 도막을 나무판과 유리판 위에 올려놓고 서서히 힘을 가하면서 나무 도막이 움직이는 순간 힘 센서에 나타난 측정값을 확인하였다.

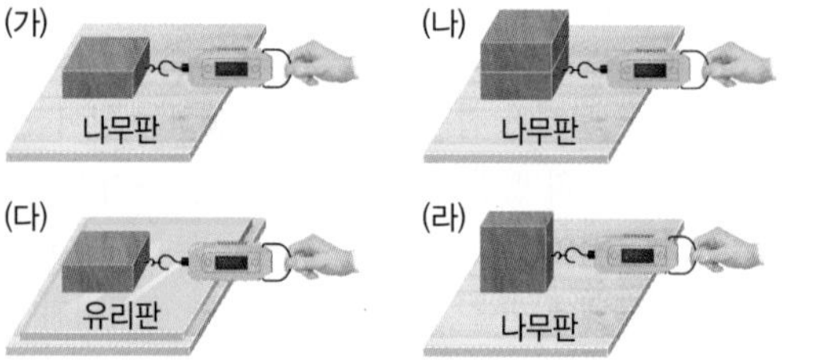

(1) (가)~(라)에서 나무 도막에 작용하는 마찰력의 크기를 등호 또는 부등호로 비교하시오.

(2) 위 실험으로 알 수 있는 마찰력의 크기에 영향을 주는 요인과 영향을 주지 않는 요인을 각각 서술하시오.

• 마찰력의 크기에 영향을 주는 요인:

• 마찰력의 크기에 영향을 주지 않는 요인:

26 그림 (가)는 빈 화물선을, 그림 (나)는 짐을 가득 실은 화물선을 나타낸 것이다.

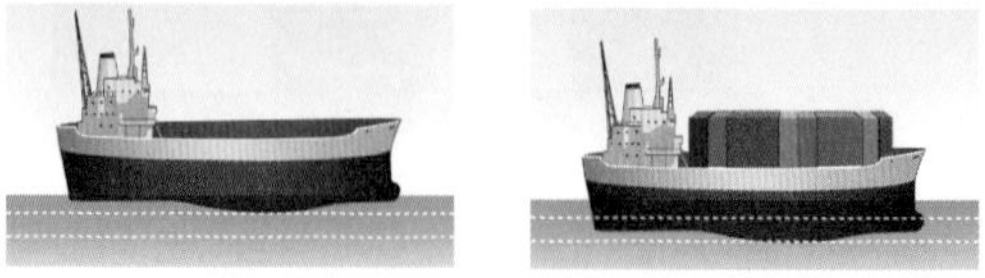

(가) (나)

(나)가 (가)보다 무거운데도 물 위에 떠 있을 수 있는 까닭을 서술하시오.

01 표는 천체에서 중력의 상대적 크기를 나타낸 것이다.

천체	지구	달	화성	목성
중력의 상대적 크기	1	$\frac{1}{6}$	$\frac{1}{3}$	2.5

지구에서 질량이 6 kg인 물체를 다른 천체에서 측정할 때, 질량과 무게에 대한 설명으로 옳은 것은? (단, 지구에서 질량이 1 kg인 물체의 무게는 10 N이다.)

① 달에서 물체의 질량은 1 kg, 무게는 60 N이다.
② 화성에서 물체의 무게는 20 N이다.
③ 목성에서 물체의 질량은 15 kg이다.
④ 물체의 무게는 달, 화성, 목성에서 모두 같다.
⑤ 달에서 물체의 무게는 화성에서의 2배이다.

02 그림은 서로 다른 용수철 A, B에 추를 매달아 늘어난 길이를 측정한 결과를 나타낸 것이다.

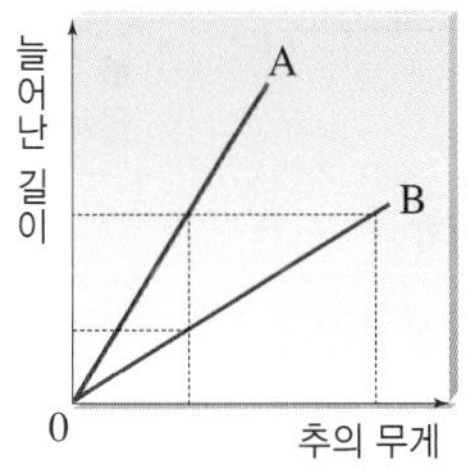

이에 대한 설명으로 옳지 않은 것은?

① 늘어난 길이가 같을 때 탄성력의 크기는 A가 더 크다.
② 늘어난 길이가 같을 때 B에 매단 추의 무게가 더 무겁다.
③ 매단 추의 무게가 같을 때 A가 더 많이 늘어난다.
④ 매단 추의 무게가 같을 때 두 용수철의 탄성력의 크기는 같다.
⑤ 질량이 작은 추의 무게를 측정할 때는 A를 사용해야 더 정확하게 측정할 수 있다.

03 그림과 같이 크기와 재질이 같은 물체 A~D를 같은 바닥에 놓고 끌어당기면서 물체가 움직이는 순간 마찰력의 크기를 측정하였다.

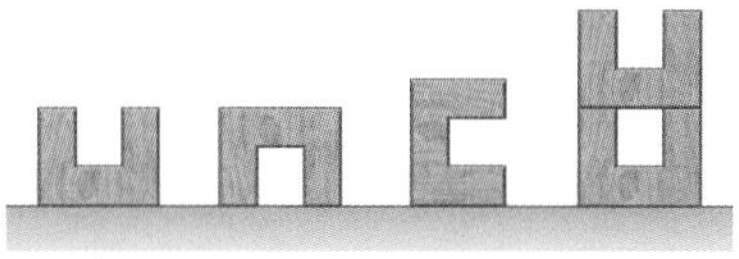

이에 대한 설명으로 옳은 것은?

① A, B, C에 작용한 마찰력의 크기는 모두 다르다.
② A와 D에 작용한 마찰력의 크기는 같다.
③ 마찰력의 크기를 비교하면 D>B>C=A이다.
④ B를 운동장에서 끌 때보다 얼음판에서 끌 때 마찰력의 크기가 크다.
⑤ 2 N의 힘으로 C와 D를 끌었더니 둘 다 움직이지 않았다면 C와 D에 작용한 마찰력의 크기는 같다.

04 오른쪽 그림과 같이 부피는 같고 무게가 다른 물체 A와 B를 물의 중간에 넣었을 때 A는 중간에 떠 있고, B는 바닥에 가라앉았다. 이에 대한 설명으로 옳은 것을 보기에서 모두 고른 것은?

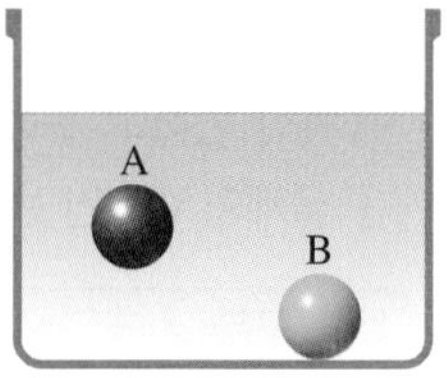

보기
ㄱ. A가 B보다 무거운 물체이다.
ㄴ. A에 작용하는 부력과 중력의 크기는 같다.
ㄷ. B에 작용하는 부력의 크기는 중력의 크기보다 크다.
ㄹ. A와 B에 작용하는 부력의 크기는 같다.

① ㄱ, ㄴ　② ㄱ, ㄷ　③ ㄱ, ㄹ
④ ㄴ, ㄹ　⑤ ㄷ, ㄹ

05 오른쪽 그림은 잠수함의 모습을 간단하게 나타낸 것이다. 잠수함의 공기 조절 탱크에는 바닷물이 드나들게 할 수 있다. 잠수함이 더 깊은 곳으로 내려가기 위한 방법을 중력과 부력의 크기를 이용하여 서술하시오.

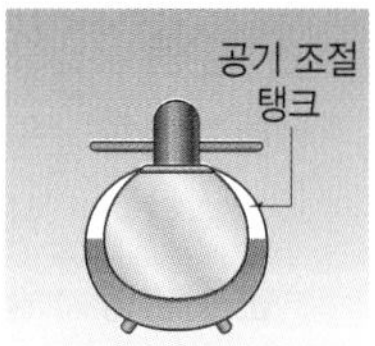

03 힘의 작용과 운동 상태 변화

A 알짜힘과 운동 상태 변화

1 알짜힘 물체에 작용하는 모든 힘들의 합력으로, 물체가 받는 순 힘

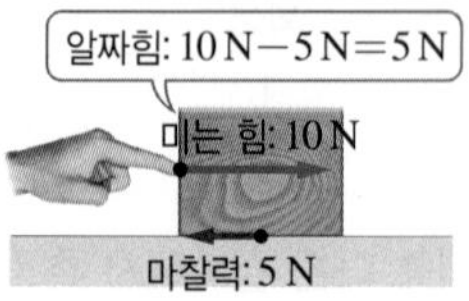

▲ 물체에 작용하는 알짜힘

2 알짜힘에 따른 운동 상태 변화

① 물체에 작용하는 알짜힘이 0일 때: 물체는 정지해 있거나 일정한 운동 상태를 유지한다.❶

② 물체에 작용하는 알짜힘이 0이 아닐 때: 물체의 운동 상태가 변한다.❷

운동 방향과 나란한 방향으로 힘이 작용할 때	운동 방향과 수직 방향으로 힘이 작용할 때	운동 방향과 비스듬한 방향으로 힘이 작용할 때
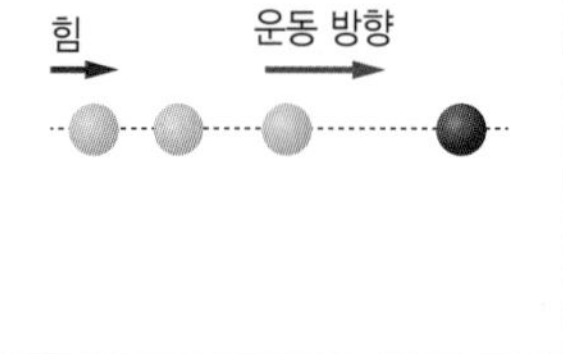	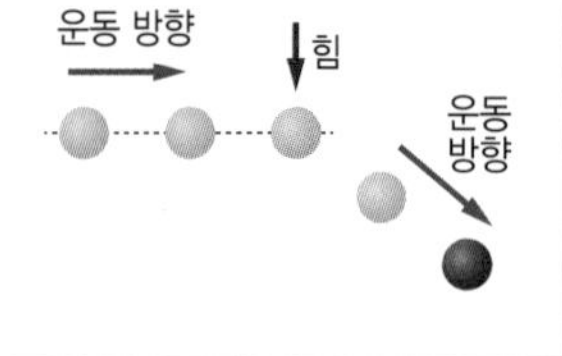	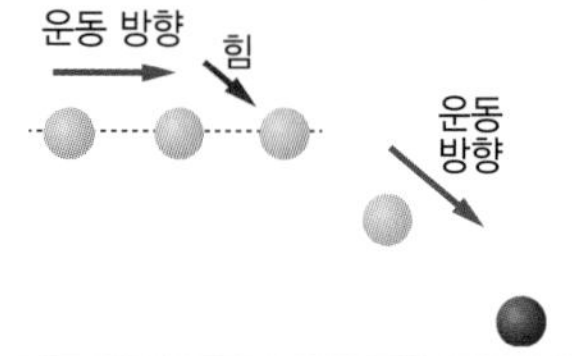
물체의 속력이 변한다.	물체의 운동 방향이 변한다.	물체의 속력과 운동 방향이 모두 변한다.

B 속력과 운동 방향이 변하는 운동 여기서 잠깐 32쪽

1 속력만 변하는 운동 알짜힘이 물체의 운동 방향과 나란한 방향으로 작용하면 물체의 속력만 변하고 운동 방향은 일정하다.

① 물체의 속력만 변하는 운동

구분	속력이 점점 증가하는 운동	속력이 점점 감소하는 운동
물체의 모습	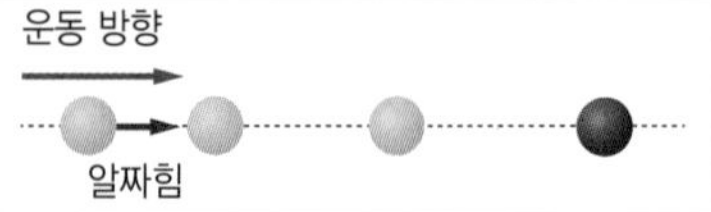	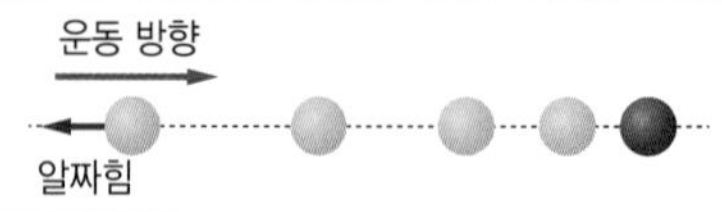
힘의 방향	운동 방향과 힘의 방향이 같다.	운동 방향과 힘의 방향이 반대이다.

② 물체의 속력만 변하는 운동의 예

속력이 점점 증가하는 운동의 예
자이로드롭, 경사면을 내려오는 수레, 스카이다이빙, 나무에서 떨어지는 사과 등

속력이 점점 감소하는 운동의 예
연직 위로 던져 올린 공, 운동장을 구르는 공, 브레이크를 밟은 자동차 등

2 운동 방향만 변하는 운동 알짜힘이 물체의 운동 방향과 수직으로 작용하면 물체의 속력은 일정하고 운동 방향만 변한다.

① 물체의 운동 방향만 변하는 운동

운동	물체가 일정한 속력으로 원을 그리며 움직이는 운동
힘의 방향	원의 중심 방향으로 작용한다.
속력	항상 일정하다.
운동 방향	원의 *접선 방향으로 매 순간 변한다.❸
힘과 운동	힘과 운동 방향이 서로 수직이다.

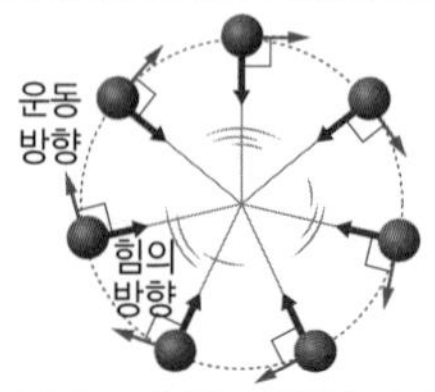

② 물체의 운동 방향만 변하는 운동의 예: 인공위성, 대관람차, 회전목마, 선풍기 날개 등

플러스 강의

❶ 일정한 운동 상태를 유지하는 운동

• 에스컬레이터, 무빙 워크, 컨베이어 벨트 등과 같이 일정한 운동 상태를 유지하는 운동은 속력과 운동 방향이 일정한 운동이다.

• 일정한 운동 상태를 유지하며 운동하는 물체를 일정한 시간 간격으로 촬영하면 물체 사이의 간격이 일정하다.

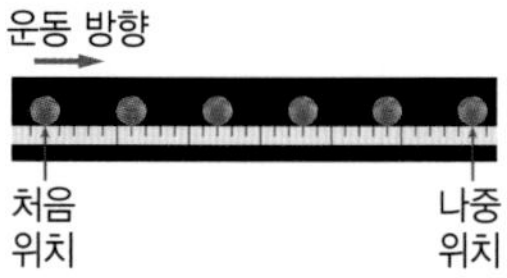

❷ 물체의 운동 상태 변화에 영향을 주는 요인

물체에 작용하는 알짜힘의 크기가 클수록, 물체의 질량이 작을수록 운동 상태 변화가 크다.

❸ 일정한 속력으로 원운동하는 물체를 놓을 때 운동 방향

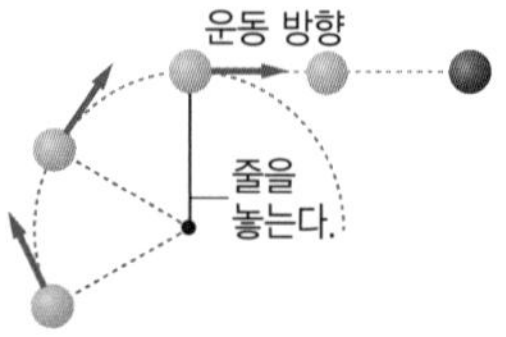

줄을 놓으면 물체에는 더 이상 원의 중심 방향으로 힘이 작용하지 않으므로, 물체는 운동하던 방향으로 날아간다.

용어 돋보기

* **접선(接 잇다, 線 선)**_ 원과 직선이 한 점에서 만나는 점을 접점, 이때의 직선을 접선이라고 함

정답과 해설 8쪽

A 알짜힘과 운동 상태 변화

- □□□: 물체에 작용하는 모든 힘들의 합력
- 알짜힘이 0이면 물체는 □□해 있거나 일정한 운동 상태를 유지한다.
- 알짜힘이 0이 아니면 물체의 운동 상태가 □□□.

B 속력과 운동 방향이 변하는 운동

- 알짜힘이 물체의 운동 방향과 □□□ 방향으로 작용하면 물체의 속력만 변하고 운동 방향은 일정하다.
- 알짜힘이 물체의 운동 방향과 □□으로 작용하면 물체의 속력은 일정하고 운동 방향만 변한다.

암기꽝 힘의 방향과 운동 방향에 따른 운동 상태 변화

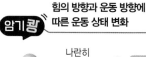

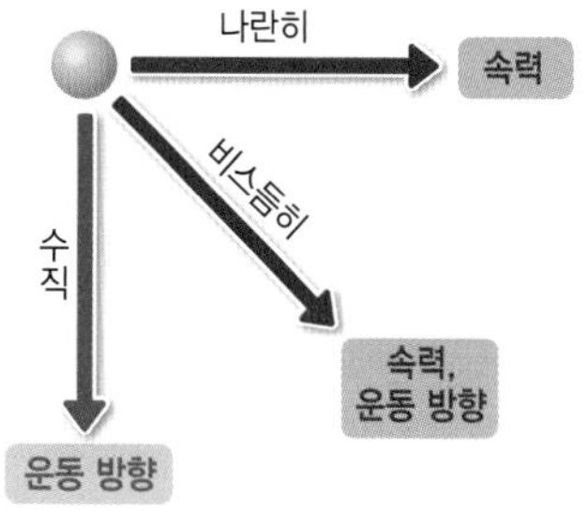

- **나**란할 때: **속**력만 변화
- **수**직일 때: **운**동 방향만 변화
- **비**스듬할 때: **속**력과 운동 **방**향 모두 변화

A

1 물체에 작용하는 알짜힘의 방향과 물체의 운동 방향이 수직이면 (속력, 운동 방향, 속력과 운동 방향)이 변하는 운동을 하고, 물체에 작용하는 알짜힘의 크기가 (클수록, 작을수록), 물체의 질량이 (클수록, 작을수록) 물체의 운동 상태가 크게 변한다.

2 오른쪽 그림과 같이 마찰이 없는 수평면에 정지해 있던 질량이 2 kg인 물체에 10 N의 힘을 일정한 시간동안 작용했더니 속력이 2 m/s가 되었다. 정지해 있던 이 물체에 20 N의 힘을 같은 시간동안 작용하면 속력은 몇 m/s가 되겠는지 구하시오.

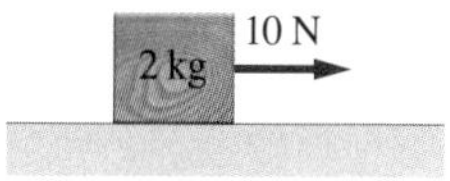

3 그림은 운동하는 물체에 알짜힘이 작용하는 모습을 나타낸 것이다.

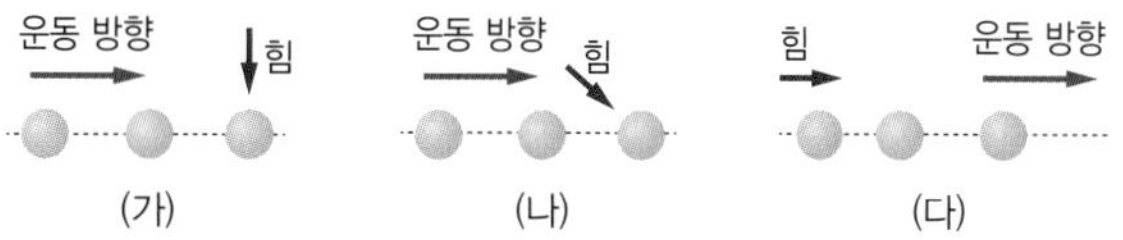

알짜힘을 작용하여 운동 상태가 다음과 같이 변하는 그림을 (가)~(다)에서 고르시오.

(1) 물체의 속력만 변한다. ………… (　　)

(2) 물체의 운동 방향만 변한다. ………… (　　)

(3) 물체의 속력과 운동 방향이 모두 변한다. ………… (　　)

B

4 물체에 작용하는 알짜힘에 따른 물체의 속력 변화와 그 예를 선으로 연결하시오.

(1) 물체에 알짜힘이 작용하지 않을 때 •	• ㉠ 속력 증가 •	• ⓐ 에스컬레이터
(2) 알짜힘의 방향과 운동 방향이 같을 때 •	• ㉡ 속력 일정 •	• ⓑ 브레이크를 밟은 자동차
(3) 알짜힘의 방향과 운동 방향이 반대일 때 •	• ㉢ 속력 감소 •	• ⓒ 자이로드롭

5 오른쪽 그림은 화살표를 따라 속력이 일정한 원운동을 하는 물체를 나타낸 것이다. (　) 안에 알맞은 말을 고르시오.

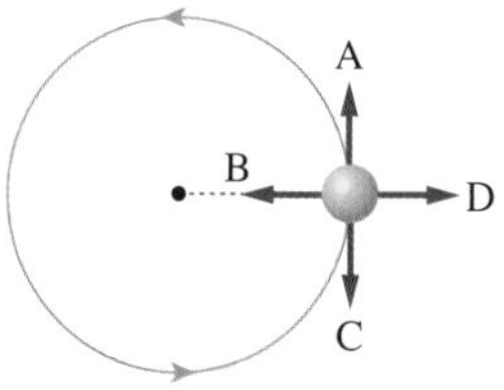

(1) 물체에 작용하는 힘의 방향은 (A, B, C, D)이다.

(2) 물체의 운동 방향은 (A, B, C, D)이다.

6 보기에서 (1) 속력만 변하는 운동을 하는 경우와 (2) 운동 방향만 변하는 운동을 하는 경우를 모두 고르시오.

보기

ㄱ. 인공위성　ㄴ. 회전목마　ㄷ. 스카이다이빙　ㄹ. 운동장을 구르는 공

03 힘의 작용과 운동 상태 변화

3 속력과 운동 방향이 모두 변하는 운동 알짜힘이 물체의 운동 방향과 비스듬하게 작용하면 물체의 속력과 운동 방향이 모두 변한다.❶

① 물체의 속력과 운동 방향이 모두 변하는 운동

구분	비스듬히 던져 올린 물체가 포물선을 그리며 움직이는 운동	실에 매달린 물체가 같은 경로를 왕복하는 운동
물체의 모습	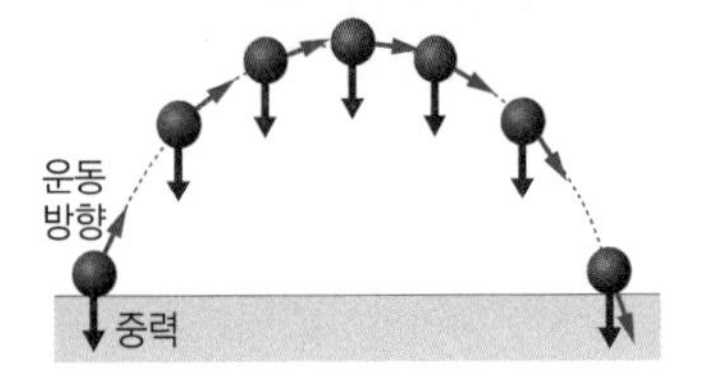	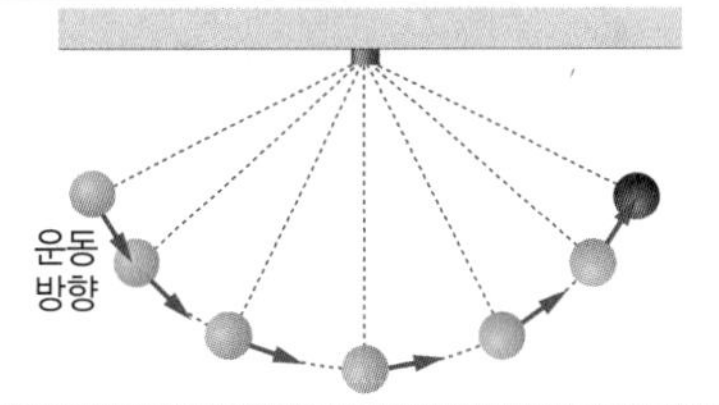
힘의 방향	중력이 항상 연직 아래 방향으로 작용한다.	계속 변한다.
속력	계속 변한다.	계속 변한다.
운동 방향	운동 경로의 접선 방향 ➡ 매 순간 변한다.	
힘과 운동	힘과 운동 방향이 비스듬하다.❷	

② 물체의 속력과 운동 방향이 모두 변하는 운동의 예

비스듬히 던져 올린 물체가 포물선을 그리며 움직이는 운동의 예

비스듬히 차 올린 축구공, 활시위를 떠난 화살의 운동 등

실에 매달린 물체가 같은 경로를 왕복하는 운동의 예

바이킹, 시계추, 그네 등

C 일상생활에서의 힘의 작용❸

1 바닥에 놓인 물체에 작용하는 힘

① 바닥에 놓인 물체에는 중력과 바닥이 물체를 떠받치는 힘이 작용한다.

② 물체에 작용하는 힘이 서로 평형을 이루고 있다. ➡ 물체에 작용하는 알짜힘은 0이다.

[책상 위에 놓인 책에 작용하는 힘]

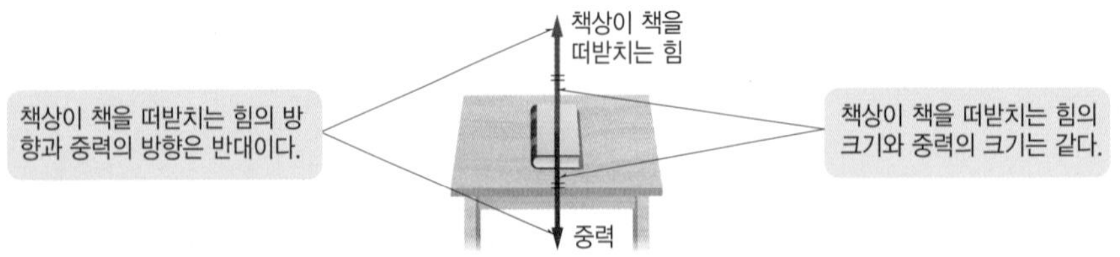

2 평형을 이루고 있는 물체에 작용하는 힘❹

구분	용수철에 매달려 있는 추	물 위에 떠 있는 튜브	문을 멈추고 있는 장치
예시	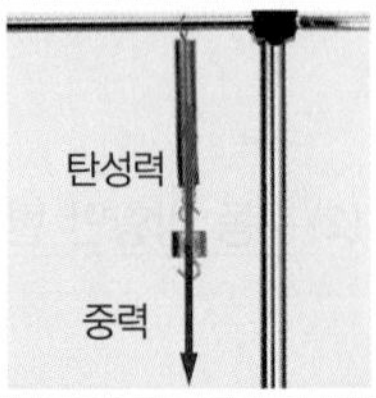	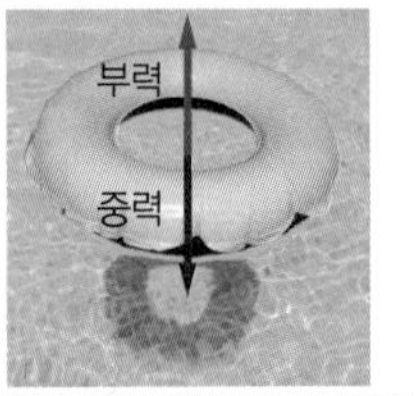	
힘의 작용	탄성력과 중력이 평형을 이루고 있다.	부력과 중력이 평형을 이루고 있다.	마찰력과 닫히려는 힘이 평형을 이루고 있다.

플러스 강의

❶ 탁구공의 속력과 운동 방향이 모두 변하는 운동

탁구공에 헤어드라이어로 바람을 불어 주면 알짜힘이 비스듬하게 작용하여 탁구공의 속력과 운동 방향이 변한다. 탁구공의 속력과 운동 방향은 헤어드라이어의 바람 세기와 탁구공의 질량이 영향을 미친다.

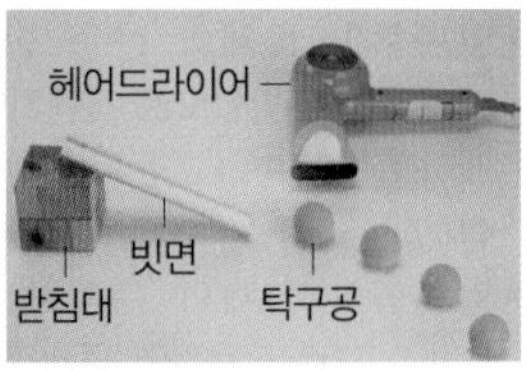

❷ 운동하는 물체에 작용하는 공기 저항

공기 속에서 운동하는 물체에는 *공기 저항이 작용하지만 중력에 비해 작아서 무시한다.

❸ 승강기에 작용하는 힘

- 승강기의 속력이 감소한다.
  ➡ 알짜힘이 0이 아니다.
- 승강기가 일정한 속력으로 올라간다. ➡ 알짜힘이 0이다.
- 승강기의 속력이 빨라진다.
  ➡ 알짜힘이 0이 아니다.
- 승강기가 정지해 있다.
  ➡ 알짜힘이 0이다.

❹ 평형을 이루고 있지 않은 물체에 작용하는 힘

그림과 같이 용수철과 연결한 나무 도막을 잡아당겼다가 놓았다.

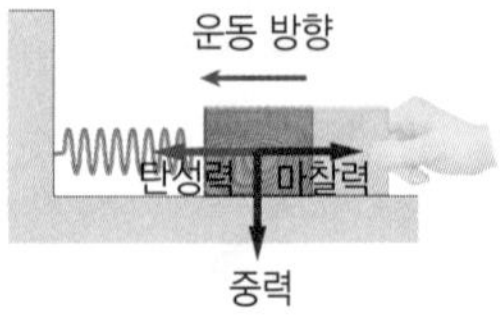

나무 도막이 왼쪽으로 움직이고 있으므로 나무 도막에 작용하는 알짜힘이 0이 아니다.

용어 돋보기

* **공기 저항(空 비다, 氣 기운, 抵 막다, 抗 대항하다)**_공기 속을 운동하는 물체가 공기로부터 받는 저항

정답과 해설 8쪽

B 속력과 운동 방향이 변하는 운동

- 알짜힘이 물체의 운동 방향과 비스듬하게 작용하면 물체의 □□과 □□ □□이 모두 변한다.

C 일상생활에서의 힘의 작용

- 바닥에 놓인 물체에는 □□과 바닥이 물체를 떠받치는 힘이 작용한다.
- 바닥에 놓인 물체에 작용하는 힘은 평형을 이루고 있고, 알짜힘은 □이다.
- 일상생활에서 힘의 □□을 이루고 있는 물체에는 용수철에 매달려 있는 추, 물 위에 떠 있는 튜브, 문을 멈추고 있는 장치 등이 있다.

암기쾅 일상생활에서의 힘의 작용

와 재밌다! 중력이 작용해서 떨어지고 있어!
중력
중력과 줄의 탄성력이 평형을 이루어서 매달리고 있군~
탄성력
중력

B

7 알짜힘과 물체의 운동 방향에 대한 설명으로 옳은 것은 ○, 옳지 않은 것은 ×로 표시하시오.

(1) 물체에 작용하는 알짜힘의 방향과 물체의 운동 방향이 수직이면 물체는 포물선을 그리며 움직이는 운동을 한다. ( )

(2) 실에 매달린 물체가 같은 경로를 왕복하는 운동은 물체의 운동 방향에 알짜힘이 비스듬하게 작용했을 때 나타나는 운동이다. ( )

(3) 물체의 운동 방향에 알짜힘이 비스듬하게 작용하면 활시위를 떠난 화살, 바이킹, 그네와 같은 운동을 한다. ( )

8 오른쪽 그림과 같이 책상 위를 굴러가는 탁구공에 나란하지 않은 방향으로 헤어드라이어의 바람을 불어 주었더니 탁구공의 속력과 운동 방향이 변하였다. 탁구공의 속력과 운동 방향에 영향을 미치는 것을 보기에서 모두 고르시오.

보기
ㄱ. 탁구공의 질량 ㄴ. 탁구공의 크기 ㄷ. 빗면의 넓이
ㄹ. 헤어드라이어의 크기 ㅁ. 헤어드라이어의 바람 세기

C

9 오른쪽 그림은 비스듬히 던져 올린 야구공의 모습을 일정한 시간 간격으로 나타낸 것이다. 이에 대한 설명으로 옳은 것은 ○, 옳지 않은 것은 ×로 표시하시오.

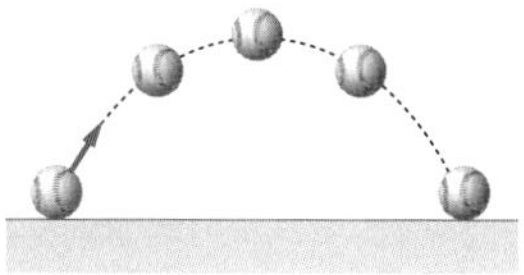

(1) 야구공의 속력과 운동 방향이 모두 변한다. ( )

(2) 야구공에 작용하는 힘의 방향이 계속 변한다. ( )

(3) 야구공의 운동 방향과 수직으로 힘이 작용한다. ( )

10 보기에서 속력과 운동 방향이 모두 변하는 운동의 예를 모두 고르시오.

보기
ㄱ. 바이킹 ㄴ. 대관람차 ㄷ. 자이로드롭 ㄹ. 활시위를 떠난 화살의 운동

11 오른쪽 그림과 같이 책상 위에 놓인 물체에 아래쪽으로 중력이 작용할 때, 책상이 물체를 떠받치는 힘의 방향을 쓰시오.

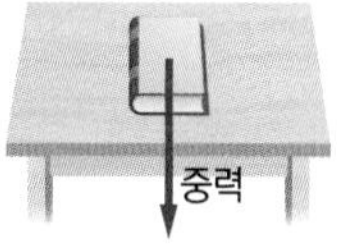

12 오른쪽 그림은 튜브가 가만히 물에 떠 있는 모습을 나타낸 것이다. 이 튜브에 작용하고 있는 힘 ㉠, ㉡의 종류를 쓰시오.

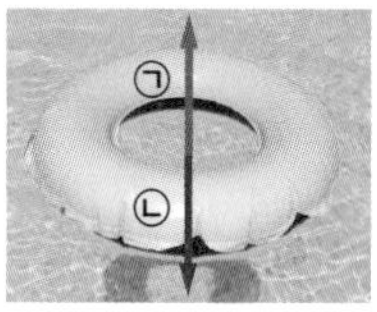

여기서 잠깐

지금까지 알짜힘에 따른 물체의 운동을 배웠어요. 물체가 움직이는 운동의 종류와 특징이 너무 많아서 헷갈린다면, 여기서 잠깐에서 사례 중심으로 정리해 볼까요?

> 정답과 해설 9쪽

알짜힘에 따른 물체의 운동 정리하기

알짜힘과 운동

알짜힘이 0일 때
➡ 물체가 정지 상태를 유지하거나 일정한 운동 상태를 유지한다.

알짜힘이 0이 아닐 때
➡ 물체의 속력 또는 운동 방향이 변하거나 속력과 운동 방향이 모두 변한다.

알짜힘이 0일 때

속력과 운동 방향이 일정한 운동
- 속력: ①(　　　)
- 운동 방향: 일정

예 에스컬레이터, 무빙 워크, 컨베이어 벨트, 리프트, 모노레일 등

▲ 에스컬레이터

▲ 모노레일

힘의 방향과 운동 방향이 나란할 때

같을 때

속력이 점점 증가하는 운동
- 속력: ②(　　　)
- 운동 방향: 일정

예 낙하하는 물체, 경사면을 내려오는 수레, 자이로드롭, 스카이다이빙 등

▲ 자이로드롭

▲ 스카이다이빙

반대일 때

속력이 점점 감소하는 운동
- 속력: ③(　　　)
- 운동 방향: 일정

예 연직 위로 던져 올린 공, 운동장을 구르는 공, 브레이크를 밟은 자동차 등

▲ 연직 위로 던져 올린 공

▲ 브레이크를 밟은 자동차

힘의 방향과 운동 방향이 수직일 때

속력이 일정한 원운동
- 속력: 일정
- 운동 방향: ④(　　　)

예 인공위성, 대관람차, 회전목마, 선풍기의 날개 등

▲ 대관람차

▲ 회전목마

힘의 방향과 운동 방향이 비스듬할 때

비스듬히 던져 올린 물체가 포물선을 그리며 움직이는 운동
- 속력: ⑤(　　　)
- 운동 방향: 변함

예 비스듬히 차 올린 축구공, 활시위를 떠난 화살의 운동 등

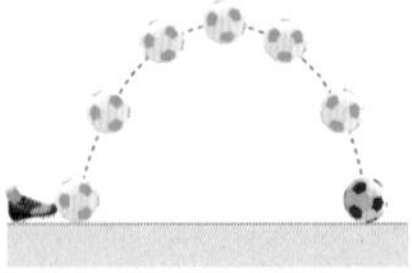
▲ 비스듬히 차 올린 축구공

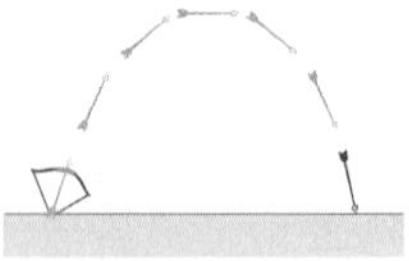
▲ 활시위를 떠난 화살의 운동

실에 매달린 물체가 같은 경로를 왕복하는 운동
- 속력: ⑥(　　　)
- 운동 방향: 변함

예 바이킹, 시계추, 그네 등

▲ 바이킹

▲ 그네

기출 문제로
내신쑥쑥

전국 주요 학교의 **시험에 가장 많이 나오는 문제**들로만 구성하였습니다.
모든 친구들이 '꼭' 봐야 하는 코너입니다.

정답과 해설 9쪽

A 알짜힘과 운동 상태 변화

중요
01 그림은 양쪽에서 각각 30 N, 50 N의 힘으로 물체를 밀고 있는 모습을 나타낸 것이다.

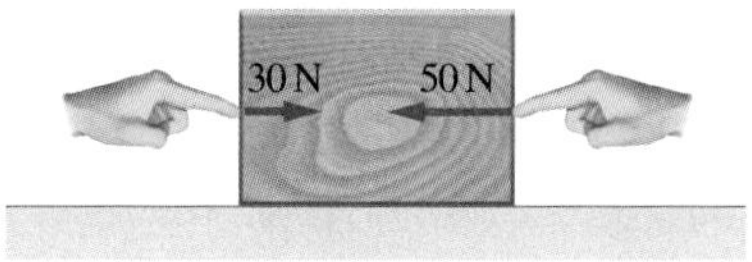

물체에 작용하는 알짜힘의 방향과 크기를 옳게 짝 지은 것은? (단, 상자에 작용하는 마찰은 무시한다.)

	방향	크기
①	왼쪽	20 N
②	왼쪽	50 N
③	왼쪽	80 N
④	오른쪽	20 N
⑤	오른쪽	50 N

02 물체에 작용하는 알짜힘이 0인 경우는?

① 비스듬히 던져 올린 공
② 경사면을 내려가는 수레
③ 좌우로 움직이고 있는 바이킹
④ 사과나무에 매달려 있는 사과
⑤ 일정한 속력으로 돌아가는 회전목마

중요
03 운동하고 있던 물체가 외부로부터 힘을 받지 않거나 물체에 작용하는 알짜힘이 0인 경우 물체는 어떤 운동을 하는가?

① 물체는 바로 정지한다.
② 속력만 변하는 운동을 한다.
③ 운동 방향만 변하는 운동을 한다.
④ 속력과 운동 방향이 모두 변하는 운동을 한다.
⑤ 속력과 운동 방향이 모두 일정한 운동을 한다.

04 그림은 수평면을 굴러가는 공의 운동을 1초 간격으로 찍은 사진이다.

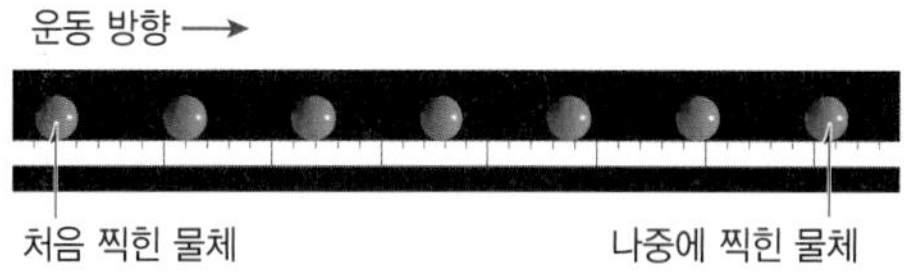

이 공의 운동에 대한 설명으로 옳은 것은?

① 공의 속력이 점점 증가한다.
② 운동 상태가 일정한 운동을 한다.
③ 공의 운동 방향이 매 순간 변한다.
④ 공에 작용하는 알짜힘의 크기가 점점 증가한다.
⑤ 옥상에서 떨어뜨린 물체도 공과 같은 운동을 한다.

중요
05 다음은 힘이 작용할 때 물체의 운동에 대한 설명이다.

> • 힘이 물체의 운동 방향과 나란한 방향으로 작용하면 물체의 (㉠)이 변한다.
> • 힘이 물체의 운동 방향과 수직인 방향으로 작용하면 물체의 (㉡)이 변한다.

( ) 안에 들어갈 말로 옳은 것은?

	㉠	㉡
①	속력	질량
②	속력	운동 방향
③	운동 방향	질량
④	운동 방향	속력
⑤	질량	운동 방향

06 그림은 움직이던 야구공에 힘을 가했을 때 야구공이 운동하는 모습을 나타낸 것이다.

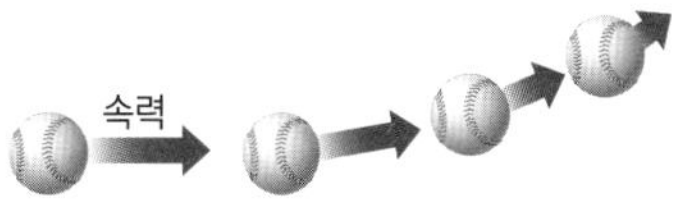

이에 대한 설명으로 옳은 것을 보기에서 모두 고른 것은? (단, 화살표의 길이가 길수록 속력이 크다.)

> 보기
> ㄱ. 야구공에 작용하는 알짜힘은 0이다.
> ㄴ. 야구공은 속력과 운동 방향이 모두 변했다.
> ㄷ. 야구공의 운동 방향과 수직인 방향으로 힘이 작용한다.

① ㄱ ② ㄴ ③ ㄱ, ㄴ
④ ㄱ, ㄷ ⑤ ㄴ, ㄷ

B 속력과 운동 방향이 변하는 운동

07 오른쪽 그림은 낙하하고 있는 공의 운동을 일정한 시간 간격으로 나타낸 것이다. 이 공의 운동에 대한 설명으로 옳은 것을 모두 고르면? (단, 공기 저항은 무시한다.) (2개)

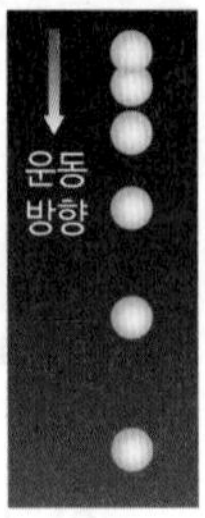

① 공의 속력은 감소한다.
② 공의 속력은 증가한다.
③ 공의 속력은 일정하다.
④ 공의 운동 방향과 반대 방향으로 중력이 작용한다.
⑤ 공에는 일정한 방향의 알짜힘이 계속 작용한다.

중요
08 속력이 점점 감소하는 운동을 보기에서 모두 고른 것은?

보기
ㄱ. 하늘 위로 던져 올린 공
ㄴ. 나무에서 떨어지는 사과
ㄷ. 브레이크를 밟은 자동차
ㄹ. 경사면을 따라 굴러 내려가는 수레

① ㄱ, ㄴ　② ㄱ, ㄷ　③ ㄴ, ㄷ
④ ㄷ, ㄹ　⑤ ㄴ, ㄷ, ㄹ

중요
09 그림은 운동하고 있는 공의 모습을 일정한 시간 간격으로 나타낸 것이다.

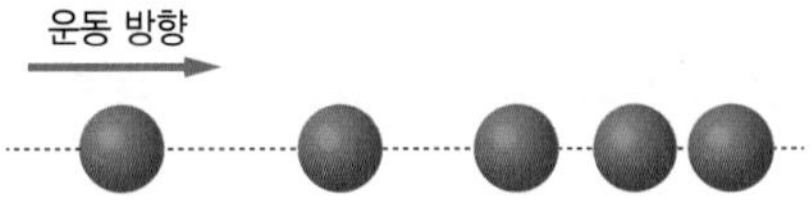

이 공의 운동에 대한 설명으로 옳은 것은?

① 공의 운동 방향은 계속 바뀐다.
② 공의 속력은 점점 증가한다.
③ 공의 운동 방향과 수직 방향으로 알짜힘이 작용한다.
④ 공의 운동 방향과 반대 방향으로 알짜힘이 작용한다.
⑤ 공과 같은 운동을 하는 예로는 인공위성이 있다.

10 마찰이 없는 수평면에 물체를 놓고 힘을 가하였다. 물체의 질량과 가한 힘의 크기가 다음과 같을 때, 속력 변화가 가장 큰 경우는?

	질량	알짜힘
①	1 kg	10 N
②	1 kg	20 N
③	2 kg	10 N
④	2 kg	20 N
⑤	4 kg	20 N

11 오른쪽 그림은 줄에 매달린 공이 속력이 일정한 원운동을 하는 모습을 나타낸 것이다. (가) 공에 작용하는 힘의 방향과 이 순간 줄을 놓았을 때 (나) 공의 운동 방향을 옳게 짝 지은 것은?

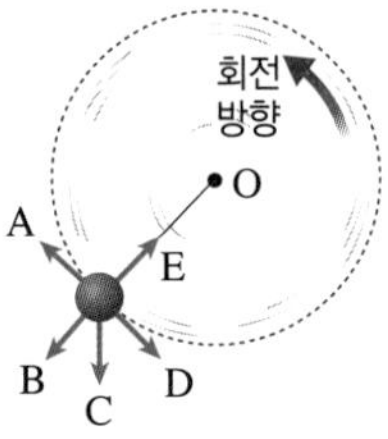

	(가)	(나)
①	A	C
②	B	B
③	C	E
④	D	A
⑤	E	D

12 속력이 일정한 원운동을 하는 물체에 대한 설명으로 옳지 않은 것을 모두 고르면? (2개)

① 물체의 운동 방향은 원의 중심 방향이다.
② 물체에 작용하는 힘의 크기는 일정하다.
③ 속력은 일정하고 운동 방향이 변하는 운동이다.
④ 물체에 작용하는 힘의 방향은 운동 방향과 수직을 이룬다.
⑤ 물체에 작용하는 힘이 사라지면 물체는 작용하던 힘의 반대 방향으로 날아간다.

13 오른쪽 그림은 회전목마가 일정한 속력으로 돌아가고 있는 모습을 나타낸 것이다. 회전목마가 움직이고 있는 운동과 같은 종류의 운동을 하는 경우는?

① 놀이공원의 바이킹
② 비스듬히 던져 올린 공
③ 높은 곳에서 떨어뜨린 공
④ 지구 주위를 도는 인공위성
⑤ 스키장의 리프트를 타고 이동하는 사람

[14~15] 그림은 공을 비스듬히 차 올렸을 때 공이 날아가는 모습을 나타낸 것이다. A 지점은 공을 차올린 직후, B 지점은 공의 높이가 가장 높을 때, C 지점은 공이 지면에 닿기 직전을 나타낸 것이다. (단, 공기 저항은 무시한다.)

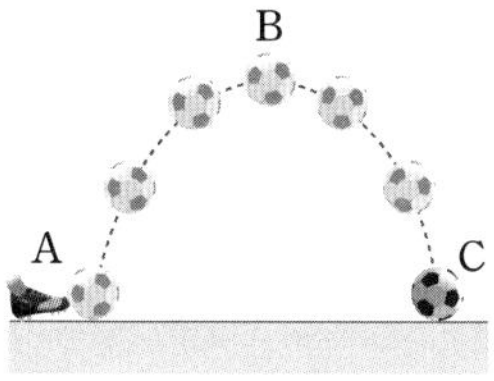

14 A~C 지점에서 공에 작용하는 힘의 방향을 옳게 나타낸 것은?

	A	B	C
①	→	→	←
②	→	↓	↓
③	↓	↓	↓
④	↓	↑	→
⑤	↑	↑	→

15 이 공의 운동에 대한 설명으로 옳은 것을 보기에서 모두 고른 것은?

보기
ㄱ. A점과 B점에서 공의 속력은 같다.
ㄴ. 공의 운동 방향과 속력은 계속 변한다.
ㄷ. 공이 운동하는 동안 공에 작용하는 힘의 크기는 일정하다.

① ㄱ ② ㄴ ③ ㄱ, ㄷ
④ ㄴ, ㄷ ⑤ ㄱ, ㄴ, ㄷ

중요
16 그림은 대관람차, 바이킹, 자이로드롭의 운동을 속력과 운동 방향의 변화에 따라 분류한 순서도이다.

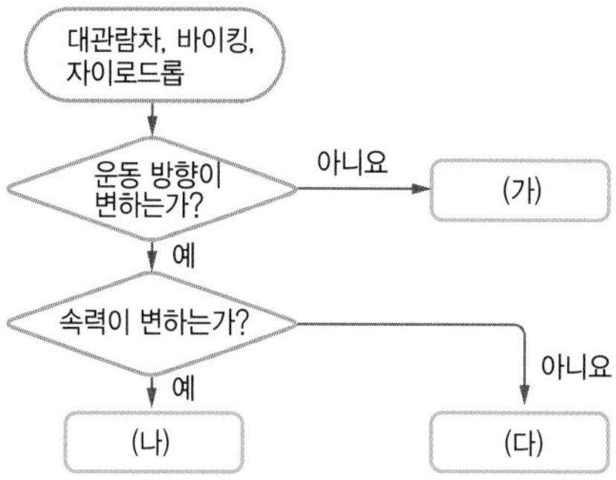

(가)~(다)에 알맞은 물체의 운동을 옳게 짝 지은 것은?

	(가)	(나)	(다)
①	대관람차	자이로드롭	바이킹
②	대관람차	바이킹	자이로드롭
③	자이로드롭	대관람차	바이킹
④	자이로드롭	바이킹	대관람차
⑤	바이킹	자이로드롭	대관람차

17 물체의 속력과 운동 방향이 모두 변하는 경우가 아닌 것은?

① 활시위를 떠난 화살
② 사람이 타고 있는 그네
③ 비스듬히 던져 올린 농구공
④ 선풍기 안에서 돌아가고 있는 날개
⑤ 시계 안에서 움직이고 있는 시계추

C 일상생활에서의 힘의 작용

중요
18 다음은 바닥에 놓인 물체에 작용하는 힘에 대해 설명한 것이다. ( ) 안에 들어갈 말로 옳은 것은?

> 바닥에 놓인 물체에는 바닥이 물체를 떠받치는 힘과 중력이 작용한다. 이때 바닥이 물체를 떠받치는 힘과 물체에 작용하는 중력의 ㉠( )은/는 같고, ㉡( )은/는 반대이다. 즉, 바닥이 물체를 떠받치는 힘과 중력은 힘의 ㉢( )을 이룬다.

	㉠	㉡	㉢
①	크기	크기	평형
②	크기	방향	수직
③	크기	방향	평형
④	방향	크기	수직
⑤	방향	방향	평형

19 그림은 우리 주변에서 볼 수 있는 도구를 사용한 다양한 활동을 나타낸 것이다.

사용한 도구에서 공통으로 이용한 힘의 종류로 옳은 것은?

① 중력　② 부력
③ 마찰력　④ 탄성력
⑤ 전기력

중요
20 그림 (가)는 물 위에 사과가 떠 있는 모습을, 그림 (나)는 용수철에 매달려 있는 사과의 모습을 나타낸 것이다.

이에 대한 설명으로 옳지 않은 것은?

① (가)에서 사과에는 중력과 부력이 작용하고 있다.
② (나)에서 사과에는 중력과 탄성력이 작용하고 있다.
③ (나)에서 사과에 작용하는 힘의 방향은 계속 변한다.
④ (가)와 (나)에서 사과에 작용하는 힘은 평형을 이루고 있다.
⑤ (가)와 (나)에서 사과에 작용하는 알짜힘은 0이다.

서술형 문제

중요
21 오른쪽 그림은 운동하는 어떤 물체에 비스듬한 방향으로 힘을 작용한 모습을 나타낸 것이다. 이 물체의 운동 상태가 어떻게 변하는지 그리시오.

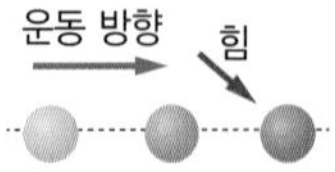

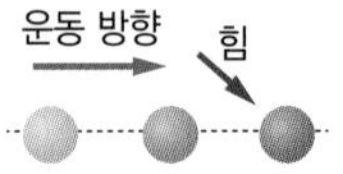

22 그림과 같이 마찰이 없는 수평면 위에 질량이 다른 두 물체 A, B를 놓고 3 N과 1 N의 힘을 각각 작용하였다.

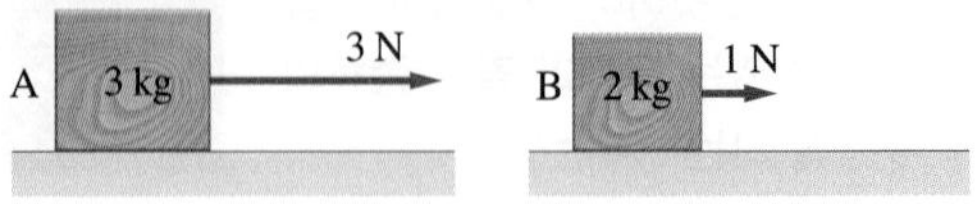

A와 B의 속력 변화의 비(A : B)를 풀이 과정과 함께 구하시오.

23 그림은 공이 일정한 속력으로 원운동을 하는 모습을 나타낸 것이다. A~D 지점에서 공에 작용하는 힘의 방향을 화살표를 이용해 나타내시오.

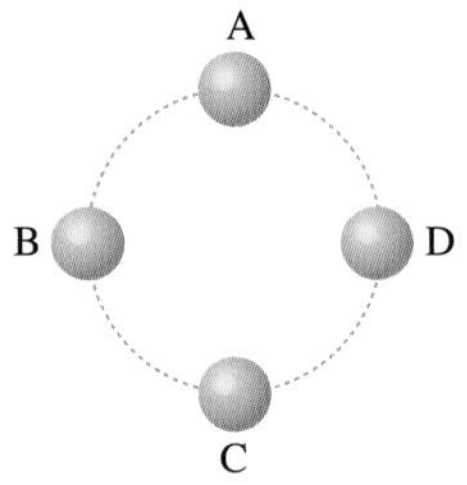

24 그림은 시계 안에 있는 시계추가 운동을 하고 있는 모습을 나타낸 것이다.

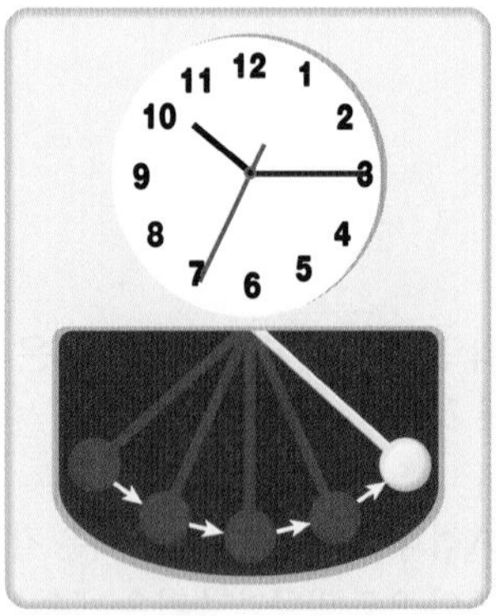

(1) 시계추에 작용하는 힘의 방향에 대해 서술하시오.

(2) 시계추의 운동 상태에 대해 서술하시오.

01 오른쪽 그림과 같이 바람이 나오는 선풍기 앞에서 스타이로폼 공을 떨어뜨려 공이 떨어지는 지점을 관찰하였다. 공이 수평 방향으로 이동한 거리가 작아지는 경우를 보기에서 모두 고른 것은?

보기
ㄱ. 선풍기 바람의 세기를 더 세게 한다.
ㄴ. 스타이로폼 공 대신 고무공을 떨어뜨린다.
ㄷ. 스타이로폼 공을 선풍기에 더 가까이 하여 떨어뜨린다.

① ㄱ ② ㄴ ③ ㄱ, ㄷ
④ ㄴ, ㄷ ⑤ ㄱ, ㄴ, ㄷ

02 오른쪽 그림은 지구 주위를 도는 인공위성의 운동을 나타낸 것이다. 이에 대한 설명으로 옳지 않은 것은?

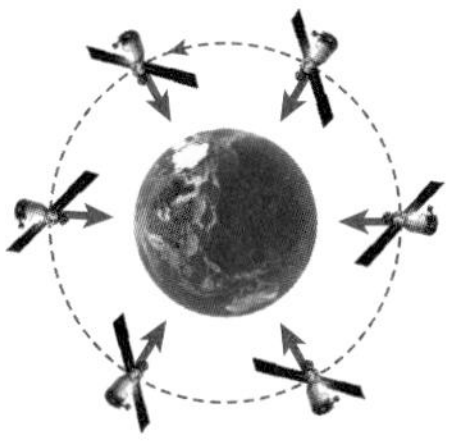

① 인공위성에는 중력이 작용한다.
② 인공위성의 속력은 계속 변한다.
③ 인공위성의 운동 방향은 계속 변한다.
④ 인공위성에 작용하는 힘의 크기는 일정하다.
⑤ 인공위성의 운동 방향은 인공위성에 작용하는 힘의 방향과 수직이다.

03 그림과 같이 민호가 진석을 향하여 농구공을 던졌다.

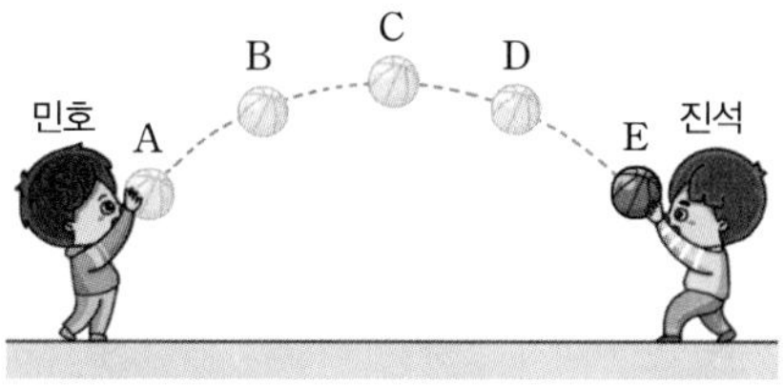

이에 대한 설명으로 옳은 것은? (단, 공기 저항은 무시한다.)

① A점에서 C점으로 공이 날아가는 동안 공의 속력은 일정하고 운동 방향만 변한다.
② C점에서 E점으로 공이 날아가는 동안 공의 속력은 일정하고 운동 방향만 변한다.
③ C점에 도달하는 순간 공에 작용하는 알짜힘은 0이다.
④ 공에 작용하는 힘의 크기는 B점에서가 D점에서보다 크다.
⑤ A점에서 E점까지 공이 날아가는 동안 공에 작용하는 힘의 방향과 공의 운동 방향은 비스듬하다.

04 다음은 오른쪽 그림과 같이 재연이가 승강기를 타고 올라갈 때, 승강기의 운동을 (가)~(라) 구간으로 나누어 정리한 것이다.

(가) 승강기의 속력이 점점 감소한다.
(나) 승강기가 일정한 속력으로 올라간다.
(다) 승강기가 출발하여 속력이 점점 빨라진다.
(라) 승강기가 1층에 정지해 있다.

승강기에 타고 있는 재연에게 작용하는 힘에 대한 설명으로 옳은 것을 보기에서 모두 고른 것은?

보기
ㄱ. 알짜힘이 0이 아닌 구간은 (가), (나), (다)이다.
ㄴ. (다) 구간에서 힘은 위쪽 방향으로 작용한다.
ㄷ. (라) 구간에서 중력과 승강기 바닥이 떠받치는 힘이 평형을 이루고 있다.

① ㄱ ② ㄷ ③ ㄱ, ㄴ
④ ㄴ, ㄷ ⑤ ㄱ, ㄴ, ㄷ

05 그림은 용수철과 연결한 나무 도막을 잡아당겼다가 놓은 모습을 나타낸 것이다. 나무 도막에는 힘 A, B, C가 각각 화살표 방향으로 작용하고 있다.

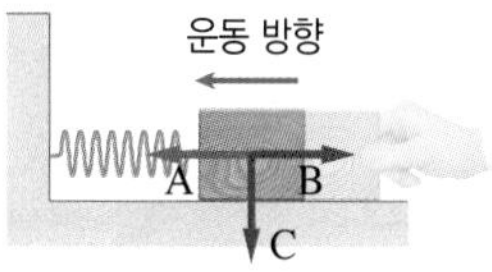

A, B, C의 종류를 옳게 짝 지은 것은?

	A	B	C
①	탄성력	중력	마찰력
②	탄성력	마찰력	중력
③	마찰력	중력	탄성력
④	마찰력	탄성력	중력
⑤	중력	마찰력	탄성력

단원평가문제

지금까지 열심히 달려오셨어요!
단원 평가 문제를 풀면서 자신의 **실력**을 **확인**해 봅시다.

01 과학에서의 힘이 작용하여 나타나는 현상이 아닌 것은?

① 열매가 나무에서 떨어졌다.
② 물이 얼어서 얼음이 되었다.
③ 활시위를 잡아당겨 늘어나게 했다.
④ 타자가 투수가 던진 공을 쳐서 홈런이 되었다.
⑤ 굴러가던 공의 운동 방향이 오른쪽으로 휘어졌다.

02 오른쪽 그림은 정지해 있는 축구공을 찰 때 공에 작용한 힘을 화살표로 나타낸 것이다. 이에 대한 설명으로 옳지 않은 것은?

① 힘의 단위는 N(뉴턴)이다.
② 화살표의 방향이 힘의 방향이다.
③ 축구공의 빠르기는 변하지 않는다.
④ 힘을 작용한 순간 축구공의 모양이 변한다.
⑤ 화살표의 길이로 축구공이 받은 힘의 크기를 표현할 수 있다.

03 그림과 같이 마찰이 없는 수평면 위에 놓인 물체에 두 힘이 서로 반대 방향으로 작용하고 있다.

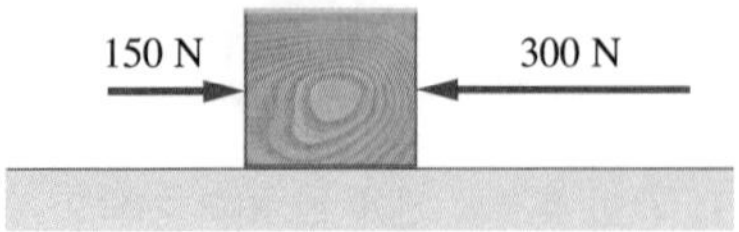

물체에 작용하는 합력의 방향과 크기를 옳게 짝 지은 것은?

	방향	크기		방향	크기
①	왼쪽	150 N	②	왼쪽	300 N
③	오른쪽	150 N	④	오른쪽	300 N
⑤	오른쪽	450 N			

04 그림은 양쪽에서 힘을 주어 밀지만 정지해 있는 물체의 모습을 나타낸 것이다.

이에 대한 설명으로 옳은 것을 보기에서 모두 고른 것은? (단, 물체에 작용하는 마찰은 무시한다.)

보기
ㄱ. 두 힘의 크기는 다르다.
ㄴ. 두 힘은 일직선상에서 작용한다.
ㄷ. 두 힘은 반대 방향으로 작용한다.

① ㄱ　② ㄴ　③ ㄱ, ㄴ
④ ㄱ, ㄷ　⑤ ㄴ, ㄷ

05 힘의 평형을 이루고 있는 경우가 아닌 것은?

① 탁자 위에 화분이 놓여 있을 때
② 물건이 용수철에 매달려 있을 때
③ 상자를 밀었으나 상자가 움직이지 않을 때
④ 용수철에 매달린 추를 잡아당겼다가 놓았을 때
⑤ 양쪽에서 줄을 당겼으나 줄이 어느 쪽으로도 움직이지 않을 때

06 다음과 같은 현상이 일어나는 원인이 되는 힘은?

• 나무에 매달린 사과가 땅으로 떨어진다.
• 식물의 뿌리가 아래 방향으로 자란다.
• 폭포의 물이 높은 곳에서 아래로 떨어진다.

① 중력　② 부력　③ 전기력
④ 마찰력　⑤ 탄성력

07 오른쪽 그림과 같이 질량이 같은 두 물체 (가), (나)를 지표면 위의 다른 위치에서 가만히 놓았다. (가), (나)가 떨어지는 방향을 옳게 짝 지은 것은?

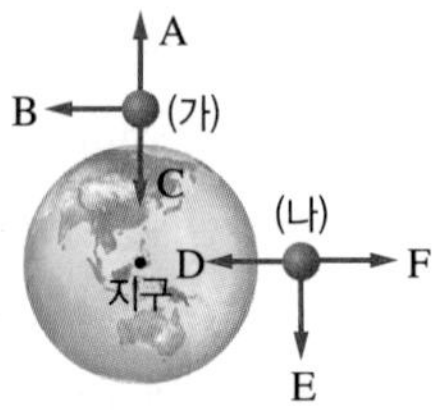

	(가)	(나)		(가)	(나)
①	A	D	②	A	E
③	B	D	④	C	D
⑤	C	F			

08 무게와 질량에 대한 설명으로 옳은 것을 보기에서 모두 고른 것은?

> **보기**
> ㄱ. 무게는 장소에 따라 달라진다.
> ㄴ. 질량의 단위는 주로 N을 사용한다.
> ㄷ. 지구에서 한 물체의 무게와 질량은 값이 같다.
> ㄹ. 질량은 양팔저울을 이용하여 측정할 수 있다.

① ㄱ, ㄴ ② ㄱ, ㄹ ③ ㄴ, ㄷ
④ ㄴ, ㄹ ⑤ ㄷ, ㄹ

09 오른쪽 그림과 같이 달에서 어떤 물체의 무게를 측정하였더니 19.6 N이었다. 이 물체의 질량을 지구에서 측정하면 몇 kg인가?

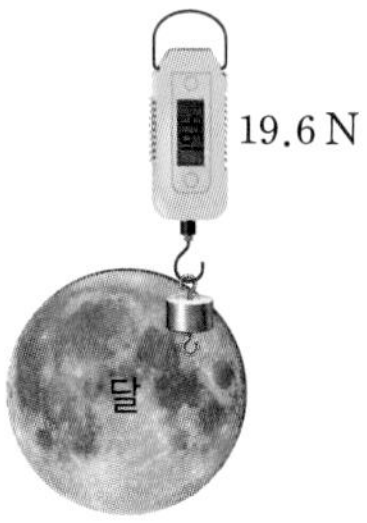

① 10 kg ② 12 kg
③ 60 kg ④ 192 kg
⑤ 588 kg

10 오른쪽 그림과 같이 무게가 98 N인 추를 용수철에 매달았다. 이때 추에 작용하는 탄성력의 방향과 크기를 옳게 짝 지은 것은?

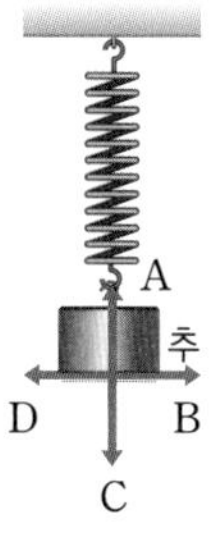

	방향	크기		방향	크기
①	A	9.8 N	②	A	98 N
③	B	9.8 N	④	C	98 N
⑤	D	98 N			

11 그림은 동일한 용수철을 당기거나 압축한 모습을 나타낸 것이다.

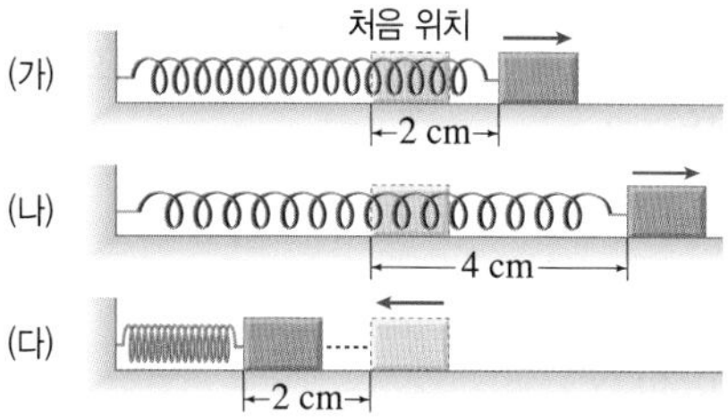

이에 대한 설명으로 옳은 것을 보기에서 모두 고른 것은?

> **보기**
> ㄱ. (가)와 (나)에서 탄성력의 방향은 같다.
> ㄴ. (나)와 (다)에서 탄성력의 방향은 반대이다.
> ㄷ. 탄성력의 크기는 (다)에서가 (나)에서보다 크다.
> ㄹ. (다)에서 작용하는 탄성력의 방향은 왼쪽이다.

① ㄱ, ㄴ ② ㄱ, ㄹ ③ ㄷ, ㄹ
④ ㄱ, ㄴ, ㄷ ⑤ ㄴ, ㄷ, ㄹ

12 그림은 동일한 용수철의 길이를 줄이거나 늘인 모습을 나타낸 것이다.

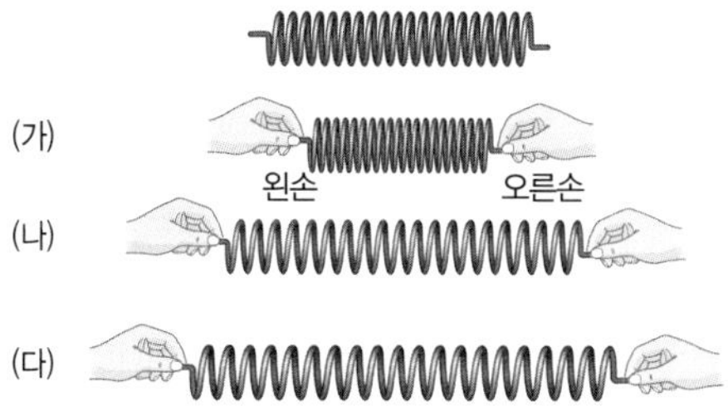

이에 대한 설명으로 옳은 것은?

① (가)의 왼손에 작용하는 탄성력의 방향은 오른쪽이다.
② (가)~(다)에서 양손에 각각 반대 방향으로 탄성력이 작용한다.
③ (가)의 오른손과 (다)의 오른손에 작용하는 탄성력의 방향은 같다.
④ (다)보다 (나)에서 작용하는 탄성력의 크기가 크다.
⑤ 한 용수철에서 탄성력은 한 방향으로만 작용한다.

13 오른쪽 그림과 같이 4 N의 힘으로 용수철을 당겼더니 용수철이 원래 길이에서 6 cm만큼 늘어났다. 용수철을 원래 길이에서 30 cm만큼 늘어나게 하려면, 용수철을 몇 N의 힘으로 당겨야 하는가?

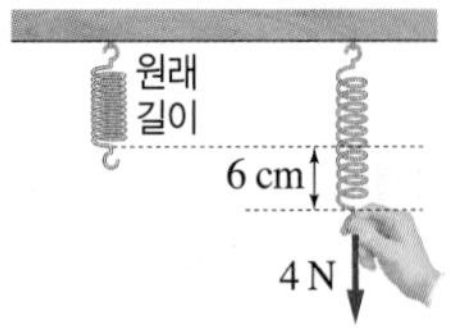

① 4 N　② 8 N
③ 12 N　④ 16 N
⑤ 20 N

14 그림 (가)~(다)와 같이 크기와 재질이 같은 나무 도막을 끌어당기면서 나무 도막이 움직이는 순간 힘 센서에 나타난 값을 측정하였다.

(가)　(나)　(다)

힘 센서에 나타난 값의 크기를 옳게 비교한 것은?

① (가)=(나)=(다)　② (가)=(나)>(다)
③ (가)>(나)=(다)　④ (다)>(가)>(나)
⑤ (다)>(가)=(나)

15 그림 (가), (나)와 같이 나무 도막을 각각 나무판 위와 사포를 붙인 판 위에 나무 도막을 올려두었다.

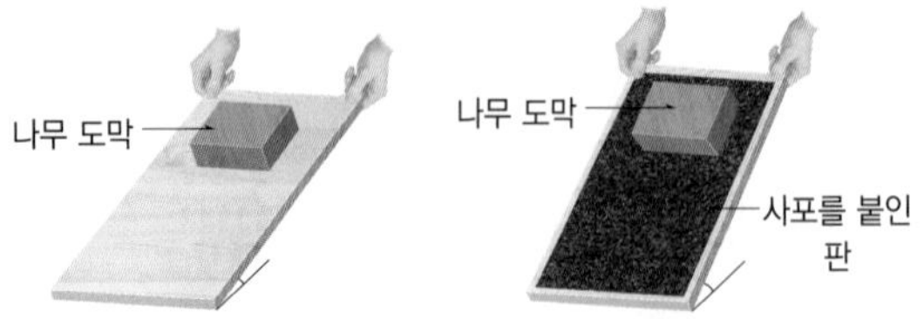

(가)　(나)

(가)와 (나)의 한쪽 끝을 서서히 들어 올릴 때에 대한 설명으로 옳지 않은 것은?

① 나무 도막에는 중력과 마찰력이 작용한다.
② (가)가 더 작은 기울기에서 미끄러지기 시작한다.
③ 미끄러지는 순간 판의 기울기가 클수록 접촉면에서 마찰력이 크게 작용하는 것이다.
④ 나무 도막이 미끄러지려는 힘의 크기가 마찰력의 크기보다 작으면 나무 도막은 움직이지 않는다.
⑤ 나무 도막에도 사포를 붙이고 실험하면 더 작은 기울기에서 나무 도막이 미끄러지기 시작한다.

16 일상생활에서 마찰력이 작아야 편리한 경우는?

① 운동화 끈을 묶을 때
② 눈 위에서 스키를 탈 때
③ 등산화를 신고 산을 올라갈 때
④ 고무장갑을 끼고 설거지를 할 때
⑤ 체조 선수가 손에 백색 가루를 묻혀 체조를 할 때

17 오른쪽 그림과 같이 무게가 5 N인 나무 도막이 물 위에 떠 있다. 이에 대한 설명으로 옳은 것은?

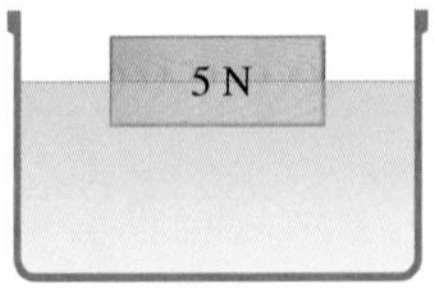

① 나무 도막에는 부력이 작용하지 않는다.
② 나무 도막에는 중력이 작용하지 않는다.
③ 나무 도막이 받는 부력의 크기는 5 N보다 크다.
④ 나무 도막에 작용하는 부력의 방향은 아래쪽이다.
⑤ 나무 도막에 작용하는 부력과 중력의 크기는 같다.

18 그림 (가), (나)와 같이 무게는 같고 부피가 다른 두 추를 힘 센서에 매달고, 두 추를 물속에 완전히 잠기게 하였다. 추의 부피는 (나)의 추가 (가)의 추보다 크다.

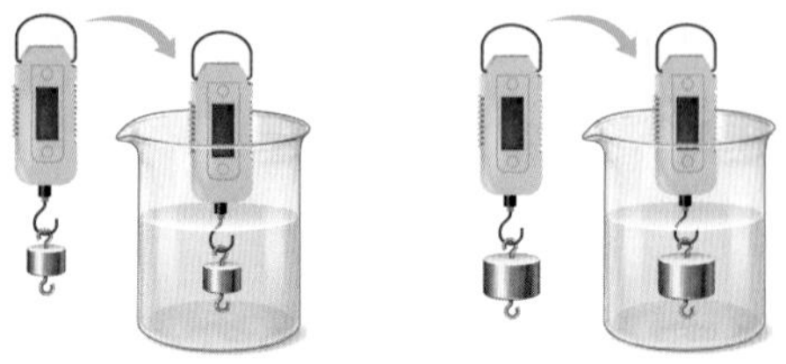
(가)　(나)

이에 대한 설명으로 옳은 것을 보기에서 모두 고른 것은?

> 보기
> ㄱ. 공기 중에서 힘 센서로 측정한 값은 (가)와 (나)에서 다르다.
> ㄴ. (가)와 (나)에서 물속에 잠긴 두 추에 작용하는 중력의 크기는 같다.
> ㄷ. (가)와 (나)에서 물속에 잠긴 두 추에는 위쪽으로 부력이 작용한다.
> ㄹ. 물속에 잠긴 추에 작용하는 부력의 크기는 (가)에서가 (나)에서보다 크다.

① ㄱ, ㄴ　② ㄱ, ㄹ　③ ㄴ, ㄷ
④ ㄴ, ㄹ　⑤ ㄷ, ㄹ

19 그림과 같이 상자를 오른쪽으로 200 N의 힘으로 밀었지만 상자는 움직이지 않았다.

상자에 작용하는 마찰력의 크기와 알짜힘의 크기를 옳게 짝 지은 것은?

	마찰력	알짜힘		마찰력	알짜힘
①	0	0	②	0	200 N
③	200 N	0	④	200 N	200 N
⑤	300 N	300 N			

20 그림 (가)는 스카이다이버가 낙하산을 펴기 전에 낙하하는 모습을, 그림 (나)는 스카이다이버가 낙하산을 편 후 일정한 운동 방향과 속력으로 내려오는 모습을 나타낸 것이다.

(가) (나)

이에 대한 설명으로 옳은 것을 보기에서 모두 고른 것은?

보기
ㄱ. (가)에서 스카이다이버의 속력은 점점 증가한다.
ㄴ. (가)에서 스카이다이버에게 작용하는 알짜힘은 0이다.
ㄷ. (나)에서 스카이다이버에게 작용하는 알짜힘은 0이다.
ㄹ. (나)에서 스카이다이버에게는 중력이 작용하고 있지 않다.

① ㄱ, ㄴ ② ㄱ, ㄷ ③ ㄴ, ㄷ
④ ㄴ, ㄹ ⑤ ㄷ, ㄹ

21 그림 (가)~(다)와 같이 운동하는 물체에 힘이 작용하고 있다.

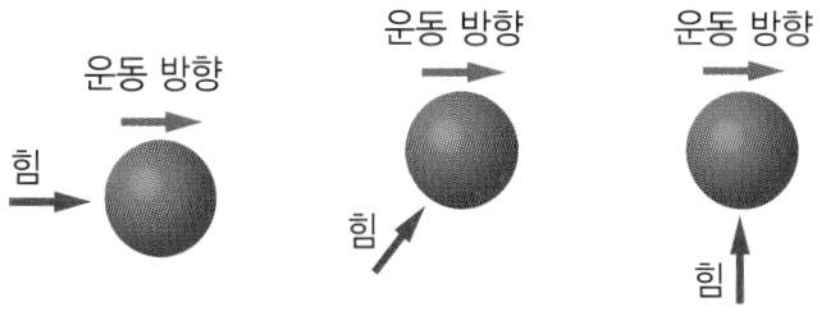

(가) (나) (다)

물체의 속력과 운동 방향의 변화를 옳게 짝 지은 것은?

	속력만 변화	운동 방향만 변화	속력과 운동 방향 모두 변화
①	(가)	(나)	(다)
②	(가)	(다)	(나)
③	(나)	(가)	(다)
④	(다)	(가)	(나)
⑤	(다)	(나)	(가)

22 속력과 운동 방향이 모두 변하는 운동인 경우를 보기에서 모두 고른 것은?

보기
ㄱ. 시계추 ㄴ. 바이킹
ㄷ. 회전목마 ㄹ. 인공위성
ㅁ. 자이로드롭 ㅂ. 스카이다이빙

① ㄱ, ㄴ ② ㄱ, ㄹ ③ ㄴ, ㄷ
④ ㄴ, ㅁ ⑤ ㅁ, ㅂ

23 오른쪽 그림은 한쪽 끝이 고정된 용수철에 매달린 나무 도막을 밀어 움직이는 모습을 나타낸 것이다. 이때 나무 도막에 작용하는 마찰력의 방향과 용수철에 작용하는 탄성력의 방향을 옳게 짝 지은 것은?

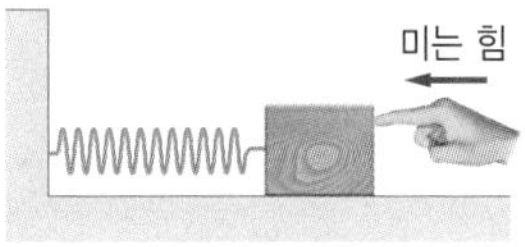

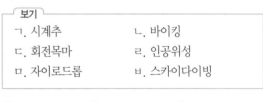

	마찰력	탄성력		마찰력	탄성력
①	→	→	②	→	←
③	←	→	④	←	←
⑤	↑	↑			

단원평가문제

서술형 문제

24 그림 (가)~(다)는 한 지점에 작용하는 두 힘을 화살표로 나타낸 것이다.

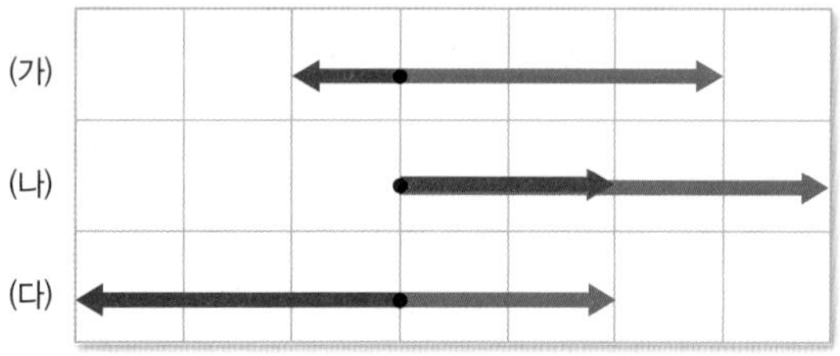

(가)~(다)에서 두 힘의 합력의 크기를 등호 또는 부등호로 비교하고, 그 까닭을 서술하시오.

25 그림 (가)와 같이 지구에서 처음 길이가 6 cm인 용수철에 무게가 30 N인 어떤 물체를 매달았더니 용수철의 길이가 12 cm가 되었다. 그림 (나)는 이 용수철과 물체를 달에 가지고 간 모습이다.

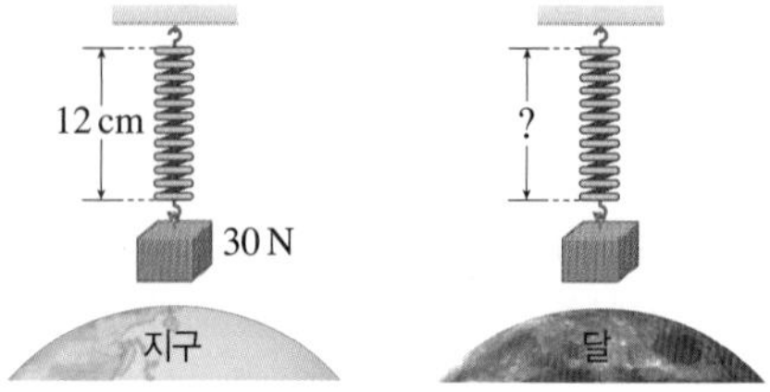

(가) (나)

(1) 달에서 물체의 무게는 몇 N인지 구하시오.

(2) 달에서 용수철이 늘어난 길이는 몇 cm인지 풀이 과정과 함께 구하시오.

26 오른쪽 그림과 같이 수영장의 미끄럼틀에 물을 뿌리는 까닭을 서술하시오.

27 그림과 같이 무게가 5 N인 추를 용수철저울에 매단 후 물속에 넣고 용수철저울의 눈금을 측정하였다.

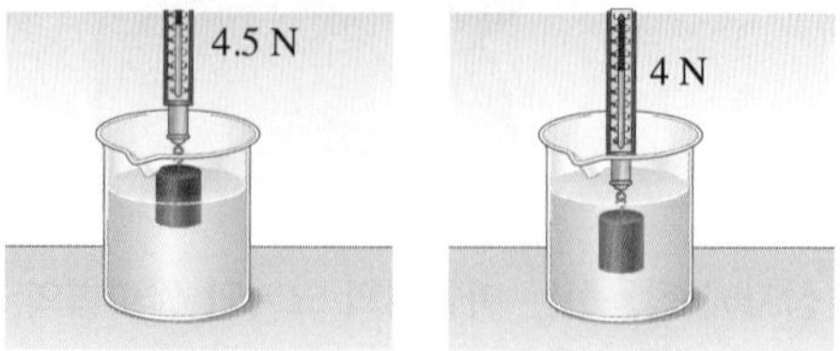

(가) (나)

(가)와 (나)에서 용수철저울로 측정한 값이 감소한 까닭을 서술하고, 부력의 크기를 각각 구하시오.

28 그림은 에스컬레이터, 회전목마, 그네의 운동을 속력과 운동 방향의 변화에 따라 분류한 순서도이다.

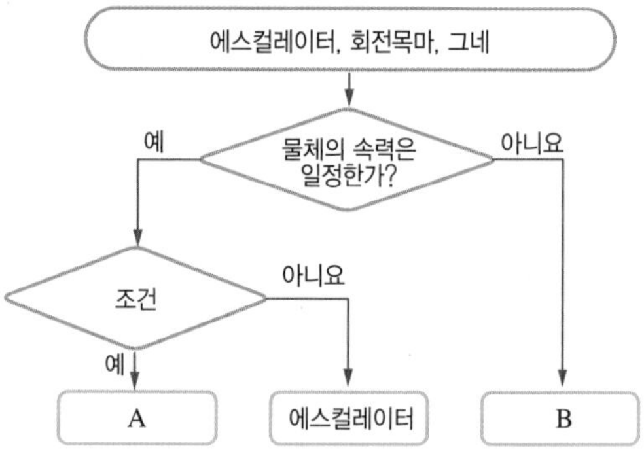

(1) 조건에 들어갈 내용을 서술하시오.

(2) A, B에 들어갈 알맞은 운동을 쓰시오.

29 그림은 탁자 위에 놓인 화분의 모습을 나타낸 것이다.

화분에 작용하는 힘과 힘의 방향을 서술하시오.

비주얼 씽킹으로 대단원 정리하기

- 단원의 내용을 떠올리며 빈칸을 채워보세요.
- 채울 수 없으면 해당 쪽으로 돌아가 한번 더 학습해 봐요.

과학에서의 힘은 물체의 운동 상태나 ❶ ☐☐을 변하게 하는 원인이다.

☐ **과학에서의 힘** 8쪽 Ⓐ

힘의 ❷ ☐☐은 물체에 작용하는 두 힘의 합력이 0이여서 물체가 아무런 힘을 받지 않는 것처럼 보이는 상태이다.

☐ **나란한 힘의 합력과 평형** 8쪽 Ⓑ

힘 좀 써볼까?
세게 잡아당겨 봐!
왜 안 움직이는 거야~!
으악! 중력 때문에 아래로 떨어진다!
탄성력 덕분에 엄청 높이 올라가잖아?
마찰력이 없어서 쌩쌩 미끄러지네~
이것 봐. 부력 덕분에 물 위에 동동 떠 있어!
속력과 방향이 일정해서 안 무서워~
빙글빙글 돌아가잖아!
내려갈수록 빨라지는 것 같아!
왼쪽, 오른쪽으로도 움직여!
빨라졌다가 느려졌다가 하네!
핫도그에도 중력이 작용할 텐데 왜 안 떨어지지?
다른 힘이 있을 거야!

❸ ☐☐은 지구, 달 등과 같은 천체가 물체를 당기는 힘이다.

☐ **중력** 14쪽 Ⓐ

❹ ☐☐☐은 변형된 물체가 원래 모양으로 되돌아가려는 힘이다.

☐ **탄성력** 14쪽 Ⓑ

❺ ☐☐☐은 두 물체의 접촉면에서 물체의 운동을 방해하는 힘이다.

☐ **마찰력** 16쪽 Ⓒ

❻ ☐☐은 액체나 기체가 물체를 위로 밀어 올리는 힘이다.

☐ **부력** 16쪽 Ⓓ

운동하는 물체에 작용하는 알짜힘의 방향에 따라 ❼ ☐☐만 변하는 운동, 운동 방향만 변하는 운동, 속력과 운동 방향이 모두 변하는 운동으로 구분할 수 있다.

☐ **속력과 운동 방향이 변하는 운동** 28쪽 Ⓑ

바닥에 놓인 물체에는 중력과 바닥이 물체를 ❽ ☐☐☐☐ 힘이 작용한다.

☐ **일상생활에서의 힘의 작용** 30쪽 Ⓒ

정답 | ❶ 운동 ❷ 평형 ❸ 중력 ❹ 탄성력 ❺ 마찰력 ❻ 부력 ❼ 속력 ❽ 떠받치는

가로 세로 용어 퀴즈 !

● 정답 | 진도 교재 126쪽

힘	의	합	력	접	중	력	힘
운	동	상	태	선	속	질	의
뉴	턴	탄	힘	운	력	량	방
힘	연	성	정	동	부	력	향
의	직	체	지	방	힘	마	알
작	무	그	램	향	의	찰	짜
용	게	탄	성	력	크	력	힘
점	힘	의	평	형	기	모	양

● 다음 설명이 뜻하는 용어를 골라 용어 전체에 동그라미(○)로 표시하시오.

가로

① 과학에서의 힘이란 물체의 ○○○○나 모양을 변하게 하는 원인이다.

② 물체에 작용하는 두 힘의 합력이 0이어서 힘을 받지 않는 것처럼 보이는 상태는??

③ 무거운 배가 물에 뜨는 까닭은 ○○이 작용하기 때문이다.

④ 질량의 단위는?

⑤ 책상에 놓인 책에 책을 떠받치는 힘의 방향과 반대로 작용하는 힘은?

세로

⑥ 힘을 표현할 때 힘의 3요소 중 화살표의 길이로 표현하는 것은?

⑦ 물체의 무게와 접촉면의 거칠기에 영향을 받는 힘은?

⑧ 물체에 작용하는 중력의 크기로, 측정 장소에 따라 달라지는 것은?

⑨ 변형되었을 때 원래 모양으로 되돌아가려는 성질이 있는 물체를 일컫는 말은?

⑩ ○○○은 물체가 받는 순 힘으로, 이 힘이 0이면 정지하거나 일정한 운동 상태를 유지한다.

VI

기체의 성질

다른 학년과의 연계는?

초등학교 6학년

- 여러 가지 기체: 기체는 입자로 이루어져 있고, 기체 입자는 서로 멀리 떨어져 움직이므로 공간을 채운다. 따라서 기체에 압력을 가하면 입자 사이의 거리가 가까워져 기체의 부피가 작아진다.

중학교 1학년

- 온도와 입자: 온도는 물질의 차갑고 따뜻한 정도를 나타내며, 물질의 온도가 높을수록 물질을 구성하는 입자의 움직임이 활발하고, 입자 사이의 거리가 멀어진다.

중학교 1학년

- 기체의 압력: 기체의 압력은 일정한 면적에 기체 입자가 충돌해서 가하는 힘으로, 모든 방향으로 작용한다.
- 기체의 압력 및 온도와 부피 관계: 압력과 온도 변화에 따라 기체 입자의 운동 상태가 달라져 부피가 변한다.

물질과 에너지

- 이상 기체 방정식: 기체의 부피는 압력에 반비례하고 절대 온도와 양(mol)에 비례한다.

- 이 단원에서는 기체의 압력, 기체의 압력 및 온도와 부피 관계를 알아본다.
- 이 단원을 들어가기 전에 이전 학년에서 배운 개념을 확인해 보자.

다음 내용에서 빈칸을 완성해 보자.

초6

1. 입자로 이루어진 기체

고무풍선에는 기체가 들어 있고, 기체는 ❶ ☐☐로 이루어져 있어.

2. 공기가 비닐 주머니 속을 가득 채우고 있는 까닭

비닐 주머니 속을 가득 채운 기체 입자는 서로 멀리 떨어져 자유롭게 움직여. 따라서 기체는 비닐 주머니 전체에 골고루 퍼져 ❷ ☐☐을 가득 채우지.

3. 기체에 압력을 가할 때 기체의 부피 변화

① 기체에 압력을 가하면 부피가 쉽게 변한다.

➡ 기체는 입자 사이의 거리가 ❸ ☐기 때문

② 기체의 부피는 압력을 가하면 ❹ ☐☐지고, 가한 압력을 없애면 ❺ ☐진다.

➡ 압력을 가하면 기체 입자 사이의 거리가 가까워지고, 압력을 없애면 기체 입자 사이의 거리가 멀어지기 때문

중1

4. 온도에 따른 입자의 움직임과 입자 사이의 거리

구분	온도가 ❻ ☐☐ 물질	온도가 ❼ ☐☐ 물질
입자의 움직임	활발하다.	둔하다.
입자 사이의 거리	대체로 멀다.	대체로 가깝다.

정답 | ❶ 입자 ❷ 공간 ❸ 멀 ❹ 작아 ❺ 커 ❻ 높은 ❼ 낮은

01 기체의 압력

A 압력

1 압력 일정한 면적에 작용하는 힘

2 압력의 크기[1]

오투실험실

구분	힘이 작용하는 면적이 같을 때	작용하는 힘의 크기가 같을 때
스펀지에 올려놓은 벽돌의 수나 모양을 다르게 한 경우	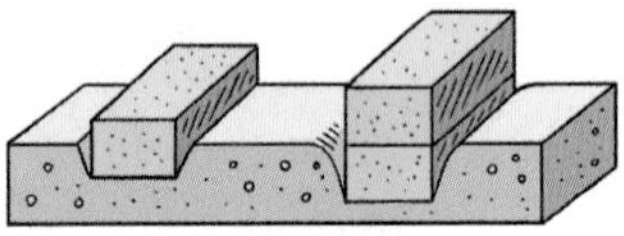 (가) (나)	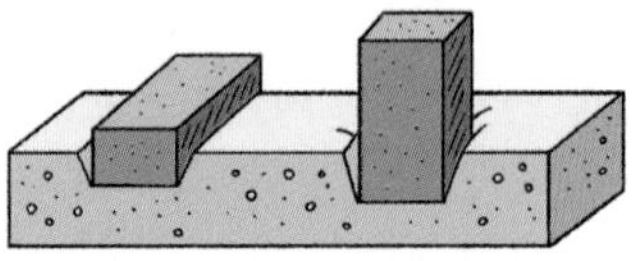 (다) (라)
힘이 작용하는 면적	(가)=(나)	(다)>(라)
힘의 크기	(가)<(나)	(다)=(라)
압력의 크기	(가)<(나) ➡ 수직으로 작용하는 힘의 크기가 클수록 압력이 커진다.	(다)<(라) ➡ 힘이 작용하는 면적이 좁을수록 압력이 커진다.

화보 6.1

3 일상생활에서 경험할 수 있는 압력[2]

① 압력을 작게 하는 경우: 눈썰매, 스키, 갯벌을 이동할 때 사용하는 널빤지[3]

➡ 바닥을 넓게 하면 힘이 작용하는 면적이 넓어져 압력이 작아진다.

② 압력을 크게 하는 경우: 못의 뾰족한 끝부분[4]

➡ 못의 끝부분을 뾰족하게 하면 힘이 작용하는 면적이 좁아져 압력이 커진다.

B 기체의 압력

화보 6.2

1 기체의 압력 일정한 면적에 기체 입자가 충돌해서 가하는 힘[5] |탐구 a 50쪽

① 기체의 압력은 모든 방향으로 작용한다.

② 용기 안에 들어 있는 기체 입자의 수가 많으면 기체 입자의 충돌 횟수가 늘어 기체의 압력이 커진다.

기체 입자 수	많을수록	압력이 커진다.(단, 부피, 온도 일정)
용기의 부피	작을수록	압력이 커진다.(단, 입자 수, 온도 일정)
온도	높을수록	압력이 커진다.(단, 입자 수, 부피 일정)

▲ 축구공에 작용하는 기체의 압력

예 찌그러진 축구공에 공기를 넣을 때의 변화[6]

찌그러진 축구공에 공기를 넣음 ➡ 축구공 속 기체 입자 수 증가 ➡ 기체 입자의 충돌 횟수 증가 ➡ 축구공 속 공기의 압력 증가 ➡ 축구공이 사방으로 부풀어 오름

2 기체의 압력을 이용한 예 에어백, 풍선 놀이 틀, 튜브, 구조용 공기 안전 매트, 혈압 측정기 ➡ 기체가 차면서 기체의 압력이 커져 부풀어 오른다.

▲ 에어백

▲ 풍선 놀이 틀

▲ 튜브

플러스 강의

❶ 압력의 크기

작용하는 힘의 크기가 클수록, 힘이 작용하는 면적이 좁을수록 압력이 커진다.

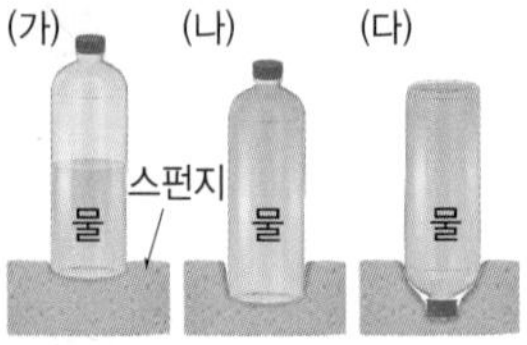

➡ 압력 비교 : (가)<(나)<(다)

❷ 압력의 크기를 비교할 수 있는 현상

- 연필의 양쪽 끝을 같은 크기의 힘으로 누르면 뾰족한 연필심을 누른 손가락이 더 아프다.
- 누름못 1개 위에 올린 풍선은 터지지만, 누름못 30개 위에 올린 풍선은 터지지 않는다.

❸ 일상생활에서 압력을 작게 하는 경우

- 얼음물에 빠진 사람을 구하러 갈 때 얼음 위를 엎드려서 이동한다.
- *설피를 신으면 눈에 잘 빠지지 않는다.

❹ 일상생활에서 압력을 크게 하는 경우

- 바늘의 끝, 빨대의 한쪽 끝, 아이젠의 끝은 뾰족하다.
- 운동화보다 하이힐에 밟힐 때 더 아프다.

❺ 대기압

지구를 둘러싸고 있는 공기의 압력으로, 지표에서 받는 대기압의 크기는 1기압이다.

❻ 고무풍선의 모양이 둥근 까닭

고무풍선에 공기를 불어 넣을 때 고무풍선의 모양이 둥근 까닭은 기체 입자들이 모든 방향으로 운동하면서 고무풍선의 안쪽 벽에 충돌하기 때문이다.

용어 돋보기

* **설피**_눈에 빠지지 않도록 신 바닥에 대는 넓적한 덧신

» 정답과 해설 15쪽

A 압력

- □□: 일정한 면적에 작용하는 힘
- 압력의 크기: 작용하는 힘의 크기가 □수록, 힘이 작용하는 면적이 □을수록 압력이 커진다.

B 기체의 압력

- 기체의 압력: 일정한 면적에 기체 입자가 □□해서 가하는 힘
- 기체의 압력은 □□ 방향으로 작용한다.

암기광 기체의 압력

기체 입자들이 **사방팔방(모든 방향)**으로 움직여!

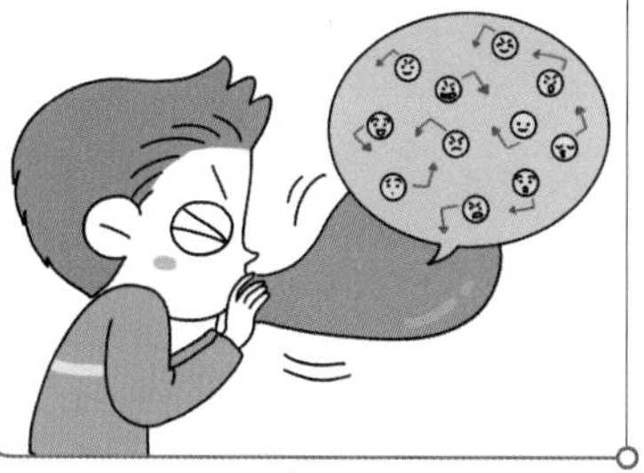

A

1 그림과 같이 크기와 질량이 같은 벽돌을 스펀지 위에 올려놓았을 때 스펀지가 눌리는 정도를 부등호나 등호를 이용하여 비교하시오.

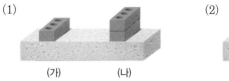

(1)

(2)

2 일상생활 속 현상 중 압력을 작게 하는 경우는 '↓', 압력을 크게 하는 경우는 '↑'로 표시하시오.

(1) 못의 끝은 뾰족하다. ( )

(2) 눈밭에서 눈썰매를 타고 이동한다. ( )

(3) 갯벌에서 널빤지를 이용하면 더 쉽게 이동할 수 있다. ( )

B

3 기체의 압력에 대한 설명으로 옳은 것은 ○, 옳지 않은 것은 ×로 표시하시오.

(1) 기체의 압력은 한쪽 방향으로만 작용한다. ( )

(2) 기체 입자의 충돌 횟수가 많아지면 기체의 압력이 커진다. ( )

(3) 용기의 부피와 온도가 일정할 때 기체 입자 수가 많을수록 기체의 압력이 커진다. ( )

4 다음은 찌그러진 축구공에 공기를 넣을 때의 변화에 대한 설명이다. ( ) 안에 알맞은 말을 고르시오.

> 찌그러진 축구공에 공기를 넣으면 축구공 속 기체 입자 수가 ㉠ (감소 , 증가)하여 기체 입자들의 충돌 횟수가 ㉡ (감소 , 증가)한다. 따라서 축구공 속 공기의 압력이 ㉢ (감소 , 증가)하므로 축구공이 부풀어 올라 크기가 커진다.

5 기체의 압력을 이용한 예로 옳은 것을 보기에서 모두 고르시오.

보기

ㄱ. 바늘　　ㄴ. 튜브　　ㄷ. 누름못　　ㄹ. 에어백

탐구 a 기체의 압력

이 탐구에서는 기체의 압력이 입자 운동에 의해 나타남을 확인한다.

과정

오투실험실

✔ 유의점

쇠구슬이 페트병 밖으로 튀어 나가지 않도록 뚜껑을 잘 닫는다.

❶ 페트병에 쇠구슬 15개를 넣고 뚜껑을 닫은 다음, 페트병을 양손으로 잡고 좌우로 흔들어 손바닥에 느껴지는 힘을 확인한다.

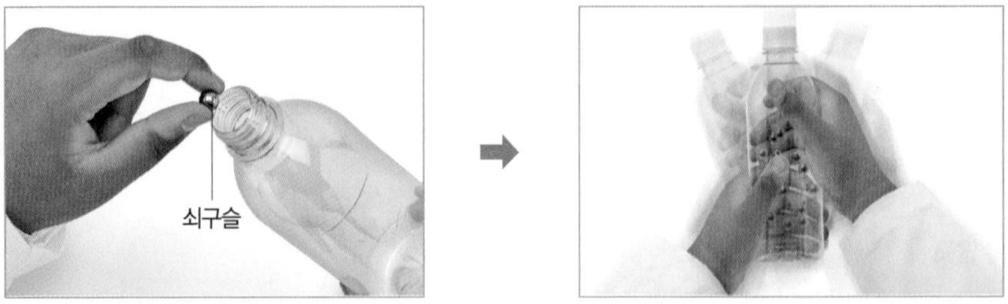

❷ 다른 페트병에 쇠구슬 30개를 넣고 뚜껑을 닫는다.
❸ 각각의 페트병을 손으로 잡고 같은 빠르기로 좌우로 흔들면서 손바닥에 느껴지는 힘을 비교한다.

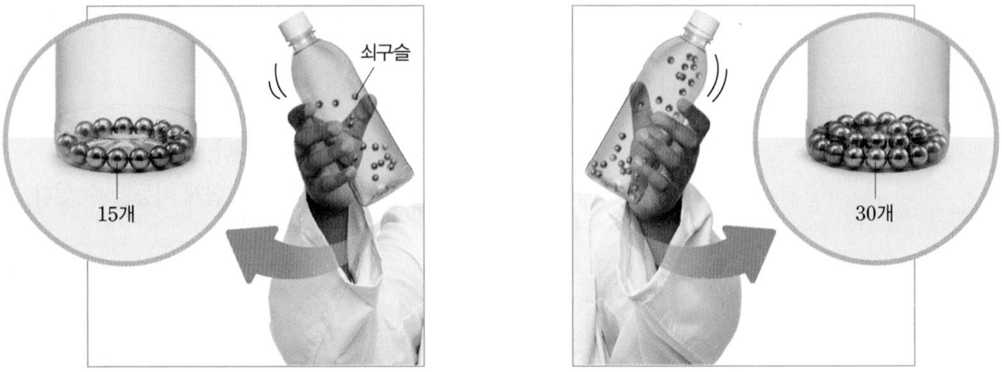

- 페트병을 같은 빠르기로 흔드는 까닭: 입자의 운동 속도를 같게 하기 위해
- 페트병에 넣는 쇠구슬의 수를 다르게 하여 흔드는 까닭: 쇠구슬의 수가 다르면 손바닥에 느껴지는 힘이 달라지므로 입자 수가 증가함에 따라 압력이 달라짐을 알아보기 위해

결과 & 해석

구분	과정 ❶	과정 ❸
결과	양손에서 쇠구슬이 충돌하는 힘이 느껴진다.	쇠구슬의 수가 많을수록 손바닥에 느껴지는 힘이 커진다.
알 수 있는 것	쇠구슬은 모든 방향으로 움직인다는 것을 알 수 있다.	쇠구슬의 수가 많을수록 페트병의 벽면에 충돌하는 횟수가 늘어난다.

정리

1. 기체의 압력은 ㉠(　　　) 방향으로 작용한다.
2. 기체 입자의 수가 많을수록 입자가 용기 벽면에 충돌하는 횟수가 늘어 기체의 압력은 ㉡(　　　)진다.

이렇게도 실험해요

과정 ❶ 기체 입자의 운동 실험 장치에 쇠구슬을 넣고 피스톤과 쇠구슬의 움직임을 관찰한다.
❷ 실험 장치에 쇠구슬을 더 넣은 뒤 과정을 반복한다.

결과 쇠구슬이 피스톤의 안쪽 면과 충돌하여 피스톤을 밀어 올리며, 쇠구슬이 많을수록 피스톤의 높이가 높아진다.
➡ 기체의 압력은 모든 방향으로 작용하고, 기체 입자의 수가 많을수록 기체의 압력이 커진다.

확인 문제

▶ 정답과 해설 15쪽

01 탐구 a에 대한 설명으로 옳은 것은 ○, 옳지 않은 것은 ×로 표시하시오.

(1) 쇠구슬은 기체 입자에 해당한다. ( )

(2) 과정 ❶의 결과 한손에서만 쇠구슬의 충돌이 느껴진다. ( )

(3) 과정 ❶을 통해 쇠구슬은 모든 방향으로 움직인다는 것을 알 수 있다. ( )

(4) 과정 ❸의 결과 쇠구슬이 15개인 페트병에서 더 큰 힘이 느껴진다. ( )

(5) 과정 ❸을 통해 쇠구슬의 수가 많을수록 페트병의 벽면에 충돌하는 횟수가 줄어든다는 것을 알 수 있다. ( )

02 탐구 a의 과정 ❸에서 두 페트병을 같은 빠르기로 흔드는 까닭으로 옳은 것은?

① 쇠구슬의 운동 방향을 같게 하기 위해
② 쇠구슬의 운동 속도를 같게 하기 위해
③ 쇠구슬이 충돌하는 면적을 같게 하기 위해
④ 손바닥에 느껴지는 힘의 크기를 같게 하기 위해
⑤ 쇠구슬이 페트병 밖으로 튀어 나가지 않도록 하기 위해

03 탐구 a를 통해 알 수 있는 사실을 모두 고르면? (2개)

① 기체의 압력은 아래쪽으로만 작용한다.
② 기체의 압력은 모든 방향으로 작용한다.
③ 기체 입자의 수가 많을수록 기체의 압력이 커진다.
④ 기체 입자의 속력이 빠를수록 기체의 압력이 커진다.
⑤ 기체 입자가 충돌하는 면적이 클수록 기체의 압력이 커진다.

[04~05] 다음과 같이 크기와 모양이 같은 페트병 2개와 쇠구슬을 이용하여 기체의 압력을 알아보는 실험을 하였다.

> (가) 페트병에 쇠구슬 15개를 넣고 뚜껑을 닫은 다음, 페트병을 양손으로 잡고 좌우로 흔들어 손바닥에 느껴지는 힘을 확인한다.
> (나) 다른 페트병에 쇠구슬 30개를 넣고 뚜껑을 닫은 다음, 페트병을 양손으로 잡고 (가)와 같은 빠르기로 흔들면서 손바닥에 느껴지는 힘을 확인한다.

04 실험 (가)와 (나)에서 손바닥에 느껴지는 힘의 크기를 부등호를 이용하여 비교하시오.

05 실험 (가)와 (나)의 결과를 비교하여 알 수 있는 사실을 다음 용어를 모두 사용하여 서술하시오.

기체 입자 수, 충돌 횟수, 기체의 압력

이렇게도 실험해요 **확인 문제**

06 그림과 같이 기체 입자의 운동 실험 장치에 각각 다른 수의 쇠구슬을 넣은 다음, 전원을 켜고 쇠구슬과 피스톤의 움직임을 관찰하였다.

(가) (나)

(가)와 (나)에 대해 옳게 비교한 것을 보기에서 모두 고른 것은?

보기
ㄱ. 쇠구슬의 수: (가) > (나)
ㄴ. 쇠구슬이 피스톤을 밀어 올리는 힘: (가) < (나)
ㄷ. 쇠구슬이 용기 벽면에 충돌하는 횟수: (가) > (나)

① ㄱ ② ㄴ ③ ㄷ
④ ㄱ, ㄴ ⑤ ㄴ, ㄷ

기출 문제로
내신쑥쑥

전국 주요 학교의 **시험에 가장 많이 나오는 문제**들로만 구성하였습니다.
모든 친구들이 '꼭' 봐야 하는 코너입니다.

A 압력

중요
01 압력에 대한 설명으로 옳은 것을 보기에서 모두 고른 것은?

보기
ㄱ. 압력은 일정한 면적에 작용하는 힘이다.
ㄴ. 같은 면적에 힘이 작용할 때 힘의 크기가 클수록 압력이 커진다.
ㄷ. 같은 크기의 힘이 작용할 때 힘을 받는 면적이 넓을수록 압력이 커진다.

① ㄱ ② ㄴ ③ ㄷ
④ ㄱ, ㄴ ⑤ ㄴ, ㄷ

[02~03] 그림과 같이 모양과 질량이 같은 벽돌을 스펀지 위에 올려놓았다.

02 (가)~(다)에서 스펀지가 눌리는 정도가 가장 작은 것의 기호를 쓰시오.

중요
03 이에 대한 설명으로 옳지 않은 것은?

① (가)와 (나)를 비교하면 (가)의 압력이 더 크다.
② (나)와 (다)를 비교하면 (다)의 압력이 더 크다.
③ (가)와 (나)를 비교하면 힘이 작용하는 면적이 압력에 미치는 영향을 알 수 있다.
④ (나)와 (다)를 비교하면 작용하는 힘의 크기가 압력에 미치는 영향을 알 수 있다.
⑤ (가)와 (다)를 비교하면 힘이 작용하는 면적과 작용하는 힘의 크기가 압력에 미치는 영향을 모두 알 수 있다.

04 그림과 같이 스펀지 위에 같은 벽돌을 다양하게 올려놓았을 때 압력이 가장 큰 경우는?

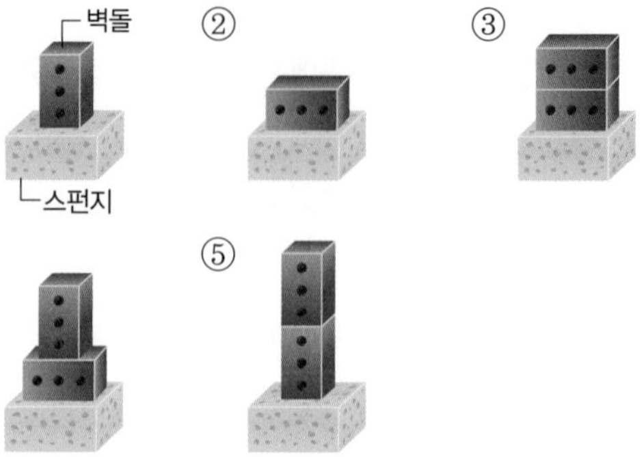

05 그림 (가)는 빈 페트병을, (나)와 (다)는 물을 가득 채운 페트병을 스펀지 위에 올려놓았을 때의 모습이다.

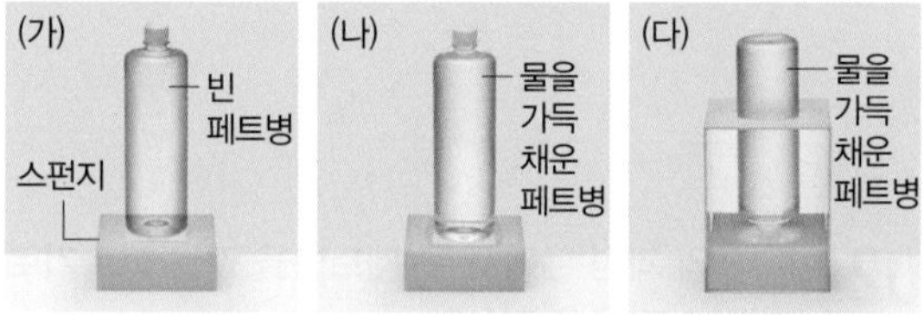

이에 대한 설명으로 옳은 것을 보기에서 모두 고른 것은?

보기
ㄱ. 압력의 크기는 (가)<(나)<(다)이다.
ㄴ. (가)와 (나)는 스펀지에 작용하는 힘의 크기가 같다.
ㄷ. (나)와 (다)는 힘이 작용하는 면적이 같다.

① ㄱ ② ㄴ ③ ㄷ
④ ㄱ, ㄷ ⑤ ㄴ, ㄷ

06 주어진 면적에 수직으로 힘이 작용하였을 때 가장 큰 압력이 작용하는 것은?

	작용하는 힘(N)	힘이 작용하는 면적(cm^2)
①	10	5
②	10	10
③	10	20
④	20	5
⑤	20	10

07 그림과 같이 연필의 뭉툭한 부분과 뾰족한 부분에 같은 크기의 힘을 가하여 누르면 뾰족한 부분의 손가락이 더 아프다.

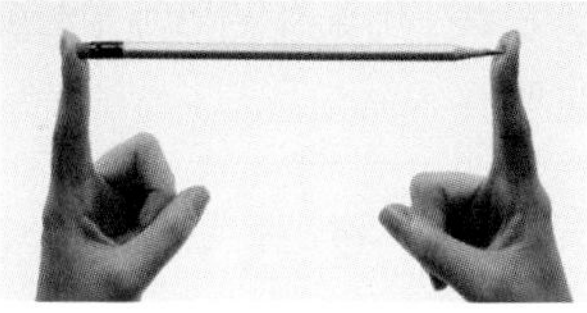

이 현상으로 알 수 있는 사실은?

① 작용하는 힘이 클수록 압력이 커진다.
② 작용하는 힘이 작을수록 압력이 커진다.
③ 압력은 누르는 힘의 크기에 따라 달라진다.
④ 힘을 받는 면의 넓이가 좁을수록 압력이 커진다.
⑤ 힘을 받는 면의 넓이가 넓을수록 압력이 커진다.

중요
08 압력을 이용하는 원리가 나머지 넷과 다른 하나는?

① 빨대의 한쪽 끝은 뾰족하다.
② 갯벌에서 널빤지를 타고 이동한다.
③ 눈썰매를 타면 눈에 잘 빠지지 않는다.
④ 산간 지대에서 눈이 왔을 때 설피를 신는다.
⑤ 얼음물에 빠진 사람을 구하러 갈 때 얼음 위를 엎드려서 이동한다.

09 다음 현상으로부터 알 수 있는 압력의 성질은?

못은 뾰족한 끝부분이 있어 단단한 벽이나 나무에 못을 쉽게 박을 수 있다.

① 작용하는 힘이 클수록 압력이 작아진다.
② 작용하는 힘이 작을수록 압력이 작아진다.
③ 힘이 작용하는 면적이 좁을수록 압력이 커진다.
④ 힘이 작용하는 면적이 넓을수록 압력이 커진다.
⑤ 힘이 작용하는 면적과 작용하는 힘의 크기는 압력에 영향을 주지 않는다.

B 기체의 압력

중요
10 기체의 압력에 대한 설명으로 옳지 않은 것은?

① 기체의 압력은 모든 방향으로 작용한다.
② 기체의 압력은 기체 입자가 운동하여 용기 벽면에 충돌하기 때문에 나타난다.
③ 기체 입자가 용기 벽면에 충돌하는 횟수가 많을수록 기체의 압력이 커진다.
④ 온도가 일정할 때 같은 부피 안에 들어 있는 기체 입자의 수가 많을수록 기체의 압력이 커진다.
⑤ 부피가 같은 용기에 같은 수의 기체 입자가 들어 있을 때 기체 입자의 운동 속도가 빠를수록 기체의 압력이 작아진다.

중요
11 오른쪽 그림과 같이 찌그러진 축구공에 공기를 넣을 때 축구공에 대한 설명으로 옳지 않은 것은?

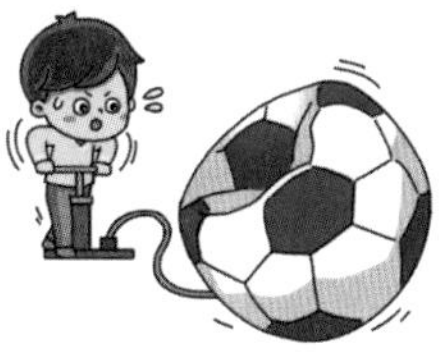

① 축구공이 부풀어 오른다.
② 축구공 속 공기의 압력이 커진다.
③ 축구공 속 기체 입자의 수가 늘어난다.
④ 축구공 속 공기의 압력은 모든 방향으로 작용한다.
⑤ 축구공 속에서 기체 입자가 축구공 벽에 충돌하는 횟수는 점점 줄어든다.

12 공기를 불어 넣은 고무풍선이 둥근 모양인 까닭으로 옳은 것은?

① 기체 입자가 매우 가볍기 때문
② 기체 입자가 둥근 모양이기 때문
③ 기체 입자가 서로 부딪치지 않기 때문
④ 기체 입자가 고무풍선의 가장자리에 있기 때문
⑤ 기체 입자가 모든 방향으로 운동하면서 고무풍선 안쪽 벽에 충돌하기 때문

[13~14] 다음과 같이 크기와 모양이 같은 페트병 2개와 쇠구슬을 이용하여 기체의 압력을 알아보는 실험을 하였다.

(가) 페트병에 쇠구슬 15개를 넣고 뚜껑을 닫은 다음, 페트병을 양손으로 잡고 좌우로 흔들면서 손바닥에 느껴지는 힘을 확인한다.

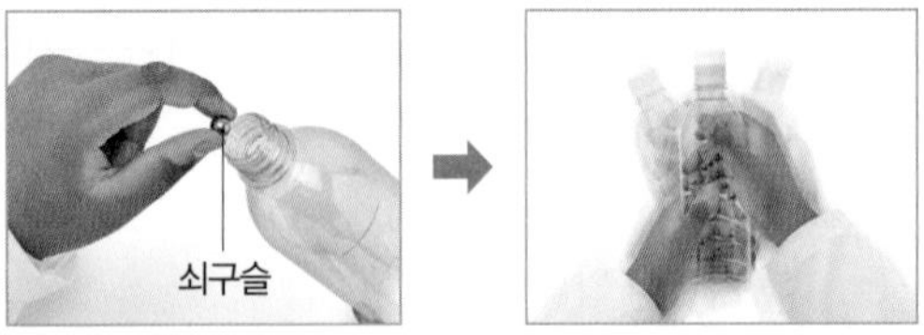

(나) 다른 페트병에 쇠구슬 30개를 넣고 뚜껑을 닫는다.

(다) (가)와 (나)의 페트병을 손으로 잡고 같은 빠르기로 흔들면서 손바닥에 느껴지는 힘을 비교한다.

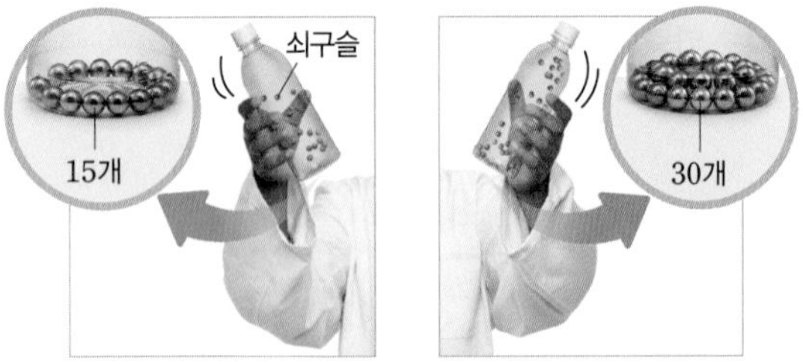

| 탐구 a

13 다음은 과정 (가)의 결과를 설명한 것이다. (　　　) 안에 알맞은 말을 쓰시오.

> 쇠구슬이 페트병의 벽면에 충돌하면서 충격을 가하고 이 충격이 손바닥에 전해지기 때문에 손바닥에 힘이 느껴진다. 이때 양손에서 쇠구슬이 충돌하는 힘이 느껴지는 것으로 보아 쇠구슬은 (　　　) 방향으로 움직인다는 것을 알 수 있다.

중요 | 탐구 a

14 과정 (다)에 대한 설명으로 옳지 <u>않은</u> 것은?

① 손바닥 전체에서 힘이 느껴진다.
② 손바닥에 느껴지는 힘은 기체의 압력에 해당한다.
③ (가)의 페트병이 (나)의 페트병보다 손바닥에 느껴지는 힘이 더 크다.
④ 기체 입자 수가 많을수록 충돌 횟수가 증가한다는 것을 알 수 있다.
⑤ 기체 입자 수가 많을수록 기체의 압력이 커진다는 것을 알 수 있다.

15 기체의 압력이 커지는 경우를 보기에서 모두 고른 것은?

> 보기
> ㄱ. 기체가 들어 있는 용기를 가열할 때
> ㄴ. 기체가 들어 있는 용기의 부피를 줄일 때
> ㄷ. 용기에 들어 있는 기체 입자의 수가 감소할 때
> ㄹ. 기체 입자가 용기 벽면에 충돌하는 횟수가 감소할 때

① ㄱ, ㄴ　② ㄱ, ㄷ　③ ㄷ, ㄹ
④ ㄱ, ㄴ, ㄹ　⑤ ㄴ, ㄷ, ㄹ

16 오른쪽 그림과 같이 구조용 공기 안전 매트에 공기를 넣으면 부풀어 올라 사람이 떨어져도 충격을 줄여 주므로 다치지 않는다. 공기 안전 매트에 이용된 원리를 가장 잘 설명한 것은?

① 공기는 증발한다.
② 공기는 확산한다.
③ 공기는 색깔과 냄새가 없다.
④ 공기는 여러 가지 기체가 혼합되어 있다.
⑤ 일정한 크기의 용기에 공기를 채우면 기체의 압력이 커진다.

17 일상생활에서 기체의 압력을 이용한 예로 옳지 <u>않은</u> 것은?

①

▲ 에어백

②
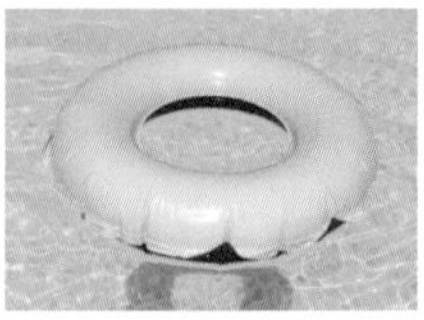
▲ 튜브

③

▲ 축구공

④

▲ 눈썰매

⑤

▲ 풍선 놀이 틀

정답과 해설 17쪽

서술형 문제

18 1개의 누름못 위에 올린 풍선은 터지지만, 오른쪽 그림과 같이 30개의 누름 못 위에 올린 풍선은 터지지 않는다. 그 까닭을 압력과 관련지어 서술하시오.

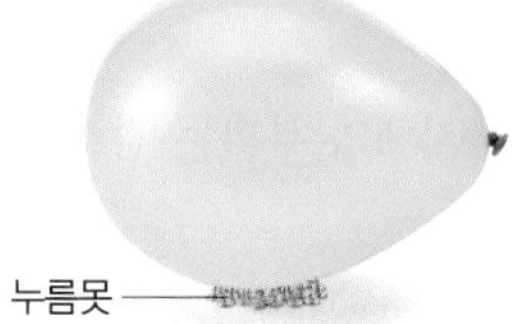

중요

19 그림과 같이 찌그러진 축구공에 공기를 넣으면 축구공이 팽팽해지는 까닭을 입자의 수와 충돌 횟수를 이용하여 서술하시오.

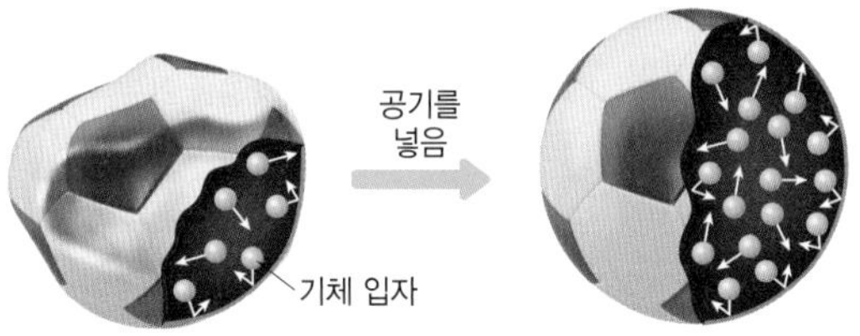

20 그림과 같이 기체 입자의 운동 실험 장치를 이용하여 쇠구슬과 피스톤의 움직임을 관찰하였다.

이 실험을 통해 알 수 있는 사실을 두 가지 서술하시오. (단, 쇠구슬은 기체 입자라고 가정한다.)

01 다음 현상에서 이용한 압력의 원리로 설명할 수 없는 현상은?

> 얼음이 깨져 강물에 빠진 사람을 구할 때 구조원은 보통 얼음 위를 걸어가기보다 엎드려 기어간다.

① 탄산음료 캔의 바닥을 오목하게 만든다.
② 갯벌에서 이동할 때 널빤지를 이용하면 발이 빠지지 않는다.
③ 짐을 많이 실어 나르는 트럭의 바퀴는 넓고 바퀴 수도 많다.
④ 눈 위를 달리는 스키의 밑면은 눈에 빠지지 않게 넓게 만들어졌다.
⑤ 운동화를 신은 사람보다 하이힐을 신은 사람에게 발을 밟힐 때 더 아프다.

02 다음은 크기와 모양이 같은 페트병 2개와 쇠구슬을 이용하여 기체의 압력을 알아보는 실험이다.

> (가) 페트병에 쇠구슬 15개를 넣고 뚜껑을 닫은 다음, 페트병을 양손으로 잡고 좌우로 흔들어 손바닥에 느껴지는 힘을 확인한다.
> (나) 페트병에 쇠구슬 30개를 넣고 뚜껑을 닫은 다음, 페트병을 양손으로 잡고 (가)와 같은 빠르기로 흔들면서 손바닥에 느껴지는 힘을 확인한다.
> (다) (나)의 페트병을 더 빠른 속도로 흔들면서 손바닥에 느껴지는 힘을 확인한다.

이에 대한 설명으로 옳은 것을 보기에서 모두 고른 것은?

> 보기
> ㄱ. 손바닥에 느껴지는 힘의 크기는 (가)>(나)=(다)이다.
> ㄴ. (가)와 (나)를 비교하면 기체 입자 수가 기체의 압력에 미치는 영향을 알 수 있다.
> ㄷ. (나)와 (다)를 비교하면 기체 입자의 운동 속도가 기체의 압력에 미치는 영향을 알 수 있다.

① ㄱ ② ㄴ ③ ㄷ
④ ㄱ, ㄷ ⑤ ㄴ, ㄷ

02 기체의 압력 및 온도와 부피 관계

A 기체의 압력과 부피 관계 |탐구a 60쪽

1 기체의 압력과 부피 관계 온도가 일정할 때 압력이 증가하면 기체의 부피는 감소하고, 압력이 감소하면 기체의 부피는 증가한다.

2 보일 법칙 온도가 일정할 때 일정량의 기체의 압력과 부피는*반비례한다. ❶❷

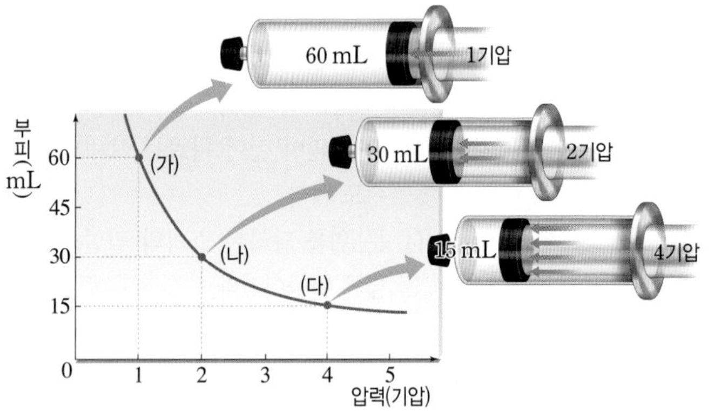

구분	(가)	(나)	(다)
압력(기압)	1	2	4
부피(mL)	60	30	15
압력×부피	60	60	60

➡ 온도가 일정할 때 압력과 기체의 부피 곱은 일정하다.

3 압력에 따른 기체의 부피 변화와 입자의 운동❸

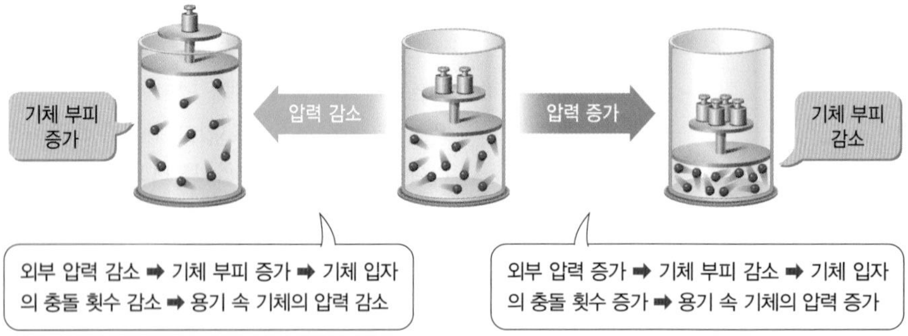

회보 6.3

4 보일 법칙과 관련된 현상❹ 여기서잠깐 64쪽

① 높은 산에 올라가면 과자 봉지가 부풀어 오른다.
② 헬륨 풍선이 하늘 높이 올라가면서 크기가 점점 커진다.
③ 잠수부가 내뿜은 공기 방울은 수면으로 올라올수록 점점 커진다.
④ 공기 주머니가 들어 있는 운동화는 발바닥에 전해지는 충격을 줄여 준다.
⑤ 공기 침대에 누우면 침대에 가해지는 압력이 커져 침대 속 기체의 부피가 줄어든다.

▲ 하늘 높이 올라가는 풍선

▲ 잠수부가 내뿜은 공기 방울

▲ 공기 주머니가 들어 있는 운동화

플러스 강의

❶ 보일의 실험

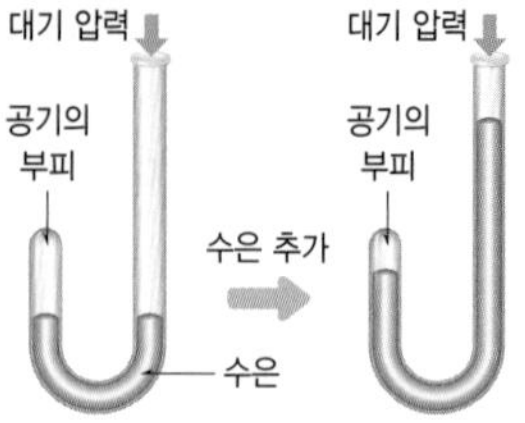

- 한쪽 끝이 막힌 J자 유리관에 수은을 채운 뒤 유리관 속 공기의 부피를 측정한다.
- J자 유리관의 열린 부분으로 수은을 넣거나 제거하여 압력을 변화시키면서 공기의 부피 변화를 관찰한다.
- 이 실험을 통해 일정한 온도에서 일정량의 기체의 압력과 부피가 반비례하는 것을 발견하였다.

❷ 보일 법칙과 입자의 운동

- (가)<(나)<(다): 기체의 압력, 입자의 충돌 횟수
- (가)=(나)=(다): 입자의 운동 속도, 입자의 수, 입자의 크기, 입자의 질량
- (가)>(나)>(다): 기체의 부피, 입자 사이의 거리

❸ 입자의 운동 속도

입자의 운동 속도는 온도에 의해 결정된다. 온도가 일정하면 입자의 운동 속도는 변하지 않는다.

❹ 보일 법칙과 관련된 현상

- 유리컵을 뽁뽁이로 포장하면 잘 깨지지 않는다.
- 수소, 산소, 헬륨 등의 기체는 높은 압력을 가하여 부피를 줄여 기체 저장 용기에 보관한다.
- 소스가 담긴 용기를 누르면 내용물이 흘러나온다.
- 감압 용기에 과자 봉지를 넣고 감압 용기 속 공기를 빼내면 과자 봉지가 팽팽해진다.

용어 돋보기

* **반비례**_한쪽의 양이 커질 때 다른 쪽의 양이 그와 같은 비율로 작아지는 관계

≫ 정답과 해설 17쪽

A 기체의 압력과 부피 관계

- 압력에 따른 기체의 부피 변화: 온도가 일정할 때 압력이 증가하면 기체의 부피는 □□하고, 압력이 감소하면 기체의 부피는 □□한다.
- 보일 법칙: 온도가 일정할 때 일정량의 기체의 부피는 압력에 □□□한다.
- 공기 주머니가 들어 있는 운동화가 발바닥에 전해지는 충격을 줄여 주는 현상은 □□ 법칙으로 설명할 수 있다.

암기쾅 기체의 압력과 부피 관계

압력 쑥(↑) 부피 쓱(↓)

A

[1~3] 오른쪽 그림은 일정한 온도에서 실린더에 들어 있는 기체의 압력에 따른 부피 변화를 나타낸 것이다.

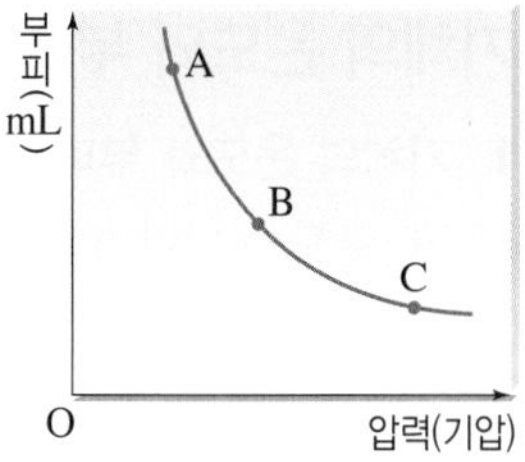

1 A~C에서 기체의 압력이 가장 큰 지점을 고르시오.

2 A~C에서 기체의 부피가 가장 큰 지점을 고르시오.

더 풀어보고 싶다면? > 시험 대비 교재 33쪽 계산력·암기력 강화 문제

3 A~C에서 각각의 압력과 부피를 곱한 값을 부등호나 등호로 비교하시오.

4 오른쪽 그림과 같이 일정한 온도에서 실린더에 일정량의 기체를 넣고 추를 올려 압력을 가했을 때 실린더 속 기체의 변화에 대한 설명으로 옳은 것은 ○, 옳지 않은 것은 ×로 표시하시오.

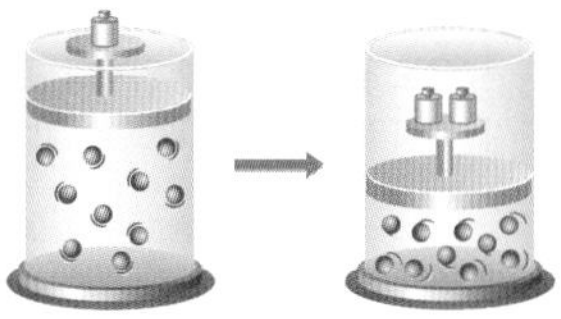

(1) 기체의 부피가 감소한다. ( )
(2) 기체 입자의 수는 변하지 않는다. ( )
(3) 기체 입자 사이의 거리가 증가한다. ( )
(4) 기체 입자의 충돌 횟수가 증가한다. ( )
(5) 기체 입자의 운동 속도가 빨라진다. ( )

5 보일 법칙과 관련된 생활 속 현상으로 옳은 것은 ○, 옳지 않은 것은 ×로 표시하시오.

(1) 높은 산에 올라가면 과자 봉지가 팽팽해진다. ( )
(2) 유리컵을 뽁뽁이로 포장하면 잘 깨지지 않는다. ( )
(3) 잠수부가 내뿜은 공기 방울은 수면으로 올라올수록 점점 커진다. ( )
(4) 연필의 양쪽 끝을 같은 크기의 힘으로 누르면 뾰족한 연필심을 누른 손가락이 더 아프다. ( )

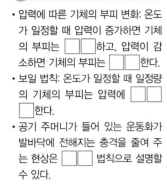

02 기체의 압력 및 온도와 부피 관계

B 기체의 온도와 부피 관계 | 탐구 b 62쪽

1 기체의 온도와 부피 관계 압력이 일정할 때 온도가 높아지면 기체의 부피가 증가하고, 온도가 낮아지면 기체의 부피가 감소한다.

2 샤를 법칙 압력이 일정할 때 일정량의 기체의 부피는 온도가 높아지면 일정한*비율로 증가한다.❶

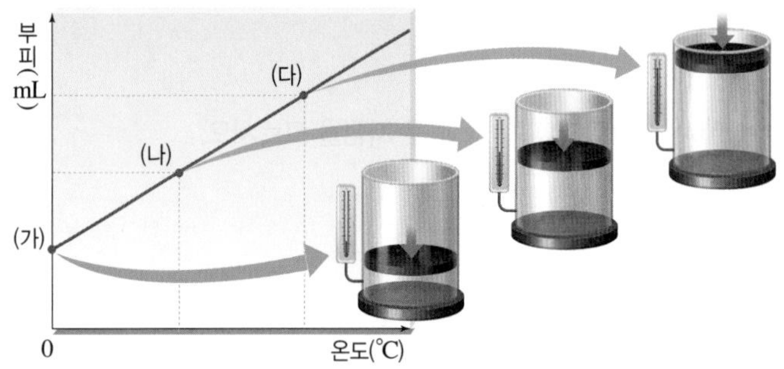

3 온도에 따른 기체의 부피 변화와 입자의 운동

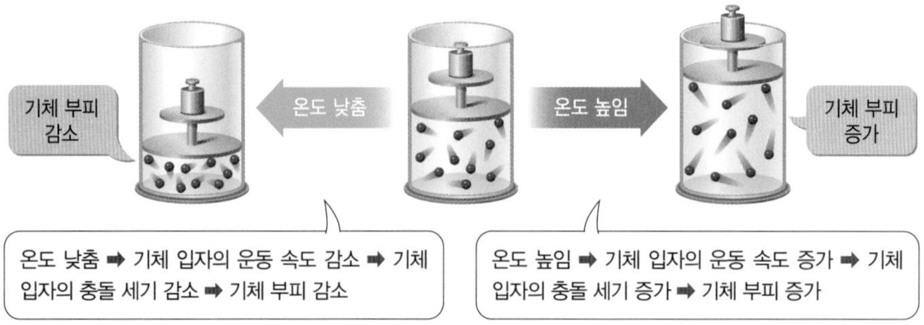

회보 6.4

4 샤를 법칙과 관련된 현상❷❸ 여기서 잠깐 64쪽

① 찌그러진 탁구공을 뜨거운 물에 넣으면 펴진다.

② 겨울철 실외에 있는 헬륨 풍선은 팽팽하지 않지만, 따뜻한 실내에서는 팽팽해진다.

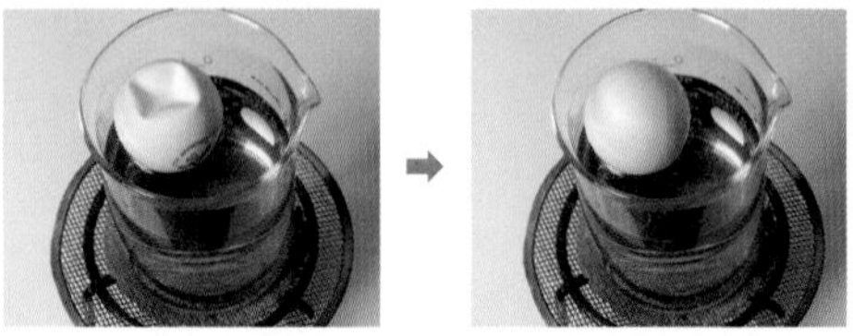

▲ 뜨거운 물에 넣으면 펴지는 탁구공

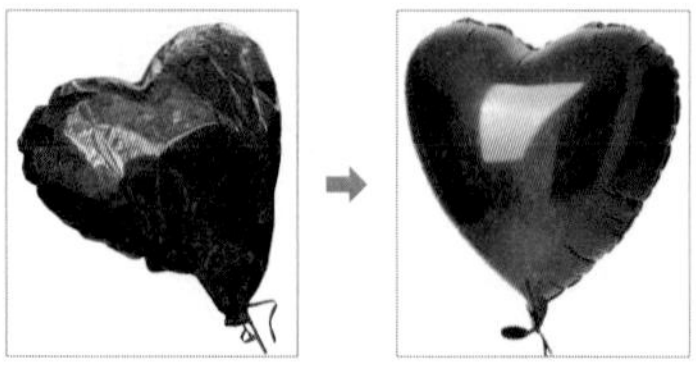

▲ 따뜻한 실내에서 팽팽해지는 헬륨 풍선

③ 겹쳐진 그릇이 잘 분리되지 않을 때 그릇을 뜨거운 물에 담가 두면 그릇이 빠진다.

④ 열기구의 풍선 속 기체를 가열하면 풍선이 부풀어 오르면서 가벼워져 위로 떠오른다.

⑤ 물 묻힌 동전을 빈 병 입구에 올려놓고 병을 두 손으로 감싸 쥐면 동전이 움직인다.

▲ 뜨거운 물에 담가 분리하는 그릇

▲ 하늘 높이 올라가는 열기구

▲ 병 입구에서 움직이는 동전

플러스 강의

❶ 샤를 법칙과 입자의 운동
- (가)<(나)<(다): 온도, 기체의 부피, 입자의 운동 속도, 입자의 충돌 세기, 입자 사이의 거리
- (가)=(나)=(다): 입자의 수, 입자의 크기, 입자의 질량

❷ 뜨거운 음식이 담긴 그릇이 식탁에서 저절로 움직이는 까닭

그릇의 바닥과 식탁 사이의 빈 공간에 있는 기체 입자들이 뜨거운 음식에 의해 가열되어 활발하게 움직인다. 이때 그릇과 식탁 사이가 물기로 막혀 있으면 가열된 기체 입자들이 공기 중으로 빠져 나가지 못하고, 공기의 부피가 늘어나 그릇을 들어 올리므로 그릇이 미끄러져 움직인다.

❸ 샤를 법칙과 관련된 현상
- 더운 여름철 자전거 타이어가 팽팽해진다.
- 겨울철 축구공을 밖에 두면 찌그러진다.
- 냉장고에 넣어 둔 밀폐 용기의 뚜껑이 열리지 않는다.
- 오줌싸개 인형의 머리에 뜨거운 물을 부으면 인형에서 물이 나온다.
- 뜨거운 음식이 담긴 그릇에 랩을 씌우면 처음에는 랩이 부풀었다가 음식이 식으면 움푹 들어간다.
- 여름철 물이 조금 들어 있는 페트병의 뚜껑을 닫아 냉장고 안에 넣어 두면 페트병이 찌그러진다.
- 일회용 스포이트에 잉크를 조금 빨아올린 다음 손으로 스포이트의 아래쪽을 감싸 쥐면 잉크가 위쪽으로 움직인다.

용어 돋보기

* **비율**_다른 수나 양에 대한 어떤 수나 양의 비

≫ 정답과 해설 17쪽

B 기체의 온도와 부피 관계

- 온도에 따른 기체의 부피 변화: 압력이 일정할 때 온도가 높아지면 기체의 부피는 □□하고, 온도가 낮아지면 기체의 부피는 □□한다.
- □□ 법칙: 압력이 일정할 때 일정량의 기체의 부피는 온도가 높아지면 일정한 비율로 증가한다.

암기콱 기체의 온도와 부피 관계

온도 쑥(↑) 부피 쑥(↑)

B

[6~8] 오른쪽 그림은 일정한 압력에서 일정량의 기체의 부피와 온도 사이의 관계를 나타낸 것이다.

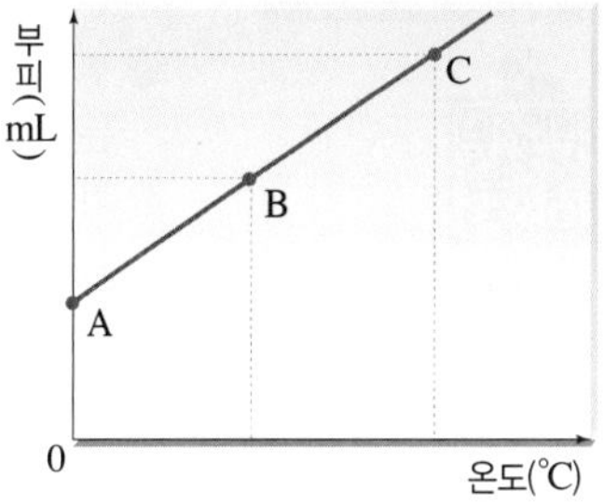

6 A~C에서 기체 입자의 운동이 활발한 정도를 부등호나 등호로 비교하시오.

7 A~C에서 변하지 않는 것을 보기에서 모두 고르시오.

보기
ㄱ. 기체 입자의 수 ㄴ. 기체 입자의 운동 속도 ㄷ. 기체 입자의 충돌 세기

8 (   ) 안에 알맞은 말을 쓰시오.

A~C에서 ㉠(   )가 높아질수록 기체의 부피가 ㉡(   )함을 알 수 있다.

9 오른쪽 그림과 같이 일정한 압력에서 실린더에 일정량의 기체를 넣고 가열하였다. 이때 실린더 속 기체의 변화를 '증가', '일정', '감소'로 구분하여 쓰시오.

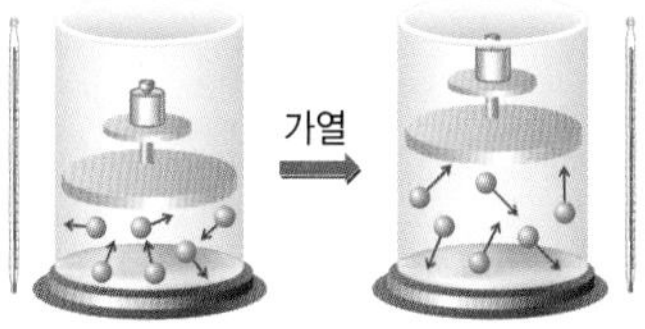

(1) 기체의 부피 ………… (   )
(2) 기체 입자의 수 ………… (   )
(3) 기체 입자의 운동 속도 ………… (   )
(4) 기체 입자 사이의 거리 ………… (   )

10 우리 주변에서 볼 수 있는 현상 중 보일 법칙과 관련된 것은 '보일', 샤를 법칙과 관련된 것은 '샤를'이라고 쓰시오.

(1) 고무풍선이 하늘 높이 올라가면서 점점 커진다. ………… (   )
(2) 찌그러진 탁구공을 뜨거운 물에 넣으면 펴진다. ………… (   )
(3) 물이 조금 들어 있는 페트병의 뚜껑을 닫아 냉장고에 넣어 두면 찌그러진다. ………… (   )
(4) 공기 주머니가 들어 있는 운동화는 발바닥에 전해지는 충격을 줄여 준다. ………… (   )

탐구 a 기체의 압력과 부피 관계

이 탐구에서는 기체의 양이 일정할 때 기체의 압력과 부피 관계를 알아본다.

과정 & 결과

오투실험실

실험 1 기체의 압력과 부피 관계

❶ 주사기 속 공기의 부피가 40 mL가 되도록 피스톤의 눈금을 맞춘 다음, 주사기와 압력 센서를 연결한다.
❷ 기체 압력 측정 앱을 실행하고 압력 센서와 스마트 기기를 연결한다.
❸ 피스톤을 서서히 누르면서 주사기 속 공기의 부피와 압력을 측정하고 5개의 값을 표에 기록한다.
❹ 스프레드시트를 공유하여 각 모둠의 측정 결과를 하나의 표에 입력한다.

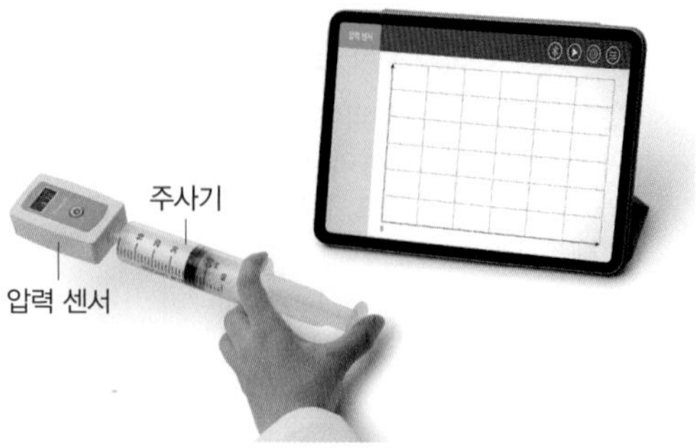

❺ 과정 ❹에서 수집한 결과를 가로축은 공기의 압력, 세로축은 공기의 부피로 하여 그래프로 나타낸다.

• 압력에 따른 공기의 부피 변화

주사기 속 공기의 부피(mL)	40	35	30	25	20
공기의 압력(기압)	1.00	1.14	1.33	1.60	2.00
공기의 부피×압력	40	40	40	40	40

➡

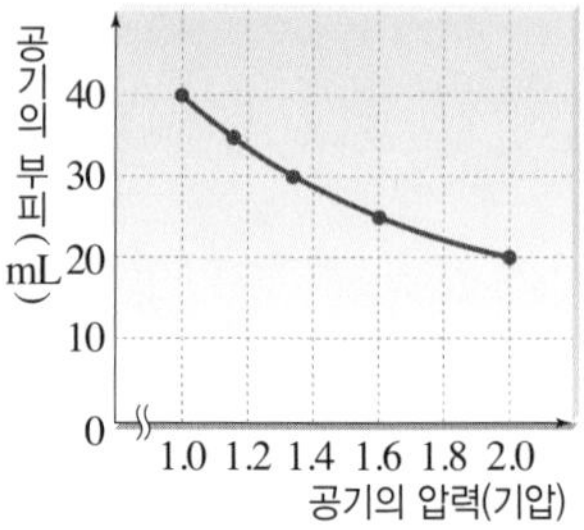

• 온도가 일정할 때 공기의 부피가 감소할수록 압력이 증가한다.
• 온도가 일정할 때 공기의 부피×압력은 일정하다.

실험 2 압력에 따른 기체의 부피와 입자 모형

❶ 그림은 일정한 온도에서 주사기에 들어 있는 공기를 입자 모형으로 나타낸 것이다.
❷ 피스톤을 당길 때와 피스톤을 누를 때 주사기 속 공기 입자의 운동을 입자 모형으로 그려 본다.

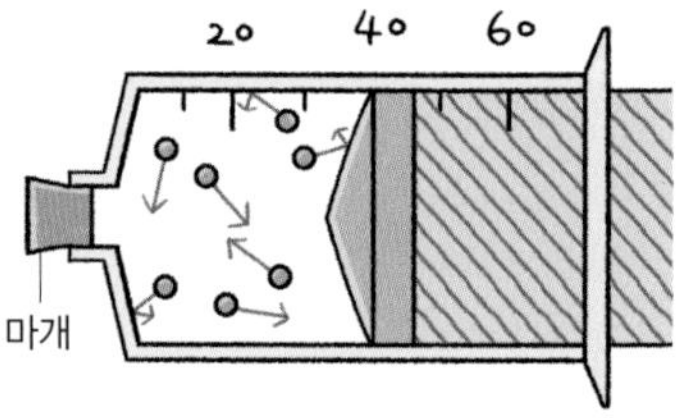

피스톤을 당길 때	피스톤을 누를 때
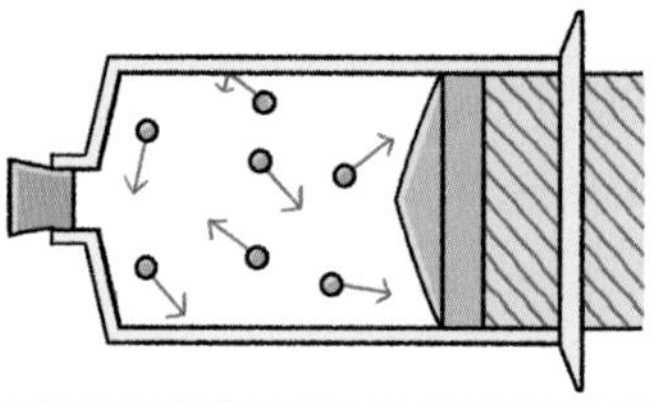	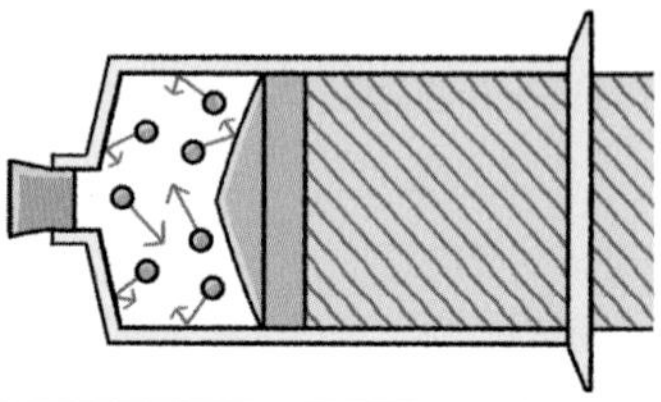
• 입자 수는 일정하다. • 입자 사이의 거리가 멀어지고 입자가 용기 벽에 충돌하는 횟수가 감소하여 기체의 압력이 작아진다.	• 입자 수는 일정하다. • 입자 사이의 거리가 가까워지고 입자가 용기 벽에 충돌하는 횟수가 증가하여 기체의 압력이 커진다.

정리

1. 온도가 일정할 때 기체의 부피는 압력이 증가하면 ㉠(　　　)하고, 압력이 감소하면 ㉡(　　　)한다.
2. 온도가 일정할 때 일정량의 기체의 부피는 압력에 ㉢(　　　)하고, 부피와 압력의 곱은 ㉣(　　　)하다.

이렇게도 실험해요

과정 ❶ 압력계에 주사기를 연결한다.
❷ 피스톤을 누르면서 주사기 속 공기의 부피와 압력을 측정한다.
❸ 측정한 값을 이용하여 압력－부피 그래프를 그린다.

결과 기체에 작용하는 압력을 높이면 기체의 부피가 감소하고, 기체의 압력이 증가한다. 반대로 기체에 작용하는 압력을 낮추면 기체의 부피가 증가하고 기체의 압력이 감소한다.

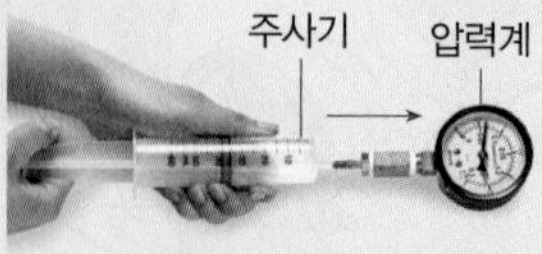

확인 문제

» 정답과 해설 17쪽

01 탐구 ⓐ의 실험 ❶에 대한 설명으로 옳은 것은 ○, 옳지 않은 것은 ×로 표시하시오.

(1) 주사기의 피스톤을 누르면 주사기 속 공기의 압력이 증가한다. ( )

(2) 주사기의 피스톤을 누르면 주사기 속 공기의 부피가 증가한다. ( )

(3) 결과 표에서 공기의 압력이 1기압일 때 기체 입자의 운동 속도가 가장 느리다. ( )

(4) 결과 표에서 공기의 압력이 2기압일 때 기체 입자의 충돌 횟수가 가장 많다. ( )

(5) 공기의 압력이 2배가 되면 공기의 부피도 2배가 된다. ( )

(6) 온도가 일정하면 주사기 속 공기에 작용하는 압력이 증가하거나 감소해도 공기의 압력과 부피의 곱은 일정하다. ( )

02 탐구 ⓐ의 실험 ❷에 대한 설명으로 옳은 것은 ○, 옳지 않은 것은 ×로 표시하시오. (단, 온도는 일정하다.)

(1) 주사기의 피스톤을 당기면 주사기 속 기체 입자의 충돌 횟수가 감소한다. ( )

(2) 주사기의 피스톤을 누르면 주사기 속 기체 입자 사이의 거리가 멀어진다. ( )

(3) 주사기의 피스톤을 당기거나 밀어도 주사기 속 기체 입자의 수는 변하지 않는다. ( )

03 탐구 ⓐ에서 주사기의 피스톤을 서서히 누를 때 주사기 속 압력이 커지는 까닭으로 옳은 것은?

① 기체 입자의 수가 증가하기 때문
② 기체 입자의 질량이 증가하기 때문
③ 기체 입자의 충돌 횟수가 증가하기 때문
④ 기체 입자의 운동 속도가 빨라지기 때문
⑤ 기체 입자 사이의 거리가 멀어지기 때문

[04~05] 표는 일정한 온도에서 오른쪽 그림과 같이 장치하고 주사기의 피스톤을 밀거나 당기면서 주사기 속 공기의 변화를 측정한 결과이다.

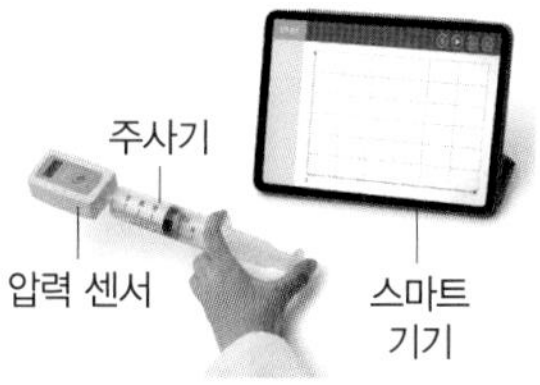

공기의 압력(기압)	1	2	3	4	5	6
공기의 부피(mL)	60	30	(가)	15	12	10

04 (가)에 들어갈 알맞은 값을 쓰시오.

05 압력에 따른 공기의 부피 변화를 그래프로 나타내시오. (단, 각 점을 연결하여 선으로 나타낸다.)

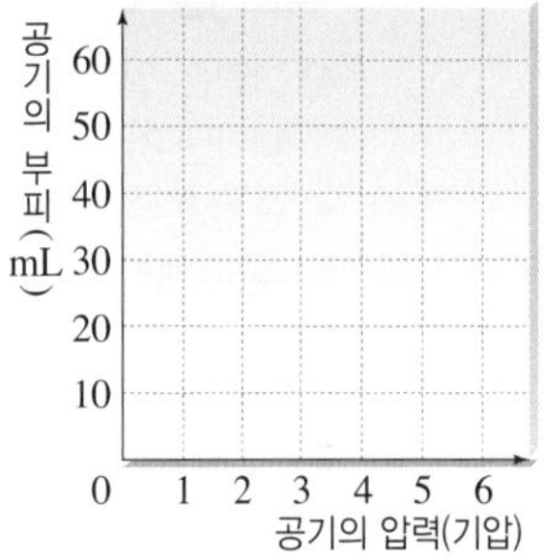

06 그림은 일정한 온도에서 공기를 넣은 주사기의 피스톤을 손으로 눌렀다가 뗄 때의 변화를 나타낸 것이다.

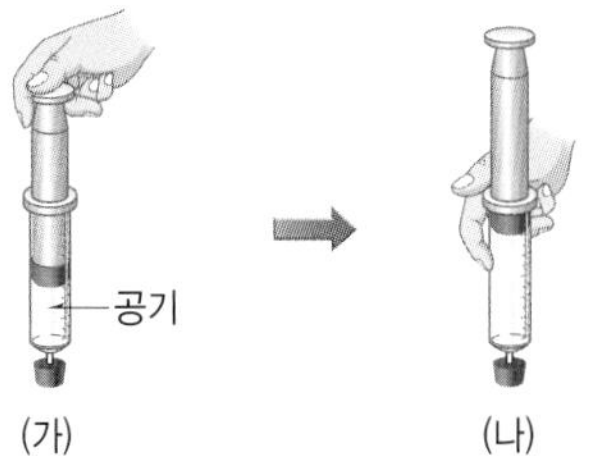

(가)와 (나)를 비교한 것으로 옳지 않은 것은?

① 공기의 압력: (가)>(나)
② 공기를 이루는 기체 입자의 수: (가)=(나)
③ 공기를 이루는 기체 입자 사이의 거리: (가)<(나)
④ 공기를 이루는 기체 입자의 충돌 횟수: (가)>(나)
⑤ 공기를 이루는 기체 입자의 운동 속도: (가)<(나)

탐구 b 기체의 온도와 부피 관계

이 탐구에서는 기체의 양이 일정할 때 기체의 온도와 부피 관계를 알아본다.

과정 & 결과

오투실험실

실험 ❶ 기체의 온도와 부피 관계

❶ 스포이트의 뾰족한 부분을 2 cm 정도 잘라내고 스포이트의 둥근 부분 끝을 자의 영점에 맞춘 다음, 셀로판테이프로 스포이트를 자에 붙인다.

❷ 다른 스포이트로 과정 ❶의 스포이트에 식용 색소를 탄 물을 1방울 넣는다.

❸ 온도가 다른 물이 담긴 비커 4개를 준비한다.

❹ 온도계와 과정 ❷에서 만든 스포이트를 온도가 낮은 물이 담긴 비커부터 차례대로 넣으며 물의 온도와 물방울의 위치를 측정하여 표에 기록한다.

❺ 스프레드시트를 이용하여 측정한 결과를 표에 입력하고 가로축은 물의 온도, 세로축은 물방울의 위치로 하여 그래프로 나타낸다.

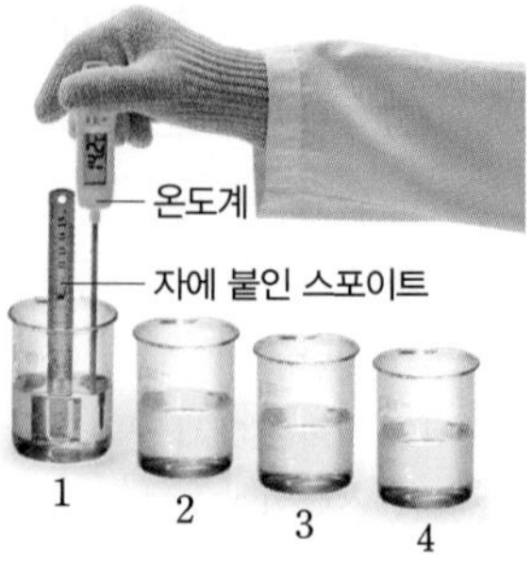

• 물의 온도에 따른 물방울의 위치

비커 번호	1	2	3	4
물의 온도(°C)	15.7	22.6	29.2	40.6
물방울의 위치(cm)	9.5	10.0	10.7	11.4

➡

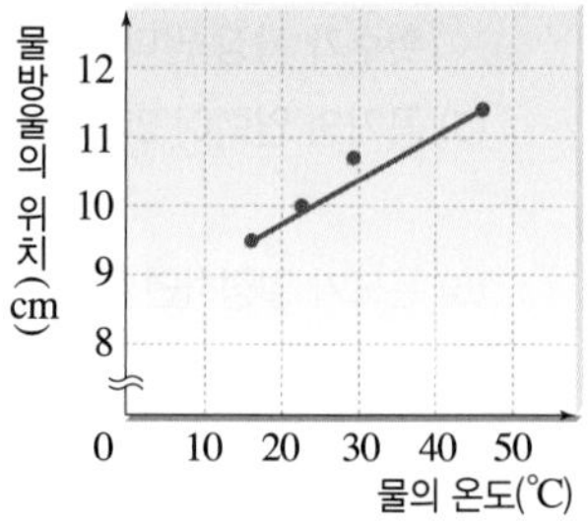

• 온도가 높아지면 스포이트 속 공기의 부피가 증가한다.

실험 ❷ 온도에 따른 기체의 부피와 입자 모형

❶ 그림은 일정한 압력에서 주사기에 들어 있는 공기를 입자 모형으로 나타낸 것이다.

❷ 공기의 온도를 낮출 때와 높일 때 주사기 속 공기 입자의 운동을 입자 모형으로 그려 본다.

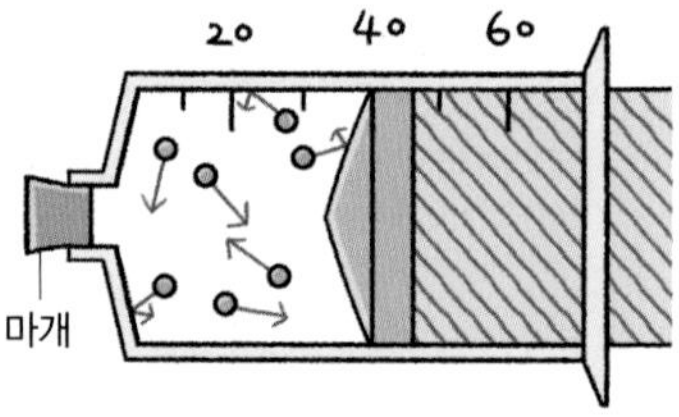

공기의 온도를 낮출 때	공기의 온도를 높일 때
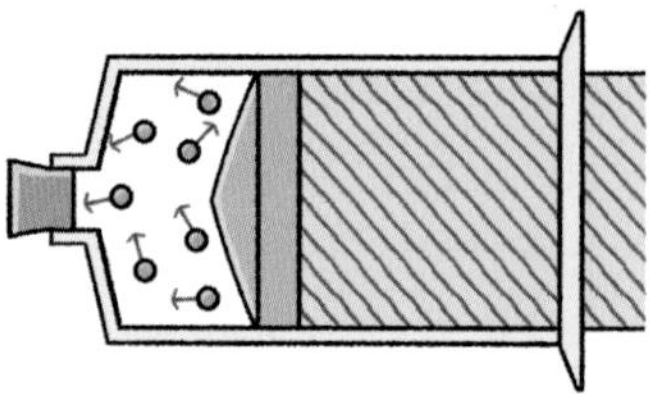	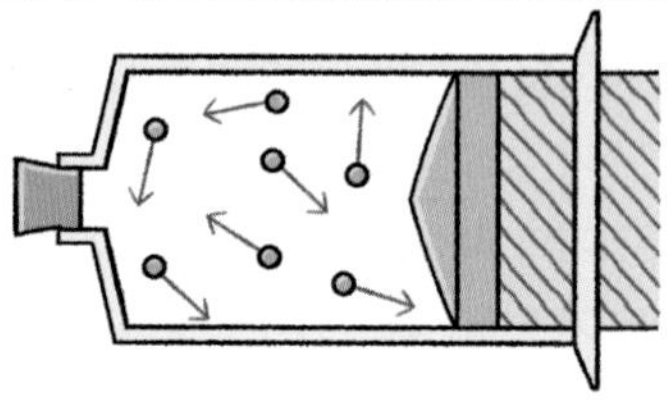
• 입자 수는 일정하다. • 입자가 둔하게 운동하여 용기 벽에 약하게 충돌하므로 기체의 부피가 줄어든다.	• 입자 수는 일정하다. • 입자가 활발하게 운동하여 용기 벽에 강하게 충돌하므로 기체의 부피가 늘어난다.

정리

압력이 일정할 때 온도가 높아지면 기체의 부피가 ㉠(　　　)하고, 온도가 낮아지면 기체의 부피가 ㉡(　　　)한다.

이렇게도 실험해요

과정 ❶ 공기가 들어 있는 구리 통과 실린더를 고무관으로 연결한 다음 구리 통에 온도계를 꽂고 찬물이 담긴 비커에 넣는다.

❷ 비커에 뜨거운 물을 조금씩 부으면서 구리 통 속 공기의 온도와 실린더 속 공기의 부피를 측정한다.

결과 온도가 높아질수록 공기의 부피가 증가한다.

➡ 압력이 일정할 때 기체의 온도가 높아지면 부피가 증가하고, 기체의 온도가 낮아지면 부피가 감소한다.

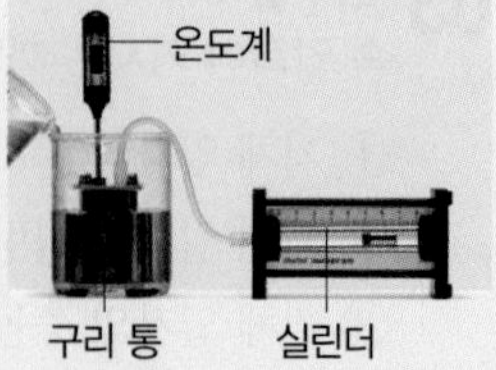

확인 문제

» 정답과 해설 18쪽

01 탐구 b의 실험 ❶에 대한 설명으로 옳은 것은 ○, 옳지 않은 것은 ×로 표시하시오.

(1) 실험 결과 온도가 높을수록 스포이트 속 물방울의 위치가 높아진다. ( )

(2) 물방울의 위치가 비커 1보다 비커 2에서 높은 까닭은 스포이트 속 공기의 부피가 늘어났기 때문이다. ( )

(3) 비커 4의 스포이트를 비커 3으로 옮기면 물방울의 위치가 높아질 것이다. ( )

(4) 이 실험으로 기체의 온도가 높아지면 부피가 증가한다는 것을 알 수 있다. ( )

02 탐구 b의 실험 ❷에 대한 설명으로 옳은 것은 ○, 옳지 않은 것은 ×로 표시하시오. (단, 압력은 일정하다.)

(1) 공기의 온도를 낮추면 주사기 속 기체 입자의 수가 감소한다. ( )

(2) 공기의 온도를 낮추면 주사기 속 기체 입자의 움직임이 둔해진다. ( )

(3) 공기의 온도를 높이면 주사기 속 기체 입자가 용기 벽면에 약하게 부딪친다. ( )

(4) 온도가 높아지면 주사기 속 기체의 부피가 늘어난다. ( )

(5) 주사기 속 공기의 '부피×온도'의 값은 일정하다. ( )

03 탐구 b에서 알아보려고 하는 것은?

① 기체의 압력과 온도 관계
② 기체의 압력과 부피 관계
③ 기체의 온도와 부피 관계
④ 기체 입자의 수와 부피 관계
⑤ 기체 입자의 충돌 횟수와 압력 관계

04 표는 일정한 압력에서 온도 변화에 따른 주사기 속 공기의 부피 변화를 나타낸 것이다.

온도(°C)	20	40	60	80
공기의 부피(mL)	50.0	55.0	60.0	65.0

온도에 따른 공기의 부피 변화를 그래프로 나타내시오. (단, 각 점을 연결하여 선으로 나타낸다.)

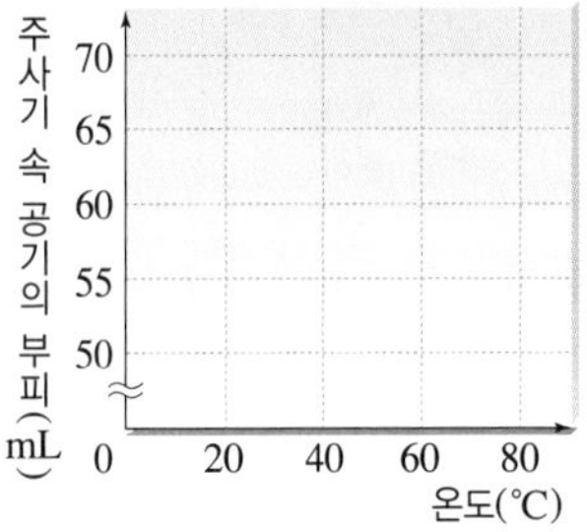

05 그림 (가)는 20 °C에서 주사기에 들어 있는 공기를 입자 모형으로 나타낸 것이다. 온도를 80 °C로 높였을 때 주사기에 들어 있는 공기를 입자 모형으로 나타내시오. (단, 화살표 길이는 입자 운동의 크기를 의미한다.)

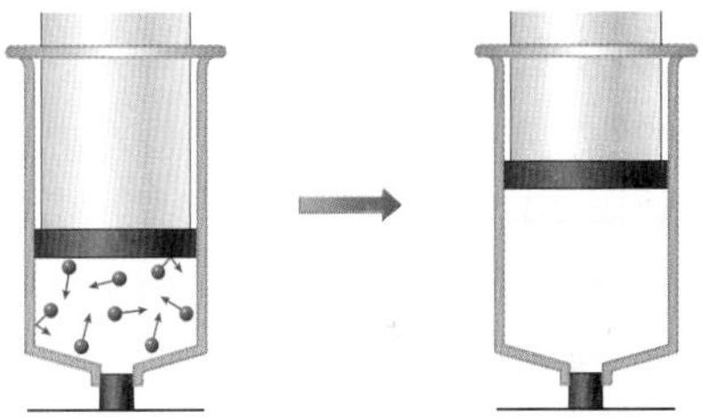

(가) 20 °C (나) 80 °C

이렇게도 실험해요 **확인 문제**

06 그림과 같이 장치하고 비커에 뜨거운 물을 부으면서 실린더 속 공기의 부피를 측정하였다.

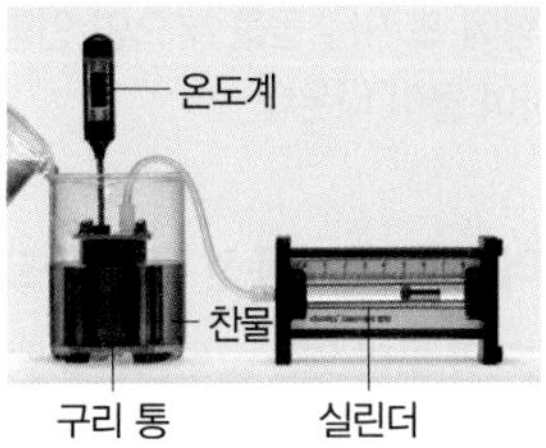

이때 실린더 속 공기의 부피가 증가하는 까닭으로 옳은 것은?

① 구리 통 주위의 압력이 낮아지기 때문
② 찬 공기가 구리 통 속으로 들어가기 때문
③ 구리 통 속 기체 입자의 수가 감소하기 때문
④ 구리 통 속 기체 입자의 운동이 둔해지기 때문
⑤ 구리 통 속 기체 입자가 용기의 벽면에 강하게 충돌하기 때문

여기서 잠깐

보일 법칙, 샤를 법칙과 관련된 생활 속 현상은 매우 다양해요. 앞에서 배운 여러 가지 현상 중 여기서 잠깐을 통해 몇 가지 현상의 원리를 알아볼까요?

> 정답과 해설 18쪽

보일 법칙과 관련된 현상

○ 감압 용기 속 과자 봉지의 변화

그림과 같이 일정한 온도에서 감압 용기에 과자 봉지를 넣은 후 용기 속 공기를 빼낸다. ➡ 과자 봉지가 팽팽해진다.

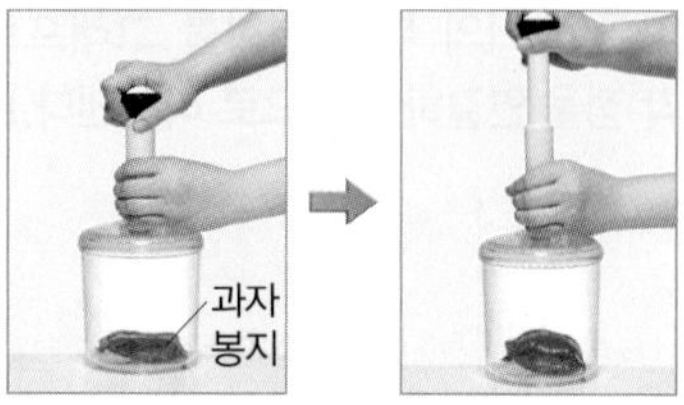

[해석] 감압 용기 속 공기 빼냄 ➡ 감압 용기 속 기체 입자 수 감소 ➡ 감압 용기 속 기체 입자의 충돌 횟수 감소 ➡ 감압 용기 속 기체의 압력 감소(과자 봉지의 외부 압력 감소) ➡ 과자 봉지 속 기체의 부피 증가(과자 봉지의 크기 증가) ➡ 과자 봉지 속 기체 입자의 충돌 횟수 ㉠ (   ) ➡ 과자 봉지 속 기체의 압력 ㉡ (   )

○ 고무풍선을 넣은 주사기

그림과 같이 일정한 온도에서 작게 분 고무풍선을 주사기에 넣고 주사기 끝을 막은 후 피스톤을 누른다. ➡ 고무풍선의 크기가 작아진다.

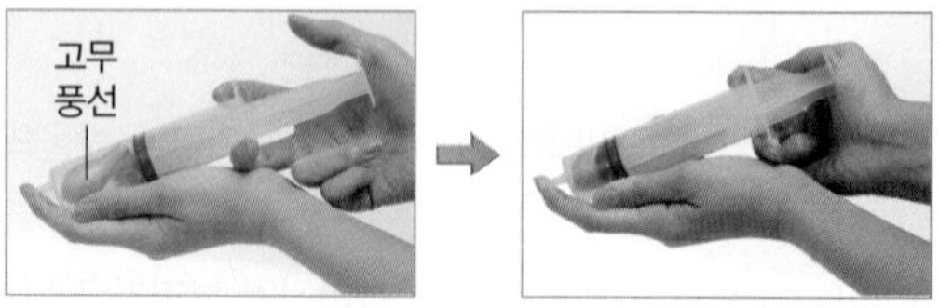

[해석] 주사기의 피스톤 누름 ➡ 주사기 속 기체의 부피 감소 ➡ 주사기 속 기체 입자의 충돌 횟수 증가 ➡ 주사기 속 기체의 압력 증가(고무풍선의 외부 압력 증가) ➡ 고무풍선 속 기체의 부피 감소(고무풍선의 크기 감소) ➡ 고무풍선 속 기체 입자의 충돌 횟수 ㉢ (   ) ➡ 고무풍선 속 기체의 압력 ㉣ (   )

샤를 법칙과 관련된 현상

○ 오줌싸개 인형의 원리

오줌싸개 인형을 뜨거운 물과 찬물에 넣었다가 꺼낸 다음, 인형의 머리에 뜨거운 물을 붓는다. ➡ 인형에서 물이 나온다.

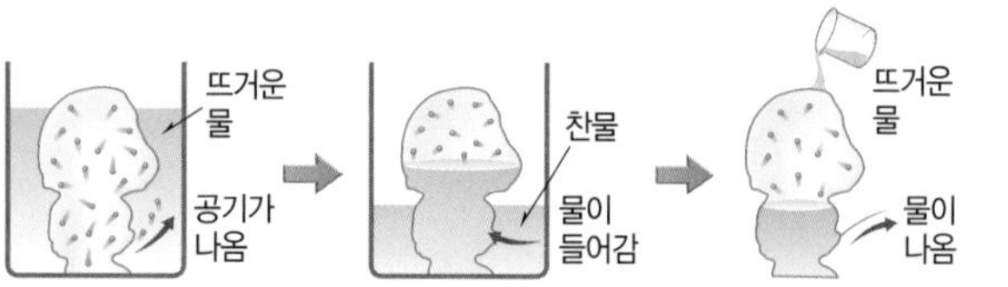

[해석] 오줌싸개 인형을 뜨거운 물에 넣으면 인형 속 공기의 부피가 증가하여 작은 구멍으로 공기가 나온다. ➡ 인형을 찬물에 넣으면 인형 속 공기의 부피가 감소하여 물이 인형 속으로 들어간다. ➡ 인형에 뜨거운 물을 부으면 인형 속 공기의 부피가 ㉤ (   )하여 물이 나온다.

○ 삼각 플라스크에 씌운 고무풍선의 크기 변화

그림과 같이 고무풍선을 씌운 삼각 플라스크를 뜨거운 물에 담갔다가 얼음에 넣는다. ➡ 고무풍선의 크기가 커졌다가 쭈그러든다.

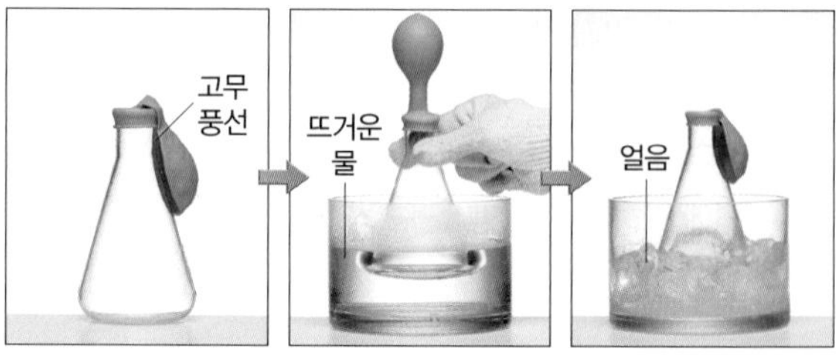

[해석] 뜨거운 물에 의해 온도가 ㉦ (   )아져 고무풍선 속 기체의 부피가 증가한다. 그리고 얼음이 담긴 수조에 의해 온도가 ㉧ (   )아져 고무풍선 속 기체의 부피가 감소한다.

○ 공기가 들어 있는 고무풍선 쭈그러뜨리기

그림과 같이 공기가 들어 있는 고무풍선을 액체 질소(−196 °C)에 넣는다. ➡ 고무풍선의 크기가 작아지면서 쭈그러든다.

[해석] 액체 질소에 의해 온도가 낮아져 고무풍선 속 기체의 부피가 ㉥ (   )하기 때문

○ 유리컵 속 기체의 부피 변화 확인

뜨거운 물에 담갔다가 꺼낸 유리컵 위에 공기가 들어 있는 고무풍선을 올려놓고 얼음이 담긴 수조에 넣는다. ➡ 유리컵 속으로 풍선이 빨려 들어가 컵에 풍선이 붙는다.

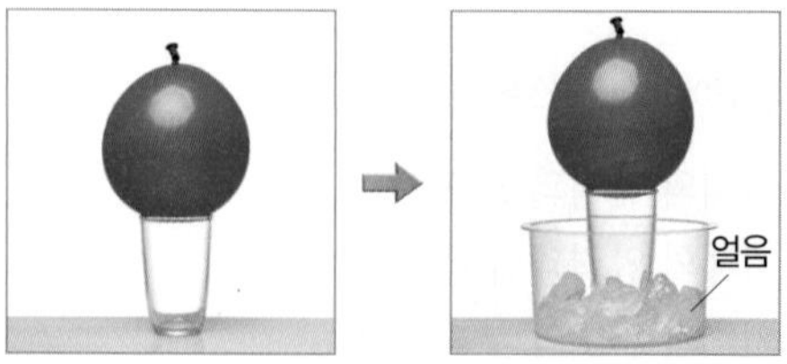

[해석] 얼음에 의해 온도가 ㉨ (   )아져 유리컵 속 기체의 부피가 감소하기 때문

» 정답과 해설 18쪽

A 기체의 압력과 부피 관계

중요
01 그림은 일정한 온도에서 압력에 따른 일정량의 기체의 부피 변화를 나타낸 것이다.

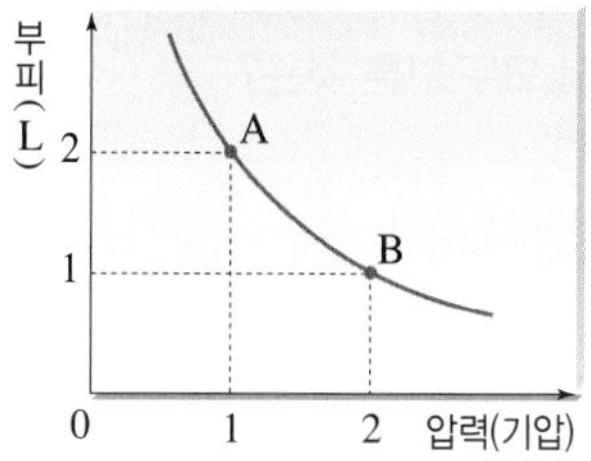

이에 대한 설명으로 옳지 않은 것을 모두 고르면? (2개)

① A와 B에서 압력과 부피를 곱한 값은 같다.
② 기체 입자 사이의 거리가 더 먼 것은 A이다.
③ 기체 입자의 충돌 횟수가 더 많은 것은 A이다.
④ 기체 입자의 운동 속도가 더 빠른 것은 B이다.
⑤ 기체의 부피는 압력에 반비례함을 알 수 있다.

02 그림과 같이 주사기에 일정량의 기체를 넣고 입구를 막은 다음 피스톤을 눌렀다.

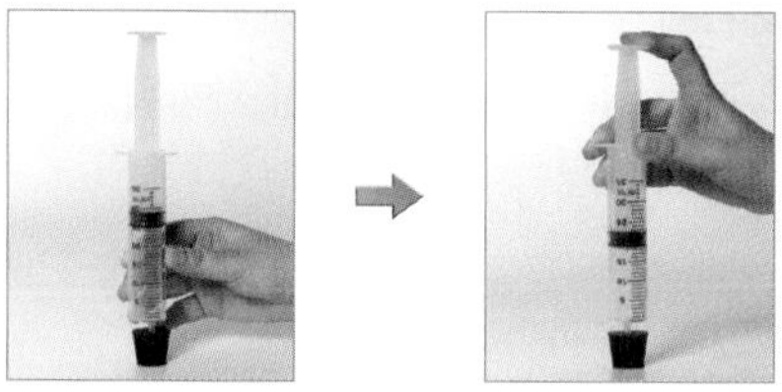

이때 변하지 않는 것을 보기에서 모두 고른 것은? (단, 온도는 일정하다.)

보기
ㄱ. 주사기 속 기체의 부피
ㄴ. 주사기 속 기체의 압력
ㄷ. 주사기 속 기체 입자의 수
ㄹ. 주사기 속 기체 입자의 크기
ㅁ. 주사기 속 기체 입자의 운동 속도
ㅂ. 주사기 속 기체 입자 사이의 거리

① ㄱ, ㄴ, ㅂ ② ㄱ, ㄷ, ㅁ ③ ㄴ, ㄷ, ㄹ
④ ㄷ, ㄹ, ㅁ ⑤ ㄹ, ㅁ, ㅂ

중요
03 그림은 일정한 온도에서 일정량의 기체에 가하는 압력을 증가시킬 때의 모습을 나타낸 것이다.

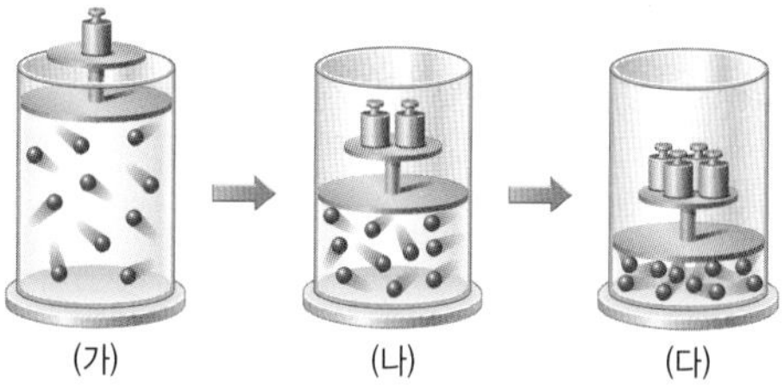

이에 대한 설명으로 옳지 않은 것은?

① 압력이 증가하면 기체의 부피는 감소한다.
② 기체 입자의 수는 (가)=(나)=(다)이다.
③ 기체 입자의 충돌 횟수는 (다)에서 가장 많다.
④ 기체 입자 사이의 거리는 (가)에서 가장 멀다.
⑤ 기체 입자의 운동 속도는 (가)<(나)<(다)이다.

04 25 °C, 1기압에서 부피가 80 mL인 기체가 있다. 온도를 일정하게 유지하면서 기체의 부피를 400 mL로 만들었을 때 기체의 압력은?

① 0.1기압 ② 0.2기압 ③ 0.3기압
④ 2기압 ⑤ 5기압

05 그림과 같이 감압 용기에 과자 봉지를 넣고 용기 속 공기를 빼내었더니 과자 봉지가 부풀어 올랐다.

과자 봉지가 부풀어 오른 까닭으로 옳은 것은? (단, 온도는 일정하다.)

① 과자 봉지 속 기체의 압력이 증가하기 때문
② 과자 봉지 속 기체 입자의 수가 증가하기 때문
③ 과자 봉지 속 기체 입자의 운동 속도가 증가하기 때문
④ 감압 용기 속 기체의 압력이 감소하기 때문
⑤ 감압 용기 속 기체 입자의 충돌 횟수가 증가하기 때문

[06~07] 일정한 온도에서 오른쪽 그림과 같이 장치한 다음, 피스톤을 눌러 주사기 속 공기를 압축하면서 공기의 부피를 측정하여 표와 같은 결과를 얻었다.

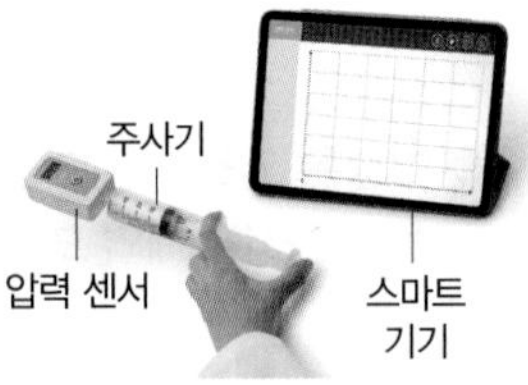

공기의 압력(기압)	1	2	(가)
공기의 부피(mL)	30	(나)	10

탐구a

06 (가)와 (나)에 들어갈 값을 순서대로 옳게 짝 지은 것은?

① 1, 5　② 1, 15　③ 3, 15
④ 10, 10　⑤ 10, 15

07 이 실험 결과를 나타낸 그래프로 옳은 것은?

①
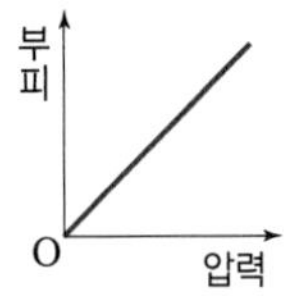

②
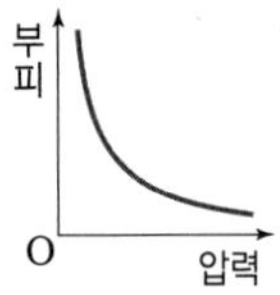

③

④
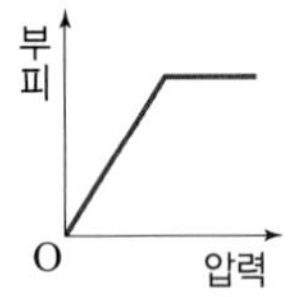

⑤
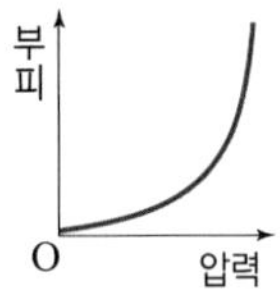

08 보일 법칙으로 설명할 수 있는 현상이 아닌 것을 모두 고르면? (2개)

① 높은 산에서 과자 봉지가 팽팽해진다.
② 열기구 속의 공기를 가열하면 위로 뜬다.
③ 헬륨 풍선이 하늘 높이 올라갈수록 점점 커진다.
④ 공기가 들어 있는 고무풍선을 액체 질소에 넣으면 풍선이 쭈그러든다.
⑤ 물속에서 잠수부가 내뿜은 공기 방울이 수면에 가까워질수록 커진다.

B 기체의 온도와 부피 관계

중요

09 오른쪽 그림은 일정한 압력에서 온도에 따른 일정량의 기체의 부피 변화를 나타낸 것이다. A에서 B로 갈수록 증가하는 값을 보기에서 모두 고른 것은?

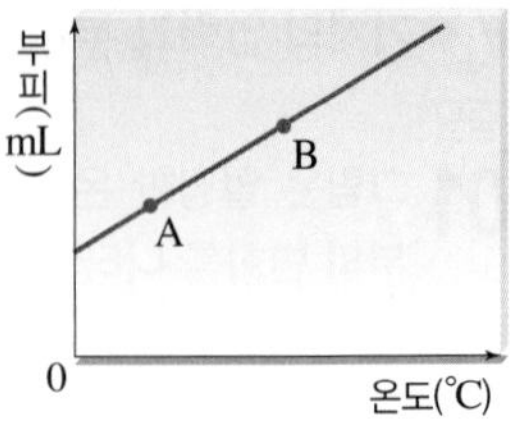

보기
ㄱ. 기체의 부피　ㄴ. 기체 입자 사이의 거리
ㄷ. 기체 입자의 수　ㄹ. 기체 입자의 운동 속도

① ㄱ, ㄴ　② ㄱ, ㄷ　③ ㄷ, ㄹ
④ ㄱ, ㄴ, ㄹ　⑤ ㄴ, ㄷ, ㄹ

중요

10 그림은 압력을 일정하게 유지하면서 일정량의 기체가 들어 있는 실린더를 가열할 때 기체의 부피 변화를 나타낸 것이다.

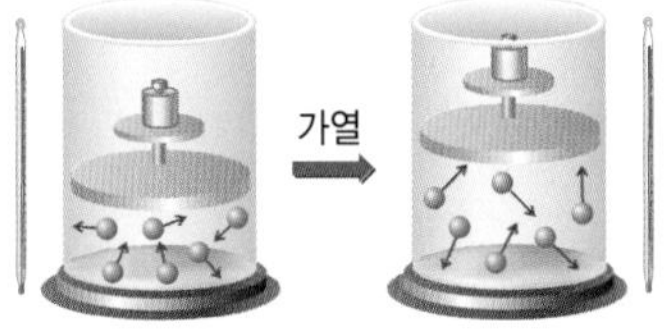

이때 나타나는 변화에 대한 설명으로 옳은 것은?

① 기체 입자의 수가 증가한다.
② 기체 입자의 질량이 커진다.
③ 기체 입자의 충돌 세기가 감소한다.
④ 기체 입자의 운동 속도가 빨라진다.
⑤ 기체 입자 사이의 거리가 가까워진다.

11 고무풍선을 씌운 삼각 플라스크를 뜨거운 물이 담긴 수조에 넣었다가 오른쪽 그림과 같이 얼음이 담긴 수조에 넣어 냉각시켰을 때 삼각 플라스크 속 기체의 변화를 옳게 짝 지은 것은?

	부피	입자의 운동 속도	입자 사이의 거리
①	감소	느려짐	감소
②	감소	느려짐	증가
③	증가	느려짐	감소
④	증가	빨라짐	감소
⑤	증가	빨라짐	증가

[12~13] 오른쪽 그림과 같이 온도가 다른 4개의 물에 각각 식용 색소를 탄 물방울로 입구를 막은 스포이트를 자에 붙여 담그고, 스포이트 안의 물방울의 위치를 각각 측정하였다.

탐구b

12 이 실험에 대한 설명으로 옳은 것을 보기에서 모두 고른 것은?

보기
ㄱ. 비커 속 물의 온도는 스포이트 속 공기의 온도와 같다고 가정한다.
ㄴ. 온도가 가장 높은 물에 담근 스포이트 속 공기의 부피가 가장 크다.
ㄷ. 온도가 가장 낮은 물에 담근 스포이트에서 물방울의 높이가 가장 높다.
ㄹ. 스포이트 속 공기 입자의 운동이 가장 활발할 때 물방울의 높이가 가장 높다.

① ㄱ, ㄴ ② ㄱ, ㄷ ③ ㄷ, ㄹ
④ ㄱ, ㄴ, ㄹ ⑤ ㄴ, ㄷ, ㄹ

13 이 실험 결과를 나타낸 그래프로 옳은 것은?

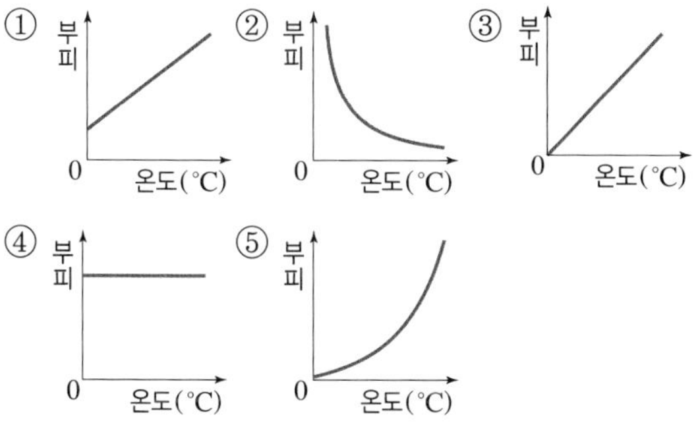

중요
14 샤를 법칙으로 설명할 수 있는 현상이 아닌 것은?

① 더운 여름철 자전거의 타이어가 팽팽해진다.
② 수소 기체를 압축하여 기체 보관 용기에 저장한다.
③ 찌그러진 탁구공을 뜨거운 물에 넣으면 탁구공이 펴진다.
④ 물 묻힌 동전을 빈 병 입구에 올려놓고 병을 손으로 감싸 쥐면 동전이 움직인다.
⑤ 물이 조금 들어 있는 페트병의 뚜껑을 닫아 냉장고에 넣어 두면 페트병이 찌그러진다.

서술형 문제

중요
15 그림은 25 °C, 1기압에서 100 mL의 기체에 가하는 압력을 증가시킬 때의 모습을 나타낸 것이다. (단, 온도는 일정하다.)

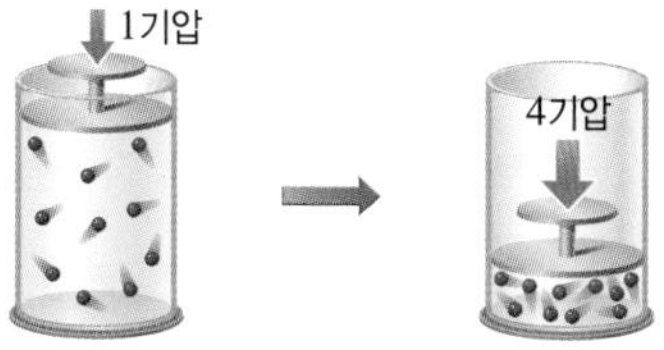

외부 압력이 1기압에서 4기압으로 변할 때 다음 요소들이 어떻게 변하는지 서술하시오.

기체의 부피, 입자 사이의 거리, 입자의 충돌 횟수

16 그림과 같이 일회용 스포이트에 잉크를 빨아올린 다음 손으로 스포이트의 아래쪽을 감싸쥐었다.

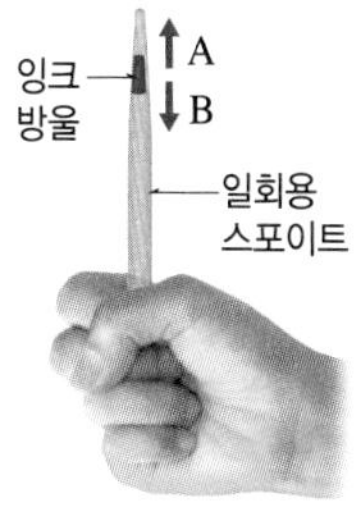

이때 잉크 방울의 이동 방향을 쓰고, 그 까닭을 서술하시오.

17 온도가 일정할 때와 압력이 일정할 때, 일정량의 기체의 부피가 줄어들게 하는 방법을 압력이나 온도 조건의 변화와 관련지어 각각 서술하시오.

• 온도가 일정할 때:

• 압력이 일정할 때:

수준 높은 문제로 **실력탄탄**

» 정답과 해설 19쪽

01 작게 분 고무풍선을 주사기 속에 넣고 주사기의 끝을 고무마개로 막은 뒤 피스톤을 당겼다가 눌렀다. 주사기 속에 들어 있는 고무풍선의 변화를 옳게 짝 지은 것은? (단, 온도는 일정하다.)

	구분	당겼을 때	눌렀을 때
①	고무풍선의 부피	작아짐	커짐
②	고무풍선 속 기체의 압력	커짐	작아짐
③	고무풍선에 가해지는 압력	커짐	작아짐
④	고무풍선 속 기체 입자의 충돌 횟수	적어짐	많아짐
⑤	고무풍선 속 기체 입자의 운동 속도	빨라짐	느려짐

02 그림은 일정한 압력에서 온도에 따른 일정량의 기체의 부피 변화를 나타낸 것이다.

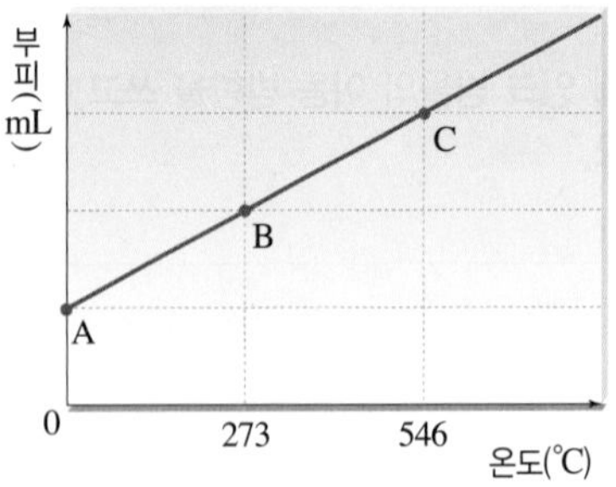

A～C에 대한 설명으로 옳지 않은 것은?

① 기체의 부피는 A에서 가장 작다.
② 기체 입자의 운동은 C에서 가장 활발하다.
③ 기체 입자의 크기는 A～C에서 모두 같다.
④ 기체의 온도가 0 ℃에서 273 ℃로 높아지면 기체의 압력이 외부 압력과 같아질 때까지 부피가 증가한다.
⑤ 기체의 온도가 273 ℃에서 546 ℃로 높아지면 기체 입자의 수가 많아지므로 부피가 증가한다.

03 25 ℃, 1기압에서 그림 (가)와 같이 뜨거운 물에 담갔다가 꺼낸 유리컵의 입구에 고무풍선을 대고 기다렸더니 (나)와 같이 유리컵 속으로 고무풍선이 빨려 들어가 유리컵이 고무풍선에 붙었다.

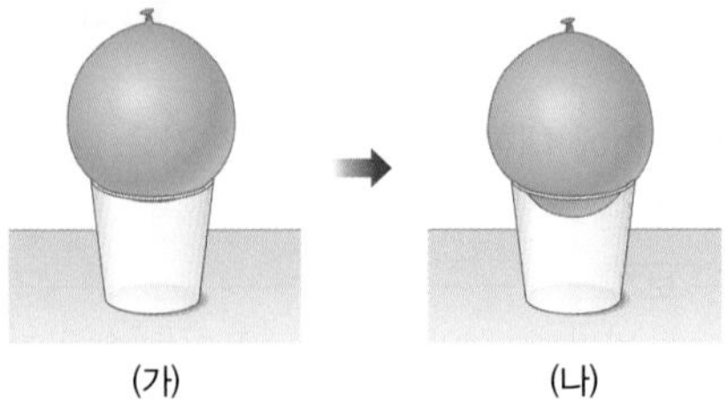

이에 대한 설명으로 옳은 것은?

① 유리컵 속 기체의 온도는 (가)보다 (나)가 높다.
② 유리컵 속 기체의 부피는 (가)보다 (나)가 크다.
③ 유리컵 속 기체 입자의 운동은 (가)보다 (나)가 활발하다.
④ 유리컵 속 기체 입자 사이의 거리는 (가)보다 (나)가 가깝다.
⑤ 압력에 따른 기체의 부피 변화를 확인할 수 있다.

04 그림 (가)와 (나)는 피스톤이 자유롭게 움직이는 실린더에 일정량의 기체를 넣고 각각 어떤 조건을 변화시켰을 때의 모습을 나타낸 것이다.

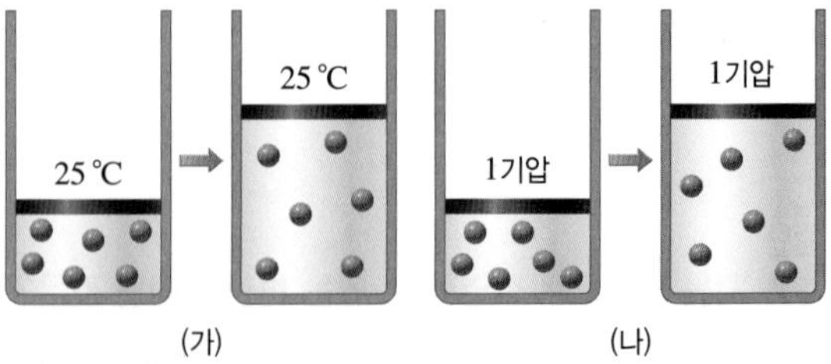

(가)와 (나)에서 변화시킨 조건을 옳게 짝 지은 것은?

	(가)	(나)
①	기체 입자 수 증가	온도 높아짐
②	외부 압력 증가	기체 입자 수 증가
③	외부 압력 감소	온도 높아짐
④	외부 압력 감소	기체 입자 질량 증가
⑤	기체 입자 질량 감소	온도 낮아짐

단원평가문제

지금까지 열심히 달려오셨어요!
단원 평가 문제를 풀면서 자신의 **실력**을 **확인**해 봅시다.

▶ 정답과 해설 20쪽

01 압력에 대한 설명으로 옳은 것을 보기에서 모두 고른 것은?

> 보기
> ㄱ. 압력은 일정한 면적에 작용하는 힘의 크기이다.
> ㄴ. 힘을 받는 면적이 넓을수록 압력이 커진다.
> ㄷ. 스키는 힘을 받는 면적을 좁혀 압력을 크게 하는 예이다.

① ㄱ ② ㄴ ③ ㄷ
④ ㄱ, ㄷ ⑤ ㄴ, ㄷ

02 그림과 같이 동일한 페트병에 물을 넣어 스펀지 위에 올려놓았다.

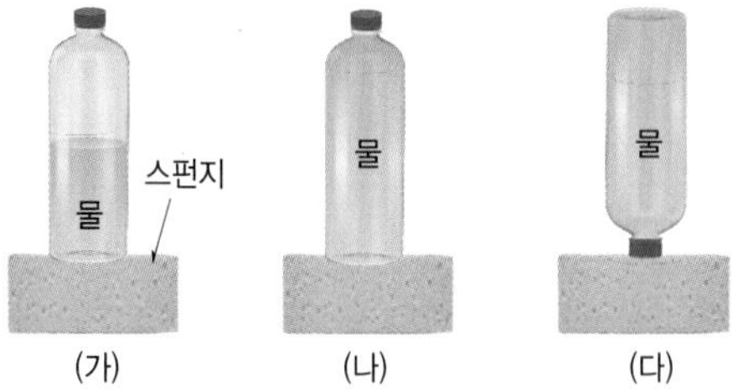

스펀지에 작용하는 압력의 크기를 옳게 비교한 것은?

① (가)=(나)=(다) ② (가)=(나)<(다)
③ (가)=(나)>(다) ④ (가)<(나)=(다)
⑤ (가)<(나)<(다)

03 갯벌에서 이동할 때 널빤지를 타면 걸을 때보다 발이 덜 빠져서 쉽게 이동할 수 있다. 이와 같은 원리를 이용하는 물건으로 옳은 것은?

① 못 ② 빨대 ③ 바늘
④ 아이젠 ⑤ 눈썰매

04 기체의 압력에 대한 설명으로 옳은 것을 모두 고르면? (2개)

① 기체의 압력은 모든 방향으로 작용한다.
② 기체 입자의 운동이 활발할수록 기체의 압력이 커진다.
③ 기체 입자가 용기의 벽에 충돌하는 횟수가 적을수록 기체의 압력이 커진다.
④ 용기의 부피와 입자의 수가 일정할 때 온도가 낮을수록 기체의 압력이 커진다.
⑤ 온도와 기체 입자의 수가 일정할 때 용기의 부피가 클수록 기체의 압력이 커진다.

05 그림과 같이 페트병과 쇠구슬을 이용하여 기체의 압력을 알아보는 실험을 하였다.

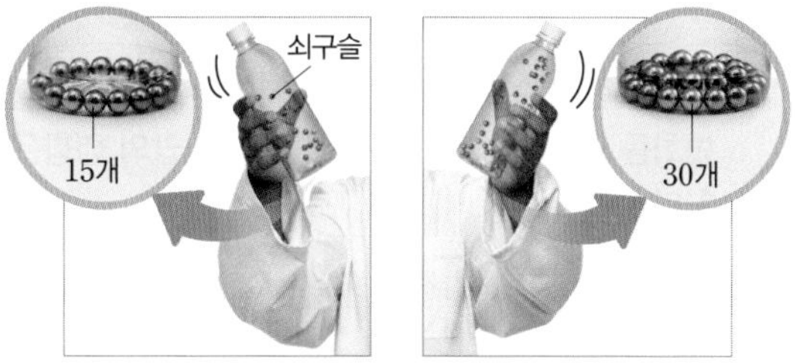

▲ 15개의 쇠구슬을 넣은 페트병 흔들기　▲ 30개의 쇠구슬을 넣은 페트병 흔들기

이에 대한 설명으로 옳은 것을 보기에서 모두 고른 것은?

> 보기
> ㄱ. 손바닥에 느껴지는 힘은 (가)<(나)이다.
> ㄴ. 쇠구슬이 페트병의 벽면에 충돌하는 횟수는 (가)<(나)이다.
> ㄷ. 이 실험으로 기체 입자 수가 적을수록 기체의 압력이 커진다는 것을 확인할 수 있다.

① ㄴ ② ㄱ, ㄴ ③ ㄱ, ㄷ
④ ㄴ, ㄷ ⑤ ㄱ, ㄴ, ㄷ

06 일상생활에서 기체의 압력을 이용한 예로 옳은 것을 모두 고르면? (2개)

① 연필 ② 벽돌
③ 에어백 ④ 쇠구슬
⑤ 구조용 공기 안전 매트

07 표는 일정한 온도에서 주사기에 공기 60 mL를 넣고 피스톤을 누르면서 공기의 변화를 측정한 결과이다.

공기의 압력(기압)	1	1.5	2
공기의 부피(mL)	60	40	30

같은 온도에서 공기의 부피가 20 mL일 때 기체의 압력은?

① 2.5기압 ② 3기압 ③ 4기압
④ 5기압 ⑤ 6기압

08 그림과 같이 일정한 온도에서 실린더 속 기체에 가하는 압력을 2배로 만들었다.

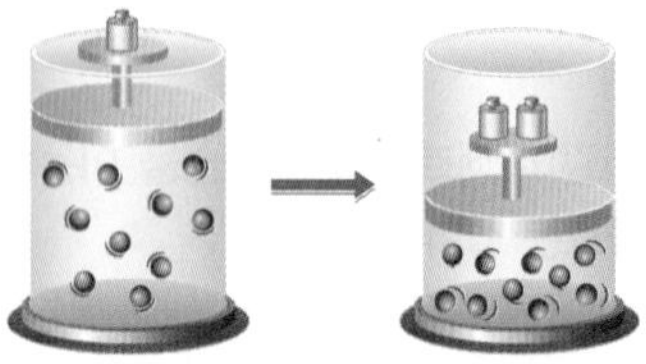

이때 실린더 속 기체의 부피, 입자의 수, 입자의 충돌 횟수 변화를 옳게 짝 지은 것은? (단, 대기압의 영향은 무시한다.)

	부피	입자의 수	충돌 횟수
①	2배	2배	$\frac{1}{2}$
②	2배	일정	2배
③	$\frac{1}{2}$	2배	$\frac{1}{2}$
④	$\frac{1}{2}$	일정	$\frac{1}{2}$
⑤	$\frac{1}{2}$	일정	2배

09 오른쪽 그림은 온도가 일정한 조건에서 감압 용기에 과자 봉지를 넣고 용기 속 공기의 일부를 빼내는 모습을 나타낸 것이다. 이때 증가하는 것은?

① 과자 봉지 속 기체의 부피
② 과자 봉지 속 기체의 압력
③ 감압 용기 속 기체 입자의 수
④ 감압 용기 속 기체 입자의 충돌 횟수
⑤ 감압 용기 속 기체 입자의 운동 속도

10 오른쪽 그림과 같이 작게 분 고무풍선을 주사기에 넣고 주사기 끝을 손가락으로 막은 뒤 피스톤을 눌렀다. 이에 대한 설명으로 옳은 것은? (단, 온도는 일정하다.)

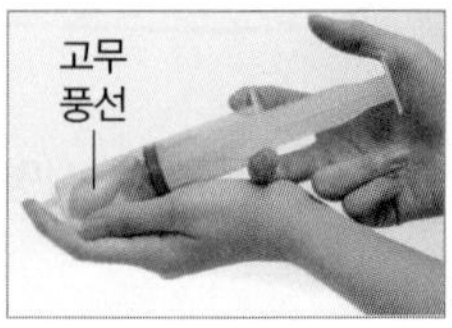

① 고무풍선이 부풀어 오른다.
② 주사기 속 기체의 압력이 감소한다.
③ 주사기 속 기체의 부피가 감소한다.
④ 주사기 속 기체 입자의 충돌 횟수가 감소한다.
⑤ 고무풍선 속 기체 입자의 충돌 횟수가 감소한다.

11 보일 법칙과 관련된 현상을 보기에서 모두 고른 것은?

보기
ㄱ. 소스가 담긴 용기를 누르면 내용물이 흘러나온다.
ㄴ. 잠수부가 내뿜은 공기 방울은 수면으로 올라올수록 점점 커진다.
ㄷ. 공기 침대에 누우면 침대에 가해지는 압력이 커져 공기 침대 속 기체의 부피가 줄어든다.
ㄹ. 겨울철 밖에 놓아둔 헬륨 풍선은 팽팽하지 않지만, 따뜻한 실내로 가지고 들어오면 팽팽해진다.

① ㄱ, ㄴ ② ㄱ, ㄹ ③ ㄷ, ㄹ
④ ㄱ, ㄴ, ㄷ ⑤ ㄴ, ㄷ, ㄹ

12 그림과 같이 일정한 압력에서 실린더 속 기체를 가열하였다.

(가) (나)

(가)와 (나)를 비교한 것으로 옳지 않은 것은?

① 실린더 속 기체의 부피: (가)<(나)
② 실린더 속 기체 입자의 수: (가)=(나)
③ 실린더 속 기체 입자의 충돌 세기: (가)<(나)
④ 실린더 속 기체 입자의 운동 속도: (가)=(나)
⑤ 실린더 속 기체 입자 사이의 거리: (가)<(나)

13 표는 일정한 압력에서 온도가 다른 4개의 물에 각각 물방울로 입구를 막은 스포이트를 자에 붙여 담갔을 때 스포이트 속 물방울의 위치를 나타낸 것이다.

물의 온도(°C)	15.7	22.6	29.2	40.6
물방울의 위치(cm)	9.6	10.0	10.7	11.4

이를 통해 알 수 있는 사실로 옳은 것은?

① 기체의 압력과 부피는 반비례한다.
② 기체의 압력은 모든 방향으로 작용한다.
③ 온도가 높아지면 기체의 부피가 증가한다.
④ 힘이 작용하는 면적이 좁을수록 압력이 커진다.
⑤ 기체 입자의 충돌 횟수가 많을수록 압력이 커진다.

14 오른쪽 그림과 같이 물 묻힌 동전을 빈 병의 입구에 올려 놓고 병을 두 손으로 감싸 쥐었다. 이에 대한 설명으로 옳은 것을 보기에서 모두 고른 것은?

보기
ㄱ. 빈 병 속 기체의 부피가 증가한다.
ㄴ. 빈 병 속 기체 입자의 운동 속도가 느려진다.
ㄷ. 빈 병 속 기체 입자의 충돌 세기가 감소한다.
ㄹ. 시간이 지나면 빈 병 입구에 올려 둔 동전이 움직인다.

① ㄱ, ㄷ ② ㄱ, ㄹ ③ ㄴ, ㄷ
④ ㄴ, ㄹ ⑤ ㄷ, ㄹ

15 그림 (가)와 같이 고무풍선을 씌운 삼각 플라스크를 뜨거운 물이 담긴 수조에 넣었다가 그림 (나)와 같이 얼음이 담긴 수조에 넣어 냉각시켰다.

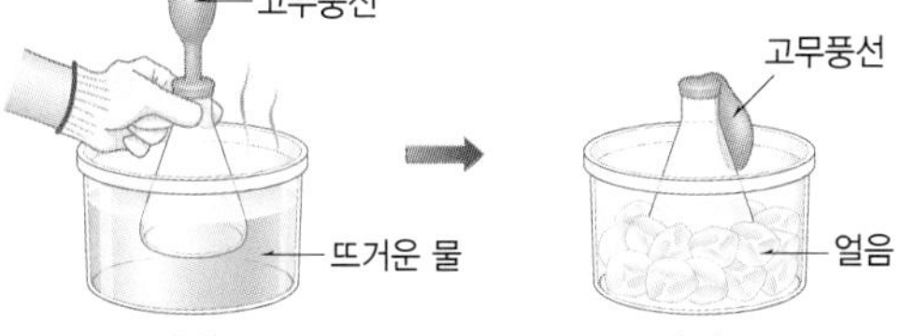

이에 대한 설명으로 옳지 않은 것은?

① 온도에 따라 풍선의 크기가 달라진다.
② (가)에서 기체 입자의 수가 많아진다.
③ (가)에서 기체 입자 사이의 거리가 증가한다.
④ (나)에서 기체 입자의 운동 속도가 느려진다.
⑤ (나)에서 기체 입자의 질량은 변하지 않는다.

16 찌그러진 탁구공을 뜨거운 물에 넣으면 펴지는 까닭으로 옳은 것은?

① 탁구공 속 기체의 압력이 감소하기 때문
② 탁구공 속 기체 입자의 크기가 커지기 때문
③ 탁구공 속 기체 입자의 수가 증가하기 때문
④ 탁구공 속 기체 입자의 질량이 증가하기 때문
⑤ 탁구공 속 기체 입자의 운동 속도가 빨라지기 때문

17 그림은 오줌싸개 인형에서 물이 나오는 과정을 모형으로 나타낸 것이다.

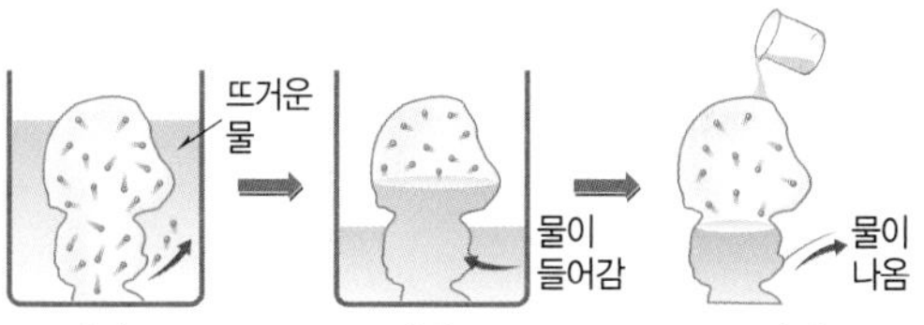

이에 대한 설명으로 옳지 않은 것은?

① (가)는 인형 속의 공기를 빼는 과정이다.
② (나)에서 인형을 담근 물은 뜨거운 물이다.
③ (나)에서 인형 속 기체 입자의 운동 속도가 느려진다.
④ (다)에서 인형의 머리에 뜨거운 물을 붓는다.
⑤ (다)에서 부어 주는 물의 온도가 높을수록 물이 더 세게 나온다.

18 기체의 부피가 증가하는 원인이 나머지 넷과 다른 하나는?

① 헬륨 풍선이 하늘 높이 올라갈수록 커진다.
② 높은 산에 올라가면 과자 봉지가 팽팽해진다.
③ 물속에서 잠수부가 내뿜은 공기 방울이 수면에 가까워질수록 커진다.
④ 겹쳐진 그릇이 잘 분리되지 않을 때 그릇을 뜨거운 물에 담가 두면 그릇이 빠진다.
⑤ 감압 용기에 공기가 들어 있는 고무풍선을 넣고 용기 속 공기를 빼내면 풍선이 부풀어 오른다.

서술형 문제

19 그림과 같이 손가락 사이에 연필을 놓고 연필의 양쪽 끝을 같은 크기의 힘을 가하여 눌렀다.

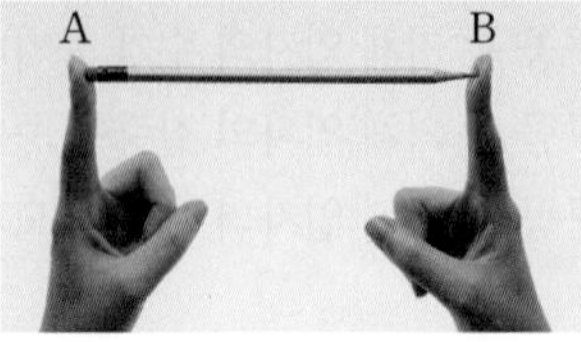

손가락 끝이 더 아픈 쪽의 기호를 쓰고, 그 까닭을 서술하시오.

---

20 오른쪽 그림과 같이 일정량의 기체가 들어 있는 주사기의 입구를 막고 피스톤을 누르면 기체의 부피가 감소한다. 이때 기체의 압력 변화를 기체 입자의 충돌 횟수 변화를 이용하여 서술하시오.

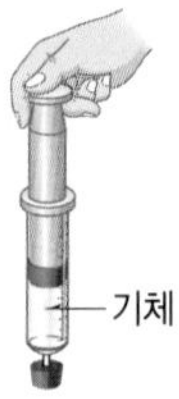

---

21 일정한 온도에서 오른쪽 그림과 같이 장치한 다음, 주사기의 피스톤을 누르면서 주사기 속 공기의 압력과 부피를 측정하여 표와 같은 결과를 얻었다.

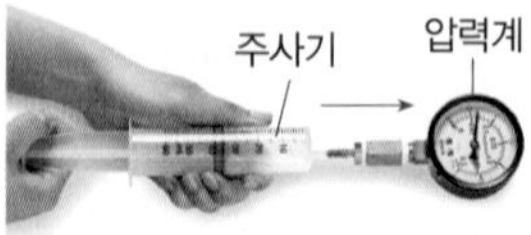

공기의 압력(기압)	1	1.5	2	2.5	3
공기의 부피(mL)	60	40	30	24	20

표의 결과로 알 수 있는 압력과 기체의 부피 관계에 대해 서술하시오.

---

22 그림과 같이 온도가 일정한 조건에서 감압 용기에 과자 봉지를 넣고 용기 속 공기를 빼냈다.

이때 과자 봉지가 팽팽해지는 까닭을 다음 용어를 모두 사용하여 서술하시오.

> 기체 입자의 수, 충돌하는 횟수,
> 과자 봉지에 작용하는 압력

---

23 그림은 액체 질소에 공기가 들어 있는 고무풍선을 넣었을 때 고무풍선의 변화를 나타낸 것이다.

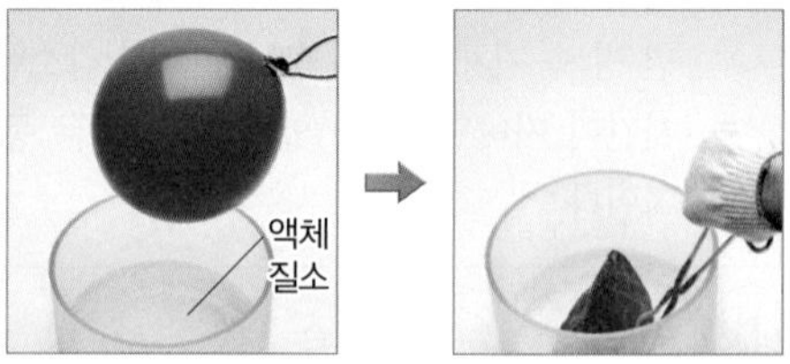

이 현상으로 기체의 부피에 대해 알 수 있는 사실을 서술하시오.

---

24 그림과 같이 일정한 압력에서 일정량의 기체가 들어 있는 실린더의 온도를 높여 주었다.

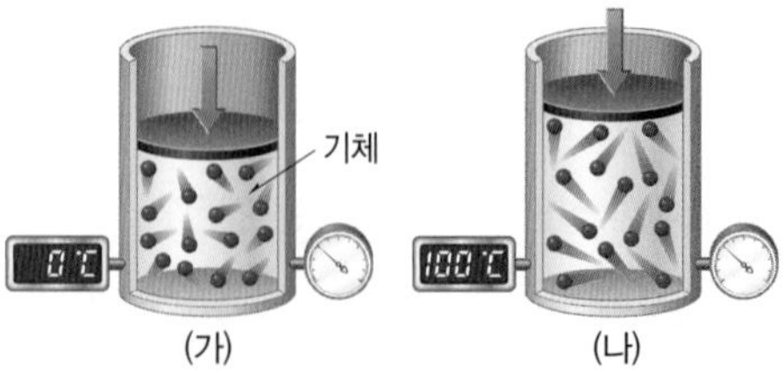

실린더 속 기체의 부피 변화를 기체 입자의 운동 속도 변화를 이용하여 서술하시오.

비주얼 씽킹으로 대단원 정리하기

- 단원의 내용을 떠올리며 빈칸을 채워보세요.
- 채울 수 없으면 해당 쪽으로 돌아가 한번 더 학습해 봐요.

압력은 일정한 면적에 작용하는 ❶ ☐ 이다.

☐ **압력** ↻ 48쪽 Ⓐ

기체의 압력은 일정한 면적에 기체 입자가 ❷ ☐☐ 하여 가하는 힘이다.

☐ **기체의 압력** ↻ 48쪽 Ⓑ

기체에 작용하는 압력을 낮추면 기체의 부피가 ❸ ☐ 진다.

☐ **기체의 압력과 부피 관계** ↻ 56쪽 Ⓐ

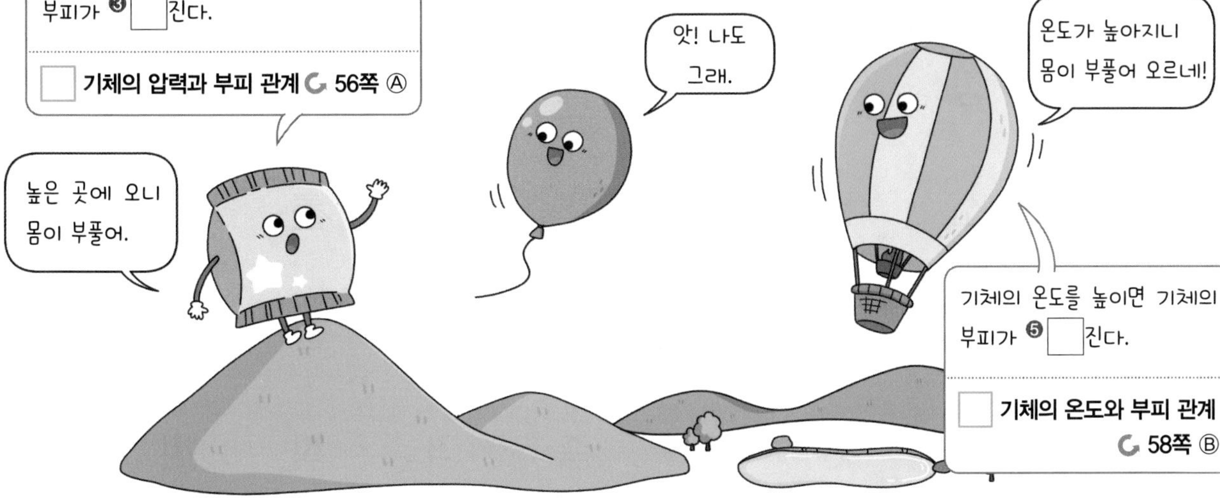

기체의 온도를 높이면 기체의 부피가 ❺ ☐ 진다.

☐ **기체의 온도와 부피 관계** ↻ 58쪽 Ⓑ

기체에 작용하는 압력을 높이면 기체의 부피가 ❹ ☐☐ 진다.

☐ **기체의 압력과 부피 관계** ↻ 56쪽 Ⓐ

기체의 온도를 낮추면 기체의 부피가 ❻ ☐☐ 진다.

☐ **기체의 온도와 부피 관계** ↻ 58쪽 Ⓑ

정답 | ❶ 힘 ❷ 충돌 ❸ 커 ❹ 작아 ❺ 커 ❻ 작아

가로 세로 용어 퀴즈 !

● 정답 | 진도 교재 126쪽

면	질	용	기	의	부	피
적	량	입	자	수	압	력
감	헬	보	에	대	샤	힘
소	륨	일	어	기	를	의
충	풍	법	백	압	법	크
돌	선	칙	증	가	칙	기
온	도	비	례	반	비	례

● 다음 설명이 뜻하는 용어를 골라 용어 전체에 동그라미(○)로 표시하시오.

가로

① 일정한 면적에 작용하는 힘은?

② 용기 안에 기체가 들어 있을 때, (입자 수, 용기의 부피, 온도)가 작을(낮을)수록 기체의 압력이 커진다.

③ ○○가 일정할 때 압력이 증가하면 기체의 부피는 감소한다.

④ 어떤 양이 커질 때 다른 쪽의 양은 그와 같은 비율로 작아지는 관계는?

⑤ 압력이 일정할 때 일정량의 기체의 부피는 온도가 높아지면 일정한 비율로 ○○한다.

세로

⑥ 기체의 압력은 일정한 면적에 기체 입자가 ○○해서 가하는 힘이다.

⑦ 눈썰매는 바닥의 ○○을 넓혀서 압력을 작게 만든 것이다.

⑧ 지구를 둘러싸고 있는 공기의 압력을 ○○○이라 하고, 지표에서는 1기압이다.

⑨ 온도가 일정할 때 기체의 압력과 부피의 관계를 나타내는 법칙은?

⑩ 더운 여름철 자전거의 타이어가 팽팽해지는 현상은 (보일 법칙, 샤를 법칙)과 관련된 예이다.

VII
태양계

다른 학년과의 연계는?

초등학교 4학년

- 밤하늘 관찰: 달의 모양은 주기적으로 바뀐다. 태양계의 중심은 태양이며 그 주변을 도는 8개의 행성이 있다.

초등학교 6학년

- 지구의 운동: 지구의 자전으로 낮과 밤이 생기고, 공전에 의해 별자리의 위치가 달라진다.
- 계절의 변화: 지구 자전축이 기울어진 채 공전하여 계절 변화가 생긴다.

중학교 1학년

- 태양계의 구성: 태양계 행성은 특징에 따라 구분할 수 있고, 태양 활동은 지구에 영향을 미친다.
- 지구의 운동: 지구의 자전과 공전에 따라 천체의 일주 운동과 계절별 별자리 변화가 나타난다.
- 달의 운동: 달이 공전하며 지구에서 보이는 모양과 위치가 달라진다.

지구과학

- 태양계 천체: 태양, 지구, 달 시스템에서 세 천체의 배열이 달라져 식 현상이 나타난다.

- 이 단원에서는 태양계를 구성하는 천체와 행성의 분류, 태양의 특징, 태양계를 이루는 지구와 달의 운동을 알아본다.
- 이 단원을 들어가기 전에 이전 학년에서 배운 개념을 확인해 보자.

알고 있나요?

다음 내용에서 빈칸을 완성해 보자.

초4

1. 달의 모양 변화

① 달은 ❶□□ □ 모양이다.

② 달 표면에는 밝게 보이는 곳과 어둡게 보이는 곳이 있고 ❷□□ □□□가 있다.

③ 여러 날 동안 보이는 달의 모양은 초승달, 상현달, 보름달, 하현달, 그믐달 순서로 바뀐다.

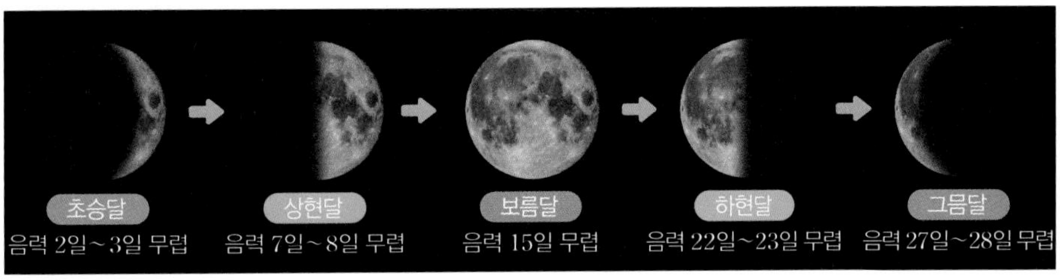

2. 태양계와 별

① 태양계는 태양과 ❸□□의 영향을 받는 천체들, 그리고 그 공간을 말한다.

② 태양계 구성원에는 태양, 행성, 위성 등이 있다.

③ 태양계 행성에는 ❹□□를 포함해 수성, 금성, 화성, 목성, 토성, 천왕성, 해왕성이 있다. 그리고 달과 같은 ❺□□이 있다.

초6

3. 지구와 달의 운동

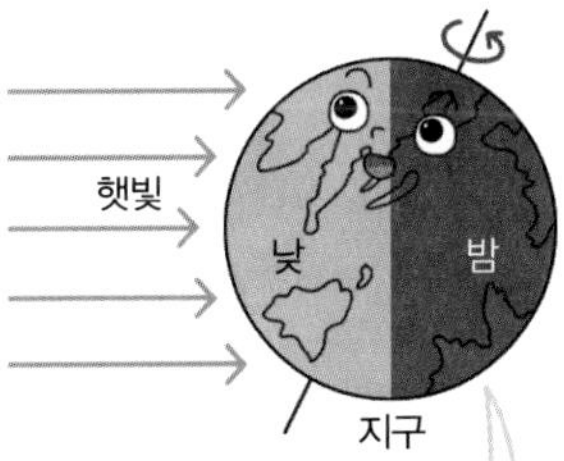

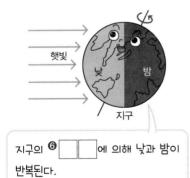

지구의 ❻□□에 의해 낮과 밤이 반복된다.

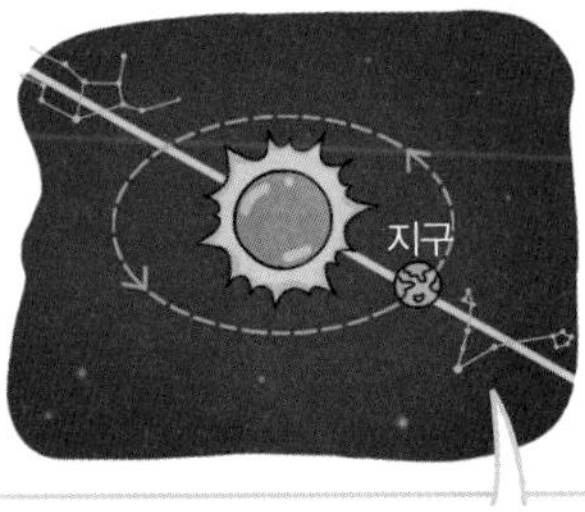

지구의 ❼□□에 의해 별자리의 위치가 변한다.

정답 | ❶ 둥근 공 ❷ 충돌 구덩이 ❸ 태양 ❹ 지구 ❺ 위성 ❻ 자전 ❼ 공전

01 태양계의 구성

A 태양계를 구성하는 천체 | 탐구 a 84쪽

탐구 a 84쪽

화보 7.1

1 태양계를 구성하는 천체

① 태양계: 태양과 태양을 중심으로 공전하는 천체 및 이들이 차지하는 공간

② 태양계는 태양, *행성, 왜소 행성, 위성, 소행성, 혜성으로 구성되어 있다.

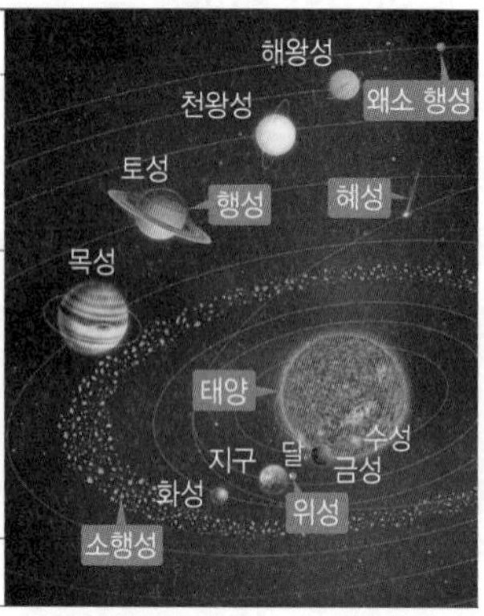

태양	• 태양계의 중심에 있고, 스스로 빛을 낸다.
행성	• 태양을 중심으로 공전하며, 모양이 둥글다. • 자신의 궤도 주변에서는 지배적인 지위를 갖는다. • 태양계에는 8개의 행성이 있다.
왜소 행성	• 태양을 중심으로 공전한다. • 모양이 둥글고 행성에 비해 질량과 크기가 작다. • *궤도 주변의 다른 천체에게 지배적인 역할을 하지 못하고, 다른 행성의 위성이 아니다.[1] 예 세레스, 명왕성[2]
위성	• 행성을 중심으로 공전한다.[3]
소행성	• 태양을 중심으로 공전한다. • 모양이 불규칙하고 크기가 다양하다. • 주로 화성과 목성 사이에 띠를 이루며 분포한다. 예 에로스
혜성	• 대부분 태양 주위를 타원 궤도로 공전한다. • 얼음과 먼지로 이루어져 있다. • 태양과 가까워질 때는 태양 반대편으로 꼬리가 생긴다.

2 태양계 행성

태양계 행성에는 수성, 금성, 지구, 화성, 목성, 토성, 천왕성, 해왕성이 있다.

행성	모습	특징
수성		• 대기가 거의 없어 낮과 밤의 온도 차가 매우 크다. • 표면에 운석 구덩이가 많다. • 태양에 가장 가까운 행성으로 크기가 가장 작다.
금성		• 이산화 탄소로 이루어진 두꺼운 대기가 있어 온도가 매우 높다. • 태양계 행성 중 지구에서 가장 밝게 보인다.
지구		• 질소와 산소 등으로 이루어진 대기와 액체 상태의 물이 있다. • 식물이 자랄 수 있는 토양이 있고, 다양한 생명체가 살고 있다. • 1개의 위성이 있다.
화성	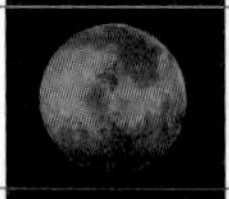	• 표면이 붉고 과거에 물이 흘렀던 흔적이 있다. • 극지방에는 얼음과 드라이아이스로 이루어진 흰색의 극관이 있다.
목성		• 주로 수소와 헬륨으로 이루어져 있다. • 표면에는 적도와 나란한 줄무늬와 대기의 소용돌이가 있다. • 희미한 고리가 있고 위성이 많으며, 태양계 행성 중 크기가 가장 크다.
토성		• 주로 수소와 헬륨으로 이루어져 있다. • 표면에는 적도와 나란한 줄무늬가 나타난다. • 얼음과 암석으로 이루어진 뚜렷한 고리가 있고 위성이 많다.
천왕성	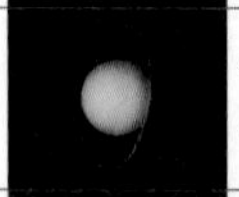	• 청록색으로 보이고 자전축이 공전 궤도면과 거의 나란하다. • 희미한 고리와 위성들이 있다.
해왕성	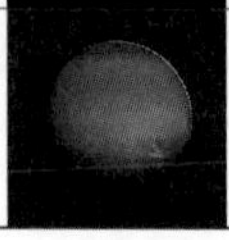	• 청록색으로 보이고, 얼룩처럼 생긴 큰 소용돌이가 표면에 있다. • 희미한 고리와 위성들이 있다. • 태양계 행성 중 가장 바깥쪽에 위치해 있다.

플러스 강의

❶ 행성과 왜소 행성

행성은 궤도 주변의 다른 천체를 끌어당길 정도로 중력이 있지만, 왜소 행성은 궤도 주변의 다른 천체를 끌어당길 정도의 중력이 부족하다.

❷ 164340 명왕성의 행성 자격 상실

명왕성은 과거 행성으로 분류되었지만, 공전 궤도 주변에 비슷한 크기의 천체들이 발견되었다. 자신의 공전 궤도에서 지배적인 역할을 하지 못하므로 2006년 행성의 지위를 잃고 왜소 행성이 되었다.

❸ 위성의 예

• 달: 지구의 위성
• 가니메데, 이오: 목성의 위성
• 타이탄: 토성의 위성

용어 돋보기

* **행성(行 돌아다니다, 星 별)**_별 주위를 일정한 주기로 공전하는 천체
* **궤도(軌 바퀴 자국, 道 길)**_중력의 영향을 받아 다른 천체의 둘레를 돌면서 그리는 곡선의 길

» 정답과 해설 22쪽

A 태양계를 구성하는 천체

- □□: 태양계의 중심에 있고 스스로 빛을 내는 천체
- □□: 태양을 중심으로 공전하고 모양이 둥근 천체
- □□: 행성을 중심으로 공전하는 천체
- □□□: 태양을 중심으로 공전하며 모양이 불규칙한 천체
- □□ □□: 태양을 중심으로 공전하고 모양이 둥글지만, 행성에 비해 질량과 크기가 작은 천체
- □□: 얼음과 먼지로 이루어져 있는 천체

암기짱 태양계 구성 천체

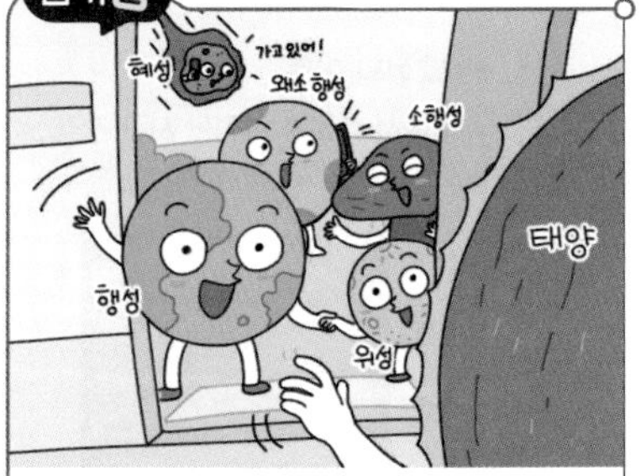

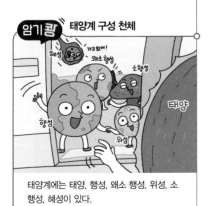

태양계에는 태양, 행성, 왜소 행성, 위성, 소행성, 혜성이 있다.

A

1 태양계 천체와 천체의 특징을 선으로 옳게 연결하시오.

(1) 행성 •   • ㉠ 태양을 중심으로 공전하며 궤도 주변의 다른 천체들에게 지배적인 역할을 하지 못한다.

(2) 왜소 행성 •   • ㉡ 태양을 중심으로 공전하며 자신의 궤도 주변에서는 지배적인 지위를 갖는다.

(3) 위성 •   • ㉢ 주로 화성과 목성 사이에 띠를 이루며 분포한다.

(4) 소행성 •   • ㉣ 태양과 가까워질 때 꼬리가 생긴다.

(5) 혜성 •   • ㉤ 행성을 중심으로 공전한다.

2 태양계에 대한 설명으로 옳은 것은 ○, 옳지 않은 것은 ×로 표시하시오.

(1) 태양은 태양계의 중심에 있다. ( )

(2) 태양을 중심으로 공전하는 9개의 행성이 있다. ( )

(3) 왜소 행성은 목성의 위성이다. ( )

(4) 소행성은 태양을 중심으로 공전한다. ( )

3 태양계를 이루는 행성이 아닌 것은?

① 수성 ② 지구 ③ 목성 ④ 천왕성 ⑤ 명왕성

더 풀어보고 싶다면? › 시험 대비 교재 41쪽 계산력·암기력 강화 문제

4 그림은 태양계 행성의 모습을 나타낸 것이다.

(가) (나) (다) (라) (마)

(1) (가)~(마) 행성의 이름을 각각 쓰시오.

(2) (가)~(마) 중 크기가 가장 큰 행성을 고르시오.

(3) (가)~(마) 중 지구에서 가장 밝게 보이는 행성을 고르시오.

(4) (가)~(마) 중 태양에 가장 가까운 행성을 고르시오.

(5) (가)~(마) 중 고리가 있는 행성을 모두 고르시오.

01 태양계의 구성

3 태양계 행성의 구분 특징에 따라 지구형 행성과 목성형 행성으로 구분할 수 있다.

구분	행성	질량	반지름	위성 수	고리	표면 상태
지구형 행성	수성, 금성, 지구, 화성	작다.	작다.	없거나 적다.	없다.	단단한 암석(고체)
목성형 행성	목성, 토성, 천왕성, 해왕성	크다.	크다.	많다.	있다.	단단한 표면이 없다.(기체)

[태양계 행성의 분류]

표는 태양계 행성의 특징을 나타낸 것이다. (행성의 질량과 반지름은 지구를 1로 했을 때의 상대적인 값이다.)

행성	수성	금성	지구	화성	목성	토성	천왕성	해왕성
질량	0.06	0.82	1.00	0.11	317.92	95.47	14.54	17.09
반지름	0.38	0.95	1.00	0.53	11.21	9.45	4.01	3.88
위성 수(개)	0	0	1	2	92	83	27	14
고리	없음	없음	없음	없음	있음	있음	있음	있음

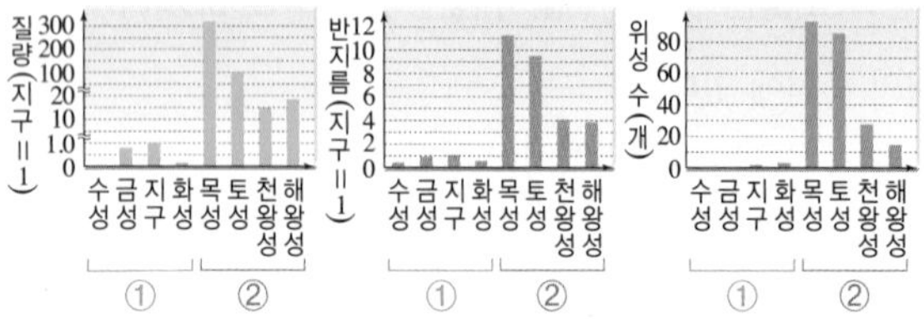

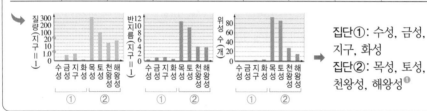

➡ 집단①: 수성, 금성, 지구, 화성
집단②: 목성, 토성, 천왕성, 해왕성[1]

B 태양 스스로 빛을 내는 천체로, 지구에 많은 영향을 미친다.

회보 7.2

1 태양의 표면 스스로 빛을 내는 천체의 표면을 광구라고 한다. ➡ 태양의 광구는 평균 온도가 약 6000 °C이고, 흑점과 쌀알 무늬가 나타난다.

쌀알 무늬	광구에 나타나는 쌀알 모양의 무늬 ➡ 광구 아래의 대류 때문에 생긴다.[2]
흑점[3]	광구에 나타나는 불규칙한 모양의 어두운 부분 ➡ 흑점의 온도는 약 4000 °C로, 주변보다 온도가 낮아 어둡게 보인다.

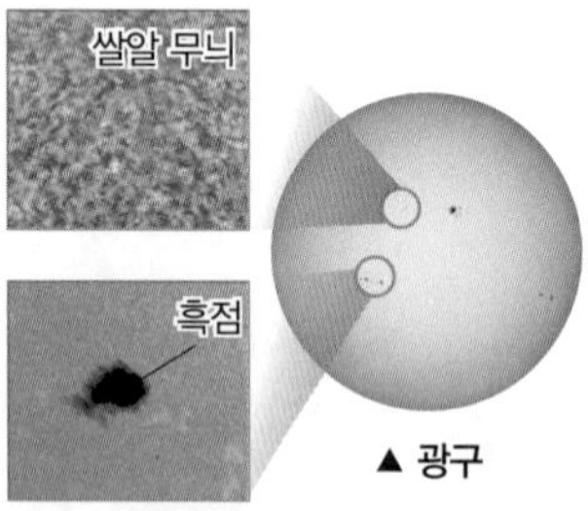

▲ 광구

2 태양의 대기 평소에는 광구가 밝아서 대기를 보기 어렵지만, 광구가 가려지면 대기를 볼 수 있다.

태양의 대기		태양의 대기에서 나타나는 현상	
채층	코로나	홍염	플레어
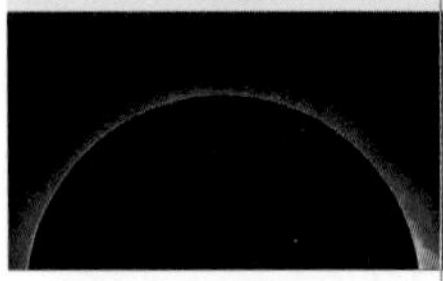		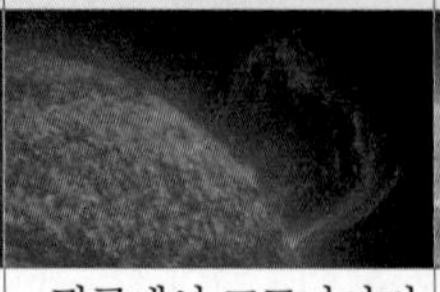	
• 광구 바로 위를 얇게 둘러싼 부분 • 붉은색을 띤다.	• 채층 위로 넓게 뻗어 있는 부분 • 진주색을 띤다. • 온도가 매우 높다.	• 광구에서 코로나까지 물질이 솟아오르는 현상 • 불꽃이나 고리 모양	• 흑점 부근에서 강력한 폭발로 채층의 일부가 매우 밝아지는 현상

플러스 강의

① 지구형 행성과 목성형 행성

- 지구형 행성은 질량과 반지름이 작고 위성은 수가 적거나 없다.
- 목성형 행성은 질량과 반지름이 크고 위성 수가 많다.

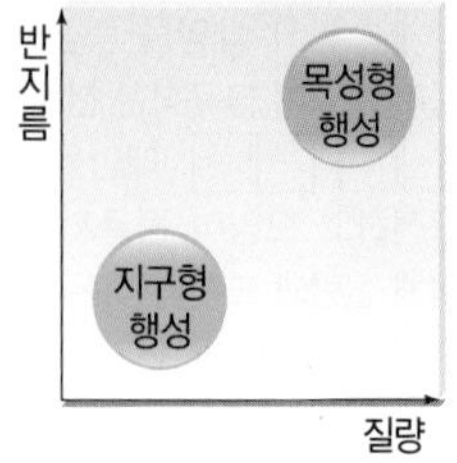

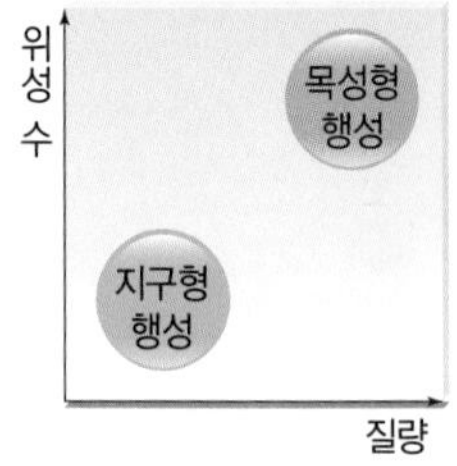

② 쌀알 무늬의 생성 원리

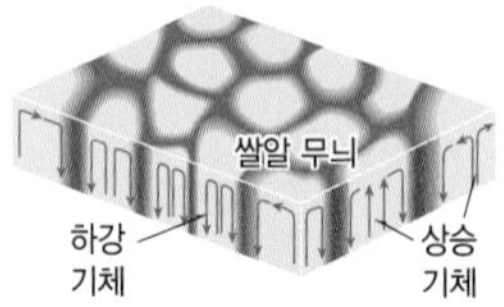

광구 아래에서 기체가 대류하면서 광구에 쌀알을 뿌려 놓은 것 같은 무늬가 생긴다.

- 고온의 기체가 상승하는 곳: 밝다.
- 저온의 기체가 하강하는 곳: 어둡다.

③ 흑점의 이동

지구에서 흑점을 일정한 시간 간격으로 관측하면 흑점의 위치가 변한다.

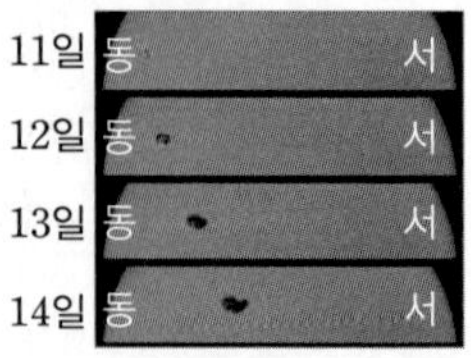

- 흑점의 이동 방향: 동 →서
- 알 수 있는 사실: 태양이 자전한다.

정답과 해설 22쪽

A 태양계를 구성하는 천체

- 지구형 행성은 반지름이 □고, 질량이 작다.
- 목성형 행성은 반지름이 □고, 질량이 크다.

B 태양

- □□ □□: 광구에 나타나는 쌀알 모양의 무늬
- □□: 광구에 나타나는 불규칙한 모양의 어두운 부분
- □□: 태양의 대기 중 광구 바로 위를 얇게 둘러싼 부분
- □□□: 태양의 대기 중 채층 위로 넓게 뻗어 있는 부분
- □□: 광구에서 코로나까지 물질이 솟아오르는 현상
- □□□: 흑점 부근에서 강력한 폭발이 일어나는 현상

암기콱 지구형 행성과 목성형 행성

- **지**구형 행성: 질량과 반지름이 비교적 **작**다.
- **목**성형 행성: 질량과 반지름이 비교적 **크**다.

A

5 다음 태양계 행성을 분류하여 해당하는 행성을 모두 쓰시오.

수성, 금성, 지구, 화성, 목성, 토성, 천왕성, 해왕성

(1) 지구형 행성:

(2) 목성형 행성:

더 풀어보고 싶다면? 시험 대비 교재 42쪽 계산력·암기력 강화 문제

6 지구형 행성과 목성형 행성의 물리량을 비교하여 부등호로 표시하시오.

(1) 반지름: 지구형 행성 □ 목성형 행성

(2) 위성 수: 지구형 행성 □ 목성형 행성

(3) 질량: 지구형 행성 □ 목성형 행성

B

7 태양의 표면에 대한 설명으로 옳은 것은 ○, 옳지 <u>않은</u> 것은 ×로 표시하시오.

(1) 태양의 표면을 광구라고 한다. ( )

(2) 주위보다 온도가 낮아 어둡게 보이는 것을 쌀알 무늬라고 한다. ( )

(3) 태양의 평균 표면 온도는 약 6000 ℃이다. ( )

(4) 흑점은 광구 아래의 대류 때문에 생긴다. ( )

8 그림 (가)~(바)는 태양을 관측했을 때 나타난 것들이다.

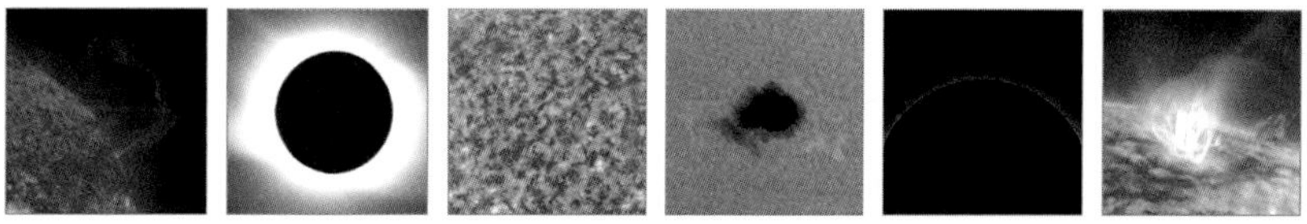

(가) (나) (다) (라) (마) (바)

(1) (가)~(바)의 이름을 각각 쓰시오.

(2) (가)~(바) 중 태양의 표면에서 볼 수 있는 것을 모두 고르시오.

(3) (가)~(바) 중 태양의 대기로, 광구가 가려지면 볼 수 있는 것을 모두 고르시오.

3 태양 활동의 변화

① 흑점 수: 약 11년을 주기로 많아졌다 적어지는데, 태양 활동이 활발할수록 많아진다.

[흑점 수의 변화]

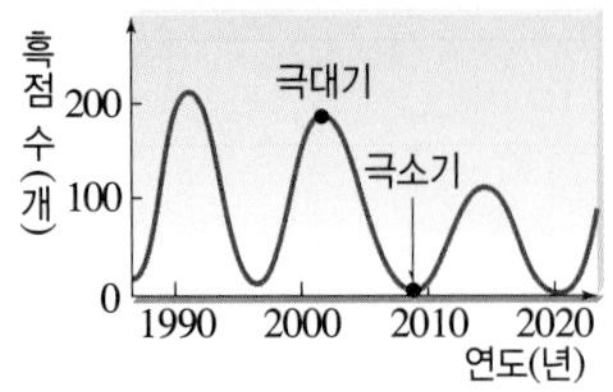
흑점 수(개)
200
100
0
극대기
극소기
1990
2000
2010
2020
연도(년)

- 극대기: 흑점 수가 가장 많은 시기 ➡ 태양 활동 활발
  예 2003년경, 2014년경
- 극소기: 흑점 수가 가장 적은 시기
  예 2008년경, 2019년경
- 흑점 수 증감 주기: 약 11년(=태양 활동 주기)

② 태양의 활동이 활발해지면 코로나가 커지고, 홍염과 플레어가 자주 나타난다.❶

③ 태양의 활동이 활발할 때 *태양풍이 더욱 강해진다.

회보 7.3

4 태양 활동이 활발할 때 태양 활동이 지구에 미치는 영향❷

① 인공위성 센서가 고장 나 인공위성이 기능을 못 할 수 있다.

② 전력 시스템의 오류로 전기가 끊기거나 화재가 날 수 있다.

③ 무선 전파 통신의 전파 신호가 방해를 받아 무선 통신 장애가 발생할 수 있다.

④ *오로라가 더 자주 발생하고, 다른 때보다 선명하고 낮은 위도대에서 관측된다.

⑤ 위성 위치 확인 시스템(GPS) 오류로 정확한 위치 정보를 확인하기 어려울 수 있다.

C 천체 망원경 멀리 있는 천체를 자세하게 관측하는 장치

1 천체 망원경의 구조

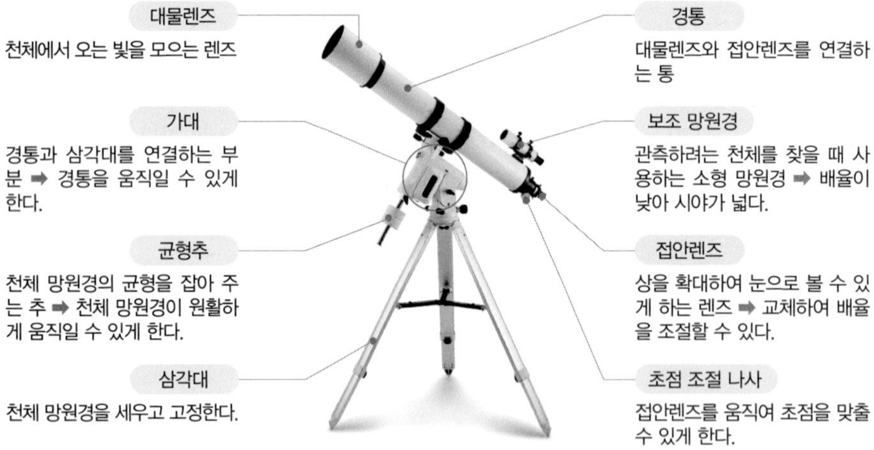
대물렌즈
천체에서 오는 빛을 모으는 렌즈
가대
경통과 삼각대를 연결하는 부분 ➡ 경통을 움직일 수 있게 한다.
균형추
천체 망원경의 균형을 잡아 주는 추 ➡ 천체 망원경이 원활하게 움직일 수 있게 한다.
삼각대
천체 망원경을 세우고 고정한다.
경통
대물렌즈와 접안렌즈를 연결하는 통
보조 망원경
관측하려는 천체를 찾을 때 사용하는 소형 망원경 ➡ 배율이 낮아 시야가 넓다.
접안렌즈
상을 확대하여 눈으로 볼 수 있게 하는 렌즈 ➡ 교체하여 배율을 조절할 수 있다.
초점 조절 나사
접안렌즈를 움직여 초점을 맞출 수 있게 한다.

2 천체 망원경 조립 순서

삼각대 세우기 → 가대 끼우기 → 균형추 끼우기 → 경통 끼우기 → 보조 망원경과 접안렌즈 끼우기❸ → 균형 맞추기 → 시야 맞추기

3 천체 망원경을 이용한 천체 관측 방법 | 탐구 b 86쪽

① 시야가 트여 있고, 주변에 불빛이 없으며, 평평한 곳에 망원경을 설치한다.

② 보조 망원경으로 관측할 천체를 찾아 시야의 중앙에 오도록 조정한다.❹

③ 보조 망원경으로 찾은 천체를 접안렌즈로 보며 초점 조절 나사를 돌려 초점을 맞춘다.

④ 접안렌즈로 볼 때, 저배율(초점 거리 긴 것)에서 고배율(초점 거리 짧은 것) 순서로 관측한다.

플러스 강의

❶ 태양 활동과 코로나의 크기

▲ 극소기 ▲ 극대기

❷ 태양 활동이 활발할 때 지구에 미치는 영향

- *자기 폭풍이 발생한다.
- 비행기의 북극 항로 운항이 불가능해질 수도 있다.
- 우주 비행사, 비행기 승객이 방사선에 노출될 수 있다.

❸ 주 망원경과 보조 망원경의 시야 맞추기(파인더 정렬)

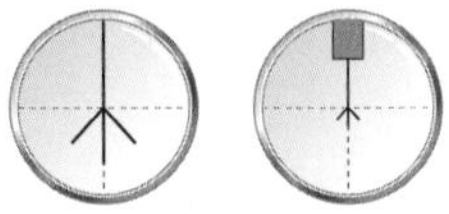

▲ 주 망원경 ▲ 보조 망원경

접안렌즈로 보는 주 망원경 시야의 중앙에 물체가 오게 한 다음, 이 물체가 보조 망원경의 십자선 중앙에 오도록 조절한다.

❹ 천체의 위치 조정

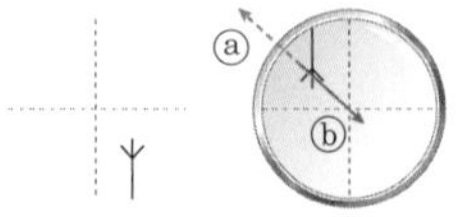
ⓐ
ⓑ

▲ 실제 위치 ▲ 보조 망원경

종류에 따라 다르지만, 대부분의 천체 망원경에서는 관측 대상의 상하좌우가 바뀌어 보인다. 따라서 대상을 시야에서 십자선 중앙으로 오게 하려면 망원경을 움직이고자 하는 방향(ⓐ)의 반대 방향(ⓑ)으로 조정해야 한다.

용어 돋보기

* **태양풍**_태양에서 우주로 방출되는 전기적 성질을 띤 입자의 흐름
* **오로라(aurora)**_태양에서 날아온 전기적 성질을 띤 입자들이 지구 대기와 충돌하여 빛을 내는 현상으로, 고위도 지역에서 주로 나타난다.
* **자기 폭풍**_지구 자기장이 짧은 시간 동안 불규칙하게 변하는 현상

» 정답과 해설 22쪽

B 태양

- 흑점 수: 약 □년을 주기로 많아졌다 적어진다.
- 태양 활동의 변화: 흑점 수가 □을 때, 태양 활동이 활발하다.
- 태양 활동이 활발할 때 태양에서는 □□과 □□□가 자주 발생한다.

C 천체 망원경

- □□렌즈: 천체에서 오는 빛을 모으는 렌즈
- □□렌즈: 상을 확대하여 눈으로 볼 수 있게 하는 렌즈
- □□: 대물렌즈와 접안렌즈를 연결하는 통
- □□: 경통과 삼각대를 연결하는 부분
- □□□: 천체 망원경의 균형을 잡아주는 추
- □□ □□□: 천체를 찾을 때 사용하는 소형 망원경

암기팡 태양 활동이 활발할 때 태양과 지구에서 나타나는 현상

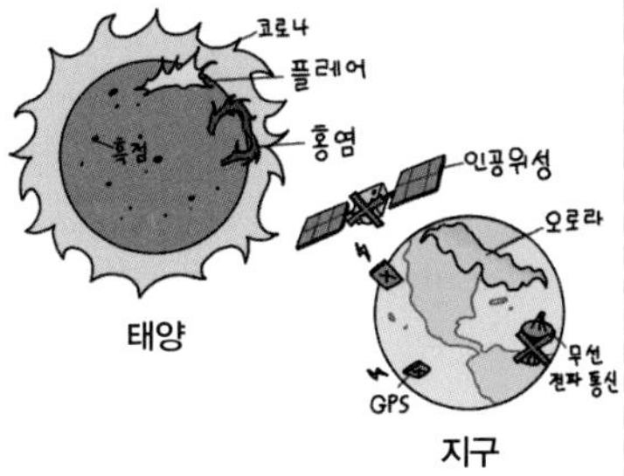

- 태양: 흑점 수↑, 플레어 발생↑ 홍염 발생↑, 코로나 크기↑
- 지구: 인공위성 고장↑, 오로라 발생, 범위↑ 통신 두절, 송전 시설 고장

B

9 오른쪽 그림은 최근 수십 년 동안 흑점 수 변화를 나타낸 것이다.

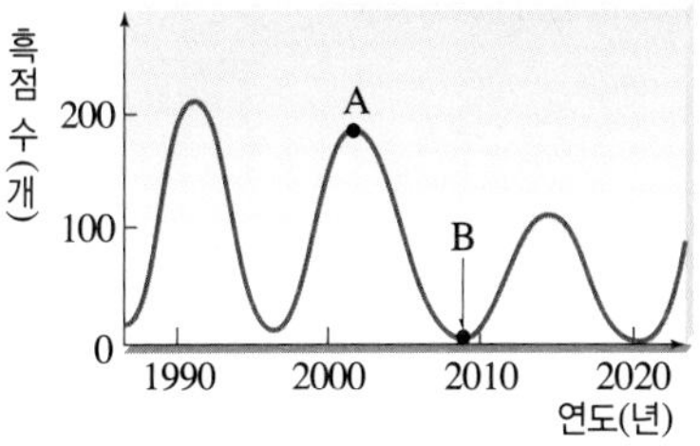

(1) A와 B 시기 중 태양 활동이 활발한 시기를 쓰시오.

(2) A 시기에 태양에서는 홍염과 플레어의 발생이 (감소하였다, 증가하였다).

10 태양 활동이 활발할 때 지구에서 나타날 수 있는 현상에 대한 설명으로 옳은 것은 ○, 옳지 않은 것은 ×로 표시하시오.

(1) 무선 통신 장애가 발생한다. ( )

(2) 오로라의 발생 횟수가 감소한다. ( )

(3) 전력 시스템 오류로 정전이 발생한다. ( )

(4) 위성 위치 확인 시스템(GPS) 오류로 위치 확인이 어려워진다. ( )

C

11 그림과 같은 천체 망원경의 각 구조의 이름을 쓰시오.

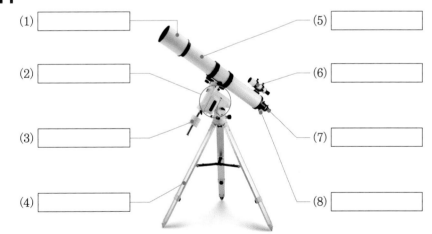

(1) □ (5) □

(2) □ (6) □

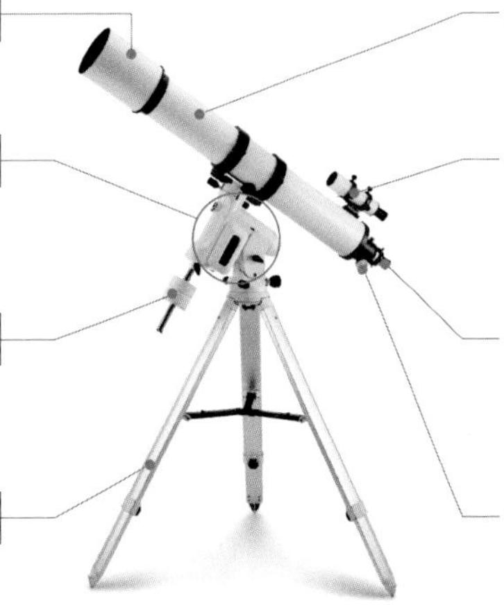

(3) □ (7) □

(4) □ (8) □

12 천체 망원경을 조립하는 과정을 보기에서 순서대로 나열하시오.

보기

ㄱ. 가대 끼우기 ㄴ. 경통 끼우기 ㄷ. 균형 맞추기
ㄹ. 균형추 끼우기 ㅁ. 삼각대 세우기 ㅂ. 보조 망원경, 접안렌즈 끼우기

탐구 a 태양계 천체의 분석

이 탐구에서는 태양계를 구성하는 천체에 관한 자료를 수집하고 분석한다.

과정 & 결과

❶ 태양계를 구성하는 천체의 특징을 조사한다.

태양

- 태양계의 중심에 있다.
- 스스로 빛을 낸다.

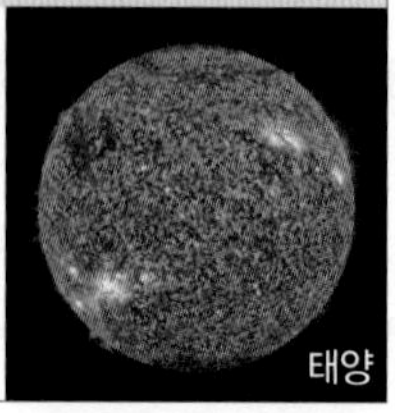
태양

행성

- 태양을 중심으로 공전한다.
- 모양이 둥글다.
- 궤도 주변의 다른 천체에게 지배적인 역할을 한다.
- 8개의 행성이 있다.

행성(지구)

왜소 행성

- 태양을 중심으로 공전한다.
- 모양이 둥글다.
- 궤도 주변의 다른 천체에게 지배적인 역할을 하지 못하고 다른 행성의 위성이 아니다.

왜소 행성(명왕성)

소행성

- 태양을 중심으로 공전한다.
- 모양이 불규칙하다.
- 주로 화성과 목성 사이에 띠를 이루어 분포한다.

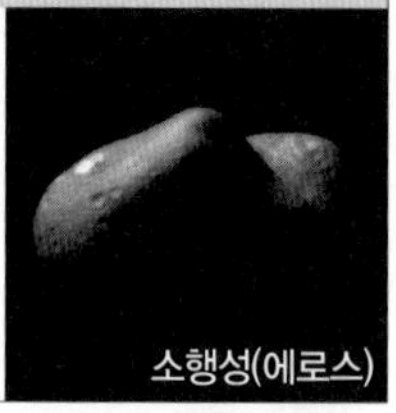
소행성(에로스)

위성

- 행성을 중심으로 공전한다.

위성(달)

혜성

- 얼음과 먼지로 이루어져 있다.
- 태양과 가까워질 때는 꼬리가 생긴다.

혜성(핼리 혜성)

❷ 순서도에 따라 행성, 왜소 행성, 소행성, 위성을 구분한다.

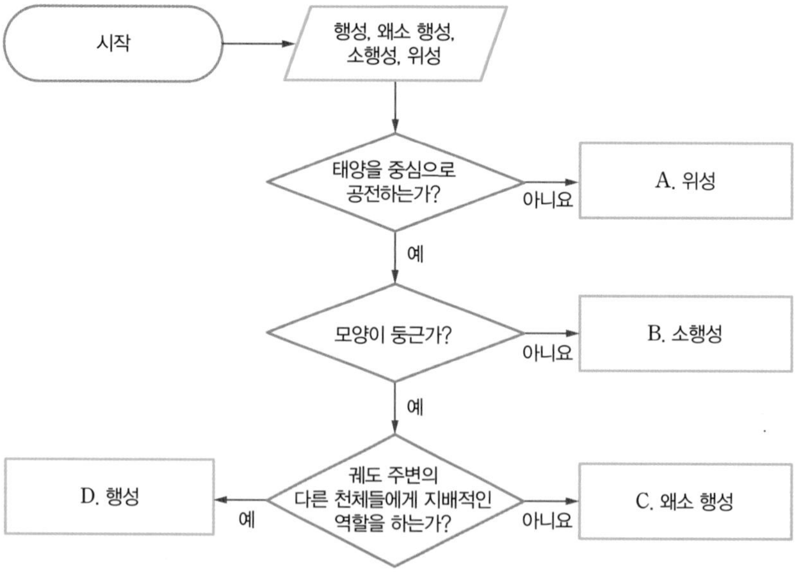

해석

- 행성과 왜소 행성은 모양이 둥글지만, 소행성은 모양이 불규칙하다.
- 행성은 궤도 주변의 다른 천체들에게 지배적인 역할을 하지만, 왜소 행성은 궤도 주변의 다른 천체들에게 지배적인 역할을 하지 못한다.
- 위성은 행성을 중심으로 공전하지만, 행성은 태양을 중심으로 공전한다.

정리

1. ㉠(　　　)은 태양을 중심으로 공전하는 둥근 천체로 궤도 주변의 다른 천체들에게 지배적인 역할을 한다.
2. ㉡(　　　)은 태양을 중심으로 공전하고 모양이 둥글지만 궤도 주변의 다른 천체들에게 지배적인 역할을 하지 못한다.

확인 문제

정답과 해설 23쪽

01 탐구 a에 대한 설명으로 옳은 것은 ○, 옳지 <u>않은</u> 것은 ×로 표시하시오.

(1) 태양은 스스로 빛을 내는 천체로 태양계 중심에 있다. ( )

(2) 소행성은 모양이 둥글다. ( )

(3) 행성은 태양을 중심으로 공전한다. ( )

(4) 혜성은 태양과 가까워질 때 꼬리가 생긴다. ( )

02 탐구 a로 알 수 있는 왜소 행성의 특징으로 옳은 것을 보기에서 모두 고른 것은?

보기
ㄱ. 모양이 불규칙하다.
ㄴ. 태양을 중심으로 공전한다.
ㄷ. 궤도 주변의 다른 천체들에게 지배적인 역할을 하지 못한다.

① ㄱ ② ㄴ ③ ㄱ, ㄴ
④ ㄱ, ㄷ ⑤ ㄴ, ㄷ

03 탐구 a에서 순서도에 따라 태양계 천체를 구분하였을 때 D에 해당하는 천체가 <u>아닌</u> 것은?

① 달 ② 수성 ③ 지구
④ 목성 ⑤ 천왕성

04 다음은 태양계를 구성하는 어떤 천체에 대한 설명인가?

주로 화성과 목성 사이에 띠를 이루어 분포하는 모양이 불규칙한 천체이다.

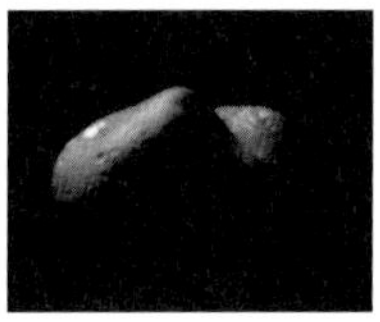

① 혜성 ② 행성 ③ 위성
④ 소행성 ⑤ 왜소 행성

05 그림은 태양계를 구성하는 천체를 나타낸 것이다.

(가) (나) (다)

이에 대한 설명으로 옳은 것은?

① (가)는 행성이다.
② (나)는 위성이다.
③ (가)는 스스로 빛을 낸다.
④ (나)는 (다)를 중심으로 공전한다.
⑤ (다)는 (가)를 중심으로 공전한다.

06 행성과 왜소 행성의 공통점과 차이점을 각각 서술하시오.

(1) 공통점:

(2) 차이점:

탐구 b 천체 망원경 관측

이 탐구에서는 천체 망원경을 이용하여 달, 행성, 태양을 관측하는 방법을 알아본다.

과정

실험 1 달과 행성 관측

❶ 달과 행성을 관측할 수 있는 시각을 확인한다.
❷ 어두워지기 전에 시야가 트인 장소에 천체 망원경을 설치한다.
❸ 경통이 천체를 향하게 한다.
❹ 보조 망원경의 십자선 중앙에 천체가 오도록 한다.
❺ 접안렌즈를 통해 천체를 관측한다.
❻ 저배율로 먼저 관측한 후 고배율로 관측한다.

유의점
- 주변에 빛이 없는 곳에서 관측해야 한다.
- 천체 망원경의 종류에 따라 상이 상하좌우가 바뀌어 보일 수 있다.

결과 & 해석

천체	달	금성	화성	목성	토성
육안 관측	어둡고 밝은 무늬가 보인다.	별과 구분할 수 없다.			
천체 망원경 관측		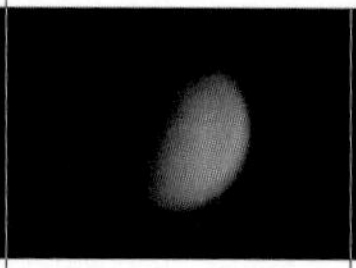	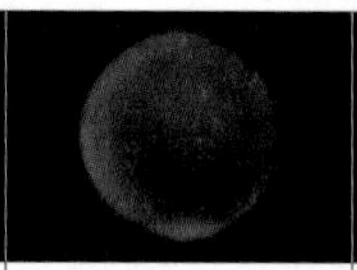	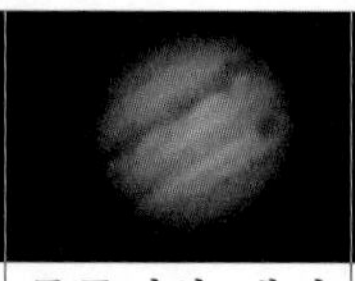	
	높고 낮은 표면 지형과 운석 구덩이가 보인다.	달의 위상과 비슷한 모습을 볼 수 있다.	붉은색으로 보이고 극에 흰색 부분이 보인다.	줄무늬와 대적점이 보인다. 많은 위성을 볼 수 있다.	고리가 뚜렷하게 보인다.

과정

실험 2 태양 관측

❶ 맑은 날, 태양이 잘 보이는 곳에 천체 망원경을 설치한다.
❷ 대물렌즈와 보조 망원경에 태양 필터를 장착한다.
❸ 경통이 태양을 향하게 한다.
❹ 보조 망원경의 십자선 중앙에 태양이 오도록 한다.
❺ 접안렌즈로 태양을 관측하며 상이 뚜렷하도록 초점을 맞춘다.
❻ 저배율로 먼저 관측한 후 고배율로 관측한다.

유의점
- 맨눈으로 태양을 직접 보거나 태양 필터를 장착하지 않은 천체 망원경을 이용하여 태양을 관측하지 않도록 한다.
- 태양 필터가 없는 보조 망원경은 뚜껑을 덮거나 분리해 두어야 한다.

결과 & 해석

천체	태양	
천체 망원경 관측		• 둥근 태양의 광구와 광구 주변 테두리가 약간 어둡게 보인다. • 태양의 표면에서 검은 점(흑점)도 볼 수 있다.

정리

1. 달과 행성을 ㉠(　　　　　　)으로 관측하면 맨눈으로 볼 때와 달리 달과 행성의 표면에 나타나는 특징도 관측할 수 있다.
2. 천체 망원경으로 태양을 관측하면 광구와 검은 점인 ㉡(　　　　)을 볼 수 있다.

이렇게도 실험해요

과정 태양 관측기가 태양을 향하게 하고, 렌즈를 통해 들어온 햇빛의 초점을 맞추어 태양을 관측한다.

결과 태양 관측기에 비친 태양의 상에서 광구와 여러 개의 흑점을 관측할 수 있다.

태양 관측기 ▶

확인 문제

01 |탐구 b의 실험 ❶에서 달과 행성을 천체 망원경으로 관측한 결과로 옳은 것은 ○, 옳지 않은 것은 ×로 표시하시오.

(1) 달의 표면에서 움푹 파인 운석 구덩이가 보인다. ············ (　　)

(2) 금성은 어두워서 보이지 않는다. ············ (　　)

(3) 화성은 붉은색으로 보이고 극에 흰 부분이 보인다. ············ (　　)

(4) 목성은 줄무늬가 보인다. ············ (　　)

(5) 토성의 고리는 볼 수 없다. ············ (　　)

02 다음은 |탐구 b의 실험 ❶에서 달과 행성을 맨눈으로 관측한 결과이다. 달과 행성 중 (　　) 안에 알맞은 말을 쓰시오.

> 맨눈으로 보았을 때 ㉠(　　　)은 둥근 모양과 표면에 어둡고 밝은 부분이 있어 별과 구분할 수 있지만, ㉡(　　　)은 별과 구분할 수 없다.

03 |탐구 b의 실험 ❷에서 태양을 관측하는 방법으로 옳지 않은 것은?

① 태양이 잘 보이는 곳에 천체 망원경을 설치한다.
② 대물렌즈와 보조 망원경에 태양 필터를 장착한다.
③ 보조 망원경으로 관측하여 태양의 위치를 찾는다.
④ 접안렌즈로 태양을 관측하며 상이 뚜렷하도록 초점을 맞춘다.
⑤ 고배율로 먼저 관측한 후 저배율로 관측한다.

04 오른쪽 그림은 천체 망원경으로 태양을 관측한 모습이다. 태양의 표면에서 보이는 검은 점은 무엇인지 쓰시오.

05 달과 달리 행성을 맨눈으로 관찰하기 어려운 까닭을 서술하시오.

06 천체 망원경에 대한 설명으로 옳은 것을 보기에서 모두 고른 것은?

> 보기
> ㄱ. 천체 망원경으로 태양은 관측할 수 없다.
> ㄴ. 천체 망원경으로 달을 관측하면 달의 표면 특징을 알 수 있다.
> ㄷ. 천체 망원경을 이용하면 멀리 있는 천체를 자세하게 관측할 수 있다.

① ㄱ　② ㄴ　③ ㄱ, ㄴ　④ ㄱ, ㄷ　⑤ ㄴ, ㄷ

07 천체 망원경으로 관측할 때, 오른쪽 그림과 같이 왼쪽 아래로 치우쳐 있는 달을 십자선 중앙에 오게 하려면 천체 망원경이 향하는 방향을 어느 방향으로 조정해야 하는지 쓰시오. (단, 상의 상하좌우가 바뀌어 있다.)

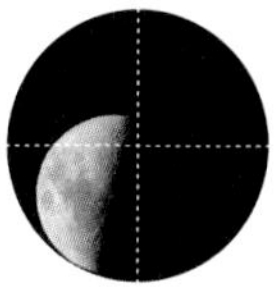

기출 문제로

내신쑥쑥

전국 주요 학교의 **시험에 가장 많이 나오는 문제**들로만 구성하였습니다.
모든 친구들이 '꼭' 봐야 하는 코너입니다.

A 태양계를 구성하는 천체

01 **태양계를 이루는 천체에 대한 설명으로 옳은 것은?**

① 달은 태양계 행성에 속한다.
② 모든 행성은 위성이 있다.
③ 왜소 행성은 행성에 비해 크기가 작다.
④ 소행성은 태양과 가까워질 때 꼬리가 생긴다.
⑤ 혜성은 화성과 목성 사이에 띠를 이루며 분포한다.

중요

02 **그림은 태양계 천체를 특징에 따라 구분하는 과정을 나타낸 것이다.**

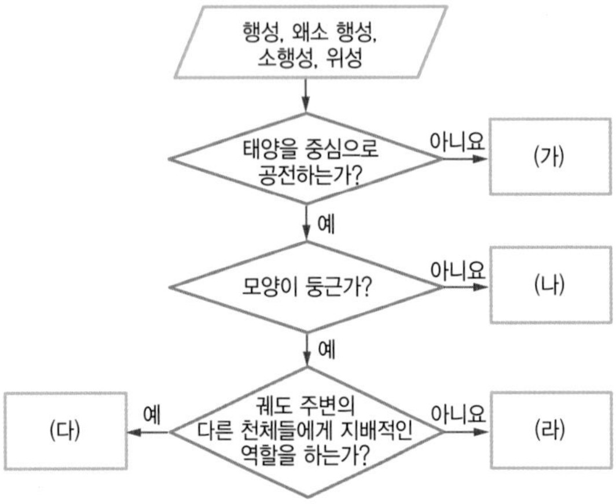

(가)~(라)에 들어갈 천체를 옳게 짝 지은 것은?

	(가)	(나)	(다)	(라)
①	위성	행성	소행성	왜소 행성
②	위성	소행성	행성	왜소 행성
③	행성	소행성	왜소 행성	위성
④	소행성	위성	왜소 행성	행성
⑤	왜소 행성	위성	행성	소행성

03 **태양계 행성과 그 특징을 옳게 나타낸 것은?**

① 금성 – 뚜렷한 고리가 있고 위성이 많다.
② 토성 – 태양계 행성 중 크기가 가장 작다.
③ 천왕성 – 자전축이 공전 궤도면과 거의 나란하다.
④ 목성 – 표면이 붉게 보이고 과거에 물이 흘렀던 흔적이 있다.
⑤ 수성 – 청록색으로 보이고, 얼룩처럼 생긴 소용돌이가 표면에 있다.

04 **표는 태양계 행성의 특징을 나타낸 것이다.**

행성	A	B	C	D
질량(지구=1)	0.06	317.92	0.11	17.09
반지름(지구=1)	0.38	11.21	0.53	3.88

A~D를 두 집단으로 구분할 때 목성형 행성에 속하는 것을 모두 고른 것은?

① A, B ② A, C
③ B, C ④ B, D
⑤ C, D

중요

05 **표는 태양계 행성을 A, B 두 집단으로 구분한 것이다.**

구분	행성
A 집단	수성, 금성, 지구, 화성
B 집단	목성, 토성, 천왕성, 해왕성

A 집단에 속한 행성들과 B 집단에 속한 행성들을 구분할 수 있는 특징으로 거리가 먼 것은?

① 질량 ② 반지름
③ 위성 수 ④ 표면 온도
⑤ 고리의 유무

06 **오른쪽 그림은 태양계 행성을 질량과 위성 수에 따라 A와 B로 구분한 것이다. 이에 대한 설명으로 옳은 것은?**

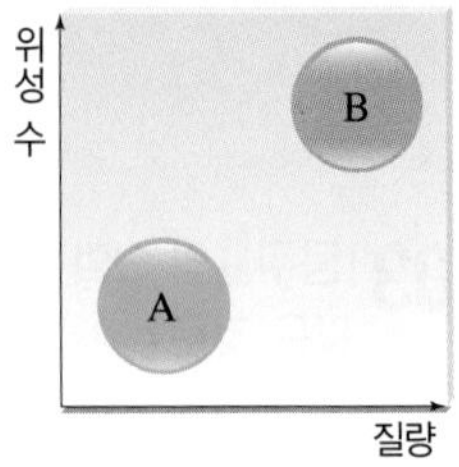

① A 집단은 목성형 행성이다.
② A 집단은 단단한 표면이 없다.
③ B 집단은 고리가 없다.
④ B 집단은 A 집단에 비해 반지름이 작다.
⑤ A에는 지구와 화성이, B에는 목성과 천왕성이 포함된다.

B 태양

중요
07 태양의 표면과 대기에 대한 설명으로 옳은 것은?

① 채층은 광구에서 나타나는 불규칙한 모양의 어두운 부분이다.
② 코로나는 광구 바로 위의 붉은색을 띤 얇은 대기층이다.
③ 플레어는 채층 위로 고온의 물질이 솟아오르는 현상이다.
④ 홍염은 흑점 주변의 폭발로 많은 에너지가 방출되는 현상이다.
⑤ 쌀알 무늬는 태양 내부의 대류 현상 때문에 나타나는 무늬이다.

08 흑점에 대한 설명으로 옳은 것은?

① 우리 눈에 보이는 태양의 둥근 표면이다.
② 주변보다 온도가 높아 검게 보인다.
③ 태양의 표면에서 나타나는 현상이다.
④ 흑점 수가 적을 때 태양 활동이 활발하다.
⑤ 지구에서 관측하면 흑점의 위치는 변하지 않는다.

09 그림은 태양을 관측한 모습을 나타낸 것이다.

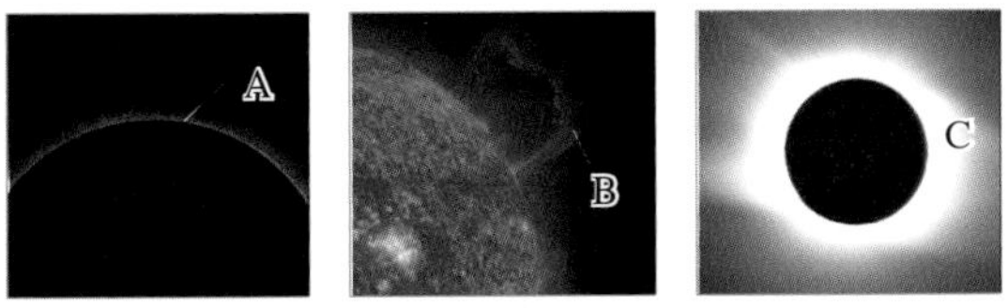

이에 대한 설명으로 옳지 않은 것은?

① A는 채층이다.
② B는 태양의 대기에서 나타나는 현상이다.
③ C는 채층 위로 넓게 뻗어 있는 대기층으로 A보다 온도가 높다.
④ B는 흑점 수가 많을 때 발생하지 않는다.
⑤ A~C 모두 광구가 완전히 가려지면 볼 수 있다.

중요
10 그림은 태양의 흑점 수 변화를 나타낸 것이다.

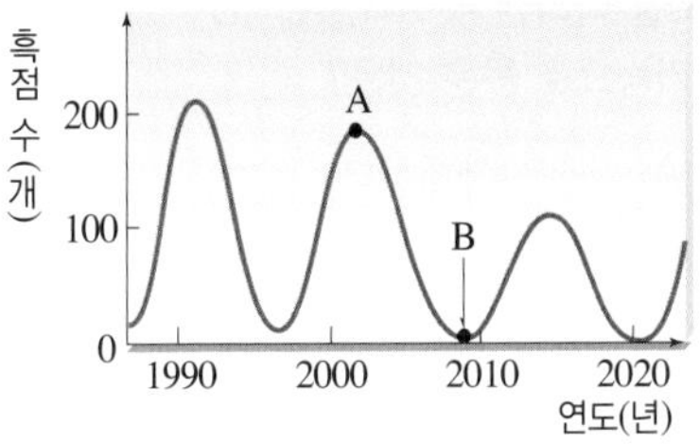

이에 대한 설명으로 옳은 것을 보기에서 모두 고른 것은?

보기
ㄱ. 흑점 수는 약 11년을 주기로 변한다.
ㄴ. A 시기에 코로나의 크기가 커졌을 것이다.
ㄷ. B 시기에 태양에서 전기를 띤 입자가 많이 방출된다.
ㄹ. A보다 B 시기에 태양의 활동이 활발하다.

① ㄱ, ㄴ ② ㄱ, ㄷ ③ ㄴ, ㄹ
④ ㄱ, ㄷ, ㄹ ⑤ ㄴ, ㄷ, ㄹ

11 다음은 태양 흑점에 대한 기사의 일부분이다.

태양 흑점 폭발 절정으로 가는가?

지난 13일 이후 현재까지 이틀 동안 3단계급 흑점 폭발이 세 번 발생했다. 올해 들어 흑점 폭발 등급이 3단계까지 올라간 건 이번이 처음이다.

전문가들은 3단계급보다 더 강력한 폭발이 일어날 수 있다고 경고했다. 올해가 11년 만에 돌아오는 태양 활동의 극대기이기 때문이다. 태양 활동의 극대기에는 태양의 폭발이 더 잦아진다. 외국에서 대규모 흑점 폭발 피해 사례가 보고된 적이 있는 만큼 태양 활동에 관심을 갖고 흑점 폭발 예경보에 귀를 귀울여야 한다는 충고이다.

⋮

기사 내용에서 나타난 시기에 지구에서 나타날 수 있는 현상으로 옳지 않은 것은?

① 자기 폭풍이 발생한다.
② 인공위성의 오작동이 발생한다.
③ 오로라가 발생하는 지역이 좁아진다.
④ 지구에서 델린저 현상이 나타나기도 한다.
⑤ 송전 시설이 고장 나 대규모 정전이 일어난다.

C 천체 망원경

중요

12 오른쪽 그림은 천체 망원경의 구조를 나타낸 것이다. A~E의 기능으로 옳은 것은?

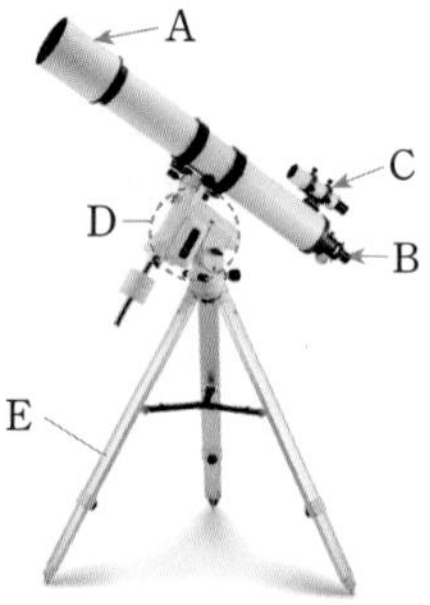

① A - 상을 확대한다.
② B - 빛을 모은다.
③ C - 망원경의 균형을 맞춘다.
④ D - 경통과 삼각대를 연결한다.
⑤ E - 대물렌즈와 접안렌즈를 연결한다.

13 다음 천체 망원경을 조립하고 관측하는 방법을 순서대로 옳게 나열한 것은?

(가) 균형추로 경통과 가대의 무게 균형을 잡는다.
(나) 경통을 끼우고, 보조 망원경과 접안렌즈를 설치한다.
(다) 평평한 곳에 삼각대를 세우고, 가대와 균형추를 끼운다.
(라) 망원경 시야의 중앙에 있는 물체가 보조 망원경의 십자선 중앙에 오도록 맞춘다.

① (가) → (나) → (다) → (라)
② (가) → (나) → (라) → (다)
③ (다) → (가) → (나) → (라)
④ (다) → (나) → (가) → (라)
⑤ (라) → (다) → (나) → (가)

14 천체 망원경으로 천체를 관측하는 방법에 대한 설명으로 옳지 않은 것은?

① 주변이 어둡고, 평평한 곳에 망원경을 설치한다.
② 천체를 관측할 때는 구름이 없는 날을 선택한다.
③ 관측할 천체는 접안렌즈로 보며 초점 조절 나사를 돌려 초점을 맞춘다.
④ 접안렌즈로 상을 찾은 후, 보조 망원경으로 천체를 관측한다.
⑤ 저배율로 관측한 후, 배율이 높은 접안렌즈로 바꿔 천체를 관측한다.

서술형 문제

중요

15 행성과 왜소 행성의 특징을 다음 단어를 이용해 비교하여 서술하시오.

공전, 모양, 궤도 주변의 다른 천체

16 오른쪽 그림은 태양계 행성을 질량과 반지름에 따라 구분한 것이다.

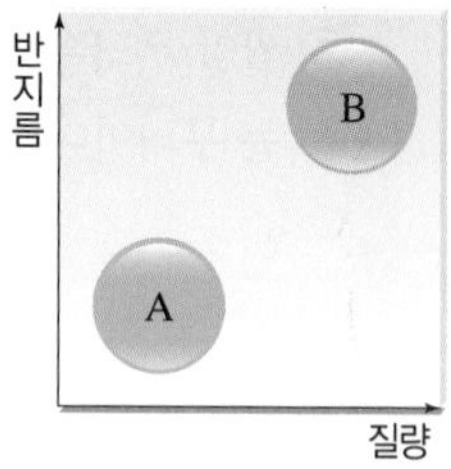

(1) A와 B 집단의 이름을 쓰시오.

(2) A와 B 집단에 속하는 행성의 이름을 모두 쓰시오.

17 오른쪽 그림은 태양의 흑점을 4일 동안 관측한 모습이다.

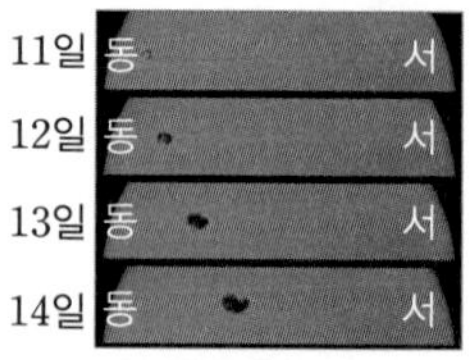

(1) 지구에서 볼 때 흑점의 이동 방향을 쓰시오.

(2) 흑점이 이동한 원인을 서술하시오.

18 태양 활동이 활발할 때 태양에서 나타나는 현상을 두 가지 서술하시오.

01 다음은 천체 망원경으로 태양을 관측하는 방법을 순서대로 나타낸 것이다.

> [태양 관측 과정]
> (가) 태양을 관측할 수 있는 곳에 천체 망원경을 설치한다.
> (나) 보조 망원경으로 관측하며 태양의 위치를 찾는다.
> (다) 경통의 대물렌즈에 태양 필터를 장착한다.
> (라) 접안렌즈로 태양을 관측하며 상이 뚜렷하도록 초점을 맞춘 뒤, 태양을 관측한다.

(가)~(라) 중 잘못된 과정을 모두 고른 것은?

① (나) ② (다)
③ (가), (나) ④ (다), (라)
⑤ (가), (다), (라)

02 다음은 태양계 천체인 가니메데에 대한 설명이다.

> • 목성을 중심으로 공전하고 모양이 둥글다.
> • 반지름은 수성보다 크며, 표면은 단단하다.

가니메데는 태양계 천체의 종류 중 무엇에 해당하는가?

① 혜성 ② 행성 ③ 위성
④ 소행성 ⑤ 왜소 행성

03 표는 태양계 행성들의 여러 가지 물리적 특성을 나타낸 것이다.

행성	질량(지구=1)	반지름(지구=1)	위성 수(개)
지구	1.00	1.00	1
A	0.82	0.95	0
B	95.14	9.45	83
C	0.06	0.38	0
D	317.92	11.21	92

이에 대한 설명으로 옳지 않은 것은?

① A와 C는 지구형 행성에 속한다.
② A~D 모두 태양을 중심으로 공전한다.
③ 지구형 행성은 목성형 행성에 비해 질량과 반지름이 작다.
④ 목성형 행성은 지구형 행성에 비해 많은 위성을 가지고 있다.
⑤ B와 D는 암석으로 이루어져 있는 표면을 가지고 있을 것이다.

04 오른쪽 그림은 태양 표면의 일부를 나타낸 것이다. 이에 대한 설명으로 옳은 것은?

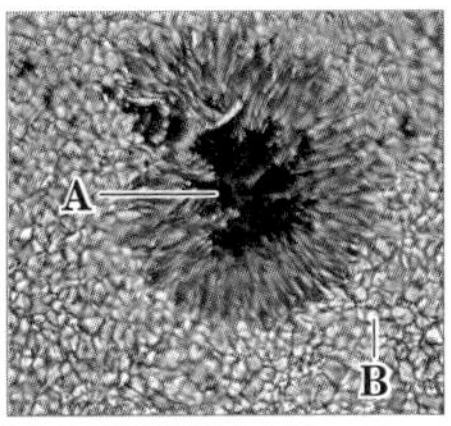

① A는 쌀알 무늬이다.
② A는 주변보다 온도가 약 4000 °C 낮다.
③ A의 수는 변하지 않고 일정하다.
④ B는 A 부근의 폭발로 나타나는 현상이다.
⑤ B에서 고온의 기체가 상승하는 부분은 밝다.

05 태양에서 볼 수 있는 것 중 태양의 광구가 완전히 가려질 때 잘 관측되는 것끼리 옳게 짝 지은 것은?

① 흑점, 홍염 ② 채층, 플레어
③ 흑점, 코로나 ④ 채층, 쌀알 무늬
⑤ 쌀알 무늬, 흑점

06 그림은 서로 다른 시기에 태양의 코로나를 관측한 모습이다.

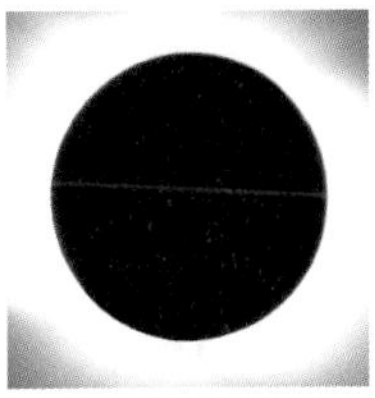
(가)

(나)

(가)와 (나) 시기에 태양과 지구에서 나타나는 현상을 옳게 비교한 것을 보기에서 모두 고른 것은?

> 보기
> ㄱ. 흑점 수: (가)<(나)
> ㄴ. 플레어 발생 빈도: (가)>(나)
> ㄷ. 태양풍의 세기: (가)>(나)
> ㄹ. 지구에서 오로라의 발생 빈도: (가)<(나)

① ㄱ, ㄹ ② ㄴ, ㄷ ③ ㄱ, ㄴ, ㄷ
④ ㄴ, ㄷ, ㄹ ⑤ ㄱ, ㄴ, ㄷ, ㄹ

02 지구의 운동

A 지구의 자전

1 지구의 자전 지구가 자전축을 중심으로 하루에 한 바퀴씩 서쪽에서 동쪽으로 도는 운동

① 자전 방향: 서 → 동

② 자전 속도: 1시간에 15°씩 회전

③ 자전으로 나타나는 현상: 낮과 밤의 반복, 천체의 일주 운동 등

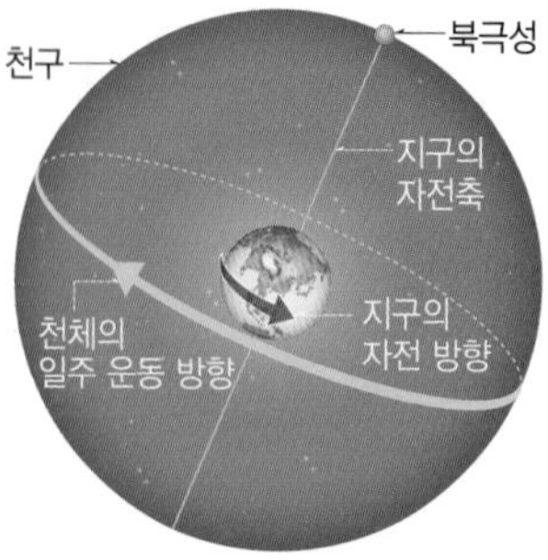

▲ 지구의 자전과 천체의 일주 운동

2 천체의 일주 운동 천체가 하루에 한 바퀴씩 원을 그리며 도는 운동 ➡ 지구의 자전으로 하루 동안 나타나는 천체의*겉보기 운동[1]

① 일주 운동 방향: 동 → 서(지구의 자전 방향과 반대)

② 일주 운동 속도: 1시간에 15°씩 회전(지구의 자전 속도와 같음)

> **[별의 일주 운동]** |탐구 a 96쪽
>
> 오른쪽 그림은 2시간 간격으로 북쪽 하늘에 있는 북두칠성을 관측한 것이다.
>
> - 북두칠성의 운동 방향: 시계 반대 방향
> - 북두칠성이 회전한 각도: 15°/h×2시간=30°[2]
> - 북두칠성의 회전 중심: 북극성
>
> ➡ 지구에 있는 관측자에게 별들은 북극성을 중심으로 시계 반대 방향(동 → 서)으로 원을 그리며 도는 것처럼 보인다.
>
> 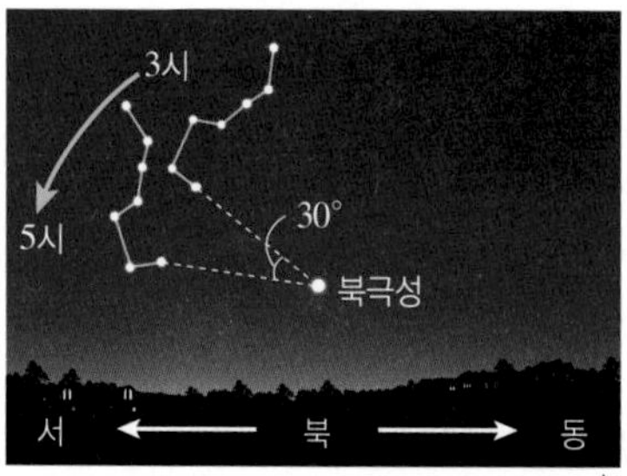
>

회보 7.4

3 우리나라(북반구 중위도)에서 관측한 천체의 일주 운동 관측 방향에 따라 모습이 다르다. 여기서 잠깐 100쪽

오투실험실

천체가 왼쪽 아래에서 오른쪽 위로 비스듬히 떠오르는 것처럼 보인다.

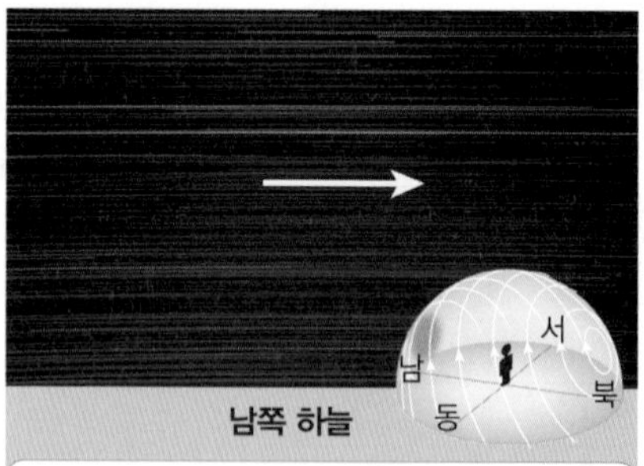

천체가 동쪽에서 서쪽으로 이동하는 것처럼 보인다.

천체가 왼쪽 위에서 오른쪽 아래로 비스듬히 지는 것처럼 보인다.

천체가 북극성을 중심으로 동심원을 그리면서 시계 반대 방향으로 도는 것처럼 보인다.

플러스 강의

❶ 지구 자전과 천체의 일주 운동
하늘에 별들이 붙어 있는 것처럼 보이는 무한히 넓은 가상의 구를 천구라고 한다. 지구가 서에서 동으로 자전하면 지구의 관측자에게는 천구에 있는 천체들이 지구 자전과 반대 방향으로 움직이는 것처럼 보인다.

❷ 북쪽 하늘의 별의 일주 운동
지구는 하루 24시간 동안 360° 회전하므로 북쪽 하늘의 별들은 북극성을 중심으로 1시간에 15°씩 시계 반대 방향으로 회전한다.

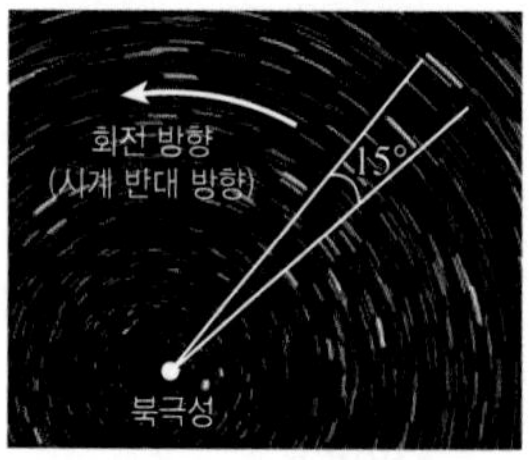

▲ 북쪽 하늘에서 1시간 동안 관측한 별의 일주 운동

용어 돋보기

* **겉보기 운동**_움직이는 회전목마에서 주위를 보면, 정지해 있는 물체가 반대 방향으로 움직이는 것처럼 보임. 이처럼 지전과 공전을 하는 지구에서 고정된 천체를 보았을 때 나타나는 천체의 상대적인 운동

확인 문제로
개념쏙쏙

≫ 정답과 해설 25쪽

A 지구의 자전

- 지구의 ☐☐: 지구가 자전축을 중심으로 하루에 한 바퀴씩 도는 운동
  - 방향: ☐ → ☐
  - 속도: 1 시간에 ☐°
- 천체의 ☐☐ ☐☐: 천체가 하루에 한 바퀴씩 원을 그리며 도는 운동
  - 방향: ☐ → ☐
  - 속도: 1시간에 ☐°
- 우리나라에서 관측한 별의 일주 운동은 관측 ☐☐에 따라 모습이 다르다.

암기쾅 우리나라에서 관측한 별의 일주 운동 모습 외우기

A

1 지구의 자전에 대한 설명으로 옳은 것은 ○, 옳지 않은 것은 ×로 표시하시오.

(1) 지구는 자전축을 중심으로 하루에 한 바퀴씩 돈다. ( )

(2) 지구의 자전은 실제 운동이 아닌 겉보기 운동이다. ( )

(3) 별의 일주 운동은 지구의 자전에 의해 나타나는 현상이다. ( )

(4) 하룻밤 동안 북쪽 하늘에서 별자리를 관측하면 1시간에 1°씩 이동한다. ( )

2 지구의 자전 방향과 별의 일주 운동의 방향을 선으로 옳게 연결하시오.

(1) 지구의 자전 방향 •   • ㉠ 동 → 서

(2) 천체의 일주 운동 방향 •   • ㉡ 서 → 동

3 오른쪽 그림은 어느 날 북두칠성을 2시간 간격으로 사진기를 고정시켜 놓고 촬영한 것이다.

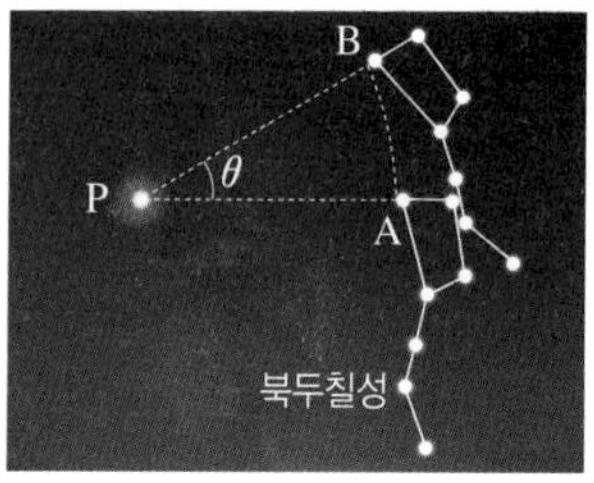

(1) 별 P는 무엇인지 쓰시오.

(2) 별들이 2시간 동안 이동한 각도(θ)를 쓰시오.

(3) 별들은 (A → B, B → A) 방향으로 이동하였다.

(4) 별들이 별 P를 중심으로 (시계, 시계 반대) 방향으로 움직이는 것은 지구가 (자전, 공전)하기 때문이다.

4 그림은 우리나라의 각 방향에서 관측한 일주 운동 모습이다. 별이 이동한 방향을 화살표로 그리고, 어느 방향을 관측한 것인지 각각 쓰시오.

(1) ________

(2) ________

(3) ________

(4) ________

02 지구의 운동

B 지구의 공전

1 지구의 공전 지구가 태양을 중심으로 1년에 한 바퀴씩 서쪽에서 동쪽으로 도는 운동

① 공전 방향: 서 → 동

② 공전 속도: 하루에 1°씩 이동

③ 공전으로 나타나는 현상: 태양의 연주 운동, 계절별 별자리 변화

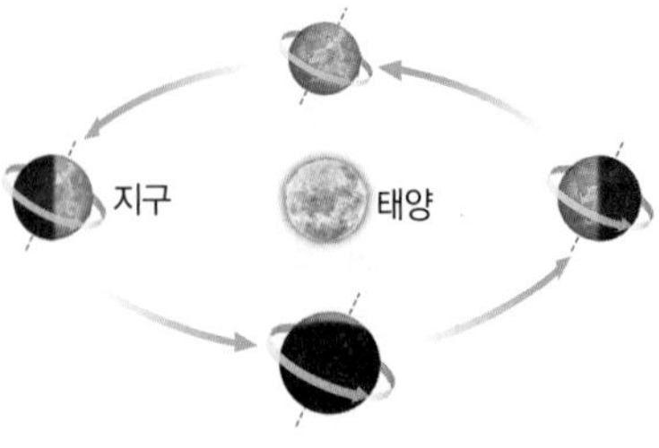

▲ 지구의 공전

2 태양의*연주 운동 태양이 별자리를 배경으로 이동하여 1년 후 처음 위치로 되돌아오는 운동 ➡ 지구의 공전으로 일 년 동안 나타나는 태양의 겉보기 운동❶

① 연주 운동 방향: 서 → 동(지구의 공전 방향과 같음)❷

② 연주 운동 속도: 하루에 1°씩 이동(지구의 공전 속도와 같음)

[태양과 별자리의 위치 변화]

그림은 15일 간격으로 해가 진 직후 서쪽 하늘을 관측한 모습이다.

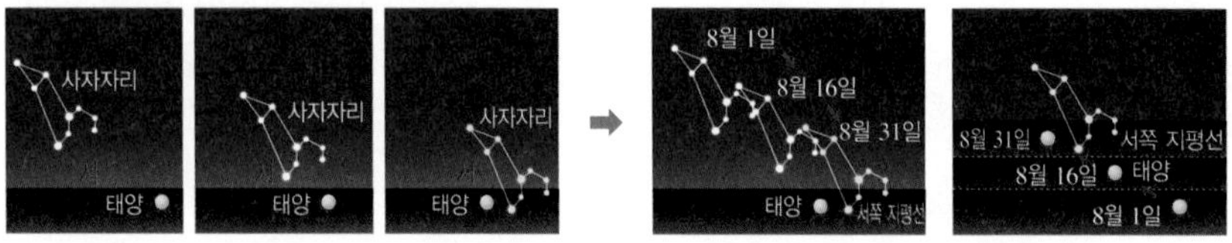

8월 1일 **8월 16일** **8월 31일** **별자리의 이동(태양 기준)** **태양의 이동(별자리 기준)**

- 태양을 기준으로 할 때 별자리의 이동: 동에서 서로 이동 ➡ 별의 연주 운동
- 별자리를 기준으로 할 때 태양의 이동: 서에서 동으로 이동 ➡ 태양의 연주 운동
- 태양, 별자리, 지구 중 실제로 이동한 것: 지구

3 계절별 별자리 변화 지구가 태양을 중심으로 공전하여 태양이 보이는 위치가 달라지므로 한밤중 남쪽 하늘에서 볼 수 있는 별자리는 계절에 따라 달라진다. 여기서잠깐 101쪽

①*황도 12궁: 태양이 연주 운동하면서 지나가는 길인 황도에 있는 12개의 별자리

② 태양이 지나는 별자리: 표시된 계절에 해당하는 별자리를 지난다.

③ 한밤중에 남쪽 하늘에서 보이는 별자리: 태양 반대쪽의 별자리가 보인다.❸ 탐구 b 98쪽

[4월 – 봄]
- 태양이 지나는 별자리: 물고기자리
- 한밤중 남쪽 하늘에서 보이는 별자리: 처녀자리

[1월 – 겨울]
- 태양이 지나는 별자리: 궁수자리
- 한밤중 남쪽 하늘에서 보이는 별자리: 쌍둥이자리

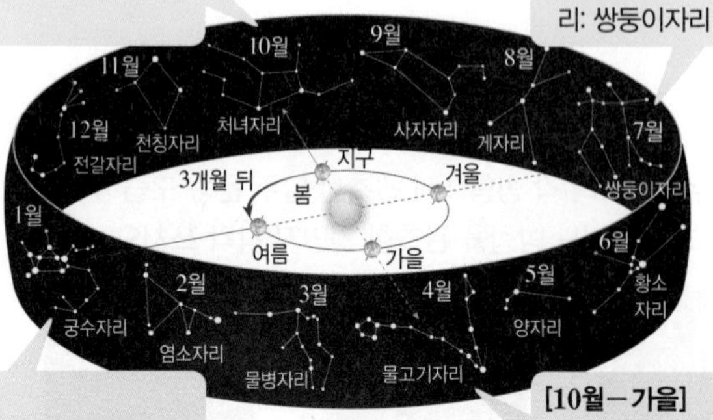

[7월 – 여름]
- 태양이 지나는 별자리: 쌍둥이자리
- 한밤중 남쪽 하늘에서 보이는 별자리: 궁수자리

[10월 – 가을]
- 태양이 지나는 별자리: 처녀자리
- 한밤중 남쪽 하늘에서 보이는 별자리: 물고기자리

플러스 강의

❶ 태양의 연주 운동

지구가 태양을 중심으로 공전하면 태양과 지구의 상대적인 위치가 변한다. 따라서 태양이나 별자리는 고정되어 있지만, 지구에 있는 관측자가 볼 때는 태양이 별자리 사이를 이동하는 것처럼 보이는데, 이를 태양의 연주 운동이라고 한다. 지구가 1년을 주기로 공전하기 때문에 태양이 1년을 주기로 연주 운동한다.

❷ 태양의 연주 운동 방향

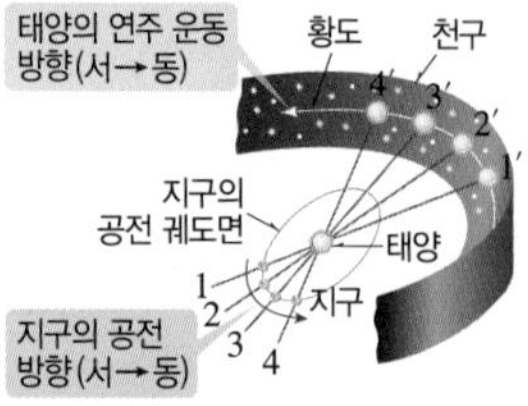

지구가 서에서 동(1 → 4)으로 이동하면 태양은 1′ → 4′으로 이동하는 것처럼 보인다. 따라서 태양의 연주 운동 방향은 지구의 공전 방향과 같으므로 서에서 동으로 나타난다.

❸ 태양 반대쪽의 별자리가 보이는 까닭

태양과 같은 방향에 있는 별자리는 낮에만 남쪽 하늘에 있어서 보이지 않는다. 태양 반대쪽의 별자리가 밤에 남쪽 하늘에 있으므로 관측할 수 있다.

용어 돋보기

* **연주(年 해, 週 돌다) 운동**_지구의 공전 때문에 천체가 지구를 중심으로 1년에 한 바퀴 도는 것처럼 보이는 운동
* **황도(黃 누렇다, 道 길)**_태양이 지나는 천구상의 길. 태양은 황도를 따라 지구의 공전 방향과 같은 방향으로 이동하는 것처럼 보임

B 지구의 공전

- 지구의 □□: 지구가 태양을 중심으로 1년에 한 바퀴씩 도는 운동
  - 방향: □ → □
  - 속도: 하루에 □°
- 태양의 □□ □□: 태양이 별자리를 배경으로 이동하여 1년 후 처음 위치로 되돌아오는 운동
  - 방향: □ → □
  - 속도: 하루에 □°
- □□ □□: 천구상에서 태양이 연주 운동하면서 지나는 길에 위치한 12개의 별자리

암기짱 한밤중에 남쪽 하늘에서 보이는 별자리

한밤중 남쪽 하늘에서는 태양 반대쪽 별자리가 보인다.

B

5 지구의 공전에 대한 설명으로 옳은 것은 ○, 옳지 않은 것은 ×로 표시하시오.

(1) 지구는 서쪽에서 동쪽으로 공전한다. ( )

(2) 지구는 태양을 중심으로 하루에 약 15°씩 이동한다. ( )

(3) 별의 일주 운동이 일어나는 원인이다. ( )

(4) 지구의 공전에 의해 계절에 따라 밤하늘에 보이는 별자리가 달라진다. ( )

6 다음은 태양의 겉보기 운동에 대한 설명이다. ( ) 안에 알맞은 말을 고르시오.

> 별자리를 기준으로 할 때 태양은 하루에 약 ㉠(1°, 15°)씩 ㉡(서 → 동, 동 → 서) 방향으로 이동하는 것처럼 보인다. 이것을 태양의 ㉢(일주, 연주) 운동이라 하며, 지구의 ㉣(자전, 공전) 때문에 일어나는 겉보기 운동이다.

7 그림은 15일 간격으로 해가 진 직후 관측한 서쪽 하늘을 순서 없이 나타낸 것이다.

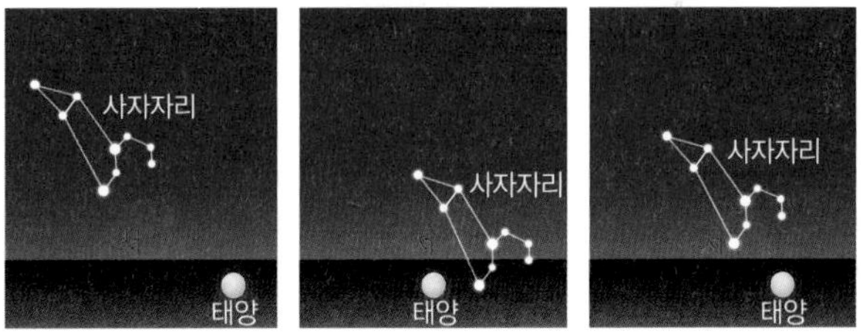

(가) (나) (다)

(가)~(다) 중 가장 먼저 관측한 것의 기호를 쓰시오.

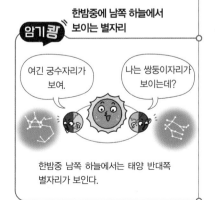

8 오른쪽 그림은 지구의 공전 궤도와 황도 12궁을 나타낸 것이다.

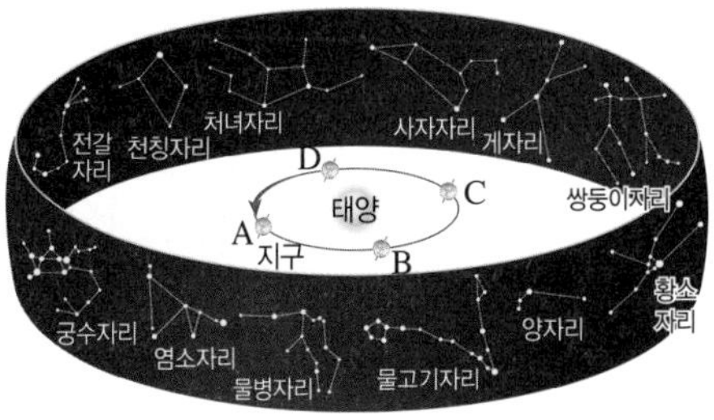

(1) 우리나라에서 한밤중 남쪽 밤하늘에서 보이는 별자리가 궁수자리일 때 A~D 중 지구의 위치를 고르시오.

(2) 지구가 D의 위치에 있을 때 태양이 지나는 별자리를 쓰시오.

탐구 a 지구의 자전으로 나타나는 별의 운동

이 탐구에서는 지구 자전으로 나타나는 별의 운동을 알아본다.

과정

❶ 천체 관측 앱에서 북극성의 위치를 확인한다.
❷ 관측 날짜를 정해, 일몰 시각에서 일출 시각까지 연속적으로 시간이 흐르도록 설정한다.
❸ 북극성 주변 별들의 운동을 관찰한다.

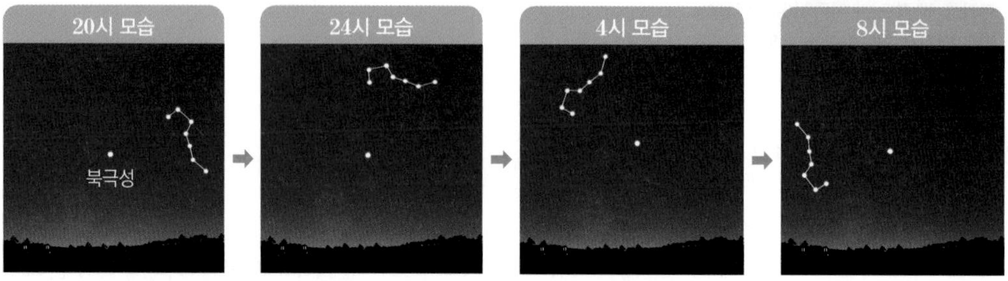

결과 & 해석

북극성 주변의 별들의 운동 모습

- 북두칠성의 운동 모습: 북극성 주변 별들은 북극성을 중심으로 1시간에 15°씩 시계 반대 방향으로 회전 운동한다.
- 알 수 있는 사실: 지구가 서쪽에서 동쪽으로 자전한다.

정리

북극성 주변 별들이 북극성을 중심으로 ㉠(   ) 방향으로 움직이는 것은 지구가 서쪽에서 동쪽으로 ㉡(   )하기 때문이다.

이렇게도 실험해요

과정 ❶ 천체 관측 프로그램의 위치 창에 내가 사는 지역의 위도와 경도를 입력한다.
❷ 화면에 별자리 선이 보이게 한 후 시간은 자정으로 설정하고, 방향은 북쪽으로 맞춘다.
❸ 북쪽 하늘에서 자정에 보이는 북극성과 북두칠성의 위치와 2시간 후에 보이는 북극성과 북두칠성의 위치를 그려 보자.

결과

➡ 북극성은 거의 이동하지 않고, 북두칠성은 북극성을 중심으로 시계 반대 방향으로 회전 운동한다.

확인 문제

▶ 정답과 해설 26쪽

01 탐구 a에 대한 설명으로 옳은 것은 ○, 옳지 않은 것은 ×로 표시하시오.

(1) 북쪽 하늘을 관측한 것이다. ( )

(2) 북극성을 중심으로 북두칠성을 이루는 별들은 회전 운동을 한다. ( )

(3) 북두칠성을 이루는 별들은 시계 방향으로 일주 운동한다. ( )

(4) 북두칠성이 북극성을 중심으로 한 바퀴 도는 데 걸리는 시간은 1년이다. ( )

[02~03] 그림은 우리나라에서 관측한 북두칠성의 운동을 나타낸 것이다.

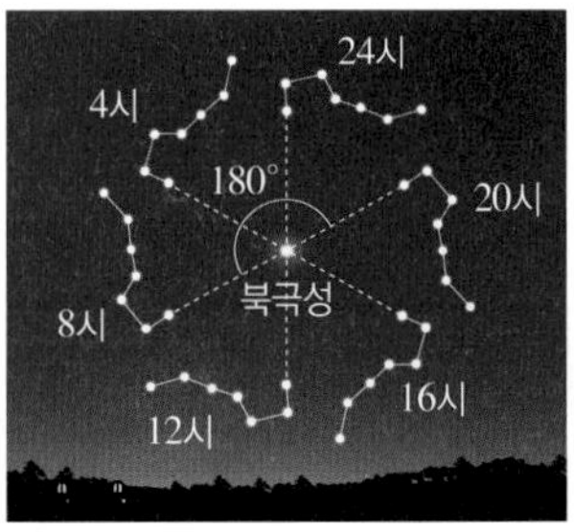

02 이 실험에서 북두칠성은 한 시간 동안 몇 ° 회전하였는가?

① 1° ② 15° ③ 30°
④ 90° ⑤ 180°

03 이 실험과 같이 북극성을 중심으로 북두칠성이 보이는 위치가 달라지는 까닭으로 옳은 것은?

① 지구가 자전하기 때문이다.
② 지구가 공전하기 때문이다.
③ 태양의 연주 운동 때문이다.
④ 북극성의 연주 운동 때문이다.
⑤ 실제로 별이 이동하기 때문이다.

04 그림은 어느 날 새벽 5시에 관측한 북극성과 북두칠성의 모습을 나타낸 것이다.

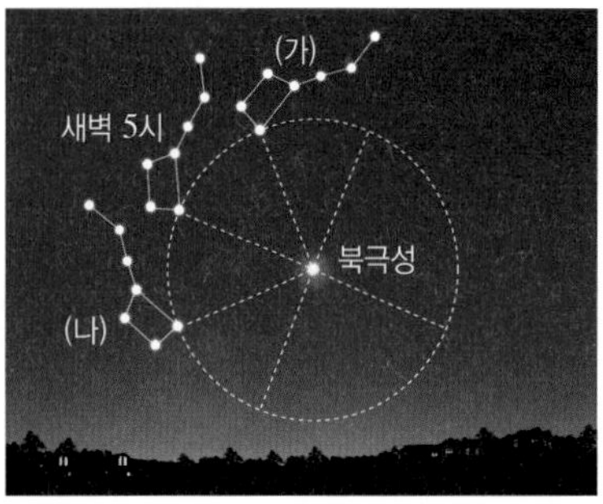

3시간이 지난 후 북두칠성의 위치를 (가)와 (나) 중에서 고르시오.

05 우리나라에서 북쪽 하늘을 보았을 때 북극성 주변 별들은 어떻게 운동하는지 서술하시오.

이렇게도 실험해요 **확인 문제**

06 그림은 어느 날 북쪽 하늘을 두 시간 간격으로 찍은 것을 순서 없이 나타낸 것이다.

먼저 관측한 것부터 순서대로 나열하고, 그렇게 생각한 까닭을 서술하시오.

탐구 b 지구의 공전으로 나타나는 별자리의 변화

이 탐구에서는 지구의 공전으로 밤하늘의 별자리가 변하는 현상을 알아본다.

과정

❶ 원형 돌림판 가운데에 전등을 놓고, 돌림판 밖에 별자리 그림 4개를 각각 세워 놓는다.
❷ 스타이로폼 공에 소형 카메라를 붙인 다음, 소형 카메라를 스마트 기기와 연결한다.
❸ 소형 카메라가 원형 돌림판 밖을 향하도록 놓는다.
❹ 원형 돌림판을 시계 반대 방향으로 돌리면서 실시간으로 소형 카메라에 찍힌 별자리를 관찰한다.

유의점
별자리 그림은 물고기자리, 쌍둥이자리, 처녀자리, 궁수자리를 준비한다.

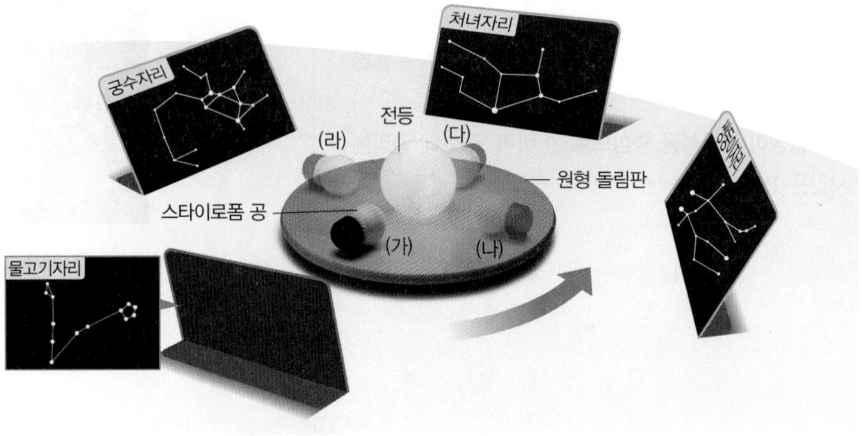

결과 & 해석

• 전등과 스타이로폼 공이 나타내는 것: 원형 돌림판을 돌리면 전등을 중심으로 스타이로폼 공이 회전 운동하므로, 전등은 태양, 스타이로폼 공은 지구를 나타낸다.
• 스타이로폼 공이 (가)~(라) 위치에 있을 때 보이는 별자리

위치	(가)	(나)	(다)	(라)
보이는 별자리	물고기자리 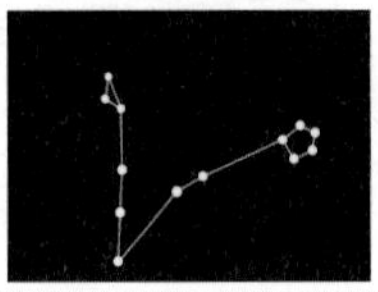	쌍둥이자리 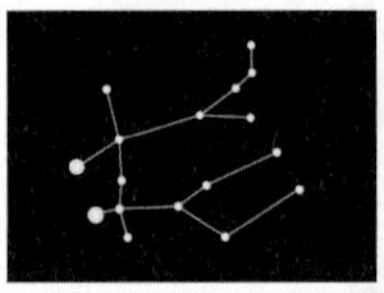	처녀자리 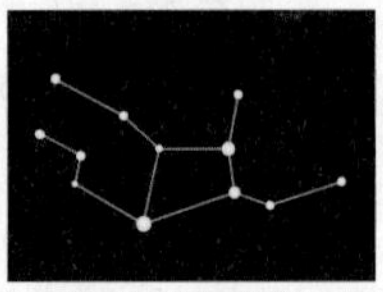	궁수자리 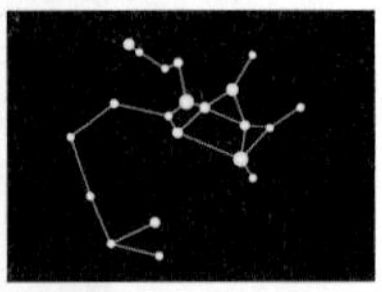

➡ 지구의 공전으로 지구의 위치가 달라지면서 한밤중 남쪽 하늘(태양 반대쪽)에서 볼 수 있는 별자리가 달라진다.

정리

1. 전등은 ㉠(   ), 스타이로폼 공은 ㉡(   )를 나타낸다.
2. 원형 돌림판이 돌면서 스타이로폼 공의 위치가 달라져 소형 카메라에 보이는 별자리가 ㉢(   ).
3. 지구의 공전으로 관측 가능한 별자리는 태양의 ㉣(   ) 방향에 있는 별자리이다.

이렇게도 실험해요

과정 ❶ 가운데에 전등과 회전의자를 놓고, 그 주위에 궁수자리, 물고기자리, 쌍둥이자리, 처녀자리가 그려진 계절별 별자리판을 90° 간격으로 설치한다.
❷ 관찰자는 회전의자에 앉아 (가)에서 (라) 방향으로 전등 주위를 돌며 전등 쪽에 있는 별자리와 전등 반대쪽에 있는 별자리를 관찰한다.

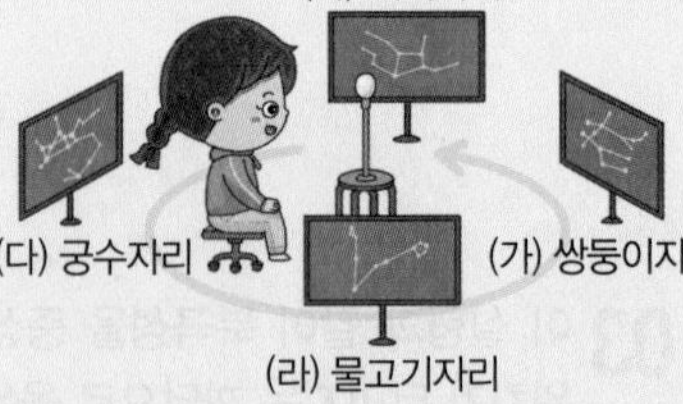

결과

위치	(가)	(나)	(다)	(라)
전등 쪽에 있는 별자리	궁수자리	물고기자리	쌍둥이자리	처녀자리
전등 반대쪽에 있는 별자리	쌍둥이자리	처녀자리	궁수자리	물고기자리

➡ 관찰자의 위치가 달라지면서 태양 반대쪽에 있는 별자리는 볼 수 있고, 태양 쪽에 있는 별자리는 볼 수 없다.

확인 문제

≫ 정답과 해설 26쪽

01 탐구 b에 대한 설명으로 옳은 것은 ○, 옳지 않은 것은 ×로 표시하시오.

(1) 소형 카메라는 전등을 향하도록 설치한다. ····· (　　　)

(2) 원형 돌림판은 시계 반대 방향으로 돌리면서 소형 카메라에 찍힌 별자리를 관찰한다. ····· (　　　)

(3) 이 실험에서 전등은 지구를 나타낸다. ····· (　　　)

(4) 이 실험을 통해 지구의 운동으로 밤하늘의 별자리가 변하는 현상을 알 수 있다. ····· (　　　)

[02~03] 그림과 같이 원형 돌림판 위에 전등과 소형 카메라를 붙인 스타이로폼 공을 설치하고, 돌림판 밖에 별자리 그림 4개를 세운 뒤, 원형 돌림판을 시계 반대 방향으로 돌렸다.

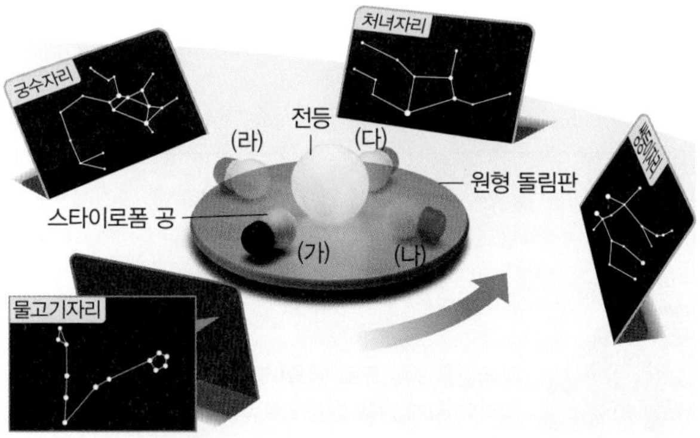

02 이 실험에서 스타이로폼 공이 (나) 위치에 있을 때 소형 카메라에 보이는 별자리로 옳은 것은?

① 처녀자리　　② 궁수자리
③ 물고기자리　　④ 쌍둥이자리
⑤ 보이는 별자리가 없다.

03 이 실험에서 전등이 가운데 있고 스타이로폼 공이 놓여진 원형 돌림판을 회전시키는 것은 지구의 어떤 운동을 나타내는지 쓰시오.

04 지구의 위치에 따라 한밤중 남쪽 하늘에서 관측되는 별자리가 달라지는 까닭을 서술하시오.

05 그림은 태양의 위치에 따른 별자리와 지구의 공전 궤도를 나타낸 것이다.

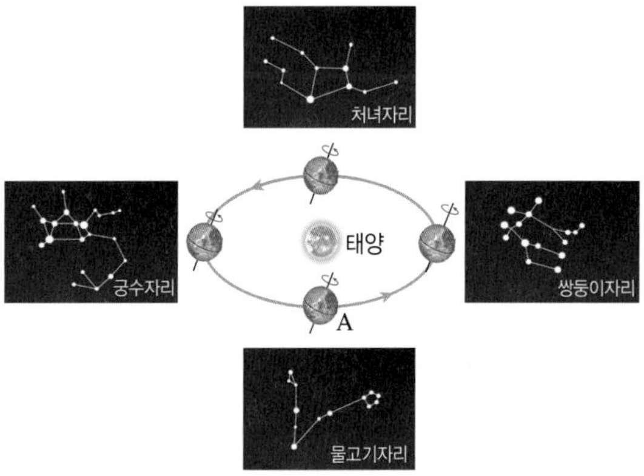

지구가 A의 위치에 있을 때 한밤중 남쪽 하늘에서 잘 보이는 별자리와 이 계절에 볼 수 없는 별자리를 옳게 짝 지은 것은?

	보이는 별자리	볼 수 없는 별자리
①	처녀자리	물고기자리
②	처녀자리	궁수자리
③	물고기자리	처녀자리
④	물고기자리	쌍둥이자리
⑤	쌍둥이자리	궁수자리

이렇게도 실험해요 **확인 문제**

06 그림과 같이 설치하고, 태양의 위치에 따른 별자리 변화를 알아보는 실험을 하였다.

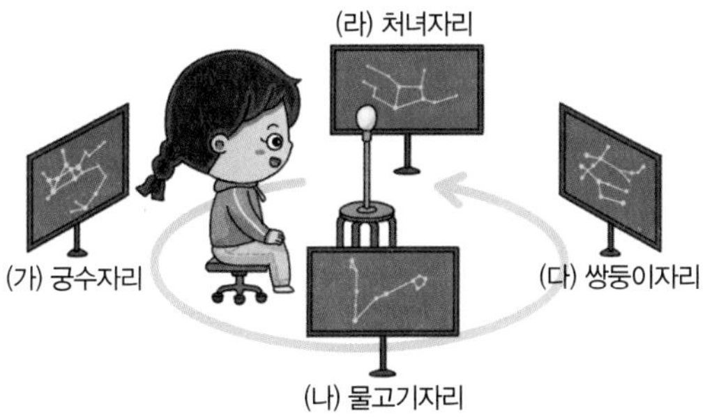

쌍둥이자리는 보이고, 궁수자리는 볼 수 없는 관측자의 위치를 쓰시오.

여기서 잠깐

별의 일주 운동 모습 이해하기

우리나라에서 태양, 달, 별은 일주 운동하면서 동쪽 지평선에서 비스듬히 뜨고 서쪽 지평선으로 비스듬히 지고 있어요. 지구가 자전하면서 관측자의 위치에 따라 나타나는 일주 운동 모습을 살펴보아요.

> 정답과 해설 26쪽

○ 지구의 자전 방향과 별의 일주 운동 방향

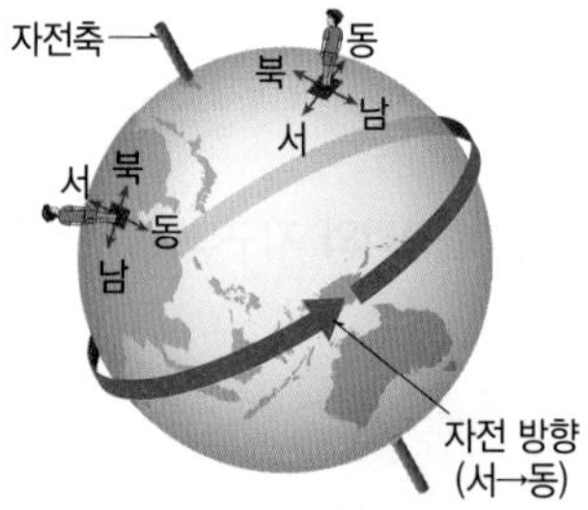

북반구에서 지구상의 관측자가 북쪽을 바라볼 때 왼쪽이 서쪽, 오른쪽이 동쪽이다.

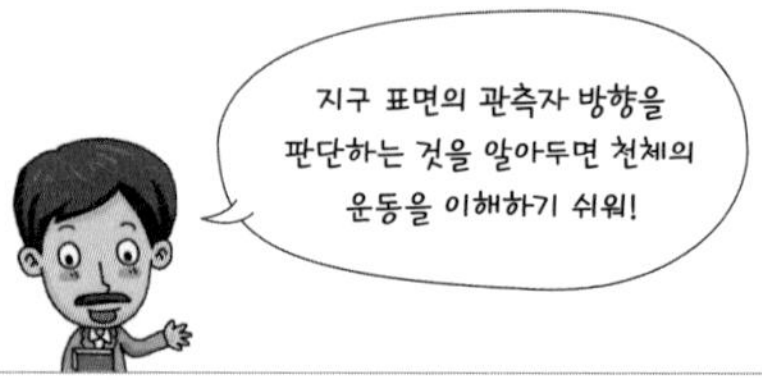

지구 표면의 관측자 방향을 판단하는 것을 알아두면 천체의 운동을 이해하기 쉬워!

○ 지구의 자전 방향과 별의 일주 운동 방향

- 지구상의 관측자가 볼 때 지구가 자전하는 방향은 '서 → 동'이고, 이와 반대로 나타나는 별의 일주 운동 방향은 '동 → 서'이다.
- 지구가 둥글고 우리나라는 중위도에 위치하기 때문에 방향에 따라 별의 일주 운동 모습이 달라진다.

○ 북반구 중위도 지역(우리나라)에서 관측한 별의 일주 운동

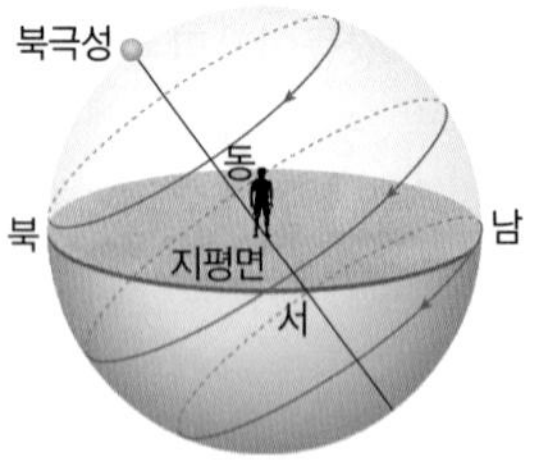

▲ 북반구 중위도 지역의 별의 일주 운동 모습

북쪽을 바라볼 때

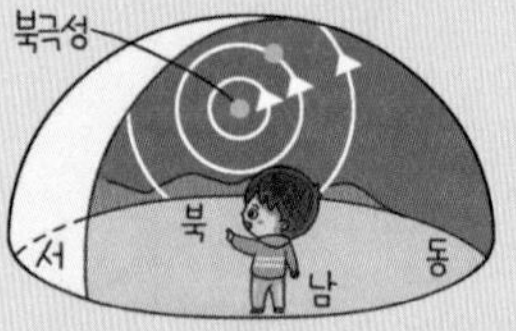

북극성을 중심으로 별들이 하루에 한 바퀴씩 원을 그리며 시계 반대 방향으로 이동한다.

남쪽을 바라볼 때

태양, 달, 별들이 매일 동쪽에서 비스듬히 떠서 남쪽 하늘을 지나 서쪽으로 비스듬히 지며 시계 방향으로 이동한다.

유제 1 우리나라의 관측자가 본 별의 일주 운동 모습을 옳게 나타낸 것은?

①
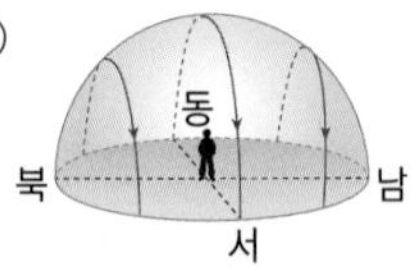

②
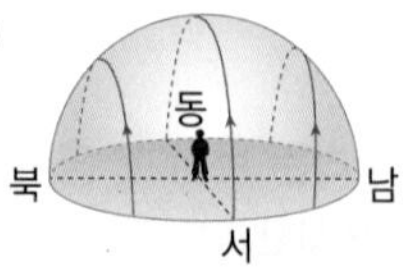

③
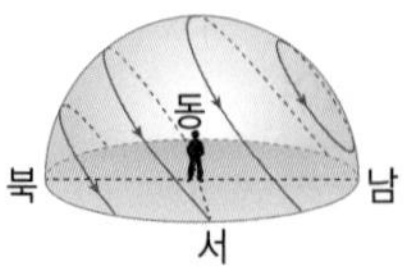

④
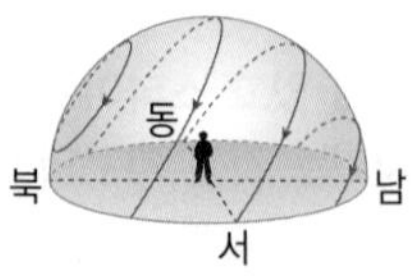

⑤
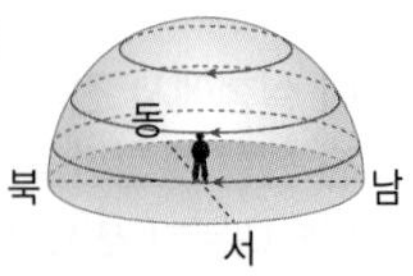

여기서 잠깐

황도 12궁과 계절별 별자리에 관한 문제를 풀 때는 천구에서 태양이 어디에 위치하는지부터 파악하면 쉽게 풀려요. 계절별 별자리에 관한 문제를 정복해 보아요.

› 정답과 해설 26쪽

황도 12궁에서 계절별 별자리 찾기

○ 황도 12궁이란? 태양이 지나는 길에 위치한 12개의 별자리

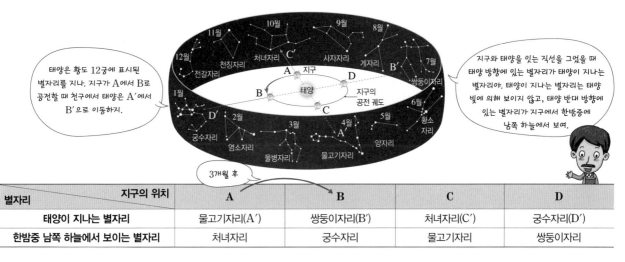

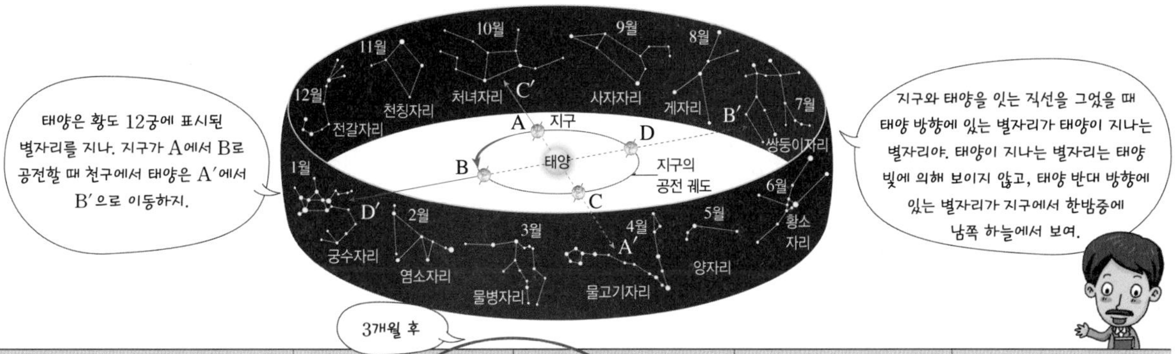

지구의 위치 / 별자리	A	B	C	D
태양이 지나는 별자리	물고기자리(A′)	쌍둥이자리(B′)	처녀자리(C′)	궁수자리(D′)
한밤중 남쪽 하늘에서 보이는 별자리	처녀자리	궁수자리	물고기자리	쌍둥이자리

유형 ① 태양의 위치 또는 시기를 지정하여 묻는 경우

|예제| 태양이 염소자리를 지날 때 한밤중에 남쪽 하늘에 보이는 별자리는?

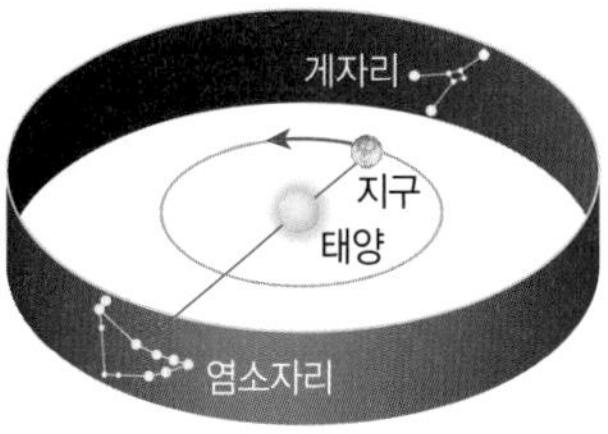

|풀이| 태양이 염소자리를 지날 때에는 태양의 반대 방향에 있는 별자리(=6개월 후 별자리)가 한밤중에 남쪽 하늘에서 보인다.
➡ 게자리

유형 ② 지구의 위치를 지정하여 묻는 경우

|예제| 지구의 위치가 그림과 같을 때, 태양이 위치한 별자리와 한밤중에 남쪽 하늘에서 보이는 별자리는?

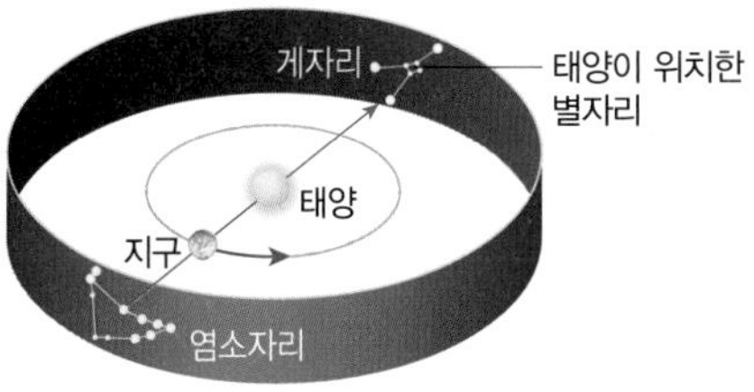

|풀이| ① 지구와 태양을 잇는 직선을 긋는다.
② 지구에서 볼 때 태양과 같은 방향에 있는 별자리에 태양이 위치한다. ➡ 게자리
③ 지구에서 볼 때 태양의 반대 방향에 있는 별자리(=6개월 후 별자리)가 한밤중에 남쪽 하늘에서 보인다. ➡ 염소자리

유제 ① 위 그림에서 태양이 처녀자리를 지날 때 한밤중에 남쪽 하늘에서 보이는 별자리를 쓰시오.

유제 ② 위 그림에서 4월 한밤중에 남쪽 하늘에서 볼 수 있는 별자리를 쓰시오.

유제 ③~④ 그림은 황도 12궁을 나타낸 것이다.

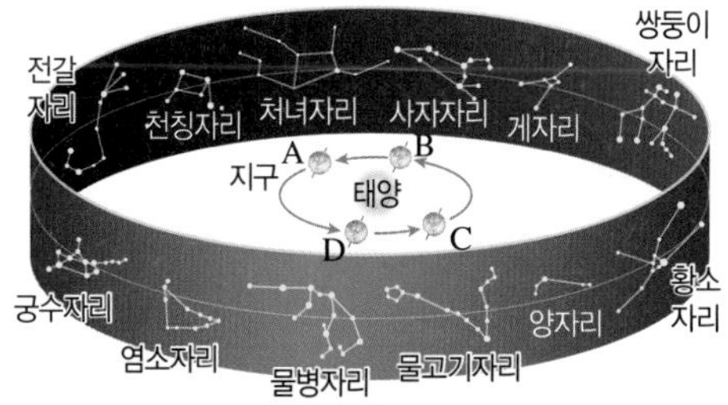

유제 ③ 지구가 A에 있을 때 한밤중에 남쪽 하늘에서 보이는 별자리를 쓰시오.

유제 ④ 지구가 B에 있을 때 태양이 위치한 별자리를 쓰시오.

기출 문제로

내신쑥쑥

전국 주요 학교의 **시험에 가장 많이 나오는 문제**들로만 구성하였습니다.
모든 친구들이 '꼭' 봐야 하는 코너입니다.

A 지구의 자전

01 **지구의 자전과 자전으로 나타는 현상에 대한 설명으로 옳지 않은 것은?**

① 지구의 자전 주기는 1일이다.
② 지구는 한 시간에 15°씩 회전한다.
③ 별이 하루에 한 바퀴씩 원을 그리며 돈다.
④ 별이 실제로 움직여서 별의 일주 운동이 나타난다.
⑤ 우리나라에서 북두칠성이 북극성을 중심으로 시계 반대 방향으로 운동함이 관찰된다.

중요
02 **지구의 자전으로 나타나는 현상을 보기에서 모두 고른 것은?**

보기
ㄱ. 낮과 밤이 반복된다.
ㄴ. 태양이 동쪽에서 떠서 서쪽으로 진다.
ㄷ. 계절에 따라 관측되는 별자리가 달라진다.
ㄹ. 별들이 북극성을 중심으로 원을 그리며 돈다.
ㅁ. 태양이 별자리 사이를 이동하여 1년 후 원래 위치로 돌아온다.

① ㄱ, ㄷ ② ㄴ, ㄷ ③ ㄹ, ㅁ
④ ㄱ, ㄴ, ㄹ ⑤ ㄴ, ㄷ, ㅁ

중요 |탐구a
03 **그림은 어느 날 밤하늘에서 본 북극성과 북두칠성의 움직임을 나타낸 것이다.**

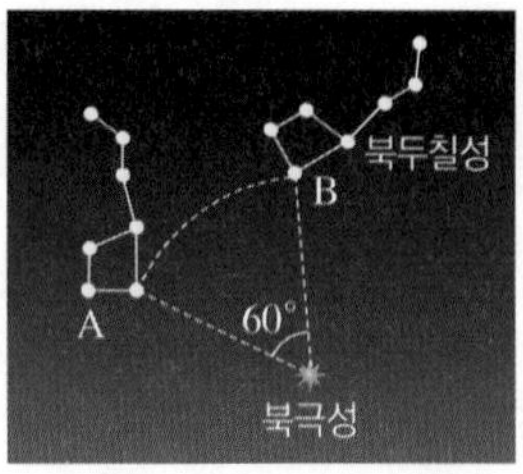

북두칠성이 A 위치에 있을 때의 시각이 새벽 5시였다면 B 위치에 있을 때는 몇 시쯤이겠는가?

① 오후 5시 ② 저녁 6시 ③ 저녁 7시
④ 밤 12시 ⑤ 새벽 1시

중요
04 **오른쪽 그림은 서울에서 북쪽 하늘을 향해 사진기를 2시간 동안 노출시켜 찍은 별의 일주 운동이다. 이에 대한 설명으로 옳지 않은 것은?**

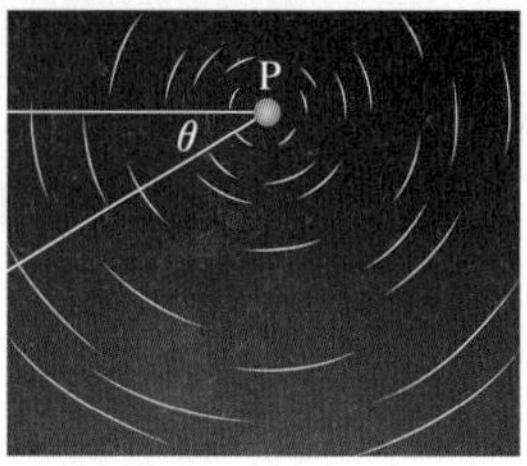

① θ의 크기는 15°이다.
② 별들은 시계 반대 방향으로 회전한다.
③ 호의 중심에 있는 별 P는 북극성이다.
④ 모든 호의 중심각은 크기가 서로 같다.
⑤ 지구의 자전으로 나타나는 겉보기 운동이다.

05 **어느 날 북반구에서 한밤중에 관측한 별자리가 그림과 같을 때, 6시간 후 서쪽 하늘의 지평선 부근에서 관측할 수 있는 별자리를 쓰시오.**

중요
06 **우리나라의 남쪽 하늘에서 본 별의 일주 운동 모습으로 옳은 것은?**

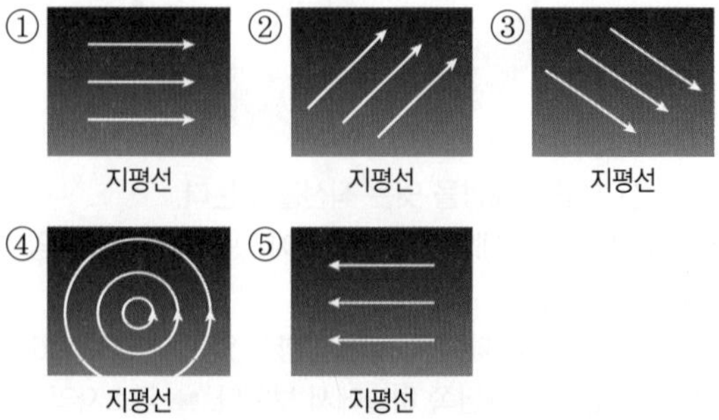

≫ 정답과 해설 27쪽

[07~08] 그림 (가)~(라)는 우리나라에서 관측한 별의 일주 운동 모습을 나타낸 것이다.

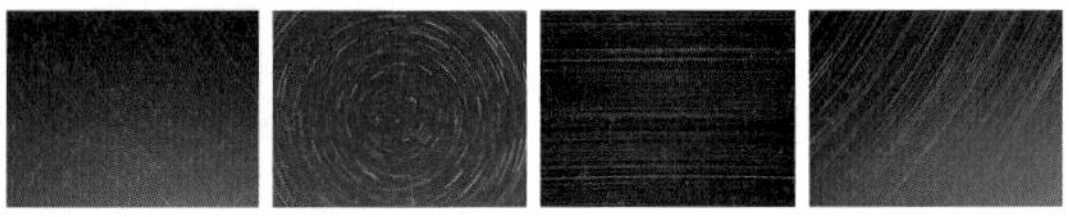

(가) (나) (다) (라)

07 관측한 방향을 동, 서, 남, 북 순으로 옳게 나열한 것은?

① (가), (나), (다), (라)
② (가), (라), (다), (나)
③ (다), (라), (나), (가)
④ (라), (가), (나), (다)
⑤ (라), (가), (다), (나)

08 이에 대한 설명으로 옳은 것은?

① 별은 1시간에 30°씩 이동한다.
② 지구는 하루에 1°씩 자전한다.
③ 지구가 공전하기 때문에 나타나는 현상이다.
④ (나)에서 별들은 시계 반대 방향으로 회전한다.
⑤ 이와 같은 현상은 별들이 실제로 움직이기 때문에 나타난다.

B 지구의 공전

중요

09 지구의 공전과 공전으로 나타나는 현상에 대한 설명으로 옳은 것은?

① 지구의 공전 주기는 하루이다.
② 지구는 태양을 중심으로 하루에 약 15°씩 회전한다.
③ 지구의 공전으로 계절에 따라 보이는 별자리가 변한다.
④ 지구 공전에 의해 태양이 일주 운동을 하면서 지나는 길을 황도라고 한다.
⑤ 태양은 별자리 사이를 하루에 약 15°씩 이동하여 1년 후 처음 위치로 되돌아온다.

10 지구의 공전 방향과 태양의 연주 운동 방향을 옳게 짝지은 것은?

	지구의 공전 방향	태양의 연주 운동
①	동 → 서	동 → 서
②	동 → 서	서 → 동
③	서 → 동	동 → 서
④	서 → 동	서 → 동
⑤	남 → 북	북 → 남

[11~12] 그림은 15일 간격으로 해가 진 직후 서쪽 하늘에서 관측한 별자리의 모습을 순서없이 나타낸 것이다.

(가) (나) (다)

11 (가)~(다)를 먼저 관측한 것부터 순서대로 옳게 나열한 것은?

① (가) → (나) → (다)
② (나) → (가) → (다)
③ (나) → (다) → (가)
④ (다) → (가) → (나)
⑤ (다) → (나) → (가)

12 이에 대한 설명으로 옳지 않은 것은?

① 태양은 천칭자리를 기준으로 동에서 서로 이동한다.
② 천칭자리는 태양을 기준으로 동에서 서로 이동한다.
③ 지구의 공전 때문에 나타나는 현상이다.
④ 일 년 후에는 같은 시간에 같은 결과를 관측할 수 있다.
⑤ 보름 후 같은 시각에 관측하면 천칭자리는 더 서쪽으로 이동한다.

|탐구 b

13 그림과 같이 설치하고, 원형 돌림판을 시계 반대 방향으로 돌리면서 소형 카메라에 찍힌 별자리를 관찰하였다.

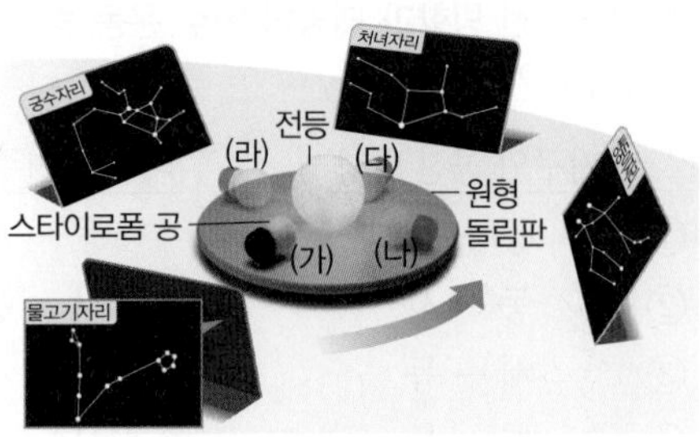

이 실험에 대한 설명으로 옳은 것은?

① 전등은 지구를, 스타이로폼 공은 태양을 나타낸다.
② 원형 돌림판을 시계 반대 방향으로 돌리는 것은 지구 공전 방향을 나타낸 것이다.
③ (가) 위치에서는 처녀자리를 볼 수 있다.
④ 궁수자리가 가장 잘 보이는 위치는 (다)이다.
⑤ 원형 돌림판이 돌면서 소형 카메라에 보이는 별자리는 전등쪽에 있는 별자리이다.

[14~15] 그림은 지구의 공전 궤도와 태양이 지나는 길에 위치한 별자리를 나타낸 것이다.

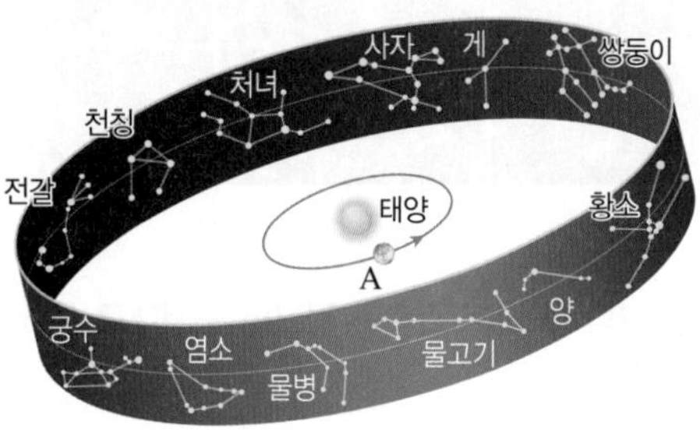

14 이에 대한 설명으로 옳지 않은 것은?

① 태양이 별자리 사이를 하루에 1°씩 이동한다.
② 지구가 공전하여 태양이 보이는 위치가 달라진다.
③ 계절에 따라 밤하늘에 보이는 별자리가 달라진다.
④ 태양이 연주 운동을 하며 지나는 길을 황도라고 한다.
⑤ 태양이 배경 별자리 사이를 동에서 서로 이동하는 것처럼 보인다.

중요

15 지구가 A에 위치할 때 (가) 태양이 지나는 별자리와 (나) 한밤중에 남쪽 하늘에서 볼 수 있는 별자리를 옳게 짝 지은 것은?

	(가)	(나)
①	처녀자리	궁수자리
②	처녀자리	쌍둥이자리
③	처녀자리	물고기자리
④	물고기자리	처녀자리
⑤	물고기자리	쌍둥이자리

서술형 문제

16 오른쪽 그림은 우리나라에서 관측한 북두칠성의 일주 운동 모습이다.

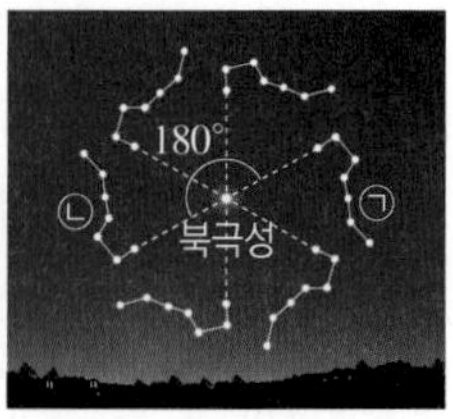

(1) 북두칠성이 ㉠에서 ㉡까지 이동하는 데 걸린 시간을 쓰시오.

(2) 북극성을 중심으로 별이 일주 운동하는 방향(시계 방향, 시계 반대 방향)을 쓰시오.

(3) 별의 일주 운동이 나타나는 까닭을 서술하시오.

17 오른쪽 그림은 우리나라 어느 방향의 하늘을 촬영한 별의 일주 운동 모습인지 쓰고, 이러한 현상이 나타나는 까닭을 서술하시오.

중요

18 그림은 지구의 공전 궤도와 태양이 지나는 길에 위치한 별자리를 나타낸 것이다.

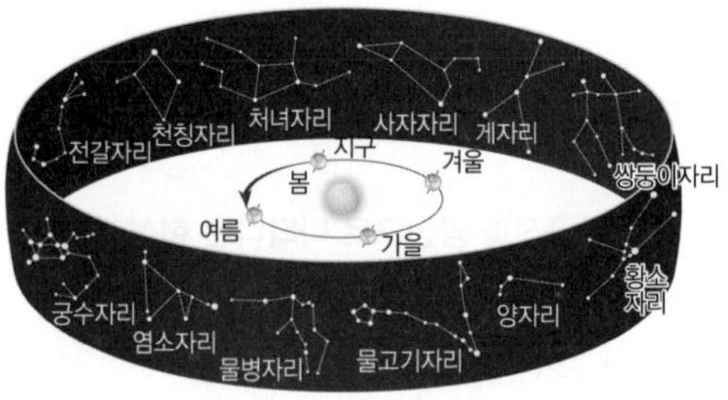

(1) 한밤중에 남쪽 하늘에서 쌍둥이자리가 가장 잘 보이는 계절을 쓰시오.

(2) 관측되는 별자리가 1년 동안 달라지는 까닭을 쓰시오.

정답과 해설 28쪽

01 지구의 운동에 대한 설명으로 옳지 않은 것은?

① 지구의 자전으로 낮과 밤의 변화가 생긴다.
② 지구는 하루에 한 바퀴씩 서쪽에서 동쪽으로 자전한다.
③ 천체의 일주 운동은 지구의 자전으로 나타나는 겉보기 운동이다.
④ 지구는 태양을 중심으로 1년에 한 바퀴씩 공전한다.
⑤ 지구의 공전으로 태양은 하루에 약 15°씩 서쪽에서 동쪽으로 이동하는 것처럼 보인다.

02 오른쪽 그림은 별의 일주 운동 모습을 나타낸 것이다. 이에 대한 설명으로 옳은 것을 보기에서 모두 고른 것은?

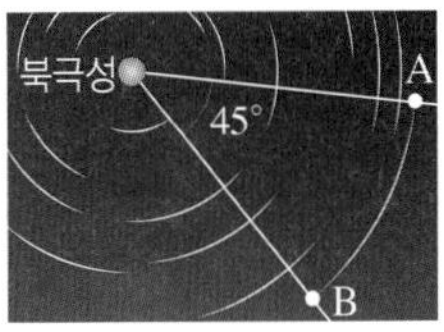

보기
ㄱ. 관측한 시간은 3시간이다.
ㄴ. 남쪽 하늘을 관측한 것이다.
ㄷ. 별의 회전 방향은 B에서 A이다.

① ㄱ ② ㄴ ③ ㄱ, ㄴ
④ ㄱ, ㄷ ⑤ ㄴ, ㄷ

03 그림 (가)~(다)는 북두칠성을 20시부터 24시까지 2시간 간격으로 관측한 모습을 순서 없이 나타낸 것이다.

(가) (나) (다)

(가)~(다)를 관측한 시각을 옳게 짝 지은 것은?

	(가)	(나)	(다)
①	20시	22시	24시
②	20시	24시	22시
③	22시	20시	24시
④	22시	24시	20시
⑤	24시	20시	22시

04 그림은 15일 간격으로 해가 진 서쪽 하늘을 관측한 모습이다.

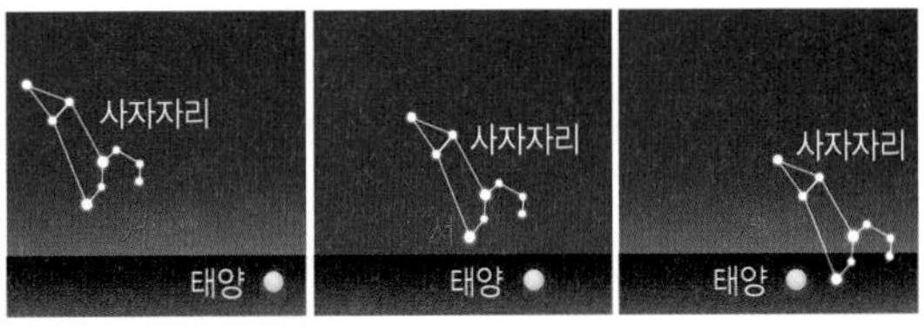

8월 1일 8월 16일 8월 31일

이에 대한 설명으로 옳지 않은 것은?

① 같은 시각에 관측할 때 별자리는 하루에 약 1°씩 이동한다.
② 사자자리는 점점 빨리 뜨고 빨리 지고 있다.
③ 8월 16일에 사자자리는 자정에 남쪽 하늘에서 관측될 것이다.
④ 9월 16일경 해가 진 직후, 사자자리는 태양 부근에 위치할 것이다.
⑤ 2월에 해가 진 직후에는 다른 별자리가 보인다.

05 그림은 지구의 공전 궤도와 태양이 지나가는 길에 위치한 별자리를 나타낸 것이다.

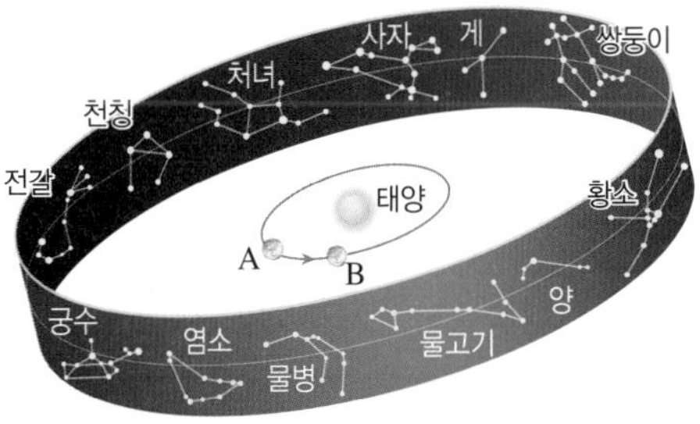

지구가 A에서 B로 공전하는 동안, 관측한 태양의 위치 이동을 옳게 나타낸 것은?

① 궁수자리 → 물병자리
② 궁수자리 → 쌍둥이자리
③ 사자자리 → 물고기자리
④ 쌍둥이자리 → 사자자리
⑤ 물병자리 → 쌍둥이자리

03 달의 운동

A 달의 위상 변화

1 달의 공전 달이 지구를 중심으로 약 한 달에 한 바퀴씩 서쪽에서 동쪽으로 도는 운동[1]

① 공전 방향: 서 → 동

② 공전 속도: 하루에 약 13°씩 이동

③ 공전으로 나타나는 현상: 달의 위상 변화, 일식과 월식 등

2 달의 위상 변화 달은 스스로 빛을 내지 못하므로 햇빛을 반사하여 밝게 보인다.

① 달의 위상: 지구에서 볼 때 밝게 보이는 달의 모양 | 탐구 a 110쪽

② 달의 위상이 변하는 까닭: 달이 지구를 중심으로 공전하면서 태양, 지구, 달의 상대적인 위치가 달라지기 때문에 지구에서 볼 때 달의 밝게 보이는 부분의 모양이 달라진다.

③ 달의 위상 변화 순서: *삭 → 초승달 → 상현달 → 보름달(*망) → 하현달 → 그믐달 → 삭

④ 달의 위상이 변하는 주기: 약 한 달 ➡ 달이 약 한 달을 주기로 공전하기 때문이다.

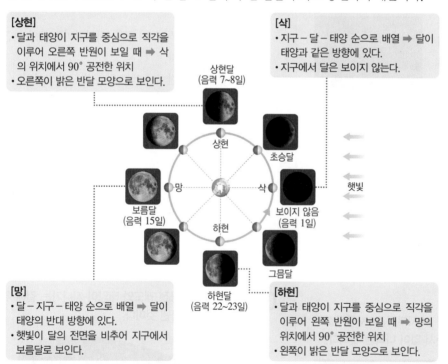

[상현]
- 달과 태양이 지구를 중심으로 직각을 이루어 오른쪽 반원이 보일 때 ➡ 삭의 위치에서 90° 공전한 위치
- 오른쪽이 밝은 반달 모양으로 보인다.

[삭]
- 지구 – 달 – 태양 순으로 배열 ➡ 달이 태양과 같은 방향에 있다.
- 지구에서 달은 보이지 않는다.

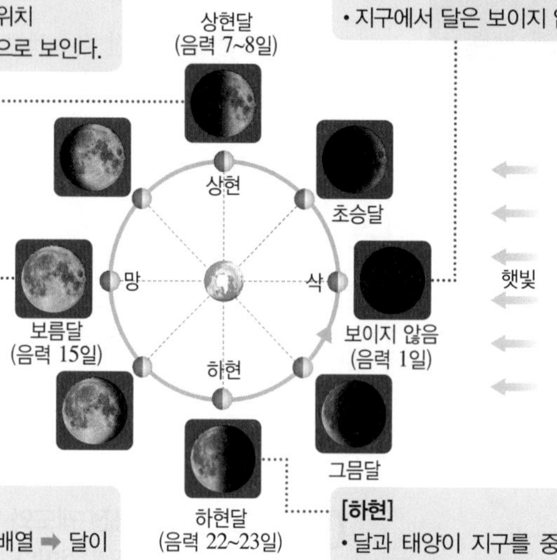

[망]
- 달 – 지구 – 태양 순으로 배열 ➡ 달이 태양의 반대 방향에 있다.
- 햇빛이 달의 전면을 비추어 지구에서 보름달로 보인다.

[하현]
- 달과 태양이 지구를 중심으로 직각을 이루어 왼쪽 반원이 보일 때 ➡ 망의 위치에서 90° 공전한 위치
- 왼쪽이 밝은 반달 모양으로 보인다.

⑤ 달의 위치와 모양 변화: 달이 공전함에 따라 지구에서 같은 시각에 관측한 달의 위치와 모양이 변한다. 여기서 잠깐 114쪽

[해가 진 직후 달의 위치와 모양 변화]

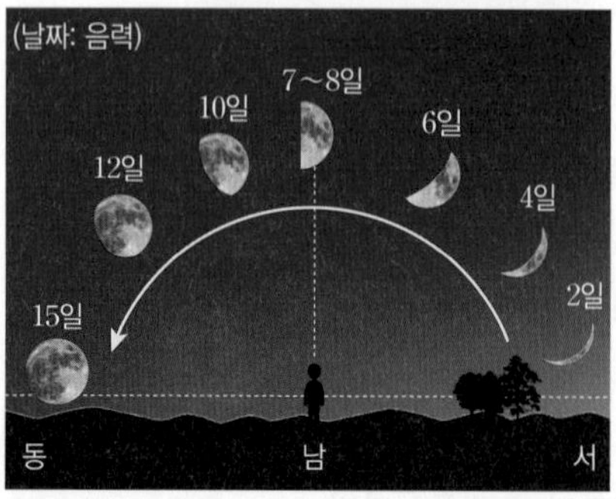

- 해가 진 직후 관측되는 달의 모양 변화[2]

*음력 1일경	보이지 않음(삭)
음력 2일경	서쪽 하늘에서 초승달
음력 7~8일경	남쪽 하늘에서 상현달
음력 15일경	동쪽 하늘에서 보름달

- 보름달이 동쪽 하늘에 있을 때 태양의 위치: 보름달이 보일 때 달은 태양의 반대 방향에 있다. ➡ 보름달이 동쪽 하늘에서 보이면 태양은 이와 반대 방향인 서쪽 하늘에 있다.

플러스 강의

❶ 달의 자전과 공전
달은 자전 방향과 공전 방향이 같고, 자전 주기와 공전 주기가 약 한 달로 같다. 그 결과 지구에서는 항상 달의 같은 면이 보인다.

❷ 달의 위상과 관측 가능 시간
달은 지구 자전에 의해 동에서 서로 1시간에 15°씩 일주 운동한다.
- 초승달: 해가 진 직후 서쪽 하늘에 있어서 곧 지므로 관측할 수 있는 시간이 짧다.
- 상현달: 해가 진 직후 남쪽 하늘에 있어서 서쪽으로 이동하여 자정에 지므로 약 6시간 동안 관측할 수 있다.
- 보름달: 해가 진 직후 동쪽 지평선에 있어서 자정에 남쪽 하늘을 지나 해가 뜰 때 서쪽 지평선으로 지므로 가장 오래(약 12시간) 관측할 수 있다.

용어 돋보기
* **삭(朔 초하루)**_음력 1일경에 달이 지구와 태양 사이에 놓여 보이지 않는 때 또는 그때의 달
* **망(望 보름)**_음력 15일경에 지구를 기준으로 달이 태양의 반대 방향에 놓여 둥글게 보이는 때 또는 그때의 달
* **음력**_달의 모양 변화를 기준으로 만든 책력

A 달의 위상 변화

- 달의 □□: 달이 지구를 중심으로 도는 운동
  - 방향: □ → □
  - 속도: 하루에 약 □°
- 달의 □□: 지구에서 볼 때 밝게 보이는 달의 모양
- 달이 □□함에 따라 지구에서 같은 시각에 관측한 달의 □□와 모양이 변한다.
- □: 달이 태양과 같은 방향에 있어 보이지 않는 때
- □: 달이 태양과 반대 방향에 있어 보름달로 보일 때

암기쾅 달의 위상이 변하는 까닭

달 표면의 절반은 항상 햇빛을 반사하여 밝지만, 달이 **공전**하면서 태양, 지구, 달의 상대적인 **위치**가 **달라**지기 때문이다.

A

1 달의 공전과 위상 변화에 대한 설명으로 옳은 것은 ○, 옳지 않은 것은 ×로 표시하시오.

(1) 달은 동쪽에서 서쪽으로 공전한다. ( )

(2) 달은 스스로 빛을 내므로 지구에서 밝게 보인다. ( )

(3) 달의 위상이 변하는 것은 달이 지구를 중심으로 공전하기 때문이다. ( )

(4) 왼쪽 반원이 밝게 보이는 달을 상현달, 오른쪽 반원이 밝게 보이는 달을 하현달이라고 한다. ( )

2 달이 공전하면서 위상 변화가 일어나는 순서대로 ( ) 안에 알맞은 말을 쓰시오.

삭 → 초승달 → ㉠( ) → ㉡( ) → 하현달 → ㉢( ) → 삭

더 풀어보고 싶다면? ▶ 시험 대비 교재 57쪽 계산력·암기력 강화 문제

3 오른쪽 그림은 달의 공전 궤도를 나타낸 것이다.

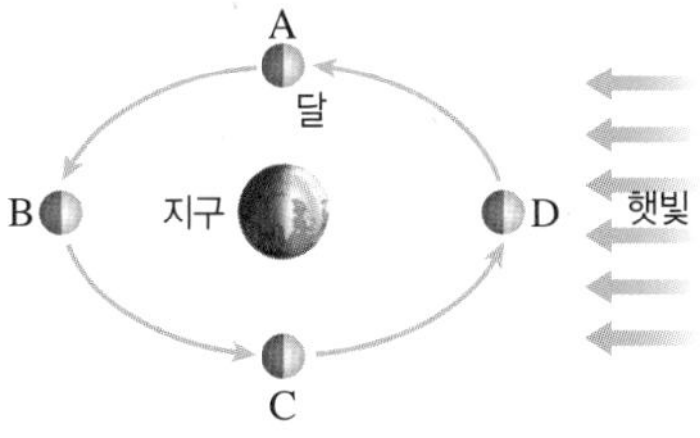

(1) 달이 A～D에 위치할 때 지구에서 관측되는 달의 모양을 각각 쓰시오.

(2) A～D 중 지구에서 볼 때 달의 왼쪽이 밝은 반달 모양으로 보이는 위치를 쓰시오.

(3) A～D 중 음력 1일경 달의 위치를 쓰시오.

4 다음 날짜에 해가 진 직후 관측되는 달의 모양과 위치를 선으로 옳게 연결하시오.

(1) 음력 2일경 •	• ㉠ 보름달 •	• ① 동쪽 하늘
(2) 음력 7～8일경 •	• ㉡ 상현달 •	• ② 남쪽 하늘
(3) 음력 15일경 •	• ㉢ 초승달 •	• ③ 서쪽 하늘

03 달의 운동

B 일식과 월식 | 탐구 b 112쪽

회보 7.5

1 일식 지구에서 보았을 때 달이 태양을 가리는 현상 ➡ 달이 지구를 중심으로 공전하면서 태양의 앞을 지나갈 때 일어난다.

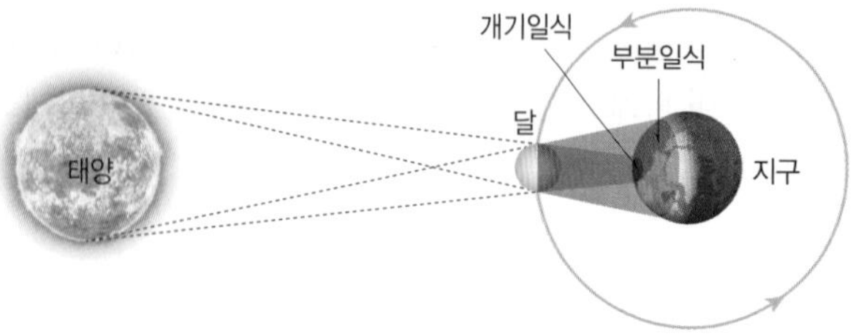

위치 관계	• 태양 – 달 – 지구의 순서로 일직선상에 위치 ➡ **달의 위상: 삭**
종류	• **개기일식**: 달이 태양을 완전히 가리는 현상❶ • **부분일식**: 달이 태양의 일부를 가리는 현상 
관측 가능 지역	• 일식은 지구에서 달의 그림자가 생기는 지역에서만 볼 수 있다. • **개기일식**: 달이 태양 전체를 가리는 지역에서 볼 수 있다. • **부분일식**: 달이 태양의 일부를 가리는 지역에서 볼 수 있다.
진행 방향	달이 공전하여 태양 앞을 지나감에 따라 태양의 오른쪽(서쪽)부터 가려지고, 오른쪽(서쪽)부터 빠져나온다. 

2 월식 지구에서 보았을 때 달이 지구의 그림자에 들어가 가려지는 현상 ➡ 달이 지구를 중심으로 공전하면서 지구의 그림자 속으로 들어갈 때 일어난다.

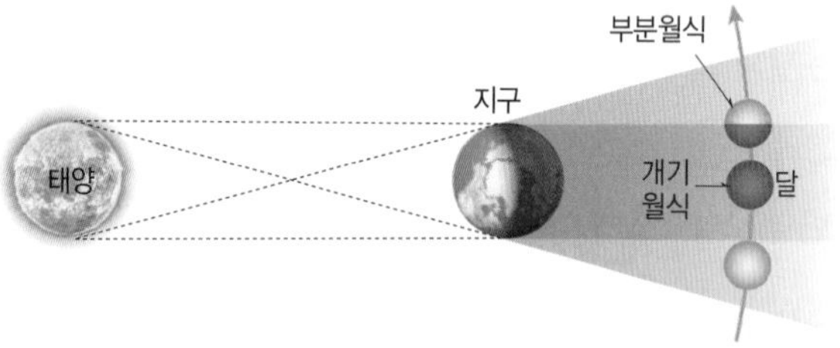

위치 관계	• 태양 – 지구 – 달의 순서로 일직선상에 위치 ➡ **달의 위상: 망**❷
종류	• **개기월식**: 달이 지구의 그림자에 완전히 가려져 붉게 보이는 현상❸ • **부분월식**: 달의 일부가 지구의 그림자에 가려지는 현상 
관측 가능 지역	• 지구의 그림자에 들어가 나타나는 현상으로 지구에서 밤이 되는 모든 지역에서 볼 수 있다.❹
진행 방향	달이 공전하여 지구의 그림자 속으로 들어감에 따라 달의 왼쪽(동쪽)부터 가려지고, 왼쪽(동쪽)부터 빠져나온다. 

플러스 강의

❶ 개기일식과 태양의 대기
개기일식이 일어나면 태양의 광구가 가려져 평소에 관측하기 어려운 태양의 대기를 볼 수 있다.

❷ 달의 위치에 따른 일식과 월식

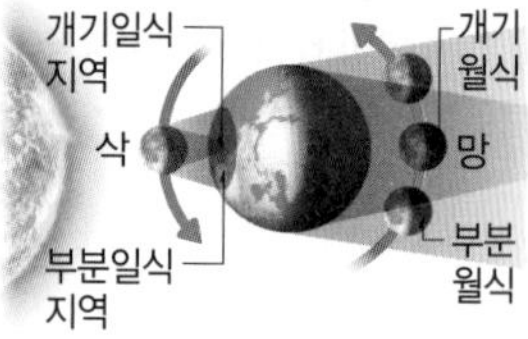

삭의 위치에서 일식이, 망의 위치에서 월식이 일어날 수 있다.

❸ 개기월식이 일어날 때 달이 붉게 보이는 까닭
햇빛이 지구 대기를 지날 때 흩어지면서 달에 붉은 빛이 상대적으로 많이 도달하기 때문이다.

❹ 일식보다 월식을 관측할 수 있는 지역이 넓은 까닭
일식은 달의 그림자가 생기는 지역에서만 볼 수 있어 관측 가능한 지역이 좁지만, 월식은 지구에서 밤인 지역 어디에서나 볼 수 있기 때문에 관측 가능한 지역이 넓다.

B 일식과 월식

- ☐☐: 지구에서 보았을 때 달이 태양을 가리는 현상
- ☐☐: 지구에서 보았을 때 달이 지구의 그림자 속에 들어가 가려지는 현상
- 일식은 달의 위상이 ☐일 때, 월식은 달의 위상이 ☐일 때 일어날 수 있다.

암기쾅 일식과 월식이 일어날 때 달의 위상 외우기

일요일은 순삭.
식
월요일은 망했으면...
식

5 그림에 맞는 식 현상을 선으로 옳게 연결하시오.

(1)  •　　　　• ㉠ 개기월식

(2)  •　　　　• ㉡ 개기일식

6 오른쪽 그림은 일식이 일어날 때의 모습을 모식적으로 나타낸 것이다. A~D 중 개기일식과 부분일식을 관측할 수 있는 곳을 순서대로 쓰시오.

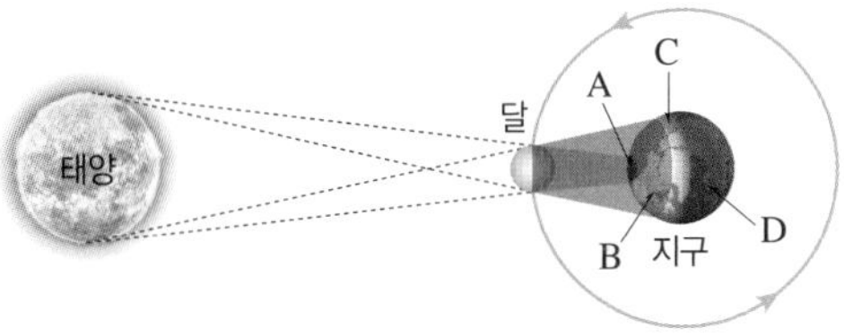

7 다음은 일식에 대한 설명이다. (　　) 안에 알맞은 말을 고르시오.

> 일식은 달의 위치가 ㉠(삭, 망)일 때 일어날 수 있다. 달은 ㉡(서 → 동, 동 → 서)으로 공전하므로 일식이 일어날 때 태양은 ㉢(오른쪽, 왼쪽)부터 가려진다.

8 오른쪽 그림은 월식이 일어날 때의 모습을 모식적으로 나타낸 것이다. A~C 중 개기월식과 부분월식이 일어날 수 있는 위치를 순서대로 쓰시오.

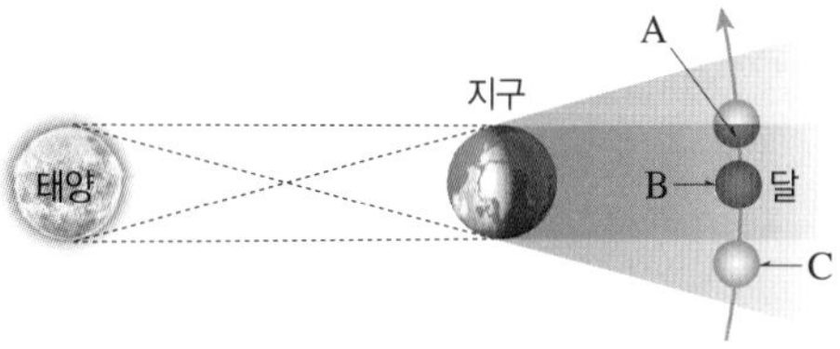

9 월식에 대한 설명으로 옳은 것은 ○, 옳지 않은 것은 ×로 표시하시오.

(1) 월식은 달이 지구의 그림자 속으로 들어가서 가려지는 현상이다. ········ (　　)
(2) 월식이 일어날 때는 태양－달－지구의 순서로 일직선을 이룬다. ········ (　　)
(3) 월식이 일어날 때의 달은 보름달이다. ········ (　　)
(4) 월식이 일어날 때 달은 왼쪽부터 가려진다. ········ (　　)

탐구 a 모형을 이용한 달의 위상 변화 관찰

이 탐구에서는 달의 위상 변화를 관찰하고 달의 위상이 달라지는 까닭을 알아본다.

과정

오투실험실

❶ 실내를 어둡게 하고 한쪽에 전등을 켠 다음, 원형 돌림판 가운데에 스마트 기기를 놓는다.
❷ 스타이로폼 공을 스마트 기기와 마주 보는 곳에 놓고, 원형 돌림판을 시계 반대 방향으로 돌린다.
❸ 스타이로폼 공이 (가)~(라) 위치에 있을 때 밝게 보이는 부분과 어둡게 보이는 부분을 구분한다.

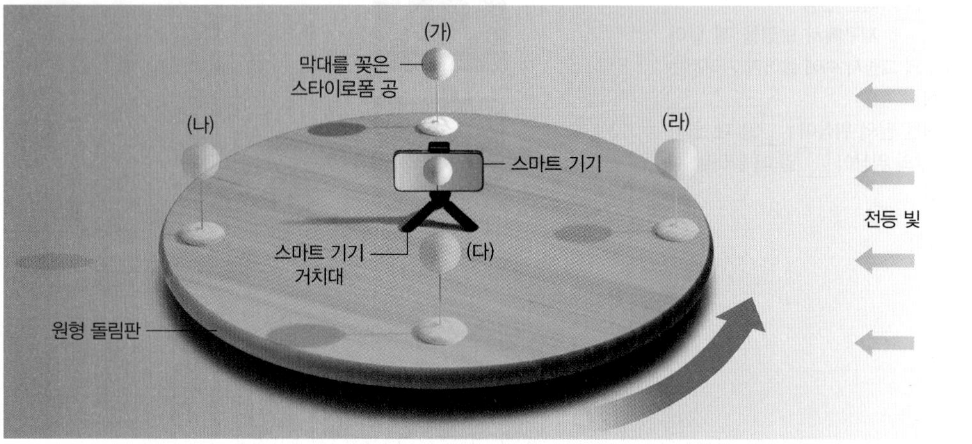

결과

• 스타이로폼 공의 위치에 따라 밝게 보이는 부분과 어둡게 보이는 부분

스타이로폼 공의 위치	(가)	(나)	(다)	(라)
밝게 보이는 부분(노란색)과 어둡게 보이는 부분	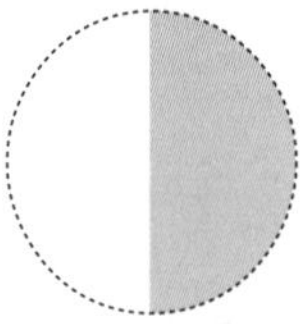		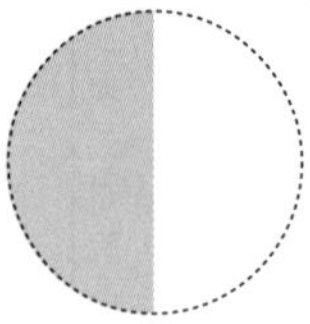	

➡ 스타이로폼 공은 전등 빛을 반사하여 밝게 보이기 때문에 스타이로폼 공의 위치가 변하면 밝게 보이는 부분과 어둡게 보이는 부분이 달라진다.

해석

• 달은 햇빛을 반사하여 밝게 보이므로 달이 공전하면서 태양, 달, 지구의 상대적인 위치가 달라져 달의 위상이 변한다.
• 전등을 태양이라고 할 때 스마트 기기는 지구, 스타이로폼 공은 달을 나타낸다.

정리

1. 스타이로폼 공은 전등 빛을 ㉠(　　　)하여 밝게 보인다.
2. 스타이로폼 공의 ㉡(　　　)가 변하면 밝게 보이는 부분과 어둡게 보이는 부분이 달라진다.
3. 전등을 태양이라고 하면 스마트 기기는 ㉢(　　　), 스타이로폼 공은 ㉣(　　　)을 나타낸다.

이렇게도 실험해요

과정 ❶ 달의 위상 변화판을 책상 위에 올려놓은 후, 가운데 스마트 기기를 설치한다.
❷ 스타이로폼 공의 절반은 검은색으로 칠한다.
❸ 스타이로폼 공을 달의 위상 변화판의 각 위치에 놓고 스타이로폼 공의 노란색 부분이 태양을 향하게 한 다음, 스마트 기기로 스타이로폼 공을 촬영한다.

결과

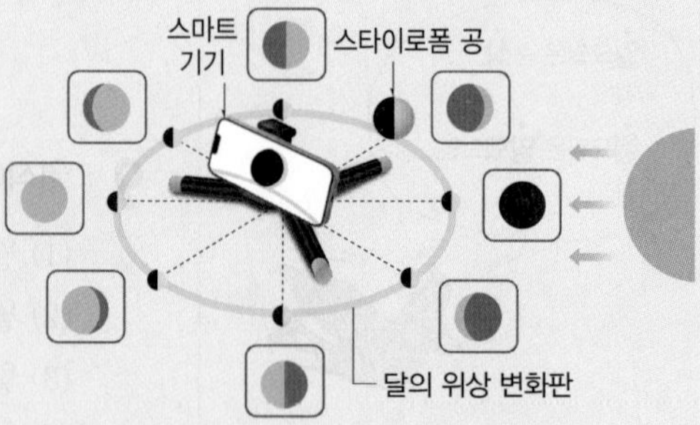

확인 문제

≫ 정답과 해설 29쪽

01 탐구 ⓐ에 대한 설명으로 옳은 것은 ○, 옳지 않은 것은 ×로 표시하시오.

(1) 원형 돌림판을 돌리면 전등 빛을 받는 부분이 밝게 보인다. ( )

(2) 원형 돌림판을 돌려도 전등 빛을 받는 쪽은 항상 같다. ( )

(3) 원형 돌림판을 시계 반대 방향으로 돌리는 것은 달의 공전을 나타낸다. ( )

[02~03] 그림은 달의 위상 변화를 알아보는 실험이다.

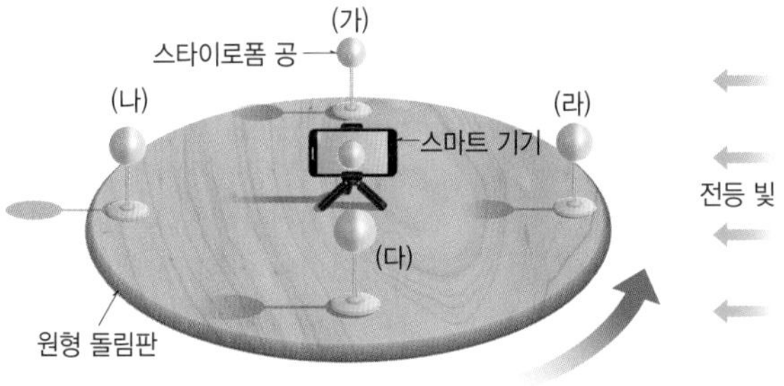

02 이 실험에서 전등, 스마트 기기, 스타이로폼 공이 나타내는 것은 각각 무엇인지 선으로 옳게 연결하시오.

(1) 전등 • • ㉠ 지구

(2) 스마트 기기 • • ㉡ 달

(3) 스타이로폼 공 • • ㉢ 태양

03 이 실험에서 스타이로폼 공이 (가) 위치에 있을 때 밝게 보이는 부분을 옳게 나타낸 것은?

① 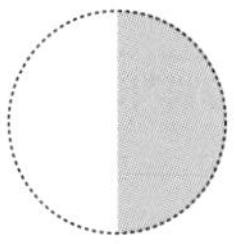

② 

③ 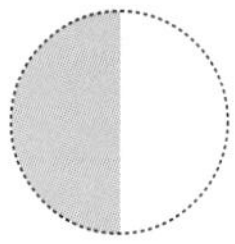

④ 

⑤ 

04 그림은 태양, 지구, 달의 위치를 나타낸 것이다.

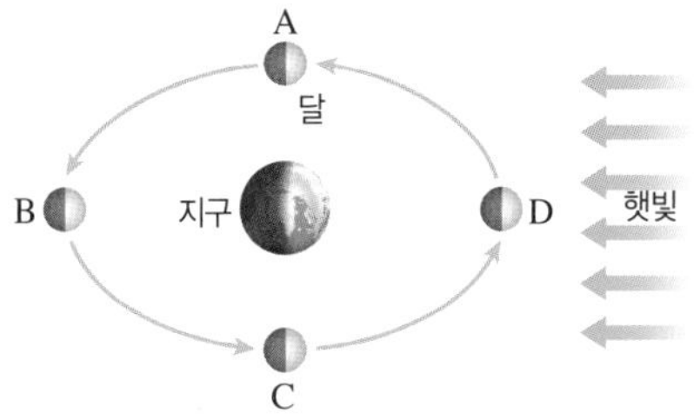

달이 A~D에 위치할 때, 지구에서 본 달의 모양을 각각 그리시오.

A B C D

[05~06] 그림은 여러 날 동안 관측한 달의 위상을 순서없이 나타낸 것이다.

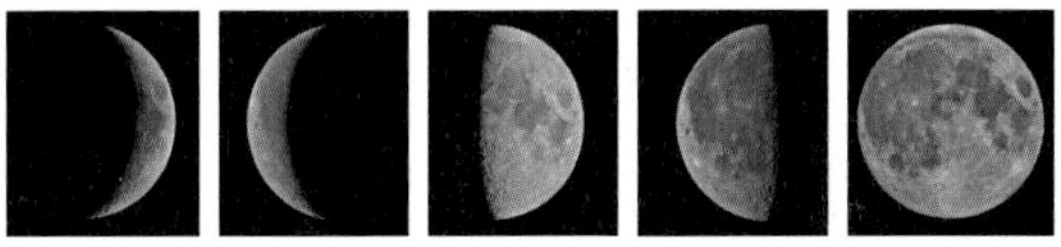

(가) (나) (다) (라) (마)

05 위상 변화가 일어난 순서대로 옳게 나열한 것은?

① (가) → (나) → (라) → (다) → (마)

② (가) → (다) → (나) → (라) → (마)

③ (가) → (다) → (마) → (라) → (나)

④ (마) → (다) → (가) → (나) → (라)

⑤ (마) → (라) → (가) → (나) → (다)

06 여러 날 동안 달을 관찰했을 때 달의 위상이 달라지는 까닭을 서술하시오.

탐구 b 태양과 달이 가려지는 원리

이 탐구에서는 태양과 달이 가려지는 현상이 나타나는 원리를 알아본다.

과정

스마트 기기로 영상을 촬영하면서 전등과 스타이로폼 공의 위치를 조정하여 전등과 스타이로폼 공이 가려지는 위치를 찾는다.

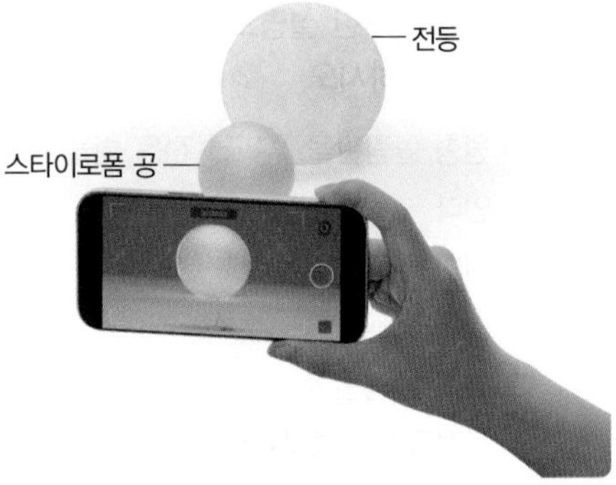

결과 & 해석

- 스마트 기기를 지구라고 할 때 전등은 태양, 스타이로폼 공은 달을 나타낸다.
- 전등과 스타이로폼 공이 가려지는 배열

전등 – 스타이로폼 공 – 스마트 기기의 배열		전등 – 스마트 기기 – 스타이로폼 공의 배열	
	• 스타이로폼 공이 전등 앞을 지나가면 전등의 오른쪽부터 가려지고, 오른쪽부터 빠져나온다. • 전등–스타이로폼 공–스마트 기기가 일직선상에 있을 때 전등이 스타이로폼 공에 가려진다. ➡ 일식의 원리	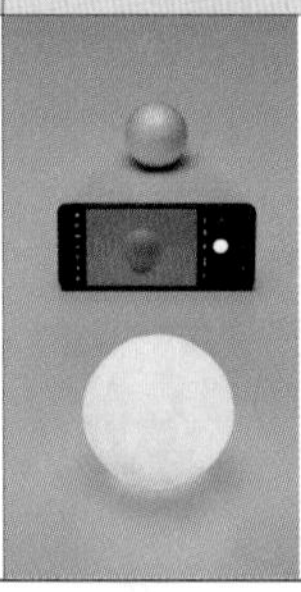	• 스타이로폼 공이 스마트 기기의 그림자에 들어가면 스타이로폼 공의 왼쪽부터 가려지고, 왼쪽부터 빠져나온다. • 스타이로폼 공–스마트 기기–전등이 일직선상에 있을 때 스마트 기기 그림자 안에 스타이로폼 공이 가려진다. ➡ 월식의 원리

➡ 태양이 가려지는 현상은 태양, 달, 지구가 일직선상에 있을 때 나타나고, 달이 가려지는 현상은 태양, 지구, 달이 일직선상에 있을 때 나타난다.

정리

1. 스마트 기기를 지구라고 하면 전등은 ㉠(   ), 스타이로폼 공은 ㉡(   )을 나타낸다.
2. 전등–스타이로폼 공–스마트 기기가 일직선상에 있으면 ㉢(   )이 가려진다. ➡ 일식
3. 전등–스마트 기기–스타이로폼 공이 일직선상에 있으면 ㉣(   )이 가려진다. ➡ 월식

이렇게도 실험해요

과정 ❶ 스타이로폼 공을 고정하고, 손전등을 켠다.
❷ 스타이로폼 공 받침대를 돌리면서 두 스타이로폼 공에 생기는 그림자를 관찰한다.

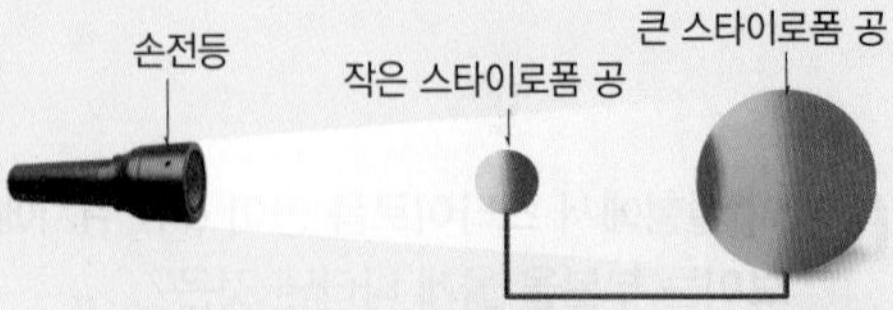

결과 • 스타이로폼 공에 그림자가 생기는 위치

큰 스타이로폼 공(지구)에 그림자가 생길 때	작은 스타이로폼 공(달)에 그림자가 생길 때
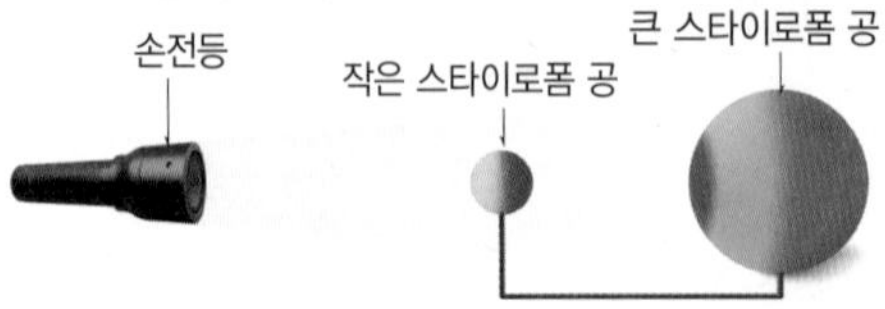	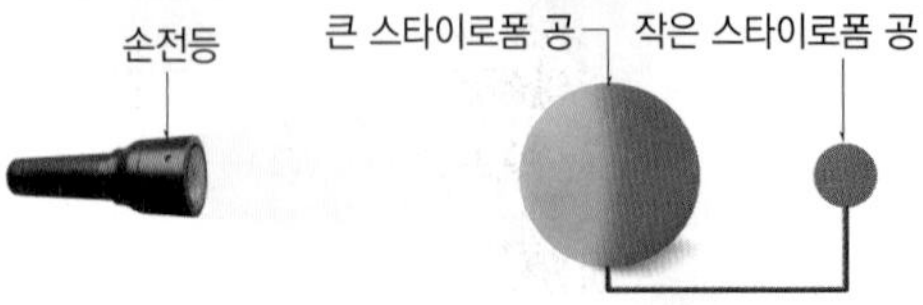
손전등–작은 스타이로폼 공–큰 스타이로폼 공의 순서로 일직선을 이룰 때 ➡ 일식의 원리	손전등–큰 스타이로폼 공–작은 스타이로폼 공의 순서로 일직선을 이룰 때 ➡ 월식의 원리

• 손전등은 태양, 큰 스타이로폼 공은 지구, 작은 스타이로폼 공은 달을 나타낸다.

확인 문제

» 정답과 해설 30쪽

01 |탐구 b에 대한 설명으로 옳은 것은 ○, 옳지 않은 것은 ×로 표시하시오.

(1) 스마트 기기는 지구를 나타낸다. ························ (　　)

(2) 전등, 스타이로폼 공의 위치를 조정해도 전등과 스타이로폼 공은 가려지지 않고 항상 스마트 기기 화면에 나타난다. ························ (　　)

(3) 전등－스타이로폼 공－스마트 기기가 일직선을 이룰 때 스타이로폼 공이 가려진다. ························ (　　)

(4) 전등－스마트 기기－스타이로폼 공이 일직선을 이룰 때 스타이로폼 공이 가려지는 배열로 월식의 원리를 알 수 있다. ························ (　　)

[02~03] 오른쪽 그림과 같이 장치하고, 스타이로폼 공을 스마트 기기를 중심으로 시계 반대 방향으로 움직였다.

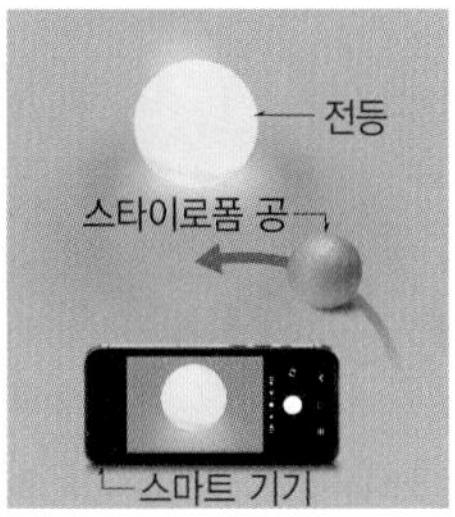

02 다음은 이 실험의 결과를 설명한 것이다.

> 스타이로폼 공이 전등 앞을 지나감에 따라 스마트 기기 화면에서 ㉠(　　)의 ㉡(　　)부터 가려지기 시작하고, ㉢(　　)부터 빠져나온다.

(　　) 안에 들어갈 말을 옳게 짝 지은 것은?

	㉠	㉡	㉢
①	전등	왼쪽	오른쪽
②	전등	오른쪽	왼쪽
③	전등	오른쪽	오른쪽
④	스타이로폼 공	왼쪽	오른쪽
⑤	스타이로폼 공	왼쪽	왼쪽

03 이 실험에서 스타이로폼 공이 이동하여 전등－스타이로폼 공－스마트 기기가 일직선을 이루었을 때 스마트 기기 화면에 보이지 않는 것은 전등과 스타이로폼 공 중 무엇인지 쓰고, 그렇게 생각한 까닭을 쓰시오.

이렇게도 실험해요 **확인 문제**

04 그림은 일식과 월식의 원리를 알아보기 위한 모형 실험을 나타낸 것이다.

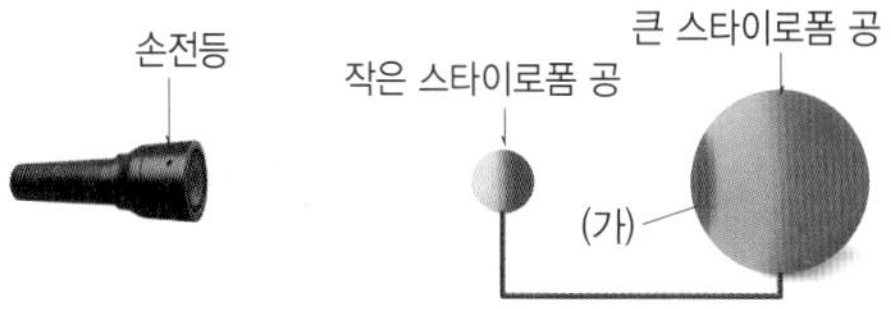

이에 대한 설명으로 옳은 것은?

① 손전등은 태양을 나타낸다.
② 큰 스타이로폼 공은 달을 나타낸다.
③ 작은 스타이로폼 공은 지구를 나타낸다.
④ (가)는 지구에 태양 그림자가 생긴 것이다.
⑤ 이와 같은 모습으로 천체가 위치할 때에는 월식이 일어난다.

05 일식이 일어날 때 달, 지구, 태양의 배열을 서술하시오.

06 그림은 태양, 지구, 달의 위치 관계를 나타낸 것이다.

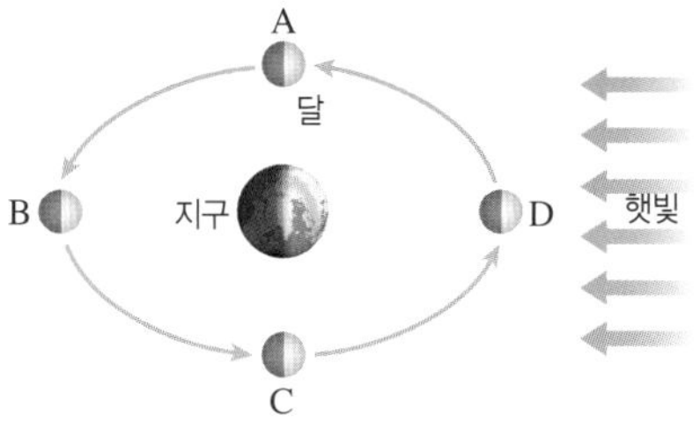

A～D 중 월식이 일어날 수 있는 달의 위치를 고르시오.

여기서 잠깐

달이 공전함에 따라 지구에서 보이는 모양과 위치뿐만 아니라 지구에서 달을 관측할 수 있는 시각도 변해요.
달의 관측 시각에 대한 내용은 교과서에 나오지 않지만 가끔씩 시험에 출제되는 경우가 있어요.
여기서 잠깐을 통해 이와 관련된 문제를 쉽게 푸는 방법을 알아볼까요?

> 정답과 해설 30쪽

달의 관측 시각 찾기

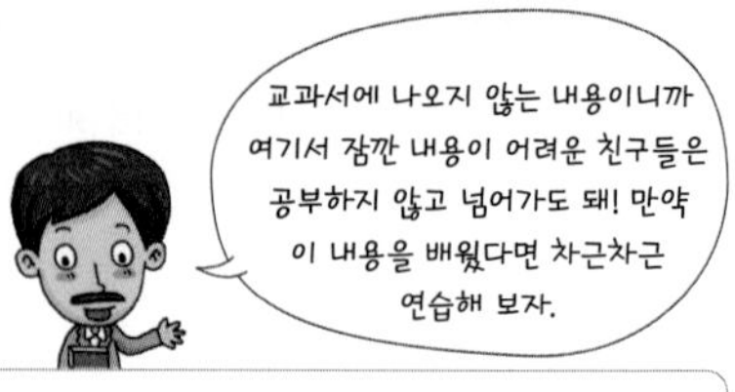
교과서에 나오지 않는 내용이니까 여기서 잠깐 내용이 어려운 친구들은 공부하지 않고 넘어가도 돼! 만약 이 내용을 배웠다면 차근차근 연습해 보자.

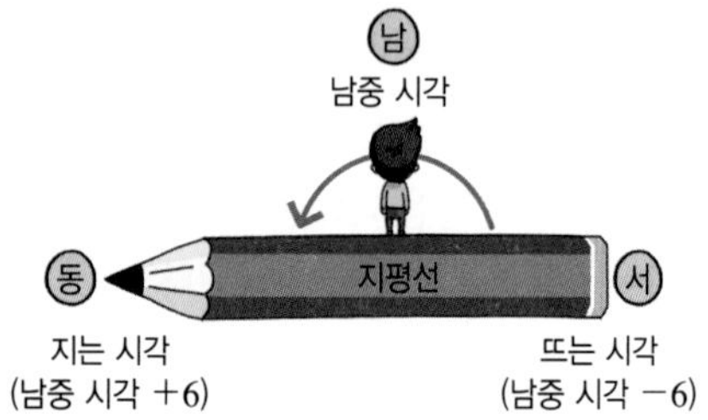

연필을 이용하여 달의 관측 시각 찾기

- 달이 연필의 가운데에 놓여 있을 때, 사람의 머리가 향하는 시각이 달이 남중하는 시각(남쪽 하늘에서 보이는 시각)이다.
- 이를 기준으로 연필의 각 부분에 해당하는 시각을 읽는다.

step 1 지구의 자전과 시각 변화

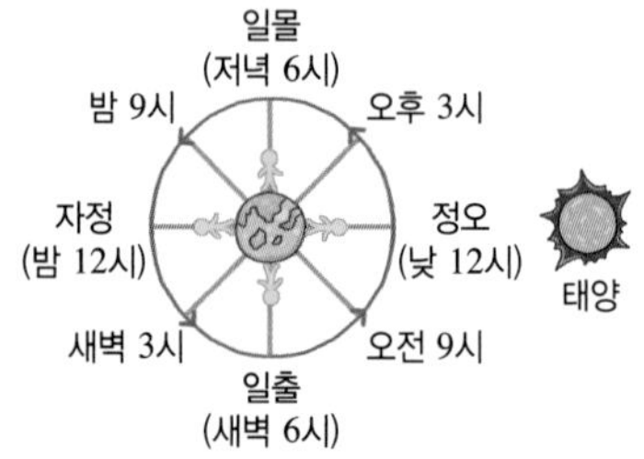

사람의 머리가 태양을 향해 일직선이 될 때가 정오이고, 반대편에 있을 때는 자정이다. 지구는 1시간에 15°씩 서에서 동으로 회전하므로 자전 방향을 따라 시간을 더한다.

step 2 달의 공전과 위상 변화

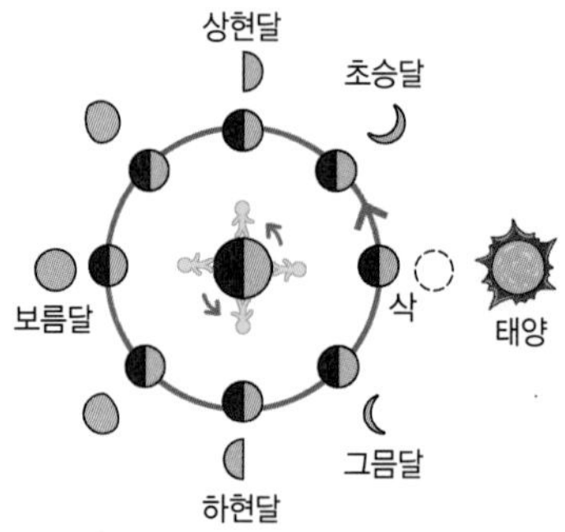

달이 공전하여 태양과 같은 방향에 있을 때는 보이지 않고, 태양과 반대 방향에 있을 때는 보름달로 보인다.

step 3 달의 관측 시각(남쪽 하늘)

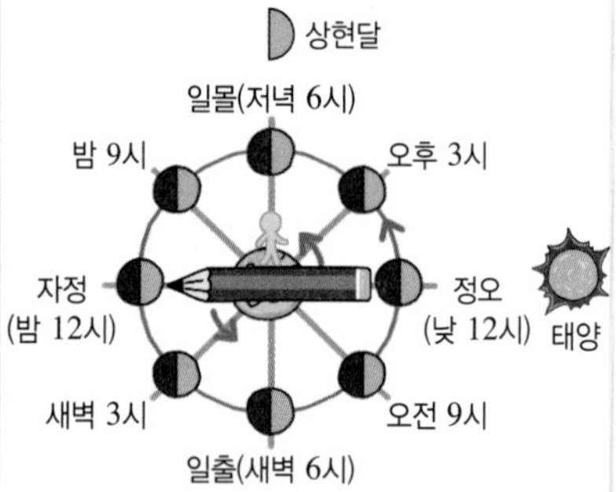

지구는 서에서 동으로 자전하므로, 달의 남중 시각을 기준으로 뜨고 지는 시각을 읽는다.
예 상현달의 경우 일몰 때 남중하므로 뜨는 시각은 정오(남중 시각−6), 지는 시각은 자정(남중 시각+6)이다.

유제 1 그림은 지구 주위를 공전하는 달의 모습을 나타낸 것이다.

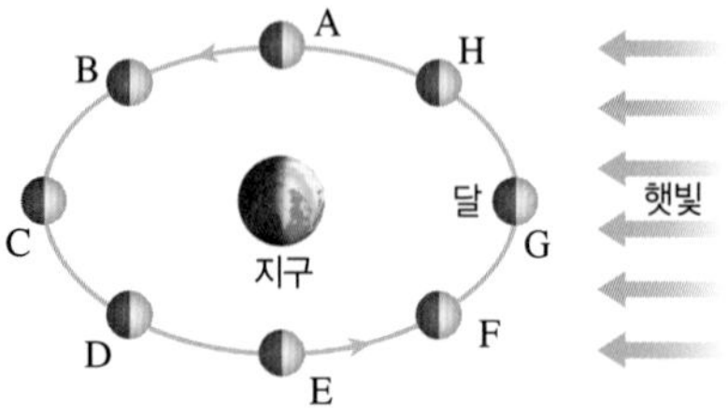

(1) 달이 A에 위치할 때 뜨는 시각을 쓰시오.

(2) 달이 C에 위치할 때 뜨는 시각을 쓰시오.

(3) 달이 E에 위치할 때 남중 시각을 쓰시오.

(4) 달이 F에 위치할 때 남중 시각을 쓰시오.

(5) 달이 C에 위치할 때 지는 시각을 쓰시오.

(6) 달이 E에 위치할 때 지는 시각을 쓰시오.

(7) A∼H 중 자정에 동쪽 하늘에서 떠오르는 달의 위치와 모양을 쓰시오.

(8) A∼H 중 자정에 남쪽 하늘에서 관측되는 달의 위치와 모양을 쓰시오.

(9) A∼H 중 저녁 6시경 서쪽 하늘로 지는 달의 위치와 모양을 쓰시오.

기출 문제로
내신쑥쑥

전국 주요 학교의 **시험에 가장 많이 나오는 문제**들로만 구성하였습니다.
모든 친구들이 '꼭' 봐야 하는 코너입니다.

▶ 정답과 해설 30쪽

A 달의 공전

중요
01 지구에서 보이는 달의 모양이 달라지는 까닭은?

① 달의 크기가 변하기 때문이다.
② 달이 지구를 중심으로 공전하기 때문이다.
③ 지구와 달 사이의 거리가 변하기 때문이다.
④ 달이 자전축을 중심으로 자전하기 때문이다.
⑤ 달의 자전 주기와 공전 주기가 같기 때문이다.

[02~04] 그림은 달이 공전하는 모습을 나타낸 것이다.

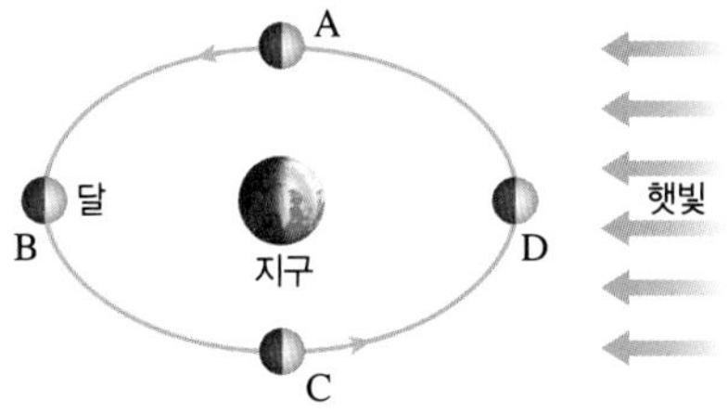

중요
02 달의 위치가 A일 때 달의 위상으로 옳은 것은?

① 
② 
③ 
④ 
⑤ 

03 추석에는 둥근 모양의 밝은 보름달을 볼 수 있다. 이때 A~D 중 달의 위치와 음력 날짜를 옳게 짝 지은 것은?

① A－1일 ② B－15일 ③ C－15일
④ D－1일 ⑤ A, C－15일

04 음력 22일경 달의 위치와 위상을 옳게 짝 지은 것은?

① A－상현달 ② A－하현달
③ B－보름달 ④ C－하현달
⑤ D－보름달

05 보름달이 동쪽 하늘에서 관측될 때 태양의 위치로 옳은 것은?

① 동쪽 하늘 ② 서쪽 하늘
③ 남쪽 하늘 ④ 북쪽 하늘
⑤ 모든 방향에서 보인다.

06 그림 (가)~(다)는 우리나라에서 일정 기간 간격으로 관측한 달의 모습을 나타낸 것이다.

(가) (나) (다)

이에 대한 설명으로 옳은 것은?

① 15일 간격으로 관측한 것이다.
② 삭 이후 달은 (다)－(나)－(가) 순서로 관측되었다.
③ (나)는 달의 위치가 망일 때 볼 수 있다.
④ (가)는 달－지구－태양 순으로 일렬로 배열될 때 관측된다.
⑤ (다)는 지구－달－태양 순으로 일렬로 배열될 때 관측된다.

[07~08] 그림은 지구 주위를 공전하는 달의 모습을 나타낸 것이다.

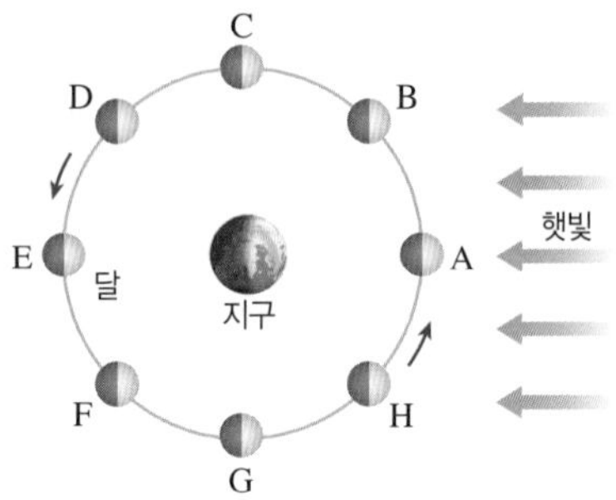

07 달의 위치와 지구에서 보이는 달의 모양을 옳게 짝 지은 것은?

① A – 상현달　　② B – 초승달
③ C – 보름달　　④ D – 그믐달
⑤ E – 보이지 않음

08 이에 대한 설명으로 옳지 않은 것은?

① 달이 A에 위치할 때를 삭이라고 한다.
② 달이 B에 위치할 때는 음력 3~4일경으로, 초승달로 보인다.
③ 달이 C에 위치할 때와 G에 위치할 때 달의 위상은 같다.
④ 달이 E에 위치할 때 달은 지구를 기준으로 태양 반대 방향에 있다.
⑤ 달이 A에서 다시 A 위치로 돌아오는 데 약 한 달이 걸린다.

09 그림은 매일 해가 진 직후에 관측한 달의 위치와 모양을 나타낸 것이다.

이에 대한 설명으로 옳지 않은 것은?

① 달은 서에서 동으로 공전한다.
② 달은 하루에 약 13°씩 이동한다.
③ 달의 모양은 약 15일을 주기로 변한다.
④ 음력 7~8일에 해가 진 직후 남쪽 하늘에서 보이는 달은 상현달이다.
⑤ 매일 같은 시각에 보이는 달의 위치는 동쪽으로 이동한다.

B 일식과 월식

중요

10 일식과 월식에 대한 설명으로 옳지 않은 것은?

① 달이 지구 주위를 공전하기 때문에 일어나는 현상이다.
② 일식은 태양이 지구 그림자에 가려지는 현상이다.
③ 일식은 달이 삭의 위치에 있을 때 일어난다.
④ 월식은 달이 지구 그림자에 가려지는 현상이다.
⑤ 월식은 일식보다 관측할 수 있는 지역이 넓다.

11 그림은 지구 주위를 공전하는 달의 모습을 나타낸 것이다.

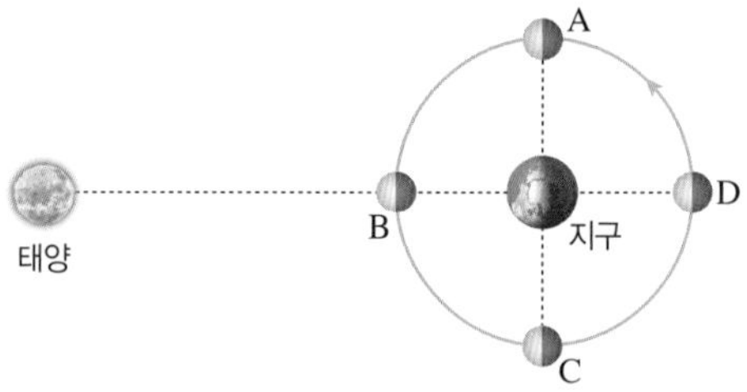

A~D 중 일식과 월식이 일어날 수 있는 위치를 옳게 짝 지은 것은?

	일식	월식		일식	월식
①	A	C	②	B	D
③	C	A	④	D	B
⑤	D	D			

12 그림은 일식이 일어날 때의 모습을 모식적으로 나타낸 것이다.

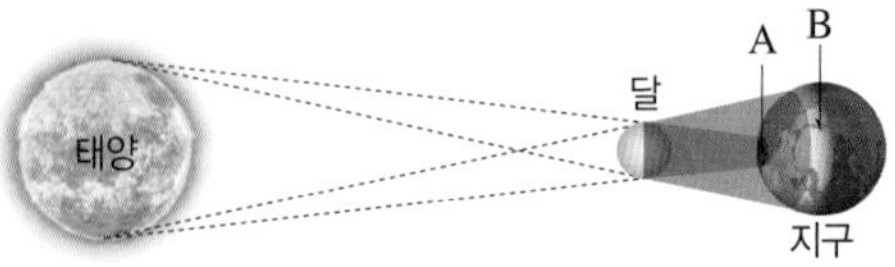

이에 대한 설명으로 옳은 것만을 보기에서 모두 고른 것은?

보기
ㄱ. 이날 달은 상현달에 가까운 모양으로 보인다.
ㄴ. A 지역에서는 개기일식을 관측할 수 있다.
ㄷ. B 지역에서는 부분일식을 관측할 수 있다.
ㄹ. 이날 지구에서 달의 그림자가 닿는 지역에서만 일식을 관측할 수 있다.

① ㄱ, ㄴ　　② ㄱ, ㄷ　　③ ㄴ, ㄷ
④ ㄴ, ㄹ　　⑤ ㄷ, ㄹ

13 그림은 일식이 일어나는 모습을 순서 없이 나타낸 것이다.

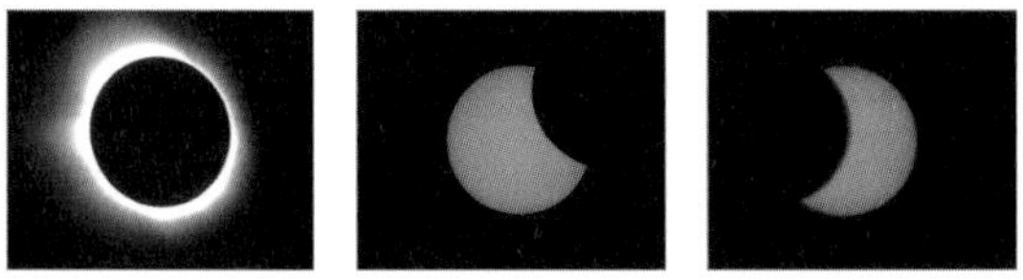

일식이 일어날 때 우리나라에서 먼저 관측된 것부터 순서대로 옳게 나열한 것은?

① (가) → (나) → (다)
② (가) → (다) → (나)
③ (나) → (가) → (다)
④ (나) → (다) → (가)
⑤ (다) → (나) → (가)

중요
14 그림은 태양, 지구, 달의 위치를 나타낸 것이다.

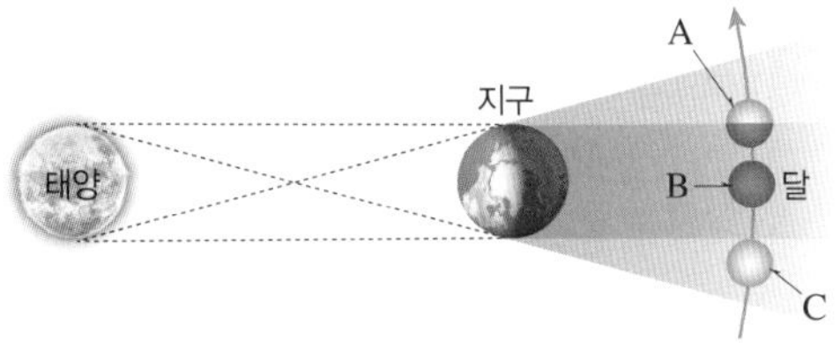

이에 대한 설명으로 옳지 않은 것은?

① 달이 A에 위치할 때 부분월식이 일어난다.
② 달이 B에 위치할 때 달이 관측되지 않는다.
③ 달이 C에 위치할 때 월식이 일어나지 않는다.
④ 월식은 달의 위상이 망일 때 일어난다.
⑤ 월식은 지구의 밤이 되는 모든 지역에서 관측할 수 있다.

15 그림 (가)는 일식을, (나)는 월식을 나타낸 것이다.

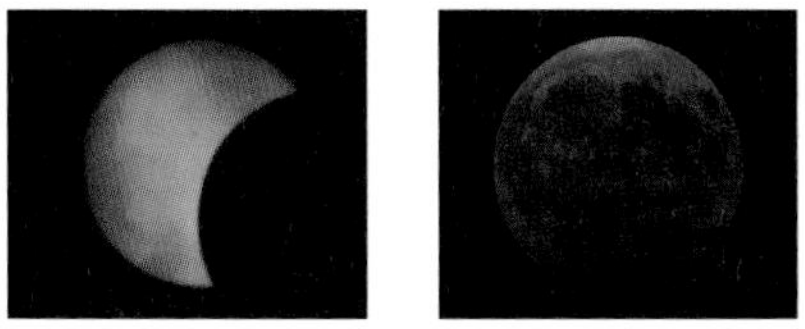

이에 대한 설명으로 옳은 것은?

① (가)는 개기일식이다.
② (나)는 부분월식이다.
③ (가)를 관측한 날의 달의 위상은 상현달이다.
④ (나)는 달이 지구 그림자 속에 들어간 상태이다.
⑤ (가)일 때 태양-지구-달 순으로 일직선을 이룬다.

서술형 문제

16 그림은 달이 공전하는 모습을 나타낸 것이다.

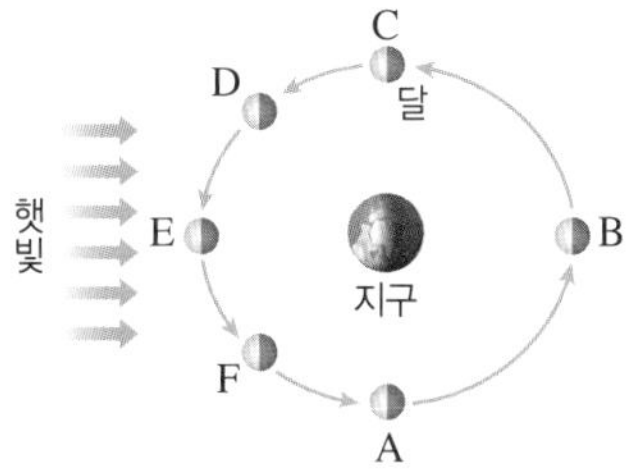

달이 A~F에 있을 때 지구에서 관측되는 달의 모습을 그리고 달의 위상을 쓰시오.

A	B	C	D	E	F

중요
17 그림은 어느 날 일식이 일어났을 때 태양, 달, 지구의 상대적인 위치를 나타낸 것이다.

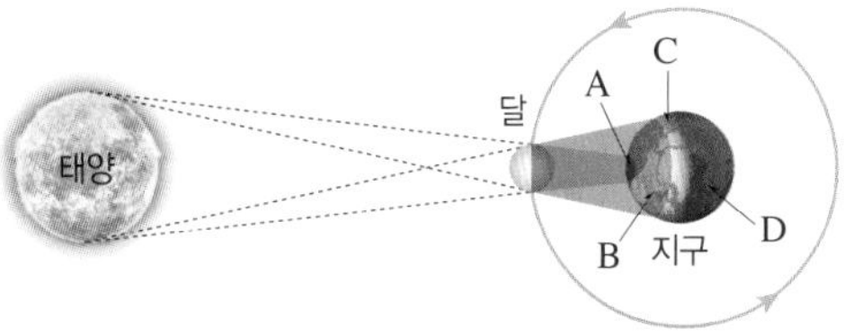

(1) A~D 중 개기일식과 부분일식을 관측할 수 있는 곳을 순서대로 쓰시오.

(2) 우리나라에서 일식이 일어나는 모습을 볼 때 태양이 가려지기 시작하는 쪽은 어디인지 쓰고, 그렇게 생각한 까닭을 서술하시오.

18 일식보다 월식을 관측할 수 있는 지역이 넓은 까닭을 서술하시오.

01 달의 공전 방향과 천체의 운동 방향이 <u>다른</u> 것은?

① 달의 공전 ② 지구의 자전
③ 지구의 공전 ④ 달의 일주 운동
⑤ 태양의 연주 운동

02 그림 (가)는 어느 날 우리나라에서 관측한 달의 모습을, (나)는 태양, 지구, 달의 위치 관계를 나타낸 것이다.

(가)

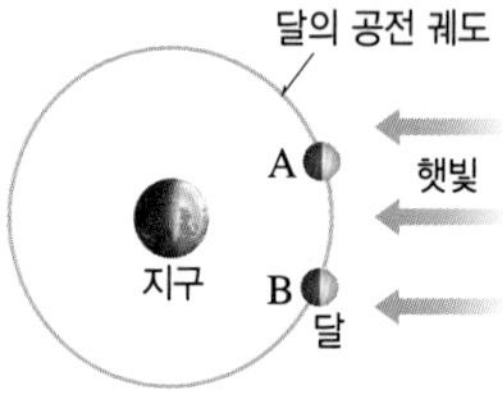

(나)

이에 대한 설명으로 옳은 것을 보기에서 모두 고른 것은?

보기
ㄱ. 달은 A에서 B 방향으로 이동한다.
ㄴ. (가)는 달이 A에 있을 때의 위상이다.
ㄷ. 이날로부터 약 3~4일 후에는 상현달이 된다.

① ㄱ ② ㄴ ③ ㄱ, ㄴ
④ ㄱ, ㄷ ⑤ ㄴ, ㄷ

03 그림은 서로 다른 날 해가 진 직후 같은 시각에 달을 관측한 모습이다.

(가)

(나)

(가)와 (나)를 관측한 내용을 옳게 짝 지은 것은?

	구분	(가)	(나)
①	날짜(음력)	2~3일경	15일경
②	관측 방향	남쪽 하늘	서쪽 하늘
③	관측 가능 시간	6시간	2~3시간
④	태양, 지구, 달의 배열	태양, 지구, 달이 일직선으로 배열	태양, 지구, 달이 직각으로 배열
⑤	태양으로부터의 거리	(나)보다 가깝다.	(가)보다 멀다.

04 그림은 일식과 월식이 일어날 때의 모식도를 순서 없이 나타낸 것이다.

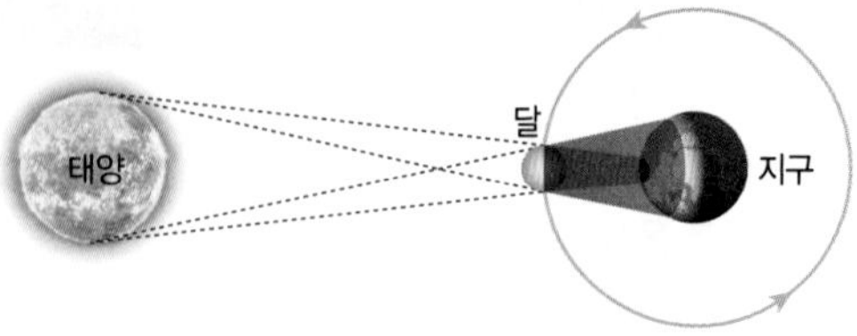

(가)

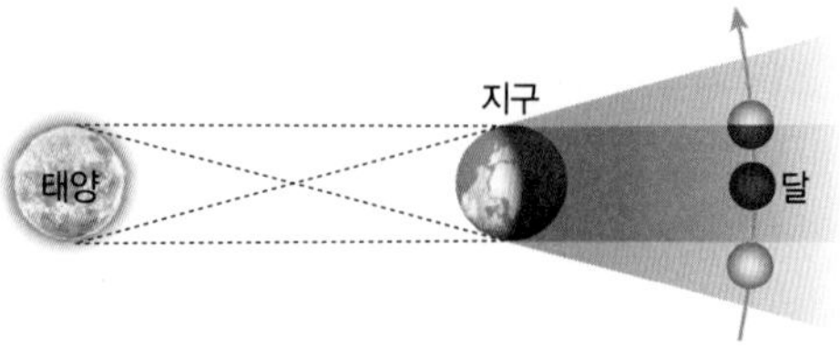

(나)

이에 대한 설명으로 옳은 것은?

① (가)는 월식, (나)는 일식을 나타낸다.
② (가)와 (나)는 매월 일어난다.
③ (가)는 달의 위상이 보름달일 때 일어날 수 있다.
④ (나)의 현상은 지구에서 밤인 모든 지역에서 관측할 수 있다.
⑤ 태양과 달 사이의 거리는 (가)가 (나)보다 멀다.

05 그림은 어느 날 일어난 월식의 진행 과정 중 일부를 나타낸 것이다.

이에 대한 설명으로 옳은 것을 보기에서 모두 고른 것은?

보기
ㄱ. 월식은 B 방향으로 진행된다.
ㄴ. 태양-지구-달의 순서로 일직선을 이룰 때 일어난다.
ㄷ. 이날 달 전체가 지구의 그림자 안에 들어간다.

① ㄱ ② ㄴ ③ ㄱ, ㄴ
④ ㄱ, ㄷ ⑤ ㄴ, ㄷ

단원평가문제

지금까지 열심히 달려오셨어요!
단원 평가 문제를 풀면서 자신의 **실력**을 **확인**해 봅시다.

≫ 정답과 해설 32쪽

01 다음은 태양계를 구성하는 어떤 천체에 대한 설명인가?

- 모양이 불규칙하다.
- 주로 화성과 목성의 공전 궤도 사이에서 태양을 중심으로 공전한다.

① 태양 ② 위성 ③ 행성
④ 혜성 ⑤ 소행성

02 태양계 구성 천체 중 왜소 행성에 대한 설명으로 옳은 것을 보기에서 모두 고른 것은?

보기
ㄱ. 태양을 중심으로 공전한다.
ㄴ. 둥근 모양으로, 행성에 비해 크기가 작다.
ㄷ. 태양에 가까워지면 꼬리가 생긴다.
ㄹ. 궤도 주변의 다른 천체를 끌어당길 정도로 중력이 크다.

① ㄱ, ㄴ ② ㄱ, ㄹ ③ ㄴ, ㄷ
④ ㄴ, ㄹ ⑤ ㄷ, ㄹ

03 다음은 태양계 행성의 특징을 나타낸 것이다.

(가) 대기가 거의 없어 밤낮의 온도 차가 크고 운석 구덩이가 많다.
(나) 태양계 행성 중 크기가 가장 크고 수많은 위성이 있다.
(다) 대기의 소용돌이로 생긴 대흑점이 나타나기도 한다.
(라) 물과 대기가 있어 생명체가 살고 있다.

(가)~(라)를 태양에 가까운 것부터 순서대로 옳게 나열한 것은?

① (가) − (나) − (다) − (라)
② (가) − (다) − (라) − (나)
③ (가) − (라) − (나) − (다)
④ (나) − (가) − (라) − (다)
⑤ (나) − (라) − (다) − (가)

04 오른쪽 그림은 태양계 행성을 질량과 반지름에 따라 두 집단으로 분류한 것이다. 이에 대한 설명으로 옳지 않은 것은?

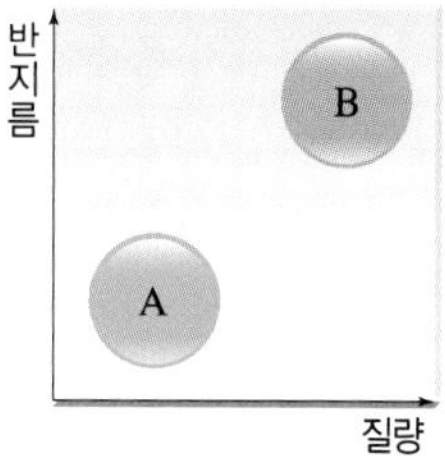

① A는 지구형 행성이다.
② 지구는 A에 속한다.
③ B에는 단단한 표면이 없다.
④ B는 태양계 바깥에 분포한다.
⑤ 위성의 수는 A보다 B가 많다.

05 지구형 행성과 목성형 행성의 특징을 비교한 것으로 옳은 것은?

	구분	지구형 행성	목성형 행성
①	질량	크다	작다
②	반지름	작다	크다
③	고리	있다	없다
④	표면	기체	암석
⑤	종류	금성, 토성	화성, 천왕성

06 그림은 태양에서 관측되는 여러 현상들을 나타낸 것이다.

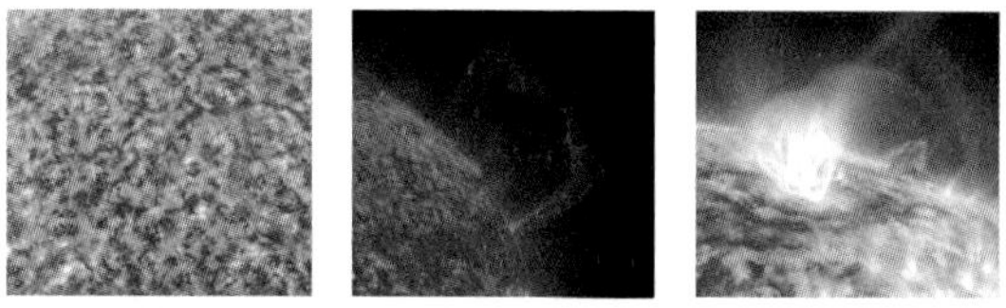
(가) (나) (다)

이에 대한 설명으로 옳은 것은?

① (가)는 쌀알 무늬, (나)는 채층, (다)는 홍염이다.
② (가)는 태양의 대기에서 관측되는 현상이다.
③ (나)는 광구에 나타나는 검은 점이다.
④ (다)는 태양의 대기에서 나타나는 현상으로 평상시에도 잘 관측된다.
⑤ 태양 활동이 활발해지면 (나)와 (다)가 자주 발생한다.

07 태양 표면에 흑점 수가 많아질 때 지구에서 나타날 수 있는 현상으로 옳지 않은 것은?

① 자기 폭풍이 발생한다.
② 인공위성의 오작동이 발생한다.
③ 지구에서는 오로라가 관측되지 않는다.
④ 위성 위치 확인 시스템 오류로 위치 정보 문제가 발생한다.
⑤ 지구에서는 전파 신호가 방해를 받아 무선 통신 장애가 발생한다.

08 천체 망원경에 대한 설명으로 옳은 것은?

① 삼각대 → 균형추 → 가대 순으로 조립한다.
② 대물렌즈는 상을 확대하여 눈으로 볼 수 있게 한다.
③ 가대는 경통을 원하는 방향으로 움직일 수 있게 한다.
④ 행성을 관측할 때는 주변이 밝고, 평평한 곳에 망원경을 설치한다.
⑤ 달을 관측할 때는 고배율로 관측한 후, 배율이 낮은 렌즈로 바꿔 관측한다.

09 지구가 자전하기 때문에 나타나는 현상으로 옳은 것은?

① 일식 ② 계절의 변화
③ 달의 위상 변화 ④ 태양의 일주 운동
⑤ 계절별 별자리 변화

10 오른쪽 그림은 어느 날 밤하늘에서 몇 시간 동안 본 북극성과 북두칠성의 모습이다. 이에 대한 설명으로 옳은 것은?

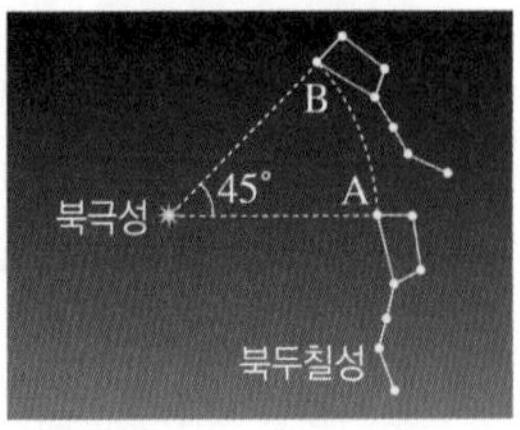

① 관측 시간은 2시간이다.
② 남쪽 하늘을 바라본 것이다.
③ 북두칠성은 A에서 B로 이동했다.
④ 지구가 공전하기 때문에 나타나는 현상이다.
⑤ 북두칠성은 실제로 북극성을 중심으로 회전한다.

[11~12] 그림은 우리나라에서 각기 다른 방향의 하늘을 향해 같은 시간 동안 사진기를 고정시켜 놓고 촬영한 일주 운동 모습이다.

(가) (나) (다)

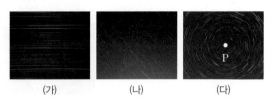

11 (가)~(다)를 촬영한 하늘의 방향을 옳게 짝 지은 것은?

	(가)	(나)	(다)
①	서쪽 하늘	남쪽 하늘	동쪽 하늘
②	서쪽 하늘	북쪽 하늘	동쪽 하늘
③	남쪽 하늘	동쪽 하늘	북쪽 하늘
④	남쪽 하늘	서쪽 하늘	북쪽 하늘
⑤	북쪽 하늘	동쪽 하늘	남쪽 하늘

12 (다)에 대한 설명으로 옳은 것만을 보기에서 모두 고른 것은?

보기
ㄱ. 지구의 자전으로 나타나는 현상이다.
ㄴ. 원호의 중심에 있는 별 P는 북극성이다.
ㄷ. 천체는 P를 중심으로 시계 방향으로 하루에 한 바퀴씩 회전한다.

① ㄱ ② ㄴ ③ ㄱ, ㄴ
④ ㄱ, ㄷ ⑤ ㄴ, ㄷ

13 태양의 연주 운동에 대한 설명으로 옳지 않은 것은?

① 지구의 공전으로 나타나는 현상이다.
② 태양의 연주 운동 방향은 지구의 공전 방향과 같다.
③ 별자리를 기준으로 할 때 태양은 항상 같은 위치에 있다.
④ 태양은 별자리를 배경으로 서쪽에서 동쪽으로 이동한다.
⑤ 태양은 별자리를 배경으로 이동하여 1년 뒤에는 처음 위치로 되돌아오는 것처럼 보인다.

14 그림은 황도 12궁과 공전 궤도상에서 지구의 위치를 나타낸 것이다.

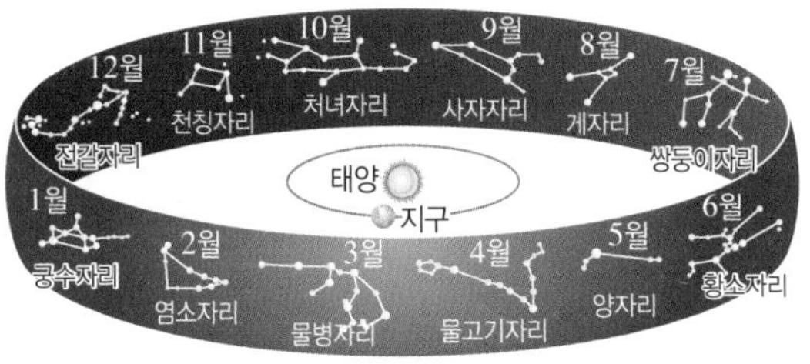

이에 대한 설명으로 옳은 것은?

① 지구와 태양의 위치로 보아 3월이다.
② 한밤중에 남쪽 하늘에서 사자자리가 보인다.
③ 저녁 6시경 태양이 서쪽 하늘로 질 때 동쪽 하늘에서 떠오르는 별자리는 전갈자리이다.
④ 한 달 후 태양은 게자리를 지난다.
⑤ 2개월 후 자정에 남쪽 하늘에서 양자리가 보인다.

15 달의 운동과 모양에 대한 설명으로 옳은 것은?

① 달은 하루에 한 바퀴씩 자전한다.
② 달은 지구를 중심으로 일 년에 한 바퀴씩 돈다.
③ 달의 모양과 위치가 달라지는 것은 지구가 공전하기 때문이다.
④ 달은 스스로 빛을 내지 못하므로 햇빛을 반사하는 부분만 밝게 보인다.
⑤ 달의 모양은 초승달 → 하현달 → 보름달 → 상현달의 순서로 변한다.

16 그림은 달의 공전 궤도를 나타낸 것이다.

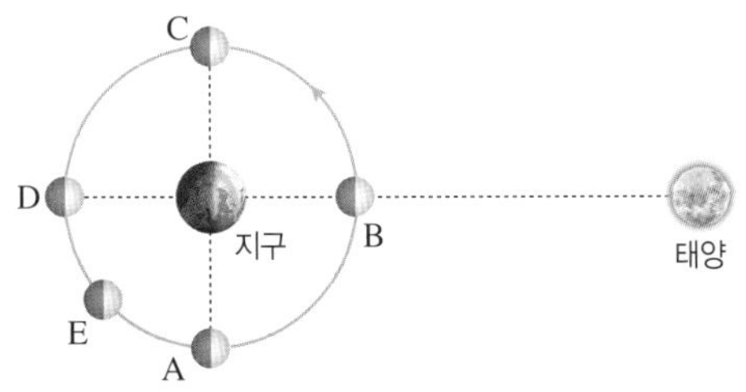

달의 위치와 이때 지구에서 보이는 달의 모양을 옳게 짝 지은 것은?

① A –  ② B –  ③ C – 
④ D –  ⑤ E – 

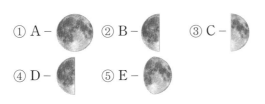

17 오른쪽 그림과 같은 달의 위상에 대한 설명으로 옳은 것은?

① 상현달이다.
② 음력 6~7일경에 관측된다.
③ 새벽 6시경에 남쪽 하늘에서 관측된다.
④ 월식이 일어날 때 달의 모양이다.
⑤ 관측할 수 있는 시간이 가장 길다.

18 그림은 북반구에서 일식 진행 과정을 나타낸 것이다.

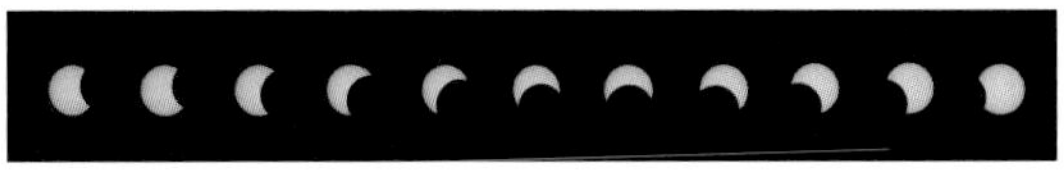

이에 대한 설명으로 옳지 않은 것은?

① 부분일식이다.
② 이날 밤에는 달이 보이지 않는다.
③ 이날 달은 태양과 지구 사이에 위치한다.
④ 관측자는 태양이 달의 그림자에 완전히 가려지는 지역에 있다.
⑤ 그림에서 일식은 왼쪽에서 오른쪽으로 진행된다.

19 그림은 일식과 월식이 일어날 때 태양, 달, 지구의 위치 관계를 나타낸 것이다.

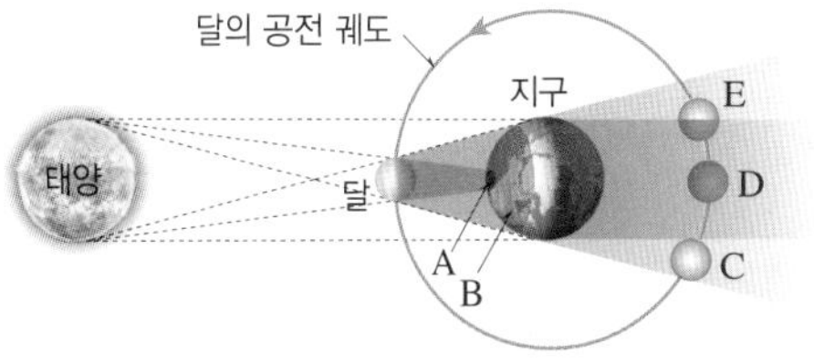

이에 대한 설명으로 옳은 것은?

① 달의 그림자가 닿는 A 지역에서 개기월식을 관측할 수 있다.
② B 지역에서는 일식을 관측할 수 없다.
③ 달이 D에 위치할 때는 삭일 때이다.
④ 달이 C와 E에 위치할 때 부분월식이 관측된다.
⑤ 북반구에서 월식이 일어날 때 달은 왼쪽부터 가려진다.

서술형 문제

20 표는 태양계 행성을 A, B 두 집단으로 구분한 것이다.

구분	행성
A 집단	수성, 금성, 지구, 화성
B 집단	목성, 토성, 천왕성, 해왕성

(1) A 집단과 B 집단의 이름을 각각 쓰시오.

(2) 행성을 두 집단으로 구분할 수 있는 집단의 물리적 특성을 두 가지만 비교하여 서술하시오.

21 오른쪽 그림은 태양의 표면을 관측한 모습이다.

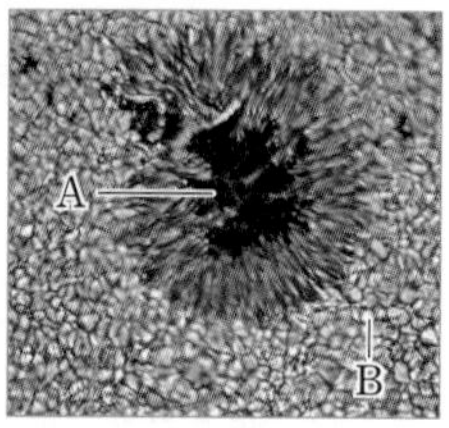

(1) A와 B의 이름을 쓰시오.

(2) A가 검게 보이는 까닭을 서술하시오.

(3) B가 발생하는 원인을 서술하시오.

22 그림은 태양의 흑점 수 변화를 나타낸 것이다.

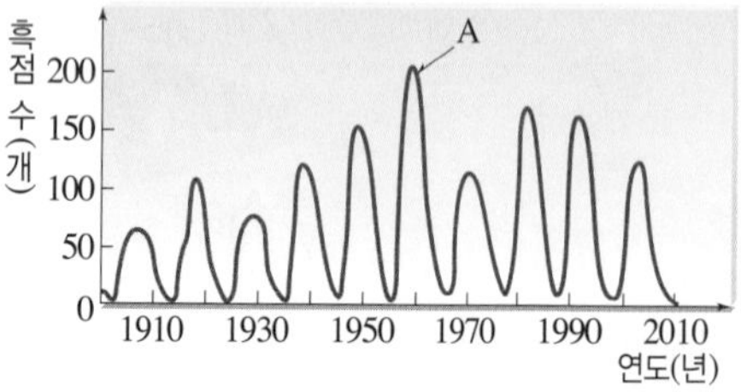

(1) B 시기와 비교할 때 A 시기에 태양의 표면과 대기에서 나타나는 변화를 서술하시오.

(2) A 시기에 태양의 활동에 의해 지구에서 나타날 수 있는 현상을 두 가지 서술하시오.

23 그림은 지구의 공전 궤도와 태양이 지나가는 길에 위치한 별자리를 나타낸 것이다.

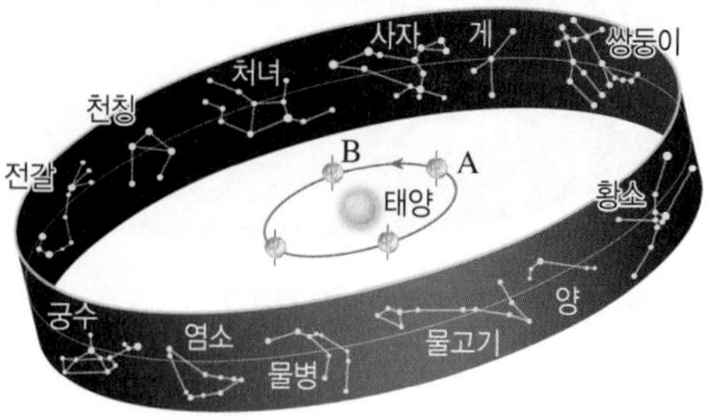

(1) 지구가 A에서 B로 공전하였을 때 관측되는 태양의 위치를 서술하시오.

(2) 태양이 연주 운동하는 까닭을 쓰시오.

24 그림은 달의 공전 궤도를 나타낸 것이다.

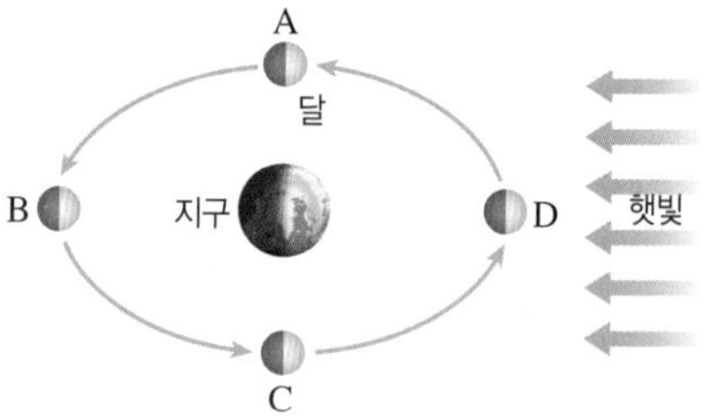

(1) 달이 A 위치에 있을 때 지구에서 보이는 달의 모양을 쓰시오.

(2) 달의 위상이 변하는 까닭을 서술하시오.

25 오른쪽 그림은 어느 날 태양이 가려지는 현상을 나타낸 것이다.

(1) 이와 같은 현상이 일어날 때 태양, 지구, 달의 위치 관계를 쓰시오.

(2) 이와 같은 현상이 나타나는 까닭을 쓰시오.

비주얼 씽킹으로 대단원 정리하기

- 단원의 내용을 떠올리며 빈칸을 채워보세요.
- 채울 수 없으면 해당 쪽으로 돌아가 한번 더 학습해 봐요.

태양계는 태양, ❶ ☐☐, 왜소 행성, 소행성, 위성, 혜성과 같이 다양한 천체로 구성되어 있다.

☐ **태양계를 구성하는 천체** 78쪽 Ⓐ

태양은 스스로 ❷ ☐을 내는 천체로, 지구에 많은 영향을 미친다.

☐ **태양** 80쪽 Ⓑ

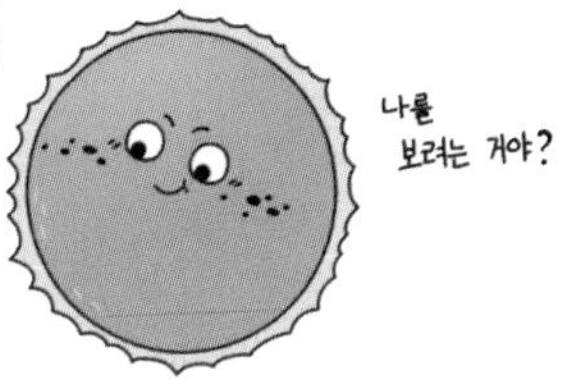

나를 보려는 거야?

응! 자세히 볼 거야!

❸ ☐☐ ☐☐☐은 멀리 있는 천체를 자세하게 관측하는 장치이다.

☐ **천체 망원경** 82쪽 Ⓒ

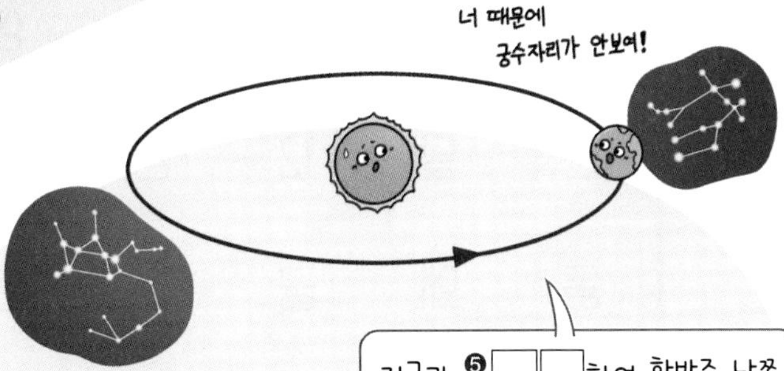

너 때문에 궁수자리가 안보여!

지구의 ❹ ☐☐으로 천체가 동쪽에서 서쪽으로 원을 그리며 도는 것처럼 보인다.

☐ **천체의 일주 운동** 92쪽 Ⓐ

지구가 ❺ ☐☐하여 한밤중 남쪽 하늘에서 볼 수 있는 별자리는 계절에 따라 달라진다.

☐ **별의 연주 운동** 94쪽 Ⓑ

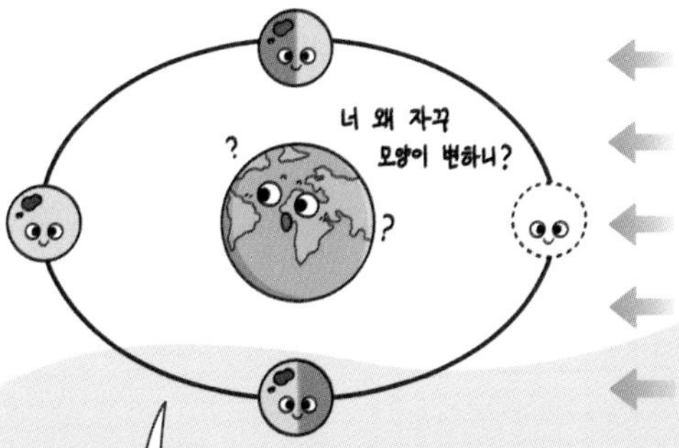

너 왜 자꾸 모양이 변하니?

지구에서는 ❼ ☐☐이 가려지는 일식과 ❽ ☐이 가려지는 월식이 나타날 때가 있다.

☐ **일식과 월식** 108쪽 Ⓑ

저기, 우리 태양이 안보여거든?
미안~ 빨리 지나갈게.

달이 지구를 중심으로 공전하면서 태양, 지구, 달의 상대적인 위치가 달라져 달의 ❻ ☐☐이 달라진다.

☐ **달의 공전** 106쪽 Ⓐ

정답 | ❶ 행성 ❷ 빛 ❸ 천체 망원경 ❹ 자전 ❺ 공전 ❻ 위상 ❼ 태양 ❽ 달

가로 세로 용어 퀴즈 !

● 정답 | 진도 교재 126 쪽

일	그	황	도	부	분	월	식
주	믐	도	금	성	코	흑	월
운	달	12	공	자	로	점	식
동	왜	궁	전	전	나	하	현
연	소	초	목	성	형	행	성
주	행	승	상	현	일	식	삭
운	성	달	망	홍	염	채	층
동	개	기	일	식	북	극	성

● 다음 설명이 뜻하는 용어를 골라 용어 전체에 동그라미(○)로 표시하시오.

가로

① 태양계 행성 중 지구에서 가장 밝게 보이고 위성과 고리가 없는 행성은?

② 단단한 표면이 없고, 고리가 있으며, 질량과 반지름이 큰 태양계 행성들의 명칭은?

③ 달과 태양이 지구를 중심으로 직각을 이루어 달의 왼쪽 반원이 보일 때는?

④ 태양의 광구 바로 위를 얇게 둘러싼 대기로, 붉은색을 띠는 것은?

⑤ 지구에서 보았을 때 달이 태양을 완전히 가리는 현상은?

세로

⑥ 태양을 중심으로 공전하는 천체 중 모양이 둥글지만, 궤도 주변의 다른 천체들에게 지배적인 역할을 하지 못하고, 다른 행성이 위성이 아닌 것은?

⑦ 태양의 표면에서 주위보다 온도가 낮아 어둡게 보이는 것은?

⑧ 천체가 하루에 한 바퀴씩 원을 그리며 도는 것처럼 보이는 겉보기 운동은?

⑨ 태양이 별자리를 배경으로 이동하여 1년 후 처음 위치로 되돌아오는 것처럼 보이는 현상을 나타나게 하는 지구의 운동은?

⑩ 개기월식이 일어날 때 달의 위상은?

가로 세로 용어 퀴즈! 정답

V 힘의 작용

진도 교재 44쪽

힘	의	합	력	접	⑤중	력	힘
①운	동	상	태	선	속	질	의
뉴	터	⑨탄	힘	운	력	량	방
힘	연	성	정	동	③부	력	향
의	직	체	지	방	⑥힘	⑦마	⑩알
작	⑧무	④그	램	향	의	찰	짜
용	게	탄	성	력	크	력	힘
점	②힘	의	평	형	기	모	양

VI 기체의 성질

진도 교재 74쪽

⑦면	질	②용	기	의	부	피
적	량	입	자	수	①압	력
감	헬	⑨보	에	⑧대	⑩샤	힘
소	륨	일	어	기	를	의
⑥충	풍	법	백	압	법	크
돌	선	칙	⑤증	가	칙	기
③온	도	비	례	④반	비	례

VII 태양계

진도 교재 124쪽

⑧일	그	황	도	부	분	월	식
주	음	도	①금	성	코	⑦흑	월
운	달	12	⑨공	자	로	점	식
동	⑥왜	궁	전	전	나	③하	현
연	소	초	②목	성	형	행	성
주	행	승	상	현	일	식	삭
운	성	달	⑩망	홍	염	④채	층
동	⑤개	기	일	식	북	극	성

MEMO

MEMO

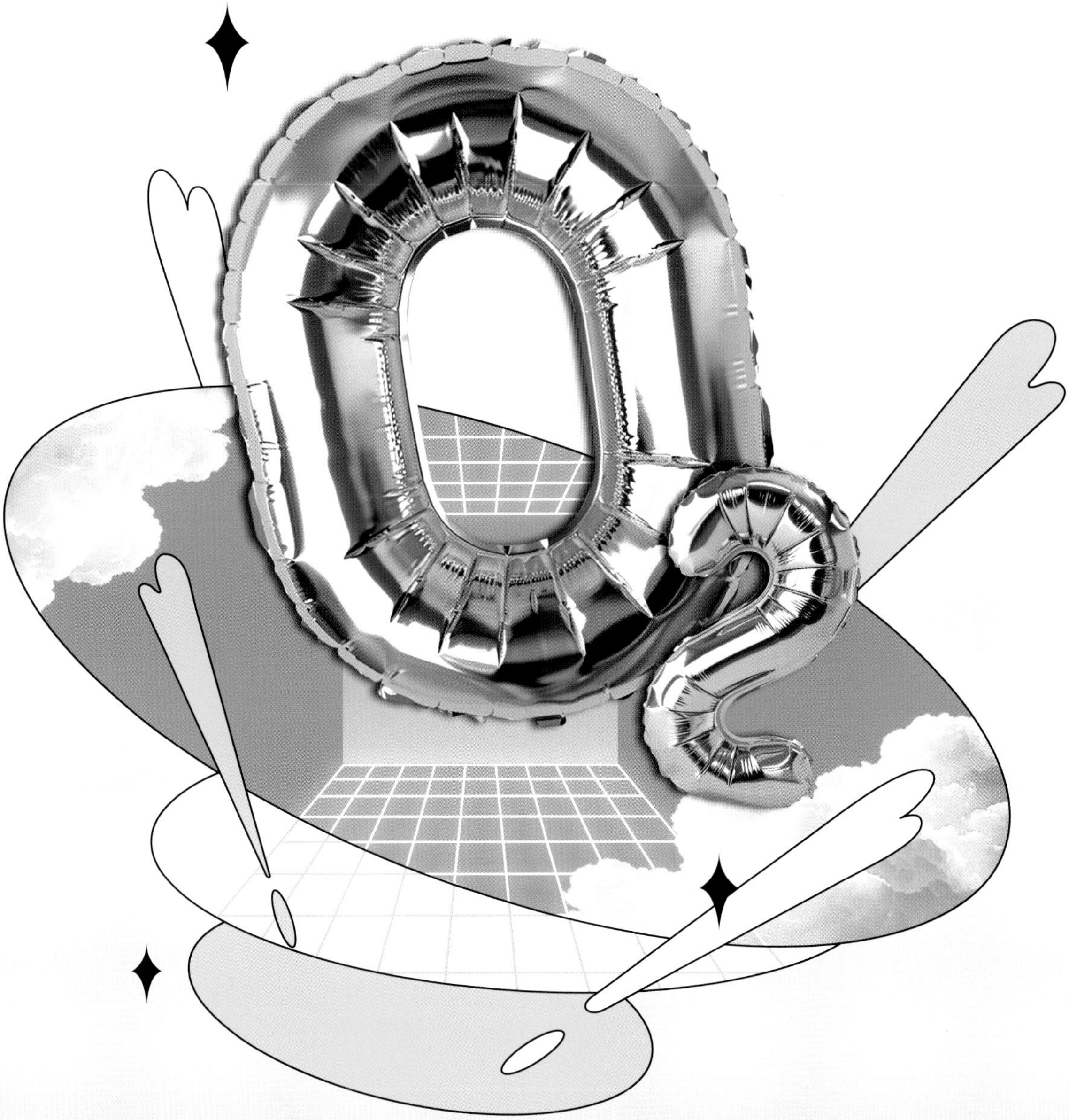

시험 대비 교재

오투 친구들! 시험 대비 교재는 이렇게 활용하세요!

중단원별로 구성하였으니, 학교 시험에 대비해 단원별로 편리하게 사용하세요.

중단원 핵심 요약 → 잠깐 테스트 → 계산력·암기력 강화 문제 → 중단원 기출 문제 → 서술형 정복하기

부 록 수행평가 대비 시험지

수행평가 문제로 자주 출제되는 형식을 연습하여 수행평가에 대비하세요.

시험 대비 교재

V 힘의 작용

VI 기체의 성질

VII 태양계

1 과학에서의 힘

(1) 과학에서의 힘: 물체의 [❶]나 모양을 변하게 하는 원인

(2) 힘의 단위: [❷]

(3) 힘의 측정 방법: 용수철 저울, 힘 센서 등을 이용

(4) 힘이 작용하여 나타나는 현상

물체의 운동 상태 변화	• 정지해 있는 창문을 밀면 창문이 움직인다. • 굴러가던 공이 멈춘다. • 사과가 나무에서 떨어진다.  
물체의 [❸] 변화	• 색 점토를 잡아당긴다. • 고무줄을 늘인다. • 종이를 찢는다. 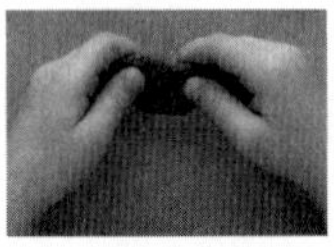 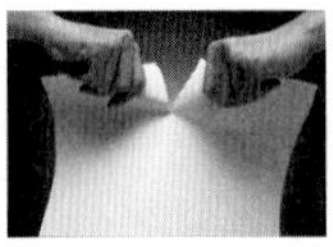
물체의 운동 상태와 모양 모두 변화	• 공(축구공, 야구공, 배구공 등)을 세게 차거나 친다. • 자동차가 벽에 부딪히며 멈춘다. 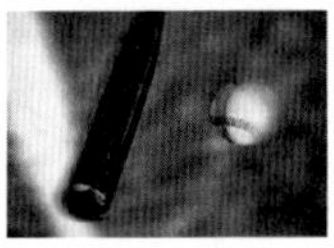 

2 힘의 표현

힘이 작용하는 지점에서 힘의 방향과 크기를 함께 나타낸다.

(1) 힘의 [❹]: 힘을 작용한 지점으로, 화살표의 시작점으로 나타낸다.

(2) 힘의 방향 : 화살표의 방향으로 표현한다.

(3) 힘의 크기 : 화살표의 [❺]로 표현한다.

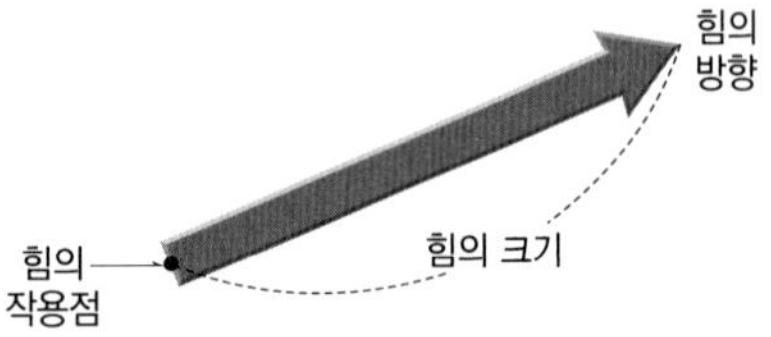

3 힘의 합력

물체에 둘 이상의 힘이 동시에 작용할 때, 이와 같은 효과를 나타내는 하나의 힘

(1) 두 힘이 물체에 같은 방향으로 작용할 때

① 합력의 방향: 두 힘의 방향과 [❻].

② 합력의 크기: 두 힘의 크기를 더한 값이다.

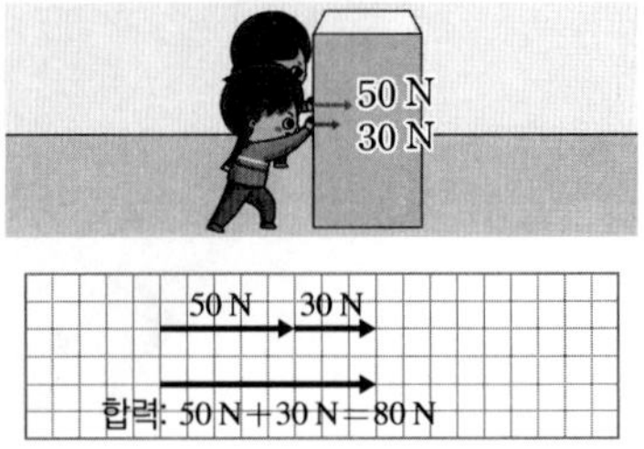

• 합력의 방향: 오른쪽
• 합력의 크기: $50\ N+30\ N=80\ N$

(2) 두 힘이 물체에 반대 방향으로 작용할 때

① 합력의 방향: 큰 힘의 방향과 같다.

② 합력의 크기: 큰 힘의 크기에서 작은 힘의 크기를 [❼] 값이다.

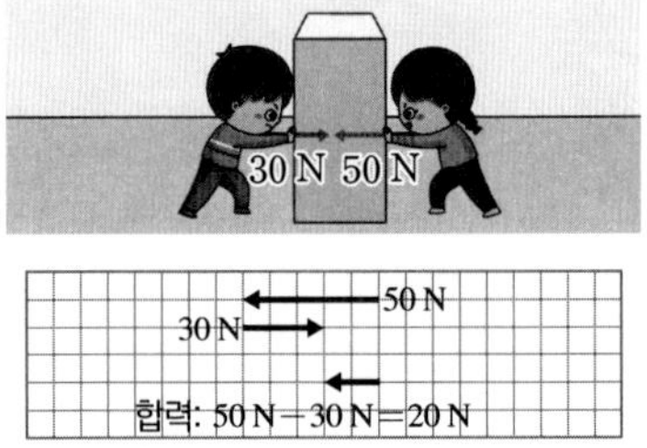

• 합력의 방향: 왼쪽
• 합력의 크기: $50\ N-30\ N=20\ N$

4 힘의 [❽]

물체에 작용하는 두 힘의 합력이 0이어서 물체가 아무런 힘을 받지 않는 것처럼 보이는 상태

(1) 물체에 작용하는 두 힘이 평형을 이루는 조건: 두 힘의 크기는 [❾]고 방향이 [❿]이며, 일직선상에서 작용해야 한다.

(2) 힘의 평형을 이루는 예

[자석끼리 서로 미는 힘을 이용해 공중에 떠 있는 자석]

• 공중에 떠 있는 자석 A에는 자석 B가 A를 위로 밀어내는 힘과 지구가 A를 아래로 당기는 힘이 작용한다.
• B가 A를 위로 밀어 올리는 힘과 지구가 A를 아래로 당기는 힘의 크기는 같고 방향은 반대이다. ➡ 두 힘이 평형을 이루어 자석이 정지해 있다.

≫ 정답과 해설 36쪽

MEMO

1 힘이 작용할 때 나타날 수 있는 변화로 옳은 것은 ○, 옳지 않은 것은 ×로 표시하시오.

(1) 물체의 질량이 감소한다. ·································· ( )
(2) 물체의 모양이 변한다. ···································· ( )
(3) 정지해 있던 물체가 움직인다. ······························ ( )
(4) 물체의 모양과 운동 상태가 동시에 변한다. ·················· ( )

2 과학에서의 힘의 단위는 ( )이다.

3 물체의 운동 상태와 모양이 모두 변하는 경우를 보기에서 모두 고르시오.

보기
ㄱ. 종이를 찢는다. ㄴ. 고무줄을 늘인다. ㄷ. 굴러가던 공이 멈춘다.
ㄹ. 축구공을 세게 차서 찌그러지며 날아간다. ㅁ. 자동차가 벽에 부딪히며 멈춘다.

4 힘을 표시할 때는 화살표의 시작점을 힘의 ①( ), 화살표의 ②( )를 힘의 크기, 화살표의 방향을 힘의 ③( )으로 하여 나타낸다.

5 오른쪽 그림과 같이 화살표로 나타낸 힘의 크기와 방향을 쓰시오. (단, 10 N의 힘은 길이 1 cm의 화살표이다.)

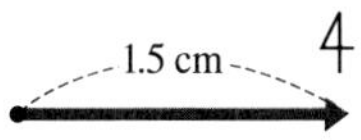

6 두 힘이 물체에 같은 방향으로 작용할 때 합력의 방향은 두 힘의 방향과 ①( )고, 합력의 크기는 두 힘의 크기를 ②( ) 값이다.

7 한 물체에 5 N과 3 N의 두 힘이 같은 방향으로 작용할 때 합력의 크기를 구하시오.

8 오른쪽 그림과 같이 한 물체에 700 N과 500 N의 힘이 작용할 때 합력의 크기와 방향을 구하시오.

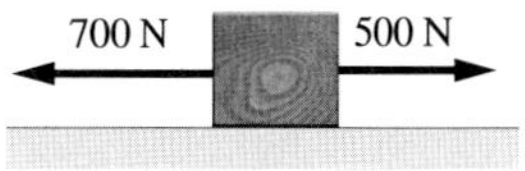

9 물체에 작용하는 두 힘이 평형을 이루기 위해서는 두 힘의 크기가 ①( )고 방향이 ②( )이며, ③( )에서 작용해야 한다.

정답과 해설 36쪽

힘의 합력과 평형을 이루는 힘 구하기

- 두 힘이 물체에 같은 방향으로 작용할 때 합력의 방향은 두 힘의 방향과 같고, 합력의 크기는 두 힘의 크기를 더한 값이다.
- 두 힘이 물체에 반대 방향으로 작용할 때 합력의 방향은 큰 힘의 방향과 같고, 합력의 크기는 큰 힘의 크기에서 작은 힘의 크기를 뺀 값이다.
- 물체에 작용하는 두 힘의 합력이 0이면 두 힘은 평형을 이루고 있다.

■ 두 힘이 물체에 같은 방향으로 작용하는 경우

1 한 물체에 10 N과 5 N의 두 힘이 오른쪽 방향으로 작용할 때 합력의 방향과 크기를 구하시오.

2 한 물체에 20 N과 30 N의 두 힘이 왼쪽 방향으로 작용할 때 합력의 방향과 크기를 구하시오.

■ 두 힘이 물체에 반대 방향으로 작용하는 경우

3 한 물체에 50 N의 힘이 왼쪽 방향으로 작용하고, 80 N의 힘이 오른쪽 방향으로 작용할 때 합력의 방향과 크기를 구하시오.

4 오른쪽 그림과 같이 한 물체에 90 N과 40 N의 힘이 작용할 때 합력의 방향과 크기를 구하시오.

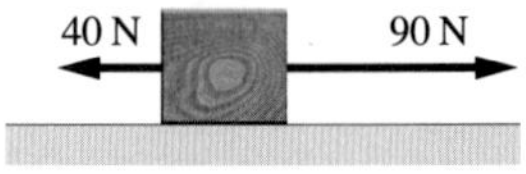

5 한 물체에 왼쪽 방향으로 150 N의 힘이 작용하고 있고 오른쪽 방향으로도 힘이 작용하고 있다. 두 힘의 합력의 방향이 오른쪽 방향이고 크기는 180 N일 때, 오른쪽 방향으로 작용하고 있는 힘의 크기를 구하시오.

■ 물체에 작용하는 두 힘이 평형을 이루고 있는 경우

6 한 물체에 200 N의 힘이 왼쪽 방향으로 작용하고 있을 때, 이 힘과 평형을 이루기 위해서 물체에 작용해야 할 힘의 방향과 크기를 구하시오.

7 한 물체에 1500 N의 힘이 오른쪽 방향으로 작용하고 있을 때 두 힘의 평형을 이루기 위해서 물체에 작용해야 할 힘의 방향과 크기를 구하시오.

중단원 기출 문제

≫ 정답과 해설 36쪽

01 과학에서 말하는 힘의 의미로 사용된 것은?

① 공부하느라 너무 힘이 든다.
② 아침을 먹지 않았더니 힘이 없다.
③ 책상을 힘을 줘서 밀었더니 움직인다.
④ 선생님의 칭찬이 나에게 큰 힘이 되었다.
⑤ 우리 모두 힘을 합치면 체육대회에서 우승할 수 있어!

이 문제에서 나올 수 있는 보기는 多

02 물체에 힘이 작용하여 모양과 운동 상태가 모두 변하는 경우를 모두 고르면? (2개)

① 용수철을 당기면 늘어난다.
② 책상 위에서 동전을 굴렸다.
③ 볼펜이 교실 바닥에 떨어졌다.
④ 고무 찰흙으로 그릇을 만들었다.
⑤ 날아오는 공에 유리컵이 깨졌다.
⑥ 자동차가 벽에 세게 부딪히며 멈췄다.
⑦ 축구공을 세게 발로 찼더니 찌그러지며 날아갔다.

03 화살표로 힘을 표시할 때 나타낼 수 있는 요소를 보기에서 모두 고르시오.

보기

ㄱ. 힘의 크기	ㄴ. 힘의 종류
ㄷ. 힘의 방향	ㄹ. 힘의 작용점
ㅁ. 힘을 작용한 시간	

① ㄱ, ㄴ, ㄷ ② ㄱ, ㄷ, ㄹ ③ ㄴ, ㄷ, ㄹ
④ ㄴ, ㄹ, ㅁ ⑤ ㄷ, ㄹ, ㅁ

04 10 N의 힘을 길이가 2 cm인 화살표로 나타낼 때, 동쪽으로 작용하는 20 N의 힘을 나타낸 화살표로 옳은 것은?

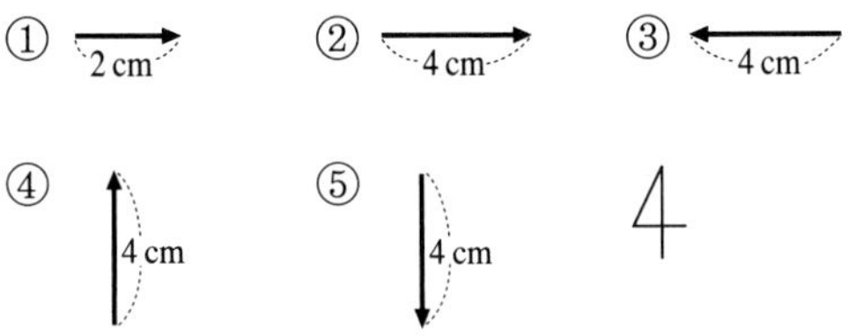

이 문제에서 나올 수 있는 보기는 多

05 힘과 힘의 표시에 대한 설명으로 옳지 않은 것을 모두 고르면? (2개)

① 화살표로 힘의 3요소를 표시한다.
② 힘의 단위로는 N(뉴턴)을 사용한다.
③ 힘의 3요소는 크기, 방향, 작용선이다.
④ 화살표의 길이는 힘의 크기를 나타낸다.
⑤ 화살표의 방향은 힘의 방향을 나타낸다.
⑥ 힘은 물체의 운동 상태나 모양을 변화시키는 원인이다.
⑦ 물체에 작용하는 힘의 크기와 방향이 같으면 힘의 효과는 항상 같다.

06 그림은 탁자 위에 놓인 컵을 손가락으로 같은 크기의 힘을 작용하여 미는 모습을 나타낸 것이다.

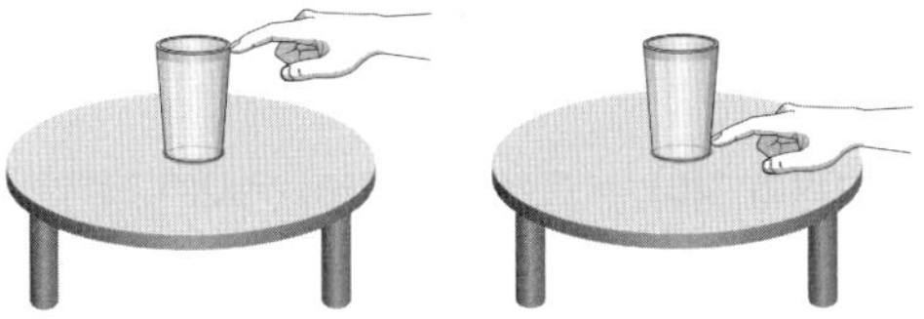

두 경우 컵의 움직임이 다른 까닭으로 옳은 것은?

① 힘의 크기가 다르기 때문이다.
② 힘의 방향이 다르기 때문이다.
③ 힘의 종류가 다르기 때문이다.
④ 힘의 작용점이 다르기 때문이다.
⑤ 힘의 크기와 방향이 다르기 때문이다.

07 그림과 같이 짐을 실은 수레를 한쪽에서 100 N의 힘으로 밀고, 다른 쪽에서는 150 N의 힘으로 끌고 있다.

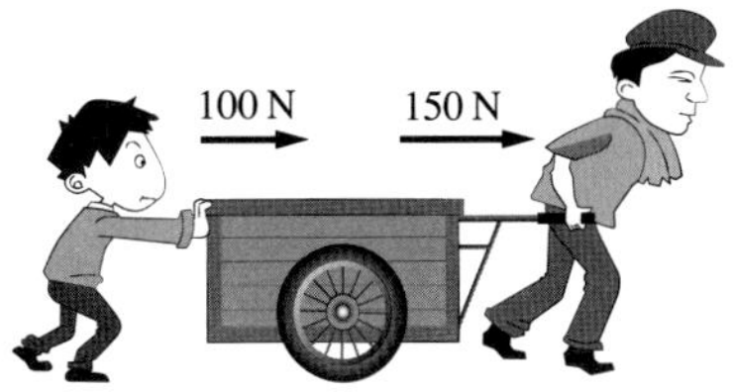

이때 두 힘의 합력의 방향과 크기로 옳은 것은?

① 왼쪽, 50 N ② 왼쪽, 150 N
③ 왼쪽, 250 N ④ 오른쪽, 50 N
⑤ 오른쪽, 250 N

08 그림과 같이 물체에 왼쪽으로 3 N의 힘이 작용하고, 오른쪽으로 힘 F가 작용하고 있다.

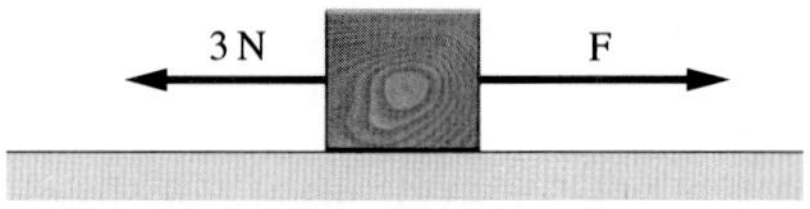

물체에 작용하는 합력의 크기가 5 N이고, 합력의 방향이 오른쪽이라면 F의 크기로 옳은 것은?

① 2 N ② 5 N ③ 8 N
④ 15 N ⑤ 알 수 없다.

09 그림과 같이 한 물체에 세 힘이 동시에 작용할 때, 합력의 방향과 크기는?

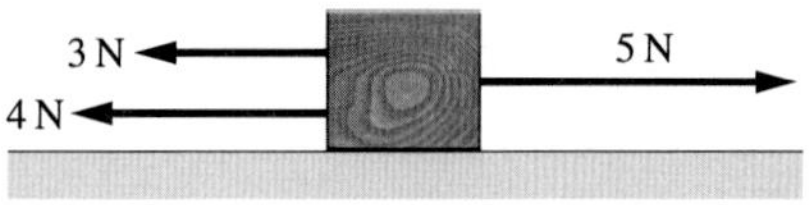

① 왼쪽, 2 N ② 왼쪽, 7 N
③ 왼쪽, 12 N ④ 오른쪽, 2 N
⑤ 오른쪽, 7 N

10 4 N과 12 N의 두 힘이 한 물체에 나란하게 작용할 때, 두 힘의 합력의 크기가 될 수 있는 것을 모두 고르면? (2개)

① 4 N ② 8 N
③ 12 N ④ 16 N
⑤ 20 N

11 한 물체에 작용하는 두 힘이 평형을 이루는 조건을 보기에서 모두 고른 것은?

보기
ㄱ. 두 힘의 크기가 같아야 한다.
ㄴ. 두 힘의 방향이 같아야 한다.
ㄷ. 두 힘의 방향이 반대이어야 한다.
ㄹ. 두 힘이 일직선상에서 작용해야 한다.
ㅁ. 두 힘이 이루는 사이의 각이 작아야 한다.

① ㄱ, ㄴ, ㄷ ② ㄱ, ㄷ, ㄹ ③ ㄴ, ㄷ, ㄹ
④ ㄴ, ㄹ, ㅁ ⑤ ㄷ, ㄹ, ㅁ

12 그림과 같이 한 물체에 여러 힘이 동시에 작용하고 있을 때 힘의 평형을 이루지 않는 것은?

① 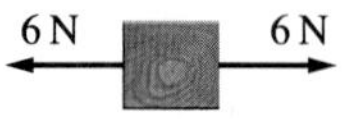

② 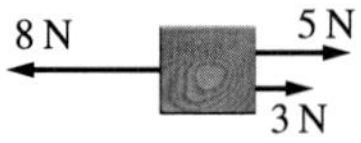

③ 

④ 

⑤ 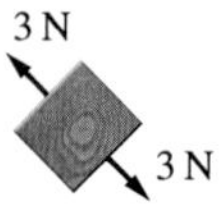

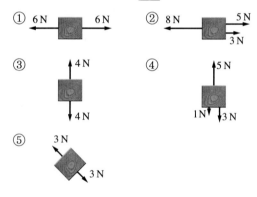

이 문제에서 나올 수 있는 보기는 多

13 두 힘이 평형을 이루는 예가 아닌 것은?

① 책상 위에 책이 놓여 있을 때
② 물체가 빗면 위를 미끄러져 내려올 때
③ 용수철에 추가 매달려 정지해 있을 때
④ 처마 끝에 종이 줄에 매달려 정지해 있을 때
⑤ 수평면에서 물체를 끌어도 움직이지 않을 때
⑥ 줄다리기에서 줄이 어느 쪽으로도 움직이지 않을 때

서술형 정복하기

▶ 정답과 해설 37쪽

1단계 단답형으로 쓰기

1 물체에 과학에서의 힘을 작용했을 때, 변할 수 있는 요소 두 가지를 쓰시오.

2 힘의 단위는 무엇인지 쓰시오.

3 화살표로 힘을 표시할 때 나타낼 수 있는 요소 세 가지를 쓰시오.

4 물체에 둘 이상의 힘이 동시에 작용할 때, 이와 같은 효과를 나타내는 하나의 힘을 무엇이라고 하는지 쓰시오.

5 물체에 작용하는 두 힘의 합력이 0이어서 물체가 아무런 힘을 받지 않는 것처럼 보이는 상태를 무엇이라고 하는지 쓰시오.

2단계 제시된 단어를 모두 이용하여 서술하기

[6~10] 각 문제에 제시된 단어를 모두 이용하여 답을 서술하시오.

6 과학에서의 힘의 정의를 서술하시오.

운동 상태, 모양, 원인

7 화살표로 힘을 표시할 때 나타내는 방법을 서술하시오.

화살표의 시작점, 화살표의 방향, 화살표의 길이

8 한 물체에 10 N과 7 N의 두 힘이 모두 오른쪽으로 작용할 때 합력의 방향과 크기를 풀이 과정과 함께 구하시오.

오른쪽, 합력

9 한 물체에 두 힘이 반대 방향으로 작용할 때 두 힘의 합력의 크기를 구하는 방법을 서술하시오.

크기, 큰 힘, 작은 힘

10 물체에 작용하는 두 힘이 평형을 이루는 조건을 서술하시오.

크기, 방향, 일직선상

서술형 정복하기

3단계 실전 문제 풀어 보기

11 다음과 같이 힘이 작용하여 물체의 모양이 변하는 예 두 가지를 쓰시오.

> 색 점토를 잡아당기면 늘어난다.

답안 작성 tip

12 야구 방망이로 세게 칠 때 야구공에는 힘이 작용한다. 이때 나타나는 변화 두 가지를 서술하시오.

13 그림과 같이 화살표로 나타낸 힘의 크기와 방향을 서술하시오. (단, 1 cm 길이의 화살표는 2 N이다.)

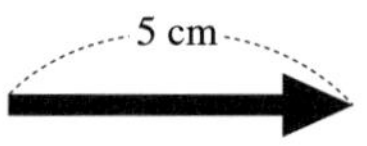

답안 작성 tip

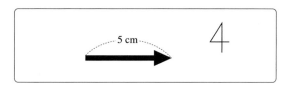

14 그림은 물체에 왼쪽으로 작용하는 10 N의 힘을 화살표로 나타낸 것이다. 같은 직선상에서 물체에 오른쪽으로 작용하는 4 N의 힘을 화살표로 나타내시오.

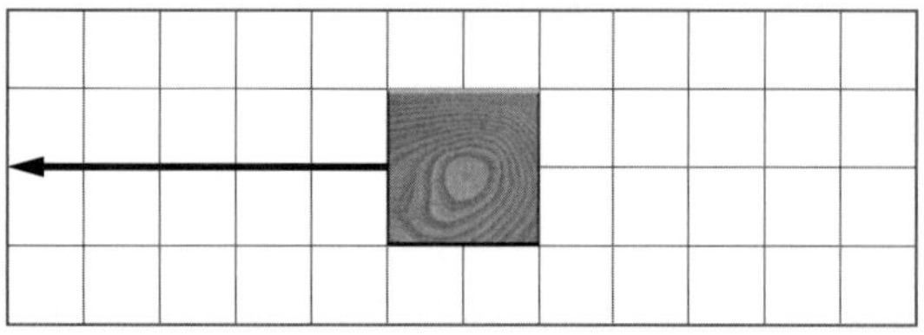

15 그림과 같이 한 물체에 두 힘이 같은 방향으로 작용할 때, 두 힘의 합력의 크기와 방향을 풀이 과정과 함께 구하시오.

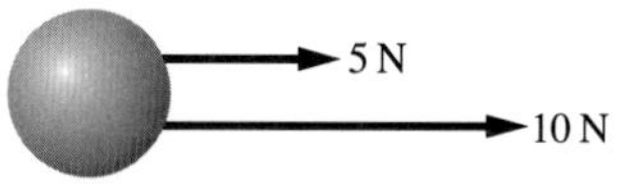

16 그림과 같이 한 물체에 두 힘이 반대 방향으로 작용할 때, 두 힘의 합력의 크기와 방향을 풀이 과정과 함께 구하시오.

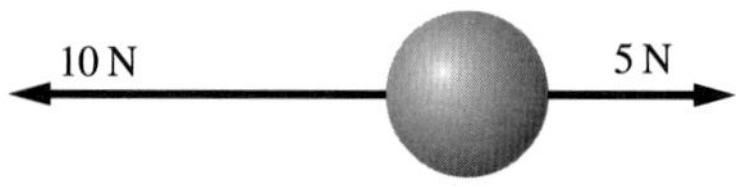

답안 작성 tip

17 한 물체에 8 N과 3 N의 힘이 동시에 작용할 때 두 힘의 합력의 크기가 가장 큰 경우와 가장 작은 경우를 구하고, 그 까닭을 서술하시오.

답안 작성 tip

18 그림과 같이 한 물체에 3 N과 6 N의 힘이 오른쪽으로 동시에 작용하고 있으나 물체가 움직이지 않았다. 이때 왼쪽으로 작용하고 있는 힘의 크기를 풀이 과정과 함께 구하시오. (단, 물체에 작용하는 마찰은 무시한다.)

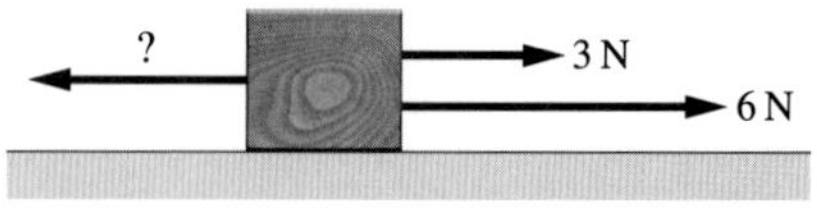

답안 작성 tip

12. 과학에서의 힘이 작용할 때 변할 수 있는 요소 두 가지에 맞추어 서술한다. **14.** 10 N의 힘을 모눈종이에서 5칸으로 나타낸 것을 기준으로 문제를 푼다. **17.** 두 힘이 물체에 작용하는 방향이 같은 경우와 반대인 경우로 구한다. **18.** 물체에 작용하는 힘들이 평형을 이루고 있다.

1 중력

(1) 중력: 지구, 달 등과 같은 천체가 물체를 당기는 힘

① 방향: ❶ ______ 방향

② 크기: 물체의 질량이 클수록 크다

▲ 중력의 방향

(2) 무게와 질량

구분	❷ ______	❸ ______
정의	물체에 작용하는 중력의 크기	물질의 고유한 양
단위	N(뉴턴)	g(그램), kg(킬로그램)
측정 기구	용수철저울, 앉은뱅이저울	양팔저울, 윗접시저울
특징	측정 장소에 따라 달라진다.	측정 장소가 바뀌어도 일정하다.
관계	무게는 질량에 비례한다. ➡ 지구 표면에서 물체의 무게=9.8×질량	

(3) 지구와 달에서의 무게와 질량

① 지구와 달에서 질량은 같다.

② 달에서 물체의 무게는 지구에서의 약 $\frac{1}{6}$이다.

예 질량이 30 kg인 물체의 무게는 지구에서 (9.8×30) N =294 N이고, 달에서 $294 \times \frac{1}{6} = 49$ N이다.

2 탄성력

(1) 탄성력: 변형된 물체가 원래 모양으로 되돌아가려는 힘

① 방향: 탄성체에 작용한 힘의 방향과 ❹ ______ 방향

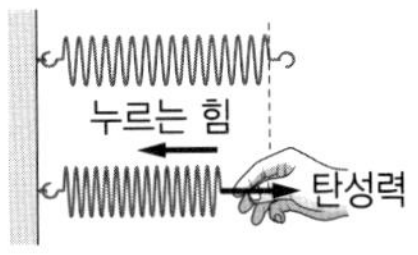

▲ 탄성력의 방향

② 크기: 탄성체에 작용한 힘의 크기와 같고, 탄성체의 변형이 클수록 크다

예 용수철을 왼쪽으로 2 N의 힘으로 누르면 탄성력은 오른쪽으로 2 N의 크기만큼 작용한다.

(2) 용수철이 늘어난 길이와 용수철의 탄성력과의 관계: 용수철이 늘어난 길이가 2배, 3배가 되면 탄성력의 크기도 2배, 3배가 된다. ➡ 용수철의 탄성력 크기는 용수철이 늘어난 길이에 ❺ ______한다.

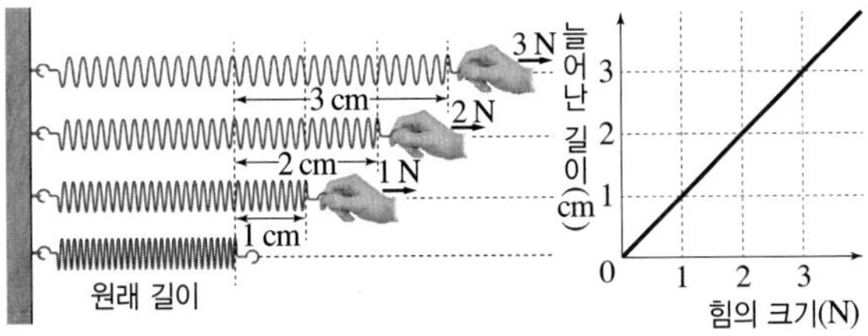

3 마찰력

(1) 마찰력: 두 물체의 접촉면에서 물체의 운동을 방해하는 힘

① 방향: 물체가 운동하거나 운동하려는 방향과 ❻ ______ 방향

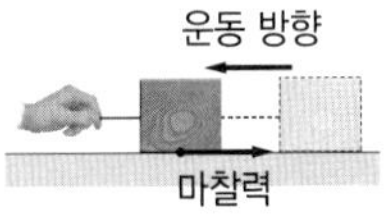

▲ 마찰력의 방향

② 크기: 물체의 무게가 무거울수록 크고, 접촉면이 ❼ ______ 크다.

예 • 물체의 무게에 따른 마찰력의 크기 비교

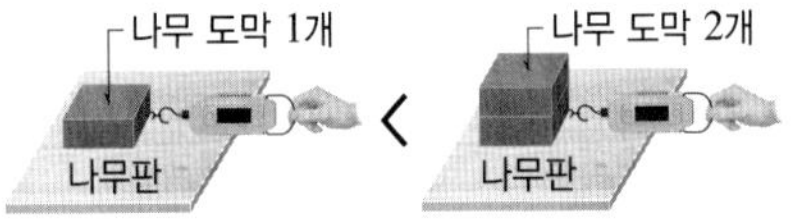

• 접촉면의 거칠기에 따른 마찰력의 크기 비교

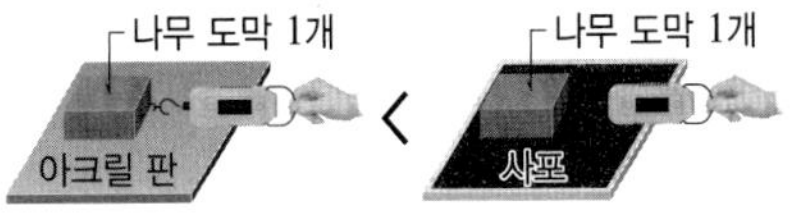

(2) 마찰력의 이용

크게 하는 경우	작게 하는 경우
• 계단 끝에 미끄럼 방지 패드를 붙인다. • 눈 오는 날 자동차 타이어에 체인을 감는다.	• 수영장의 미끄럼틀에 물을 뿌린다. • 기계나 자전거의 체인에 윤활유를 사용한다.

4 부력

(1) 부력: 액체나 기체가 물체를 위로 밀어 올리는 힘

① 방향: ❽ ______과 반대 방향

② 크기: 물체가 물에 잠기기 전후 무게의 차이와 ❾ ______.

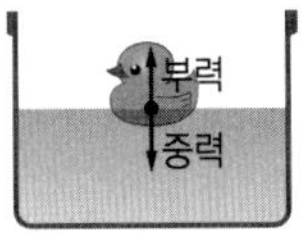

▲ 부력과 중력의 방향

부력의 크기=(물 밖에서 물체의 무게)−(물속에서 물체의 무게)

예 무게가 10 N인 추를 물속에 넣었을 때 무게가 8 N이면, 추에 작용한 부력의 크기는 10 N−8 N=2 N이다.

(2) 부력의 이용

액체 속에서 받는 부력	기체 속에서 받는 부력
• 구명조끼, 구명환, 튜브를 사용하면 물에 쉽게 뜬다. • 무거운 배가 부력을 이용해 물 위에 뜬다.	• 열기구 안이 뜨거운 공기로 차면 부력이 생겨 뜬다. • 헬륨을 채운 비행선이 부력을 이용해 뜬다.

잠깐 테스트

≫ 정답과 해설 38쪽

MEMO

1 지구에서 어떤 물체에 작용하는 중력의 방향은 (　　　) 방향이다.

2 지구에서 질량이 30 kg인 물체를 달에 가져갈 때, 달에서 이 물체의 질량과 무게를 각각 구하시오.

3 탄성력은 변형된 물체가 원래 모양으로 되돌아가려는 힘으로, 탄성력의 크기는 탄성체의 변형이 (　　　)수록 크다.

4 오른쪽 그림과 같이 마찰이 없는 수평면에서 용수철의 한쪽 끝을 고정시키고 용수철에 연결된 물체를 5 N의 힘으로 왼쪽으로 밀었다. 이때 용수철에 작용하는 탄성력의 방향은 ①(　　　)이고, 탄성력의 크기는 ②(　　　) N이다.

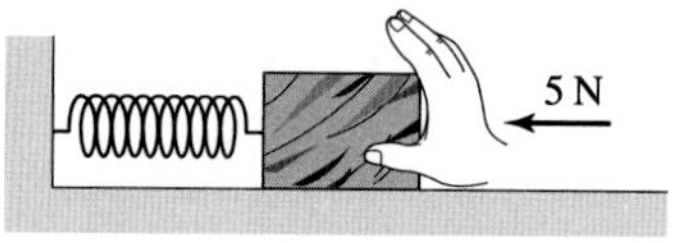

5 마찰력은 두 물체의 접촉면에서 물체의 운동을 ①(　　　)하는 힘으로 물체가 운동하거나 운동하려는 방향과 ②(　　　) 방향으로 작용한다.

6 오른쪽 그림과 같이 수평면 위에서 무게가 50 N인 물체를 10 N의 힘으로 밀었더니 물체가 오른쪽으로 미끄러지며 움직였다. 이에 대한 설명으로 옳은 것은 ○, 옳지 <u>않은</u> 것은 ×로 표시하시오.

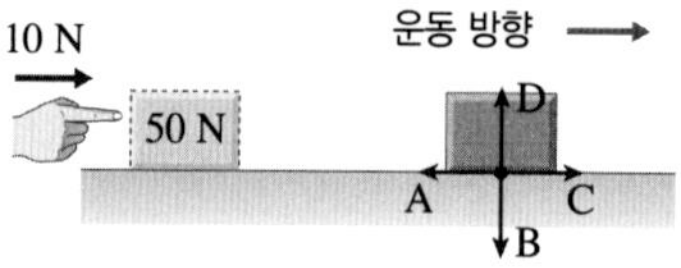

(1) 물체에 작용한 마찰력의 방향은 C이다. ……………………………………………… (　　　)
(2) 물체가 받는 중력의 크기는 50 N이다. ……………………………………………… (　　　)
(3) 물체가 받은 마찰력의 크기는 50 N이다. ……………………………………………… (　　　)

7 마찰력의 크기는 물체의 무게가 ①(　　　)수록, 접촉면이 ②(　　　)수록 크다.

8 부력의 방향은 중력의 방향과 ①(　　　) 방향이며, 부력의 크기는 물체가 물에 잠기기 전후 무게의 차이와 ②(　　　).

9 부력을 이용한 경우를 보기에서 모두 고르시오.

보기		
ㄱ. 구명조끼	ㄴ. 풍등	ㄷ. 양궁
ㄹ. 등산화	ㅁ. 열기구	ㅂ. 미끄럼틀

계산력·암기력 강화 문제

» 정답과 해설 38쪽

지구와 달에서 무게와 질량 구하기

- 무게: 물체에 작용하는 중력의 크기로, 측정 장소에 따라 변한다. [단위: N(뉴턴)]
  ➡ 지구에서의 무게 $\times \frac{1}{6}$ = 달에서의 무게
- 질량: 물체의 고유한 양으로, 측정 장소가 바뀌어도 변하지 않는다. [단위: g(그램), kg(킬로그램)]
  ➡ 지구에서의 질량 = 달에서의 질량

■ 지구에서의 질량이 제시된 경우

1 지구에서 질량이 15 kg인 물체

(1) 달에서의 질량: (　　　) kg

(2) 지구에서의 무게: (　　　) N

(3) 달에서의 무게: (　　　) N

2 지구에서 질량이 6 kg인 물체

(1) 달에서의 질량: (　　　) kg

(2) 지구에서의 무게: (　　　) N

(3) 달에서의 무게: (　　　) N

■ 달에서의 질량이 제시된 경우

3 달에서 질량이 24 kg인 물체

(1) 지구에서의 질량: (　　　) kg

(2) 지구에서의 무게: (　　　) N

(3) 달에서의 무게: (　　　) N

4 달에서 질량이 54 kg인 물체

(1) 지구에서의 질량: (　　　) kg

(2) 지구에서의 무게: (　　　) N

(3) 달에서의 무게: (　　　) N

■ 지구에서의 무게가 제시된 경우

5 지구에서 무게가 29.4 N인 물체

(1) 지구에서의 질량: (　　　) kg

(2) 달에서의 질량: (　　　) kg

(3) 달에서의 무게: (　　　) N

6 지구에서 무게가 588 N인 물체

(1) 지구에서의 질량: (　　　) kg

(2) 달에서의 질량: (　　　) kg

(3) 달에서의 무게: (　　　) N

■ 달에서의 무게가 제시된 경우

7 달에서 무게가 49 N인 물체

(1) 지구에서의 무게: (　　　) N

(2) 지구에서의 질량: (　　　) kg

(3) 달에서의 질량: (　　　) kg

8 달에서 무게가 196 N인 물체

(1) 지구에서의 무게: (　　　) N

(2) 지구에서의 질량: (　　　) kg

(3) 달에서의 질량: (　　　) kg

계산력·암기력 강화 문제

용수철을 잡아당긴 힘의 크기와 용수철이 늘어난 길이

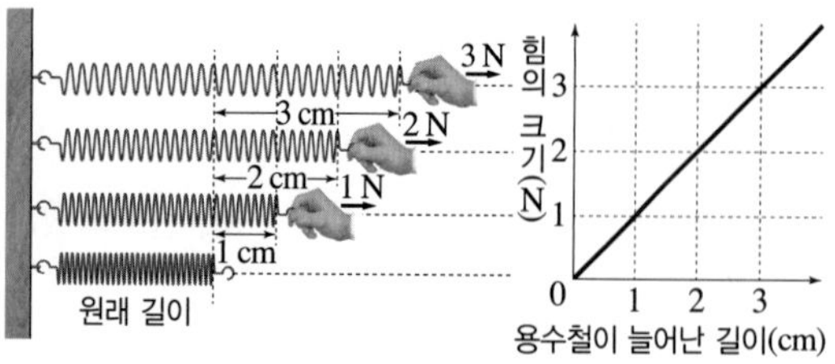

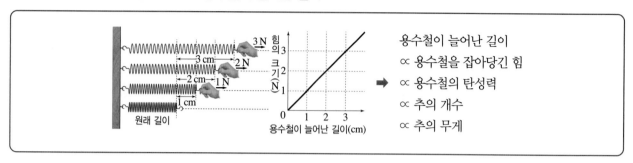

➡ 용수철이 늘어난 길이
∝ 용수철을 잡아당긴 힘
∝ 용수철의 탄성력
∝ 추의 개수
∝ 추의 무게

■ 용수철이 늘어난 길이 구하기

1 5 N의 힘으로 당겼을 때 1 cm 늘어나는 용수철이 있다. 이 용수철을 15 N의 힘으로 당긴다면 용수철은 몇 cm 늘어나는지 구하시오.

2 50 N의 힘으로 당겼을 때 30 cm 늘어나는 용수철이 있다. 이 용수철을 80 N의 힘으로 당긴다면 용수철은 몇 cm 늘어나는지 구하시오.

3 길이가 30 cm인 용수철을 10 N의 힘으로 당겼더니 용수철의 전체 길이가 35 cm가 되었다. 이 용수철을 20 N의 힘으로 당긴다면 용수철은 몇 cm 늘어나는지 구하시오.

4 길이가 10 cm인 용수철을 100 N의 힘으로 당겼더니 용수철의 전체 길이가 13 cm가 되었다. 이 용수철을 300 N의 힘으로 당긴다면 용수철의 전체 길이는 몇 cm가 되는지 구하시오.

■ 용수철을 당긴 힘의 크기 구하기

5 20 N의 힘으로 당겼을 때 8 cm 늘어나는 용수철이 있다. 이 용수철을 당겨서 용수철의 길이가 20 cm 늘어났다면, 용수철을 당긴 힘의 크기는 몇 N인지 구하시오.

6 길이가 50 cm인 용수철을 10 N의 힘으로 당겼더니 용수철의 전체 길이가 52 cm가 되었다. 이 용수철을 당겨서 용수철의 길이가 1 cm 늘어났다면, 용수철을 당긴 힘의 크기는 몇 N인지 구하시오.

7 길이가 10 cm인 용수철을 5 N의 힘으로 당겼더니 용수철의 전체 길이가 12 cm가 되었다. 이 용수철을 당겨서 전체 길이가 20 cm가 되었다면, 용수철을 당긴 힘의 크기는 몇 N인지 구하시오.

정답과 해설 39쪽

01 중력에 대한 설명으로 옳지 않은 것은?

① 중력의 방향은 항상 지구 중심 방향이다.
② 중력의 크기는 물체의 질량과 관계가 없다.
③ 달에서의 중력은 지구에서의 중력보다 작다.
④ 지구에서 멀어질수록 중력의 크기는 작아진다.
⑤ 중력의 크기는 측정하는 장소에 따라 달라질 수 있다.

02 그림은 지구 주위에 있는 물체를 나타낸 것이다.

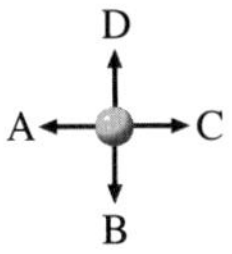

물체에 작용하는 중력의 방향으로 옳은 것은?

① A ② B ③ C
④ D ⑤ 알 수 없다.

03 중력에 의해 나타나는 현상이 아닌 것은?

① 눈이 땅바닥에 떨어진다.
② 잘 익은 사과가 나무에서 떨어진다.
③ 물이 높은 곳에서 낮은 곳으로 흐른다.
④ 비행기에서 뛰어내린 스카이다이버가 아래로 떨어진다.
⑤ 컴퓨터 자판을 눌렀다가 떼면 다시 원래대로 돌아온다.

04 질량과 무게에 대한 설명으로 옳은 것은?

구분	무게	질량
① 정의	물질의 고유한 양	중력의 크기
② 단위	g, kg	N
③ 측정 기구	윗접시저울	용수철저울
④ 특징	측정 장소가 바뀌어도 일정함	측정 장소에 따라 달라짐
⑤ 관계	지구 표면에서 물체의 무게=9.8×질량	

05 질량이 20 kg인 물체에 작용하는 지구 중력의 크기는?

① 19.6 N ② 20 N ③ 98 N
④ 196 N ⑤ 200 N

06 지구에서 무게가 58.8 N인 물체를 달에 가져갔을 때 측정한 무게와 질량을 옳게 짝 지은 것은?

	무게	질량
①	9.8 N	6 kg
②	9.8 N	9.8 kg
③	58.8 N	6 kg
④	58.8 N	36 kg
⑤	352.8 N	36 kg

07 표는 여러 천체에서 중력의 상대적 크기를 나타낸 것이다.

천체	지구	금성	화성	목성
중력의 상대적 크기	1	0.93	0.38	2.5

지구에서 질량이 10 kg인 물체의 무게와 질량을 여러 천체에서 측정할 때에 대한 설명으로 옳은 것을 보기에서 모두 고른 것은?

보기
ㄱ. 물체의 질량은 목성에서 가장 크다.
ㄴ. 물체의 무게는 화성에서 가장 작다.
ㄷ. 금성에서 물체의 질량은 10 kg이다.
ㄹ. 목성에서 물체의 무게는 25 N이다.

① ㄱ, ㄴ ② ㄱ, ㄷ ③ ㄴ, ㄷ
④ ㄴ, ㄹ ⑤ ㄷ, ㄹ

중단원 기출 문제

이 문제에서 나올 수 있는 보기는 多

08 탄성력에 대한 설명으로 옳지 않은 것을 모두 고르면? (2개)

① 탄성체의 변형이 클수록 탄성력의 크기가 크다.
② 탄성력의 크기는 탄성체에 작용한 힘의 크기와 같다.
③ 탄성력의 방향은 탄성체를 변형시킨 힘의 방향과 같다.
④ 탄성체는 아무리 크게 변형되어도 처음 상태로 돌아간다.
⑤ 변형된 물체가 원래 모양으로 되돌아가려는 힘이다.
⑥ 장대높이뛰기, 양궁, 다이빙 등은 탄성력을 이용한 운동이다.
⑦ 탄성체가 늘어날 수 있는 한계 이상으로 힘을 작용하면 탄성체는 탄성을 잃고 처음 상태로 돌아가지 못한다.

09 그림과 같이 용수철의 한쪽 끝을 고정하고 다른 쪽을 힘 센서로 당기면서 힘 센서의 값을 확인하였더니 10 N이었다.

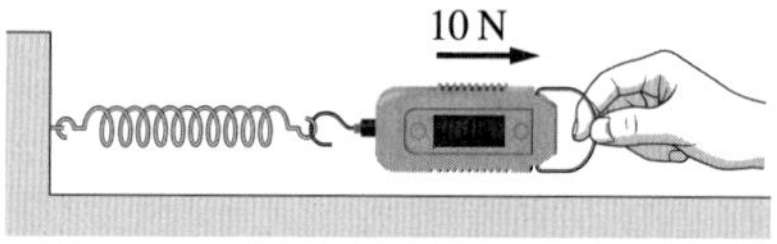

이에 대한 설명으로 옳은 것을 보기에서 모두 고른 것은?

> 보기
> ㄱ. 용수철에 작용하는 탄성력의 방향은 왼쪽이다.
> ㄴ. 용수철에 작용하는 탄성력의 크기는 5 N이다.
> ㄷ. 용수철을 오른쪽으로 더 잡아당기면 탄성력의 크기는 더 커진다.

① ㄱ ② ㄴ ③ ㄷ
④ ㄱ, ㄷ ⑤ ㄴ, ㄷ

10 용수철을 3 N의 힘으로 잡아 당겼더니 용수철의 전체 길이가 10 cm였고, 용수철을 9 N의 힘으로 잡아 당겼더니 전체 길이가 14 cm가 되었다. 이 용수철을 12 N의 힘으로 잡아 당겼다면, 이때 용수철의 늘어난 길이는?

① 8 cm ② 10 cm ③ 12 cm
④ 14 cm ⑤ 16 cm

11 표는 용수철에 매다는 추의 개수를 증가시키면서 용수철이 늘어난 길이를 측정한 결과이다.

추의 개수(개)	1	2	3	4
늘어난 길이(cm)	3	6	9	12

이 용수철을 달에 가져가서 용수철에 6개의 추를 매달 때, 용수철이 늘어난 길이는?

① 1.5 cm ② 3 cm ③ 4.5 cm
④ 6 cm ⑤ 7.5 cm

12 탄성력을 이용한 예가 아닌 것은?

① 양궁 ② 다이빙대 ③ 빨래집게
④ 암벽 등반 ⑤ 용수철저울

13 마찰력에 대한 설명으로 옳지 않은 것은?

① 접촉면에서 물체의 운동을 방해하는 힘이다.
② 운동 방향과 반대 방향으로 작용한다.
③ 물체의 무게가 무거울수록 크다.
④ 바닥과 닿는 접촉면이 거칠수록 크다.
⑤ 바닥과 닿는 접촉면의 넓이가 넓을수록 크다.

14 그림과 같이 무게가 30 N인 물체를 20 N의 힘으로 오른쪽으로 끌었지만 물체가 움직이지 않았다.

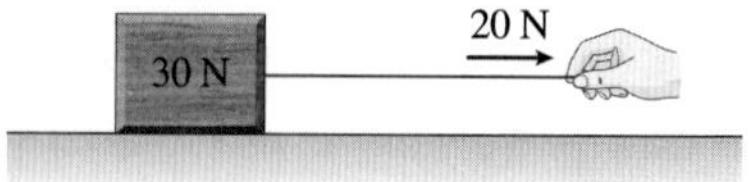

이때 물체에 작용한 마찰력의 크기와 방향은?

① 10 N, 왼쪽 ② 20 N, 오른쪽
③ 20 N, 왼쪽 ④ 30 N, 오른쪽
⑤ 30 N, 왼쪽

15 그림과 같이 동일한 나무 도막을 나무판 위에 올려놓고 힘 센서를 연결하여 끌어당겼다.

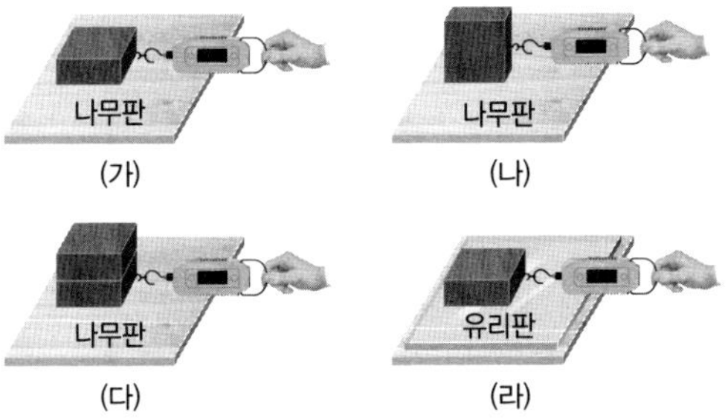

마찰력에 영향을 주는 요인을 알아보기 위해 비교해야 할 실험을 옳게 짝 지은 것은?

	무게	접촉면의 거칠기
①	(가)와 (나)	(가)와 (다)
②	(가)와 (나)	(가)와 (라)
③	(가)와 (다)	(가)와 (라)
④	(나)와 (다)	(나)와 (라)
⑤	(나)와 (다)	(다)와 (라)

이 문제에서 나올 수 있는 보기는 多

16 마찰력을 작게 하기 위한 방법을 모두 고르면? (2개)

① 빙판길에 연탄재를 뿌린다.
② 기계의 베어링에 윤활유를 뿌린다.
③ 매달리기를 할 때 손에 가루를 묻힌다.
④ 내리막 도로에 미끄럼 방지 포장을 한다.
⑤ 창문과 창틀 사이에 작은 바퀴를 설치한다.
⑥ 눈이 오는 날 자동차 바퀴에 체인을 감는다.
⑦ 등산을 할 때 바닥이 울퉁불퉁한 신발을 신는다.

17 오른쪽 그림은 하늘 위로 올라가고 있는 풍등의 모습을 나타낸 것이다. 풍등이 공기 중에 뜨게 하는 힘에 대한 설명으로 옳은 것을 보기에서 모두 고른 것은?

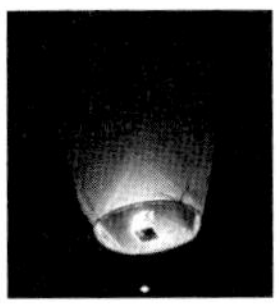

보기
ㄱ. 힘의 방향은 중력과 같은 방향이다.
ㄴ. 풍등이 클수록 힘의 크기도 커진다.
ㄷ. 물체의 재질에 따라 힘의 크기가 달라진다.
ㄹ. 액체 속에 있는 물체에도 작용하는 힘이다.

① ㄱ, ㄴ　② ㄱ, ㄷ　③ ㄴ, ㄷ
④ ㄴ, ㄹ　⑤ ㄷ, ㄹ

18 오른쪽 그림과 같이 물이 담긴 수조에 부피가 같은 두 물체 A, B를 넣었더니 A는 가라앉았고 B는 물에 반쯤 잠긴 상태로 떠 있었다. A, B에 작용하는 부력과 중력의 크기를 옳게 비교한 것은?

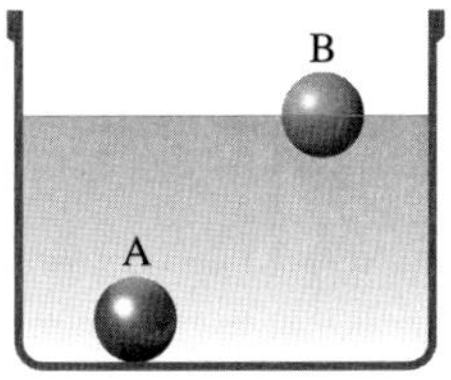

	부력의 크기	중력의 크기
①	A>B	A>B
②	A>B	A=B
③	A=B	A=B
④	A=B	A<B
⑤	A<B	A<B

19 오른쪽 그림과 같이 추를 물속에 완전히 잠기게 하였더니 힘 센서의 값이 8 N이었다. 추가 물속에서 받는 부력의 크기가 2 N일 때 물 밖에서 추의 무게는?

① 2 N　② 6 N　③ 8 N
④ 10 N　⑤ 12 N

20 오른쪽 그림과 같이 무게가 10 N인 추를 힘 센서에 매달아 물이 가득 찬 수조 속에 넣었더니 힘 센서의 값이 7 N이 되었다. 이때 수조에서 넘친 물의 무게는?

① 1 N　② 2 N　③ 3 N
④ 7 N　⑤ 10 N

21 부력을 이용하는 경우가 아닌 것은?

① 놀이공원의 헬륨 풍선
② 하늘로 띄워지는 풍등
③ 물 위에 떠 있는 무거운 배
④ 바다에서 착용하는 구명조끼
⑤ 수영장에서 사용하는 다이빙대

서술형 정복하기

1단계 단답형으로 쓰기

1 지구가 물체를 당기는 힘을 무엇이라고 하는지 쓰시오.

---

2 물체에 작용하는 중력의 크기를 무엇이라고 하는지 쓰시오.

---

3 탄성력의 방향을 탄성체에 작용한 힘의 방향과 비교하여 쓰시오.

---

4 두 물체의 접촉면에서 물체의 운동을 방해하는 힘을 무엇이라고 하는지 쓰시오.

---

5 물체의 무게가 무거울수록 물체에 작용하는 마찰력의 크기는 어떻게 변하는지 쓰시오.

---

6 부력의 방향을 중력의 방향과 비교하여 쓰시오.

2단계 제시된 단어를 모두 이용하여 서술하기

[7~10] 각 문제에 제시된 단어를 모두 이용하여 답을 서술하시오.

7 오른쪽 그림은 지구 가까이에 있는 물체를 나타낸 것이다. 물체를 이곳에 놓았을 때 A~E 중 어느 방향으로 움직이는지 고르고, 그 까닭을 서술하시오.

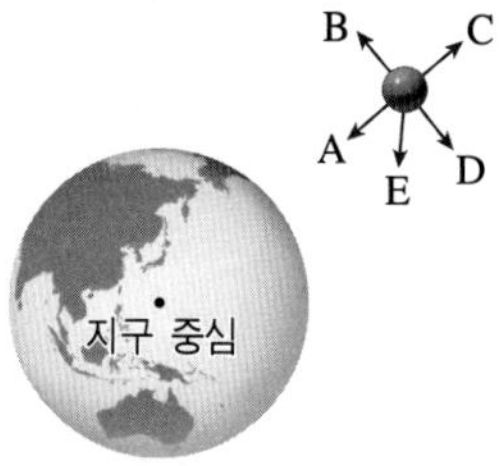

> 물체, 중력, 지구 중심

---

8 오른쪽 그림과 같이 용수철에 추를 매달았더니 용수철이 늘어났다. 이때 추에 작용하는 힘의 종류와 힘의 방향을 서술하시오.

> 추, 중력, 탄성력

---

9 무게가 50 N인 물체를 오른쪽으로 20 N의 힘으로 끌어당겼더니 물체가 움직이기 시작했다. 이때 물체에 작용한 마찰력의 크기와 방향을 서술하시오.

> 마찰력, 운동 방향, 반대

---

10 오른쪽 그림과 같이 모양과 크기가 같은 두 물체 A, B가 물이 담긴 수조에 떠 있을 때, 두 물체에 작용하는 부력의 크기를 비교하여 서술하시오.

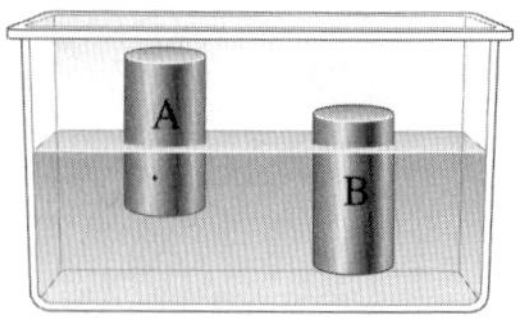

> 물에 잠긴 부피, 부력

정답과 해설 40쪽

3단계 실전 문제 풀어 보기

11 지구에서 질량이 60 kg인 물체가 있다.

(1) 지구에서 이 물체의 무게를 측정했을 때 몇 N인지 풀이 과정과 함께 구하시오.

(2) 달에서 이 물체의 무게를 측정했을 때 몇 N인지 풀이 과정과 함께 구하시오.

답안 작성 tip

12 그림과 같이 용수철을 잡아당겼을 때 용수철을 잡아당긴 힘의 크기와 용수철이 늘어난 길이가 표와 같았다.

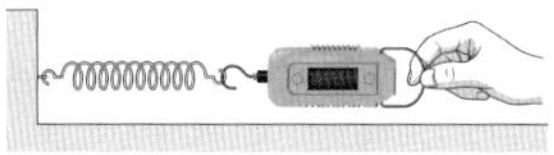

힘의 크기(N)	늘어난 길이(cm)
10	2
20	4
30	6

(1) 위 결과를 이용하여 용수철을 잡아당긴 힘의 크기와 용수철이 늘어난 길이의 관계를 나타내는 그래프를 완성하시오.

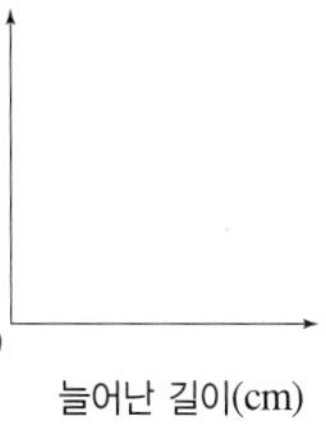

(2) 위 용수철을 잡아당겼더니 용수철이 50 cm 늘어났다. 이때 잡아당긴 힘의 크기는 몇 N인지 풀이 과정과 함께 구하시오.

13 그림과 같이 나무판 위에 나무 도막을 올려놓고 천천히 끌면서 힘 센서의 값을 확인하였다.

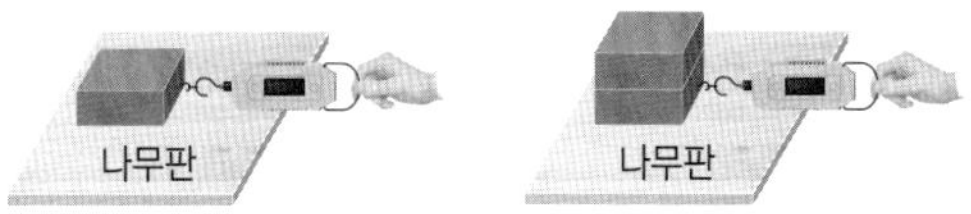

(가) (나)

(가)와 (나)의 결과를 비교하여 알 수 있는 사실을 서술하시오.

14 손에 잡고 있던 헬륨 풍선을 놓으면 헬륨 풍선이 하늘로 올라간다. 헬륨 풍선이 하늘로 올라가는 까닭을 중력과 부력의 크기를 이용하여 서술하시오.

답안 작성 tip

15 그림 (가)와 같은 상태에서 나무 도막 위에 장난감을 올렸더니 그림 (나)와 같이 나무 도막이 물속에 더 많이 잠기기는 하였으나 여전히 물 위에 떠 있었다.

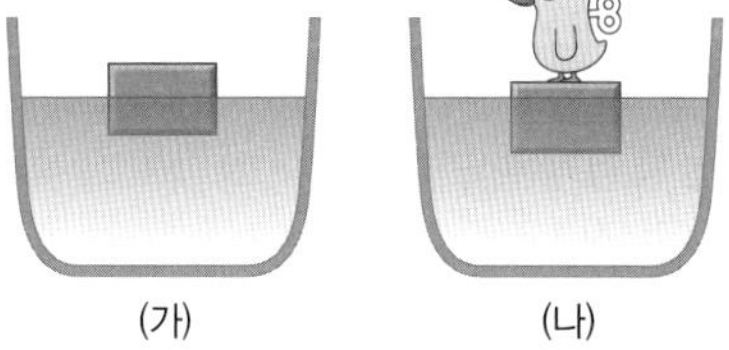

(가) (나)

이때 나무 도막에 작용하는 부력의 크기 변화를 서술하시오.

답안 작성 tip

12. (1) 힘의 크기가 2배, 3배로 증가할 때 용수철이 늘어난 길이도 2배, 3배로 증가하는 관계이다. (2) 10N의 힘으로 잡아당겼을 때의 결과를 기준으로 비례식을 세워 문제를 푼다. **15.** 물체가 물에 떠 있을 때는 물체에 작용하는 부력과 중력의 크기가 같다. 물체의 무게가 달라졌는데도 여전히 떠 있다면, 물체에 작용하는 부력의 크기도 달라진 것이다.

≫ 정답과 해설 41쪽

1 알짜힘과 운동 상태 변화

(1) ❶ ______: 물체에 작용하는 모든 힘들의 합력으로, 물체가 받는 순 힘

(2) 알짜힘에 따른 운동 상태 변화

① 알짜힘이 0일 때: 물체는 정지해 있거나 일정한 운동 상태를 유지한다.

② 알짜힘이 0이 아닐 때: 운동 상태가 변한다.

운동 방향과 나란한 방향으로 힘의 작용	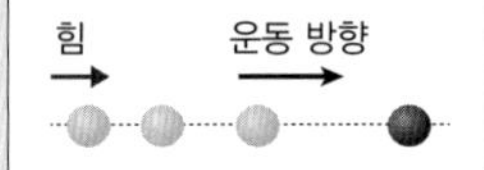	물체의 ❷ ______이 변한다.
운동 방향과 ❸ ______ 방향으로 힘의 작용	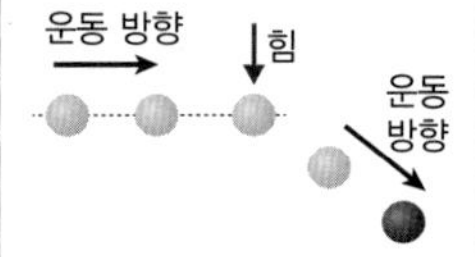	물체의 운동 방향이 변한다.
운동 방향과 비스듬한 방향으로 힘의 작용	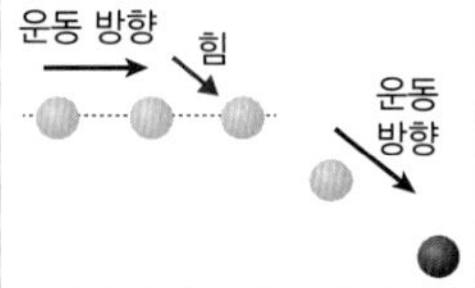	물체의 속력과 운동 방향이 모두 변한다.

2 속력과 운동 방향이 변하는 운동

(1) 속력만 변하는 운동: 알짜힘이 운동 방향과 나란한 방향으로 작용

	속력이 점점 ❹ ______하는 운동	속력이 점점 감소하는 운동
물체의 모습	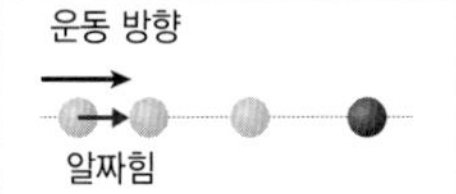	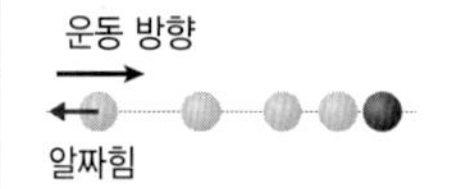
힘의 방향	운동 방향과 힘의 방향이 같다.	운동 방향과 힘의 방향이 반대이다.
예	자이로드롭, 경사면을 내려오는 수레, 스카이다이빙, 나무에서 떨어지는 사과 등	연직 위로 던져 올린 공, 운동장을 구르는 공, 브레이크를 밟은 자동차 등

(2) 운동 방향만 변하는 운동: 알짜힘이 운동 방향과 수직으로 작용

운동	물체가 일정한 속력으로 원을 그리며 움직이는 운동	
힘의 방향	원의 ❺ ______ 방향	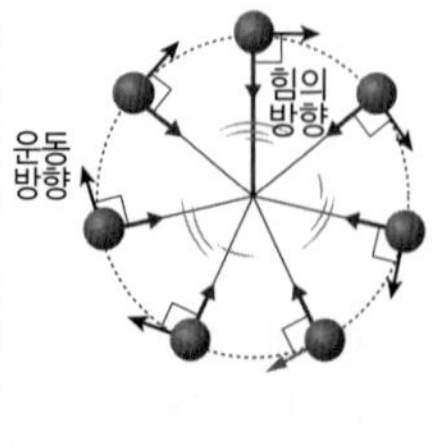
속력	항상 일정	
운동 방향	원의 접선 방향 ➡ 매 순간 변한다.	
힘과 운동	힘과 운동 방향이 서로 수직	
예	인공위성, 대관람차, 회전목마, 선풍기 날개	

(3) 속력과 운동 방향이 모두 변하는 운동: 알짜힘이 운동 방향과 ❻ ______ 작용

구분	비스듬히 던져 올린 물체가 포물선을 그리며 움직이는 운동	실에 매달린 물체가 같은 경로를 왕복하는 운동
물체의 모습	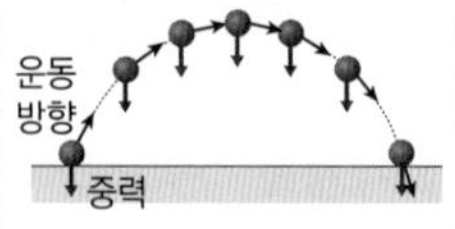	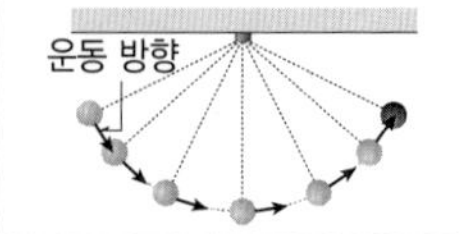
힘의 방향	중력이 항상 연직 아래 방향으로 작용한다.	계속 변한다.
속력	계속 변한다.	
운동 방향	운동 경로의 접선 방향 ➡ 매 순간 ❼ ______.	
힘과 운동	힘과 운동 방향이 비스듬하다.	
예	비스듬히 차 올린 축구공, 활시위를 떠난 화살의 운동 등	바이킹, 시계추, 그네 등

3 일상생활에서의 힘의 작용

(1) 바닥에 놓인 물체에 작용하는 힘

① 바닥에 놓인 물체에는 ❽ ______과 바닥이 물체를 떠받치는 힘이 작용한다.

② 물체에 작용하는 힘이 서로 ❾ ______을 이루고 있다. ➡ 물체에 작용하는 알짜힘은 0이다.

[책상 위에 놓인 책에 작용하는 힘]

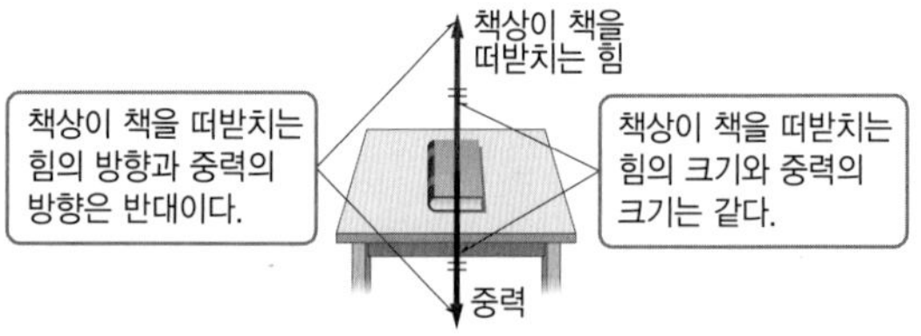

(2) 평형을 이루고 있는 물체에 작용하는 힘

용수철에 매달려 있는 추	물 위에 떠 있는 튜브	문을 멈추고 있는 장치
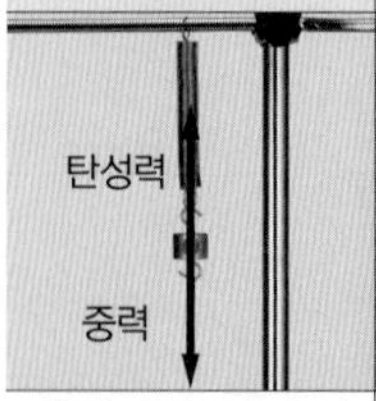	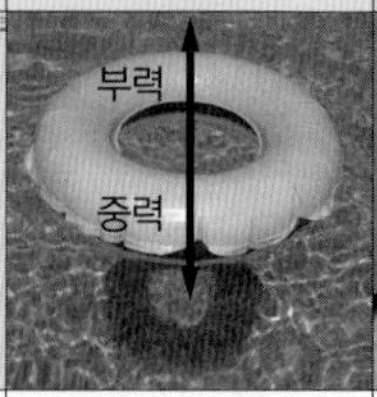	
탄성력과 중력이 평형을 이루고 있다.	부력과 중력이 평형을 이루고 있다.	마찰력과 닫히려는 힘이 평형을 이루고 있다.

정답과 해설 41쪽

MEMO

1 물체에 작용하는 힘의 방향에 따라 변하는 운동 상태로 옳은 것을 모두 고르시오.

(1) 물체에 운동 방향과 나란한 방향으로 힘이 작용하면 물체의 (속력, 운동 방향)이 변한다.

(2) 물체에 운동 방향과 수직 방향으로 힘이 작용하면 물체의 (속력, 운동 방향)이 변한다.

(3) 물체에 운동 방향과 비스듬한 방향으로 힘이 작용하면 물체의 (속력, 운동 방향)이 변한다.

2 질량이 같은 경우 알짜힘이 2배가 되면 속력 변화는 ①(　　　)배가 되고, 알짜힘이 같은 경우 질량이 2배가 되면 속력 변화는 ②(　　　)배가 된다.

3 물체의 운동 방향과 같은 방향으로 알짜힘이 작용하면 물체의 속력이 ①(증가, 감소)하고, 반대 방향으로 알짜힘이 작용하면 물체의 속력이 ②(증가, 감소)한다.

4 오른쪽 그림과 같이 일정한 속력으로 원운동을 하는 물체에 작용하는 힘의 방향은 ①(　　　)이고, 이 지점에서 실이 끊어졌을 때 물체가 날아가는 방향은 ②(　　　)이다.

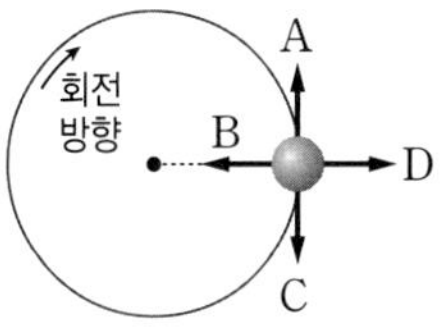

5 오른쪽 그림은 실에 매달린 물체가 같은 경로를 왕복하는 운동을 하는 모습을 일정한 시간 간격으로 나타낸 것이다. 이에 대한 설명으로 옳은 것은 ○, 옳지 않은 것은 ×로 표시하시오.

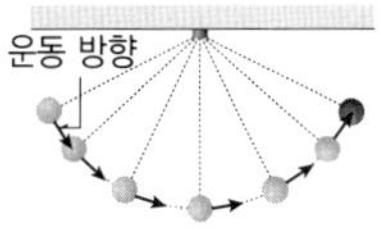

(1) 물체의 운동 방향만 변하는 운동이다. ································ (　　　)

(2) 물체의 운동 방향과 작용하는 알짜힘의 방향이 비스듬하다. ··········· (　　　)

(3) 물체에 작용하는 힘의 방향은 일정하다. ································ (　　　)

(4) 이와 같은 운동을 하는 예로는 바이킹, 시계추, 그네가 있다. ·········· (　　　)

6 다음의 여러 가지 운동과 관계있는 것끼리 선으로 연결하시오.

(1) 속력과 운동 방향이 일정한 운동 •　　　　• ㉠ 무빙워크

(2) 속력만 변하는 운동 •　　　　• ㉡ 인공위성

(3) 운동 방향만 변하는 운동 •　　　　• ㉢ 나무에서 떨어지는 사과

(4) 속력과 운동 방향이 모두 변하는 운동 •　　　　• ㉣ 비스듬히 차올린 축구공

7 바닥에 놓인 물체에는 ①(　　　)과 바닥이 물체를 떠받치는 힘이 작용하며, 이 두 힘이 ②(　　　)을 이루고 있다.

8 용수철에 매달려 있는 추에 작용하는 (　　　)과 중력은 평형을 이루고 있다.

중단원 기출 문제

01 그림과 같이 한 물체에 두 힘이 작용할 때, 알짜힘의 방향과 크기는?

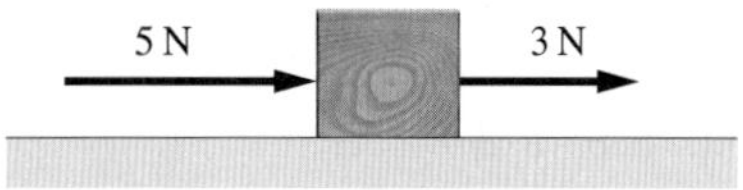

① 왼쪽으로 2 N ② 왼쪽으로 8 N
③ 오른쪽으로 2 N ④ 오른쪽으로 5 N
⑤ 오른쪽으로 8 N

02 그림과 같이 무게가 30 N인 물체를 20 N의 힘으로 끌었지만 물체가 움직이지 않았다.

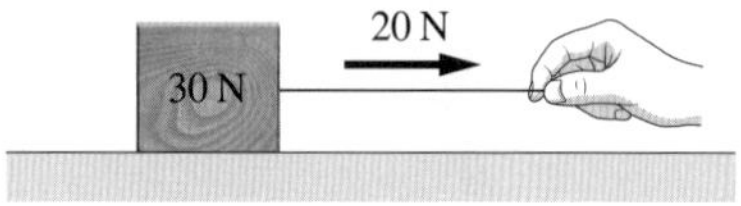

이때 물체의 작용하는 알짜힘은?

① 0 ② 10 N ③ 20 N
④ 30 N ⑤ 50 N

03 그림은 움직이던 물체에 힘을 가했을 때 물체가 운동하는 모습을 나타낸 것이다.

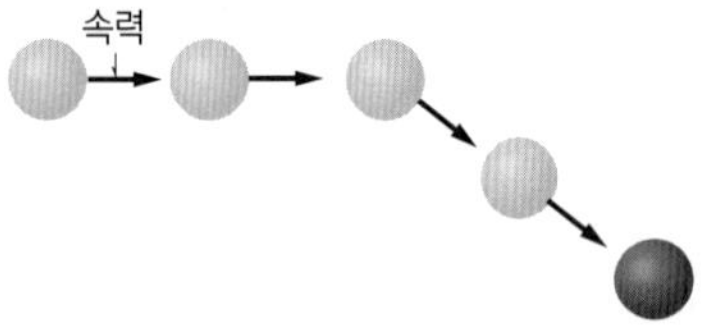

이때 물체에 작용한 힘의 방향에 대한 설명으로 옳은 것은? (단, 속력을 나타내는 화살표의 길이는 일정하다.)

① 힘이 작용하지 않았다.
② 힘이 운동 방향과 수직 방향으로 작용했다.
③ 힘이 운동 방향과 나란한 방향으로 작용했다.
④ 힘이 운동 방향과 비스듬한 방향으로 작용했다.
⑤ 힘이 작용한 방향을 알 수 없다.

04 운동하는 물체에 운동 방향과 같은 방향으로 알짜힘이 작용할 때 나타나는 현상은?

① 속력과 운동 방향이 모두 변한다.
② 속력과 운동 방향이 모두 변하지 않는다.
③ 속력은 변하지 않고, 운동 방향은 변한다.
④ 속력은 빨라지고, 운동 방향은 변하지 않는다.
⑤ 속력은 느려지고, 운동 방향은 변하지 않는다.

05 공기 저항을 무시할 때 위로 던져 올린 공이 올라가는 동안 공의 운동에 대한 설명으로 옳지 <u>않은</u> 것은?

① 속력이 점점 느려진다.
② 운동 방향은 일정하다.
③ 공에 작용하는 힘은 중력이다.
④ 공에 작용하는 힘의 방향은 연직 위 방향이다.
⑤ 공에 작용하는 힘의 방향과 공의 운동 방향이 반대이다.

06 마찰이 없는 수평면에 물체를 놓고 다음과 같이 힘을 가할 때, 속력 변화가 가장 큰 경우는?

① 질량이 10 kg인 물체에 20 N의 힘을 계속 가할 때
② 질량이 10 kg인 물체에 30 N의 힘을 계속 가할 때
③ 질량이 20 kg인 물체에 40 N의 힘을 계속 가할 때
④ 질량이 20 kg인 물체에 80 N의 힘을 계속 가할 때
⑤ 질량이 40 kg인 물체에 80 N의 힘을 계속 가할 때

≫ 정답과 해설 41쪽

07 그림과 같이 장치하고 빗면 위에서 탁구공을 굴리는 실험을 하였다.

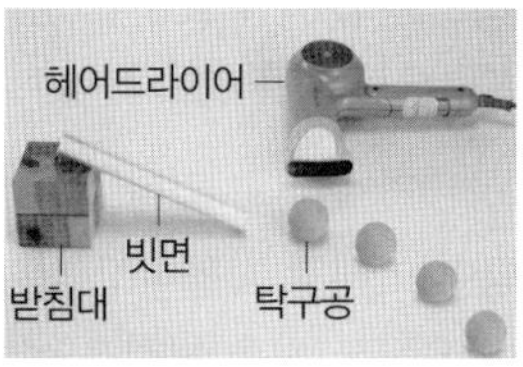

이때 탁구공의 운동 방향을 크게 변화시키는 방법으로 옳은 것을 보기에서 모두 고른 것은?

> 보기
> ㄱ. 탁구공보다 질량이 큰 고무공을 사용한다.
> ㄴ. 헤어드라이어의 바람의 세기를 강하게 한다.
> ㄷ. 헤어드라이어를 탁구공이 지나가는 길에 더 가깝게 놓는다.

① ㄱ　② ㄱ, ㄴ　③ ㄱ, ㄷ
④ ㄴ, ㄷ　⑤ ㄱ, ㄴ, ㄷ

08 오른쪽 그림과 같이 속력이 일정한 원운동을 하는 공에 작용하는 (가)힘의 방향과 (나)공의 운동 방향을 옳게 짝 지은 것은?

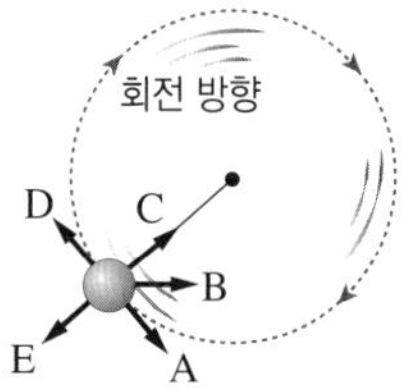

	(가)	(나)
①	A	C
②	B	E
③	C	D
④	D	A
⑤	E	B

09 물체의 운동 방향과 물체에 작용하는 힘의 방향이 수직인 운동을 하는 경우는?

① 
▲ 그네

② 
▲ 대관람차

③ 
▲ 모노레일

④ 
▲ 바이킹

⑤ 
▲ 자이로드롭

10 그림은 비스듬히 차올린 축구공의 운동 경로를 나타낸 것이다.

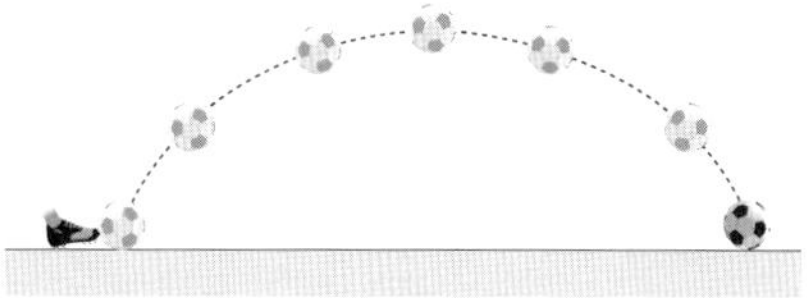

이에 대한 설명으로 옳은 것은? (단, 공기 저항은 무시한다.)

① 공의 운동 방향은 일정하다.
② 공은 일정한 속력으로 움직인다.
③ 속력과 운동 방향이 모두 변하는 운동이다.
④ 공에 작용하는 힘의 방향은 일정하지 않다.
⑤ 중력이 공의 운동 방향과 나란하게 작용한다.

11 오른쪽 그림은 실에 매달린 물체가 왕복 운동하는 모습을 나타낸 것이다. 이에 대한 설명으로 옳지 않은 것은? (단, 공기 저항은 무시한다.)

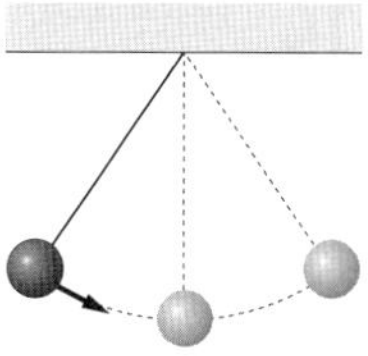

① 물체의 속력은 일정하다.
② 물체의 운동 방향은 계속 변한다.
③ 물체에 작용하는 알짜힘의 방향은 계속 변한다.
④ 물체에 작용하는 알짜힘의 방향은 운동 방향과 나란하지 않다.
⑤ 이와 같은 운동을 하는 예로는 바이킹, 그네가 있다.

12 그림 (가), (나)는 물체의 운동을 일정한 시간 간격으로 나타낸 것이다.

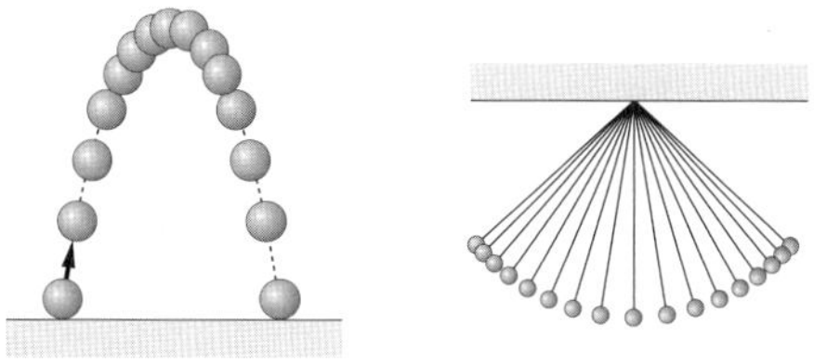

(가)　(나)

이에 대한 설명으로 옳은 것은? (단, 공기 저항은 무시한다.)

① (가)에서 물체는 속력이 일정한 운동을 한다.
② (가)에서 물체에 작용하는 힘은 중력으로 항상 연직 아래 방향으로 작용한다.
③ (나)에서 물체에 작용하는 힘의 방향은 일정하다.
④ (가)와 (나)에서 물체에 작용하는 힘의 방향은 운동 방향과 수직이다.
⑤ (가)와 (나)는 운동 방향만 변하는 운동을 한다.

중단원 기출 문제

13 속력과 운동 방향이 모두 변하는 운동을 하는 경우를 보기에서 모두 고른 것은?

> 보기
> ㄱ. 비스듬히 던진 공
> ㄴ. 놀이동산의 대관람차
> ㄷ. 놀이터에서 움직이는 그네
> ㄹ. 지구 주변을 도는 인공위성
> ㅁ. 스키장에서 움직이는 리프트
> ㅂ. 연직 위로 던져 올라가는 공

① ㄱ, ㄷ ② ㄱ, ㅁ ③ ㄱ, ㄷ, ㅂ
④ ㄴ, ㄹ, ㅂ ⑤ ㄴ, ㄷ, ㅁ

14 그림은 무빙 워크, 회전목마, 시계추의 운동을 속력과 운동 방향의 변화에 따라 분류한 순서도이다.

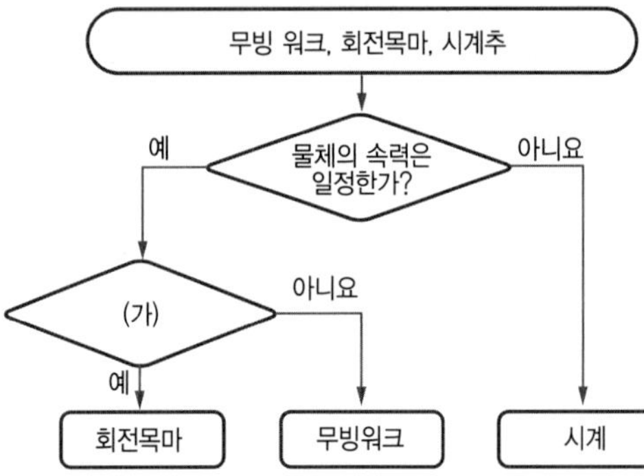

(가)에 들어갈 말로 옳은 것은?

① 물체의 속력은 변하는가?
② 물체의 운동 방향은 일정한가?
③ 물체의 운동 방향은 변하는가?
④ 물체의 속력과 운동 방향이 일정한가?
⑤ 물체의 속력과 운동 방향이 변하는가?

15 오른쪽 그림은 책상 위에 놓인 책의 모습을 나타낸 것이다. 이에 대한 설명으로 옳지 <u>않은</u> 것은?

① 책에 작용하는 두 힘의 방향이 같다.
② 책에 작용하는 두 힘의 크기가 같다.
③ 책에는 아래 방향으로 중력이 작용한다.
④ 책에 작용하는 힘들은 평형을 이루고 있다.
⑤ 책에는 위 방향으로 책상이 책을 떠받치는 힘이 작용한다.

16 오른쪽 그림은 용수철에 추가 가만히 매달려 있는 모습을 나타낸 것이다. 이 추의 운동 상태와 추에 작용하고 있는 힘에 대한 설명으로 옳은 것은?

① 운동 상태가 변하고 있다.
② 탄성력이 아래로 작용하고 있다.
③ 추에 작용하는 힘은 평형을 이루고 있다.
④ 추에는 탄성력과 마찰력이 작용하고 있다.
⑤ 추에 작용하고 있는 알짜힘은 0이 아니다.

17 오른쪽 그림은 용수철과 연결한 나무 도막을 눌렀다가 놓았을 때 나무 도막이 오른쪽으로 운동하고 있는 모습을 나타낸 것이다. 나무 도막에 작용하는 힘 A, B, C의 종류를 옳게 짝 지은 것은?

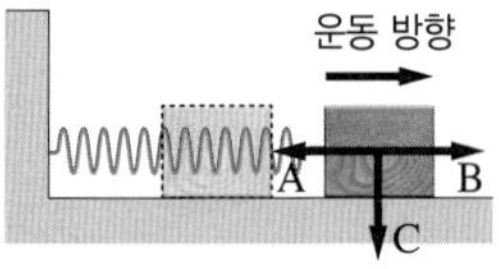

	A	B	C
①	탄성력	중력	마찰력
②	탄성력	마찰력	중력
③	마찰력	중력	탄성력
④	마찰력	탄성력	중력
⑤	중력	마찰력	탄성력

18 그림은 물 위에 떠 있는 장난감 배를 용수철로 잡아당기는 모습을 나타낸 것이다.

배에 작용하는 중력, 마찰력, 탄성력, 부력의 방향을 옳게 짝 지은 것은?

	중력	마찰력	탄성력	부력
①	↓	→	←	↑
②	↓	←	→	↑
③	↓	←	←	↓
④	↑	→	←	↓
⑤	↑	←	→	↓

서술형 정복하기

정답과 해설 42쪽

1단계 단답형으로 쓰기

1 물체에 작용하는 모든 힘들의 합력으로, 물체가 받는 순 힘을 무엇이라고 하는지 쓰시오.

2 물체가 정지해 있거나 일정한 운동 상태를 유지할 때 물체에 작용하는 알짜힘의 크기를 쓰시오.

3 알짜힘이 물체의 운동 방향과 수직 방향으로 작용할 때 물체의 어떠한 운동 상태가 변하는지 쓰시오.

4 물체의 운동 방향과 힘의 방향이 같을 때 물체의 속력이 어떻게 변하는지 쓰시오.

5 물체가 속력이 일정한 원운동을 할 때 작용하는 힘의 방향을 쓰시오.

6 비스듬히 던져 올린 물체가 포물선을 그리며 움직이는 운동은 물체의 운동 방향에 알짜힘이 어떠한 방향으로 작용해야 하는지 쓰시오.

7 바닥에 놓인 물체에 작용하는 힘 두 가지를 쓰시오.

2단계 제시된 단어를 모두 이용하여 서술하기

[8~12] 각 문제에 제시된 단어를 모두 이용하여 답을 서술하시오.

8 알짜힘이 물체의 운동 방향과 비스듬한 방향으로 작용했을 때 물체의 운동 상태가 어떻게 변하는지 서술하시오.

알짜힘, 속력, 운동 방향

9 물체의 속력만 감소하려면 물체에 알짜힘이 어떻게 작용해야 하는지 서술하시오.

속력, 알짜힘, 운동 방향

10 알짜힘이 물체의 운동 방향과 수직으로 작용하면 물체가 어떠한 운동을 하는지 서술하시오.

알짜힘, 수직, 속력

11 알짜힘이 물체의 운동 방향과 비스듬하게 작용했을 때 나타나는 운동 두 가지를 서술하시오.

비스듬히, 포물선, 왕복

12 오른쪽 그림과 같이 용수철에 매달려 있는 추에 작용하는 힘의 종류와 방향을 서술하시오.

추, 아래, 위

서술형 정복하기

3단계 실전 문제 풀어 보기

답안 작성 tip

13 그림은 한 물체에 두 힘이 작용하고 있는 모습을 나타낸 것이다.

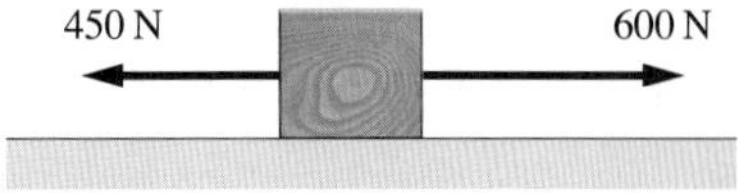

알짜힘의 방향과 크기를 풀이 과정과 함께 구하시오.

14 그림은 움직이던 물체에 힘을 가했을 때 물체가 운동하는 모습을 나타낸 것이다.

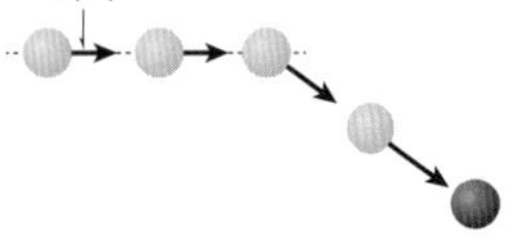

이때 물체에 작용한 힘의 방향을 서술하시오. (단, 속력을 나타내는 화살표의 길이가 길수록 속력이 크다.)

15 그림은 회전목마가 작동하고 있는 모습을 나타낸 것이다.

(1) 이와 같이 회전목마가 나타내는 운동의 특징을 서술하시오.

(2) 회전목마가 나타내는 운동과 같은 운동을 하는 예 두 가지를 쓰시오.

답안 작성 tip

16 그림은 실에 매달린 물체가 같은 경로를 왕복하는 운동을 나타낸 것이다.

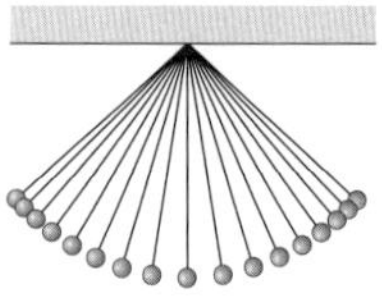

(1) 이 운동의 특징을 서술하시오.

(2) 이 운동의 예 두 가지를 쓰시오.

17 그림은 책상 위에 올려져 있는 책의 모습을 나타낸 것이다. 책에 작용하고 있는 힘의 종류와 방향을 화살표로 나타내시오.

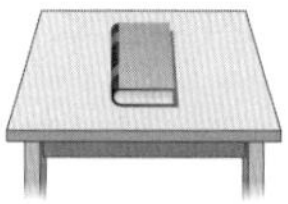

18 그림은 용수철을 잡아 당겼다가 놓은 모습을 나타낸 것이다.

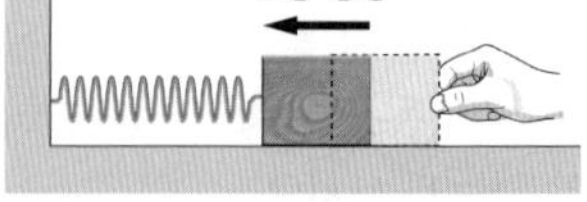

이때 물체에 작용한 힘의 종류와 방향을 서술하시오.

답안 작성 tip

13. 물체에 두 힘이 반대 방향으로 작용할 때 알짜힘의 방향은 큰 힘의 방향과 같고, 알짜힘의 크기는 큰 힘에서 작은 힘을 뺀 값과 같다. **16.** 이 운동은 힘이 물체의 운동 방향과 비스듬하게 작용했을 때 나타나는 운동이다.

1 압력

(1) [❶] : 일정한 면적에 작용하는 힘

(2) 압력의 크기

① 힘이 작용하는 면적이 같을 때

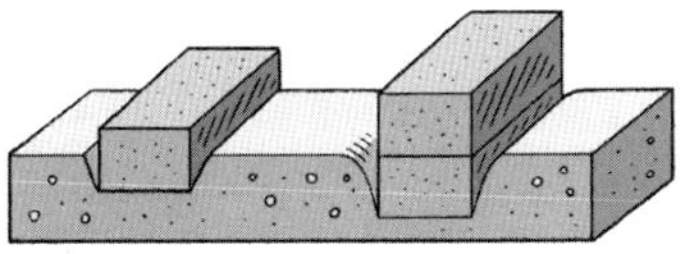

(가) (나)

힘이 작용하는 면적	(가)=(나)
힘의 크기	(가)<(나)
압력의 크기	(가)<(나)
	수직으로 작용하는 힘의 크기가 클수록 압력이 [❷] 진다.

② 작용하는 힘의 크기가 같을 때

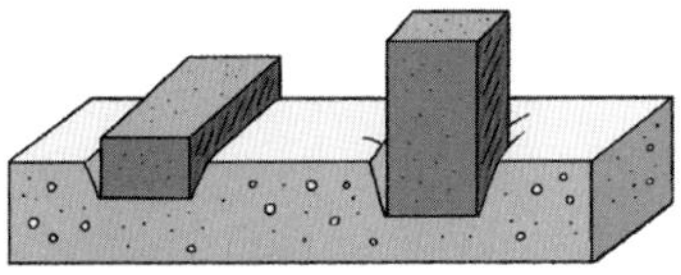

(가) (나)

힘이 작용하는 면적	(가)>(나)
힘의 크기	(가)=(나)
압력의 크기	(가)<(나)
	힘이 작용하는 면적이 좁을수록 압력이 [❸] 진다.

[스펀지 위에 페트병을 다르게 올려놓았을 때의 결과]

(가) (나) (다)

- 스펀지가 눌리는 정도: (가) [❹] (나) [❺] (다)
- 스펀지가 눌리는 정도가 다른 까닭: 작용하는 힘의 크기가 클수록, 힘이 작용하는 면적이 좁을수록 압력이 크게 작용하기 때문

(3) 일상생활에서 경험할 수 있는 압력

① 압력을 작게 하는 경우: 눈썰매, 스키, 갯벌을 이동할 때 사용하는 널빤지 ➡ 바닥을 넓게 하면 힘이 작용하는 면적이 넓어져 압력이 작아진다.

② 압력을 크게 하는 경우: 못의 뾰족한 끝부분 ➡ 못의 끝부분을 뾰족하게 하면 힘이 작용하는 면적이 좁아져 압력이 커진다.

2 기체의 압력

(1) 기체의 압력: 일정한 면적에 기체 입자가 충돌해서 가하는 힘

▲ 축구공에 작용하는 기체의 압력

① 기체의 압력은 [❻] 방향으로 작용한다.

② 용기 안에 들어 있는 기체 입자의 수가 많으면 기체 입자의 [❼] 횟수가 늘어 기체의 압력이 커진다.

기체 입자 수	많을수록	압력 증가(단, 부피, 온도 일정)
용기의 부피	작을수록	압력 증가(단, 입자 수, 온도 일정)
온도	높을수록	압력 증가(단, 입자 수, 부피 일정)

예 찌그러진 축구공에 공기를 넣을 때의 변화

축구공에 공기를 넣음 ➡ 축구공 속 기체 입자 수 증가 ➡ 기체 입자의 충돌 횟수 증가 ➡ 축구공 속 공기의 압력 [❽] ➡ 축구공이 사방으로 부풀어 오름

(2) 기체의 압력 확인

① 기체의 압력이 작용하는 방향 확인

[과정] 페트병에 쇠구슬 15개를 넣고 뚜껑을 닫은 다음, 페트병을 양손으로 잡고 좌우로 흔들어 손바닥에 느껴지는 힘을 확인한다.

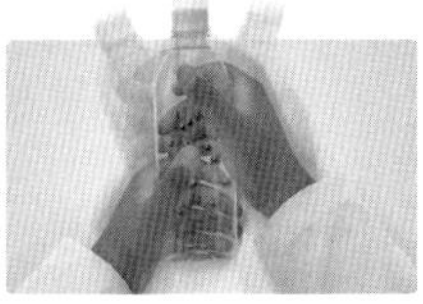

[결과] 양손에서 쇠구슬이 충돌하는 힘이 느껴진다. ➡ 쇠구슬은 모든 방향으로 움직임을 알 수 있다.
[정리] 기체의 압력은 [❾] 방향으로 작용한다.

② 기체 압력의 크기 확인

[과정] 페트병 2개에 각각 쇠구슬 15개, 30개를 넣고 뚜껑을 닫은 다음, 페트병을 손으로 잡고 같은 빠르기로 흔들면서 손바닥에 느껴지는 힘을 비교한다.

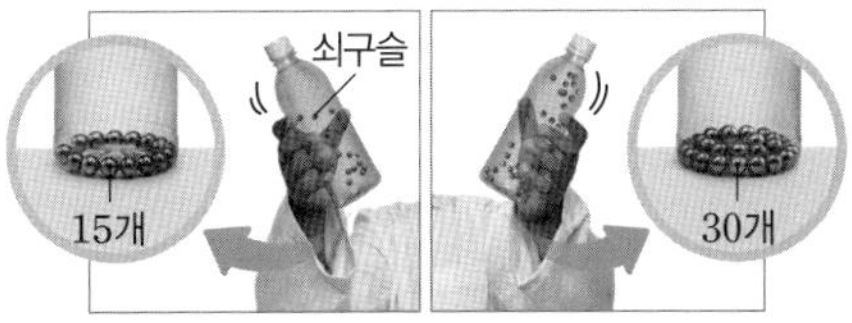

[결과] 쇠구슬의 수가 많을수록 손바닥에 느껴지는 힘이 커진다. ➡ 쇠구슬의 수가 많을수록 페트병의 벽면에 충돌하는 횟수가 늘어난다.
[정리] 기체 입자의 수가 [❿] 을수록 입자가 용기 벽면에 충돌하는 횟수가 늘어 기체의 압력도 커진다.

(3) 기체의 압력을 이용한 예: 에어백, 풍선 놀이 틀, 튜브, 구조용 공기 안전 매트, 혈압 측정기 등

잠깐 테스트

≫ 정답과 해설 43쪽

MEMO

1 일정한 면적에 작용하는 힘의 크기를 무엇이라고 하는지 쓰시오.

2 압력은 작용하는 힘의 크기가 클수록 ①(　　　)지고, 힘이 작용하는 면적이 넓을수록 ②(　　　)진다.

3 오른쪽 그림과 같이 동일한 페트병에 물을 넣어 스펀지 위에 올려놓았다. 스펀지에 작용하는 압력의 크기가 가장 큰 것의 기호를 쓰시오.

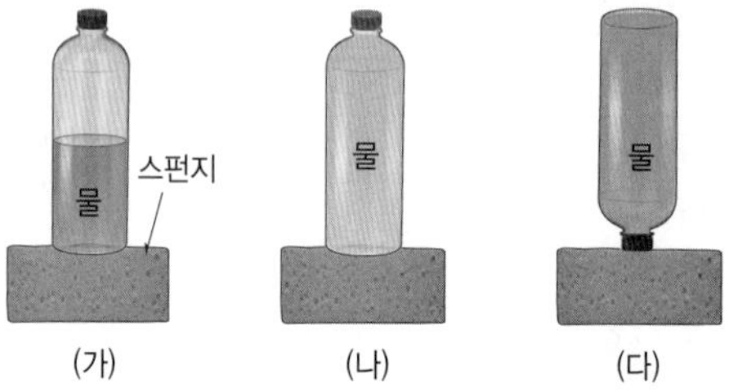

4 일상생활에서 압력을 크게 하여 사용하는 도구를 보기에서 모두 고르시오.

보기
ㄱ. 못　　ㄴ. 빨대　　ㄷ. 바늘　　ㄹ. 눈썰매

5 갯벌을 이동할 때 널빤지를 사용하면 갯벌에 잘 빠지지 않는다. 이는 힘이 작용하는 ①(　　　)을 넓게 하여 압력을 ②(　　　)게 하는 경우이다.

6 일정한 면적에 기체 입자가 충돌해서 가하는 힘을 기체의 (　　　)이라고 한다.

7 용기 안에 들어 있는 기체 입자의 수가 많으면 기체 입자의 (　　　) 횟수가 늘어 기체의 압력이 커진다.

8 찌그러진 축구공에 공기를 넣으면 축구공이 팽팽해지는 것은 기체 입자가 끊임없이 ①(　　　)하여 축구공 안쪽 벽면에 ②(　　　)하기 때문이다.

9 2개의 페트병에 쇠구슬을 각각 15개, 30개 넣고 뚜껑을 닫은 다음 페트병을 손으로 잡고 같은 빠르기로 흔들었다. 이때 손바닥에 느껴지는 힘이 더 큰 것은 쇠구슬을 (　　　)개 넣은 페트병이다.

10 기체의 압력을 이용한 예로 옳은 것을 보기에서 모두 고르시오.

보기
ㄱ. 튜브　　ㄴ. 스키　　ㄷ. 에어백　　ㄹ. 풍선 놀이 틀

이 문제에서 나올 수 있는 보기는 多

» 정답과 해설 43쪽

01 압력에 대한 설명으로 옳지 않은 것은?

① 일정한 면적에 작용하는 힘의 크기이다.
② 같은 면적에 힘이 작용할 때 힘의 크기가 클수록 압력이 커진다.
③ 같은 크기의 힘이 작용할 때 힘이 작용하는 면적이 넓을수록 압력이 커진다.
④ 눈썰매는 힘이 작용하는 면적을 크게 하여 사용하는 경우이다.
⑤ 못의 뾰족한 끝부분은 힘이 작용하는 면적을 작게 하여 사용하는 경우이다.

[02~03] 그림과 같이 모양과 질량이 같은 벽돌을 스펀지 위에 올려놓았다.

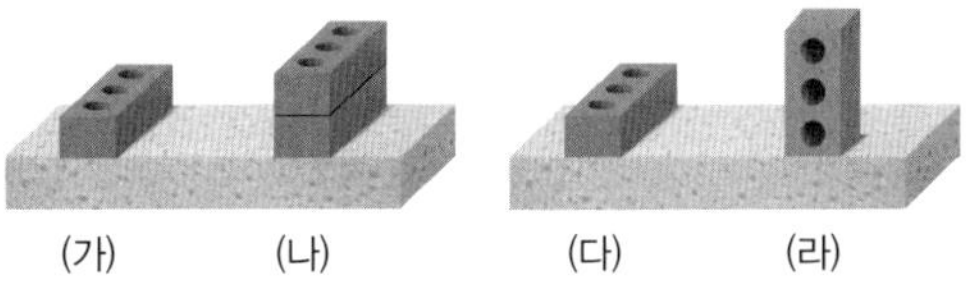

02 (가)와 (나), (다)와 (라)에서 각각 같은 값을 가지는 것을 보기에서 골라 옳게 짝 지은 것은?

보기
ㄱ. 힘의 크기
ㄴ. 힘이 작용하는 면적
ㄷ. 스펀지가 눌리는 정도

	(가)와 (나)	(다)와 (라)
①	ㄱ	ㄴ
②	ㄱ	ㄷ
③	ㄴ	ㄱ
④	ㄴ	ㄷ
⑤	ㄷ	ㄴ

03 (가)와 (나), (다)와 (라)에서 스펀지에 작용하는 압력의 크기를 옳게 비교하여 나타낸 것은?

① (가)=(나), (다)=(라)
② (가)>(나), (다)>(라)
③ (가)>(나), (다)<(라)
④ (가)<(나), (다)>(라)
⑤ (가)<(나), (다)<(라)

04 그림과 같이 모양과 질량이 같은 벽돌을 스펀지 위에 올려놓았다.

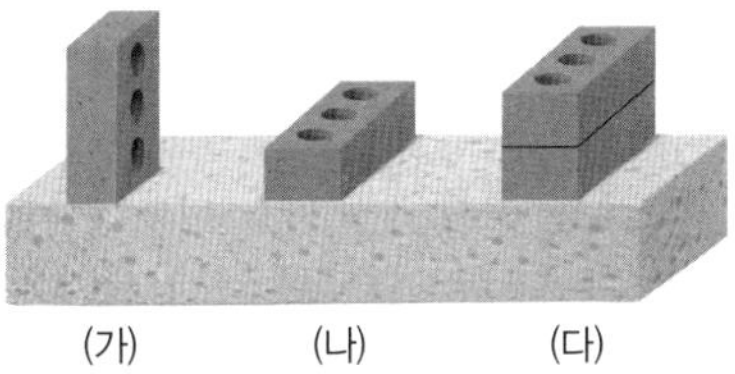

이에 대한 설명으로 옳지 않은 것은?

① (가)는 (나)보다 스펀지가 깊게 눌린다.
② (가)는 (나)보다 힘이 작용하는 면적이 넓다.
③ (가)와 (나)에서 작용하는 힘의 크기는 같다.
④ (나)와 (다)는 힘이 작용하는 면적이 같다.
⑤ (다)는 (나)보다 스펀지가 깊게 눌린다.
⑥ (다)는 (나)보다 작용하는 힘의 크기가 크다.

05 그림과 같이 스펀지 위에 같은 페트병을 다르게 올려놓았다. 압력이 가장 큰 경우는?

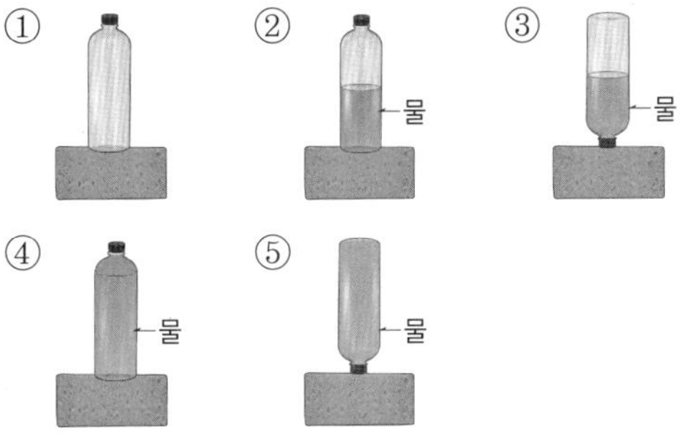

06 누름못 1개 위에 올린 풍선은 터지지만, 오른쪽 그림과 같이 누름못 30개 위에 올린 풍선은 터지지 않는다. 이 현상으로 알 수 있는 사실은?

① 힘의 크기가 클수록 압력이 커진다.
② 힘의 크기가 작을수록 압력이 커진다.
③ 누르는 힘의 크기에 따라 압력이 달라진다.
④ 힘이 작용하는 면적이 좁을수록 압력이 작아진다.
⑤ 힘이 작용하는 면적이 넓을수록 압력이 작아진다.

중단원 기출 문제

07 압력을 작게 하여 이용하는 경우를 모두 고르면? (2개)

① 바늘의 한쪽 끝은 뾰족하다.
② 스키를 신고 걸으면 눈에 잘 빠지지 않는다.
③ 운동화보다 하이힐에 발을 밟히면 더 아프다.
④ 아이젠은 한쪽 끝이 뾰족하여 얼음에 잘 박힌다.
⑤ 갯벌에서 널빤지를 타고 이동하면 잘 빠지지 않는다.

이 문제에서 나올 수 있는 보기는 多

08 기체의 압력에 대한 설명으로 옳지 않은 것을 모두 고르면? (2개)

① 기체 입자가 용기 벽의 일정한 면적에 충돌하여 가하는 힘이다.
② 온도가 일정할 때 일정량의 기체의 부피가 커지면 기체의 압력이 커진다.
③ 기체 입자가 운동하면서 용기 벽에 충돌하기 때문에 기체의 압력이 나타난다.
④ 기체 입자가 용기 벽에 충돌하는 횟수가 많을수록 기체의 압력이 커진다.
⑤ 온도와 부피가 일정할 때 기체 입자의 수가 많을수록 기체의 압력이 커진다.
⑥ 부피와 기체 입자의 수가 일정할 때 기체 입자의 운동 속도가 빠를수록 기체의 압력이 커진다.
⑦ 대기압은 지구를 둘러싸고 있는 공기의 압력으로, 항상 1기압이다.

09 그림과 같이 고무풍선에 공기를 불어 넣었다.

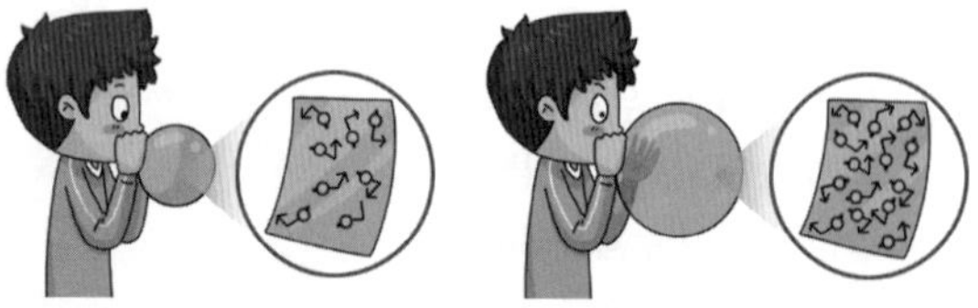

풍선 속에서 일어나는 변화에 대한 설명으로 옳은 것은? (단, 온도는 일정하다.)

① 풍선 속 공기의 압력이 작아진다.
② 풍선 속 기체 입자의 크기가 커진다.
③ 풍선 속 기체 입자의 수가 많아진다.
④ 풍선 속 기체 입자가 더 느리게 움직인다.
⑤ 풍선 속 기체 입자의 충돌 횟수가 감소한다.

10 그림과 같이 페트병에 같은 크기의 쇠구슬 15개를 넣고 뚜껑을 닫은 다음, 페트병을 양손으로 잡고 좌우로 흔들었더니 손바닥 전체에서 힘이 느껴졌다.

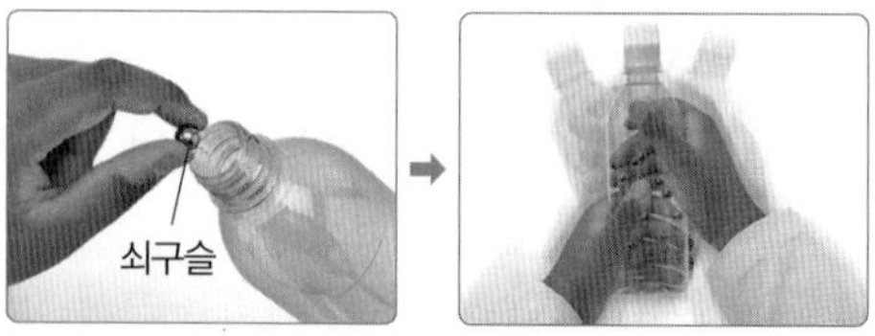

이를 통해 알 수 있는 사실로 옳은 것은? (단, 쇠구슬이 충돌하는 힘은 기체의 압력에 해당한다.)

① 기체의 압력은 모든 방향으로 작용한다.
② 기체의 압력은 한쪽 방향으로만 작용한다.
③ 기체 입자의 크기가 클수록 기체의 압력이 커진다.
④ 기체 입자의 수가 많을수록 기체의 압력이 커진다.
⑤ 기체 입자가 충돌하는 면적이 클수록 기체의 압력이 커진다.

11 기체의 압력을 알아보기 위해 그림과 같이 크기와 모양이 같은 페트병 2개에 쇠구슬을 각각 15개, 30개 넣고 뚜껑을 닫은 다음, 페트병을 잡고 같은 빠르기로 흔들어 손바닥에 느껴지는 힘을 확인하는 실험을 하였다.

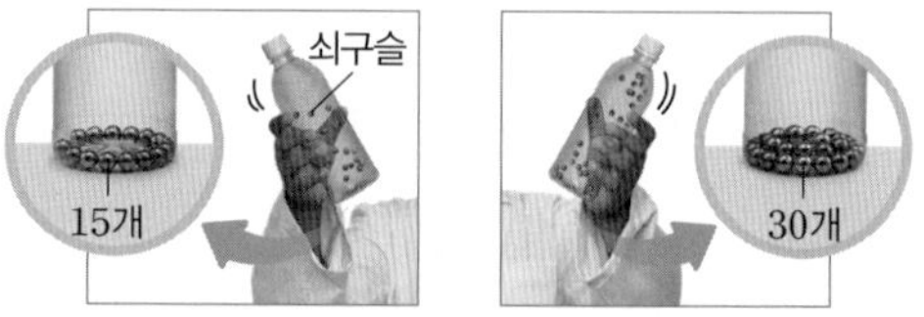

(가) (나)

이에 대한 설명으로 옳은 것을 보기에서 모두 고른 것은? (단, 쇠구슬이 충돌하는 힘은 기체의 압력에 해당한다.)

보기
ㄱ. 쇠구슬이 충돌하는 힘은 손바닥 전체에서 느껴진다.
ㄴ. 쇠구슬이 충돌하는 힘의 크기는 (가)<(나)이다.
ㄷ. 기체 입자의 수가 많아져도 기체의 압력은 변하지 않는다는 것을 알 수 있다.
ㄹ. 기체 입자의 운동 속도가 빠를수록 기체의 압력이 커진다는 것을 알 수 있다.

① ㄱ, ㄴ ② ㄱ, ㄷ ③ ㄷ, ㄹ
④ ㄱ, ㄴ, ㄹ ⑤ ㄴ, ㄷ, ㄹ

서술형 정복하기

≫ 정답과 해설 43쪽

1단계 단답형으로 쓰기

1 힘이 작용하는 면적이 같을 때 힘의 크기가 클수록 압력의 크기는 어떻게 되는지 쓰시오.

2 힘의 크기가 같을 때 힘이 작용하는 면적이 넓을수록 압력의 크기는 어떻게 되는지 쓰시오.

3 다음은 자연에서 볼 수 있는 압력을 이용하는 경우이다.

> 북극곰이 얇은 얼음 위를 기어서 이동한다.

이는 압력을 크게 하는 경우인지, 작게 하는 경우인지 쓰시오.

4 기체의 압력은 어떤 방향으로 작용하는지 쓰시오.

5 기체 입자의 충돌 횟수가 많을수록 기체의 압력은 어떻게 되는지 쓰시오.

2단계 제시된 단어를 모두 이용하여 서술하기

[6~10] 각 문제에 제시된 단어를 모두 이용하여 답을 서술하시오.

6 압력의 정의를 서술하시오.

> 면적, 힘

7 운동화를 신은 사람보다 하이힐을 신은 사람에게 발을 밟힐 때 더 아프다. 이 현상으로부터 알 수 있는 압력의 성질을 서술하시오.

> 힘, 면적, 압력

8 기체의 압력이 나타나는 까닭을 서술하시오.

> 기체 입자, 운동, 용기, 충돌

9 바람 빠진 농구공에 공기를 불어 넣으면 농구공이 부풀어 올라 팽팽해지는 까닭을 서술하시오.

> 기체 입자의 수, 충돌 횟수, 압력

10 자동차의 에어백은 충돌을 감지하면 순간적으로 부풀어 올라 사람이 부딪혀도 충격을 완화하여 다치지 않게 한다. 에어백에 이용된 원리를 서술하시오.

> 기체, 압력

서술형 정복하기

3단계 실전 문제 풀어 보기

11 그림 (가)는 빈 페트병을, 그림 (나)와 (다)는 물을 가득 채운 페트병을 스펀지 위에 올려놓았을 때의 모습이다.

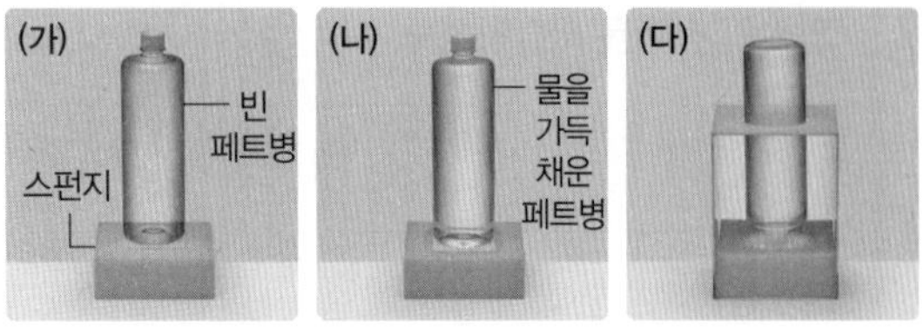

스펀지가 눌리는 정도를 부등호를 이용하여 비교하고, 그 까닭을 서술하시오.

12 그림과 같이 연필의 양쪽 끝을 양손의 검지로 똑같은 힘을 주어 누르면 연필의 뭉툭한 쪽보다 연필심이 있는 뾰족한 쪽에 닿아 있는 손가락이 더 아프다.

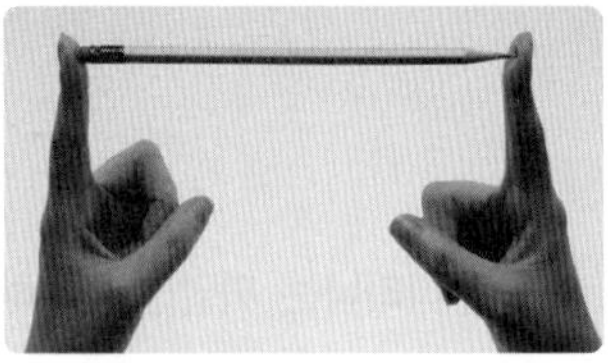

그 까닭을 힘이 작용하는 면적과 압력의 관계로 서술하시오.

답안 작성 tip

13 다음은 일상생활에서 경험할 수 있는 압력의 예를 두 가지로 분류하여 나타낸 것이다.

> (가) 눈썰매, 갯벌을 이동할 때 사용하는 널빤지
> (나) 못, 바늘, 빨대, 아이젠

(1) (가)에서 이용한 압력의 성질을 서술하시오.

(2) (나)에서 이용한 압력의 성질을 서술하시오.

14 다음은 찌그러진 축구공에 공기를 넣을 때의 변화를 나타낸 것이다.

> 축구공에 공기를 넣는다. ➡ 축구공 속 기체 입자의 수가 증가한다. ➡ 축구공 속 기체 입자의 충돌 횟수가 증가한다. ➡ (   ) ➡ 축구공이 사방으로 부풀어 오른다.

(   ) 안에 알맞은 내용을 서술하시오.

[15~16] 다음과 같이 크기와 모양이 같은 페트병 2개와 쇠구슬을 이용하여 기체의 압력을 알아보는 실험을 하였다.

> (가) 페트병에 쇠구슬 15개를 넣고 뚜껑을 닫은 다음, 페트병을 양손으로 잡고 좌우로 흔들면서 손바닥에 느껴지는 힘을 확인한다.
> (나) 다른 페트병에 쇠구슬 30개를 넣고 뚜껑을 닫은 다음, 페트병을 양손으로 잡고 (가)와 같은 빠르기로 흔들면서 손바닥에 느껴지는 힘을 확인하여 비교한다.

15 이 실험을 통해 알 수 있는 사실을 두 가지 서술하시오.

답안 작성 tip

16 (가)의 실험 조건을 다음과 같이 변화시킬 때 기체의 압력 변화를 그 까닭과 함께 서술하시오.(단, 다른 조건은 모두 동일하다.)

(1) 크기가 작은 페트병에 넣어 실험할 때

(2) 페트병을 더 빠르게 흔들어 실험할 때

답안 작성 tip

13. (가)와 (나)로 분류된 물건들의 공통점을 생각해 보고, 이를 압력과 관련지어 본다. **16.** (1)은 용기의 부피, (2)는 운동 속도가 달라졌음을 알고, 이를 기체의 압력과 관련지어 본다.

≫ 정답과 해설 44쪽

1 기체의 압력과 부피 관계

(1) 기체의 압력과 부피 관계: 온도가 일정할 때 압력이 증가하면 기체의 부피는 감소하고, 압력이 감소하면 기체의 부피는 증가한다.

(2) 보일 법칙: 온도가 일정할 때 일정량의 기체의 압력과 부피는 ❶ ______ 한다.

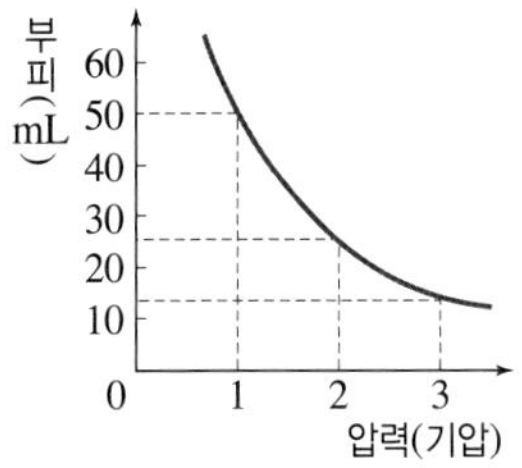

$P \times V =$ ❷ ______
(P: 압력, V: 부피)

(3) 압력에 따른 기체의 부피 변화와 입자의 운동

압력 감소	압력 증가
외부 압력 감소 → 기체 부피 증가 → 기체 입자의 충돌 횟수 ❸ ______ → 용기 속 기체의 압력 감소	외부 압력 증가 → 기체 부피 ❹ ______ → 기체 입자의 충돌 횟수 증가 → 용기 속 기체의 압력 증가

(4) 기체의 압력과 부피 관계 실험

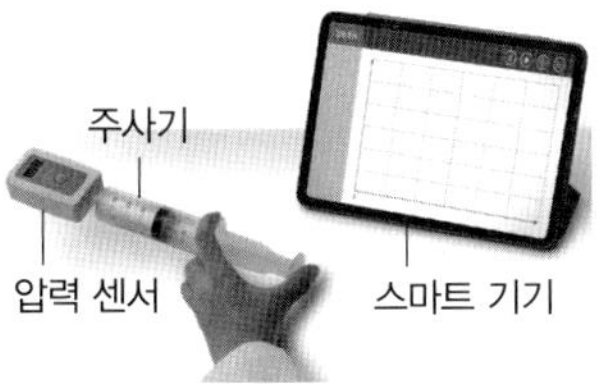

[과정] 주사기 속 공기가 40 mL가 되도록 피스톤의 눈금을 맞추고 주사기와 압력 센서를 연결한 다음, 피스톤을 서서히 누르면서 주사기 속 공기의 부피와 압력을 측정한다.
[결과] 온도가 일정할 때 공기의 부피가 감소할수록 압력이 증가한다.
[정리] 온도가 일정할 때 일정량의 기체의 부피는 압력에 반비례하고, 부피와 압력의 곱은 일정하다.

(5) 보일 법칙과 관련된 현상

① 높은 산에 올라가면 과자 봉지가 부풀어 오른다.
② 헬륨 풍선이 하늘 높이 올라가면서 점점 커진다.
③ 잠수부가 내뿜은 공기 방울은 수면으로 올라올수록 점점 커진다.
④ 공기 주머니가 들어 있는 운동화는 발바닥에 전해지는 충격을 줄여 준다.

2 기체의 온도와 부피 관계

(1) 기체의 온도와 부피 관계: 압력이 일정할 때 온도가 높아지면 기체의 부피가 증가하고, 온도가 낮아지면 기체의 부피가 감소한다.

(2) ❺ ______ 법칙: 압력이 일정할 때 일정량의 기체의 부피는 온도가 높아지면 일정한 비율로 증가한다.

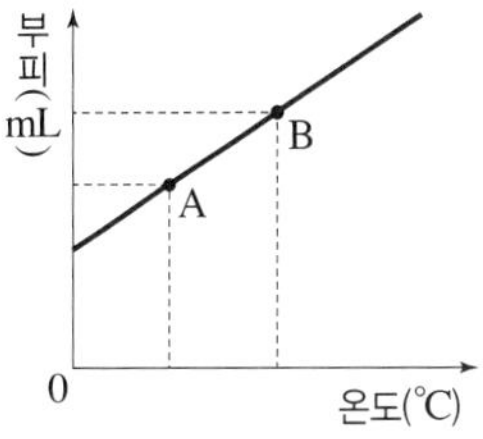

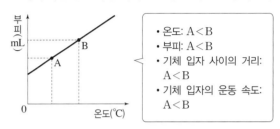

- 온도: A<B
- 부피: A<B
- 기체 입자 사이의 거리: A<B
- 기체 입자의 운동 속도: A<B

(3) 온도에 따른 기체의 부피 변화와 입자의 운동

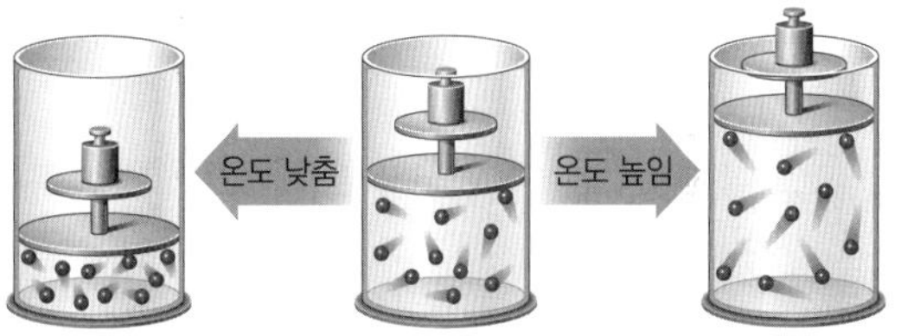

온도 낮춤	온도 높임
온도 낮춤 → 기체 입자의 운동 속도 감소 → 기체 입자의 충돌 세기 감소 → 기체의 부피 ❻ ______	온도 높임 → 기체 입자의 운동 속도 증가 → 기체 입자의 충돌 세기 증가 → 기체의 부피 ❼ ______

(4) 기체의 온도와 부피 관계 실험

[과정] 온도가 다른 4개의 물에 각각 식용 색소를 탄 물방울로 입구를 막은 스포이트를 자에 붙여 담그고, 스포이트 속 식용 색소의 위치를 측정한다.
[결과] 온도가 높아지면 스포이트 속 공기의 부피가 증가한다.
[정리] 압력이 일정할 때 온도가 높아지면 기체의 부피가 증가한다.

(5) 샤를 법칙과 관련된 현상

① 찌그러진 탁구공을 뜨거운 물에 넣으면 펴진다.
② 겨울철 실외에 있는 헬륨 풍선은 팽팽하지 않지만, 따뜻한 실내에서는 팽팽해진다.
③ 겹쳐진 그릇이 잘 분리되지 않을 때 그릇을 뜨거운 물에 담가 두면 그릇이 빠진다.
④ 물 묻힌 동전을 빈 병 입구에 올려놓고 병을 두 손으로 감싸 쥐면 동전이 움직인다.

≫ 정답과 해설 44쪽

MEMO

1 온도가 일정할 때 압력이 증가하면 기체의 부피는 ①(　　　)하고, 압력이 감소하면 기체의 부피는 ②(　　　)한다.

2 '온도가 일정할 때 일정량의 기체의 부피는 압력에 반비례한다.'는 기체 법칙은 무엇인지 쓰시오.

3 오른쪽 그림은 일정한 온도에서 주사기에 들어 있는 기체의 압력에 따른 부피 변화를 나타낸 것이다. A~C 중 기체의 부피가 가장 큰 지점은 ①(　　　)이고, 압력이 가장 큰 지점은 ②(　　　)이다.

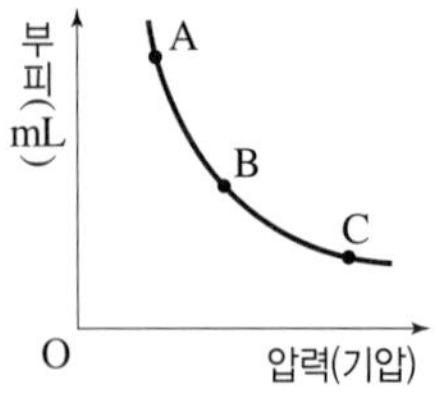

4 오른쪽 그림과 같이 일정한 온도에서 실린더에 일정량의 기체를 넣고 추를 올려 압력을 가하면 실린더 속 기체 입자의 (질량, 수, 충돌 횟수, 운동 속도)이/가 증가한다.

5 압력이 일정할 때 온도가 높아지면 기체의 부피는 ①(　　　)하고, 온도가 낮아지면 기체의 부피는 ②(　　　)한다.

6 '압력이 일정할 때 일정량의 기체의 부피는 온도가 높아지면 일정한 비율로 증가한다.'는 기체 법칙은 무엇인지 쓰시오.

7 오른쪽 그림은 일정한 압력에서 일정량의 기체의 부피와 온도 사이의 관계를 나타낸 것이다. A~C 중 기체 입자의 운동 속도가 가장 빠른 것은 (　　　)이다.

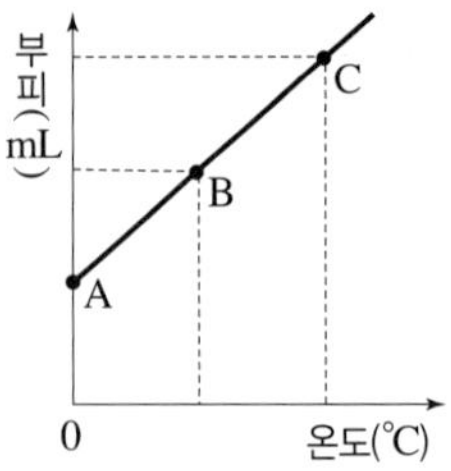

8 오른쪽 그림과 같이 일정한 압력에서 실린더에 일정량의 기체를 넣고 가열하면 실린더 속 기체 입자의 (크기, 수, 운동 속도)가 증가한다.

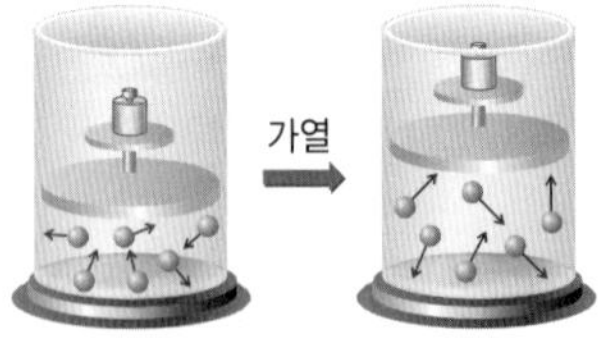

9 오른쪽 그림과 같이 장치하고 일회용 스포이트의 아래쪽을 손으로 감싸쥐면 체온에 의해 온도가 높아져서 스포이트 속 공기의 부피가 ①(증가, 감소)하므로 잉크 방울이 ②(A, B) 쪽으로 이동한다.

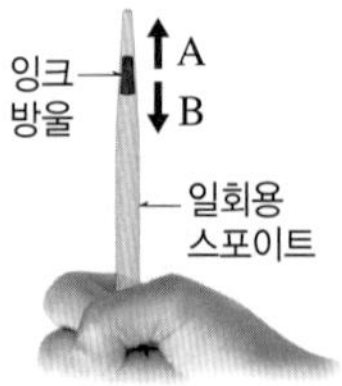

10 다음 현상과 관련된 법칙을 선으로 연결하시오.

(1) 찌그러진 탁구공을 뜨거운 물에 넣으면 펴진다. •　　　　• ㉠ 보일 법칙

(2) 잠수부가 물속에서 호흡할 때 생긴 공기 방울이 수면 가까이 올라올수록 커진다. •　　　　• ㉡ 샤를 법칙

계산력·암기력 강화 문제

≫ 정답과 해설 44쪽

보일 법칙 계산하기

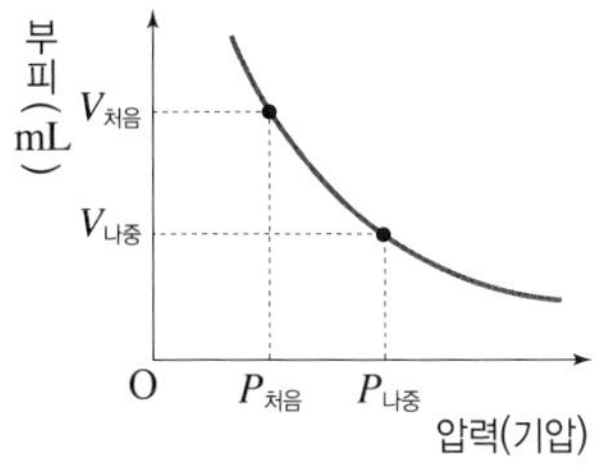

보일 법칙 : 온도가 일정할 때 일정량의 기체의 부피는 압력에 반비례한다.

➡ P(압력)$\times V$(부피)$=$일정

$P_{처음}\times V_{처음}=P_{나중}\times V_{나중}$이므로

$P_{나중}=\dfrac{P_{처음}\times V_{처음}}{V_{나중}}$, $V_{나중}=\dfrac{P_{처음}\times V_{처음}}{P_{나중}}$이다.

■ 부피 구하기

1 25 °C, 1기압에서 60 mL의 기체가 들어 있는 주사기가 있다. 같은 온도에서 피스톤을 눌러 3기압으로 만들면 주사기 속 기체의 부피는 몇 mL가 되는지 구하시오.

2 수면에서 바닷속으로 10 m 깊어질 때마다 압력이 1기압씩 증가한다. 바닷속 20 m에서 잠수부가 1 mL의 기포를 내뿜는다면 이 기포의 부피는 수면에서 몇 mL가 되는지 구하시오. (단, 대기압은 1기압이고, 온도는 일정하다고 가정한다.)

■ 압력 구하기

3 25 °C, 1기압에서 100 mL의 기체가 25 mL로 되려면 압력이 몇 배가 되어야 하는지 구하시오. (단, 온도는 일정하다.)

4 부피가 100 mL인 플라스크에 4기압의 기체가 들어 있다. 같은 온도에서 이 기체를 200 mL의 플라스크로 옮기면 압력은 몇 기압이 되는지 구하시오.

5 오른쪽 그림은 25 °C에서 일정량의 기체의 압력과 부피의 관계를 나타낸 것이다. 이 기체의 부피가 100 mL일 때 기체의 압력을 구하시오. (단, 온도는 일정하다.)

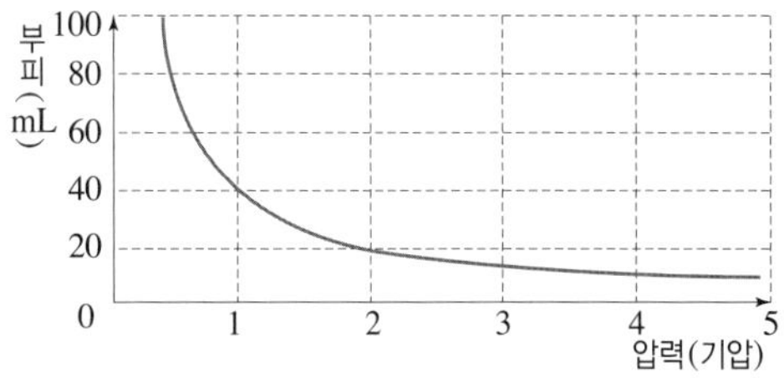

■ 부피와 압력 구하기

6 표는 온도가 일정할 때 일정량의 기체에 작용하는 압력의 크기를 달리하면서 부피 변화를 측정한 결과이다.

압력(기압)	1	㉠	2.5	4
부피(mL)	50	25	20	㉡

㉠과 ㉡에 알맞은 값을 각각 구하시오.

중단원 기출 문제

01 일정한 온도에서 일정량의 기체의 압력과 부피 관계에 대한 설명으로 옳지 않은 것은?

① 보일은 기체의 압력과 부피 관계를 설명하였다.
② 기체의 부피는 압력이 감소하면 증가한다.
③ 기체에 작용하는 압력이 증가하면 기체의 부피는 감소한다.
④ 기체의 부피가 증가하면 기체 입자의 충돌 횟수가 감소한다.
⑤ 기체에 작용하는 압력이 증가하면 기체 입자가 더 활발하게 운동한다.

이 문제에서 나올 수 있는 보기는 多

02 오른쪽 그림은 일정한 온도에서 압력에 따른 기체의 부피 변화를 나타낸 것이다. 이에 대한 설명으로 옳지 않은 것은?

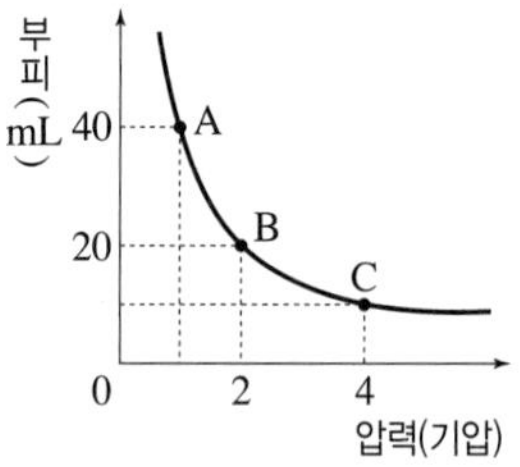

① 기체의 부피는 압력에 반비례한다.
② A에서 기체의 압력은 1기압이다.
③ A에서 C로 변하면 기체 입자의 운동 속도가 빨라진다.
④ B에서 A로 변하면 기체 입자 사이의 거리가 멀어진다.
⑤ 기체 입자의 충돌 횟수는 A<B<C 순으로 증가한다.
⑥ A~C에서 압력과 부피를 곱한 값은 모두 같다.
⑦ 보일 법칙으로 설명할 수 있다.

03 그림은 일정한 온도에서 실린더에 작용하는 압력을 달리하였을 때의 변화를 나타낸 것이다.

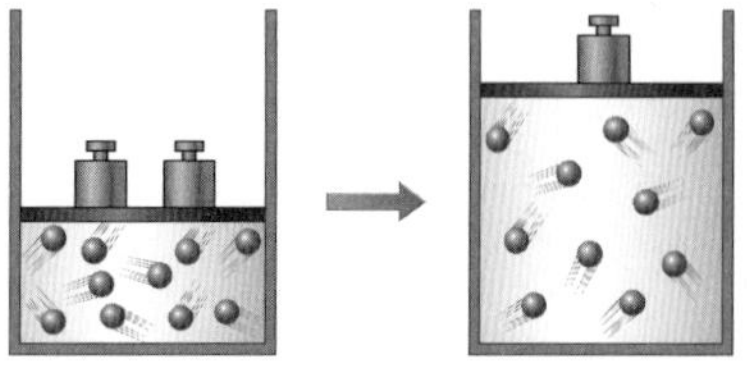

(가) (나)

(가)와 (나)를 비교한 것으로 옳지 않은 것은?

① 압력: (가)>(나)
② 부피: (가)<(나)
③ 입자의 수: (가)=(나)
④ 입자의 운동 속도: (가)=(나)
⑤ 입자의 충돌 횟수: (가)=(나)

04 오른쪽 그림과 같이 주사기 속에 들어 있는 공기가 새지 않도록 주사기의 입구를 고무마개로 막고 피스톤을 누르면 공기의 부피가 감소한다. 이때 변하지 않는 것을 보기에서 모두 고른 것은? (단, 온도는 일정하다.)

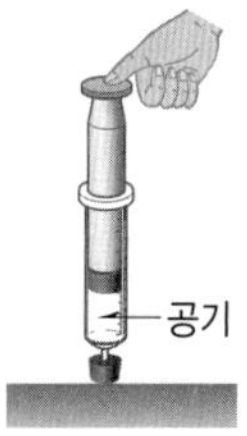

보기
ㄱ. 기체 입자의 수
ㄴ. 기체 입자의 충돌 횟수
ㄷ. 기체 입자 사이의 거리
ㄹ. 기체 입자의 운동 속도

① ㄱ, ㄷ ② ㄱ, ㄹ ③ ㄴ, ㄹ
④ ㄱ, ㄴ, ㄷ ⑤ ㄴ, ㄷ, ㄹ

05 오른쪽 그림과 같이 감압 용기에 과자 봉지를 넣고 용기 속 공기의 일부를 빼냈다. 이때 감압 용기와 과자 봉지 속에서 일어나는 변화로 옳은 것을 모두 고르면? (2개)

① 감압 용기 속 공기의 압력이 감소한다.
② 감압 용기 속 과자 봉지가 쭈그러든다.
③ 감압 용기 속 기체 입자의 수가 증가한다.
④ 과자 봉지 속 기체 입자의 충돌 횟수가 감소한다.
⑤ 과자 봉지 속 기체 입자 사이의 거리가 가까워진다.

06 오른쪽 그림과 같이 작게 분 고무풍선을 주사기 속에 넣고 주사기의 끝을 고무마개로 막은 뒤 피스톤을 눌렀더니 고무풍선의 크기가 작아졌다. 그 까닭으로 옳은 것은? (단, 온도는 일정하다.)

① 주사기 속 기체의 압력이 증가하기 때문
② 주사기 속 기체 입자의 수가 감소하기 때문
③ 주사기 속 기체 입자 사이의 거리가 멀어지기 때문
④ 주사기 속 기체 입자의 충돌 속도가 빨라지기 때문
⑤ 주사기 속 기체 입자가 주사기의 벽면에 충돌하는 횟수가 감소하기 때문

정답과 해설 45쪽

[07~08] 일정한 온도에서 오른쪽 그림과 같이 장치하고 피스톤을 눌러 주사기 속 공기를 압축하면서 공기의 부피를 측정하여 표와 같은 결과를 얻었다.

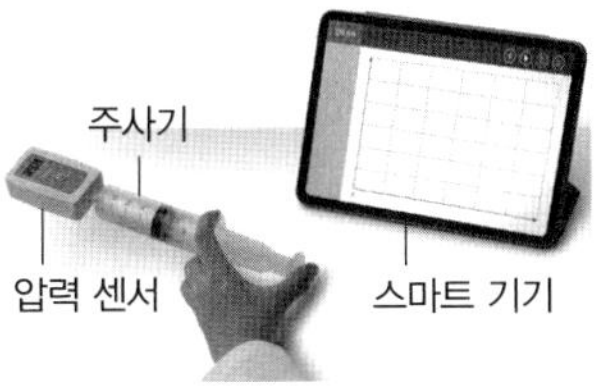

압력(기압)	1	2	4	8
부피(mL)	80	40	20	10

07 이 실험 결과를 나타낸 그래프로 옳은 것은?

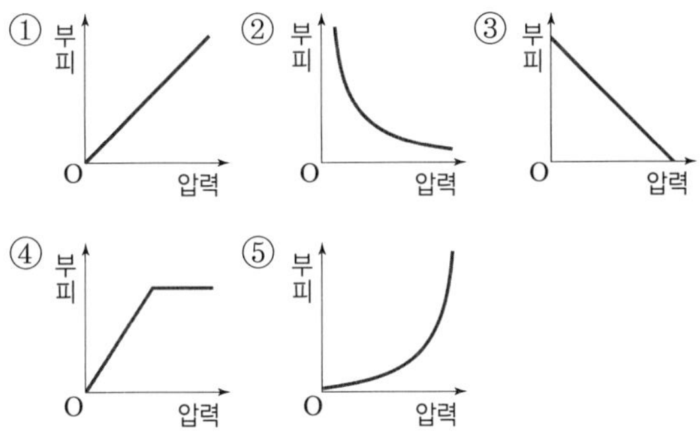

08 이 실험에서 주사기의 피스톤을 누를 때 주사기 속 기체의 압력이 변하는 원인을 옳게 설명한 것은?

① 주사기 속 기체 입자의 수가 감소하기 때문이다.
② 주사기 속 기체 입자의 수가 증가하기 때문이다.
③ 주사기 속 기체 입자의 운동 속도가 빨라지기 때문이다.
④ 주사기 속 기체 입자의 충돌 횟수가 증가하기 때문이다.
⑤ 주사기 속 기체 입자 사이의 거리가 멀어지기 때문이다.

09 보일 법칙과 관련된 현상을 보기에서 모두 고른 것은?

보기
ㄱ. 더운 여름철 자전거의 타이어가 팽팽해진다.
ㄴ. 헬륨 풍선이 하늘 높이 올라갈수록 점점 커진다.
ㄷ. 물속에서 잠수부가 내뿜은 공기 방울이 수면에 가까워질수록 커진다.
ㄹ. 공기가 들어 있는 고무풍선을 액체 질소에 넣으면 풍선이 쭈그러든다.

① ㄱ, ㄴ ② ㄴ, ㄷ ③ ㄷ, ㄹ
④ ㄱ, ㄴ, ㄷ ⑤ ㄴ, ㄷ, ㄹ

10 그림은 일정한 압력에서 온도에 따른 일정량의 기체의 부피 변화를 나타낸 것이다.

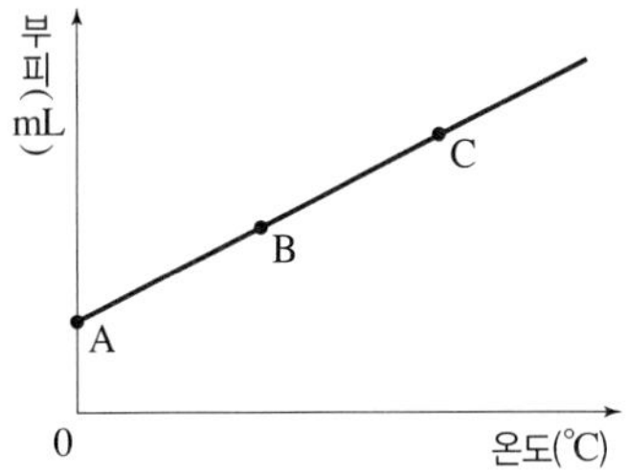

A~C에 대한 설명으로 옳은 것을 보기에서 모두 고른 것은?

보기
ㄱ. 기체의 부피는 A가 가장 작다.
ㄴ. 기체 입자의 운동은 B가 가장 활발하다.
ㄷ. 기체 입자의 크기와 질량은 C가 가장 크다.
ㄹ. 기체 입자 사이의 거리는 A<B<C 순으로 멀다.

① ㄱ, ㄷ ② ㄱ, ㄹ ③ ㄴ, ㄷ
④ ㄴ, ㄹ ⑤ ㄷ, ㄹ

11 그림과 같이 찌그러진 탁구공을 뜨거운 물에 넣고 가열하면 탁구공이 펴진다.

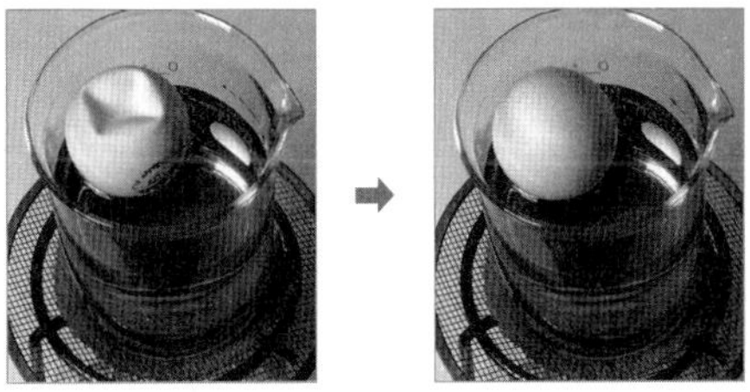

이때 탁구공 속의 변화로 옳은 것을 보기에서 모두 고른 것은?

보기
ㄱ. 기체 입자의 수가 증가한다.
ㄴ. 기체 입자의 운동 속도는 일정하다.
ㄷ. 기체 입자 사이의 거리가 멀어진다.
ㄹ. 기체의 부피가 증가한다.

① ㄱ, ㄷ ② ㄱ, ㄹ ③ ㄴ, ㄷ
④ ㄴ, ㄹ ⑤ ㄷ, ㄹ

12 그림과 같이 주사기 2개를 준비하여 피스톤이 주사기의 중간에 오게 한 다음 주사기 끝을 고무마개로 막고, 각각의 주사기를 얼음물과 뜨거운 물에 담가 피스톤의 변화를 관찰하였다.

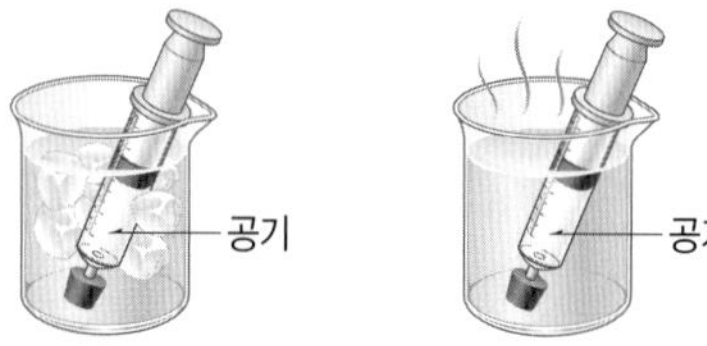

이에 대한 설명으로 옳지 않은 것은?

① 얼음물에서는 주사기 속 공기의 부피가 감소한다.
② 얼음물에서는 주사기 속 기체 입자의 충돌 세기가 감소한다.
③ 얼음물에서는 주사기 속 기체 입자의 운동 속도가 빨라진다.
④ 뜨거운 물에서는 피스톤이 주사기 바깥쪽으로 밀려난다.
⑤ 뜨거운 물에서는 주사기 속 기체 입자 사이의 거리가 멀어진다.

13 그림 (가)와 같이 고무풍선을 씌운 삼각 플라스크를 뜨거운 물이 담긴 수조에 넣었다가 (나)와 같이 얼음이 담긴 수조에 넣으면 고무풍선이 쭈그러든다.

(가)

(나)

(가)에서 (나)로 변할 때 플라스크와 고무풍선 속에서 일정하게 유지되는 것을 보기에서 모두 고른 것은?

보기
ㄱ. 공기의 부피
ㄴ. 기체 입자의 수
ㄷ. 기체 입자의 크기
ㄹ. 기체 입자의 운동 속도
ㅁ. 기체 입자 사이의 거리

① ㄱ, ㄹ ② ㄴ, ㄷ ③ ㄹ, ㅁ
④ ㄱ, ㄴ, ㅁ ⑤ ㄴ, ㄷ, ㄹ

14 냉장고에 보관해 두었던 빈 유리병 입구에 물에 적신 동전을 올려놓고, 오른쪽 그림과 같이 두 손으로 유리병을 감싸 쥐면 동전이 움직인다. 이와 같은 현상이 일어나는 까닭으로 옳은 것은?

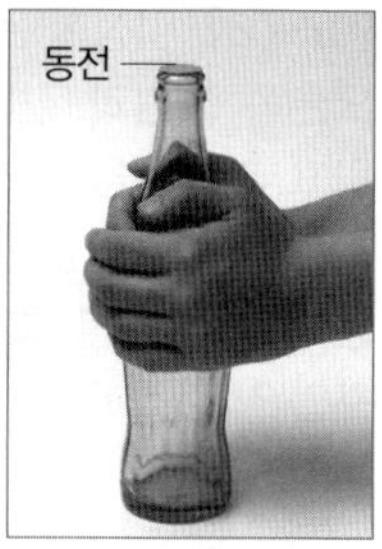

① 압력이 높아져 유리병 속 기체 입자의 수가 증가하기 때문
② 압력이 높아져 유리병 속 기체 입자의 운동 속도가 느려지기 때문
③ 압력이 낮아져 유리병 속 기체 입자의 운동 속도가 느려지기 때문
④ 온도가 높아져 유리병 속 기체 입자의 운동 속도가 빨라지기 때문
⑤ 온도가 높아져 유리병 속 기체 입자의 운동 속도가 느려지기 때문

15 다음 현상 중 적용되는 원리가 나머지 넷과 다른 하나는?

① 높은 산에 올라가면 과자 봉지가 팽팽해진다.
② 더운 여름철에는 자전거의 타이어가 팽팽해진다.
③ 열기구의 풍선 속 공기를 가열하면 열기구가 떠오른다.
④ 뜨거운 음식이 담긴 그릇에 랩을 씌우면 처음에는 랩이 부풀었다가 음식이 식으면 움푹 들어간다.
⑤ 여름철 물이 조금 들어 있는 페트병의 뚜껑을 닫아 냉장고 안에 넣어 두면 페트병이 찌그러진다.

16 다음 조건 중 일정량의 기체의 부피를 가장 크게 할 수 있는 방법은?

① 온도와 압력을 낮춘다.
② 온도와 압력을 높인다.
③ 온도와 압력을 그대로 둔다.
④ 온도를 낮추고, 압력을 높인다.
⑤ 온도를 높이고, 압력을 낮춘다.

≫ 정답과 해설 46쪽

1단계 단답형으로 쓰기

1 일정한 온도에서 일정량의 기체에 작용하는 압력이 증가하면 기체의 부피는 어떻게 변하는지 쓰시오.

2 일정한 온도에서 실린더에 일정량의 기체를 넣고 추를 올려 압력을 가할 때 기체 입자의 충돌 횟수는 어떻게 변하는지 쓰시오.

3 공기 침대에 누우면 침대에 가해지는 압력이 커져 침대 속 기체의 부피가 줄어든다. 이 현상을 설명할 수 있는 법칙을 쓰시오.

4 일정한 압력에서 일정량의 기체의 온도가 높아지면 기체의 부피는 어떻게 변하는지 쓰시오.

5 겹쳐진 그릇이 잘 분리되지 않을 때 그릇을 뜨거운 물에 담가 두면 그릇이 빠진다. 이 현상을 설명할 수 있는 법칙을 쓰시오.

2단계 제시된 단어를 모두 이용하여 서술하기

[6~10] 각 문제에 제시된 단어를 모두 이용하여 답을 서술하시오.

6 보일 법칙을 서술하시오.

온도, 압력, 부피, 반비례

7 높은 산에 올라가면 과자 봉지가 부풀어 오르는 까닭을 서술하시오.

대기압, 감소, 부피, 증가

8 샤를 법칙을 서술하시오.

압력, 부피, 온도, 증가

9 일정한 압력에서 실린더에 일정량의 기체를 넣고 가열하였다. 이때 실린더 속 기체의 변화를 서술하시오.

기체 입자, 운동 속도, 충돌 세기, 부피

10 여름철 물이 조금 들어 있는 생수병의 마개를 닫아 냉장고 안에 넣어 두면 생수병이 찌그러지는 까닭을 서술하시오.

온도, 생수병 속 기체, 부피

서술형 정복하기

3단계 실전 문제 풀어 보기

11 그림과 같이 일정량의 기체가 들어 있는 실린더에 추를 더 올리면서 외부 압력을 증가시켰다.

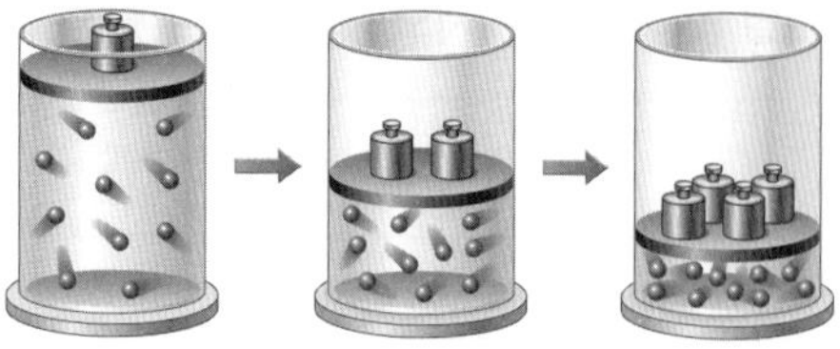

이때 실린더 내부의 변화를 기체의 부피, 기체 입자의 충돌 횟수, 기체의 압력을 이용하여 서술하시오. (단, 온도는 일정하다.)

답안 작성 tip

12 오른쪽 그림과 같이 주사기 속에 작게 분 고무풍선을 넣고 주사기 끝을 손으로 막은 상태에서 피스톤을 누를 때 풍선의 크기 변화를 쓰고, 그 까닭을 서술하시오.

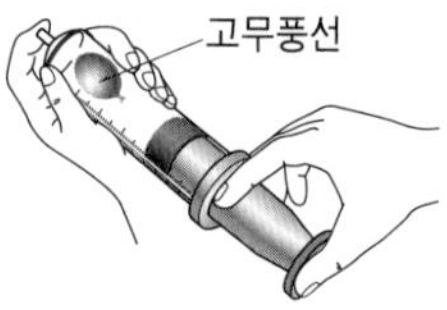

---

13 바닷속에서 잠수부가 호흡할 때 내뿜은 공기 방울은 수면에 가까워질수록 크기가 커진다. 그 까닭을 압력과 부피의 관계로 서술하시오.

---

14 컵에 뜨거운 물을 담았다가 버리고 그림과 같이 컵의 입구에 공기를 넣은 고무풍선을 완전히 밀착시킨 뒤 풍선을 잡은 손을 놓았더니 풍선이 컵 안으로 살짝 빨려 들어갔다.

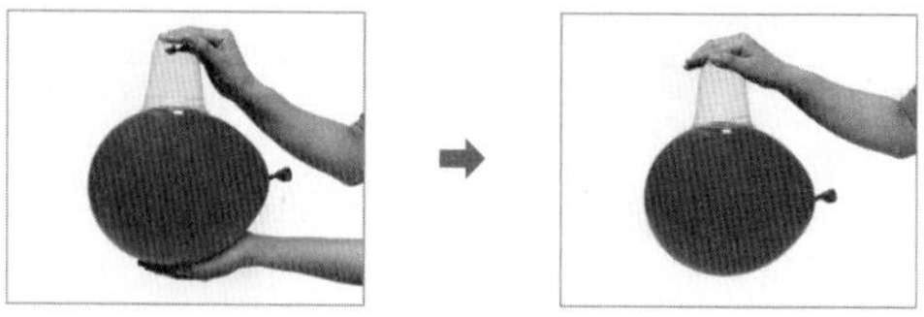

이와 같은 현상이 나타나는 까닭을 서술하시오.

---

15 그림과 같이 찌그러진 탁구공을 물에 넣고 가열하였더니 탁구공이 펴졌다.

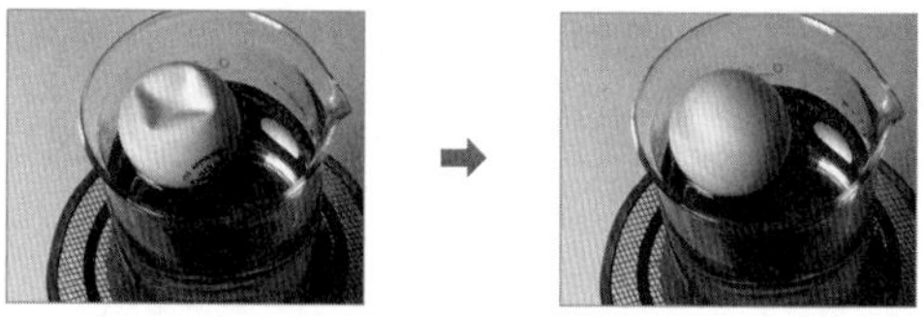

탁구공이 펴지는 과정을 온도, 기체 입자의 운동 속도, 기체의 부피를 이용하여 서술하시오.

답안 작성 tip

16 그림은 피스톤이 움직이는 실린더에 일정량의 기체를 넣고 어떤 조건을 변화시켰을 때 나타난 부피 변화이다.

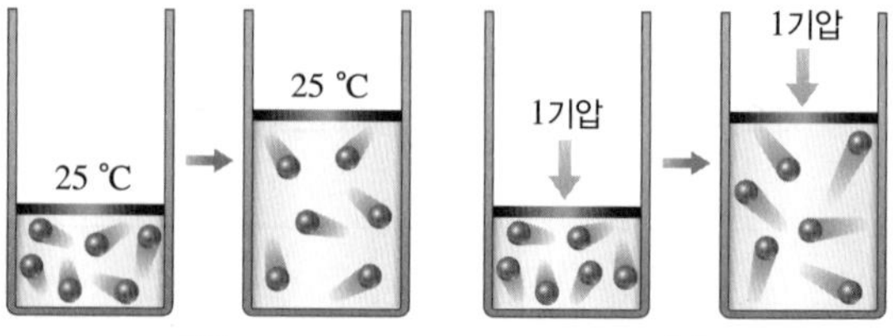

(가)와 (나)의 부피 변화가 일어날 때 필요한 조건을 각각 서술하시오.

답안 작성 tip

12. 주사기 속 공기의 압력은 고무풍선의 외부 압력으로 작용함을 떠올리고, 그 결과를 예상한다. **16.** (가)는 온도가 일정한 조건이고, (나)는 압력이 일정한 조건이며, (가)와 (나) 모두 부피가 증가하였다는 것을 생각한다.

1 태양계 구성 천체

태양계는 태양, 행성, 왜소 행성, 소행성, 위성, 혜성으로 구성되어 있다.

태양	• 태양계의 중심에 있음 • 스스로 빛을 냄
행성	• 태양을 중심으로 공전하며, 모양이 둥긂 • 자신의 궤도 주변에서는 지배적인 지위를 갖음 • 수성, 금성, 지구, 화성, 목성, 토성, 천왕성, 해왕성이 있음
왜소 행성	• 태양을 중심으로 공전하며, 모양이 둥긂 • 행성에 비해 질량과 크기가 작음 • 궤도 주변의 다른 천체들에게 지배적인 역할을 하지 못하고, 다른 행성의 위성이 아님
소행성	• 태양을 중심으로 공전하며, 모양이 불규칙하고 크기가 다양함 • 주로 화성과 목성 사이에 띠를 이루며 분포함
위성	• ❶ ______을 중심으로 공전함 • 달은 지구의 위성임
혜성	• 얼음과 먼지로 이루어져 있음 • 태양과 가까워질 때는 ❷ ______가 생김

2 태양계 행성

(1) 태양계 행성의 특징

수성	• 대기가 거의 없어 낮과 밤의 온도 차가 큼 • 표면에 운석 구덩이가 많음 • 태양에 가장 가깝고, 크기가 가장 작음
금성	• ❸ ______로 이루어진 두꺼운 대기가 있음 ➡ 온도가 매우 높음 • 태양계 행성 중 지구에서 가장 밝게 보임
지구	• 질소와 산소 등으로 이루어진 대기가 있음 • 표면에 액체 상태의 물이 존재함 • 생명체가 존재함
화성	• 표면이 붉고 과거에 물이 흘렀던 흔적이 있음 • 극지방에는 얼음과 드라이아이스로 이루어진 흰색의 극관이 있음
목성	• 주로 수소와 헬륨으로 이루어져 있음 • 표면에 가로 줄무늬와 대적점이 나타남 • 희미한 고리가 있고 위성이 많음 • 태양계 행성 중 크기가 가장 ❹ ______
토성	• 주로 수소와 헬륨으로 이루어져 있음 • 표면에는 가로 줄무늬가 나타남 • 얼음과 암석으로 이루어진 뚜렷한 고리가 있고 위성이 많음
천왕성	• 청록색으로 보이고 ❺ ______이 공전 궤도면과 거의 나란함 • 희미한 고리와 위성들이 있음
해왕성	• 청록색으로 보이고 표면에 대흑점이 있음 • 희미한 고리와 위성들이 있음 • 태양계 행성 중 가장 바깥쪽에 위치해 있음

(2) 행성의 분류: 행성의 특징에 따라 구분

구분	지구형 행성	목성형 행성
행성	수성, 금성, 지구, 화성	목성, 토성, 천왕성, 해왕성
질량	❻ ______	❼ ______
반지름	작음	큼
위성 수	적거나 없음	많음
고리	없음	있음
표면	단단한 암석	단단한 표면이 없음

3 태양

(1) 태양 표면과 대기에서 나타나는 현상

표면 (광구)	쌀알 무늬	쌀알 모양의 무늬
	흑점	어두운 부분 ➡ 주위보다 온도가 낮아 어둡게 보임
대기	채층	광구 바로 위를 얇게 둘러싼 붉은색을 띠는 대기층
	❽ ______	채층 위로 넓게 뻗어 있는 진주색을 띤 대기층
	홍염	광구에서부터 코로나까지 물질이 솟아오르는 현상
	❾ ______	흑점 부근의 폭발로 채층의 일부가 매우 밝아지는 현상

(2) 태양 활동의 변화

① 흑점 수: 약 ❿ ______년을 주기로 많아졌다 적어지며, 흑점 수가 많을 때 태양 활동이 활발하다.

② 태양 활동이 활발할 때 나타나는 현상

태양에서 나타나는 현상	• 흑점 수 증가 • 홍염, 플레어 증가	• 코로나의 크기 커짐 • 태양풍 강해짐
지구에서 나타나는 현상	• GPS 교란 • 인공위성 고장 • ⓫ ______ 발생 횟수 증가, 발생 지역 확대	• 전력 시스템 오류 • 무선 전파 통신 장애

4 천체 망원경

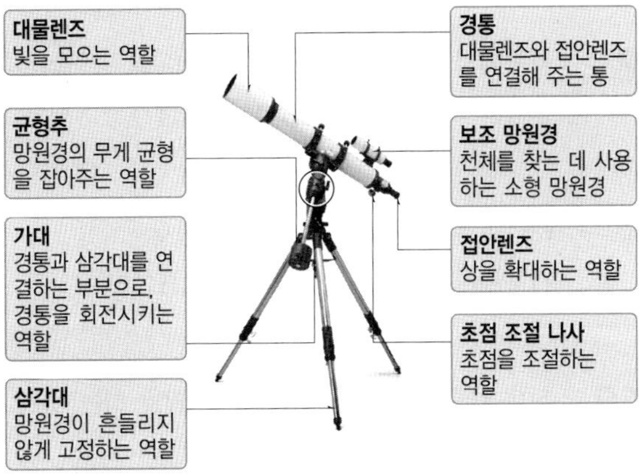

잠깐 테스트

≫ 정답과 해설 47쪽

MEMO

1 태양계 천체 중 주로 화성과 목성 사이에 분포하는 불규칙한 모양의 천체를 ①(　　　) 이라고 하고, 주로 얼음과 먼지로 이루어져 있으며 ②(　　　)과 가까워지면 꼬리가 생기는 천체를 혜성이라고 한다.

2 태양을 중심으로 공전하는 둥근 모양의 태양계 천체 중 ①(　　　)은 자신의 궤도 주변에서 지배적인 지위를 갖고, ②(　　　)은 궤도 주변의 다른 천체들에게 지배적인 역할을 하지 못한다.

3 위성은 ①(　　　)을 중심으로 공전하는 천체로, 지구의 위성은 ②(　　　)이다.

4 오른쪽 그림의 행성은 ①(　　　)으로 얼음과 암석으로 이루어진 뚜렷한 ②(　　　)가 있다.

5 지구형 행성에는 수성, 금성, 지구, ①(　　　)이 있고, 목성형 행성에는 목성, 토성, ②(　　　), 해왕성이 있다.

6 오른쪽 그림과 같이 태양계 행성을 A와 B로 분류할 때 지구형 행성은 어디에 해당하는지 쓰시오.

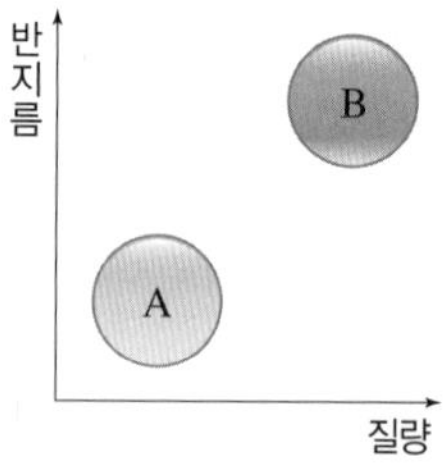

7 태양의 표면과 대기에 대한 설명과 이름을 선으로 연결하시오.

(1) 광구에 나타나는 어두운 부분 •　　　• ㉠ 흑점
(2) 광구에 나타나는 쌀알 모양의 무늬 •　　　• ㉡ 채층
(3) 광구 바로 위의 붉은색을 띤 얇은 대기층 •　　　• ㉢ 코로나
(4) 채층 위로 넓게 뻗어 있는 진주색 대기층 •　　　• ㉣ 쌀알 무늬

8 광구에서 코로나까지 물질이 솟아오르는 현상을 ①(　　　)이라고 하고, 흑점 부근에서 강력한 폭발이 일어나는 현상을 ②(　　　)이라고 한다.

9 태양의 활동이 활발해지면 태양에서는 ①(　　　)의 수가 많아지고, ②(　　　)의 크기가 커지며, 홍염과 플레어가 자주 발생한다.

10 천체 망원경에서 빛을 모으는 역할을 하는 것은 ①(　　　)이고, 상을 확대하는 역할을 하는 것은 ②(　　　)이다.

≫ 정답과 해설 47쪽

태양계 행성 구별하기

- 태양을 중심으로 공전하는 천체이며, 모양이 둥글고 자신의 궤도 주변에서 지배적인 지위를 갖는다.
- 태양으로부터 수성, 금성, 지구, 화성, 목성, 토성, 천왕성, 해왕성 순으로 나열되어 있다.
- 행성의 물리적 특징에 따라 지구형 행성과 목성형 행성으로 구분할 수 있다.

■ 태양계 행성의 특징

[1~11] 다음은 태양계 행성을 나열한 것이다.

수성, 금성, 지구, 화성, 목성, 토성, 천왕성, 해왕성

1 자전축이 공전 궤도면과 거의 나란한 행성을 골라 쓰시오.

2 물과 대기가 있어 생명체가 살고 있는 행성을 골라 쓰시오.

3 대기가 거의 없어 낮과 밤의 온도 차가 크고 운석 구덩이가 많은 행성을 골라 쓰시오.

4 이산화 탄소로 이루어진 두꺼운 대기가 있어서 표면 온도가 높은 행성을 골라 쓰시오.

5 표면에는 적도와 나란한 줄무늬와 대기의 소용돌이인 대적점이 있는 행성을 골라 쓰시오.

6 청록색을 띠고 표면에 얼룩처럼 생긴 큰 소용돌이인 대흑점이 있는 행성을 골라 쓰시오.

7 표면이 붉고 과거에 물이 흘렀던 자국이 있으며 얼음과 드라이아이스로 이루어진 극관이 있는 행성을 골라 쓰시오.

8 주로 수소와 헬륨으로 이루어져 있고, 얼음과 암석으로 이루어진 뚜렷한 고리가 있고 위성이 많은 행성을 골라 쓰시오.

9 태양계 행성 중 태양에서 가장 가까운 행성과 태양계 가장 바깥쪽에 위치한 행성을 골라 순서대로 쓰시오.

10 태양계 행성 중 크기가 가장 큰 행성과 크기가 가장 작은 행성을 골라 순서대로 쓰시오.

11 태양계 행성 중 지구에서 가장 밝게 보이는 행성을 골라 쓰시오.

계산력·암기력 강화 문제

≫ 정답과 해설 47쪽

■ 태양계 행성의 분류

[12~16] 표는 태양계 행성의 특징을 나타낸 것이다. (단, 행성의 질량과 반지름은 지구를 1로 했을 때 상대적인 값이다.)

행성	수성	금성	지구	화성	목성	토성	천왕성	해왕성
질량	0.06	0.82	1.00	0.11	317.92	95.47	14.54	17.09
반지름	0.38	0.95	1.00	0.53	11.21	9.45	4.01	3.88
위성 수(개)	0	0	1	2	92	83	27	14
고리	없음	없음	없음	없음	있음	있음	있음	있음
표면 상태	암석	암석	암석	암석	기체	기체	기체	기체

12 태양계 행성 중 질량이 비교적 작은 행성을 모두 골라 쓰시오.

13 태양계 행성 중 반지름이 비교적 큰 행성을 모두 골라 쓰시오.

14 태양계 행성 중 고리가 없는 행성을 모두 골라 쓰시오.

15 태양계 행성 중 표면이 기체로 되어 있는 행성을 모두 골라 쓰시오.

16 태양계 행성 중 위성 수가 없거나 적은 행성을 모두 골라 쓰시오.

■ 지구형 행성과 목성형 행성의 분류

[17~18] 그림은 태양계 행성을 물리적 특징에 따라 구분한 것이다.

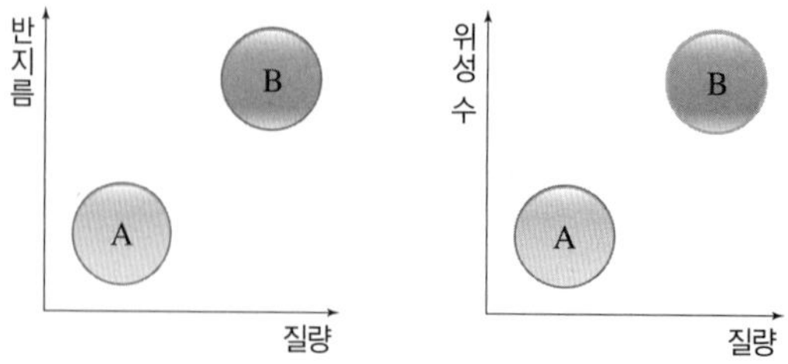

17 A 집단과 B 집단의 이름을 각각 쓰시오.

18 A 집단과 B 집단에 속하는 행성의 이름을 모두 쓰시오.

이 문제에서 나올 수 있는 보기는 多

정답과 해설 47쪽

01 다음은 태양계 어느 천체의 특징을 설명한 것이다.

- 태양을 중심으로 공전한다.
- 모양이 둥글다.
- 자신의 궤도 주변에서는 지배적인 지위를 갖는다.

이러한 천체를 무엇이라고 하는가?

① 위성 ② 혜성 ③ 행성
④ 소행성 ⑤ 왜소 행성

02 태양계 구성 천체에 대한 설명으로 옳은 것을 보기에서 모두 고른 것은?

보기
ㄱ. 왜소 행성은 목성의 위성이다.
ㄴ. 위성은 행성을 중심으로 공전한다.
ㄷ. 혜성은 태양에 가까워지면 태양 반대쪽으로 꼬리가 생긴다.
ㄹ. 소행성은 주로 화성과 목성 사이에서 태양을 중심으로 공전한다.

① ㄱ, ㄹ ② ㄴ, ㄷ ③ ㄱ, ㄴ, ㄷ
④ ㄴ, ㄷ, ㄹ ⑤ ㄱ, ㄴ, ㄷ, ㄹ

03 태양계 행성에 대한 설명으로 옳은 것은?

① 모든 행성은 위성이 있다.
② 지구에서 가장 가까운 행성은 달이다.
③ 목성형 행성은 태양계 바깥에 분포한다.
④ 행성의 표면은 모두 단단한 암석으로 되어 있다.
⑤ 태양계에는 8개의 행성이 있으며 모두 왜소 행성보다 크기가 크다.

04 태양계 여러 행성의 특징을 설명한 것으로 옳지 않은 것을 모두 고르면? (2개)

① 수성 – 대기가 없어 낮과 밤의 표면 온도 차이가 매우 크다.
② 금성 – 이산화 탄소로 이루어진 두꺼운 대기가 있다.
③ 지구 – 물과 대기가 있어 생명체가 살고 있다.
④ 화성 – 과거에 물이 흘렀던 흔적이 있다.
⑤ 목성 – 대적점이 존재한다.
⑥ 토성 – 표면이 붉게 보이고 극지방에는 극관이 있다.
⑦ 천왕성 – 태양계 행성 중 가장 바깥 궤도를 돌고 있으며, 위성을 가지고 있다.
⑧ 해왕성 – 표면에 대흑점이 나타나기도 한다.

05 오른쪽 그림은 태양계의 행성을 나타낸 것이다. 이에 대한 설명으로 옳은 것은?

① 태양계 행성 중 크기가 가장 작다.
② 지구형 행성에 속한다.
③ 표면이 단단한 암석으로 이루어져 있다.
④ 태양계 행성 중 위성 수가 가장 적다.
⑤ 암석 조각과 얼음으로 이루어진 고리가 있다.

06 그림은 태양계를 구성하는 행성의 공전 궤도를 나타낸 것이다.

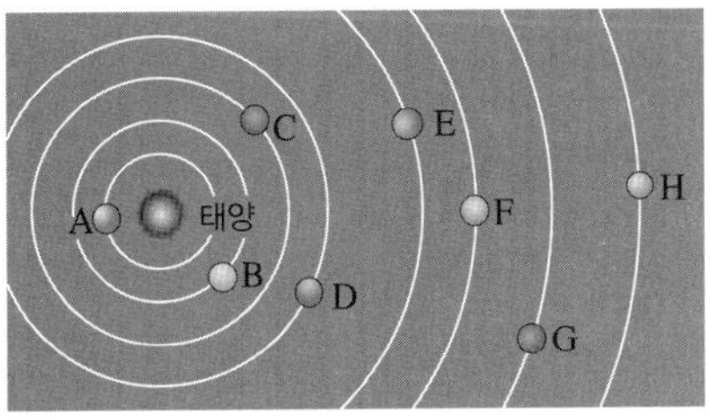

행성 A~H에 대한 설명으로 옳지 않은 것은?

① A와 D는 지구형 행성에 속한다.
② 표면 온도가 가장 낮은 행성은 B이다.
③ E와 F에는 많은 위성이 있다.
④ G는 자전축이 공전 궤도면과 거의 나란하다.
⑤ H는 표면에 얼룩처럼 생긴 큰 소용돌이가 나타나기도 한다.

07 지구형 행성과 목성형 행성의 특징을 비교한 것으로 옳은 것은?

	구분	지구형 행성	목성형 행성
①	위성 수	많다.	적거나 없다.
②	반지름	작다.	크다.
③	질량	크다.	작다.
④	고리	있다.	없다.
⑤	표면	기체	암석

08 오른쪽 그림은 태양계 행성을 질량과 위성 수에 따라 두 집단으로 분류하여 나타낸 것이다. 이에 대한 설명으로 옳은 것을 보기에서 모두 고른 것은?

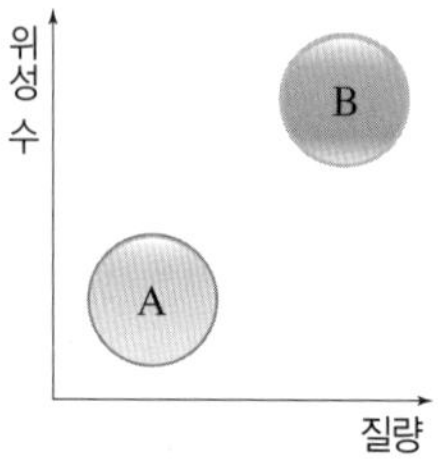

보기
ㄱ. A에 속하는 행성은 모두 위성이 없다.
ㄴ. B에 속하는 행성은 토성, 해왕성이 있다.
ㄷ. B에 속하는 행성은 모두 고리가 없다.
ㄹ. A에 속하는 행성에는 표면이 단단하고, B에 속하는 행성에는 단단한 표면이 없다.

① ㄱ, ㄴ　② ㄱ, ㄷ　③ ㄴ, ㄷ
④ ㄴ, ㄹ　⑤ ㄷ, ㄹ

09 표는 태양계 행성들의 여러 가지 물리적 특성을 나타낸 것이다.

행성	질량 (지구=1)	반지름 (지구=1)	위성 수 (개)
지구	1.00	1.00	1
A	0.82	0.95	0
B	95.14	9.45	83
C	0.06	0.38	0
D	317.92	11.21	92

행성 A~D에 대한 설명으로 옳지 않은 것은?

① A는 태양계 행성 중 태양에 가장 가깝다.
② B는 표면이 기체로 되어 있다.
③ C는 표면에 운석 구덩이가 많다.
④ A와 C는 지구형 행성에 속한다.
⑤ B와 D는 표면에 줄무늬가 나타나고 고리가 있다.

10 태양에 대한 설명으로 옳지 않은 것은?

① 스스로 빛을 내는 천체이다.
② 표면 온도는 약 6000°C이다.
③ 광구에는 전체적으로 쌀알을 뿌려 놓은 것 같은 무늬가 나타난다.
④ 태양을 관측할 때에는 망원경으로 태양을 직접 보면서 방향을 맞춘다.
⑤ 개기일식이 일어나 태양의 광구가 완전히 가려지면 코로나를 볼 수 있다.

이 문제에서 나올 수 있는 보기는 多

11 태양의 표면과 대기에서 나타나는 현상에 대한 설명으로 옳은 것은?

① 채층 – 눈에 보이는 태양의 둥근 표면
② 플레어 – 채층 위로 멀리까지 뻗어 있는 대기층
③ 코로나 – 광구 바로 위의 붉은색을 띤 얇은 대기층
④ 쌀알 무늬 – 광구 아래의 대류로 생긴 무늬
⑤ 흑점 – 광구에서부터 고온의 물질이 대기로 솟아오르는 현상
⑥ 홍염 – 광구에서 주위보다 온도가 낮아서 어둡게 보이는 부분

12 그림 (가)~(다)는 태양을 관측한 모습이다.

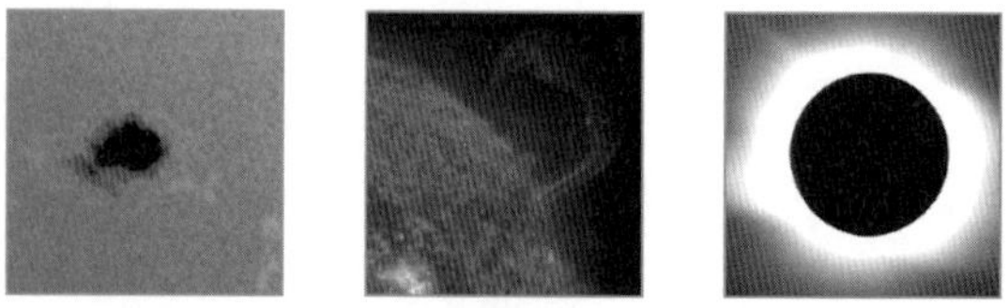
(가)　(나)　(다)

이에 대한 설명으로 옳은 것은?

① (가)의 검은 점은 주위보다 온도가 높다.
② (나)는 태양의 표면에서 나타나는 현상이다.
③ (다)는 흑점 주변에서 일어나는 폭발 현상이다.
④ (가)의 수가 많아지면 (다)의 크기가 커진다.
⑤ (가), (나)는 광구가 가려지면 볼 수 있다.

[13~14] 그림은 태양의 흑점 수 변화를 나타낸 것이다.

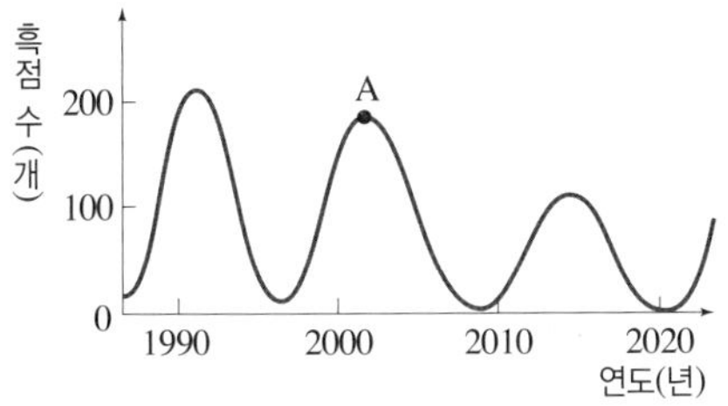

13 이로부터 알 수 있는 사실로 옳은 것을 보기에서 모두 고른 것은?

보기
ㄱ. 태양은 스스로 빛을 낸다. ㄴ. 태양 표면은 고체 상태이다. ㄷ. 태양의 흑점 수는 11년을 주기로 증감한다. ㄹ. 1990년에는 2010년보다 태양 활동이 활발했다.

① ㄱ, ㄴ ② ㄱ, ㄷ ③ ㄴ, ㄷ
④ ㄴ, ㄹ ⑤ ㄷ, ㄹ

14 A 시기에 지구에서 나타날 수 있는 현상이 아닌 것은?

① 자기 폭풍이 발생한다.
② 플레어가 자주 발생한다.
③ 오로라가 자주 발생한다.
④ 장거리 무선 통신 장애가 나타난다.
⑤ 비행기 승객이 방사능에 노출된다.

15 오른쪽 그림은 태양의 흑점을 나타낸 것이다. 그림과 같이 흑점이 이동한 까닭으로 옳은 것은?

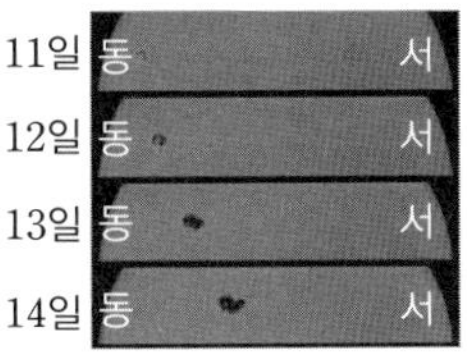

① 태양이 자전하기 때문이다.
② 태양이 공전하기 때문이다.
③ 태양의 활동이 약하기 때문이다.
④ 흑점이 스스로 움직이기 때문이다.
⑤ 태양 표면에서 대기의 운동이 활발하기 때문이다.

[16~17] 오른쪽 그림은 천체 망원경의 모습을 나타낸 것이다.

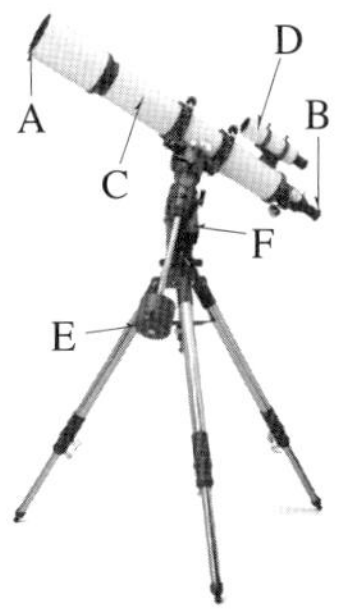

16 천체 망원경의 구조 A~E의 이름을 옳게 짝 지은 것은?

① A, 보조 망원경 ② B, 대물렌즈
③ C, 가대 ④ D, 접안렌즈
⑤ E, 균형추

이 문제에서 나올 수 있는 보기는 多

17 A~F의 기능에 대한 설명으로 옳은 것은?

① A는 관측하려는 천체를 찾는 데 사용된다.
② B는 상을 확대하는 역할을 한다.
③ C는 빛을 모으는 역할을 한다.
④ D는 대물렌즈와 접안렌즈를 연결한다.
⑤ E는 망원경이 흔들리지 않게 고정시켜 준다.
⑥ F는 망원경의 균형을 잡아 준다.

18 천체 망원경의 설치 및 사용에 대한 설명으로 옳은 것을 보기에서 모두 고른 것은?

보기
ㄱ. 천체 망원경은 주변의 시야가 트인 곳에 설치한다. ㄴ. 가대에 경통을 먼저 끼운 후에 균형추를 끼워 조립한다. ㄷ. 주 망원경과 보조 망원경의 시야를 맞출 때는 관측하려는 상을 보조 망원경의 십자선 중앙으로 오도록 한다. ㄹ. 투영판에 비친 태양 상에서 태양의 대기를 관측할 수 있다.

① ㄱ, ㄷ ② ㄱ, ㄹ ③ ㄴ, ㄷ
④ ㄱ, ㄴ, ㄷ ⑤ ㄴ, ㄷ, ㄹ

Ⅶ 태양계

서술형 정복하기

1단계 단답형으로 쓰기

1 태양과 태양을 중심으로 공전하는 천체 및 이들이 차지하는 공간을 무엇이라고 하는지 쓰시오.

2 태양계를 구성하는 천체 중 태양을 중심으로 공전하며 모양이 둥근 천체를 모두 쓰시오.

3 다음과 같은 특징이 있는 행성의 이름을 쓰시오.

- 표면에 운석 구덩이가 많다.
- 태양계를 이루는 행성 중 가장 작다.

4 태양계 행성 중 위성이 없는 행성을 모두 쓰시오.

5 태양의 표면에서 관측할 수 있는 현상을 두 가지만 쓰시오.

6 흑점 부근의 폭발로 채층의 일부가 순간 매우 밝아지며 많은 양의 에너지를 방출하는 현상을 무엇이라고 하는지 쓰시오.

2단계 제시된 단어를 모두 이용하여 서술하기

[7~10] 각 문제에 제시된 단어를 모두 이용하여 답을 서술하시오.

7 행성과 소행성의 특징을 비교하여 서술하시오.

공전, 모양

8 지구형 행성의 특징을 목성형 행성과 비교하여 서술하시오.

반지름, 질량, 위성 수

9 태양의 흑점이 어둡게 보이는 까닭을 서술하시오.

주위, 온도

10 태양 활동의 영향으로 지구에서 자기 폭풍이 일어나 장거리 무선 통신 장애가 일어나는 시기에 태양에서 나타날 수 있는 현상을 서술하시오.

코로나, 홍염, 태양풍

≫ 정답과 해설 48쪽

3단계 실전 문제 풀어 보기

11 그림은 태양계 천체를 특징에 따라 구분하는 과정을 나타낸 것이다.

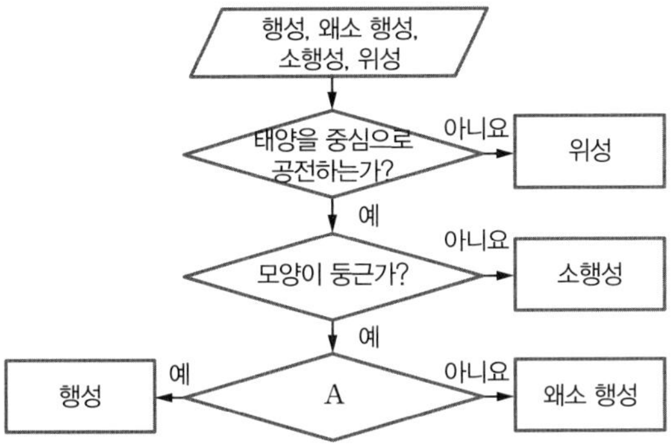

A에 들어갈 적절한 말을 천체의 특징과 관련지어 서술하시오.

답안 작성 tip

12 표는 태양계 행성의 특징을 나타낸 것이다.

행성	금성	목성	A	B
질량(지구=1)	0.82	317.92	0.11	17.09
반지름(지구=1)	0.95	11.21	0.53	3.88
고리	없다	있다	없다	있다
표면 물질	암석	기체	암석	기체

A와 B 중 지구형 행성에 속하는 행성을 골라 기호를 쓰고, 그렇게 생각한 까닭을 서술하시오.

답안 작성 tip

13 오른쪽 그림은 태양계 행성을 물리적 특성에 따라 두 집단으로 분류한 것이다.

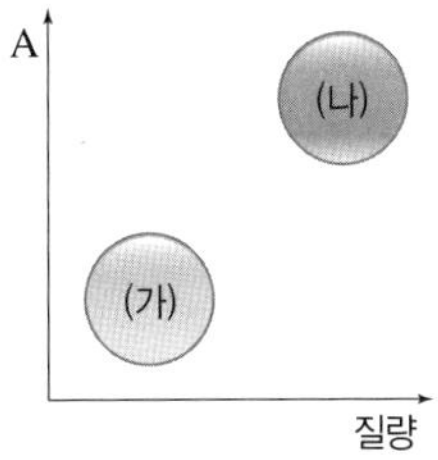

(1) (가)와 (나) 집단의 이름을 각각 쓰시오.

(2) A에 적절한 물리적 특성을 한 가지만 쓰시오.

(3) (가) 집단에 해당하는 행성의 이름을 모두 쓰시오.

14 그림은 태양의 표면과 대기를 관측한 것이다.

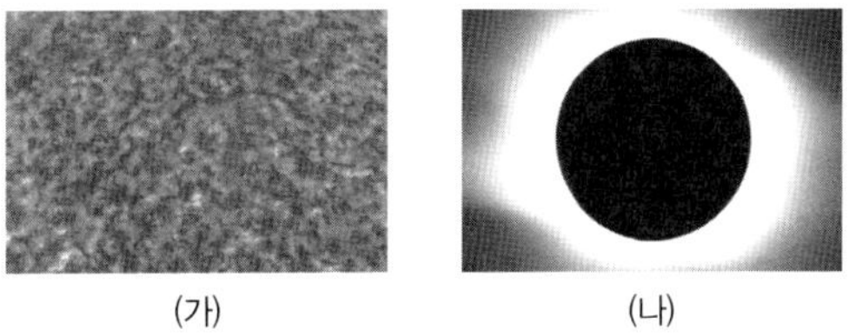

(가)와 (나)의 이름을 쓰고, 특징을 서술하시오.

15 그림은 태양의 흑점 수 변화를 나타낸 것이다.

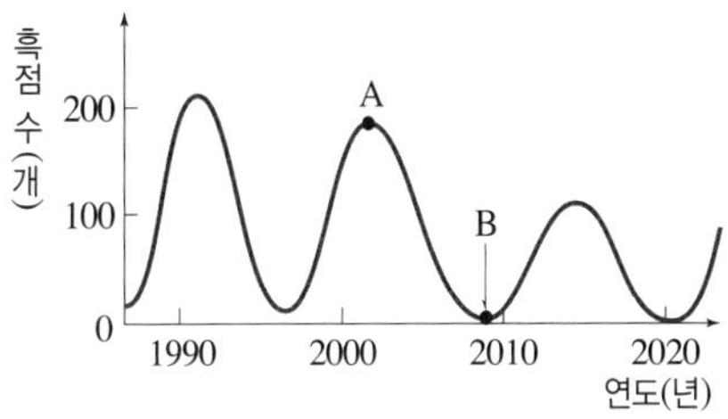

(1) A와 B 중 태양의 활동이 더 활발한 시기를 쓰시오.

(2) (1)에서 답한 시기에 태양과 지구에서 나타나는 변화를 각각 두 가지씩 서술하시오.(단, 흑점 수 제외)

16 오른쪽 그림은 천체 망원경의 구조를 나타낸 것이다. A~F 중 가대, 균형추, 보조 망원경을 고르고, 각 구조의 역할을 서술하시오.

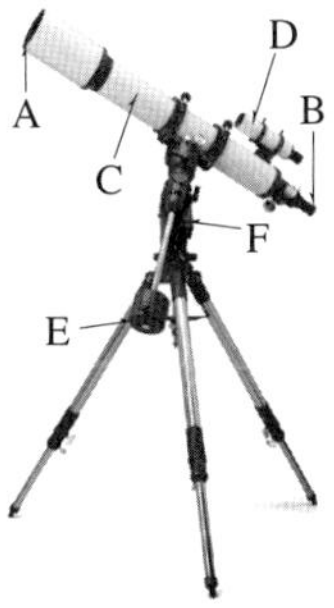

• 가대:

• 균형추:

• 보조 망원경:

답안 작성 tip

12. 표에 주어진 반지름, 질량, 고리를 기준으로 지구형 행성과 목성형 행성의 특징을 구분하여 지구형 행성에 속하는 행성을 찾는다. **13.** 질량을 기준으로 (가)와 (나) 집단을 구분하고 (가) 집단이 작고 (나) 집단이 큰 물리적 특성 A를 찾는다.

중단원 핵심 요약

1 지구의 자전 지구가 ❶ ________을 중심으로 하루에 한 바퀴씩 서쪽에서 동쪽으로 도는 운동

(1) 지구 자전의 방향과 속도

자전 방향	서 → 동
자전 속도	1시간에 15°

(2) 지구 자전으로 나타나는 현상: 낮과 밤의 반복, 천체의 일주 운동 등

2 천체의 일주 운동 천체가 하루에 한 바퀴씩 원을 그리며 도는 운동 ➡ 지구의 자전으로 하루 동안 나타나는 천체의 겉보기 운동

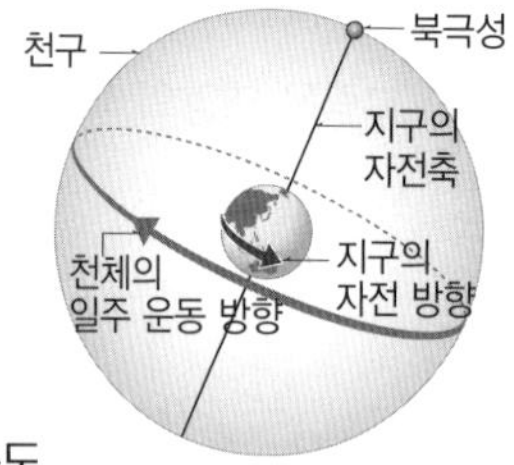

(1) 천체의 일주 운동 방향과 속도

일주 운동 방향	❷ ________ → ❸ ________
일주 운동 속도	1시간에 15°

(2) 북쪽 하늘에서 관측한 별의 일주 운동

- 북쪽 하늘에서 일주 운동 방향: ❹ ________ 방향
- 일주 운동 속도: 15°/h
- 일주 운동의 중심: 북극성

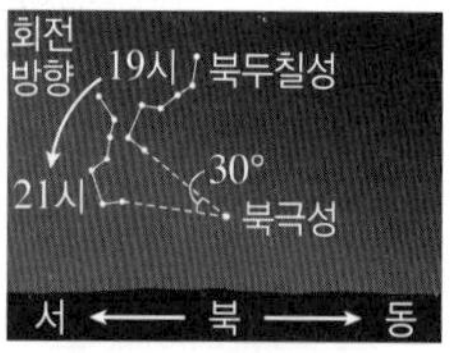

2시간 동안 관측한 북쪽 하늘 ▶

(3) 우리나라에서 관측한 별의 일주 운동 모습

동쪽 하늘	남쪽 하늘
	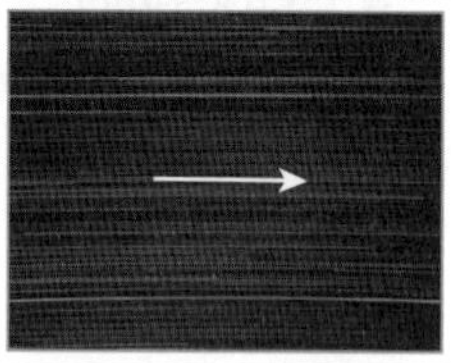
천체가 왼쪽 아래에서 오른쪽 위로 비스듬히 떠오르는 것처럼 보임	천체가 동쪽에서 서쪽으로 이동하는 것처럼 보임
서쪽 하늘	❺ ________
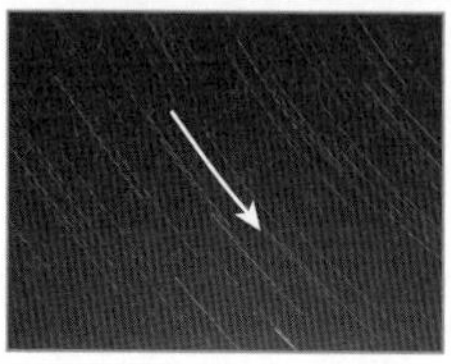	
천체가 왼쪽 위에서 오른쪽 아래로 비스듬히 지는 것처럼 보임	천체가 북극성을 중심으로 동심원을 그리면서 시계 반대 방향으로 도는 것처럼 보임

3 지구의 공전 지구가 태양을 중심으로 1년에 한 바퀴씩 서에서 동으로 도는 운동

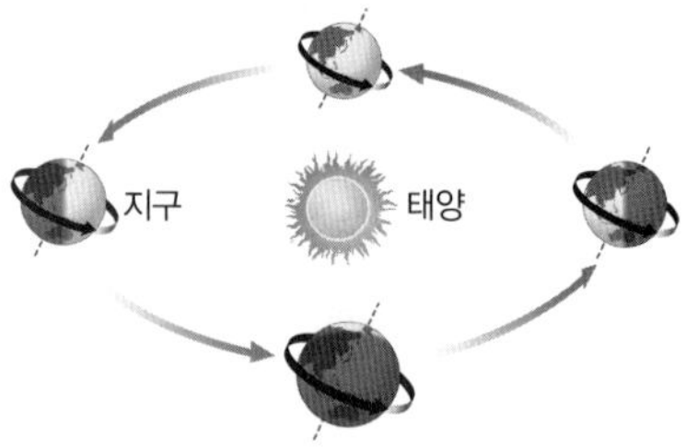

(1) 지구 공전의 방향과 속도

공전 방향	서 → 동
공전 속도	하루에 1°

(2) 지구 공전으로 나타나는 현상: 태양의 연주 운동, 계절별 별자리 변화

4 태양의 연주 운동 태양이 별자리를 배경으로 이동하여 1년 후 처음 위치로 되돌아오는 운동 ➡ 지구의 공전으로 일 년 동안 나타나는 태양의 겉보기 운동

연주 운동 방향	❻ ________ → ❼ ________
연주 운동 속도	하루에 1°

5 계절별 별자리 변화 지구 ❽ ________으로 나타나는 변화

(1) 황도: 태양이 연주 운동하며 지나가는 길

(2) 황도 12궁: 황도에 위치한 12개의 별자리 ➡ 태양은 표시된 계절에 해당하는 별자리를 지나고, 한밤중 남쪽 하늘에서는 태양의 ❾ ________쪽에 있는 별자리를 볼 수 있다.

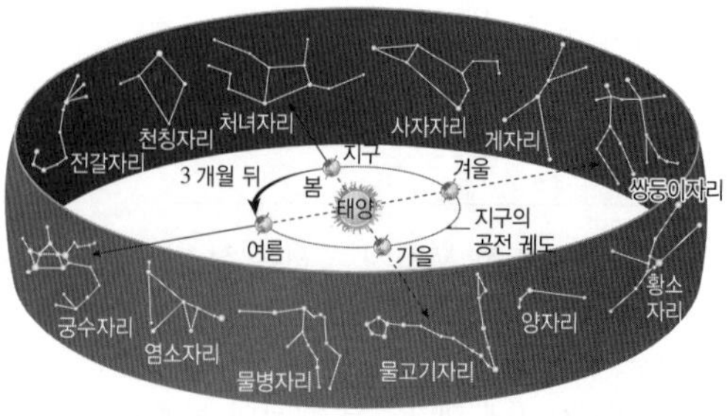

구분	태양이 지나는 별자리	한밤중에 남쪽 하늘에서 보이는 별자리
봄철	물고기자리	처녀자리
여름철	쌍둥이자리	궁수자리
가을철	처녀자리	❿ ________
겨울철	궁수자리	쌍둥이자리

▶ 정답과 해설 49쪽

MEMO

1 지구가 ①(　　　)쪽에서 ②(　　　)쪽으로 자전함에 따라 태양과 달은 동쪽에서 떠서 서쪽으로 지는 것처럼 보인다.

2 지구의 자전으로 천체가 하루에 한 바퀴씩 ①(　　　)쪽에서 ②(　　　)쪽으로 원을 그리며 도는 운동을 천체의 ③(　　　)이라고 한다.

3 천체의 일주 운동은 천체가 ①(　　　)을 중심으로 하루에 ②(　　　) 바퀴씩 동쪽에서 서쪽으로 회전하는 겉보기 운동이다.

4 북쪽 하늘에서 별은 북극성을 중심으로 1시간에 ①(　　　)씩 이동하는데, 이것은 지구의 ②(　　　)에 의해 나타나는 현상이다.

5 그림은 우리나라에서 어느 날 밤 여러 방향에서 본 별들의 움직임을 나타낸 것이다. 각각에 해당하는 하늘의 방향을 쓰시오.

(1)
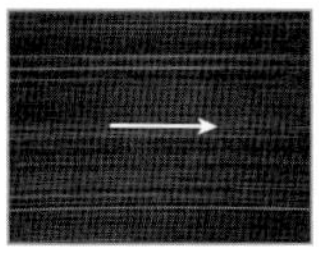
(2)

(3)

(4)
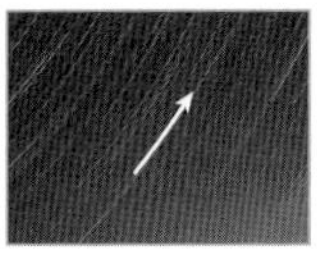

6 지구의 ①(　　　)으로 지구의 위치가 달라지면서 한밤중 남쪽 하늘(태양 반대쪽)에서 볼 수 있는 별자리가 ②(　　　).

7 태양은 별자리를 배경으로 이동하여 (　　　) 뒤에 처음 위치로 되돌아오는 것처럼 보인다.

8 지구의 공전으로 태양이 별자리를 배경으로 일 년에 한 바퀴씩 ①(　　　)쪽에서 ②(　　　)쪽으로 도는 운동을 태양의 ③(　　　)이라고 한다.

[9~10] 오른쪽 그림은 황도 12궁을 나타낸 것이다.

9 태양이 전갈자리 부근을 지날 때는 몇 월에 해당하는지 쓰시오.

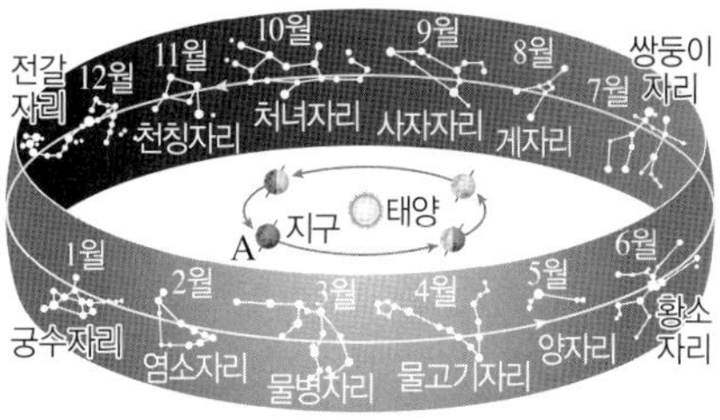

10 지구가 A의 위치에 있을 때 한밤중에 남쪽 하늘에서 보이는 별자리의 이름을 쓰시오.

중단원 기출 문제

01 지구의 자전과 자전으로 나타나는 현상에 대한 설명으로 옳지 않은 것은?

① 지구는 서쪽에서 동쪽으로 자전한다.
② 지구의 자전 방향과 천체의 일주 운동 방향은 같다.
③ 지구는 자전축을 중심으로 하루에 한 바퀴씩 자전한다.
④ 천체의 일주 운동은 지구가 자전하기 때문에 나타난다.
⑤ 북쪽 하늘의 별은 북극성을 중심으로 시계 반대 방향으로 이동한다.

이 문제에서 나올 수 있는 보기는 多

02 지구의 자전으로 나타나는 현상을 모두 고르면? (2개)

① 낮과 밤이 반복된다.
② 일식과 월식이 일어난다.
③ 계절에 따라 별자리가 달라진다.
④ 달의 모양이 한 달을 주기로 변한다.
⑤ 태양이 동쪽에서 떠서 서쪽으로 진다.
⑥ 매일 같은 시각에 보이는 별자리가 달라진다.

03 그림은 어느 날 밤 10시에 본 북극성과 북두칠성의 모습을 나타낸 것이다.

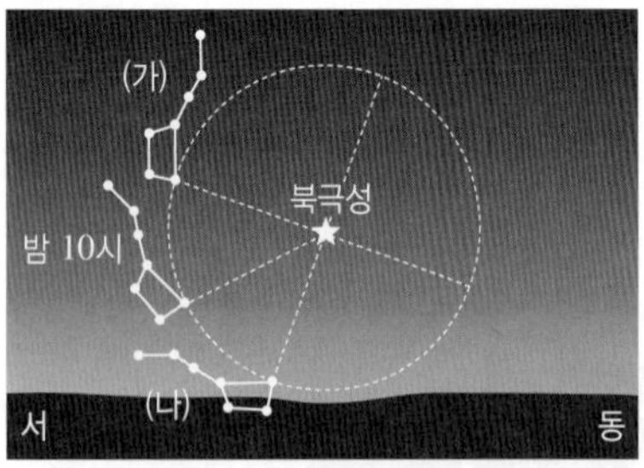

밤 12시에 같은 방향의 하늘을 보았을 때, 이 별자리가 보이는 위치와 별자리가 회전한 각도를 옳게 짝 지은 것은?

	위치	각도		위치	각도
①	(가)	15°	②	(가)	30°
③	(나)	15°	④	(나)	30°
⑤	(나)	2°			

[04~05] 그림 (가)~(다)는 우리나라에서 각각 다른 방향의 하늘을 향해 같은 시간 동안 사진기를 고정시켜 놓고 촬영한 별의 일주 운동 모습이다.

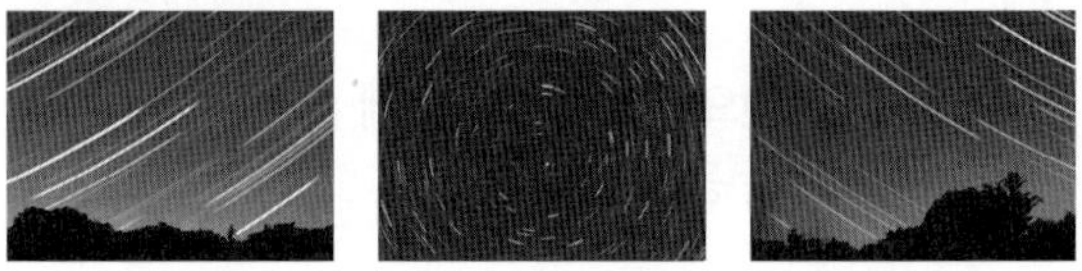

04 (가)~(다)를 촬영한 하늘의 방향을 옳게 짝 지은 것은?

① (가)－서쪽 하늘　② (나)－남쪽 하늘
③ (나)－동쪽 하늘　④ (다)－서쪽 하늘
⑤ (다)－북쪽 하늘

05 이에 대한 설명으로 옳지 않은 것은?

① 별들은 1시간에 15°씩 이동한다.
② 지구가 자전하기 때문에 나타나는 현상이다.
③ (나)에서 별들은 시계 반대 방향으로 회전한다.
④ (가)~(다)에서 각 원호의 중심각의 크기는 모두 같다.
⑤ 이와 같은 현상은 별들이 실제로 움직이기 때문에 나타난다.

06 오른쪽 그림은 어느 날 서울에서 관측한 별의 일주 운동 모습을 나타낸 것이다. 이에 대한 설명으로 옳은 것을 보기에서 모두 고른 것은?

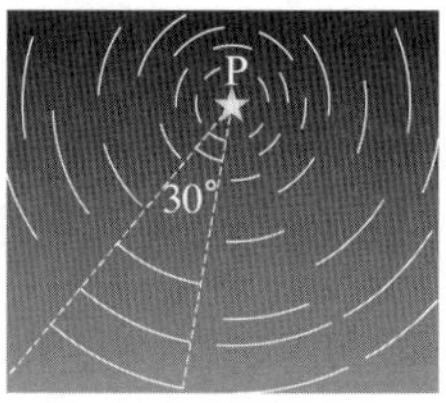

보기
ㄱ. 별 P는 북극성이다.
ㄴ. 관측한 시간은 2시간이다.
ㄷ. 남쪽 하늘을 관측한 것이다.

① ㄱ　② ㄴ　③ ㄷ
④ ㄱ, ㄴ　⑤ ㄱ, ㄷ

≫ 정답과 해설 49쪽

07 우리나라에서 동쪽 하늘을 바라보았을 때 관측할 수 있는 별의 움직임으로 옳은 것은?

① 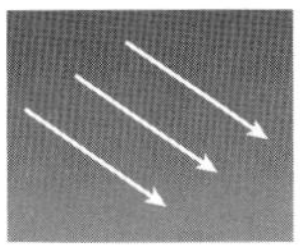
② 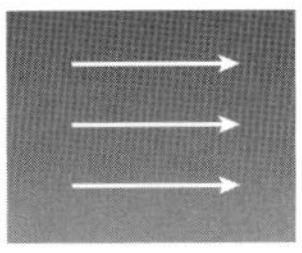
③ 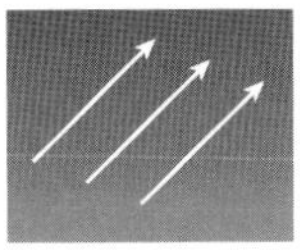
④ 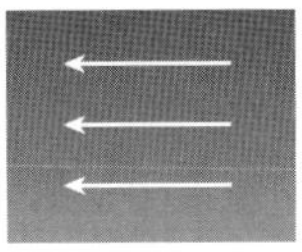
⑤ 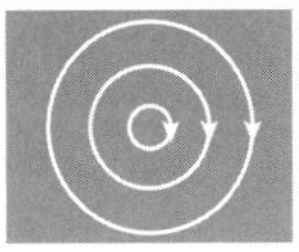

08 오른쪽 그림은 우리나라에서 볼 수 있는 천체의 일주 운동을 나타낸 것이다. 이에 대한 설명으로 옳은 것만을 보기에서 모두 고른 것은?

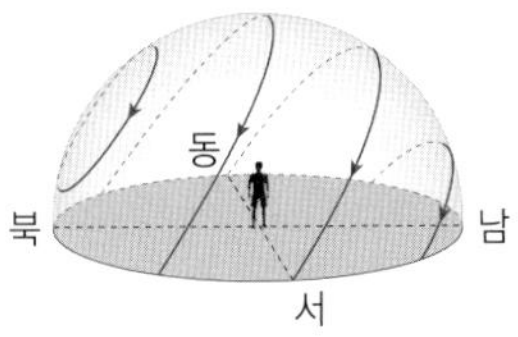

보기
ㄱ. 지구가 자전하기 때문에 나타나는 현상이다.
ㄴ. 하루 동안 지구에서 관측하는 모든 천체는 동쪽에서 떠서 서쪽으로 진다.
ㄷ. 북쪽 하늘에서는 천체가 시계 방향으로 원을 그리며 움직이는 것처럼 보인다.

① ㄱ ② ㄷ ③ ㄱ, ㄴ
④ ㄴ, ㄷ ⑤ ㄱ, ㄴ, ㄷ

09 그림은 북반구에서 어느 날 한밤중에 관측한 별자리를 나타낸 것이다.

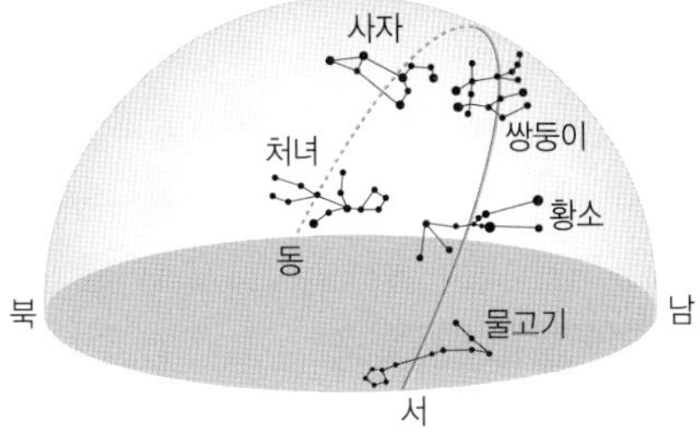

이때로부터 6시간 후 남쪽 하늘에서 볼 수 있는 별자리는 무엇인가? (단, 별자리는 같은 간격으로 떨어져 있다.)

① 사자자리 ② 처녀자리 ③ 황소자리
④ 물고기자리 ⑤ 쌍둥이자리

10 다음과 같은 현상이 나타나는 원인으로 옳은 것은?

• 계절에 따라 지구에서 볼 수 있는 별자리가 달라진다.
• 태양이 별자리 사이를 이동하는 것처럼 보인다.

① 달의 자전 ② 달의 공전
③ 지구의 자전 ④ 지구의 공전
⑤ 태양의 자전

11 지구의 공전과 공전으로 나타나는 현상에 대한 설명으로 옳은 것은?

① 공전의 중심에는 태양이 있다.
② 지구는 동쪽에서 서쪽으로 공전한다.
③ 지구의 공전으로 낮과 밤이 반복된다.
④ 태양의 연주 운동은 지구의 공전과 관련이 없다.
⑤ 지구에서 관측할 때 지구의 공전으로 태양이 보이는 위치는 항상 같다.

이 문제에서 나올 수 있는 보기는 多

12 태양의 연주 운동에 대한 설명으로 옳은 것을 모두 고르면? (3개)

① 지구의 자전에 의한 겉보기 운동이다.
② 태양은 별자리를 배경으로 하루에 약 1°씩 이동한다.
③ 태양은 황도 12궁의 별자리를 1년에 1개씩 지나간다.
④ 태양은 별자리 사이를 이동하여 1년 후에 처음의 위치로 돌아온다.
⑤ 태양의 연주 운동 방향은 지구의 공전 방향과 반대이다.
⑥ 별자리를 기준으로 태양의 위치는 계절에 따라 달라진다.
⑦ 태양이 황도를 따라 연주 운동할 때 태양 근처에 있는 별자리가 관측된다.

13 그림은 지구의 공전 때문에 일어나는 서쪽 하늘의 별자리와 태양의 겉보기 운동을 나타낸 것이다.

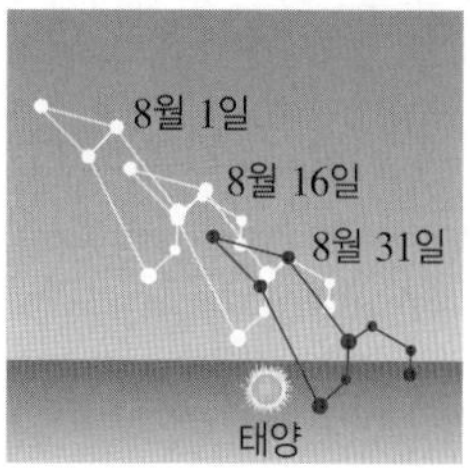

(가)

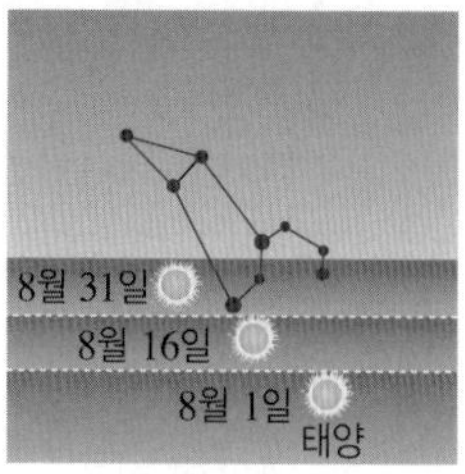

(나)

각각의 이동 방향을 옳게 짝 지은 것은?

	별자리의 이동 방향	태양의 이동 방향
①	서 → 동	서 → 동
②	서 → 동	동 → 서
③	동 → 서	동 → 서
④	동 → 서	서 → 동
⑤	남 → 북	북 → 남

[14~15] 그림은 지구의 공전 궤도와 태양이 지나는 길에 위치한 별자리를 나타낸 것이다.

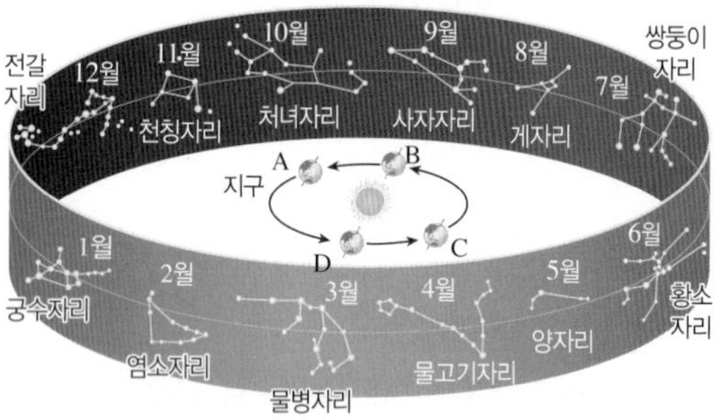

14 A~D 중 한밤중에 남쪽 하늘에서 양자리가 보일 때 지구의 위치는?

① A ② B ③ C
④ D ⑤ A, D

15 이에 대한 설명으로 옳은 것은?

① 태양의 공전에 의해 나타나는 현상이다.
② 태양은 실제로 별자리 사이를 이동한다.
③ 10월에 태양은 처녀자리 근처를 지난다.
④ 계절이 변해도 밤하늘에 보이는 별자리는 같다.
⑤ 지구가 D에 있을 때 태양은 물병자리에 위치한다.

16 표는 황도 12궁을 나타낸 것이다.

월	별자리	월	별자리
1	궁수자리	7	쌍둥이자리
2	염소자리	8	게자리
3	물병자리	9	사자자리
4	물고기자리	10	처녀자리
5	양자리	11	천칭자리
6	황소자리	12	전갈자리

4월 한밤중에 남쪽 하늘에서 볼 수 있는 별자리와 3개월 후 남쪽 하늘에서 볼 수 있는 별자리를 순서대로 옳게 짝 지은 것은?

① 물고기자리, 쌍둥이자리
② 물고기자리, 궁수자리
③ 처녀자리, 궁수자리
④ 처녀자리, 쌍둥이자리
⑤ 쌍둥이자리, 처녀자리

17 어느 날 북반구에서 한밤중에 관측한 별자리가 그림과 같을 때, 2개월 후 같은 시각에 한밤중에 정남쪽에서 보이는 별자리를 쓰시오.

이 문제에서 나올 수 있는 보기는 多

18 천체의 운동 방향이 서에서 동인 것을 모두 고르면? (4개)

① 달의 공전 ② 지구의 공전
③ 지구의 자전 ④ 달의 일주 운동
⑤ 별의 연주 운동 ⑥ 별의 일주 운동
⑦ 태양의 일주 운동 ⑧ 태양의 연주 운동

서술형 정복하기

정답과 해설 50쪽

1단계 단답형으로 쓰기

1 지구의 자전으로 나타나는 현상을 두 가지만 쓰시오.

2 우리나라에서 북쪽 하늘을 보았을 때, 북극성을 중심으로 별이 움직이는 방향을 쓰시오.

3 지구의 자전 방향과 자전 속도를 쓰시오.

4 지구의 공전 방향과 공전 속도를 쓰시오.

5 지구의 공전으로 나타나는 현상을 두 가지만 쓰시오.

6 태양이 연주 운동을 하여 별자리 사이를 이동하여 처음의 위치로 돌아오는데 걸리는 시간을 쓰시오.

2단계 제시된 단어를 모두 이용하여 서술하기

[7~10] 각 문제에 제시된 단어를 모두 이용하여 답을 서술하시오.

7 별이 일주 운동하는 까닭과 태양이 연주 운동하는 까닭을 각각 서술하시오.

지구, 공전, 자전

8 지구의 관측자가 볼 때, 별이 일주 운동하는 방향과 태양이 연주 운동하는 방향을 각각 서술하시오.

별, 태양, 동, 서

9 우리나라에서 북쪽 하늘을 볼 때, 하루 동안 북극성을 중심으로 별자리가 보이는 위치가 달라지는 까닭을 쓰시오.

지구, 자전

10 계절에 따라 한밤중에 관측되는 별자리가 달라지는 까닭을 쓰시오.

지구, 태양, 공전

서술형 정복하기

3단계 실전 문제 풀어 보기

답안 작성 tip

11 그림 (가)와 (나)는 어느 날 북쪽 하늘을 두 시간 간격으로 찍은 것을 순서 없이 나타낸 것이다.

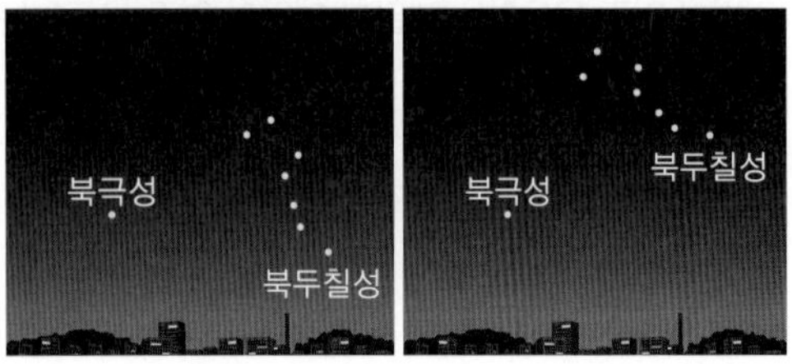

(가) (나)

(1) 먼저 찍은 것을 고르고, 그 까닭을 서술하시오.

(2) 2시간 동안 북두칠성이 이동한 각도를 쓰시오.

12 그림은 우리나라에서 관측한 별의 일주 운동 모습을 나타낸 것이다.

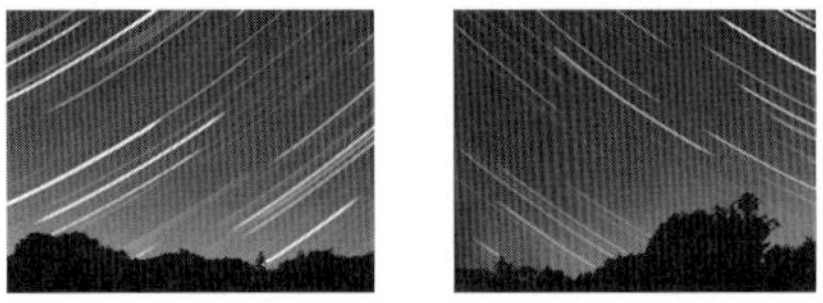

(가) (나)

(가)와 (나)를 관측한 하늘의 방향을 각각 쓰고, 그림에 별이 이동하는 방향을 화살표로 그리시오.

답안 작성 tip

13 그림은 어느 날 초저녁에 남쪽 하늘에서 보이는 별자리를 나타낸 것이다.

이 별자리는 6시간 후에는 어느 쪽 하늘에서 관측할 수 있을지 그렇게 생각한 까닭과 함께 쓰시오.

14 어느 날 밤 9시에 남쪽 하늘의 B 부근에서 그림과 같은 별자리가 관측되었다.

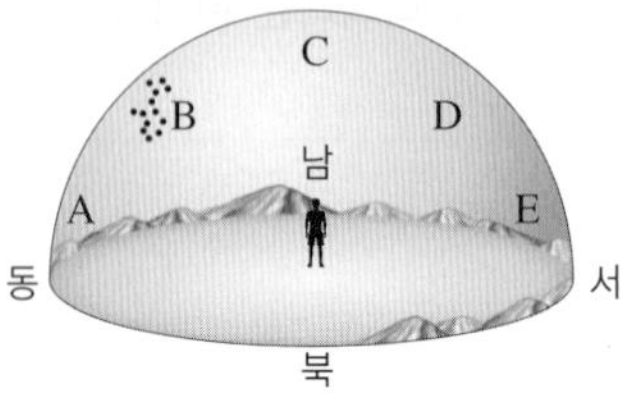

A~E 중 3개월 후 같은 시각에 이 별자리가 보이는 위치를 쓰고, 그 까닭을 서술하시오.

15 그림은 15일 간격으로 해가 진 직후 서쪽 하늘을 관측하여 나타낸 것이다.

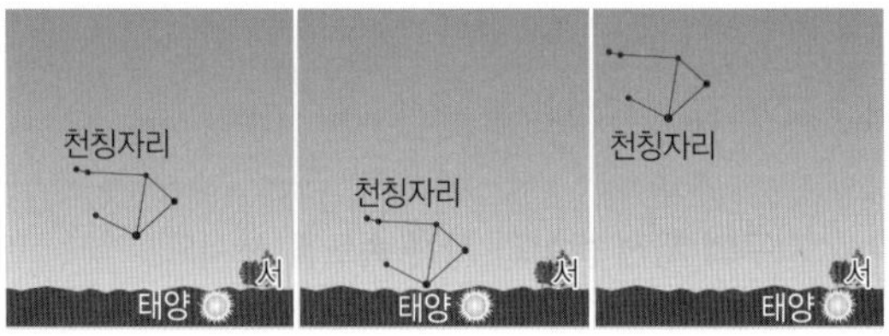

(가) (나) (다)

(1) (가)~(다)를 먼저 관측된 것부터 순서대로 쓰시오.

(2) 위와 같이 별자리 위치가 변하는 까닭을 서술하시오.

16 그림은 지구의 공전 궤도와 황도 12궁을 나타낸 것이다.

(가) 8월에 태양이 지나는 별자리와 (나) 지구가 A에 위치할 때 한밤중에 남쪽 하늘에서 보이는 별자리를 각각 서술하시오.

답안 작성 tip

11. 그림에서 움직인 것과 움직이지 않은 것을 파악한 후, 별의 일주 운동 방향을 생각해 본다. **13.** 천체의 일주 운동 방향과 이동 속도를 파악해 6시간 후의 위치를 생각해 본다.

정답과 해설 51쪽

1 달의 ❶ ______ 달이 지구를 중심으로 약 한 달의 주기로 서쪽에서 동쪽으로 도는 운동

공전 방향	서 → 동
공전 속도	하루에 약 13°

(1) 달의 공전과 위상 변화

① 달의 위상: 지구에서 볼 때 밝게 보이는 달의 모양

② 달의 위상 변화 순서: 삭 → 초승달 → 상현달 → ❷ ______ → 하현달 → 그믐달 → 삭

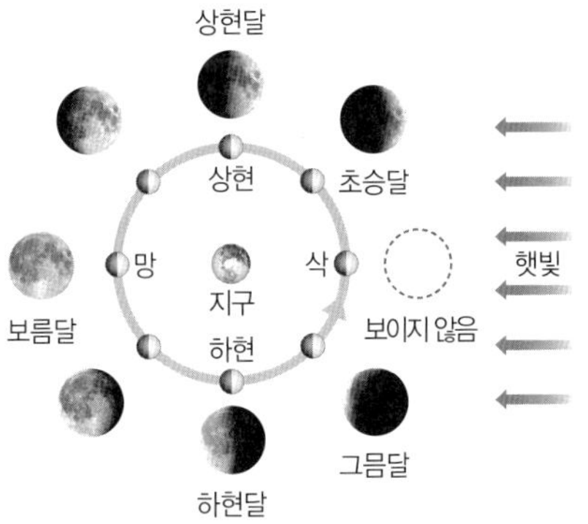

삭	지구－달－태양 순으로 배열되어 햇빛을 받는 면이 보이지 않을 때
상현	달과 태양이 지구를 중심으로 직각을 이루어 오른쪽 반원이 보일 때 ➡ ❸ ______
망	달－지구－태양 순으로 배열되어 햇빛을 받는 면 전체가 보일 때 ➡ 보름달
하현	달과 태양이 지구를 중심으로 직각을 이루어 왼쪽 반원이 보일 때 ➡ ❹ ______

③ 달의 위상이 변하는 까닭: 달이 지구를 중심으로 공전하면서 태양, 지구, 달의 상대적인 위치가 달라지기 때문에 달의 위상이 변한다.

(2) 달의 위치와 모양 변화: 달이 공전함에 따라 지구에서 같은 시각에 관측한 달의 위치와 모양이 변한다.

① 달은 매일 약 13°씩 ❺ ______ 으로 이동한다.

② 해가 진 직후 관측되는 달의 모양 변화

음력 1일경	보이지 않음(삭)
음력 2일경	서쪽 하늘에서 초승달
음력 7~8일경	남쪽 하늘에서 상현달
음력 15일경	동쪽 하늘에서 보름달

2 일식 지구에서 보았을 때 달이 ❻ ______ 을 가리는 현상

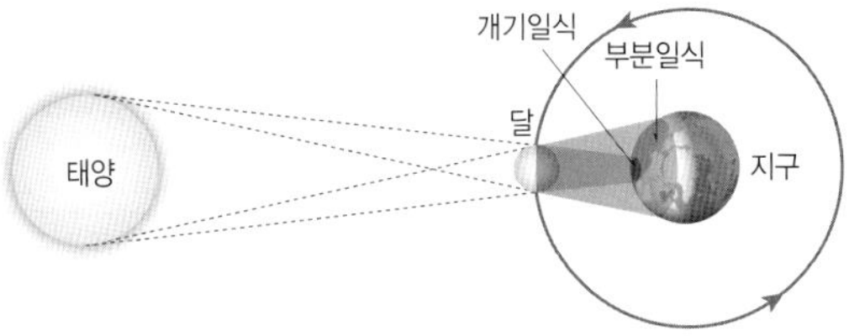

(1) 일식의 종류

개기 일식		달이 태양을 완전히 가리는 현상
부분 일식	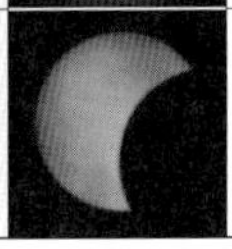	달이 태양의 일부를 가리는 현상

(2) 일식의 진행

① 위치 관계: 태양－달－지구의 순서로 일직선상에 위치 ➡ 달의 위상이 ❼ ______ 일 때

② 관측 지역: 지구에서 달의 그림자가 생기는 지역

③ 진행 방향: 태양의 오른쪽부터 가려지고, 오른쪽부터 빠져나온다.

3 월식 지구에서 보았을 때 ❽ ______ 이 지구의 그림자에 들어가 가려지는 현상

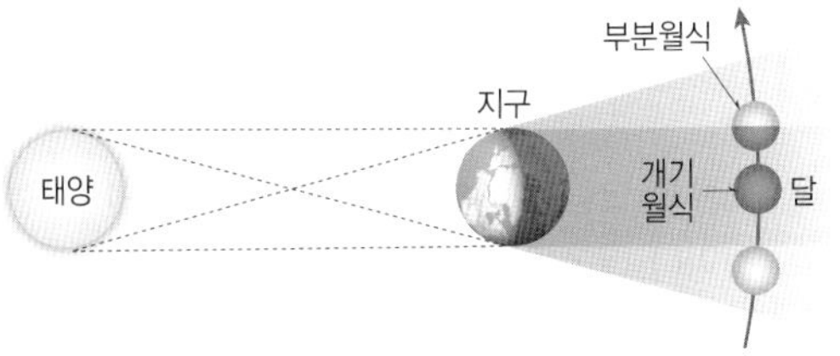

(1) 월식의 종류

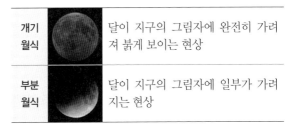

개기 월식		달이 지구의 그림자에 완전히 가려져 붉게 보이는 현상
부분 월식	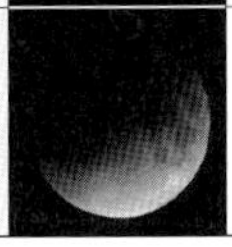	달이 지구의 그림자에 일부가 가려지는 현상

(2) 월식의 진행

① 위치 관계: 태양－지구－달의 순서로 일직선상에 위치 ➡ 달의 위상이 ❾ ______ 일 때

② 관측 지역: 지구에서 밤이 되는 모든 지역

③ 진행 방향: 달의 왼쪽부터 가려지고, 왼쪽부터 빠져나온다.

잠깐 테스트

» 정답과 해설 51쪽

MEMO

1 지구에서 볼 때 밝게 보이는 달의 모양을 달의 (   )이라고 한다.

2 달의 공전에 대한 설명으로 옳은 것은 ○, 옳지 않은 것은 ×로 표시하시오.

(1) 달은 동에서 서로 공전한다. ························ (   )

(2) 달의 위상이 변하는 것은 달이 태양을 중심으로 공전하기 때문이다. ········ (   )

(3) 매일 같은 시각에 관찰한 달은 약 13°씩 서에서 동으로 이동한다. ··········· (   )

[3~5] 오른쪽 그림은 달의 공전 궤도를 나타낸 것이다.

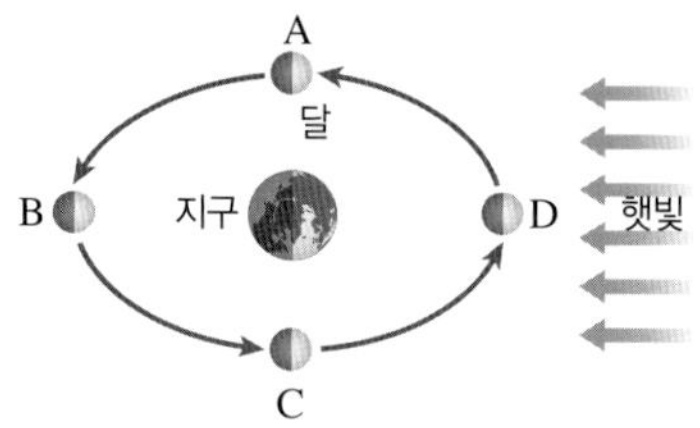

3 A~D 중 하현달로 보이는 달의 위치를 쓰시오.

4 달이 A 위치에 있을 때, 달의 위상을 쓰시오.

5 A~D 중 음력 15일경 달의 위치를 쓰시오.

6 달이 태양의 전체 또는 일부를 가리는 현상을 ①(   )이라 하고, 달이 지구의 그림자에 전체 또는 일부가 가려지는 현상을 ②(   )이라고 한다.

7 오른쪽 그림은 달의 공전 궤도를 나타낸 것이다. 일식이 일어날 때 달의 위치는 ①(   )이고, 월식이 일어날 때 달의 위치는 ②(   )이다.

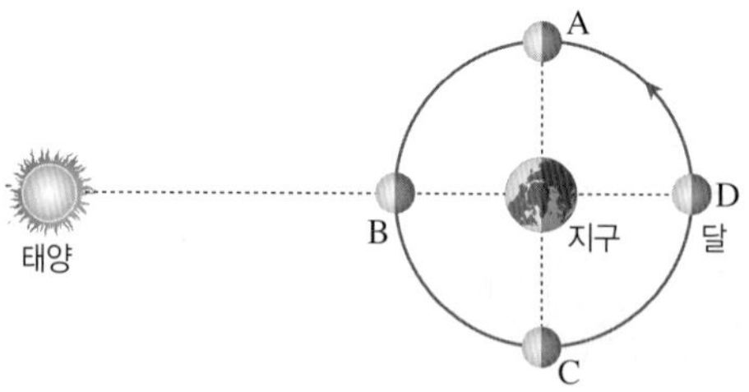

8 일식은 태양, ①(   ), ②(   )가 순서대로 일직선상에 있을 때 일어난다.

9 (일식, 월식)은 지구에서 밤이 되는 모든 지역에서 볼 수 있다.

10 (부분일식, 부분월식)은 달이 태양의 일부를 가리는 현상이다.

계산력·암기력 강화 문제

» 정답과 해설 51쪽

달의 공전 궤도상의 위치에서 달의 위상 그리기

- 달의 공전: 달이 지구를 중심으로 서에서 동으로 약 한 달에 한 바퀴씩 돈다.
- 달의 위상 변화: 달이 공전하면서 지구에서 볼 때 달의 밝게 보이는 부분의 모양이 달라진다.
- 달의 위상 변화 순서: 삭 → 초승달 → 상현달 → 보름달(망) → 하현달 → 그믐달 → 삭

■ 태양이 오른쪽에 있을 때 달의 위상 그리기

1 달의 위치가 A～H일 때 지구에서 보이는 달의 모양을 그리시오.

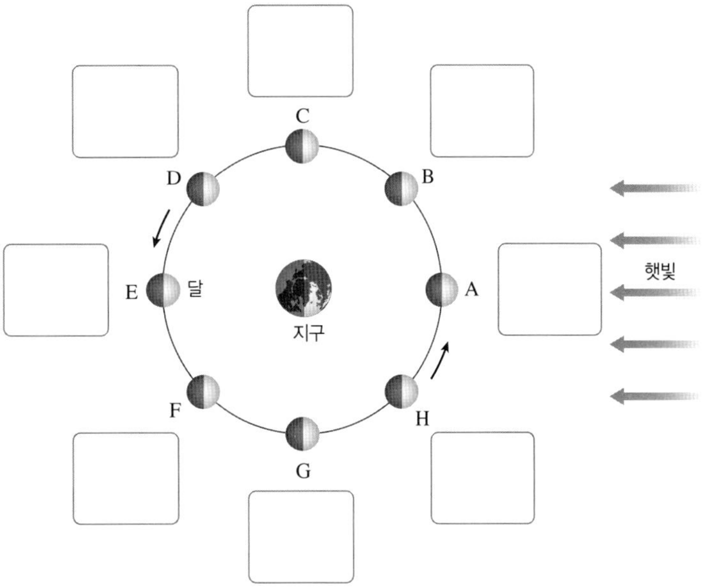

■ 태양이 왼쪽에 있을 때 달의 위상 그리기

2 달의 위치가 A～H일 때 지구에서 보이는 달의 모양을 그리시오.

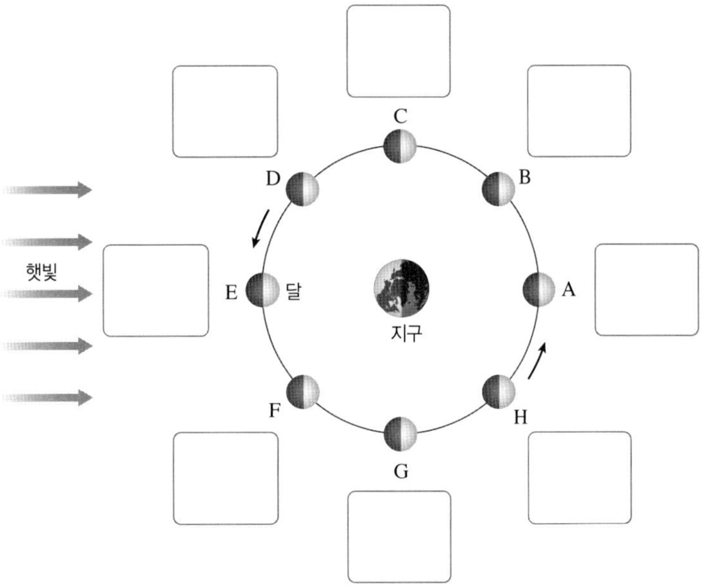

중단원 기출 문제

01 달의 운동 및 모양에 대한 설명으로 옳은 것은?

① 달은 하루에 한 바퀴씩 자전한다.
② 달은 지구를 중심으로 일 년에 한 바퀴씩 돈다.
③ 달의 모양과 위치가 달라지는 것은 지구가 공전하기 때문이다.
④ 달은 스스로 빛을 내지 못하므로 햇빛을 받아 반사하는 부분만 밝게 보인다.
⑤ 달의 모양은 초승달 → 하현달 → 보름달 → 상현달의 순서로 변한다.

[02~03] 그림은 달이 공전하는 모습을 나타낸 것이다.

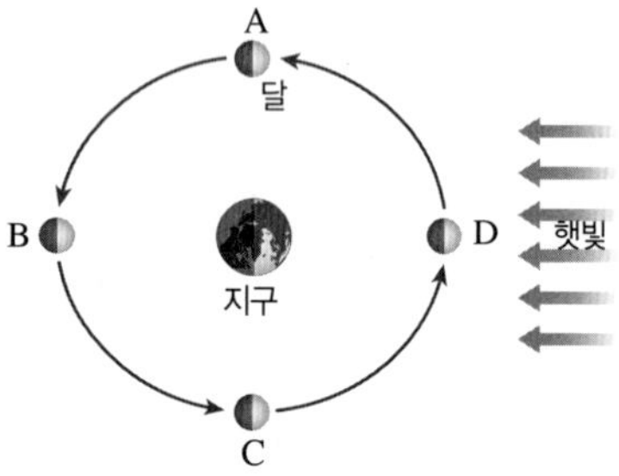

02 달의 위치와 달의 위상을 옳게 짝 지은 것은?

	달의 위치	달의 위상
①	A	하현달
②	B	보름달
③	B	보이지 않음
④	C	상현달
⑤	D	보름달

03 이에 대한 설명으로 옳지 않은 것은?

① 달의 위치가 A일 때는 왼쪽 반원이 밝게 보인다.
② 달의 위치가 B일 때 밤에 달을 볼 수 없다.
③ 지구에서 볼 때 A와 C에 있는 달은 같은 모양으로 보인다.
④ 설날(음력 1월 1일)에 달의 위치는 D이다.
⑤ 달이 D에서 다시 D의 위치로 돌아오는 데 약 15일이 걸린다.

[04~06] 그림은 지구를 중심으로 공전하는 달의 위치를 나타낸 것이다.

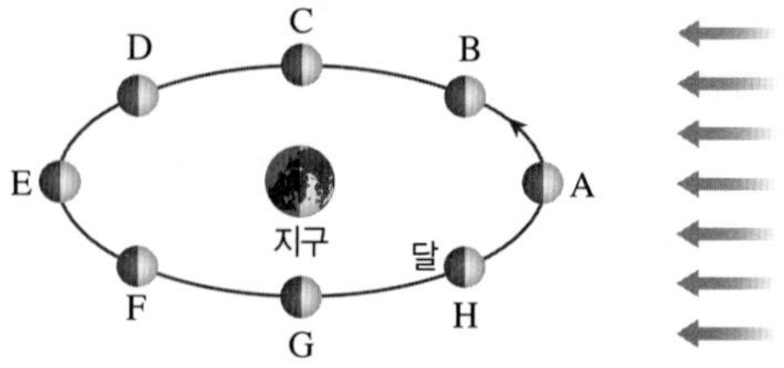

04 달이 G 위치에 있을 때 지구에서 본 달의 모양은?

①  ②  ③ 
④  ⑤ 

이 문제에서 나올 수 있는 보기는 多

05 달의 위치와 위상을 옳게 짝 지은 것을 모두 고르면? (2개)

① A – 보이지 않음 ② B – 하현달
③ C – 보름달 ④ D – 초승달
⑤ E – 하현달 ⑥ F – 상현달
⑦ G – 상현달 ⑧ H – 그믐달

06 E 위치에 있는 달에 대한 설명으로 옳은 것을 보기에서 모두 고른 것은?

보기
ㄱ. 보름달로 보인다.
ㄴ. 새벽 6시경에 남쪽 하늘에서 볼 수 있다.
ㄷ. 음력 15일경에 볼 수 있다.
ㄹ. 일식이 일어날 수 있다.

① ㄱ, ㄴ ② ㄱ, ㄷ ③ ㄱ, ㄹ
④ ㄴ, ㄷ ⑤ ㄷ, ㄹ

» 정답과 해설 51쪽

[07~08] 그림은 해가 진 직후에 15일 동안 관측한 달의 모양과 위치 변화를 나타낸 것이다.

07 이에 대한 설명으로 옳지 <u>않은</u> 것은?

① 달은 서에서 동으로 공전한다.
② 달이 뜨는 시각은 늦어지고 있다.
③ 달은 하루에 약 1°씩 지구 주위를 돈다.
④ 초승달은 자정에는 볼 수 없다.
⑤ 이와 같은 달의 위치와 모양 변화는 달의 공전 때문에 나타난다.

08 하루 동안 가장 오래 관측할 수 있는 달은?

① 초승달 ② 상현달 ③ 그믐달
④ 하현달 ⑤ 보름달

09 그림은 우리나라에서 서로 다른 날짜에 해가 진 후 저녁 시간에 달의 모습을 나타낸 것이다.

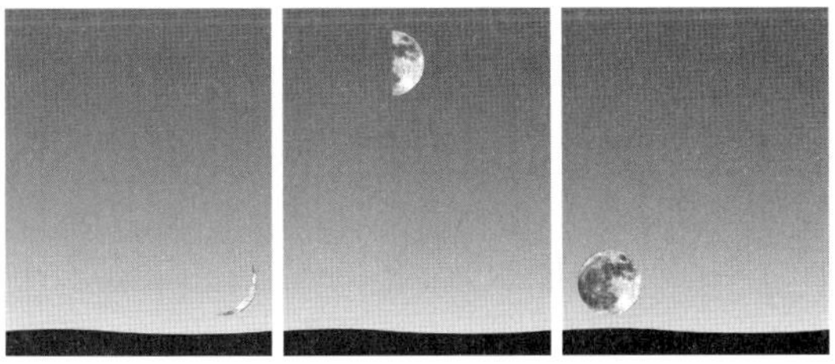

(가) (나) (다)

이에 대한 설명으로 옳은 것은?

① (가)는 그믐달이다.
② (나)가 관측된 날짜는 음력 7~8일경이다.
③ (다)는 자정에 서쪽 하늘에서 보인다.
④ 태양으로부터의 거리는 (가)가 (다)보다 멀다.
⑤ 월식은 (나)가 관측될 때 일어날 수 있다.

10 일식과 월식에 대한 설명으로 옳은 것은?

① 달이 지구를 중심으로 공전하며 일어나는 현상이다.
② 일식은 지구가 태양을 가리는 현상이다.
③ 월식은 달이 삭의 위치에 있을 때 일어난다.
④ 달의 일부가 지구의 그림자에 가려지면 개기일식이 일어난다.
⑤ 태양과 달 사이의 거리는 일식이 일어날 때가 월식이 일어날 때보다 멀다.

11 그림은 달의 공전 궤도를 나타낸 것이다.

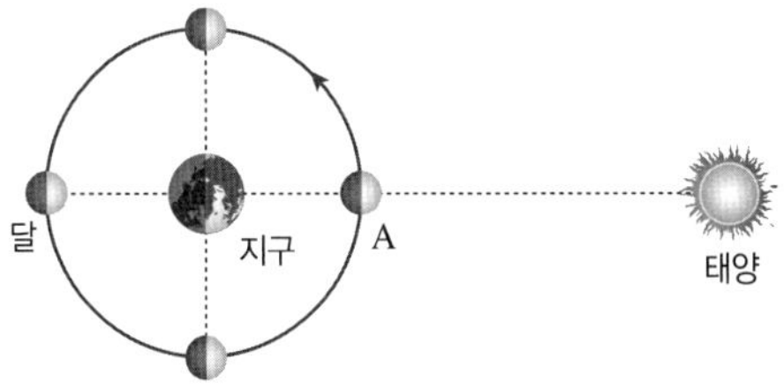

달이 A에 위치할 때, (가) <u>달의 모양</u>과 (나) <u>일어날 수 있는 현상</u>을 옳게 짝 지은 것은?

	(가)	(나)
①	보이지 않음	일식
②	보이지 않음	월식
③	보름달	일식
④	보름달	월식
⑤	그믐달	월식

12 그림은 태양, 달, 지구의 위치를 나타낸 것이다.

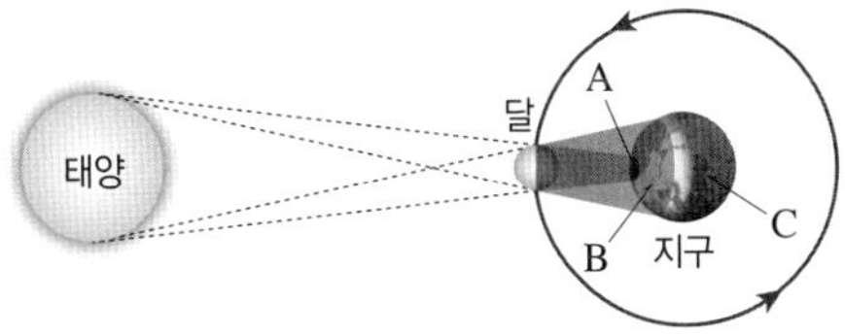

이에 대한 설명으로 옳은 것을 보기에서 모두 고른 것은?

보기
ㄱ. 달은 보이지 않는다.
ㄴ. 월식이 일어나는 원리를 나타낸 것이다.
ㄷ. A에서는 개기일식을 관찰할 수 있다.
ㄹ. B와 C에서는 부분일식을 관찰할 수 있다.

① ㄱ, ㄴ ② ㄱ, ㄷ ③ ㄱ, ㄹ
④ ㄴ, ㄷ ⑤ ㄷ, ㄹ

13 그림은 북반구에서 관측한 일식의 진행 과정을 나타낸 것이다.

이에 대한 설명으로 옳은 것을 보기에서 모두 고른 것은?

보기
ㄱ. 일식의 진행 방향은 B이다.
ㄴ. 이날 달은 태양과 지구 사이에 위치한다.
ㄷ. 달의 그림자가 생기는 지역에서 관측할 수 있다.

① ㄱ ② ㄷ ③ ㄱ, ㄴ
④ ㄴ, ㄷ ⑤ ㄱ, ㄴ, ㄷ

14 태양은 달보다 매우 크지만, 지구에서 볼 때 달이 태양을 가릴 수 있는 까닭으로 옳은 것은?

① 달이 태양의 빛을 흡수하기 때문이다.
② 태양과 달 사이의 거리가 변하기 때문이다.
③ 태양이 달에 비해 지구에서 멀리 있기 때문이다.
④ 태양이 점점 어두워지다가 달에 가까워지면 다시 밝아지기 때문이다.
⑤ 달의 공전 궤도와 지구의 공전 궤도가 같은 평면상에 있지 않기 때문이다.

15 다음은 월식에 대한 설명이다.

> 달은 지구를 중심으로 ㉠(　　　)으로 공전한다. 따라서 월식이 일어날 때 달은 ㉡(　　　)부터 가려지기 시작하여 ㉢(　　　)부터 빠져나온다.

(　　) 안에 들어갈 말을 옳게 짝 지은 것은?

	㉠	㉡	㉢
①	서 → 동	왼쪽	왼쪽
②	서 → 동	왼쪽	오른쪽
③	서 → 동	오른쪽	오른쪽
④	동 → 서	오른쪽	왼쪽
⑤	동 → 서	오른쪽	오른쪽

[16~17] 그림은 월식이 일어날 때의 모습을 모식적으로 나타낸 것이다.

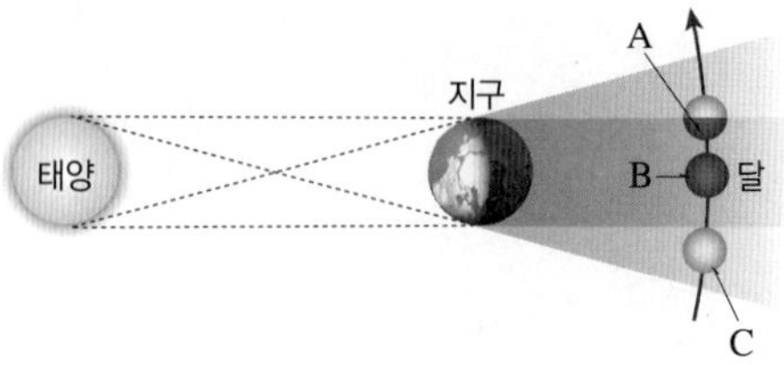

16 A~C 중 개기월식과 부분월식을 관측할 수 있는 곳을 순서대로 옳게 짝 지은 것은?

	개기월식	부분월식
①	A	B
②	A	C
③	B	A
④	B	C
⑤	C	A

17 이에 대한 설명으로 옳지 않은 것은?

① 이날 달의 위상은 보름달에 가까운 모양으로 보인다.
② 달이 A에 위치할 때 지구의 그림자에 달의 일부가 가려진다.
③ 달이 B에 위치할 때 지구의 그림자에 달 전체가 가려진다.
④ 달이 C에 위치할 때는 달 전체가 붉게 보인다.
⑤ 지구에서 밤인 지역 어디에서나 월식을 관측할 수 있다.

18 그림 (가)는 일식을, (나)는 월식을 나타낸 것이다.

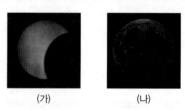

(가)

(나)

이에 대한 설명으로 옳지 않은 것은?

① (가)는 부분일식의 모습이다.
② (가)는 태양이 달에 일부만 가려지는 지역에서 볼 수 있다.
③ (나)는 개기월식의 모습이다.
④ (나)일 때 태양-지구-달 순으로 일직선을 이룬다.
⑤ (가)와 (나)가 일어날 때 달의 위상은 같다.

서술형 정복하기

정답과 해설 52쪽

1단계 단답형으로 쓰기

1 다음은 달의 위상 변화에 대한 설명이다. (   ) 안에 알맞은 말을 쓰시오.

> 달의 위상이 초승달, 상현달, 보름달로 변하는 까닭은 달이 (   )하기 때문이다.

2 달의 공전으로 나타나는 현상 세 가지만 쓰시오.

3 태양, 지구, 달이 직각을 이루고 있을 때 지구에서 보이는 달의 모양을 두 가지 쓰시오.

4 달을 가장 오래 관측할 수 있는 때는 언제인지 쓰시오.

5 일식이 일어나는 달의 위치와 월식이 일어나는 달의 위치를 각각 순서대로 쓰시오.

6 어느 날 태양이 완전히 가려지는 현상이 나타났다면 태양, 지구, 달의 배열을 순서대로 쓰시오.

2단계 제시된 단어를 모두 이용하여 서술하기

[7~10] 각 문제에 제시된 단어를 모두 이용하여 답을 서술하시오.

7 달의 위상이 변하는 까닭을 서술하시오.

> 공전, 위치, 반사

8 보름달이 동쪽 하늘에서 보일 때 태양은 서쪽 하늘에 있는 까닭을 설명해 보자.

> 태양, 방향

9 일식을 관측할 수 있는 지역이 월식을 관측할 수 있는 지역보다 한정되어 있는 까닭을 서술하시오.

> 달, 지구, 그림자

10 개기월식이 일어날 때 달이 붉게 보이는 까닭을 서술하시오.

> 햇빛, 대기, 붉은 빛

서술형 정복하기

3단계 실전 문제 풀어 보기

답안 작성 tip

11 그림은 달의 공전 궤도를 나타낸 것이다.

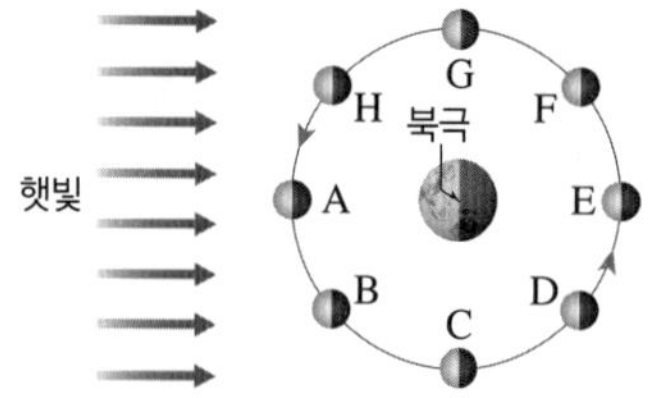

(1) A~H 중 달의 위상이 초승달일 때 달의 위치를 쓰시오.

(2) 달이 G 위치에 있을 때 지구에서 보이는 달의 모양을 그리고, 이름을 쓰시오.

(3) A~H 중 음력 15일경 달의 위치를 쓰시오.

12 그림은 해가 진 직후 관측한 달의 위치와 모양이다.

(가) 해가 진 직후 관측한 달의 위치가 몇 시간 후 서쪽으로 이동하는 까닭과 (나) 매일 같은 시각에 관측되는 달의 위치가 이동하는 까닭을 서술하시오.

답안 작성 tip

13 그림은 일식이 일어날 때의 모습을 모식적으로 나타낸 것이다.

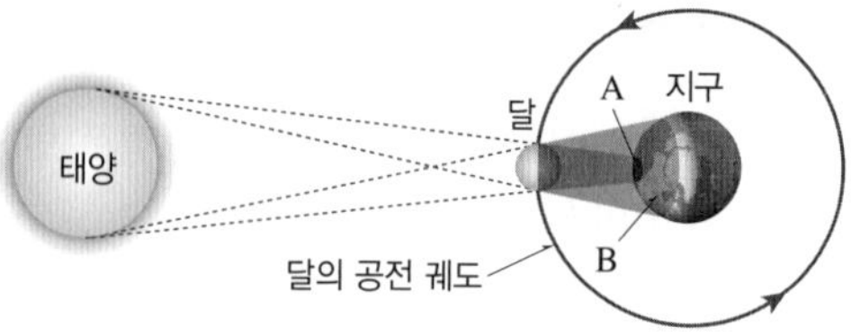

(1) A, B에서 관측할 수 있는 현상을 각각 쓰시오.

(2) 일식의 진행 과정을 태양이 가려지는 방향을 포함하여 서술하시오.

14 그림은 태양, 달, 지구의 위치 관계를 나타낸 것이다.

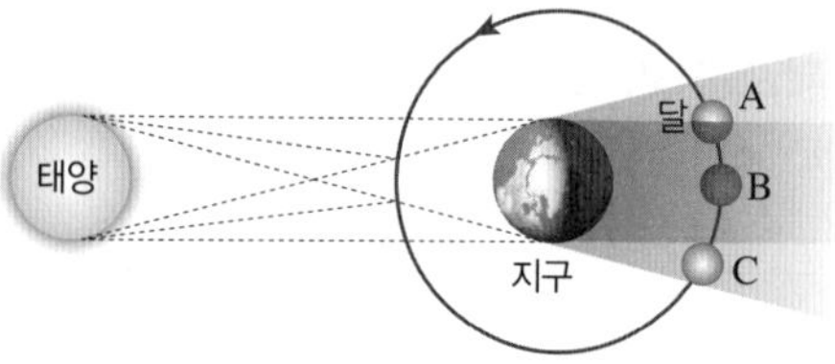

(1) A~C 중 월식이 일어날 수 있는 달의 위치를 모두 골라 쓰시오.

(2) 지구에서 월식을 관측할 수 있는 지역을 서술하시오.

15 오른쪽 그림은 음력 15일에 찍은 달의 모습이다. 어떤 현상이 일어난 것인지 쓰고, 그렇게 생각한 까닭을 서술하시오.

답안 작성 tip

11. 달은 스스로 빛을 내지 못하므로 햇빛을 반사하는 부분만 밝게 보인다. 태양의 방향을 고려하여 지구에서 볼 때 달의 모양이 어떻게 달라지는지 생각해 본다. **13.** 달의 공전 방향을 생각하여 태양이 가려지는 방향을 판단해 본다.

부록

- 수행평가 대비 시험지
  - -부력의 크기 비교하기
  - -기체의 성질 확인하기
  - -태양계 행성 분류하기
  - -별의 일주 운동 알아보기

부력의 크기 비교하기

년 | 월 | 일 | 교시 | 이름

문제 1 그림은 무게가 5 N인 추 2개를 힘 센서에 매달아 물에 잠긴 추의 개수를 달리하면서 무게를 측정하는 모습을 나타낸 것이다. 다음 물음에 답하시오.

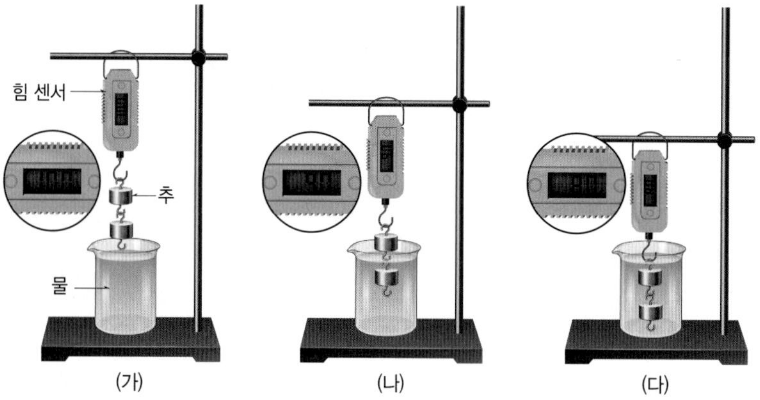

(1) (가)에서 힘 센서의 값과 (나), (다)에서 힘 센서의 값의 차이가 의미하는 것은 무엇인지 쓰시오. (1점)

(2) (나), (다)에서 추에 작용하는 부력의 크기는 각각 몇 N인지 구하시오. (2점)

- (나)에서 부력의 크기: (   )
- (다)에서 부력의 크기: (   )

(3) 물에 잠긴 추의 부피와 부력의 크기 사이에 어떤 관계가 있는지 서술하시오. (2점)

문제 2 다음은 잠수함이 물 안에서 가라앉는 과정에 대한 설명이다.

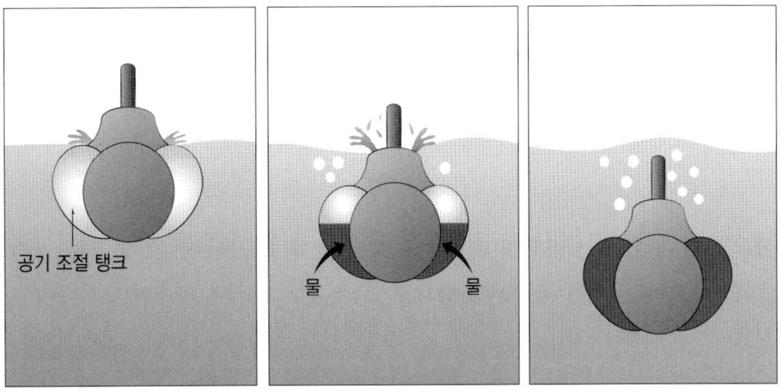

❶ 잠수함이 물 위에 떠 있다.　❷ 물이 잠수함의 탱크 안으로 들어가며 잠수함이 가라앉는다.　❸ 잠수함이 물 안에서 잠수하고 있다.

(1) 잠수함에 작용하는 힘의 종류와 방향을 모두 서술하시오. (2점)

(2) 잠수함이 가라앉을 때 잠수함에 작용하는 중력과 부력의 크기 변화와 물속에 있는 잠수함을 물 위로 다시 떠오르도록 할 수 있는 방법을 200자 내외(±20자)로 서술하시오. (3점)

✓ 180~220자를 채웠는가? (1점)

✓ 핵심 내용을 포함하면서(잠수함에 작용하는 중력과 부력의 크기 변화, 잠수함이 물 위로 다시 떠오르기 위한 방법 두 가지 모두 들어가야 함) 작성했는가? (2점)

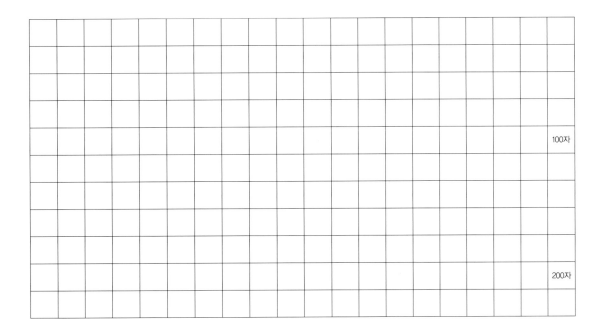

100자

200자

기체의 성질 확인하기

년	월	일	교시	이름

문제 1 다음은 솔이와 율이가 바람이 빠진 고무공을 보고 고무공의 모양을 원래대로 만드는 방법을 생각하는 모습을 나타낸 것이다. 다음 물음에 답하시오.

(1) 솔이는 공기 펌프를 이용하여 고무공의 모양을 원래대로 만들었다. 솔이의 방법을 서술하시오. (2점)

(2) (1)에서 솔이가 사용한 방법의 원리를 입자 운동으로 서술하시오. (3점)

(3) 율이는 물과 가열 장치를 이용하여 고무공의 모양을 원래대로 만들었다. 율이의 방법을 서술하시오. (2점)

(4) 율이가 사용한 방법의 원리를 입자 운동으로 서술하시오. (3점)

≫ 정답과 해설 54쪽

문제 2 **다음은 압력에 따른 기체의 부피 변화를 알아보기 위한 실험이다. 다음 물음에 답하시오.**

[과정]

(가) 주사기의 피스톤을 뒤로 당겨 피스톤의 끝을 60 mL에 맞추고 주사기와 압력계를 연결한 다음 압력계의 눈금을 확인한다.

(나) 주사기의 피스톤을 눌러 압력계의 눈금을 0.5기압씩 높이면서 주사기 속 공기의 부피를 측정한다.

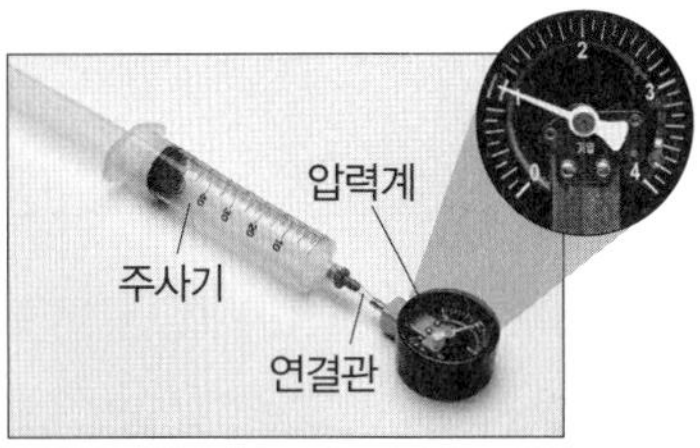

[결과]

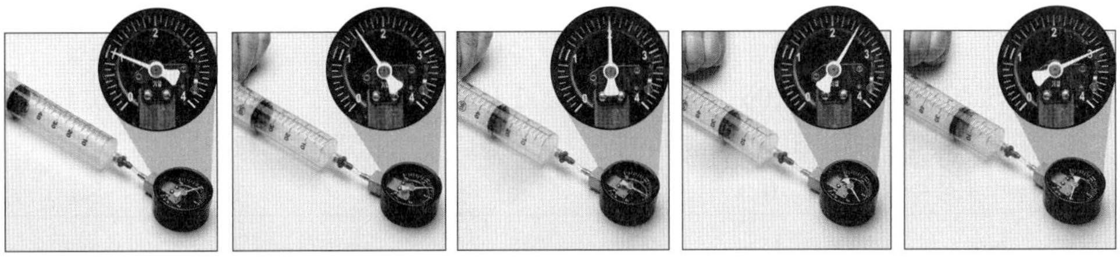

공기의 압력(기압)	1.0	1.5	2.0	2.5	3.0
공기의 부피(mL)	60	40	30	24	20
압력×부피	60	60	60	60	60

(1) 공기의 압력이 증가할수록 주사기 속 공기의 부피는 어떻게 변하는지 쓰시오. (1점)

(2) 이 실험 결과로 알 수 있는 기체의 압력과 부피의 관계를 서술하시오. (4점)

(3) 그림 (가)는 주사기의 피스톤을 누르기 전 주사기에 들어 있는 공기의 입자를 모형으로 나타낸 것이다. 그림 (가)를 참고하여 피스톤을 눌러 2.0기압, 3.0기압이 되었을 때 주사기에 들어 있는 공기의 부피를 각각 그림 (나)와 그림 (다)에 표시하고, 주사기에 들어 있는 공기를 입자 모형으로 나타내시오. (5점)

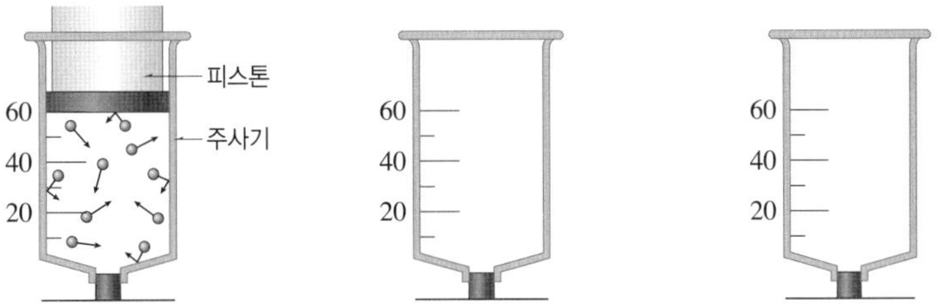

(가) (나) 2.0기압 (다) 3.0기압

태양계 행성 분류하기

년 | 월 | 일 | 교시 | 이름

문제 1 표는 태양계 행성의 특징을 나타낸 것이다. 다음 물음에 답하시오.

행성	수성	금성	지구	화성	목성	토성	천왕성	해왕성
질량(지구=1)	0.06	0.82	1.00	0.11	317.92	95.47	14.54	17.09
반지름(지구=1)	0.38	0.95	1.00	0.53	11.21	9.45	4.01	3.88
위성 수(개)	0	0	1	2	92	83	27	14

(1) 그림은 위 표의 물리적 특성 중 한 가지를 이용하여 각각 나타낸 것이다. 세로축에 들어갈 적절한 물리량은 무엇인지 각각 쓰시오. (1점)

㉠
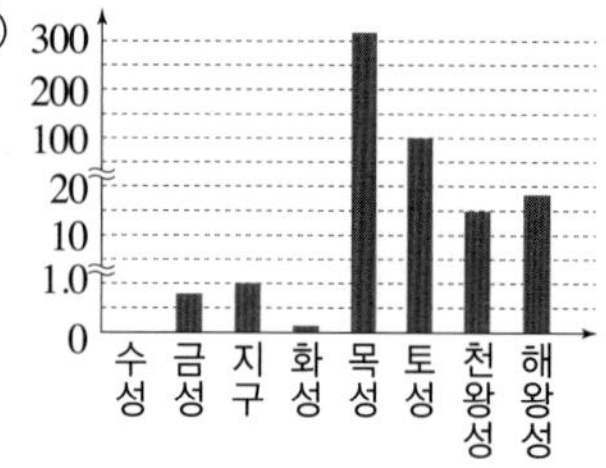

㉡
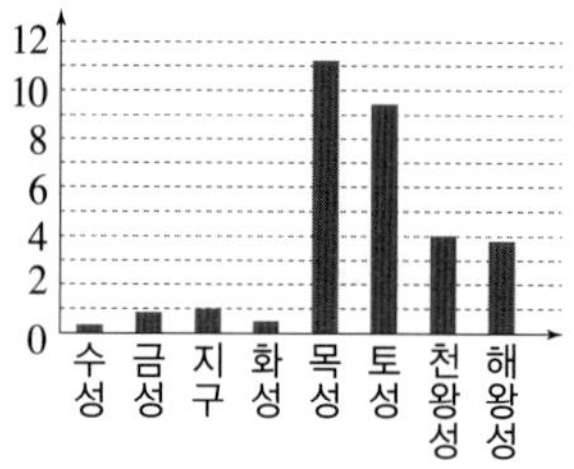

㉢
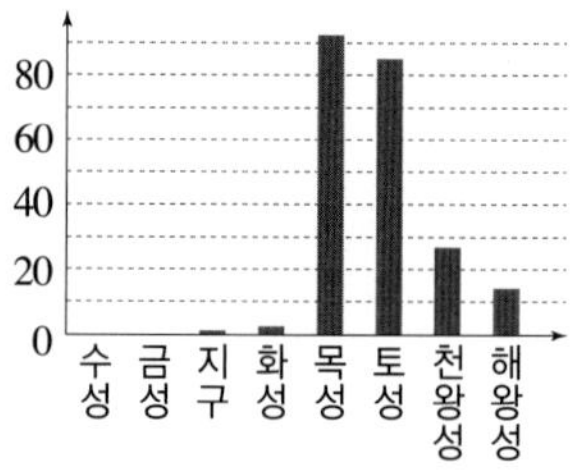

(2) 그래프에서 각 행성의 특징을 비교해 두 집단으로 분류하여 각 집단에 속하는 행성을 모두 쓰시오. (1점)

• 집단 A: (   )

• 집단 B: (   )

(3) 행성을 두 집단으로 분류했을 때 각 집단에 속한 행성의 공통적인 특징을 서술하시오. (4점)

≫ 정답과 해설 55쪽

(4) 태양계 행성을 지구형 행성과 목성형 행성으로 어떻게 구분하는지 쓰고, 그 특징을 250자 내외(±20자)로 서술하시오. (4점)

✓ 230~270자를 채웠는가? (2점)

✓ 핵심 내용을 포함하면서(구분하는 기준, 질량, 반지름, 위성 수, 고리 유무, 표면 상태의 특징, 속하는 행성 등) 작성했는가? (2점)

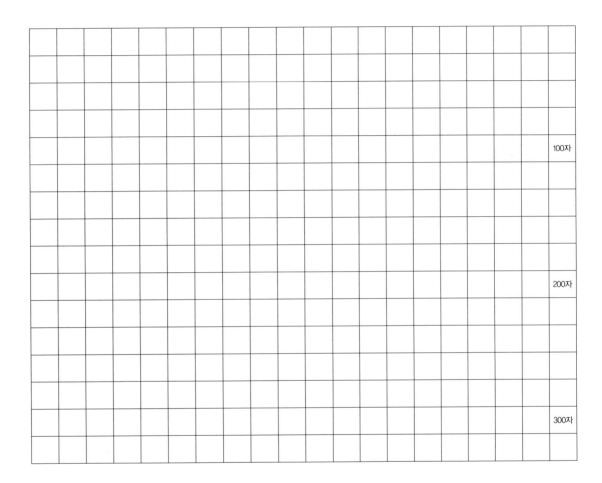

100자

200자

300자

별의 일주 운동 알아보기

년	월	일	교시	이름

문제 1 다음 단어를 모두 사용하여 지구의 자전 방향을 서술하시오. (2점)

자전축, 동쪽, 서쪽, 하루

문제 2 그림은 우리나라에서 밤하늘을 일정 시간 동안 관찰하여 보이는 별의 위치 변화를 나타낸 것이다.

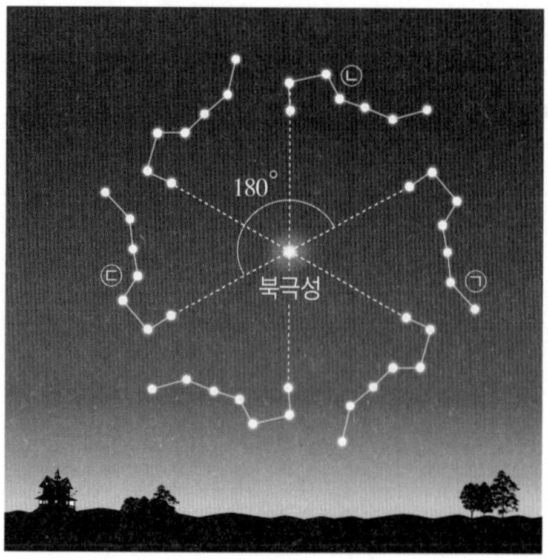

(1) 그림은 어느 쪽 하늘인지 쓰시오. (1점)

(2) 북두칠성이 이동하는 방향을 ㉠과 ㉡을 이용하여 쓰시오. (1점)

(3) 북두칠성의 위치가 이동한 까닭을 서술하시오. (2점)

≫ 정답과 해설 **55**쪽

(4) 북두칠성이 ㉠에 위치할 때의 시각이 저녁 9시였다. 북두칠성이 ㉢에 위치할 때의 시각을 별의 일주 운동과 관련하여 100자 내외(±20자)로 서술하시오. (2점)

✅ 80~120자를 채웠는가? (1점)

✅ 핵심 내용을 포함하면서(북두칠성이 ㉢에 위치할 때의 시각과 이를 일주 운동과 관련하여) 작성했는가? (1점)

																			100자

문제 3 **다음은 우리나라에서 관측한 별의 일주 운동 모습을 나타낸 것이다. 어느 방향의 하늘을 관측한 것인지 각각 쓰시오. (2점)**

(1)
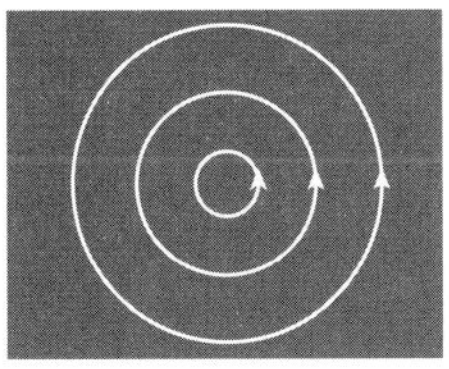
지평선

____

(2)
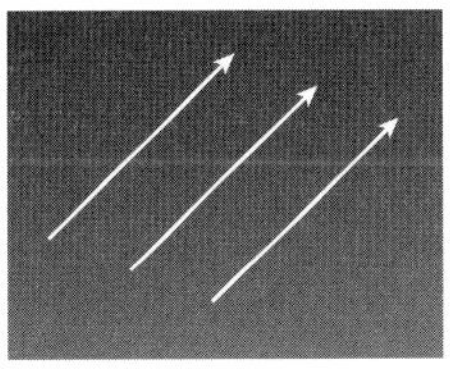
지평선

____

(3)
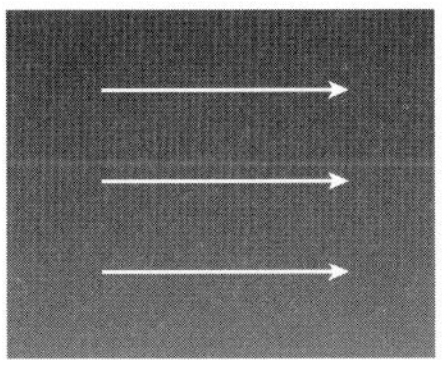
지평선

____

(4)
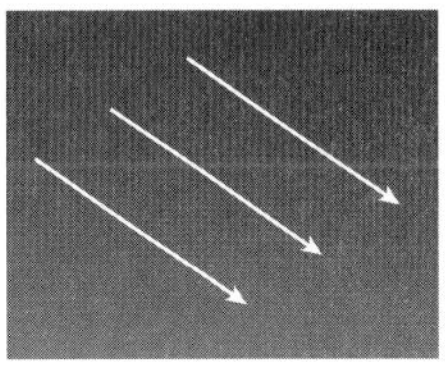
지평선

____

MEMO

생생한 과학의 즐거움! 과학은 역시!

2022 개정 교육과정

오투

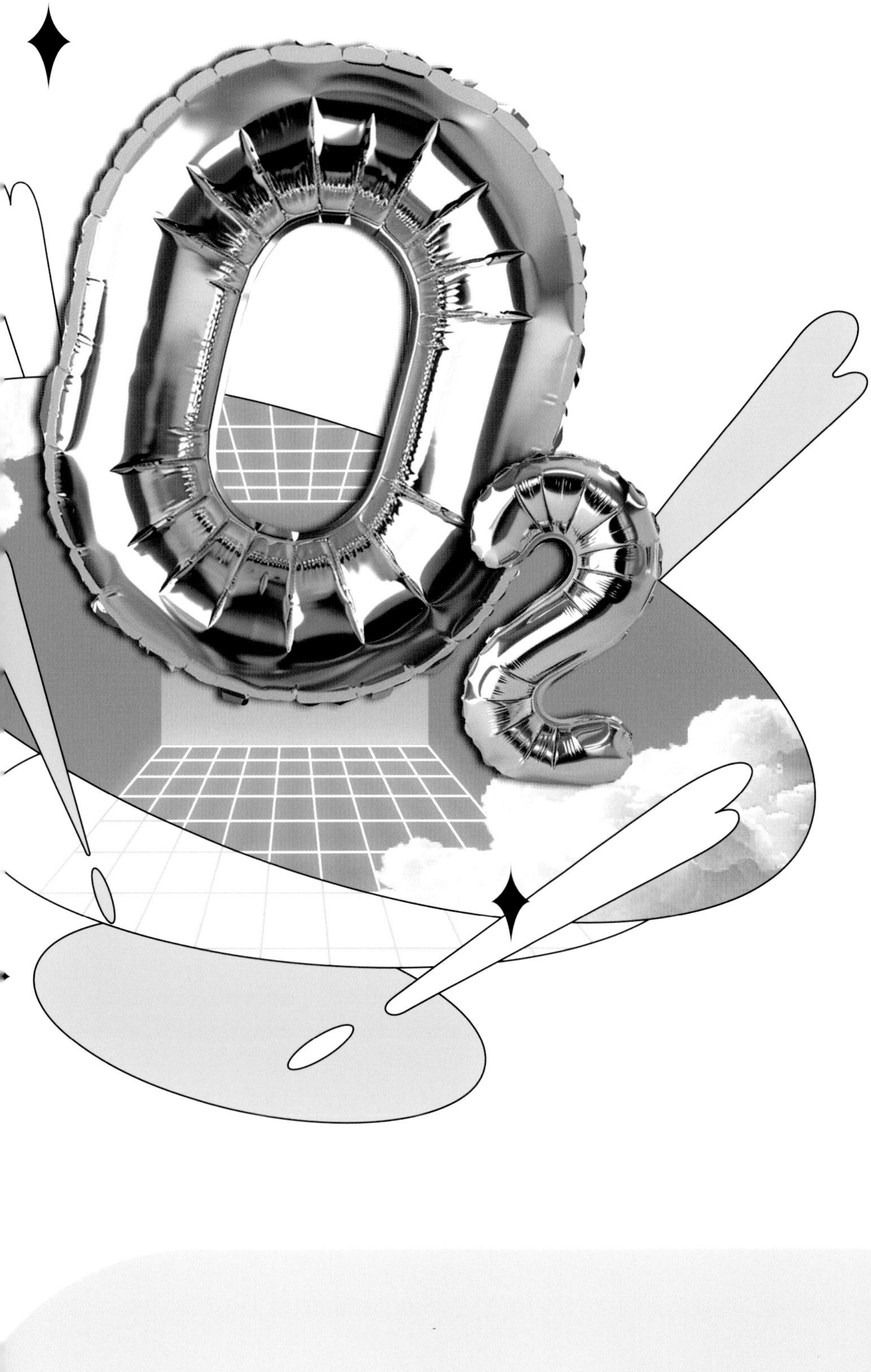

중학과학 1·2

정답과 해설

책 속의 가접 별책 (특허 제 0557442호)
'정답과 해설'은 본책에서 쉽게 분리할 수 있도록 제작되었으므로
유통 과정에서 분리될 수 있으나 파본이 아닌 정상제품입니다.

visang

ABOVE IMAGINATION

우리는 남다른 상상과 혁신으로
교육 문화의 새로운 전형을 만들어
모든 이의 행복한 경험과 성장에 기여한다

오투

1-2

정답과 해설

진도 교재

정답과 해설

V 힘의 작용

01 힘의 표현과 평형

확인 문제로 개념쏙쏙 | 진도 교재 9쪽

Ⓐ 힘, N, 작용점

Ⓑ 합력, 평형

1 ㄱ, ㄴ, ㄹ **2** ㉠ 작용점, ㉡ 크기, ㉢ 방향 **3** 동쪽, 30 N **4** ⑤ **5** 200 N, 오른쪽 **6** (1) ㉡ (2) ㉠

1 ㄱ, ㄴ, ㄹ. 과학에서의 힘이 작용하면 물체의 운동 상태나 모양이 변한다. 이때 물체의 운동 상태는 물체의 속력이나 운동 방향을 의미한다.

바로 알기 ㄷ. 물체의 질량은 작용하는 힘과 관계없이 변하지 않는 고유한 양이다.

3 화살표가 동쪽을 가리키므로 힘의 방향은 동쪽이다. 화살표의 길이는 모눈종이 눈금 3칸이므로 힘의 크기는 $10\ N \times 3 = 30\ N$이다.

4 같은 방향으로 작용하는 두 힘의 합력의 크기는 두 힘의 크기를 더한 값이므로 $4\ N + 2\ N = 6\ N$이다.

5 두 힘이 물체에 반대 방향으로 작용할 때 두 힘의 합력의 크기는 큰 힘의 크기에서 작은 힘의 크기를 뺀 값이다. 따라서 합력의 크기는 $500\ N - 300\ N = 200\ N$이고, 합력의 방향은 큰 힘의 방향인 오른쪽이다.

6 물체에 나란하게 작용하는 두 힘이 평형을 이루기 위해서는 두 힘의 크기가 같고, 방향이 반대이어야 한다.

여기서 잠깐 | 진도 교재 10쪽

유제 ① 20 N, 왼쪽

유제 ② (1) 40 N (2) 10 N, 오른쪽

유제 ① 두 힘의 크기가 A>B이므로 합력의 방향은 A의 방향인 왼쪽이다. 그리고 합력의 크기는 $50\ N - 30\ N = 20\ N$이다.

유제 ② (1) 왼쪽 방향으로 작용하는 힘들의 합력의 크기는 $10\ N + 30\ N = 40\ N$이다.

(2) 오른쪽 방향으로 작용하는 힘은 50 N이므로 왼쪽 방향으로 작용하는 힘들의 합력보다 크다. 따라서 전체 합력의 크기는 $50\ N - 40\ N = 10\ N$이고, 방향은 오른쪽이다.

기출 문제로 내신쏙쏙 | 진도 교재 11~13쪽

01 ④ **02** ④ **03** ⑤ **04** ③ **05** ① **06** ④ **07** ⑤ **08** ③ **09** ③ **10** ④ **11** ④ **12** ④

서술형 문제 **13** 해설 참조 **14** 왼쪽을 향한 힘의 합력의 크기는 모눈종이 눈금 7칸이고, 오른쪽을 향한 힘의 크기는 모눈종이 눈금 4칸이다. 따라서 세 힘의 합력의 크기는 모눈종이 눈금 3칸이므로 $2\ N \times 3 = 6\ N$이다. **15** 두 힘이 나란하게 반대 방향으로 작용하지 않았기 때문이다.

01 ④ 배구공을 세게 치면 배구공의 모양과 운동 상태가 모두 변하므로 과학에서 말하는 힘이 작용한 것이다.

바로 알기 ①, ②, ③, ⑤ 물체의 모양이나 운동 상태의 변화가 없으므로 밑줄 친 힘은 과학에서 말하는 힘이 아니다.

02 과학에서의 힘이 작용하면 물체의 모양이나 운동 상태가 변한다.

① 굴러가던 공이 정지하므로 운동 상태가 변하였다.

② 캔이 찌그러지며 모양이 변하였다.

③ 정지해 있던 창문이 운동하므로 운동 상태가 변하였다.

⑤ 야구공의 모양과 운동 상태가 모두 변하였다.

바로 알기 ④ 얼음이 녹은 것은 열에 의한 물질의 상태 변화이다.

03 바로 알기 ㄱ. 색 점토를 잡아당긴 것은 색 점토의 모양만 변한 것이다.

ㄴ. 굴러가던 공이 멈춘 것은 공의 운동 상태만 변한 것이다.

04 ③ 힘이 작용하면 물체의 모양이나 운동 상태가 변한다. 운동 상태가 변한다는 것은 운동 방향이나 빠르기가 변한다는 것을 의미한다.

바로 알기 ① 질량은 변하지 않는 물질의 고유한 양이다.

② 힘의 단위는 N(뉴턴)을 사용한다. kg(킬로그램)은 질량의 단위이다.

④ 화살표의 방향으로 힘의 방향을 나타낸다.

⑤ 힘의 크기는 화살표의 길이로 나타낸다.

05 화살표의 길이(A)는 힘의 크기를, 화살표의 방향(B)은 힘의 방향을, 화살표의 시작점(C)은 힘을 작용한 지점, 즉 힘의 작용점을 의미한다.

06 화살표는 남서쪽을 가리키고 있으므로 힘의 방향은 남서쪽이다. 1 cm가 2 N을 나타내므로 5 cm는 10 N을 나타낸다.

07 같은 방향으로 작용하는 두 힘의 합력의 크기는 $5\ N + 3\ N = 8\ N$이고, 합력의 방향은 두 힘의 방향과 같은 오른쪽이다.

08 (가)에서는 두 힘이 같은 방향으로 작용하므로 합력의 크기는 $2\ N + 3\ N = 5\ N$이다. (나)에서는 두 힘이 반대 방향으로 작용하므로 합력의 크기는 $3\ N - 2\ N = 1\ N$이다.

09 ① A, B는 같은 방향으로 작용하므로 합력의 방향은 오른쪽이고, 합력의 크기는 $20\ N + 10\ N = 30\ N$이다.

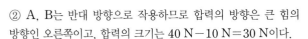

② A, B는 반대 방향으로 작용하므로 합력의 방향은 큰 힘의 방향인 오른쪽이고, 합력의 크기는 40 N−10 N=30 N이다.
④ A, B는 반대 방향으로 작용하므로 합력의 방향은 큰 힘의 방향인 오른쪽이고, 합력의 크기는 50 N−20 N=30 N이다.
⑤ A, B는 반대 방향으로 작용하므로 합력의 방향은 큰 힘의 방향인 오른쪽이고, 합력의 크기는 80 N−50 N=30 N이다.
바로 알기 ③ A, B는 반대 방향으로 작용하므로 합력의 방향은 큰 힘의 방향인 오른쪽이고, 합력의 크기는 80 N−30 N=50 N이다. 따라서 방향은 나머지 넷과 같지만, 크기가 다르다.

10 ④ 한 물체에 나란하게 작용하는 두 힘이 평형을 이루려면 두 힘의 크기가 같고, 방향이 반대여야 한다.

11 ①, ⑤ 반대 방향으로 작용하는 두 힘의 크기가 같으므로 두 힘은 힘의 평형을 이루고 있다.
② 오른쪽으로 작용하는 두 힘의 합력의 크기는 2 N+3 N=5 N이다. 이때 왼쪽으로 5 N의 힘이 작용하고 있으므로 세 힘은 힘의 평형을 이루고 있다.
③ 왼쪽으로 작용하는 두 힘의 합력의 크기는 1 N+2 N=3 N이다. 이때 오른쪽으로 3 N의 힘이 작용하고 있으므로 세 힘은 힘의 평형을 이루고 있다.
바로 알기 ④ 오른쪽으로 작용하는 두 힘의 합력의 크기는 1 N+4 N=5 N이다. 이때 왼쪽으로 6 N의 힘이 작용하고 있으므로 세 힘의 합력은 왼쪽으로 1 N이다. 즉, 세 힘은 힘의 평형을 이루고 있지 않다.

12 물체가 정지해 있을 때 물체에 작용하는 힘들은 힘의 평형을 이루고 있다.
바로 알기 ④ 노를 저으면 멈춰 있던 배에 힘이 작용하여 배가 앞으로 나아간다.

13 **모범 답안**

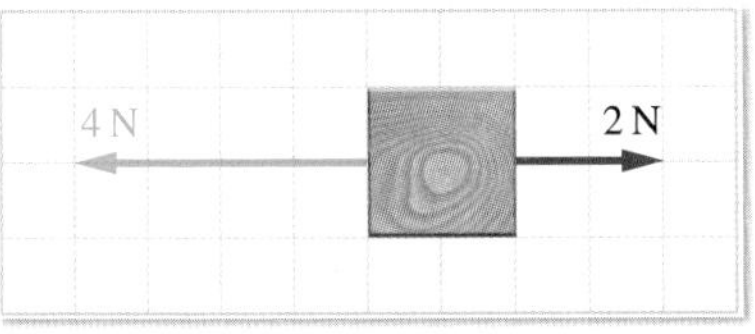

화살표의 방향이 힘의 방향, 화살표의 길이가 힘의 크기를 나타내므로 일직선상에서 오른쪽 방향의 화살표 길이보다 길이가 2배이고, 왼쪽 방향을 가리키는 화살표로 나타낸다.

채점 기준	배점
힘의 방향과 크기를 모두 옳게 나타낸 경우	100 %
힘의 방향만 옳게 나타낸 경우	50 %

14 왼쪽으로 작용하는 두 힘의 합력의 크기가 4 N+10 N=14 N이고, 오른쪽으로 작용하는 힘의 크기가 8 N이다. 따라서 세 힘의 합력의 크기는 14 N−8 N=6 N이다.

채점 기준	배점
힘의 크기를 풀이 과정과 함께 옳게 구한 경우	100 %
풀이 과정 없이 힘의 크기만 옳게 구한 경우	50 %

15 두 힘이 평형을 이루기 위해서는 크기가 같은 두 힘이 나란하게 반대 방향으로 작용해야 한다.

채점 기준	배점
두 힘이 나란하게 반대 방향으로 작용하지 않아서라고 서술한 경우	100 %
두 힘이 반대 방향으로 작용하지 않아서라고만 서술한 경우	50 %

수준 높은 문제로 실력탄탄

진도 교재 13쪽

01 C, 물체의 모양이나 운동 상태의 변화가 없으므로 과학에서의 힘이 작용하지 않았다. **02** ② **03** ②

01 과학에서의 힘이 작용하면 물체의 모양이나 운동 상태가 변해야 한다. A와 B는 물체의 운동 상태를 변하게 하였다.

채점 기준	배점
C를 쓰고, 물체의 모양과 운동 상태의 변화가 없어서라고 까닭을 옳게 서술한 경우	100 %
C만 쓴 경우	40 %

02 두 힘의 합력이 왼쪽 방향으로 30 N이고, 왼쪽 학생이 왼쪽으로 50 N의 힘으로 잡아당기고 있으므로 오른쪽 학생이 오른쪽으로 잡아당기는 힘의 크기는 50 N−30 N=20 N이다.

03 B와 C는 같은 방향으로 힘을 가하므로 B, C가 A에 작용하는 힘의 합력의 크기는 1000 N+1500 N=2500 N이고, 방향은 오른쪽이다. 이때 A에 왼쪽으로 작용하는 힘이 2000 N이므로, A에 작용하는 합력의 크기는 2500 N−2000 N=500 N이고, 방향은 오른쪽이다.

02 여러 가지 힘

확인 문제로 개념쏙쏙

진도 교재 15, 17쪽

Ⓐ 중력, 무게, N, 질량
Ⓑ 탄성력, 반대, 같다, 크다
Ⓒ 마찰력, 반대, 크다
Ⓓ 부력, 반대, 크다, 밖, 속

1 C, 중력 **2** (1) 무게 (2) 질량 (3) 무게 (4) 질량 **3** 100 N **4** (1) → (2) ← (3) ↑ **5** (1) ○ (2) × (3) × (4) ○ **6** (1) 3 (2) 2 **7** (1) A (2) 20 N **8** (1) 방해하는 (2) ㉠ 크기, ㉡ B **9** (1) ㄴ, ㄷ, ㅁ (2) ㄱ, ㄹ, ㅂ **10** (1) ㉠ 부력, ㉡ 중력 (2) 같다 **11** A=B>C>D **12** ㄱ, ㄷ, ㄹ

1 지구 주위에 있는 물체에는 지구 중심 방향으로 중력이 작용한다. 따라서 물체는 중력에 의해 C 방향으로 떨어진다.

2 (1), (3) 무게는 물체에 작용하는 중력의 크기이다. 무게는 작용한 힘의 크기에 비례해서 늘어나는 용수철의 성질을 이용한 용수철저울로 측정한다.
(2), (4) 질량은 물체의 고유한 양으로, 측정하는 장소에 관계없이 값이 일정하다. 물체의 질량은 질량을 이미 알고 있는 추와 비교하여 측정하므로 양팔저울이나 윗접시저울로 측정한다.

3 달에서의 무게는 지구에서의 무게의 $\frac{1}{6}$이므로 지구에서 무게가 600 N인 사람이 달에 가서 무게를 측정하면
$600\ \mathrm{N} \times \frac{1}{6} = 100\ \mathrm{N}$이다.

4 (1) (2) (3)

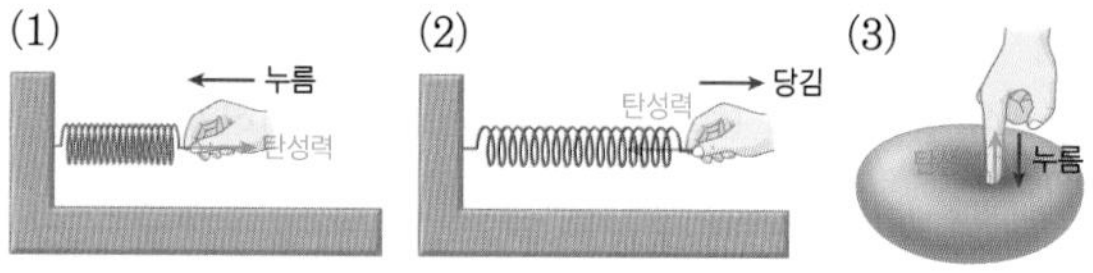

탄성력의 방향은 탄성체에 작용한 힘의 방향과 반대 방향이다.
(1) 용수철을 왼쪽 방향으로 누르고 있으므로 탄성력의 방향은 누르는 힘과 반대인 오른쪽 방향이다.
(2) 용수철을 오른쪽 방향으로 당기고 있으므로 탄성력의 방향은 당기는 힘과 반대인 왼쪽 방향이다.
(3) 탄성체를 아래 방향으로 누르고 있으므로 탄성력의 방향은 누르는 힘과 반대인 위쪽 방향이다.

5 (4) 탄성체의 변형이 클수록 탄성력의 크기가 크다.
바로 알기 (2) 탄성력은 탄성체가 변형된 방향과 반대 방향으로 작용한다.
(3) 탄성력의 크기는 탄성체에 작용한 힘의 크기와 같다.

6 (1) 탄성력의 크기는 용수철에 작용한 힘의 크기와 같다. 용수철을 3 N의 힘으로 눌렀으므로, 탄성력의 크기도 3 N이다.
(2) 용수철을 6 N의 힘으로 누르면 탄성력의 크기도 6 N이다. 이때 탄성력과 용수철이 변형된 길이는 비례하므로,
3 N : 1 cm=6 N : x에서 용수철이 줄어든 길이 x=2 cm이다.

7 (1) 물체에 힘을 가해도 정지해 있을 때 마찰력의 방향은 물체에 작용한 힘의 방향과 반대 방향이다. 따라서 상자를 오른쪽으로 잡아당기고 있으므로 마찰력의 방향은 왼쪽인 A이다.
(2) 마찰력의 크기는 물체에 작용한 힘의 크기와 같으므로 20 N이다.

9 (1) ㄴ. 미끄러운 길에서는 걷기 힘드므로 걸을 때는 마찰력이 커야 편리하다.
ㄷ. 마찰력이 커야 바이올린의 현을 진동시켜 소리를 낼 수 있다.
ㅁ. 공이 미끄러우면 공을 원하는 곳에 던지기 힘들다.
(2) 스케이트나 스키를 타거나 창문을 열거나 미끄럼틀을 타는 경우는 잘 미끄러져야 편리한 경우이다. 즉, 마찰력이 작아야 편리한 경우이다.

10 물체에 작용하는 중력의 방향은 아래(지구 중심) 방향이고, 부력의 방향은 중력의 방향과 반대 방향인 위 방향이다. 그리고 물체가 물에 떠 있는 상태에서는 부력과 중력의 크기가 같다.

11 물에 잠긴 물체의 부피가 클수록 부력의 크기가 크므로 A=B>C>D 순으로 부력이 크다.

12 ㄱ, ㄷ, ㄹ. 고무보트, 열기구, 잠수함은 부력을 이용한 경우이다.
바로 알기 ㄴ, ㅂ. 농구공과 수영장의 다이빙대는 탄성력을 이용한다.
ㅁ. 자동차의 타이어는 탄성체인 고무로 만들어졌으며 도로에서 잘 미끄러지지 않도록 마찰력을 크게 하여 만든다.

탐구 a

진도 교재 18~19쪽

㉠ 비례
01 (1) ○ (2) × (3) × **02** ⑤ **03** 용수철을 잡아당기는 힘의 크기와 용수철이 늘어난 길이는 비례한다. **04** ③
05 ⑤ **06** 2 N의 추를 1개 매달 때 용수철의 길이가 2 cm 늘어나므로 2 N : 2 cm=7 N : x에서 용수철이 늘어난 길이 x=7 cm이다.

01 (1) 탄성체의 변형이 클수록 탄성력의 크기가 크므로 용수철이 늘어난 길이는 용수철의 탄성력의 크기에 비례한다.
바로 알기 (2) 탄성력의 크기는 탄성체에 작용한 힘의 크기와 같으므로 용수철을 당기는 힘이 2배로 증가하면 용수철이 늘어난 길이도 2배가 된다.
(3) 5 cm : 0.36 N=100 cm : x에서 x=7.2 N이므로 탄성력의 크기는 약 7.2 N이다.

02 용수철을 10 N의 힘으로 당겼을 때 2 cm가 늘어났다. 따라서 용수철이 10 cm 늘어났을 때 손이 용수철을 당긴 힘의 크기는 2 cm : 10 N= 10 cm : x에서 x=50 N이다.

03 용수철을 잡아당기는 힘의 크기가 2배, 3배, …가 되면 용수철이 늘어난 길이도 2배, 3배, …가 된다.

채점 기준	배점
용수철을 잡아당기는 힘의 크기가 용수철이 늘어난 길이가 비례한다고 서술한 경우	100 %
용수철을 잡아당기는 힘의 크기가 증가할수록 용수철이 늘어난 길이도 증가한다고만 서술한 경우	50 %

04 ① 탄성력의 방향은 탄성체에 작용한 힘의 방향과 반대이다. 용수철을 오른쪽 방향으로 당기고 있으므로 탄성력은 반대인 왼쪽 방향으로 작용한다.
② 1 N : 3 cm=x : 30 cm이므로 x=10 N의 힘이 필요하다.
④, ⑤ 용수철이 늘어난 길이는 손으로 잡아당긴 힘의 크기와 용수철의 탄성력의 크기에 각각 비례한다.
바로 알기 ③ 용수철의 탄성력의 크기는 용수철이 늘어난 길이에 비례한다.

05 4 cm : 5 N=20 cm : x에서 x=25 N이므로 물체의 무게는 25 N이다.

06 용수철에 매단 물체의 무게와 용수철이 늘어난 길이는 비례한다. 따라서 무게가 2 N인 추를 매달 때 용수철의 길이가 2 cm 늘어나므로 2 N : 2 cm=7 N : x에서 용수철이 늘어난 길이 x=7 cm이다.

채점 기준	배점
풀이 과정과 함께 7 cm를 구한 경우	100 %
7 cm만 구한 경우	50 %

탐구b 진도 교재 20~21쪽

㉠ 부력, ㉡ 클

01 (1) ○ (2) ○ (3) ○ (4) × **02** ④ **03** ⑤ **04** A 쪽으로 기울어진다. B가 물속에서 위쪽으로 부력을 받기 때문이다. **05** ④ **06** ①

01 (3) 추에 작용하는 부력의 크기는 물에 잠긴 추의 부피가 클수록 크다. 따라서 부피가 더 작은 추를 사용하면 추에 작용하는 부력의 크기가 작아진다.

바로 알기 (4) 물속에 넣은 물체는 모두 부력을 받는다. 물체가 가라앉는 까닭은 물체에 작용한 부력의 크기보다 중력의 크기가 더 크기 때문이다.

02 물속에 잠긴 추의 부피가 클수록 추에 작용하는 부력의 크기가 크다. 따라서 부력의 크기는 (다)에서 가장 크고, (가)에서 가장 작다.

03 ① (나)보다 (다)에서 물에 잠긴 추의 부피가 더 크므로 (나)보다 (다)에서 작용한 부력의 크기가 더 크다.
② 추를 물속에 잠기게 하면 추에 부력이 작용해 물속에서 추의 무게가 작아진다. 따라서 (나)에서 힘 센서에 나타난 값은 추 2개의 무게인 2 N보다 작다.
③ 물에 잠긴 추의 부피가 클수록 추에 작용하는 부력의 크기가 커지므로 힘 센서로 측정한 값이 작아진다.
④ 물 밖에서 추의 무게는 2 N이고 물속에서 추의 무게는 1.6 N이므로 추 1개에 작용한 부력의 크기는
2 N−1.6 N=0.4 N이다.
바로 알기 ⑤ 물 밖에서 추의 무게는 2 N이고 물속에서 추의 무게는 1.2 N이므로 추 2개에 작용한 부력의 크기는
2 N−1.2 N=0.8 N이다.

04 B가 물속에서 위쪽으로 부력을 받아 B의 무게가 가벼워지는 효과가 생긴다. 따라서 막대는 A 쪽이 아래로 내려오고 B 쪽이 위로 올라간다.

채점 기준	배점
막대의 변화와 그렇게 생각한 까닭을 옳게 서술한 경우	100 %
막대의 변화만 옳게 쓴 경우	50 %

05 ④ 추를 컵에 넣고 물속에 넣으면 컵의 부피만큼 물에 잠기는 부피가 커지므로 추만 넣을 때보다 작용하는 부력의 크기가 커진다.

바로 알기 ① (나)에서 더 큰 부력이 작용하므로 힘 센서의 측정값은 (가)에서가 (나)에서보다 크다.
② 추에 작용한 중력의 크기는 추의 무게이므로 (가)와 (나)에서 2 N으로 같다.
③ 부력의 크기는 물에 잠긴 부피가 더 큰 (나)에서 더 크다.
⑤ 추를 더 큰 컵에 넣으면 물에 잠기는 부피가 더 커져서 부력이 더 크게 작용한다. 따라서 측정값은 (나)에서보다 작아진다.

06 추가 받은 부력의 크기는 흘러넘친 물의 무게와 같으므로 2 N이다.

여기서 잠깐 진도 교재 22쪽

유제① >, >
유제② (나)
유제③ 접촉면이 거칠수록 나무 도막이 미끄러지기 시작하는 빗면의 기울기가 크므로 마찰력의 크기는 접촉면이 거칠수록 크다.

유제① 접촉면이 거칠수록 마찰력의 크기가 크므로 사포>나무>비닐 순으로 마찰력의 크기가 크다.

유제② 나무 도막이 미끄러지기 시작하는 순간에 판이 기울어진 각도가 클수록 마찰력이 크게 작용한 것이다. 즉, 접촉면의 거칠기가 거칠수록 마찰력의 크기가 크다.

유제③ 마찰력의 크기는 접촉면이 거칠수록 크다.

채점 기준	배점
제시된 단어를 모두 포함하여 모범 답안과 같이 서술한 경우	100 %
접촉면이 거칠수록 마찰력의 크기가 크다고만 서술한 경우	50 %

기출 문제로 내신쑥쑥 진도 교재 23~26쪽

01 ④ **02** ② **03** ① **04** ⑤ **05** ④ **06** ① **07** ⑤ **08** ④ **09** ④, ⑤ **10** ② **11** ⑤ **12** ③ **13** ① **14** ② **15** ② **16** ③ **17** ⑤ **18** ① **19** ① **20** ④ **21** ③ **22** ⑤

서술형 문제 **23** • 지구에서 물체의 무게: 9.8×6=58.8 N이다. • 달에서 물체의 무게: 달에서의 중력은 지구에서의 $\frac{1}{6}$이므로 $9.8\times6\times\frac{1}{6}$=9.8 N이다. **24** 3 N : 1 cm=x : 5 cm이므로 탄성력의 크기 x=15 N이다. **25** (1) (나)>(가)=(라)>(다) (2) • 마찰력의 크기에 영향을 주는 요인: 물체의 무게, 접촉면의 거칠기 • 마찰력의 크기에 영향을 주지 않는 요인: 접촉면의 넓이 **26** (가)보다 (나)의 화물선이 물속에 잠긴 부피가 크므로 부력을 더 크게 받아 물 위에 떠 있을 수 있다.

01 바로 알기 ① 중력은 지구가 물체를 당기는 힘이므로, 단위는 힘의 단위인 N을 사용한다.
②, ⑤ 물체의 질량이 클수록 물체에 작용하는 중력의 크기가 크다.
③ 행성마다 크기가 다른 중력이 작용한다.

02 물체에는 지구 중심 방향으로 중력이 작용하므로 (가)는 A 방향으로, (나)는 C 방향으로 움직인다.

03 한아: 물체에 작용하는 중력의 방향은 지구 중심 방향이다.
바로 알기 동수: 사과에 작용하는 중력의 크기는 사과의 무게이다.
민희: 사과의 질량이 500 g이라면 사과에 작용하는 중력의 크기는 (9.8×0.5) N=4.9 N으로, 약 4.9 N이다.

04 고드름이 아래쪽으로 생기는 것은 중력이 아래 방향으로 작용하기 때문이다.
①, ②, ③, ④ 운석이 지구로 떨어지고, 눈과 비가 아래로 내리고, 달이 지구 주위를 돌고 있고, 사람이 지면에 발을 딛고 서 있는 것은 중력이 작용해서 나타나는 현상이다.
바로 알기 ⑤ 운동장을 굴러가던 공이 멈춘 것은 공이 아래 방향으로 중력을 받는 것과 관계없는 현상이다.

05 질량은 물체의 고유한 양이므로 달에서의 질량은 지구에서와 같은 60 kg이다. 달에서의 중력은 지구에서의 $\frac{1}{6}$이므로 달에서 물체의 무게는 (9.8×60) N×$\frac{1}{6}$=98 N이다.

구분	지구	달
질량	60 kg	60 kg
무게	(9.8×60) N=588 N	588 N×$\frac{1}{6}$=98 N

06 지구에서의 중력은 달에서의 6배이므로 지구에서 측정한 물체의 무게는 (49×6) N=294 N이다. 이때 지구에서의 물체의 무게=9.8×질량이므로 지구에서 측정한 물체의 질량은 $\frac{294}{9.8}$=30 (kg)이다.

07 ⑤ 물체의 질량에 따라 물체에 작용하는 중력의 크기, 즉 무게가 다르다.
바로 알기 ① 물체의 무게는 질량에 비례한다.
② 무게는 측정 장소에 따라 달라질 수 있고, 질량은 측정 장소에 관계없이 항상 일정하다.
③ 질량의 단위는 kg(킬로그램)을 사용하고, 무게의 단위는 힘의 단위와 같은 N(뉴턴)을 사용한다.
④ 달에서의 중력은 지구에서의 $\frac{1}{6}$이므로 지구에서 물체의 무게는 달에서의 6배이다.

08 ㄱ. 달에서의 무게는 지구에서의 $\frac{1}{6}$이므로 (가)의 물체를 달에 가져가면 무게가 294 N×$\frac{1}{6}$=49 N이다.
ㄴ. 지구에서의 무게는 달에서의 6배이므로 (나)의 물체를 지구에 가져가면 무게가 98 N×6=588 N이다.
바로 알기 ㄷ. 지구에서 물체의 무게는 9.8×질량이므로 (가)의 물체의 질량은 $\frac{294}{9.8}$=30 (kg)이고, (나)의 물체의 질량은 $\frac{588}{9.8}$=60 (kg)이다. 따라서 질량은 (가)의 물체가 (나)의 물체보다 작다.

09 ①, ③ 탄성력의 크기는 탄성체를 변형시킨 힘의 크기와 같고, 탄성체가 변형된 정도에 비례한다.
② 탄성력은 변형된 물체가 원래 모양으로 되돌아가려는 힘이다.
바로 알기 ④ 탄성력의 방향은 탄성체에 작용한 힘, 즉 탄성체를 변형시킨 힘의 방향과 반대 방향이다.
⑤ 모든 물체가 탄성을 갖고 있지는 않다. 예를 들어 종이는 탄성이 없기 때문에 종이를 구겨서 모양이 변해도 원래대로 돌아오지 않는다.

10 탄성력의 크기는 탄성체에 작용한 힘의 크기와 같으므로 5 N이다. 탄성력의 방향은 탄성체에 작용한 힘의 방향인 왼쪽과 반대 방향이므로 오른쪽이다.

11 ㄴ. (다)에서가 (나)에서보다 용수철이 늘어난 길이가 크므로 탄성력의 크기도 크다.
ㄷ. (가)에서는 용수철이 줄어드는 방향으로 힘이 작용하고 있으므로 탄성력은 용수철이 늘어나는 방향으로 작용한다.
바로 알기 ㄱ. (나)에서 용수철이 변형되었으므로 탄성력의 크기는 0이 아니고, 용수철이 줄어드는 방향으로 작용한다.

12 5 N인 추를 매달았을 때 용수철이 늘어난 길이는 1 cm이다. 따라서 5 N : 1 cm=40 N : x이므로 용수철에 40 N인 물체를 매달았을 때 용수철이 늘어난 길이 x=8 cm이다.

13 ② 탄성력의 크기는 용수철이 변형된 길이에 비례한다.
③ 용수철은 추에 작용한 중력 때문에 늘어나므로 탄성력의 방향은 중력의 방향과 반대인 위 방향이다.
④ 추에 작용하는 중력의 방향은 아래 방향이고, 탄성력의 방향은 위 방향이다.
⑤ 10 N의 힘으로 용수철을 당기면 5 N : 1 cm=10 N : x이므로 용수철이 늘어난 길이 x=2 cm이다. 이때 용수철의 처음 길이가 10 cm이므로 전체 길이=10 cm+2 cm=12 cm이다.
바로 알기 ① 용수철에 작용한 힘의 크기는 추의 무게만큼이므로 탄성력의 크기는 추의 무게와 같다.

14 마찰력은 물체의 운동 방향과 반대 방향인 B 방향으로 작용하고, 중력은 아래 방향인 C 방향으로 작용한다.

15 ㄱ, ㄷ. 마찰력은 두 물체가 접촉해 있을 때 접촉면 사이에서 작용하는 힘이다. 마찰력의 크기는 물체의 무게가 무거울수록, 접촉면이 거칠수록 크다.
바로 알기 ㄴ. 질량이 클수록 무거운 물체이므로 물체의 질량이 클수록 마찰력의 크기가 크다.
ㄹ. 물체에 힘을 가했을 때 물체가 움직이지 않았다면 마찰력의 크기는 물체에 작용한 힘의 크기와 같다.

16 마찰력의 크기는 물체의 무게가 무거울수록, 접촉면이 거칠수록 크고, 접촉면의 넓이와는 관계없다. 따라서 A는 B, C보다 무게가 무거우므로 마찰력의 크기가 가장 크다. 마찰력은 접촉면의 넓이와 관계없으므로 같은 무게인 B, C에 작용하는 마찰력의 크기는 같다.

17

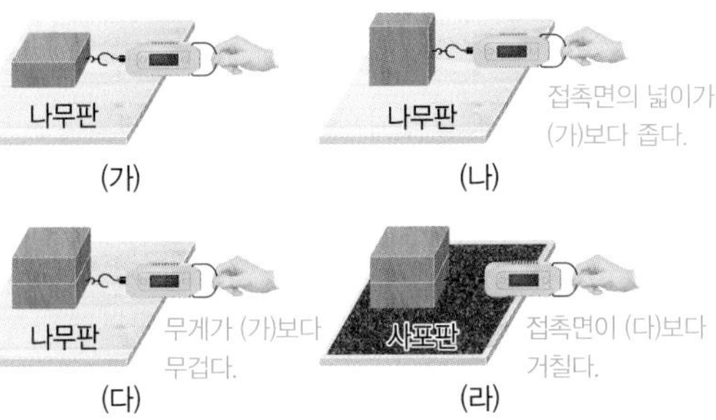

① (다)와 (라)를 비교하면 접촉면이 거칠수록 마찰력의 크기가 크다는 사실을 알 수 있다.
② (가)와 (나)를 비교하면 접촉면의 넓이와 마찰력의 크기는 관계없음을 알 수 있다.
③ 나무 도막이 움직이는 순간 나무 도막을 당기는 힘과 나무 도막에 작용하는 마찰력의 크기는 같다. 따라서 힘 센서에 나타난 측정값은 나무 도막에 작용하는 마찰력의 크기와 같다.
④ (가)와 (다)를 비교하면 나무 도막의 무게가 무거울수록 마찰력의 크기가 크다는 사실을 알 수 있다.
바로 알기 ⑤ (라)는 나무 도막이 2개로 무게가 무겁고, 접촉면이 거칠기 때문에 마찰력의 크기가 가장 크다. (가)~(다) 중에는 무게가 무거운 (다)의 마찰력의 크기가 가장 크고, (가)와 (나)는 접촉면의 넓이만 다르므로 마찰력의 크기가 같다. 따라서 마찰력의 크기를 비교하면 (라)>(다)>(가)=(나)이다.

18 자동차 바퀴에 체인을 감으면 마찰력이 커져서 눈길에 차가 미끄러지는 것을 방지할 수 있다.
②, ③, ④, ⑤ 마찰력을 크게 하는 예이다.
바로 알기 ① 자전거 체인에 윤활유를 바르는 까닭은 마찰력을 작게 하기 위해서이다.

19 부력의 크기=물 밖에서 추의 무게−물속에서 추의 무게 =20 N−17 N=3 N이다. 부력의 방향은 중력과 반대 방향이므로 위쪽이다.

20 ㄱ. 물 밖에서 양팔저울에 왕관과 금덩어리를 올렸을 때 수평을 이뤘으므로 왕관과 금덩어리의 무게는 같다.
ㄷ. 물속에서 양팔저울이 금덩어리 쪽으로 기울었으므로 왕관에 더 큰 부력이 작용하는 것을 알 수 있다. 물체의 부피가 클수록 물체에 작용하는 부력의 크기도 크므로 왕관의 부피가 금덩어리의 부피보다 크다.
바로 알기 ㄴ. 금덩어리보다 왕관에 더 큰 부력이 작용한다.

21

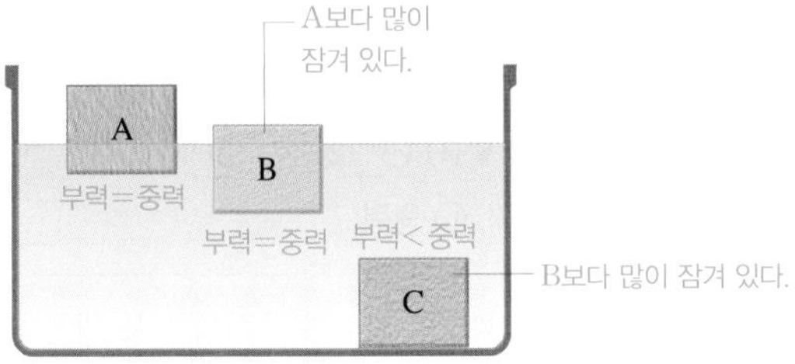

③ 물체에 작용하는 부력의 크기는 물체가 물에 잠긴 부피가 클수록 크다. C가 A보다 물에 잠긴 부피가 크므로 C에 더 큰 부력이 작용한다.
바로 알기 ① A와 B에는 중력의 크기와 같은 크기의 부력이 작용하므로 물체가 물에 떠 있는 것이다.
②, ④ B가 A보다 물에 잠긴 부피가 크므로 B에 더 큰 부력이 작용한다. A와 B는 모두 물에 떠 있으므로 두 물체에 작용하는 부력과 중력의 크기는 같다. 따라서 B에 A보다 큰 중력이 작용한다. 그러므로 B가 A보다 질량이 큰 물체이다.
⑤ A~C 중 물에 잠긴 부피가 가장 큰 것은 C이다. 따라서 C에 작용하는 부력의 크기가 가장 크다. C에는 부력이 작용하지만 부력보다 중력의 크기가 커서 가라앉은 것이다.

22 열기구를 떠오르게 하는 힘은 부력이다.
①, ②, ③, ④ 놀이공원의 헬륨 풍선, 하늘로 띄우는 풍등, 물놀이에 사용하는 튜브, 물 위로 떠오르는 잠수함에는 모두 부력이 작용한다.
바로 알기 ⑤ 새총은 탄성력을 이용한 도구이다.

23 지구에서 물체의 무게=9.8×질량이다. 달에서의 무게는 지구에서의 $\frac{1}{6}$이다.

채점 기준	배점
지구와 달에서의 무게를 풀이 과정과 함께 옳게 구한 경우	100 %
지구에서의 무게만 풀이 과정과 함께 옳게 구한 경우	50 %

24 3 N의 힘으로 잡아당겼을 때 용수철의 길이가 1 cm 늘어나므로 비례식을 세워서 탄성력의 크기를 구한다.

채점 기준	배점
탄성력의 크기를 풀이 과정과 함께 옳게 구한 경우	100 %
풀이 과정 없이 탄성력의 크기만 옳게 구한 경우	50 %

25 마찰력의 크기는 물체의 무게가 무거울수록, 접촉면이 거칠수록 크다.
• (가)와 (나): 물체의 무게에 따른 마찰력의 크기를 비교할 수 있다. 물체의 무게가 무거울수록 마찰력의 크기가 크므로 (나)에서가 (가)에서보다 마찰력의 크기가 크다.
• (가)와 (다): 접촉면의 거칠기에 따른 마찰력의 크기를 비교할 수 있다. 접촉면이 거칠수록 마찰력의 크기가 크므로 (가)에서가 (다)에서보다 마찰력의 크기가 크다.
• (가)와 (라): 접촉면의 넓이에 따른 마찰력의 크기를 비교할 수 있다. 접촉면의 넓이는 마찰력의 크기와 관계없으므로 (가)와 (라)에서 마찰력의 크기는 같다.

	채점 기준	배점
(1)	마찰력의 크기를 옳게 비교한 경우	40 %
(2)	마찰력의 크기에 영향을 주는 요인 두 가지와 영향을 주지 않는 요인 한 가지를 모두 옳게 서술한 경우	60 %
	마찰력의 크기에 영향을 주는 요인 한 가지와 영향을 주지 않는 요인 한 가지만 옳게 서술한 경우	40 %
	마찰력의 크기에 영향을 주는 요인 한 가지만 옳게 서술한 경우	20 %

26 화물선이 물에 뜨려면 화물선에 작용하는 중력의 크기와 부력의 크기가 같아야 한다. 따라서 짐을 실어서 늘어난 무게만큼 부력의 크기도 커져야 화물선이 물에 계속 떠 있을 수 있다. 화물선에 짐을 실었을 때 물에 잠기는 부피가 커지므로 화물선에 작용하는 부력의 크기도 커진다.

채점 기준	배점
물에 잠긴 부피와 부력의 크기를 모두 언급하여 까닭을 옳게 서술한 경우	100 %
부력의 크기도 커졌기 때문이라고만 서술한 경우	50 %

수준 높은 문제로 실력탄탄

진도 교재 27쪽

01 ② **02** ① **03** ⑤ **04** ④ **05** 공기 조절 탱크에 물을 더 넣으면 잠수함에 작용하는 중력의 크기가 부력의 크기보다 커지므로 가라앉는다.

01 ② 지구에서 물체의 무게$=10\times$질량$=(10\times6)$ N$=60$ N이다. 화성의 중력은 지구의 $\frac{1}{3}$이므로 화성에서 물체의 무게는 지구에서의 $\frac{1}{3}$이다. 즉, 60 N$\times\frac{1}{3}=20$ N이다.

바로 알기 ① 달에서 물체의 질량은 6 kg으로 지구에서와 같고, 무게는 60 N$\times\frac{1}{6}=10$ N이다.
③ 측정 장소가 변해도 질량은 항상 같으므로 목성에서 물체의 질량은 6 kg이다.
④ 달, 화성, 목성에서 중력의 상대적 크기가 다르므로 각 행성에서 측정한 물체의 무게도 다르다.
⑤ 달에서의 중력은 화성에서의 $\frac{1}{2}$이므로 달에서 물체의 무게는 화성에서의 $\frac{1}{2}$이다.

02

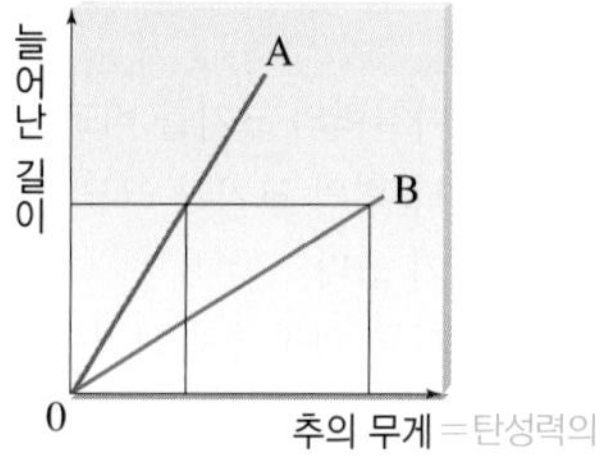

② 늘어난 길이가 같을 때 추의 무게: A<B

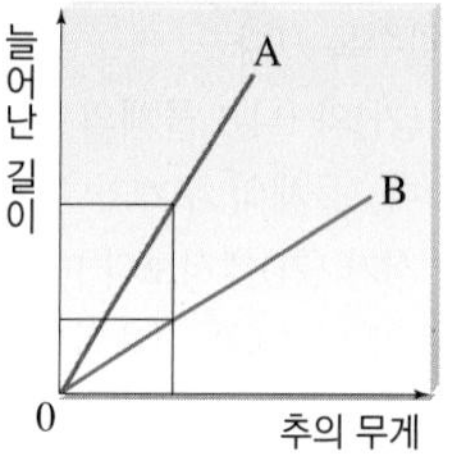

③ 추의 무게가 같을 때 늘어난 길이: A>B

② 그래프에서 늘어난 길이가 같을 때 B에 매단 추의 무게가 더 무겁다는 것을 알 수 있다.
③ 매단 추의 무게에 따라 변하는 정도가 큰 용수철은 A이다. 따라서 같은 무게의 추를 매달았을 때 A가 더 많이 늘어난다.
④ 탄성력의 크기는 용수철에 작용한 힘의 크기와 같다. 추의 무게만큼 용수철에 힘을 작용하므로 매단 추의 무게가 같으면 용수철의 탄성력의 크기는 같다.
⑤ 질량이 작은 추의 무게를 측정할 때는 A를 사용해야 늘어나는 길이의 변화가 커서 더 정확히 측정할 수 있다.

바로 알기 ① 늘어난 길이가 같을 때 B에 매단 추의 무게가 더 무겁다. 따라서 탄성력의 크기도 B가 더 크다.

03 마찰력의 크기는 물체의 무게가 무거울수록, 접촉면이 거칠수록 크고, 접촉면의 넓이와는 관계가 없다.
⑤ 물체가 정지해 있을 때 물체에 작용하는 마찰력의 크기는 작용한 힘의 크기와 같으므로 모두 2 N으로 같다.

바로 알기 ① A, B, C의 무게는 모두 같으므로 마찰력의 크기도 모두 같다.
② A보다 D의 무게가 무거우므로 마찰력의 크기는 A<D이다.
③ 마찰력의 크기를 비교하면 D>A=B=C이다.
④ 운동장보다 얼음판이 매끄러우므로 얼음판에서 끌 때 마찰력의 크기가 더 작다.

04 ㄴ. A는 물속에서 떠 있으므로 A에 작용하는 중력의 크기와 부력의 크기가 같다.
ㄹ. A와 B의 부피가 같으므로 물속에서 A와 B에 작용하는 부력의 크기는 같다.

바로 알기 ㄱ, ㄷ. B는 바닥에 가라앉아 있으므로 B에 작용하는 중력의 크기가 부력의 크기보다 크다. 따라서 A보다 B에 작용하는 중력의 크기가 크다. 즉, B가 A보다 무거운 물체이다.

05 잠수함의 부피는 변하지 않는다. 따라서 물속에서 잠수함에 작용하는 부력의 크기는 변하지 않는다. 그러나 잠수함의 무게는 잠수함에 물이 얼마나 차느냐에 따라 달라진다. 공기 조절 탱크에 물을 넣으면 중력이 커져서 가라앉고, 물을 빼면 중력이 작아져서 떠오르게 된다.

채점 기준	배점
중력과 부력의 크기를 모두 언급하여 깊은 곳으로 내려가는 방법을 옳게 서술한 경우	100 %
공기 조절 탱크에 물을 더 넣는다고만 서술한 경우	50 %

03 힘의 작용과 운동 상태 변화

확인 문제로 개념쏙쏙

진도 교재 29, 31쪽

Ⓐ 알짜힘, 정지, 변한다
Ⓑ 나란한, 수직, 속력, 운동 방향
Ⓒ 중력, 0, 평형

1 운동 방향, 클수록, 작을수록 **2** 4 m/s **3** (1) (다) (2) (가) (3) (나) **4** (1) ㉡-ⓐ (2) ㉠-ⓒ (3) ㉢-ⓑ **5** (1) B (2) A **6** (1) ㄷ, ㄹ (2) ㄱ, ㄴ **7** (1) × (2) ○ (3) ○ **8** ㄱ, ㅁ **9** (1) ○ (2) × (2) × **10** ㄱ, ㄹ **11** 위쪽 **12** ㉠ 부력, ㉡ 중력

1 물체에 작용하는 알짜힘의 방향과 물체의 운동 방향이 수직이면 운동 방향만 변하는 운동을 한다. 이때 물체에 작용하는 알짜힘의 크기가 클수록, 물체의 질량이 작을수록 운동 방향이 크게 변하므로 운동 상태가 크게 변한다.

2 물체에 작용하는 힘의 크기가 10 N에서 20 N으로 2배가 되었으므로 물체의 속력 변화도 2 m/s의 2배인 4 m/s가 된다.

3 (1) 물체에 운동 방향과 나란한 방향으로 힘이 작용하면 물체의 속력만 변한다. –(다)
(2) 물체에 운동 방향과 수직 방향으로 힘이 작용하면 물체의 운동 방향만 변한다. –(가)
(3) 물체에 운동 방향과 비스듬한 방향으로 힘이 작용하면 물체의 속력과 운동 방향이 모두 변한다. –(나)

4 (1) 물체에 알짜힘이 작용하지 않으면 물체는 속력과 운동 방향이 일정한 운동을 한다. 에스컬레이터는 속력이 일정한 운동을 한다.
(2) 물체에 작용하는 알짜힘의 방향과 운동 방향이 같으면 물체는 속력이 증가하는 운동을 한다. 자이로드롭은 속력이 증가하는 운동을 한다.
(3) 물체에 작용하는 알짜힘의 방향과 운동 방향이 반대이면 물체는 속력이 감소하는 운동을 한다. 브레이크를 밟은 자동차는 속력이 감소하는 운동을 한다.

5 (1) 속력이 일정한 원운동을 하는 물체에 작용하는 힘의 방향은 원의 중심 방향인 B이다.
(2) 속력이 일정한 원운동을 하는 물체의 운동 방향은 원의 접선 방향인 A이다.

6 (1) ㄷ. 스카이다이빙은 속력이 일정하게 증가하는 운동을 한다. 따라서 속력만 변하는 운동을 하는 경우이다.
ㄹ. 운동장을 구르는 공은 속력이 일정하게 감소하는 운동을 한다. 따라서 속력만 변하는 운동을 하는 경우이다.
(2) ㄱ, ㄴ. 인공위성, 회전목마는 속력이 일정한 원운동을 하므로 운동 방향만 변하는 운동을 하는 경우이다.

7 (2) 실에 매달린 물체가 같은 경로를 왕복하는 운동은 속력과 운동 방향이 모두 변하는 운동으로, 물체의 운동 방향에 알짜힘이 비스듬하게 작용했을 때 나타나는 운동이다.
(3) 물체의 운동 방향에 알짜힘이 비스듬하게 작용하면 속력과 운동 방향이 모두 변하는 운동을 한다. 활시위를 떠난 화살, 바이킹, 그네 등은 속력과 운동 방향이 모두 변하는 운동의 예이다.
바로 알기 (1) 물체에 작용하는 알짜힘의 방향과 운동 방향이 수직이면 물체는 속력이 일정한 원운동을 한다. 포물선 운동은 물체에 작용하는 알짜힘의 방향과 운동 방향이 비스듬할 때 나타나는 운동이다.

8 헤어드라이어의 바람이 탁구공에 작용하는 알짜힘과 같은 역할을 한다. 따라서 헤어드라이어의 바람 세기가 셀수록, 탁구공의 질량이 작을수록 탁구공의 속력과 운동 방향이 크게 변한다.

9 (1) 비스듬히 던져 올린 야구공이 포물선을 그리며 움직이는 운동을 하고 있으므로, 야구공은 속력과 운동 방향이 모두 변하는 운동을 한다.
바로 알기 (2) 야구공에 작용하는 힘은 중력으로 항상 연직 아래 방향으로 작용한다.
(3) 야구공의 운동 방향과 비스듬한 방향으로 중력이 작용한다.

10 ㄱ, ㄹ. 바이킹과 활시위를 떠난 화살은 속력과 운동 방향이 모두 변하는 운동을 한다.
바로 알기 ㄴ. 대관람차는 운동 방향만 변하는 운동을 한다.
ㄹ. 자이로드롭은 속력만 변하는 운동을 한다.

11

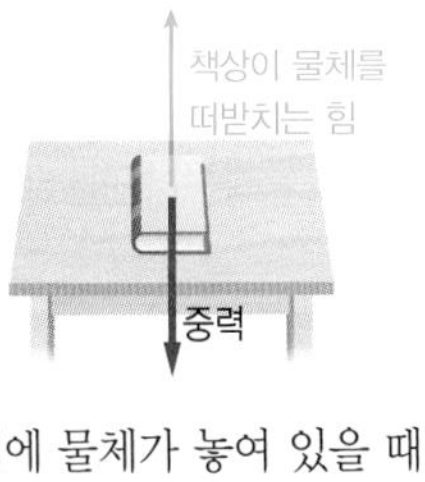

책상 위에 물체가 놓여 있을 때 책상이 물체를 떠받치는 힘의 방향은 중력의 방향과 반대 방향인 위쪽이다.

12 물에 가만히 떠 있는 튜브에는 아래쪽으로 중력이 작용하고, 위쪽으로 부력이 작용한다.

여기서 잠깐

진도 교재 32쪽

① 일정, ② 증가, ③ 감소, ④ 변함, ⑤ 변함, ⑥ 변함

기출 문제로 내신쑥쑥

진도 교재 33~36쪽

01 ①	02 ④	03 ⑤	04 ②	05 ②	06 ②
07 ②, ⑤	08 ②	09 ④	10 ②	11 ⑤	12 ①, ⑤
13 ④	14 ③	15 ④	16 ④	17 ④	18 ③
19 ④	20 ③				

서술형 문제 21 해설 참조 22 속력 변화의 비는 A : B $=\frac{3\text{ N}}{3\text{ kg}}:\frac{1\text{ N}}{2\text{ kg}}=2:1$이다. 23 해설 참조 24 (1) 계속 변한다. (2) 속력과 운동 방향이 모두 변한다.

01 알짜힘은 물체에 작용하는 모든 힘들의 합력이다. 따라서 알짜힘의 방향은 두 힘 중 큰 힘의 방향인 왼쪽이고, 알짜힘의 크기는 50 N−30 N=20 N이다.

02 ④ 사과나무에 매달려 있는 사과는 운동 상태가 변하지 않으므로 작용하는 알짜힘이 0이다.
바로 알기 ① 비스듬히 던져 올린 공은 속력과 운동 방향이 모두 변하는 운동을 하고 있으므로 작용하는 알짜힘이 0이 아니다.
② 경사면을 내려가는 수레는 속력이 변하는 운동을 하고 있으므로 작용하는 알짜힘이 0이 아니다.
③ 좌우로 움직이고 있는 바이킹은 속력과 운동 방향이 모두 변하는 운동을 하고 있으므로 작용하는 알짜힘이 0이 아니다.
⑤ 일정한 속력으로 돌아가는 회전목마는 운동 방향이 변하는 운동을 하고 있으므로 작용하는 알짜힘이 0이 아니다.

03 외부로부터 힘을 받지 않거나 물체에 작용하는 알짜힘이 0이면, 물체는 속력과 운동 방향이 일정한 운동을 한다.

04 ② 공 사이의 간격이 일정하므로 공은 운동 방향과 속력이 일정한 운동을 한다. 즉, 공은 운동 상태가 일정한 운동을 한다.

바로 알기 ① 공의 속력은 일정하다.
③ 공의 운동 방향은 변하지 않고 일정하다.
④ 공의 운동 상태가 변하지 않으므로 공에 작용하는 알짜힘은 0이다.
⑤ 옥상에서 떨어뜨린 물체는 운동 방향은 일정하고 속력이 점점 증가하는 운동을 한다.

05 힘이 물체의 운동 방향과 나란한 방향으로 작용하면 물체의 속력이 변하고, 물체의 운동 방향과 수직인 방향으로 작용하면 물체의 운동 방향이 변한다.

06 ㄴ. 야구공에 나타난 화살표의 길이가 점점 짧아지고 있으므로, 속력이 점점 감소하였다. 그리고 야구공이 점점 위쪽으로 움직였으므로 운동 방향도 변했다.
바로 알기 ㄱ. 야구공의 운동 상태가 변했으므로 야구공에 작용하는 알짜힘은 0이 아니다.
ㄷ. 물체의 속력과 운동 방향이 모두 변하는 운동은 물체의 운동 방향과 비스듬한 방향으로 힘이 작용했을 때 나타나는 운동이다.

07 ②, ⑤ 낙하하는 공에는 운동 방향과 같은 방향으로 알짜힘(중력)이 일정하게 작용하므로 공은 속력이 점점 증가하는 운동을 한다.
바로 알기 ④ 공의 운동 방향과 같은 방향으로 중력이 작용한다.

08 ㄱ, ㄷ. 하늘 위로 던져 올린 공과 브레이크를 밟은 자동차는 속력이 점점 감소하는 운동을 한다.
바로 알기 ㄴ, ㄹ. 나무에서 떨어지는 사과와 경사면을 따라 굴러 내려가는 수레는 속력이 점점 증가하는 운동을 한다.

09 ④ 공은 운동 방향은 일정하고 속력이 점점 감소하는 운동을 한다. 따라서 공의 운동 방향과 반대 방향으로 알짜힘이 작용한다.
바로 알기 ① 공은 일직선으로 운동하고 있으므로 운동 방향이 일정하다.
② 공이 같은 시간 동안 이동한 거리가 점점 감소하고 있으므로 속력이 점점 감소하는 운동을 하고 있다.
③ 운동 방향은 일정하고 속력이 감소하는 운동에서 알짜힘은 공의 운동 방향과 반대 방향으로 작용한다.
⑤ 인공위성은 운동 방향에 수직인 방향으로 힘을 받아 속력은 일정하고, 운동 방향이 변하는 운동을 한다.

10 속력 변화는 물체에 작용하는 알짜힘의 크기에 비례하고, 물체의 질량에 반비례한다. 즉, $\frac{\text{알짜힘의 크기}}{\text{물체의 질량}}$에 비례한다.
① $\frac{10\text{ N}}{1\text{ kg}} \rightarrow 10$ ② $\frac{20\text{ N}}{1\text{ kg}} \rightarrow 20$ ③ $\frac{10\text{ N}}{2\text{ kg}} \rightarrow 5$
④ $\frac{20\text{ N}}{2\text{ kg}} \rightarrow 10$ ⑤ $\frac{20\text{ N}}{4\text{ kg}} \rightarrow 5$
따라서 속력 변화는 $\frac{\text{알짜힘의 크기}}{\text{물체의 질량}}$의 값이 가장 큰 ②가 가장 크다.

11 (가) 힘의 방향: 속력이 일정한 원운동을 하는 공에는 원의 중심 방향(E)으로 힘이 작용한다.
(나) 운동 방향: 속력이 일정한 원운동을 하는 공은 힘의 방향에 수직인 방향, 즉 접선 방향으로 운동한다. 따라서 줄을 놓으면 공은 운동하던 방향(D)으로 날아가게 된다.

12 ②, ③, ④ 속력이 일정한 원운동을 하는 물체에는 일정한 크기의 힘이 작용하며, 힘의 방향은 물체의 운동 방향과 수직인 원의 중심 방향이다. 따라서 물체는 속력이 일정하고 운동 방향만 변하는 원운동을 한다.
바로 알기 ① 속력이 일정한 원운동을 하는 물체의 운동 방향은 원의 접선 방향, 즉 원의 중심 방향에 수직인 방향이다.
⑤ 속력이 일정한 원운동을 하던 물체에 작용하던 힘이 사라지면 물체는 운동하던 방향으로 날아간다.

13 회전목마는 속력은 일정하고 운동 방향만 변하는 원운동을 한다.
④ 지구 주위를 도는 인공위성은 속력은 일정하고 운동 방향만 변하는 원운동을 한다.
바로 알기 ① 놀이공원의 바이킹은 속력과 운동 방향이 모두 변하는 운동을 한다.
② 비스듬히 던져 올린 공은 속력과 운동 방향이 모두 변하는 운동을 한다.
③ 높은 곳에서 떨어뜨린 공은 속력만 변하고 운동 방향은 일정한 운동을 한다.
⑤ 스키장의 리프트를 타고 이동하는 사람은 속력과 운동 방향이 모두 일정한 운동을 한다.

14
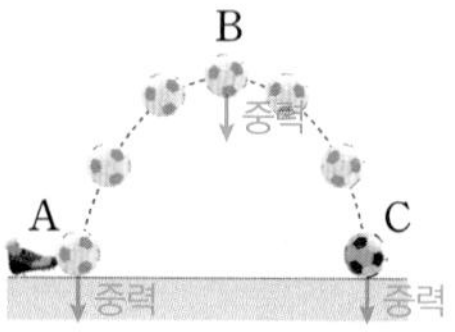

비스듬히 던져 올린 공이 포물선을 그리며 움직일 때 공에는 항상 중력이 연직 아래 방향으로 작용한다.

15 ㄴ. 공의 운동 방향과 비스듬한 방향으로 중력이 작용하므로 공의 운동 방향과 속력은 계속 변한다.
ㄷ. 공이 운동하는 동안 공에는 일정한 크기의 중력이 작용한다.
바로 알기 ㄱ. 공의 속력은 계속 변하므로 A점과 B점에서 공의 속력은 다르다.

16 (가): 운동 방향이 변하지 않는 운동은 자이로드롭이다.
(나): 속력과 운동 방향이 모두 변하는 운동은 바이킹이다.
(다): 속력은 변하지 않지만 운동 방향이 변하는 운동은 대관람차이다.

17 ①, ③ 활시위를 떠난 화살, 비스듬히 던져 올린 농구공은 포물선을 그리며 속력과 운동 방향이 모두 변하는 운동을 한다.
②, ⑤ 사람이 타고 있는 그네, 시계 안에서 움직이고 있는 시계추는 같은 경로를 왕복하는 운동으로, 속력과 운동 방향이 모두 변하는 운동을 한다.
바로 알기 ④ 선풍기 안에서 돌아가는 날개의 운동은 속력이 일정한 원운동으로, 운동 방향만 변하는 운동을 한다.

18 바닥에 놓인 물체에는 바닥이 물체를 떠받치는 힘과 중력이 작용한다. 이때 물체의 운동 상태가 변하지 않으므로 두 힘은 평형을 이루고 있다. 따라서 바닥이 물체를 떠받치는 힘과 물체에 작용하는 중력의 크기는 같고, 방향은 반대이다.

19 (가)의 트램펄린, (나)의 활을 당기는 활시위, (다)의 번지점프의 줄은 모두 탄성력을 이용한 도구이다.

20

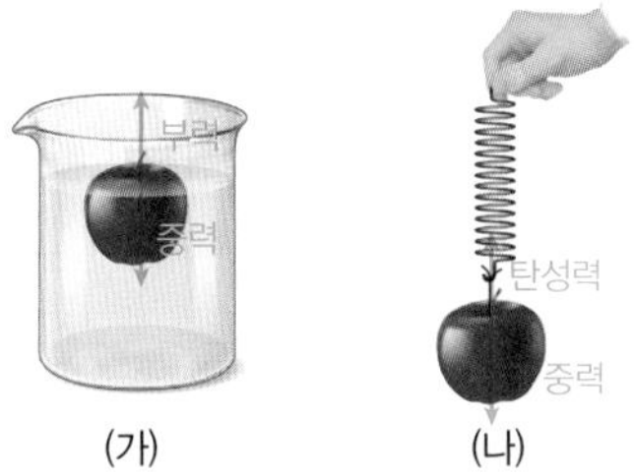

① (가)에서 물 위에 떠 있는 사과에는 중력과 부력이 작용하고 있다. 두 힘은 평형을 이루고 있으므로 사과에 작용하는 알짜힘은 0이다.
② (나)에서 용수철에 매달려 있는 사과에는 중력과 탄성력이 작용하고 있다. 두 힘은 평형을 이루고 있으므로 사과에 작용하는 알짜힘은 0이다.
④, ⑤ (가)와 (나)에서 사과는 정지해 있으므로 사과에 작용하는 힘은 평형을 이루고 있다. 즉, 사과에 작용하는 알짜힘은 0이다.
바로 알기 ③ (나)에서 사과에는 중력이 아래쪽, 탄성력이 위쪽으로 작용하고 있다.

21 물체의 운동 방향과 비스듬한 방향으로 힘이 작용할 때 물체의 속력과 운동 방향이 모두 변한다.

모범 답안

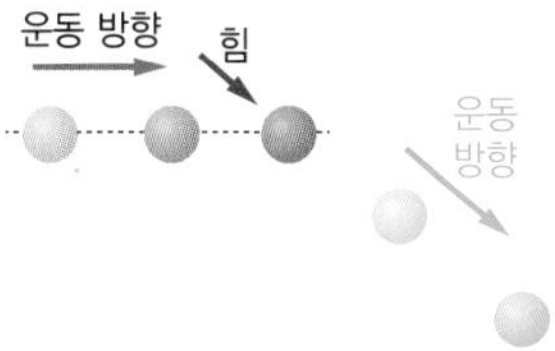

채점 기준	배점
공의 운동 방향과 속력이 변한 모습을 모두 옳게 그린 경우	100 %
공의 운동 방향이 변한 모습만 그린 경우	50 %

22 물체의 속력 변화는 물체에 작용하는 알짜힘의 크기에 비례하고, 물체의 질량에 반비례한다.

채점 기준	배점
속력 변화의 비를 풀이 과정과 함께 옳게 구한 경우	100 %
풀이 과정 없이 속력 변화의 비만 구한 경우	50 %

23 공이 일정한 속력으로 원운동을 할 때 알짜힘은 원의 중심 방향으로 작용한다.

모범 답안

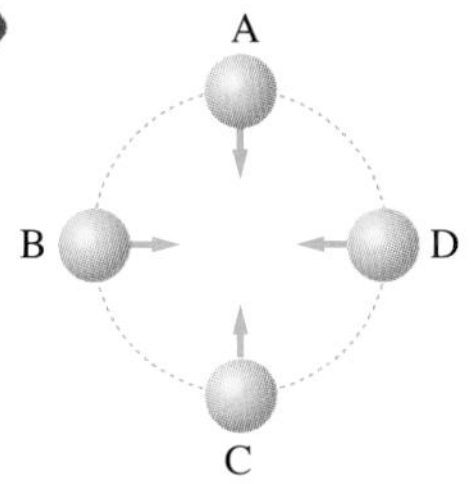

채점 기준	배점
A~D에 작용하는 힘을 모두 옳게 그린 경우	100 %
A~D에 작용하는 힘을 옳게 그린 경우 한 가지마다	25 %

24 시계 안에 있는 시계추는 속력과 운동 방향이 모두 변하는 운동을 한다.

	채점 기준	배점
(1)	계속 변한다고 서술한 경우	50 %
(2)	속력과 운동 방향이 모두 변한다고 서술한 경우	50 %

수준 높은 문제로 실력탄탄

진도 교재 37쪽

01 ② **02** ② **03** ⑤ **04** ④ **05** ②

01 ㄴ. 고무공은 스타이로폼 공보다 질량이 크므로 운동 방향이 작게 변한다. 따라서 수평 방향으로 이동한 거리가 작아진다.
바로 알기 ㄱ, ㄷ. 선풍기에 더 가까이 하면 바람의 세기가 더 세다. 바람의 세기가 세다는 것은 공에 작용하는 힘이 센 것이므로 공은 수평 방향으로 더 멀리 이동하여 떨어진다.

02

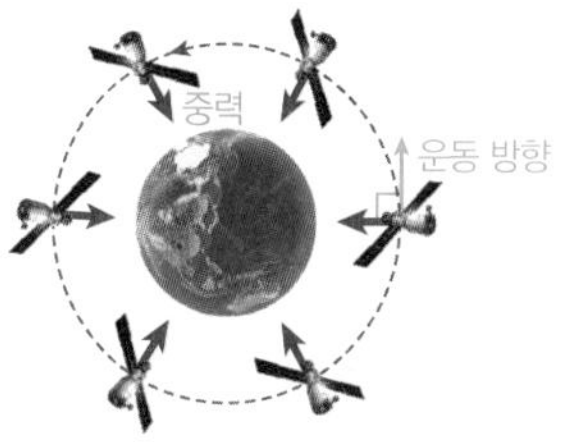

①, ④ 인공위성에는 지구 중심 방향으로 일정한 크기의 중력이 작용한다.
③ 인공위성은 운동 방향이 변하는 운동을 한다.
⑤ 인공위성의 운동 방향은 접선 방향으로, 인공위성에 작용하는 중력의 방향과 수직이다.
바로 알기 ② 인공위성은 속력이 일정하고, 운동 방향만 변하는 원운동을 한다.

03

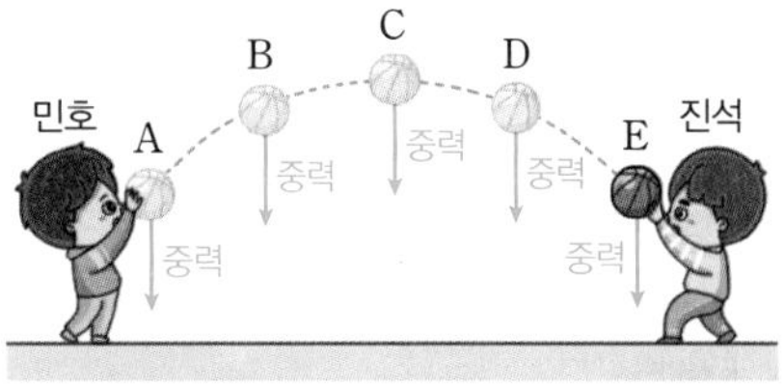

⑤ 비스듬히 던져 올린 공이 포물선을 그리며 운동하므로 공에 작용하는 힘의 방향과 공의 운동 방향은 비스듬하다.
바로 알기 ① A점에서 C점으로 공이 날아가는 동안 공의 속력과 운동 방향은 모두 변한다.
② C점에서 E점으로 공이 날아가는 동안 공의 속력과 운동 방향은 모두 변한다.
③ 모든 지점에서 공에 작용하는 알짜힘은 중력이다.
④ 모든 지점에서 공에는 일정한 크기의 중력이 연직 아래 방향으로 작용한다.

04 ㄴ. (다) 구간에서 승강기는 위쪽으로 움직이고 있고, 속력이 점점 빨라지는 운동을 하고 있으므로 힘은 위쪽 방향으로 작용한다.

ㄷ. (라) 구간에서 승강기에는 중력과 승강기 바닥이 떠받치는 힘이 작용하고 있다. 이때 중력은 아래 방향으로, 승강기 바닥이 떠받치는 힘은 위 방향으로 작용하며 평형을 이루고 있다.

바로 알기 ㄱ. (나)와 (라) 구간에서는 승강기의 운동 상태가 변하지 않으므로 재연에게 작용하는 알짜힘이 0이다. 따라서 알짜힘이 0이 아닌 구간은 (가), (다)이다.

05 왼쪽 방향으로는 용수철로 인한 탄성력(A)이 작용하고 있다. 나무 도막이 움직이는 방향과 반대인 오른쪽 방향으로는 마찰력(B)이 작용하고 있고, 아래 방향으로는 중력(C)이 작용하고 있다.

단원평가문제

진도 교재 38~42쪽

01 ②	**02** ③	**03** ①	**04** ⑤	**05** ④	**06** ①
07 ④	**08** ②	**09** ②	**10** ②	**11** ①	**12** ②
13 ⑤	**14** ②	**15** ⑤	**16** ②	**17** ⑤	**18** ③
19 ③	**20** ②	**21** ②	**22** ①	**23** ①	

서술형 문제 **24** (나)>(가)>(다), (가)에서 합력은 오른쪽으로 2칸, (나)에서 합력은 오른쪽으로 6칸, (다)에서의 합력은 왼쪽으로 1칸이므로 합력의 크기를 비교하면 (나)>(가)>(다)이다. **25** (1) 5 N (2) 용수철에 매단 물체의 무게가 30 N일 때 6 cm 늘어나므로 30 N : 6 cm=5 N : x에서 용수철이 늘어난 길이 x=1 cm이다. **26** 마찰력을 작게 만들어 잘 미끄러지도록 하기 위해서이다. **27** 추가 물에 잠긴 부피만큼 부력을 받기 때문에 측정한 값이 감소하였다. (가)에서 부력의 크기는 0.5 N, (나)에서 부력의 크기는 1 N이다. **28** (1) 물체의 운동 방향은 변하는가? (2) A: 회전목마, B: 그네 **29** 화분에는 중력이 아래 방향으로 작용하고, 탁자가 화분을 떠받치는 힘이 위 방향으로 작용한다.

01 과학에서의 힘이 작용하면 물체의 모양이나 운동 상태가 변한다.
①, ⑤ 운동 상태가 변한다.
③ 모양이 변한다.
④ 모양과 운동 상태가 모두 변한다.
바로 알기 ② 물질의 상태가 변하는 것은 과학에서의 힘이 작용하여 나타나는 현상이 아니다.

02 ① 힘을 나타내는 단위는 N(뉴턴)이다.
②, ⑤ 힘을 나타내는 화살표의 방향은 힘의 방향을 의미하며, 화살표의 길이는 힘의 크기를 의미한다.
④ 축구공에 힘을 작용한 순간 축구공이 찌그러지며 운동하기 시작한다.
바로 알기 ③ 물체에 힘을 작용하면 물체의 모양이나 운동 상태가 변한다. 정지한 축구공을 차면 공이 움직이므로 빠르기나 운동 방향과 같은 공의 운동 상태가 변한다.

03 물체에 작용하는 방향이 다른 두 힘의 합력의 방향은 두 힘 중 큰 힘의 방향인 왼쪽이다. 두 힘 150 N과 300 N의 합력의 크기는 300 N−150 N=150 N이다.

04 ㄴ, ㄷ. 두 힘이 작용할 때 물체가 움직이지 않으면 힘의 평형을 이루고 있는 것이다. 힘의 평형을 이루기 위해서는 두 힘의 크기가 같고, 방향은 반대이며, 일직선상에서 작용해야 한다.
바로 알기 ㄱ. 두 힘의 크기는 같다.

05 물체가 정지해 있을 때 물체에 작용하는 힘들은 서로 평형을 이루고 있다. 따라서 탁자 위에 화분이 놓여 있을 때(①), 물건이 용수철에 매달려 있을 때(②), 상자를 밀었으나 상자가 움직이지 않을 때(③), 양쪽에서 줄을 당겼으나 줄이 어느 쪽으로 움직이지 않을 때(⑤)는 힘의 평형을 이루고 있다.
바로 알기 ④ 용수철에 매달린 추를 잡아당겼다가 놓으면 추가 움직이므로 힘의 평형을 이루고 있지 않다.

06 나무에 매달린 사과가 땅으로 떨어지고, 식물의 뿌리가 아래 방향으로 자라고, 폭포의 물이 높은 곳에서 아래로 떨어지는 현상에서는 공통적으로 물체가 아래로 떨어진다. 지구에서 높은 곳에 있는 물체가 아래로 떨어지는 현상은 물체에 지구 중심 방향으로 중력이 작용하기 때문에 나타난다.

07 지표면 위에 있는 모든 물체에는 지구 중심 방향으로 중력이 작용한다. 따라서 (가)는 C 방향으로 떨어지고, (나)는 D 방향으로 떨어진다.

08 ㄱ. 무게는 물체에 작용하는 중력의 크기로, 측정하는 장소의 중력에 따라 값이 달라진다.
ㄹ. 질량은 양팔저울, 윗접시저울의 한쪽에 이미 질량을 알고 있는 추를 올려놓고 비교하여 측정한다.
바로 알기 ㄴ. 질량의 단위는 g, kg 등을 사용한다. N은 무게의 단위이다.
ㄷ. 지구에서 물체의 무게는 질량에 9.8을 곱하여 구한다.

09 달에서의 중력은 지구에서의 $\frac{1}{6}$이므로 지구에서 물체의 무게=달에서 물체의 무게×6=19.6 N×6=117.6 N이다. 그리고 지구에서의 무게=9.8×질량이므로 물체의 무게를 9.8로 나누면 물체의 질량을 구할 수 있다. 따라서 물체의 질량은 $\frac{117.6}{9.8}$=12 (kg)이다.

10 용수철에 작용한 힘은 추에 작용한 중력(C 방향)이므로 중력과 반대 방향인 A 방향으로 탄성력이 작용한다. 탄성력의 크기는 작용한 힘의 크기와 같으므로 추의 무게 98 N과 같다.

11

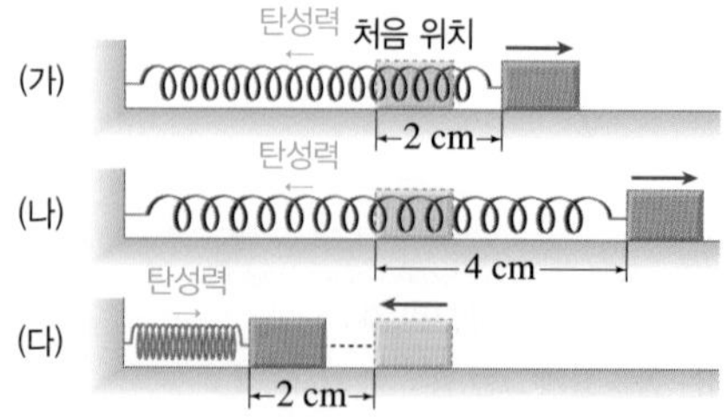

ㄱ. (가)와 (나)에서 용수철을 오른쪽으로 당겼으므로 탄성력의 방향은 둘 다 왼쪽이다.
ㄴ. (나)에서는 용수철을 오른쪽으로 당겼으므로 탄성력의 방향은 왼쪽이고, (다)에서는 용수철을 왼쪽으로 눌렀으므로 탄성력의 방향은 오른쪽이다. 따라서 (나)와 (다)에서 탄성력의 방향은 서로 반대이다.
바로 알기 ㄷ. 탄성력의 크기는 용수철이 변형된 정도가 클수록 크다. 따라서 더 많이 변형된 (나)에서가 (다)에서보다 탄성력의 크기가 크다.
ㄹ. (다)에서는 용수철을 왼쪽으로 눌렀으므로 탄성력의 방향은 오른쪽이다.

12

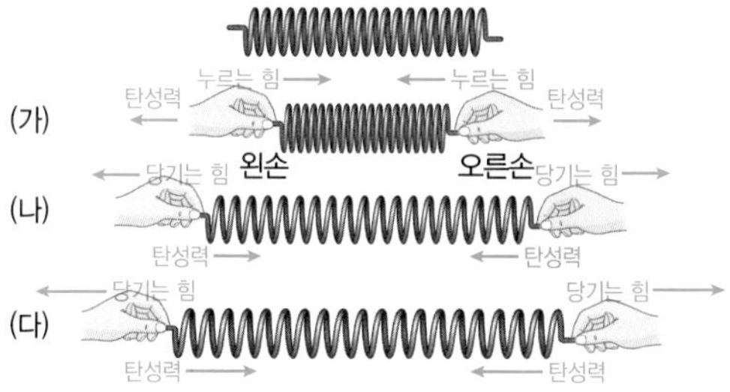

② (가)~(다)에서 왼손과 오른손은 서로 반대 방향으로 용수철에 힘을 작용한다. 따라서 탄성력도 양손에 각각 반대 방향으로 작용한다.
바로 알기 ① (가)의 왼손은 오른쪽으로 용수철에 힘을 작용하므로 탄성력의 방향은 왼쪽이다.
③ (가)의 오른손은 왼쪽으로, (다)의 오른손은 오른쪽으로 용수철에 힘을 작용했으므로 탄성력의 방향은 각각 오른쪽, 왼쪽으로 서로 반대이다.
④ (나)보다 (다)에서 용수철이 많이 늘어났으므로 탄성력의 크기도 (다)에서가 더 크다.
⑤ (가)~(다)에서 양손이 용수철에 작용한 힘의 방향이 서로 반대이므로 탄성력도 양쪽에서 반대 방향으로 작용한다.

13 용수철을 4 N의 힘으로 당겼을 때 6 cm가 늘어났다. 따라서 용수철의 길이를 30 cm만큼 늘어나게 하려면 4 N : 6 cm $=x$: 30 cm에서 $x=20$ N의 힘으로 용수철을 당겨야 한다.

14

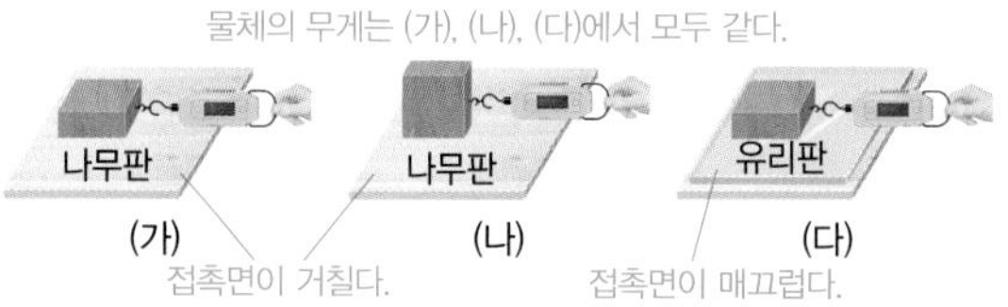

마찰력의 크기는 접촉면이 거칠수록 크고, 접촉면의 넓이와는 관계없다. (가)와 (나)는 접촉면의 재질이 동일하므로 (가)와 (나)에서 나타나는 마찰력의 크기는 같다. 그리고 (가)와 (나)는 (다)보다 접촉면이 거칠므로 힘 센서에 나타난 값을 비교하면 (가)=(나)>(다)이다.

15 접촉면이 거칠수록 마찰력의 크기가 커져 나무 도막이 미끄러지기 시작하는 순간 판의 기울기가 크다.
① 나무 도막에는 지구 중심 방향으로 중력이 작용하고, 나무 도막이 미끄러지려는 방향과 반대 방향으로 마찰력이 작용한다.
②, ③ 접촉면의 거칠기가 (가)<(나)이므로 마찰력의 크기도 (가)<(나)이다. 따라서 (가)가 더 작은 기울기에서 미끄러지기 시작한다.
④ 마찰력은 물체의 미끄러짐을 방해하는 힘이므로 나무 도막이 미끄러지려는 힘의 크기가 마찰력의 크기보다 작으면 나무 도막은 움직이지 않는다.
바로 알기 ⑤ 나무 도막에 사포를 붙이면 접촉면의 거칠기가 더 거칠어지므로 마찰력이 커진다. 따라서 나무 도막이 미끄러지기 시작하는 순간의 판의 기울기가 더 커진다.

16 ② 마찰력이 작아야 편리한 경우는 물체가 잘 미끄러져야 좋은 경우이다. 눈 위에서 스키를 탈 때는 스키가 잘 미끄러져야 좋으므로 마찰력이 작아야 한다.
바로 알기 ①, ③, ④, ⑤ 운동화 끈을 묶을 때, 등산화를 신고 산을 올라갈 때, 고무장갑을 끼고 설거지를 할 때, 체조 선수가 손에 백색 가루를 묻혀 체조를 할 때는 마찰력이 커야 편리한 경우이다.

17 ⑤ 물 위에 떠 있는 나무 도막에 작용하는 중력의 크기와 부력의 크기는 같다.
바로 알기 ①, ② 나무 도막에는 중력과 부력이 모두 작용한다.
③ 나무 도막이 떠 있으므로 부력의 크기는 중력의 크기(=무게)와 같다. 따라서 부력의 크기는 5 N이다.
④ 나무 도막에 작용하는 중력의 방향은 아래쪽이고 부력의 방향은 위쪽이다.

18 ㄴ. 두 추의 무게가 같으므로 물속에 잠긴 두 추에 작용하는 중력의 크기도 같다.
ㄷ. 물속에 잠긴 두 추에는 아래쪽으로 중력이 작용하고, 위쪽으로 부력이 작용한다.
바로 알기 ㄱ. 두 추의 무게는 같으므로 공기 중에서 힘 센서로 측정한 값은 같다.
ㄹ. (나)의 추의 부피가 (가)의 추보다 크므로 물속에 잠긴 추에 작용하는 부력의 크기도 (나)에서가 (가)에서보다 크다.

19 상자를 오른쪽으로 200 N의 힘으로 밀고 있으므로 마찰력은 왼쪽으로 200 N만큼 작용한다. 이때 오른쪽으로 상자를 미는 힘과 마찰력은 평형을 이루고 있으므로 상자에 작용하는 알짜힘은 0이다.

20 ㄱ. (가)에서 스카이다이버는 아래로 낙하하고 있으므로 속력이 점점 증가하는 운동을 한다.
ㄷ. (나)에서 스카이다이버는 운동 방향과 속력이 일정한 운동을 하고 있으므로 스카이다이버에게 작용하는 알짜힘은 0이다.
바로 알기 ㄴ. (가)에서 스카이다이버는 속력이 점점 증가하는 운동을 하고 있으므로 작용하는 알짜힘이 0이 아니다.
ㄹ. (나)에서 스카이다이버에는 중력이 항상 아래 방향으로 작용하고 있다.

21 (가) 힘이 운동 방향과 나란하게 작용하면 속력만 변한다.
(나) 힘이 운동 방향과 비스듬하게 작용하면 속력과 운동 방향이 모두 변한다.
(다) 힘이 운동 방향과 수직으로 작용하면 속력은 일정하고 운동 방향만 변한다.

22 ㄱ, ㄴ. 시계추와 바이킹은 속력과 운동 방향이 모두 변하는 운동을 한다.

바로 알기 ㄷ, ㄹ. 회전목마와 인공위성은 속력은 일정하고 운동 방향만 변하는 운동을 한다.

ㅁ, ㅂ. 자이로드롭과 스카이다이빙은 운동 방향은 일정하고 속력만 변하는 운동을 한다.

23

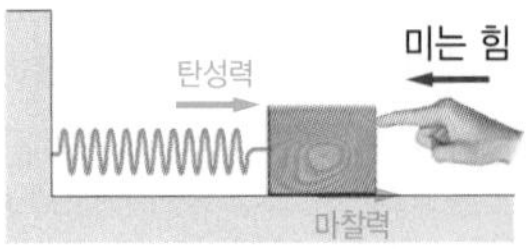

나무 도막을 왼쪽으로 밀었을 때 나무 도막에 작용하는 마찰력의 방향은 나무 도막이 움직이는 방향인 왼쪽 방향과 반대 방향인 오른쪽이다. 그리고 용수철에 작용하는 탄성력의 방향은 용수철을 왼쪽으로 민 힘과 반대 방향인 오른쪽이다.

24 (가)와 (다)는 나란하게 작용하는 두 힘의 방향이 반대이므로 큰 힘에서 작은 힘을 빼고, (나)는 나란하게 작용하는 두 힘의 방향이 같으므로 두 힘을 더한다.

(가) 합력의 크기는 3칸에서 1칸을 뺀 2칸이다.

(나) 합력의 크기는 4칸에서 2칸을 더한 6칸이다.

(다) 합력의 크기는 3칸에서 2칸을 뺀 1칸이다.

채점 기준	배점
합력의 크기를 옳게 비교하고, 그 까닭을 옳게 서술한 경우	100 %
합력의 크기만 옳게 비교한 경우	50 %

25 (1) 달의 중력은 지구 중력의 $\frac{1}{6}$이므로 물체의 무게와 용수철이 늘어나는 길이도 $\frac{1}{6}$로 줄어든다. 따라서 달에서 물체의 무게는 $30\ \mathrm{N} \times \frac{1}{6} = 5\ \mathrm{N}$이다.

(2) 달에서 용수철이 늘어난 길이는 $6\ \mathrm{cm} \times \frac{1}{6} = 1\ \mathrm{cm}$가 된다.

	채점 기준	배점
(1)	달에서 물체의 무게를 옳게 구한 경우	30 %
(2)	용수철이 늘어난 길이를 풀이 과정과 함께 옳게 구한 경우	70 %
	용수철이 늘어난 길이만 옳게 구한 경우	30 %

26 수영장의 미끄럼틀에 물을 뿌리면 마찰력이 작아져 잘 미끄러진다.

채점 기준	배점
미끄럼틀에 물을 뿌리는 까닭을 마찰력과 관련하여 옳게 서술한 경우	100 %
잘 미끄러지기 위해서라고만 서술한 경우	50 %

27 '부력의 크기=물 밖에서 추의 무게−물속에서 추의 무게'이므로 부력의 크기만큼 물속에서 추의 무게가 감소한다.

채점 기준	배점
측정한 값이 감소한 까닭과 부력의 크기를 모두 옳게 서술한 경우	100 %
부력의 크기만 옳게 구한 경우	50 %

28 (1) 에스컬레이터는 물체의 속력과 운동 방향이 일정한 운동을 하므로, 조건에 들어갈 내용은 '물체의 운동 방향은 변하는가?'이다.

(2) 회전목마는 속력은 일정하지만 운동 방향이 변하는 운동을 하므로 A에 해당한다. 그네는 속력과 운동 방향이 모두 변하는 운동을 하므로 B에 해당한다.

	채점 기준	배점
(1)	조건에 들어갈 내용을 옳게 서술한 경우	50 %
(2)	A와 B를 모두 옳게 쓴 경우	50 %

29

탁자 위에 놓인 화분에는 아래로 작용하는 중력과 위로 작용하는 탁자가 화분을 떠받치는 힘이 평형을 이루고 있다.

채점 기준	배점
아래로 작용하는 중력과 위로 작용하는 탁자가 화분을 떠받치는 힘을 모두 옳게 서술한 경우	100 %
아래로 작용하는 중력만 옳게 서술한 경우	50 %

이 단원을 학습하였으니 우리 주변에서 여러 가지 힘이 작용하고 있는 현상을 쉽게 찾을 수 있어요.

VI 기체의 성질

01 기체의 압력

확인 문제로 개념쏙쏙

진도 교재 49쪽

Ⓐ 압력, 클, 좁
Ⓑ 충돌, 모든

1 (1) (가)<(나) (2) (가)<(나)　2 (1) ↑ (2) ↓ (3) ↓
3 (1) × (2) ○ (3) ○　4 ㉠ 증가, ㉡ 증가, ㉢ 증가
5 ㄴ, ㄹ

1 (1) 힘이 작용하는 면적이 같고, 작용하는 힘의 크기가 (가)<(나)이므로 압력은 (가)<(나)이다.
(2) 힘이 작용하는 면적이 (가)>(나)이고, 작용하는 힘의 크기가 같으므로 압력은 (가)<(나)이다.

2 (1) 못의 끝부분을 뾰족하게 하면 힘이 작용하는 면적이 좁아져 압력이 커진다.
(2), (3) 바닥을 넓게 하면 힘이 작용하는 면적이 넓어져 압력이 작아진다.

3 바로 알기 (1) 기체의 압력은 모든 방향으로 작용한다.

4 찌그러진 축구공에 공기를 넣으면 축구공 속 기체 입자 수가 증가하여 충돌 횟수가 증가하므로 축구공 속 공기의 압력이 증가하여 축구공이 부풀어 오른다.

5 ㄴ, ㄹ. 기체의 압력을 이용한 예이다.
바로 알기 ㄱ, ㄷ. 바늘과 누름못의 뾰족한 부분은 압력을 크게 하여 이용하는 예이다.

탐구 a

진도 교재 50~51쪽

㉠ 모든, ㉡ 커
01 (1) ○ (2) × (3) ○ (4) × (5) ×　**02** ②　**03** ②, ③　**04** (가)<(나)　**05** 기체 입자 수가 많을수록 입자가 용기 벽면에 충돌하는 횟수가 늘어 기체의 압력이 커진다.
06 ②

01 (1) 쇠구슬은 기체 물질을 구성하는 입자라고 가정하였다.
(3) 양손에서 쇠구슬의 충돌이 느껴지는 것으로 보아 기체 입자는 모든 방향으로 움직인다는 것을 알 수 있다.
바로 알기 (2) 과정 ❶의 결과 양손에서 모두 쇠구슬의 충돌이 느껴진다.
(4) 과정 ❸의 결과 쇠구슬이 30개인 페트병에서 더 큰 힘이 느껴진다.
(5) 과정 ❸을 통해 쇠구슬의 수가 많을수록 페트병의 벽면에 충돌하는 횟수가 늘어난다는 것을 알 수 있다.

02 ② 두 페트병을 같은 빠르기로 흔드는 까닭은 입자의 운동 속도를 같게 하기 위해서이다. 쇠구슬의 수가 다른 것을 제외한 나머지 모든 조건을 같게 해야 입자 수에 따른 힘의 크기를 비교할 수 있다.

03 ②, ③ 제시된 실험을 통해 기체의 압력은 모든 방향으로 작용하며, 기체 입자의 수가 많을수록 기체의 압력이 커짐을 알 수 있다.
바로 알기 ④ 쇠구슬을 넣은 페트병을 같은 빠르기로 흔들어 입자의 운동 속도를 같게 했으므로 기체 입자의 속력과 기체의 압력 관계는 알 수 없다.
⑤ 크기와 모양이 같은 페트병에 쇠구슬의 수만 다르게 넣어 흔들었으므로 기체 입자가 충돌하는 면적과 기체의 압력 관계는 알 수 없다.

04 쇠구슬의 수가 많을수록 손바닥에 느껴지는 힘의 크기가 커진다.

05

채점 기준	배점
제시된 용어를 모두 사용하여 알 수 있는 사실을 옳게 서술한 경우	100 %
제시된 용어 중 '기체 입자 수'와 '기체의 압력'만 포함하여 알 수 있는 사실을 서술한 경우	50 %

06 ㄴ. 피스톤의 높이는 (나)가 더 높으므로 쇠구슬이 피스톤을 밀어 올리는 힘은 (가)<(나)이다.
바로 알기 ㄱ. 피스톤의 높이는 (나)가 더 높으므로 쇠구슬의 수는 (가)<(나)이다.
ㄷ. 쇠구슬의 수는 (가)보다 (나)가 많으므로 쇠구슬이 용기 벽면에 충돌하는 횟수는 (가)<(나)이다.

기출 문제로 내신쏙쏙

진도 교재 52~55쪽

01 ④　**02** (나)　**03** ⑤　**04** ⑤　**05** ①　**06** ④
07 ④　**08** ①　**09** ③　**10** ⑤　**11** ⑤　**12** ⑤
13 모든　**14** ③　**15** ①　**16** ⑤　**17** ④
서술형 문제 **18** 누름못 30개 위에 풍선을 올리면 힘이 작용하는 면적이 넓어져 압력이 작아지기 때문에 풍선이 터지지 않는다.　**19** 축구공 속 기체 입자의 수가 증가하여 더 많은 기체 입자가 축구공 벽에 충돌하여 모든 방향으로 기체의 압력을 가하기 때문이다.　**20** • 기체의 압력은 모든 방향으로 작용한다. • 기체 입자의 수가 많을수록 기체의 압력이 커진다.

01 ㄱ. 일정한 면적에 작용하는 힘을 압력이라고 한다.
ㄴ. 힘이 작용하는 면적이 같을 때 힘의 크기가 클수록 압력이 커진다.
바로 알기 ㄷ. 같은 크기의 힘이 작용할 때 힘을 받는 면적이 좁을수록 압력이 커진다.

02

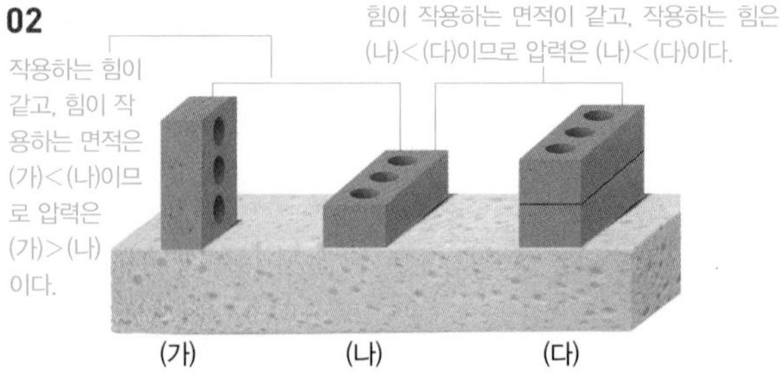

힘이 작용하는 면적이 같고, 작용하는 힘은 (나)<(다)이므로 압력은 (나)<(다)이다.
작용하는 힘이 같고, 힘이 작용하는 면적은 (가)<(나)이므로 압력은 (가)>(나)이다.
(가)
(나)
(다)

(가)와 (나)를 비교하면 (가)의 스펀지가 더 깊게 눌리고, (나)와 (다)를 비교하면 (다)의 스펀지가 더 깊게 눌린다. 따라서 스펀지가 눌리는 정도가 가장 작은 것은 (나)이다.

03 ①, ③ (가)와 (나)는 힘의 크기가 같고 힘이 작용하는 면적은 (가)<(나)이므로 (가)의 스펀지가 더 깊게 눌린다. 이를 통해 힘이 작용하는 면적이 압력에 미치는 영향을 알 수 있다.
②, ④ (나)와 (다)는 힘이 작용하는 면적이 같고 힘의 크기는 (나)<(다)이므로 (다)의 스펀지가 더 깊게 눌린다. 이를 통해 작용하는 힘의 크기가 압력에 미치는 영향을 알 수 있다.
바로 알기 ⑤ (가)와 (다)는 힘이 작용하는 면적과 작용하는 힘의 크기가 모두 다르므로 힘이 작용하는 면적이나 작용하는 힘의 크기가 압력에 미치는 영향을 알 수 없다.

04 ⑤ 힘이 작용하는 면적이 좁을수록, 작용하는 힘의 크기가 클수록 압력이 커진다. 따라서 벽돌을 가로보다 세로로 올려놓을 때, 1개보다 2개 올려놓을 때 압력이 더 크다.

05

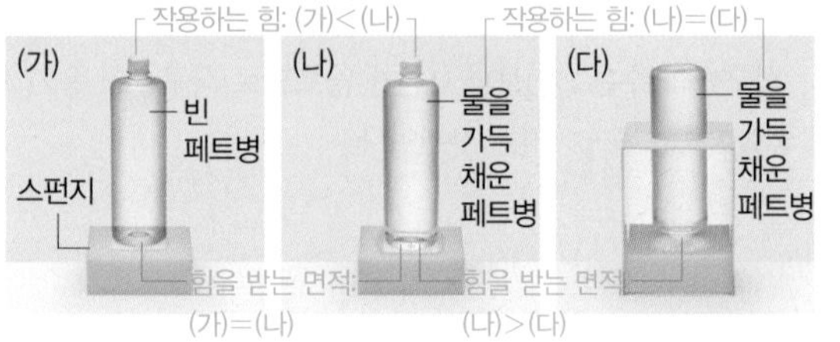

ㄱ. 힘이 작용하는 면적이 같은 (가)와 (나)를 비교하면 작용하는 힘의 크기가 더 큰 (나)의 압력이 더 크고, 작용하는 힘의 크기가 같은 (나)와 (다)를 비교하면 힘이 작용하는 면적이 더 좁은 (다)의 압력이 더 크다. 따라서 압력의 크기는 (가)<(나)<(다)이다.
바로 알기 ㄴ. (가)와 (나)는 힘이 작용하는 면적이 같다.
ㄷ. (나)와 (다)는 스펀지에 작용하는 힘의 크기가 같다.

06 ④ 작용하는 힘의 크기가 클수록, 힘이 작용하는 면적이 좁을수록 압력이 커진다.

07 ④ 같은 크기의 힘으로 연필의 뭉툭한 부분과 뾰족한 부분을 누를 때 뾰족한 연필심 부분의 손가락이 더 아픈 까닭은 힘을 받는 면의 넓이가 좁아 작용하는 압력이 크기 때문이다.

08 ①은 압력을 크게 하여 이용하는 경우이고, ②~⑤는 압력을 작게 하여 이용하는 경우이다.

09 ③ 못의 뾰족한 끝부분은 힘이 작용하는 면적이 좁아 압력이 크므로 단단한 벽이나 나무에 못을 쉽게 박을 수 있다.

10 바로 알기 ⑤ 같은 부피 안에 들어 있는 기체 입자의 수가 같을 때 기체 입자의 운동 속도가 빠를수록 기체 입자의 충돌 횟수가 증가하므로 기체의 압력이 커진다.

11 찌그러진 축구공에 공기를 넣으면 축구공 속 기체 입자의 수가 늘어나 공기의 압력이 커진다. 또한 공기의 압력이 모든 방향으로 작용하므로 축구공이 사방으로 부풀어 오른다.
바로 알기 ⑤ 찌그러진 축구공에 공기를 넣으면 축구공 속에서 기체 입자가 축구공 벽에 충돌하는 횟수가 점점 늘어난다.

12 ⑤ 공기를 불어 넣은 고무풍선이 둥근 모양인 까닭은 고무풍선 속 기체 입자가 모든 방향으로 운동하면서 고무풍선 안쪽 벽에 충돌하기 때문이다.

13 양손에서 쇠구슬의 충돌이 느껴지는 것으로 보아 쇠구슬은 모든 방향으로 움직인다는 것을 알 수 있다.

14 ①, ② 손바닥 전체에서 쇠구슬이 충돌하는 힘이 느껴지며, 손바닥에 느껴지는 힘은 기체의 압력에 해당한다.
④, ⑤ 기체 입자 수가 많을수록 충돌 횟수가 증가하므로 기체의 압력이 커진다는 것을 알 수 있다.
바로 알기 ③ 기체 입자의 수가 (가)<(나)이므로 손바닥에 느껴지는 힘은 (나)가 (가)보다 크다.

15 ㄱ. 기체가 들어 있는 용기를 가열하면 온도가 높아져 기체 입자의 충돌 횟수가 증가하므로 기체의 압력이 커진다.
ㄴ. 기체가 들어 있는 용기의 부피를 줄이면 같은 수의 기체 입자가 좁아진 용기의 벽면에 충돌하여 충돌 횟수가 증가하므로 기체의 압력이 커진다.
바로 알기 ㄷ. 용기에 들어 있는 기체 입자의 수가 감소하면 기체 입자의 충돌 횟수가 감소하므로 기체의 압력이 작아진다.
ㄹ. 기체 입자가 용기 벽면에 충돌하는 횟수가 감소하면 기체의 압력이 작아진다.

16 ⑤ 안전 매트에 공기를 넣으면 기체의 압력이 커져 사람을 구조할 수 있다.

17 ①, ②, ③, ⑤ 에어백, 튜브, 축구공, 풍선 놀이 틀은 일상생활에서 기체의 압력을 이용한 예이다.
바로 알기 ④ 눈썰매는 힘이 작용하는 면적을 늘려 압력을 작게 하여 이용하는 경우이다.

18

채점 기준	배점
풍선이 터지지 않는 까닭을 압력과 관련지어 옳게 서술한 경우	100 %
풍선이 터지지 않는 까닭을 힘이 작용하는 면적이 넓어지기 때문이라고만 서술한 경우	50 %

19

채점 기준	배점
축구공이 팽팽해지는 까닭을 입자의 수와 충돌 횟수를 모두 이용하여 옳게 서술한 경우	100 %
축구공이 팽팽해지는 까닭을 입자의 수와 충돌 횟수 중 한 가지만 이용하여 서술한 경우	50 %

20

채점 기준	배점
제시된 실험을 통해 알 수 있는 사실을 두 가지 모두 옳게 서술한 경우	100 %
제시된 실험을 통해 알 수 있는 사실을 한 가지만 옳게 서술한 경우	50 %

수준 높은 문제로 **실력탄탄** | 진도 교재 55쪽

01 ⑤ **02** ⑤

01 얼음 위를 걸어가기보다 엎드려 기어가는 것은 힘이 작용하는 면적을 늘려 압력을 작게 하는 경우이다.
①, ②, ③, ④ 힘이 작용하는 면적을 늘려 압력을 작게 하는 경우이다.
바로 알기 ⑤ 하이힐은 운동화보다 힘이 작용하는 면적이 좁기 때문에 같은 무게라도 운동화를 신은 사람보다 하이힐을 신은 사람에게 발을 밟힐 때 더 아프다.

02 ㄴ, ㄷ. (가)와 (나)를 비교하면 기체 입자 수가 기체의 압력에 미치는 영향을 알 수 있고, (나)와 (다)를 비교하면 기체 입자의 운동 속도가 기체의 압력에 미치는 영향을 알 수 있다.
바로 알기 ㄱ. 쇠구슬의 수가 많을수록, 페트병을 빠르게 흔들수록 손바닥에 느껴지는 힘의 크기가 크므로 손바닥에 느껴지는 힘의 크기는 (가)<(나)<(다)이다.

02 기체의 압력 및 온도와 부피 관계

확인 문제로 **개념쏙쏙** | 진도 교재 57, 59쪽

Ⓐ 감소, 증가, 반비례, 보일
Ⓑ 증가, 감소, 샤를

1 C **2** A **3** A=B=C **4** (1) ○ (2) ○ (3) × (4) ○ (5) × **5** (1) ○ (2) ○ (3) ○ (4) × **6** A<B<C **7** ㄱ **8** ㉠ 온도, ㉡ 증가 **9** (1) 증가 (2) 일정 (3) 증가 (4) 증가 **10** (1) 보일 (2) 샤를 (3) 샤를 (4) 보일

1 기체의 압력은 A<B<C 순이다.

2 기체의 부피는 A>B>C 순이다.

3 일정한 온도에서 기체의 압력과 부피는 반비례하므로 압력과 부피를 곱한 값은 A~C에서 모두 같다.

4 기체에 압력을 가하면 기체의 부피가 감소하여 기체 입자 사이의 거리가 감소하고, 기체 입자의 충돌 횟수가 증가하여 실린더 속 기체의 압력이 증가한다. 이때 온도가 일정하므로 기체 입자의 운동 속도는 일정하며, 압력이 변해도 기체 입자의 수는 변하지 않는다.
바로 알기 (3) 기체 입자 사이의 거리는 감소한다.
(5) 온도가 일정할 때 기체 입자의 운동 속도는 변하지 않는다.

5 바로 알기 (4) 뾰족한 연필심은 힘을 받는 면의 넓이가 좁으므로 압력을 크게 받는다. 이는 보일 법칙과 관련된 현상이 아니다.

6 온도가 높아질수록 기체 입자의 운동이 활발해진다.

7 A~C에서 기체 입자의 수는 변하지 않는다.

8 압력이 일정할 때 일정량의 기체의 부피는 온도가 높을수록 증가한다.

9 기체를 가열하면 기체 입자의 운동 속도가 빨라져서 기체 입자가 용기 벽에 충돌하는 세기가 증가한다. 따라서 실린더 속 기체의 압력이 외부 압력과 같아질 때까지 기체의 부피가 증가한다. 또한 기체의 부피가 증가하므로 기체 입자 사이의 거리는 멀어진다. 그러나 온도가 변해도 기체 입자의 수는 변하지 않는다.

10 (1), (4)는 보일 법칙과 관련이 있고, (2), (3)은 샤를 법칙과 관련이 있다.

탐구a 진도 교재 60~61쪽

㉠ 감소, ㉡ 증가, ㉢ 반비례, ㉣ 일정
01 (1) ○ (2) × (3) × (4) ○ (5) × (6) ○ **02** (1) ○ (2) × (3) ○ **03** ③ **04** 20 **05** 해설 참조 **06** ⑤

01 바로 알기 (2) 주사기의 피스톤을 누르면 주사기 속 공기의 부피가 감소한다.
(3) 온도가 일정하므로 압력이 변해도 기체 입자의 운동 속도는 변하지 않는다.
(5) 공기의 압력이 2배가 되면 공기의 부피는 $\frac{1}{2}$로 줄어든다.

02 바로 알기 (2) 주사기의 피스톤을 누르면 주사기 속 기체 입자 사이의 거리가 가까워진다.

03 ③ 기체 입자의 충돌 횟수가 많을수록 주사기 속 기체의 압력이 커진다.
바로 알기 ①, ② 기체 입자의 수와 질량은 일정하다.
④ 온도가 일정하므로 기체 입자의 운동 속도는 변하지 않는다.
⑤ 주사기의 피스톤을 누르면 주사기 속 기체 입자 사이의 거리가 가까워진다.

04 보일 법칙에 의하면 기체의 압력과 부피의 곱은 일정하므로 다음과 같다.
1기압×60 mL=3기압×(가) mL, (가)=20

05 모범 답안
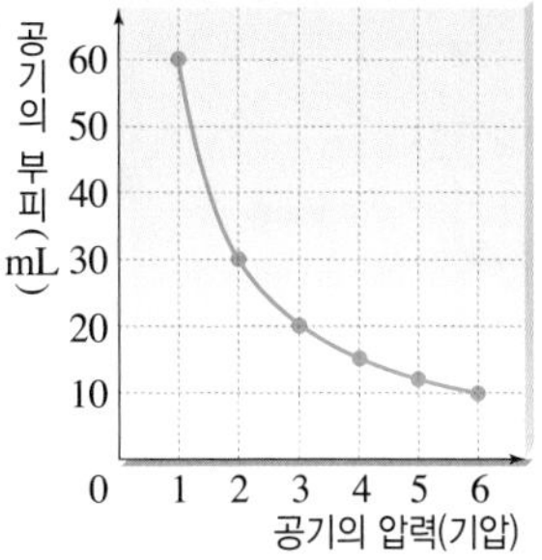

채점 기준	배점
압력, 부피 값을 정확히 점으로 찍고 이를 선으로 연결한 경우	100 %
그 외의 경우	0 %

6 ①, ③, ④ 주사기의 피스톤에서 손을 떼면 공기를 누르는 압력이 감소하므로 공기의 부피가 증가한다. 따라서 공기를 이루는 기체 입자 사이의 거리는 멀어지고, 기체 입자의 충돌 횟수는 감소한다.
② 기체 입자의 수는 변하지 않는다.
바로 알기 ⑤ 온도가 일정하므로 기체 입자의 운동 속도는 변하지 않는다. 따라서 (가)=(나)이다.

탐구 b

진도 교재 62~63쪽

㉠ 증가, ㉡ 감소
01 (1) ○ (2) ○ (3) × (4) ○ **02** (1) × (2) ○ (3) × (4) ○ (5) × **03** ③ **04** 해설 참조 **05** 해설 참조 **06** ⑤

01 **바로 알기** (3) 비커 4보다 비커 3에 들어 있는 물의 온도가 낮으므로 비커 4의 스포이트를 비커 3으로 옮기면 물방울의 위치가 낮아질 것이다.

02 **바로 알기** (1) 공기의 온도를 낮추어도 주사기 속 기체 입자의 수는 일정하다.
(3) 공기의 온도를 높이면 주사기 속 기체 입자가 용기 벽면에 강하게 부딪친다.
(5) 온도가 높을수록 주사기 속 공기의 부피가 늘어나므로 주사기 속 공기의 '부피×온도'의 값은 일정하지 않다.

03 ② 일정한 압력에서 기체의 온도와 부피 관계를 알아보는 실험이다.

04 **모범 답안**

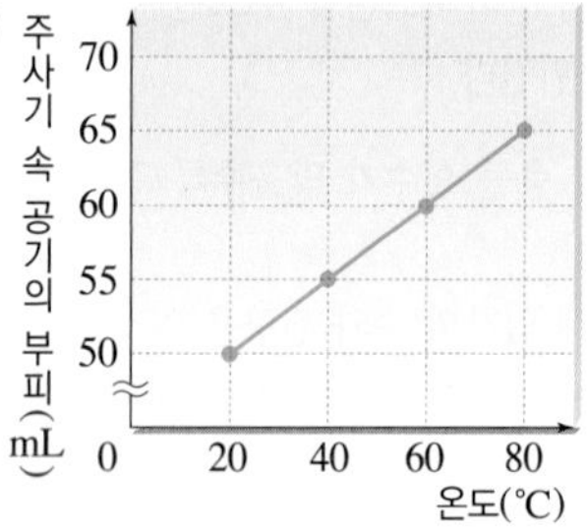

채점 기준	배점
온도, 부피 값을 정확히 점으로 찍고 이를 선으로 연결한 경우	100 %
그 외의 경우	0 %

05 **모범 답안**

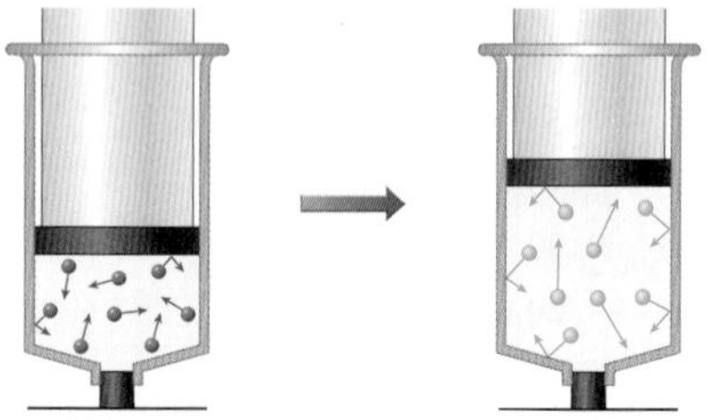

(가) 20 °C (나) 80 °C

채점 기준	배점
입자의 크기, 모양, 수는 일정하고, 화살표의 길이가 길어 주사기 벽에 부딪치는 세기를 강하게 표현한 경우	100 %
그 외의 경우	0 %

6 ⑤ 구리 통 속 기체의 온도가 높아지면 기체 입자의 운동이 활발해져 기체 입자가 구리 통의 벽면에 강하게 충돌하므로 실린더 속 공기의 부피가 증가한다.

여기서 잠깐

진도 교재 64쪽

㉠ 감소, ㉡ 감소, ㉢ 증가, ㉣ 증가, ㉤ 증가, ㉥ 감소, ㉦ 높, ㉧ 낮, ㉨ 낮

기출 문제로 내신쑥쑥

진도 교재 65~67쪽

01 ③, ④ **02** ④ **03** ⑤ **04** ② **05** ④ **06** ③
07 ② **08** ②, ④ **09** ④ **10** ④ **11** ① **12** ④
13 ① **14** ②
서술형 문제 **15** 기체의 부피가 감소하므로 기체 입자 사이의 거리가 줄어들어 입자의 충돌 횟수가 증가한다. **16** A, 체온에 의해 온도가 높아져 스포이트 속 기체 입자의 충돌 세기가 증가하여 기체의 부피가 증가하기 때문이다. **17** • 온도가 일정할 때: 기체에 작용하는 압력을 높인다. • 압력이 일정할 때: 기체의 온도를 낮춘다.

01 ①, ⑤ 온도가 일정할 때 기체의 압력과 부피는 반비례하므로 기체의 압력과 부피의 곱은 일정하다.
② 기체 입자 사이의 거리가 멀수록 기체의 부피가 크다. 따라서 기체 입자 사이의 거리가 더 먼 것은 A이다.
바로 알기 ③ 기체 입자의 충돌 횟수가 많을수록 기체의 압력이 크다. 따라서 기체 입자의 충돌 횟수가 더 많은 것은 B이다.
④ 온도가 일정하면 기체 입자의 운동 속도는 일정하므로 A와 B에서 기체 입자의 운동 속도는 같다.

02 ㄷ, ㄹ. 주사기의 피스톤을 눌러도 주사기 속 기체 입자의 수와 크기는 변하지 않는다.
ㅁ. 온도가 일정하므로 주사기 속 기체 입자의 운동 속도는 일정하다.
바로 알기 ㄱ, ㅂ. 피스톤을 누르면 주사기 속 기체의 부피가 감소하여 기체 입자 사이의 거리가 줄어든다.
ㄴ. 피스톤을 누르면 기체의 부피가 감소하고 기체 입자의 충돌 횟수가 증가하여 주사기 속 기체의 압력이 증가한다.

03

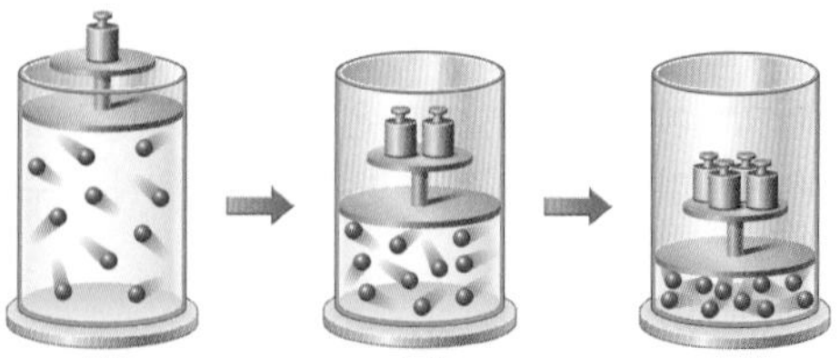

(가) (나) (다)

- 압력: (가)<(나)<(다)
- 기체 입자의 수: (가)=(나)=(다)
- 기체 입자의 충돌 횟수: (가)<(나)<(다)
- 기체 입자 사이의 거리: (가)>(나)>(다)
- 기체 입자의 운동 속도: (가)=(나)=(다)

실린더에 올려놓은 추의 개수를 늘려 기체에 가하는 압력을 증가시키면 기체의 부피가 감소하여 기체 입자 사이의 거리가 감소하고, 기체 입자의 충돌 횟수가 증가하므로 기체의 압력이 증가한다.

바로 알기 ⑤ 온도가 일정한 조건이므로 기체 입자의 운동 속도는 (가)=(나)=(다)이다.

04 1기압×80 mL=나중 압력×400 mL이므로 나중 압력=0.2기압이다.

05 ④ 감압 용기의 공기를 빼내면 감압 용기 속 기체 입자의 수가 감소하여 기체 입자의 충돌 횟수가 감소하므로 기체의 압력이 감소한다. 따라서 과자 봉지에 작용하는 압력이 감소하므로 과자 봉지 속 기체의 부피가 증가하여 과자 봉지가 부풀어 오르고, 과자 봉지 속 기체의 압력은 감소한다.

06

공기의 압력(기압)	1	2	(가)3
공기의 부피(mL)	30	(나)15	10
압력×부피	30	2×(나)=30	(가)×10=30

③ 보일 법칙에 의하면 온도가 일정할 때 기체의 압력과 부피의 곱은 일정하다.

07 ② 실험 결과 온도가 일정할 때 일정량의 기체의 부피는 압력에 반비례한다.

08 ①, ③, ⑤ 압력에 따른 기체의 부피 변화로 설명할 수 있으므로 보일 법칙과 관련된 현상이다.

바로 알기 ②, ④ 온도에 따른 기체의 부피 변화로 설명할 수 있으므로 샤를 법칙과 관련된 현상이다.

09 ㄱ, ㄴ. 압력이 일정할 때 A에서 B로 갈수록 온도가 높아지므로 기체의 부피가 증가하고, 기체 입자 사이의 거리가 멀어진다.
ㄹ. 온도가 높아지면 기체 입자의 운동 속도가 증가한다.

바로 알기 ㄷ. 온도가 높아져도 기체 입자의 수는 변하지 않는다.

10

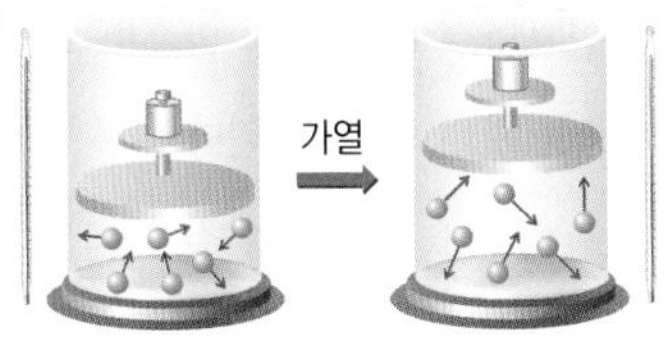

• 변하는 것: 온도, 기체의 부피, 기체 입자의 운동 속도, 기체 입자의 충돌 세기, 기체 입자 사이의 거리
• 변하지 않는 것: 기체 입자의 수, 기체 입자의 질량, 기체 입자의 크기

④ 온도가 높아지면 실린더 속 기체 입자의 운동 속도가 빨라지므로 기체 입자의 충돌 세기가 증가하여 기체의 부피가 증가한다.

바로 알기 ①, ② 기체 입자의 수와 질량은 변하지 않는다.
③ 기체 입자의 충돌 세기는 증가한다.
⑤ 온도가 높아지면 기체 입자 사이의 거리가 멀어진다.

11 ① 삼각 플라스크를 얼음이 담긴 수조에 넣으면 플라스크 속 공기의 온도가 낮아져 기체 입자의 운동 속도가 느려지고 입자 사이의 거리가 감소하여 고무풍선의 부피가 감소한다.

12 ㄱ. 비커 속 물의 온도가 변함에 따라 스포이트 속 공기의 온도가 변하므로 비커 속 물의 온도는 스포이트 속 공기의 온도와 같다고 가정한다.
ㄴ, ㄹ. 온도가 높을수록 스포이트 속 공기 입자의 운동이 활발해지고 부피가 커진다.

바로 알기 ㄷ. 온도가 높을수록 스포이트 속 공기의 부피가 커지므로 물방울의 높이가 높아진다. 따라서 온도가 가장 높은 물에 담근 스포이트에서 물방울의 높이가 가장 높다.

13 ① 압력이 일정할 때 일정량의 기체의 부피는 온도가 높아지면 일정한 비율로 증가한다. 이때 0 ℃에서 기체의 부피는 0이 아니다.

14 ①, ③, ⑤ 온도가 높아지면 기체의 부피가 증가하고, 온도가 낮아지면 기체의 부피가 감소하므로 샤를 법칙과 관련된 현상이다.
④ 물 묻힌 동전을 빈 병 입구에 올려놓고 병을 두 손으로 감싸 쥐면 체온에 의해 온도가 높아져 빈 병에 들어 있는 기체의 부피가 증가하여 동전을 밀어내므로 동전이 움직인다.

바로 알기 ② 수소 기체를 기체 보관 용기에 저장할 때 높은 압력을 가하여 부피를 줄이므로 보일 법칙과 관련된 현상이다.

15 온도가 일정할 때 압력이 증가하면 기체의 부피는 감소한다.

채점 기준	배점
제시된 요소를 모두 포함하여 변화를 옳게 서술한 경우	100 %
제시된 요소 중 한두 가지만 포함하여 변화를 서술한 경우	30 %

16 스포이트를 손으로 감싸 쥐면 체온에 의해 스포이트 속 기체 입자의 운동 속도가 빨라져서 기체 입자의 충돌 세기가 증가하여 기체의 부피가 증가하므로 잉크 방울이 A쪽으로 밀려 올라간다.

채점 기준	배점
이동 방향을 옳게 쓰고, 그 까닭을 옳게 서술한 경우	100 %
이동 방향만 옳게 쓴 경우	50 %

17 온도가 일정할 때 압력이 증가하면 기체의 부피는 감소하고, 압력이 일정할 때 온도가 낮아지면 기체의 부피는 감소한다.

채점 기준	배점
두 가지 방법을 모두 옳게 서술한 경우	100 %
한 가지 방법만 옳게 서술한 경우	50 %

수준 높은 문제로 실력탄탄

진도 교재 68쪽

01 ④ **02** ⑤ **03** ④ **04** ③

01 ④ 피스톤을 당기면 주사기 속 공기의 부피가 늘어나고, 압력이 작아진다. 따라서 고무풍선에 가해지는 압력이 작아지기 때문에 고무풍선의 부피는 커지고, 고무풍선 속 기체 입자의 충돌 횟수는 적어져 고무풍선 속 기체의 압력은 작아진다. 반대로 피스톤을 누르면 주사기 속 공기의 부피가 줄어들고, 압력이 커진다. 따라서 고무풍선에 가해지는 압력이 커지기 때문에 고무풍선의 부피는 작아지고, 고무풍선 속 기체 입자의 충돌 횟수는 많아져 고무풍선 속 기체의 압력은 커진다. 이때 온도가 일정하므로 고무풍선 속 기체 입자의 운동 속도는 변하지 않는다.

02 ①, ② A~C 중 기체의 부피는 A가 가장 작고, 기체 입자의 운동은 C에서 가장 활발하다.
③ 온도가 높아져도 기체 입자의 크기는 변하지 않는다.
④ 기체의 온도가 높아지면 기체 입자의 운동 속도가 증가하여 기체 입자의 충돌 세기가 증가하므로 기체의 압력이 외부 압력과 같아질 때까지 기체의 부피가 증가한다.
바로 알기 ⑤ 일정량의 기체의 부피 변화를 나타낸 것이므로 기체의 온도가 높아져도 기체 입자의 수는 일정하다.

03 뜨거운 물에 담갔다가 꺼낸 유리컵의 입구에 고무풍선을 대고 기다리면 유리컵 속 기체의 온도가 낮아지므로 고무풍선이 유리컵 속으로 빨려 들어간다.
④ 시간이 지나면 유리컵 속 기체의 온도가 낮아져 기체 입자의 운동이 둔해지면서 부피가 감소하므로 유리컵 속 기체 입자 사이의 거리는 (가)보다 (나)가 가깝다.
바로 알기 ① 유리컵 속 기체의 온도는 (가)보다 (나)가 낮다.
② 유리컵 속 기체의 부피는 (가)보다 (나)가 작다.
③ 유리컵 속 기체의 온도는 (나)보다 (가)가 높으므로 기체 입자의 운동은 (나)보다 (가)가 활발하다.
⑤ 온도에 따른 기체의 부피 변화를 확인할 수 있다.

04 ③ (가)는 온도가 일정한 조건에서 기체의 부피가 증가하였으므로 외부 압력이 감소하여 나타나는 변화이다. (나)는 압력이 일정한 조건에서 기체의 부피가 증가하였으므로 온도가 높아져서 나타나는 변화이다.

단원평가문제

진도 교재 69~72쪽

01 ① **02** ⑤ **03** ⑤ **04** ①, ② **05** ② **06** ③, ⑤ **07** ② **08** ⑤ **09** ① **10** ③ **11** ④ **12** ④ **13** ③ **14** ② **15** ② **16** ⑤ **17** ② **18** ④
서술형 문제 **19** B, 힘이 작용하는 면적이 좁을수록 압력이 커지기 때문이다. **20** 피스톤을 누르면 기체의 부피가 감소하여 기체 입자의 충돌 횟수가 증가하므로 기체의 압력이 증가한다. **21** 온도가 일정할 때 일정량의 기체의 부피는 압력에 반비례한다.(온도가 일정할 때 기체의 압력과 부피의 곱은 일정하다.) **22** 감압 용기 속 기체 입자의 수가 감소하여 과자 봉지에 충돌하는 횟수가 감소하므로 과자 봉지에 작용하는 압력이 감소하기 때문이다. **23** 온도가 낮아지면 기체의 부피가 감소한다. **24** 온도가 높아지면 기체 입자의 운동 속도가 빨라지므로 기체 입자의 충돌 세기가 증가하여 기체의 부피가 증가한다.

01 ㄱ. 일정한 면적에 작용하는 힘의 크기를 압력이라고 한다.
바로 알기 ㄴ. 힘을 받는 면적이 좁을수록 압력이 커진다.
ㄷ. 스키는 바닥을 넓게 하여 힘을 받는 면적을 넓혀 압력이 작아지는 성질을 이용한다.

02 ⑤ 페트병에 담긴 물의 양이 많으면 스펀지에 작용하는 힘의 크기가 크다. (가)와 (나)를 비교하면 힘이 작용하는 면적이 같고 작용하는 힘의 크기는 (가)<(나)이므로 압력은 (가)<(나)이다. (나)와 (다)를 비교하면 작용하는 힘의 크기는 같고 힘을 받는 면적이 (나)>(다)이므로 압력은 (나)<(다)이다. 따라서 압력은 (가)<(나)<(다)이다.

03 ⑤ 눈썰매는 힘이 작용하는 면적을 넓혀 압력을 작게 한다.
바로 알기 ①, ②, ③, ④ 못, 빨대, 바늘, 아이젠은 한쪽 끝을 뾰족하게 하여 힘이 작용하는 면적을 좁혀 압력을 크게 한다.

04 ① 기체의 압력은 기체들이 운동하면서 용기 벽에 충돌할 때 일정한 면적에 작용하는 힘의 크기로, 모든 방향으로 작용한다.
② 기체 입자의 운동이 활발해지면 압력이 커진다.
바로 알기 ③ 기체 입자가 용기의 벽에 충돌하는 횟수가 많을수록 기체의 압력이 커진다.
④ 용기의 부피와 입자의 수가 일정할 때 온도가 높을수록 기체의 압력이 커진다.
⑤ 온도와 기체 입자의 수가 일정할 때 용기의 부피가 작을수록 기체의 압력이 커진다.

05 ㄱ, ㄴ. 페트병 속 쇠구슬의 수가 (가)<(나)이므로 손바닥에 느껴지는 힘과 쇠구슬이 페트병의 벽면에 충돌하는 횟수는 모두 (가)<(나)이다.
바로 알기 ㄷ. 이 실험으로 기체 입자 수가 많을수록 기체의 압력이 커진다는 것을 확인할 수 있다.

06 ③, ⑤ 에어백과 구조용 공기 안전 매트는 일상생활에서 기체의 압력을 이용한 예이다.

07 ② 보일 법칙에 의하면 기체의 압력과 부피의 곱은 일정하다. 1기압×60 mL=나중 압력×20 mL이므로 나중 압력=3기압이다.

08 ⑤ 보일 법칙에 의하면 압력이 2배가 될 때 기체의 부피는 $\frac{1}{2}$이 된다. 이때 기체 입자의 수는 변하지 않으며, 압력이 2배가 되므로 기체 입자의 충돌 횟수도 2배가 된다.

09 ① 감압 용기의 공기를 빼내면 감압 용기 속 기체 입자의 수가 감소하여 기체 입자의 충돌 횟수가 감소하므로 기체의 압력이 감소한다. 따라서 과자 봉지에 작용하는 압력이 감소하므로 과자 봉지 속 기체의 부피가 증가하여 과자 봉지가 부풀어 오르고, 과자 봉지 속 기체의 압력은 감소한다.
바로 알기 ②, ③, ④ 감압 용기의 공기를 빼내면 과자 봉지 속 기체의 압력은 감소하고, 감압 용기 속 기체 입자의 수와 기체 입자의 충돌 횟수도 감소한다.
⑤ 온도가 일정하므로 감압 용기 속 기체 입자의 운동 속도는 일정하다.

10 주사기의 피스톤을 누름(외부 압력 증가) → 주사기 속 기체의 부피 감소 → 주사기 속 기체 입자의 충돌 횟수 증가 → 주사기 속 기체의 압력 증가(고무풍선의 외부 압력 증가) → 고무풍선 속 기체의 부피 감소(고무풍선의 크기 감소, 고무풍선이 쭈그러짐) → 고무풍선 속 기체 입자의 충돌 횟수 증가 → 고무풍선 속 기체의 압력 증가

11 ㄱ, ㄴ, ㄷ. 압력에 따라 부피가 달라지므로 보일 법칙과 관련된 현상이다.

바로 알기 ㄹ. 온도에 따라 부피가 달라지므로 샤를 법칙과 관련된 현상이다.

12 (가)를 가열하여 (나)가 되었으므로 (나)에서 온도가 높아져 기체 입자의 운동 속도가 빨라지고 기체 입자의 충돌 세기가 증가하여 기체의 부피가 증가한다. 따라서 기체 입자 사이의 거리가 멀어진다. 이때 기체 입자의 수는 변하지 않는다.

바로 알기 ④ 온도가 높아지므로 실린더 속 기체 입자의 운동 속도는 (가)<(나)이다.

13 ③ 표의 결과에서 물의 온도가 높아질수록 물방울의 위치가 높아지므로 스포이트 속 기체의 부피가 늘어난 것이다. 따라서 온도가 높아지면 기체의 부피가 증가함을 알 수 있다.

14 ㄱ, ㄹ. 체온에 의해 빈 병 속 기체 입자의 운동 속도가 빨라져서 기체 입자의 충돌 세기가 증가하여 기체의 부피가 증가하므로 병 입구에 있는 동전이 들썩거리며 움직인다.

바로 알기 ㄴ, ㄷ. 온도가 높아지므로 빈 병 속 기체 입자의 운동 속도가 빨라지고, 충돌 세기가 증가한다.

15 ① 온도가 높아지면 풍선의 크기가 커지고, 온도가 낮아지면 풍선의 크기가 작아진다.
③ (가)에서 풍선의 부피가 증가하였으므로 기체 입자 사이의 거리가 증가한다.
④, ⑤ (나)에서 온도가 낮아졌으므로 기체 입자의 운동 속도가 느려지며, 이때 기체 입자의 질량은 변하지 않는다.

바로 알기 ② (가)에서는 온도가 높아지므로 플라스크 속 기체 입자의 운동이 활발해져 기체의 부피가 증가한다. 이때 기체 입자의 수는 변하지 않는다.

16 ⑤ 찌그러진 탁구공을 뜨거운 물에 넣으면 탁구공 속 기체 입자의 운동 속도가 빨라져서 기체 입자의 충돌 세기가 증가하므로 기체의 부피가 커져 탁구공이 펴진다.

바로 알기 ① 온도가 높아지므로 탁구공 속 기체의 압력이 증가한다.
②, ③, ④ 탁구공 속 기체 입자의 크기와 수, 질량은 일정하다.

17

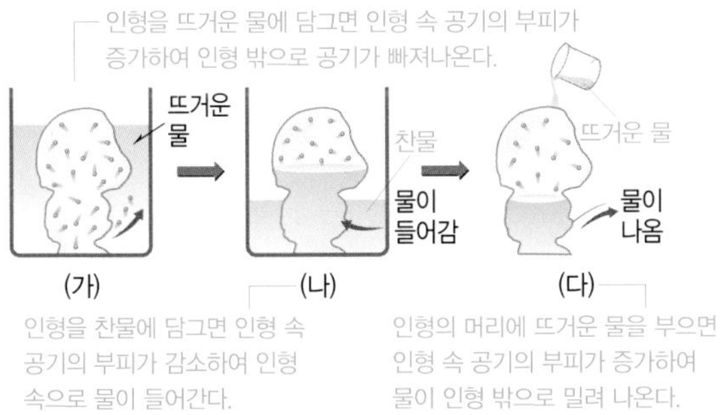
인형을 뜨거운 물에 담그면 인형 속 공기의 부피가 증가하여 인형 밖으로 공기가 빠져나온다.
뜨거운 물
찬물
물이 들어감
뜨거운 물
물이 나옴
(가)
(나)
(다)
인형을 찬물에 담그면 인형 속 공기의 부피가 감소하여 인형 속으로 물이 들어간다.
인형의 머리에 뜨거운 물을 부으면 인형 속 공기의 부피가 증가하여 물이 인형 밖으로 밀려 나온다.

바로 알기 ② (나)에서 인형 속으로 물이 들어가는 것으로 보아 인형을 담근 물은 찬물이다.

18 ④는 온도가 높아짐에 따라 기체의 부피가 증가하는 현상이고, 나머지는 모두 압력이 감소함에 따라 기체의 부피가 증가하는 현상이다.

19 연필의 뾰족한 연필심 부분(B)이 힘이 작용하는 면적이 더 좁다.

채점 기준	배점
기호를 옳게 쓰고, 까닭을 옳게 서술한 경우	100 %
기호만 옳게 쓴 경우	50 %

20

채점 기준	배점
기체 입자의 충돌 횟수 변화로 기체의 압력 변화를 옳게 서술한 경우	100 %
그 외의 경우	0 %

21 표의 결과에서 기체의 압력과 부피의 곱은 일정하다.

채점 기준	배점
온도가 일정하다는 조건을 포함하여 기체의 부피는 압력에 반비례한다 또는 기체의 압력과 부피의 곱은 일정하다고 서술한 경우	100 %
온도가 일정하다는 조건을 포함하지 않고 기체의 부피는 압력에 반비례한다 또는 기체의 압력과 부피의 곱은 일정하다고 서술한 경우	50 %

22

채점 기준	배점
과자 봉지가 팽팽해지는 까닭을 제시된 용어를 모두 사용하여 옳게 서술한 경우	100 %
과자 봉지가 팽팽해지는 까닭을 제시된 용어 중 두 가지만 사용하여 옳게 서술한 경우	50 %

23 액체 질소는 온도가 매우 낮으므로 액체 질소에 고무풍선을 넣으면 고무풍선 속 기체의 부피가 감소하여 고무풍선이 쭈그러진다.

채점 기준	배점
제시된 현상으로 알 수 있는 사실을 옳게 서술한 경우	100 %
그 외의 경우	0 %

24

채점 기준	배점
온도 상승에 따른 기체 입자의 운동 속도 변화로 옳게 서술한 경우	100 %
그 외의 경우	0 %

이 단원을 학습했으니 기체의 압력, 보일 법칙, 샤를 법칙을 이해하고, 이와 관련된 일상생활의 예를 확인할 수 있을 거예요.

VII 태양계

01 태양계의 구성

확인 문제로 **개념쏙쏙** | 진도 교재 79, 81, 83쪽

Ⓐ 태양, 행성, 위성, 소행성, 왜소 행성, 혜성, 작, 크

Ⓑ 쌀알 무늬, 흑점, 채층, 코로나, 홍염, 플레어, 11, 많, 홍염, 플레어

Ⓒ 대물, 접안, 경통, 가대, 균형추, 보조 망원경

1 (1) - ㉡ (2) - ㉠ (3) - ㉤ (4) - ㉢ (5) - ㉣ **2** (1) ○ (2) × (3) × (4) ○ **3** ⑤ **4** (1) (가) 화성, (나) 수성, (다) 목성, (라) 금성, (마) 토성 (2) (다) (3) (라) (4) (나) (5) (다), (마) **5** (1) 수성, 금성, 지구, 화성 (2) 목성, 토성, 천왕성, 해왕성 **6** (1) < (2) < (3) < **7** (1) ○ (2) × (3) ○ (4) × **8** (1) (가) 홍염, (나) 코로나, (다) 쌀알 무늬, (라) 흑점, (마) 채층, (바) 플레어 (2) (다), (라) (3) (나), (마) **9** (1) A (2) 증가하였다 **10** (1) ○ (2) × (3) ○ (4) ○ **11** (1) 대물렌즈 (2) 가대 (3) 균형추 (4) 삼각대 (5) 경통 (6) 보조 망원경 (7) 접안렌즈 (8) 초점 조절 나사 **12** ㅁ → ㄱ → ㄹ → ㄴ → ㅂ → ㄷ

1 (1), (2) 행성과 왜소 행성은 모두 태양을 중심으로 공전하지만 행성은 자신의 궤도 주변에서는 지배적인 지위를 갖고, 왜소 행성은 궤도 주변의 다른 천체들에게 지배적인 역할을 하지 못한다. (3) 위성은 행성을 중심으로 공전하며, (4) 소행성은 주로 화성과 목성 사이에 띠를 이루며 분포한다. (5) 혜성은 얼음과 먼지로 이루어져 있으며 태양과 가까워질 때 꼬리가 생긴다.

2 태양계의 중심에는 태양이 있고 행성, 왜소 행성, 소행성은 태양을 중심으로 공전한다. (2) 태양계의 행성은 수성, 금성, 지구, 화성, 목성, 토성, 천왕성, 해왕성으로 8개이다. (3) 왜소 행성은 태양을 중심으로 공전하는 천체 중 모양이 둥글지만 궤도 주변의 다른 천체들에게 지배적인 역할을 하지 못하고, 다른 행성의 위성이 아니다.

3 명왕성은 태양계를 이루는 천체이지만 행성이 아닌 왜소 행성으로 분류된다. 태양계 행성에는 수성, 금성, 지구, 화성, 목성, 토성, 천왕성, 해왕성이 있다.

4 (가)는 화성, (나)는 수성, (다)는 목성, (라)는 금성, (마)는 토성이다. 태양계 행성 중 크기가 가장 크기가 큰 행성은 목성, 지구에서 가장 밝게 보이는 행성은 금성이다. 태양에 가장 가까운 행성은 수성이고, 고리가 있는 행성은 목성과 토성이다.

5 태양계 행성은 지구형 행성과 목성형 행성으로 분류할 수 있다. 지구형 행성에는 반지름과 질량이 작은 수성, 금성, 지구, 화성이 있으며, 목성형 행성에는 크기와 반지름이 큰 목성, 토성, 천왕성, 해왕성이 있다.

6

지구형 행성	구분	목성형 행성
수성, 금성, 지구, 화성	**행성**	목성, 토성, 천왕성, 해왕성
작다.	**반지름**	크다.
작다.	**질량**	크다.
없거나 적다.	**위성 수**	많다.
단단한 암석	**표면 상태**	단단한 표면이 없다.

7 바로 알기 (2) 주위보다 온도가 낮아 어둡게 보이는 것을 흑점이라고 한다.
(4) 광구 아래의 대류 때문에 생기는 것은 쌀알 무늬이다.

8 (1)

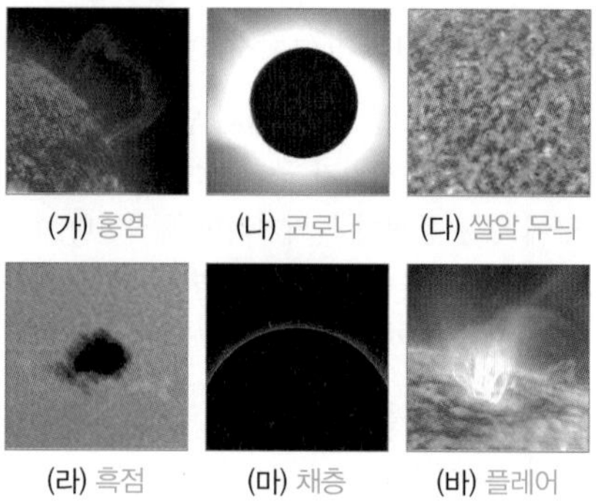

(2) 태양의 둥근 표면을 광구라고 하며, 광구에서는 쌀알 무늬와 흑점을 볼 수 있다. ➡ (다), (라)
(3) 평소에는 광구가 밝아서 대기를 보기 어렵지만, 광구가 가려지면 대기를 볼 수 있다. ➡ (나), (마)

9 (1) 태양 활동이 활발할수록 흑점 수가 많다. A는 흑점 수가 최대로 많아지는 시기이므로 태양 활동이 활발하고, B는 흑점 수가 최소로 적어지는 시기이므로 태양 활동이 A 시기에 비해 활발하지 않다.
(2) 태양 활동이 활발할수록 홍염과 플레어가 자주 발생한다.

10 태양 활동이 활발할 때 지구에서는 자기 폭풍(지구 자기장의 급격한 변화), 델린저 현상(장거리 무선 통신 두절), 인공위성의 고장이나 오작동, 송전 시설 고장으로 인한 대규모 정전, 위성 위치 확인 시스템(GPS) 교란 등이 발생하고, 오로라의 발생 횟수가 증가한다.

11

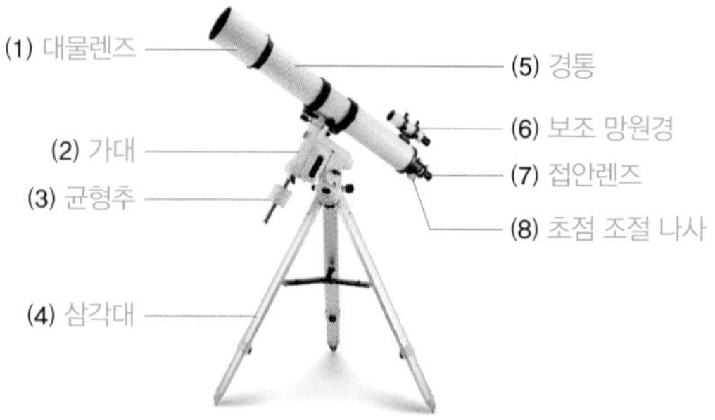

12 천체 망원경은 아래에서 위 방향으로 조립하여 삼각대 → 가대 → 균형추 → 경통 → 보조 망원경과 접안렌즈 순으로 끼워 조립한 후, 균형을 맞추고 주 망원경과 보조 망원경의 시야를 맞춘다.

탐구 a

진도 교재 84~85쪽

㉠ 행성, ㉡ 왜소 행성

01 (1) ○ (2) × (3) ○ (4) ○ **02** ⑤ **03** ① **04** ④ **05** ③ **06** (1) 태양을 중심으로 공전하고 둥근 모양을 갖는다. (2) 행성은 궤도 주변의 다른 천체들에게 지배적인 역할을 하지만, 왜소 행성은 다른 천체들에게 지배적인 역할을 하지 못한다.

01 바로 알기 (2) 소행성은 모양이 불규칙하다.

02 왜소 행성은 태양을 중심으로 공전하고 모양이 둥글다. 또한 궤도 주변의 다른 천체들에게 지배적인 역할을 하지 못한다.

03 D는 행성으로, 태양계 행성에는 수성, 금성, 지구, 화성, 목성, 토성, 천왕성, 해왕성이 있다. 달은 지구의 위성이다.

04 소행성은 불규칙한 모양의 천체이며 주로 화성과 목성 사이에서 띠를 이루며 분포한다.

05 (가)는 태양, (나)는 행성(지구), (다)는 위성(달)이다.
바로 알기 ① (가)는 태양이다.
② (나)는 행성인 지구이다.
④ (나)는 (가) 태양을 중심으로 공전한다.
⑤ (다)는 (나) 행성을 중심으로 공전한다.

06 행성과 왜소 행성은 모두 태양을 중심으로 공전하고 둥근 모양을 갖는다는 공통점이 있다. 그러나 행성은 궤도 주변의 다른 천체들에게 지배적인 역할을 하지만, 왜소 행성은 다른 천체들에게 지배적인 역할을 하지 못한다는 차이점이 있다.

채점 기준	배점
행성과 왜소 행성의 공통점과 차이점을 모두 옳게 서술한 경우	100 %
행성과 왜소 행성의 공통점과 차이점 중 한 가지만 옳게 서술한 경우	50 %

탐구 b

진도 교재 86~87쪽

㉠ 천체 망원경, ㉡ 흑점

01 (1) ○ (2) × (3) ○ (4) ○ (5) × **02** ㉠ 달, ㉡ 행성 **03** ⑤ **04** 흑점 **05** 행성은 달보다 멀리 있어서 작게 보이므로 맨눈으로 관찰하기 어렵다. **06** ⑤ **07** 오른쪽 위 방향

01 (2) 금성은 달의 위상과 비슷한 모습을 볼 수 있다.
(5) 토성은 고리가 뚜렷하게 보인다.

02 맨눈으로 보았을 때 달은 둥근 모양과 표면에 어둡고 밝은 부분이 있음을 관찰할 수 있지만 행성은 달보다 멀리 있어 작게 보이므로 별과 구분할 수 없다.

03 접안렌즈로 볼 때, 저배율(초점 거리 긴 것)에서 고배율(초점 거리 짧은 것) 순서로 관측한다.

04 태양 표면에서 보이는 검은 점은 흑점이다.

05 행성은 달보다 멀리 있어서 작게 보이므로 맨눈으로 관찰하기 어렵다.

채점 기준	배점
달에 비해 행성을 맨눈으로 관찰하기 어려운 까닭을 옳게 서술한 경우	100 %
행성이 작게 보이기 때문이라고만 서술한 경우	50 %

06 천체 망원경에 태양 필터를 장착하면, 천체 망원경으로 태양을 관측할 수 있다.

07 상하좌우가 바뀌지 않았다면 망원경을 왼쪽 아래로 움직여야 달이 십자선 중앙으로 오지만, 그림은 상하좌우가 바뀐 모습이므로 망원경을 오른쪽 위로 움직여야 한다.

기출 문제로 내신쑥쑥

진도 교재 88~90쪽

01 ③ **02** ② **03** ③ **04** ④ **05** ④ **06** ⑤ **07** ⑤ **08** ③ **09** ④ **10** ① **11** ③ **12** ④ **13** ④ **14** ④

서술형 문제 **15** 행성과 왜소 행성은 모두 태양을 중심으로 공전하고 모양이 둥글다. 그러나 행성은 궤도 주변의 다른 천체들에게 지배적인 역할을 하지만 왜소 행성은 궤도 주변의 다른 천체들에게 지배적인 역할을 하지 못한다. **16** (1) A: 지구형 행성, B: 목성형 행성 (2) A: 수성, 금성, 지구, 화성, B: 목성, 토성, 천왕성, 해왕성 **17** (1) 동 → 서 (2) 태양이 자전하기 때문이다. **18** 흑점 수가 증가한다. 코로나가 커지고, 홍염과 플레어가 자주 나타난다. 태양풍이 더욱 강해진다.

01 바로 알기 ① 달은 위성이다. 태양계 행성에는 수성, 금성, 지구, 화성, 목성, 토성, 천왕성, 해왕성이 있다.
② 수성과 금성은 위성이 없고, 지구, 화성, 목성, 토성, 천왕성, 해왕성은 위성이 있다.
④ 태양과 가까워질 때 꼬리가 생기는 것은 혜성이다.
⑤ 화성과 목성 사이에 띠를 이루며 분포하는 것은 소행성이다.

02 (가) 위성은 행성을 중심으로 공전한다. (나) 소행성은 모양이 불규칙하다. (다) 태양을 중심으로 공전하고 모양이 둥글며 궤도 주변의 다른 천체에게 지배적인 역할을 하는 천체는 행성이고, (라) 궤도 주변의 다른 천체에게 지배적인 역할을 하지 못하는 천체는 왜소 행성이다.

03 바로 알기 ① 뚜렷한 고리가 있고 위성을 많이 갖고 있는 행성은 토성이다.
② 태양계 행성 중 수성의 크기가 가장 작다.
④ 표면이 붉게 보이고 물이 흐른 흔적이 있는 행성은 화성이다.
⑤ 해왕성은 청록색을 띠고, 얼룩처럼 생긴 소용돌이가 표면에 나타난다.

04

질량과 반지름이 작다. ➡ 지구형 행성

행성	A	B	C	D
질량(지구=1)	0.06	317.92	0.11	17.09
반지름(지구=1)	0.38	11.21	0.53	3.88

질량과 반지름이 크다. ➡ 목성형 행성

목성형 행성은 반지름과 질량이 크므로 B와 D는 목성형 행성에 속하고 A와 C는 지구형 행성에 속한다.

05 A 집단은 지구형 행성, B 집단은 목성형 행성이다. 지구형 행성과 목성형 행성은 질량, 반지름, 위성 수, 고리의 유무로 구분할 수 있다.

06 ⑤ A 집단(지구형 행성)에는 수성, 금성, 지구, 화성이 포함되고, B 집단(목성형 행성)에는 목성, 토성, 천왕성, 해왕성이 포함된다.

바로 알기 ① A 집단은 질량이 작고, 위성 수가 적은 지구형 행성이다.
② A 집단(지구형 행성)은 단단한 암석으로 된 표면이 있다.
③ B 집단(목성형 행성)은 고리가 있다.
④ B 집단(목성형 행성)은 A 집단(지구형 행성)보다 반지름이 크다.

07 ⑤ 쌀알 무늬는 태양 내부의 대류 현상에 의해 광구에 나타나는 작은 쌀알을 뿌려놓은 것 같은 무늬이다.

바로 알기 ①, ② 채층은 광구 바로 바깥쪽의 얇은 대기층으로 붉은색을 띠며, 코로나는 채층 위로 멀리까지 퍼져 있는 고온의 대기층이다.
③ 플레어는 흑점 주변의 폭발로 채층의 일부가 순간 매우 밝아지고 많은 양의 에너지가 일시적으로 방출되는 현상이다.
④ 홍염은 광구에서부터 대기로 수십만 km까지 고온의 물질이 솟아오르는 현상으로, 주로 불꽃이나 고리 모양이다.

08 바로 알기 ① 우리 눈에 보이는 태양의 둥근 표면을 광구라고 한다. 흑점은 광구에서 나타나는 현상이다.
② 주위보다 온도가 낮아서 어둡게 보이는 부분을 흑점이라고 한다.
④ 흑점 수가 최대일 때 태양 활동이 활발하다.
⑤ 태양이 자전하기 때문에 시간이 지날수록 지구에서 관측되는 흑점의 위치는 변한다.

09 ① A는 채층, B는 홍염, C는 코로나이다.

바로 알기 ④ 흑점 수가 많은 시기에는 태양 활동이 활발해지며 태양 활동이 활발할 때는 홍염이 평상시보다 자주 나타난다.

10

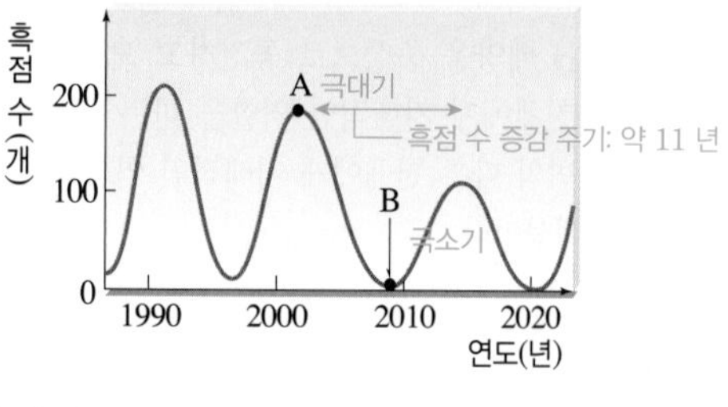

ㄴ. A와 같이 흑점 수가 많은 시기에는 태양 활동이 활발해져서 홍염, 플레어가 자주 발생하고, 코로나의 크기가 커진다.

바로 알기 ㄷ, ㄹ. A와 같이 흑점 수가 최대일 때 태양 활동이 가장 활발하며, 태양에서 전기를 띤 입자들이 많이 방출된다.

11 기사는 태양 활동이 활발할 때에 대한 설명이다. 태양 활동이 활발할 때 오로라가 더 자주 발생하고, 다른 때보다 선명하고 넓은 지역에서 관측된다.

12

바로 알기 ① 상을 확대하는 것은 접안렌즈(B)이다.
② 빛을 모으는 것은 대물렌즈(A)이다.
③ 망원경의 균형을 맞추는 것은 균형추이다. 보조 망원경(C)은 천체를 찾는 데 이용된다.
⑤ 대물렌즈와 접안렌즈를 연결하는 것은 경통이다.

13 망원경은 '(다) 삼각대 → 가대 → 균형추 → (나) 경통 → 보조 망원경과 접안렌즈' 순으로 조립한 후, (가) 균형을 맞추고, (라) 주망원경과 보조 망원경의 시야를 맞춘다.

14 보조 망원경은 시야가 넓어서 천체를 찾기 쉬우므로 천체를 관측할 때는 보조 망원경으로 천체를 먼저 찾은 후, 접안렌즈로 관측한다.

15 행성은 자신의 궤도 주변에서는 지배적인 지위를 갖지만, 왜소 행성은 궤도 주변의 다른 천체를 끌어당길 정도로 중력이 크지 않다.

채점 기준	배점
주어진 단어를 이용하여 모두 포함하여 행성과 왜소 행성을 옳게 비교하여 서술한 경우	100 %
주어진 단어 중 두 가지를 포함하여 행성과 왜소 행성을 비교하여 서술한 경우	50 %

16 지구형 행성은 질량과 반지름이 비교적 작다. 수성, 금성, 지구, 화성이 지구형 행성에 속한다. 목성형 행성은 질량과 반지름이 비교적 크다. 목성, 토성, 천왕성, 해왕성이 목성형 행성에 속한다.

	채점 기준	배점
(1)	A와 B 집단의 이름을 옳게 쓴 경우	40 %
(2)	A와 B 집단에 속하는 행성을 모두 옳게 쓴 경우	60 %
	A와 B 집단 중 하나의 집단에 속하는 행성만 옳게 쓴 경우	30 %

17 흑점은 태양 표면에 고정되어 있고, 태양이 자전하기 때문에 시간이 지날수록 지구에서 관측되는 흑점의 위치가 변한다.

	채점 기준	배점
(1)	흑점의 이동 방향을 옳게 쓴 경우	40 %
(2)	흑점의 이동 원인을 태양의 자전으로 옳게 서술한 경우	60 %

18

채점 기준	배점
태양에서 나타나는 현상 두 가지를 모두 옳게 서술한 경우	100 %
태양에서 나타나는 현상 한 가지를 옳게 서술한 경우	50 %

수준 높은 문제로 실력탄탄

진도 교재 91쪽

01 ① **02** ③ **03** ⑤ **04** ⑤ **05** ② **06** ②

01 보조 망원경에도 태양 필터를 설치해야 한다. 태양 필터 없는 보조 망원경은 뚜껑을 덮거나 분리해 두어야 한다.

02 행성인 목성을 중심으로 공전하고 있는 천체인 가니메데는 위성이다.

03

행성	질량 (지구=1)	반지름 (지구=1)	위성 수 (개)
지구	1.00	1.00	1
금성 **A**	0.82	0.95	0
토성 **B**	95.14	9.45	83
수성 **C**	0.06	0.38	0
목성 **D**	317.92	11.21	92

질량과 반지름이 비교적 작고, 위성 수가 적은 A와 C는 지구형 행성이고, 질량과 반지름이 비교적 크고, 위성 수가 많은 B와 D는 목성형 행성이다.

바로 알기 ⑤ 지구형 행성(A와 C)은 암석으로 이루어진 단단한 표면이 있고, 목성형 행성(B와 D)은 기체로 이루어져 단단한 표면이 없다.

04 쌀알 무늬에서 밝은 부분은 고온의 기체가 상승하는 곳이고, 어두운 부분은 냉각된 기체가 하강하는 곳이다.

바로 알기 ① A는 흑점, B는 쌀알 무늬이다.
② 흑점(A)은 주변보다 온도가 약 2000 °C 낮다.
③ 흑점 수는 약 11년을 주기로 증감한다.
④ 쌀알 무늬는 광구 아래에서 기체가 대류하면서 나타나는 무늬이다.

05 태양의 대기(채층, 코로나) 및 대기에서 나타나는 현상(홍염, 플레어)은 평소에는 광구가 밝아서 보기 어렵지만, 광구가 가려지면 관측할 수 있다.

06 (가)는 (나)보다 코로나의 크기가 크므로 태양 활동이 활발한 시기이다. 따라서 (가) 시기가 (나) 시기보다 흑점 수가 많고, 플레어가 자주 발생한다. 또한 태양풍의 세기가 강하여 지구에서 오로라가 자주 발생한다.

바로 알기 ㄱ. 흑점 수: (가)>(나)
ㄹ. 지구에서 오로라의 발생 빈도: (가)>(나)

02 지구의 운동

확인 문제로 개념쏙쏙

진도 교재 93, 95쪽

Ⓐ 자전, 서, 동, 15, 일주 운동, 동, 서, 15, 방향
Ⓑ 공전, 서, 동, 1, 연주 운동, 서, 동, 1, 황도 12궁

1 (1) ○ (2) × (3) ○ (4) × **2** (1) – ㉡ (2) – ㉠
3 (1) 북극성 (2) 30° (3) A → B (4) 시계 반대, 자전
4 (1) ↶, 북쪽 하늘 (2) ↘, 서쪽 하늘 (3) →, 남쪽 하늘
(4) ↗, 동쪽 하늘 **5** (1) ○ (2) × (3) × (4) ○
6 ㉠ 1°, ㉡ 서 → 동, ㉢ 연주, ㉣ 공전 **7** (가) **8** (1) A
(2) 물고기자리

1 (2) 지구의 자전은 지구가 자전축을 중심으로 하루에 한 바퀴씩 서에서 동으로 도는 운동이다. 지구가 자전하여 태양, 달, 별과 같은 천체가 하루에 한 바퀴씩 원을 그리며 도는 겉보기 운동이 나타난다.
(4) 지구는 하루 24시간 동안 360° 회전하므로 북쪽 하늘의 별들은 북극성을 중심으로 1시간에 15°씩 시계 반대 방향으로 회전한다.

2 지구가 자전축을 중심으로 서에서 동으로 자전하면, 지구에서 볼 때 별들은 지구 자전과 반대 방향인 동에서 서로 움직이는 것처럼 보인다. 이러한 천체의 겉보기 운동을 일주 운동이라고 한다.

3 (1) 북쪽 하늘에서 별들은 북극성을 중심으로 하루에 한 바퀴씩 회전하므로 일주 운동의 중심에 있는 별 P는 북극성이다.
(2) 별들은 1시간에 15°씩 회전하므로 이동한 각도(θ)=15°/h ×2시간=30°이다.
(3) 북쪽 하늘에서 별들은 북극성을 중심으로 시계 반대 방향으로 이동한다. 따라서 별들은 A → B 방향으로 이동하였다.

4 (1) 우리나라의 북쪽 하늘에서는 별들이 북극성을 중심으로 원을 그리며 시계 반대 방향으로 회전한다.
(2) 서쪽 하늘에서는 별들이 왼쪽 위에서 오른쪽 아래로 비스듬히 진다.
(3) 남쪽 하늘에서는 별들이 동쪽에서 서쪽으로 이동한다.
(4) 동쪽 하늘에서는 별들이 왼쪽 아래에서 오른쪽 위로 비스듬히 떠오른다.

5 (2) 지구는 태양을 중심으로 서쪽에서 동쪽으로 하루에 약 1°씩 돈다.
(3) 별, 태양 등 천체의 일주 운동은 지구의 자전에 의해 나타나는 현상이다.

6 태양은 지구가 공전함에 따라 별자리를 배경으로 서쪽에서 동쪽으로 이동하여 일 년 뒤에는 처음 위치로 되돌아오는 것처럼 보인다. 이와 같이 지구의 공전으로 나타나는 태양의 겉보기 운동을 태양의 연주 운동이라고 한다.

7 태양을 기준으로 할 때, 별자리는 하루에 약 1°씩 동에서 서로 이동한다. 따라서 관측한 순서는 (가) → (다) → (나)이다.

8 (1) 태양 반대 방향에 있는 별자리를 한밤중 남쪽 하늘에서 볼 수 있으므로 남쪽 밤하늘에서 궁수자리를 볼 수 있는 지구의 위치는 A이다.
(2) 지구가 D에 있을 때 태양은 물고기자리를 지나고 한밤중에 남쪽 하늘에서는 처녀자리가 보인다.

탐구 a

진도 교재 96~97쪽

㉠ 시계 반대, ㉡ 자전

01 (1) ○ (2) ○ (3) × (4) × **02** ② **03** ① **04** (나)
05 북극성 주변의 별들은 북극성을 중심으로 시계 반대 방향으로 회전 운동한다. **06** (나) → (가) → (다), 북쪽 하늘에서 별들은 북극성을 중심으로 시계 반대 방향으로 일주 운동하기 때문이다.

01 바로 알기 (3) 북두칠성을 이루는 별들은 시계 반대 방향으로 일주 운동한다.
(4) 천체의 일주 운동은 지구의 자전으로 하루 24시간 동안 북극성을 중심으로 한 바퀴씩 회전하므로 북두칠성이 북극성을 한 바퀴 도는 데 걸리는 시간은 24시간(하루)이다.

02 북극성은 12시간 동안 180° 회전하였으므로 1시간 동안 15°씩 시계 반대 방향으로 회전하였다.

03 북극성 주변 별들이 북극성을 중심으로 시계 반대 방향으로 움직이는 것은 지구가 서쪽에서 동쪽으로 자전하기 때문이다.

04 북쪽 하늘에서 별은 북극성을 중심으로 시계 반대 방향으로 움직이므로 3시간 후에는 (나)에 위치한다.

05 지구가 서쪽에서 동쪽으로 자전하기 때문에 북극성 주변의 별들이 북극성을 중심으로 시계 반대 방향(동 → 서)으로 움직인다.

채점 기준	배점
북극성 주변 별들의 운동을 회전의 중심과 방향을 제시하여 옳게 서술한 경우	100 %
북극성을 중심으로 회전한다고만 서술한 경우	50 %

06 북두칠성은 북극성을 중심으로 시계 반대 방향으로 회전 운동한다.

채점 기준	배점
북두칠성을 관측한 순서와 까닭을 모두 옳게 서술한 경우	100 %
북두칠성을 관측한 순서와 까닭 중 한 가지만 옳게 서술한 경우	50 %

탐구 b

진도 교재 98~99쪽

㉠ 태양, ㉡ 지구, ㉢ 달라진다, ㉣ 반대

01 (1) × (2) ○ (3) × (4) ○ **02** ④ **03** 지구의 공전
04 지구가 공전하기 때문이다. **05** ③ **06** (다)

01 바로 알기 (1) 소형 카메라는 원형 돌림판 밖을 향하도록 설치해야 한다.
(3) 원형 돌림판을 돌리면 전등을 중심으로 스타이로폼 공이 운동하므로, 전등은 태양, 스타이로폼 공은 지구를 나타낸다.

02 전등 반대편의 별자리는 볼 수 있고, 전등 쪽의 별자리는 볼 수 없다. 따라서 (나) 위치에서는 전등 반대쪽에 있는 쌍둥이자리가 보인다.

03 원형 돌림판을 시계 반대 방향으로 돌리는 것은 지구의 공전을 나타낸다.

04 지구의 공전으로 지구의 위치가 달라지면서 한밤중 남쪽 하늘(태양 반대쪽)에서 볼 수 있는 별자리는 달라진다.

채점 기준	배점
남쪽 하늘에서 관측되는 별자리가 달라지는 까닭을 지구의 공전과 관련지어 옳게 서술한 경우	100 %
남쪽 하늘에서 관측되는 별자리가 달라지는 까닭을 지구의 공전과 관련짓지 않고 서술한 경우	50 %

05 지구가 A의 위치에 있을 때 한밤중 남쪽 하늘에서는 태양 반대 방향에 있는 물고기자리를 볼 수 있고, 태양과 같은 방향에 있는 처녀자리는 볼 수 없다.

06 관찰자의 위치가 달라지면서 태양 반대쪽의 별자리는 볼 수 있고, 태양 쪽의 별자리는 볼 수 없다. 태양 반대쪽에 쌍둥이자리가 있고, 태양 쪽에 궁수자리가 있는 위치는 (다)이다.

여기서 잠깐

진도 교재 100쪽

유제❶ ④

유제❶ 남쪽을 바라보면 태양, 달, 별들이 매일 동쪽에서 비스듬히 떠서 남쪽 하늘을 지나 서쪽으로 비스듬히 지며 시계 방향으로 이동하는 것을 볼 수 있다.

여기서 잠깐

진도 교재 101쪽

유제❶ 물고기자리
유제❷ 처녀자리
유제❸ 천칭자리
유제❹ 물병자리

유제① 태양이 처녀자리를 지날 때 한밤중에 남쪽 하늘에서는 태양의 반대 방향에 있는 물고기자리(= 6개월 후 별자리)가 보인다.

유제② 4월에 태양은 물고기자리를 지나므로 한밤중에 남쪽 하늘에서는 태양의 반대 방향에 있는 처녀자리(=6개월 후 별자리)가 보인다.

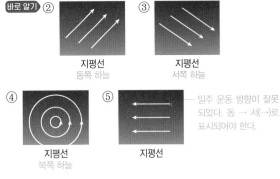

유제③~④

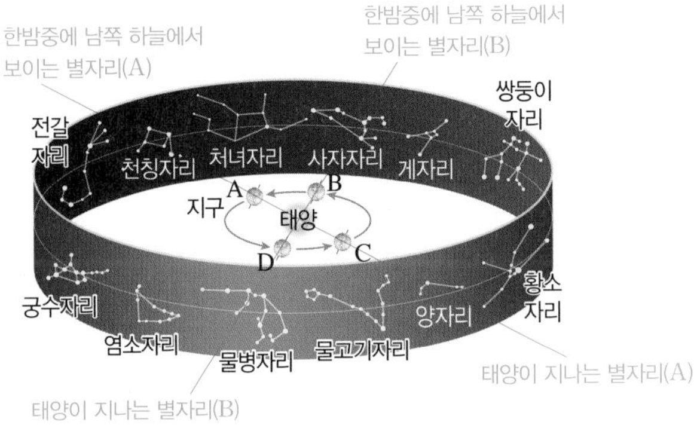

유제③ 지구가 A에 있을 때 태양은 양자리를 지나고, 한밤중에 남쪽 하늘에서는 천칭자리(=6개월 후 별자리)가 보인다.

유제④ 지구가 B에 있을 때 태양은 물병자리를 지나고, 한밤중에 남쪽 하늘에서는 사자자리(=6개월 후 별자리)가 보인다.

기출 문제로 내신쑥쑥

진도 교재 102~104쪽

01 ④ 02 ④ 03 ⑤ 04 ① 05 쌍둥이자리
06 ① 07 ⑤ 08 ④ 09 ③ 10 ④ 11 ⑤
12 ① 13 ② 14 ⑤ 15 ③

서술형 문제 16 (1) 12시간 (2) 시계 반대 방향 (3) 지구가 자전하기 때문이다. 17 북쪽 하늘, 지구의 자전으로 북쪽 하늘에서 별들은 북극성을 중심으로 시계 반대 방향으로 회전하는 것처럼 보이기 때문이다. 18 (1) 겨울 (2) 지구가 태양 주위를 공전하여 태양이 보이는 위치가 달라지기 때문이다.

01 바로 알기 ④ 별들은 실제로 움직이지 않지만, 지구가 자전하기 때문에 지구에 있는 관측자에게는 상대적으로 별들이 움직이는 것처럼 보인다.

02 ㄱ. 지구에서 태양을 향하는 쪽은 낮이 되고 반대쪽은 밤이 되는데, 지구가 자전하기 때문에 낮과 밤이 반복된다.
ㄴ, ㄹ. 태양, 달, 별이 동쪽에서 떠서 서쪽으로 지는 현상과 별들이 북극성을 중심으로 회전하는 현상은 모두 천체의 일주 운동으로, 이는 지구 자전에 의한 겉보기 현상이다.

바로 알기 ㄷ, ㅁ. 지구의 공전에 의해 태양의 연주 운동이 나타나고, 별자리를 배경으로 태양의 위치가 달라지므로 계절별로 관측되는 별자리가 달라진다.

03 별들은 북극성을 중심으로 1시간에 15°씩 시계 반대 방향(B → A)으로 회전하므로 북두칠성이 B 위치에 있을 때는 새벽 5시에서 4시간(=60°÷15°/h) 전인 새벽 1시이다.

04 ② 우리나라의 북쪽 하늘에서 별의 일주 운동 방향은 시계 반대 방향이다.
③ 별의 일주 운동의 중심에 있는 별 P는 북극성이다.
④ 모든 별들은 일주 운동 속도가 같으므로 모든 호의 중심각은 크기가 같다.
⑤ 호는 지구의 자전 때문에 별이 상대적으로 움직인 자취이다.
바로 알기 ① 별들은 1시간에 15°씩 회전하므로 호의 중심각 θ는 15°/h×2시간=30°이다.

05 별들은 1시간에 15°씩 동에서 서로 회전하므로 6시간 동안에는 서쪽으로 90° 움직인다. 따라서 남쪽 하늘에 있는 쌍둥이자리가 6시간 후 서쪽 하늘의 지평선 부근에서 관측될 수 있다.

06 ① 북반구 중위도에 위치한 우리나라의 남쪽 하늘에서는 별이 지평선과 나란하게 동에서 서로 이동한다.

바로 알기 ②

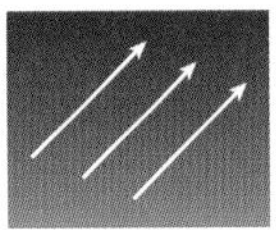

③

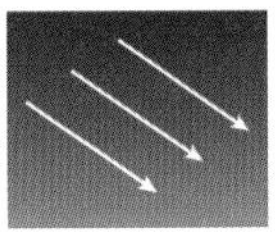

④

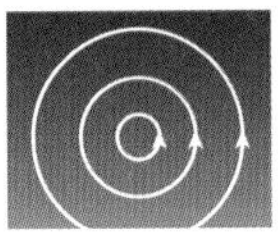

⑤

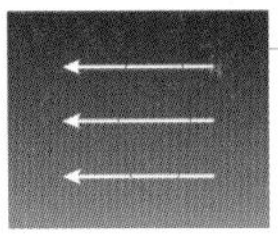

지평선
일주 운동 방향이 잘못되었다. 동 → 서(←)로 표시되어야 한다.

07 (가)는 서쪽 하늘, (나)는 북쪽 하늘, (다)는 남쪽 하늘, (라)는 동쪽 하늘의 일주 운동 모습이므로 관측한 방향을 동, 서, 남, 북 순으로 나열하면 (라), (가), (다), (나)이다.

08 바로 알기 ①, ② 별의 일주 운동은 지구가 1시간에 15°씩 자전하기 때문에 나타나는 현상이다.
③, ⑤ 별의 일주 운동은 지구가 자전하기 때문에 나타나는 겉보기 운동이다.

09 바로 알기 ① 지구가 태양을 중심으로 1년에 한 바퀴씩 서에서 동으로 도는 운동을 지구의 공전이라고 한다.
②, ⑤ 지구는 1년에 360°를 회전하므로 하루에 약 1°씩 이동한다. 따라서 지구의 공전에 의해 태양은 매일 별자리 사이를 하루에 약 1°씩 이동하는 것처럼 보이는 연주 운동을 한다.
④ 태양이 연주 운동하면서 천구상에서 지나는 길을 황도라고 한다.

10 지구가 태양을 중심으로 서에서 동으로 공전하면, 태양이 천구상에서 서에서 동으로 이동하는 것처럼 보이는데, 이러한 태양의 겉보기 운동을 태양의 연주 운동이라고 한다.

[11~12]

11 태양을 기준으로 별자리는 동에서 서로 이동하므로 관측한 순서는 (다) → (나) → (가)이다.

12 ② 별자리를 기준으로 할 때 태양은 하루에 약 1°씩 서에서 동으로 이동한다.
③ 지구가 공전하면서 태양이 보이는 위치가 달라지기 때문에 태양을 기준으로 보이는 별자리의 위치도 달라진다.
바로 알기 ① 천칭자리를 기준으로 할 때 태양은 하루에 약 1°씩 서에서 동으로 이동한다.

13 바로 알기 ① 전등은 태양, 스타이로폼 공은 지구를 나타낸다.
③, ④ (가) 위치에서는 전등 쪽에 있는 처녀자리를 볼 수 없고, 궁수자리가 가장 잘 보이는 위치는 (라)이다.
⑤ 원형 돌림판이 돌면서 소형 카메라에 보이는 별자리는 전등과 반대 방향에 있는 별자리이다.

[14~15]

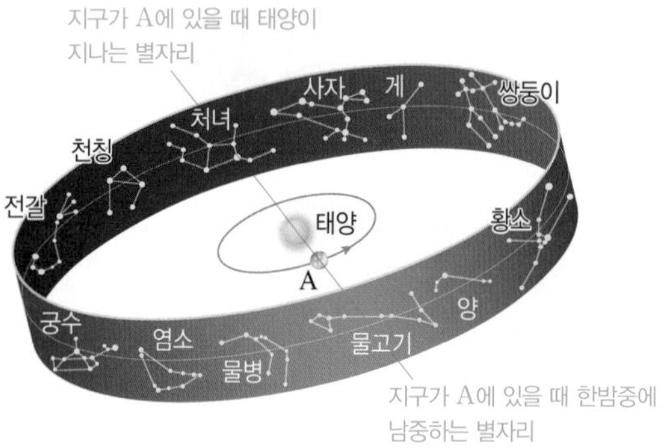

14 지구가 태양을 중심으로 공전하여 태양이 보이는 위치가 달라지므로 한밤중 남쪽 하늘에서 볼 수 있는 별자리는 계절에 따라 달라진다.
바로 알기 ⑤ 태양이 배경 별자리 사이를 서에서 동으로 이동하는 것처럼 보인다.

15 지구가 A에 있을 때 태양은 처녀자리를 지나간다. 이때 한밤중에 남쪽 하늘에서 볼 수 있는 별자리는 태양 반대 방향에 있는 물고기자리이다.

16 (1) 천체의 일주 운동은 지구의 자전으로 하루 24시간 동안 북극성을 중심으로 한 바퀴씩 회전하므로, ㉠에서 ㉡까지 반 바퀴 운동하는 동안 걸리는 시간은 12시간이다.
$180° \div 15°/h = 12$시간

	채점 기준	배점
(1)	12시간이라고 쓴 경우	30 %
(2)	일주 운동 방향을 옳게 쓴 경우	30 %
(3)	지구의 자전을 포함하여 옳게 서술한 경우	40 %

17 지구가 자전함에 따라 지구 자전의 반대 방향으로 천체의 일주 운동이 나타난다.

채점 기준	배점
관측할 수 있는 하늘의 방향을 옳게 쓰고, 현상이 나타나는 까닭을 옳게 서술한 경우	100 %
관측할 수 있는 하늘의 방향과 현상이 나타나는 까닭 중 한 가지만 옳게 서술한 경우	50 %

18 지구의 공전으로 지구의 위치가 달라지면서 한밤중 남쪽 하늘(태양 반대쪽)에서 볼 수 있는 별자리가 달라진다.

	채점 기준	배점
(1)	쌍둥이자리가 가장 잘 보이는 계절을 옳게 쓴 경우	40 %
(2)	지구의 공전을 포함하여 옳게 서술한 경우	60 %

수준 높은 문제로 실력탄탄

진도 교재 105쪽

01 ⑤ **02** ④ **03** ② **04** ③ **05** ④

01 지구의 공전으로 태양은 별자리를 기준으로 약 1°씩 서쪽에서 동쪽으로 이동하는 것처럼 보인다.

02 그림은 북쪽 하늘을 관찰한 것으로 북극성을 중심으로 별들이 시계 반대 방향으로 회전한다. 별들은 1시간에 15°씩 회전하므로 관측한 시간은 3시간이다.

03 북두칠성은 북극성을 중심으로 시계 반대 방향으로 회전하므로 (가) → (다) → (나) 순으로 관측되었다. 따라서 (가)가 20시, (나)가 24시, (다)가 22시에 관측된 모습이다.

04 ① 태양이 하루에 약 1°씩 연주 운동하므로 밤하늘에 같은 시각에 보이는 별자리도 하루에 약 1°씩 이동한다.
② 사자자리는 동에서 서로 하루에 약 1°씩 이동하여 8월 1일에는 높이 떠 있지만 같은 시각 8월 31일에는 지평선 바로 위쪽에 있다. 따라서 점점 뜨고 지는 시각이 빨라지고 있다.
④ 9월 16일에는 사자자리가 더 서쪽으로 이동하여 지평선 부근에 위치할 것이므로 사자자리는 태양 부근에 위치할 것이다.
⑤ 2월은 8월과 6개월 차이가 나므로 같은 시각 2월에는 8월에 보이는 별자리의 반대편에 위치한 별자리들이 보인다.
바로 알기 ③ 8월 16일에 사자자리는 태양 부근에 위치하여 한밤중에는 지평선 아래로 지므로 관측되지 않는다.

05 지구가 A → B로 공전하는 동안, 지구가 A의 위치에 있을 때 태양은 쌍둥이자리에 위치하는 것처럼 보이고, B의 위치에 있을 때 태양은 사자자리에 위치하는 것처럼 보인다. 태양은 별자리 사이를 서쪽에서 동쪽(시계 반대 방향)으로 이동하므로 지구가 A → B로 공전하는 동안 태양은 쌍둥이자리 → 사자자리로 이동한다.

03 달의 운동

확인 문제로 개념쏙쏙 | 진도 교재 107, 109쪽

Ⓐ 공전, 서, 동, 13, 위상, 공전, 위치, 삭, 망
Ⓑ 일식, 월식, 삭, 망

1 (1) × (2) × (3) ○ (4) × **2** ㉠ 상현달, ㉡ 보름달(망) ㉢ 그믐달 **3** (1) A: 상현달, B: 보름달, C: 하현달, D: 보이지 않음 (2) C (3) D **4** (1) – ㉢ – ③ (2) – ㉡ – ② (3) – ㉠ – ① **5** (1) – ㉡ (2) – ㉠ **6** A, B **7** ㉠ 삭, ㉡ 서 → 동, ㉢ 오른쪽 **8** B, A **9** (1) ○ (2) × (3) ○ (4) ○

1 바로 알기 (1) 달은 서쪽에서 동쪽으로 공전한다.
(2) 달은 스스로 빛을 내지 못하므로 햇빛을 반사하는 부분만 밝게 보인다.
(4) 왼쪽 반원이 밝게 보이는 달은 하현달, 오른쪽 반원이 밝게 보이는 달은 상현달이다.

2 달은 지구 주위를 서에서 동으로 공전하며 삭의 위치에서는 보이지 않고, 이후 초승달 → 상현달 → 보름달 → 하현달→ 그믐달 순으로 지구에서 보이는 모양이 변한다.

3

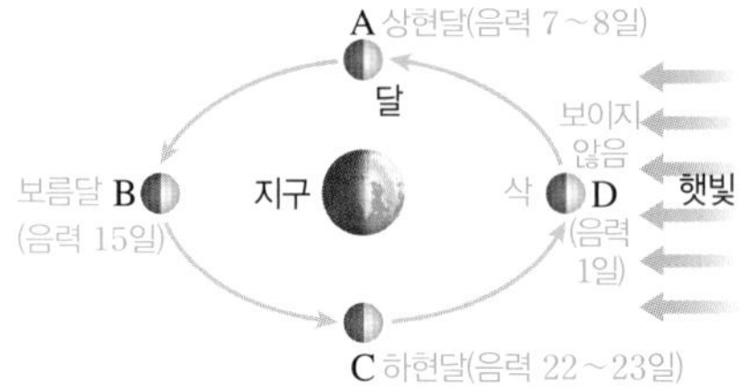

(2) 달이 C에 위치할 때 지구에서는 왼쪽 반원이 밝은 하현달이 보인다.
(3) 음력 1일경에는 달이 태양과 같은 방향에 있어 보이지 않는 D 위치에 있다.

4 달은 음력 2일경에 삭과 상현 사이에 위치하여 초승달이 서쪽 하늘에서 보이게 되고, 음력 7~8일경에는 달의 오른쪽 반원이 밝게 보이는 상현달이 남쪽 하늘에서 보이게 된다. 음력 15일경에는 태양의 반대편에 위치하여 보름달이 동쪽 하늘에서 나타난다.

5 (1)은 지구에서 보았을 때 달이 태양을 완전히 가리는 현상인 개기일식이고, (2)는 지구에서 보았을 때 달이 지구의 그림자에 완전히 들어가 가려지는 현상인 개기월식이다.

6 개기일식은 달이 태양 전체를 가리는 지역에서 볼 수 있고, 부분일식은 달이 태양의 일부를 가리는 지역에서 볼 수 있다.

7 일식은 달이 삭의 위치에 있을 때 일어난다. 달이 서쪽에서 동쪽으로 지구를 중심으로 공전하므로 북반구에서 관측하면 태양의 오른쪽(서쪽)부터 가려지기 시작한다.

8 개기월식은 지구 그림자에 달 전체가 가려지는 B 위치에 있을 때 관측할 수 있다. 부분월식은 지구 그림자에 달의 일부만 가려지는 A 위치에 있을 때 관측할 수 있다. 달이 C 위치에 있을 때는 월식이 일어나지 않는다.

9 (4) 달은 서에서 동으로 공전하며 지구의 그림자로 들어간다. 따라서 월식이 일어날 때는 달의 왼쪽부터 가려진다.
바로 알기 (2) 월식은 달이 망의 위치에 와서 태양－지구－달의 순으로 일직선상에 있을 때 일어난다.

탐구 a | 진도 교재 110~111쪽

㉠ 반사, ㉡ 위치, ㉢ 지구, ㉣ 달

01 (1) ○ (2) × (3) ○ **02** (1) – ㉢ (2) – ㉠ (3) – ㉡
03 ①
04

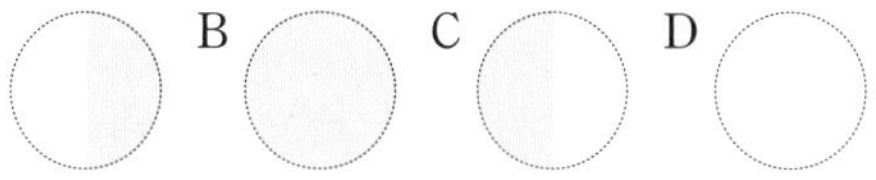

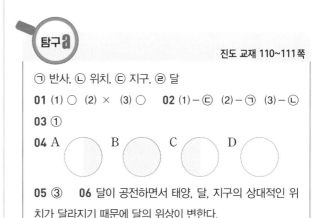

05 ③ **06** 달이 공전하면서 태양, 달, 지구의 상대적인 위치가 달라지기 때문에 달의 위상이 변한다.

01 바로 알기 (2) 원형 돌림판을 돌리면 전등 빛을 받아 밝게 보이는 부분과 어둡게 보이는 부분이 달라진다.

02 전등은 태양, 스마트 기기는 지구, 스타이로폼 공은 달을 나타낸다.

03 (가) 위치에서는 오른쪽 절반이 전등 빛을 받아 밝게 보인다.

04 달이 A에 위치하면 오른쪽 반원이 밝게 보이고, B에 위치하면 햇빛을 받는 밝은 면 전체가 보인다. 달이 C에 위치하면 왼쪽 반원이 밝게 보이고, D에 위치하면 햇빛을 받는 면이 보이지 않는다.

05 달이 공전함에 따라 초승달 → 상현달 → 보름달 → 하현달 → 그믐달 순으로 위상이 변한다.

(가) 초승달 (다) 상현달 (마) 보름달 (라) 하현달 (나) 그믐달

06 달은 햇빛을 반사하여 밝게 보이므로 달이 공전하면서 태양, 달, 지구의 상대적인 위치가 달라지기 때문에 달의 위상이 변한다.

채점 기준	배점
달의 위상이 달라지는 까닭을 달의 공전과 관련지어 옳게 서술한 경우	100 %
달의 위상이 달라지는 까닭은 위치가 달라지기 때문이라고 서술한 경우	50 %

탐구 b

진도 교재 112~113쪽

㉠ 태양, ㉡ 달, ㉢ 전등, ㉣ 스타이로폼 공

01 (1) ○ (2) × (3) × (4) ○ **02** ③ **03** 전등, 스타이로폼 공이 전등을 가리기 때문이다. **04** ① **05** 태양－달－지구가(또는 지구－달－태양이) 일직선을 이룰 때 **06** B

1 바로 알기 (2) 전등, 스타이로폼 공의 위치를 조정하면 배열에 따라 가려져서 보이지 않게 되는 것이 생긴다.
(3) 전등－스타이로폼 공－스마트 기기가 일직선을 이루면 전등이 가려진다.

2 스타이로폼 공이 전등 앞을 지나가면 스마트 기기 화면에 전등의 오른쪽부터 가려지기 시작하고, 전등의 오른쪽부터 빠져나온다.

3 전등－스타이로폼 공－스마트 기기가 일직선을 이루면 스마트 기기 화면에는 스타이로폼 공에 전등이 가려져 보이지 않는다.

채점 기준	배점
화면에 보이지 않는 것과 그 까닭은 모두 옳게 서술한 경우	100 %
화면에 보이지 않는 것만 옳게 쓴 경우	30 %

4 손전등은 태양, 큰 스타이로폼 공은 지구, 작은 스타이로폼 공은 달을 나타낸다. 그림과 같은 모습으로 천체가 위치할 때는 일식이 일어난다.

5 일식은 달이 삭의 위치에 와서 태양, 달, 지구가 순서대로 일직선상에 있을 때 일어난다.

채점 기준	배점
태양, 달, 지구의 배열과 형태를 옳게 서술한 경우	100 %
태양, 달, 지구의 순이라고만 서술한 경우	50 %

6 월식은 달이 망의 위치에 와서 태양, 지구, 달이 순서대로 일직선상에 있을 때 일어난다.

여기서 잠깐

진도 교재 114쪽

유제 ① (1) 정오(낮 12시경) (2) 일몰(저녁 6시경)
(3) 일출(새벽 6시경) (4) 오전 9시경 (5) 일출(새벽 6시경)
(6) 정오(낮 12시경) (7) E, 하현달 (8) C, 보름달
(9) G, 보이지 않음

유제 ① (1)

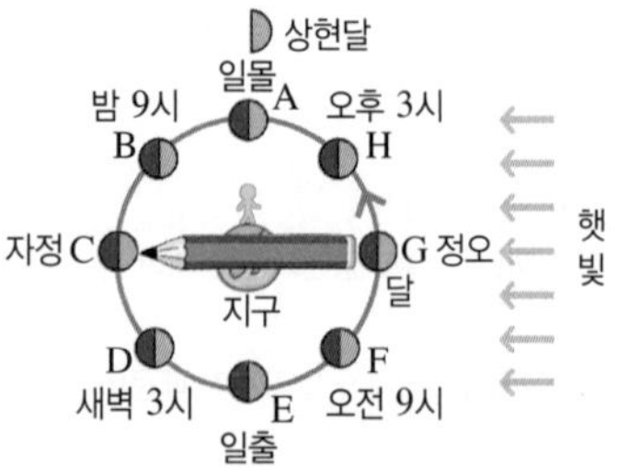

달이 A에 위치할 때는 일몰(저녁 6시경)에 남중한다. 지구는 서에서 동으로 자전하므로 달이 뜨는 시각은 6시간 전인 정오(낮 12시경)이다.

(2), (5), (8)

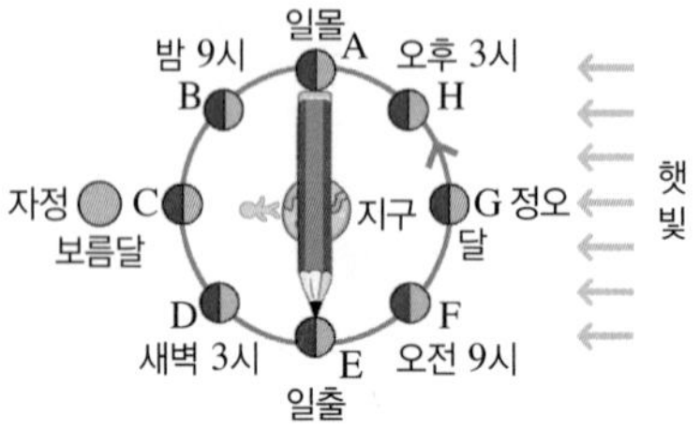

달이 C에 위치할 때는 보름달로, 자정(밤 12시경)에 남중한다. 지구는 서에서 동으로 자전하므로 달이 동쪽에서 뜨는 시각은 6시간 전인 일몰(저녁 6시경)이고, 서쪽으로 지는 시각은 6시간 후인 일출(새벽 6시경)이다.

(3), (6), (7)

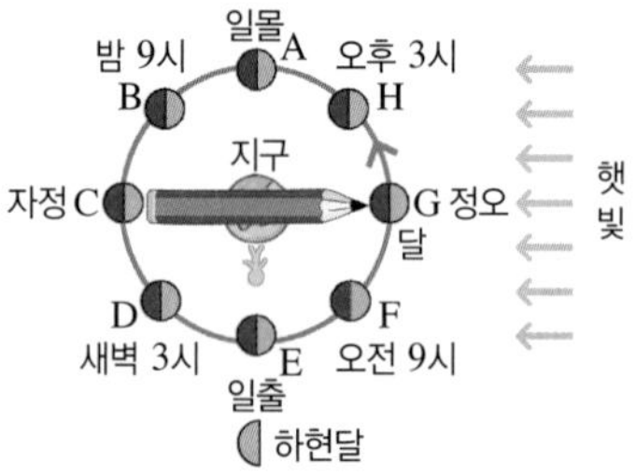

달이 E에 위치할 때는 하현달로, 일출(새벽 6시경)에 남중한다. 지구는 서에서 동으로 자전하므로 달이 동쪽에서 뜨는 시각은 6시간 전인 자정(밤 12시경)이고, 서쪽으로 지는 시각은 6시간 후인 정오(낮 12시경)이다.

(4) 달이 F에 위치할 때는 그믐달로, 오전 9시경에 남중한다.

(9) 달이 지는 시각이 저녁 6시경이므로 연필심이 저녁 6시경(일몰)를 가리킬 때 연필의 가운데가 향하는 곳은 G이다. 이날 달은 삭이므로 보이지 않는다.

기출 문제로 내신쑥쑥

진도 교재 115~117쪽

01 ②	**02** ②	**03** ②	**04** ④	**05** ②	**06** ③
07 ②	**08** ③	**09** ③	**10** ②	**11** ②	**12** ④
13 ③	**14** ②	**15** ④			

서술형 문제 **16** A: 상현달, B: 보름달(망), C: 하현달, D: 그믐달, E: 보이지 않음(삭), F: 초승달

17 (1) A, B (2) 태양의 오른쪽, 달은 서쪽에서 동쪽으로 지구를 중심으로 공전하므로, 태양의 오른쪽(서쪽)부터 가려지기 시작하기 때문이다. **18** 일식은 달의 그림자가 생기는 지역에서만 볼 수 있어 관측 가능한 지역이 좁지만, 월식은 지구에서 밤인 지역 어디에서나 볼 수 있기 때문에 관측 가능한 지역이 넓다.

01 달이 지구를 중심으로 공전하며 태양, 지구, 달의 상대적인 위치가 변하기 때문에 지구에서 보이는 달의 모양이 달라진다.

[02~04]

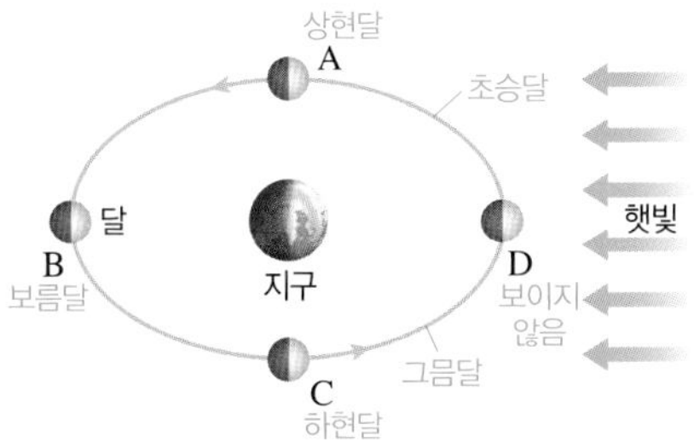

02 바로 알기 ① 초승달은 A와 D 사이에 위치할 때 관측된다.
③, ④ 보름달은 B, 하현달은 C에 위치할 때 관측된다.
⑤ 그믐달은 C와 D 사이에 위치할 때 관측된다.

03 추석은 음력 8월 15일로, 이날 달의 위상은 보름달이다. 보름달은 달의 앞면 전체가 햇빛을 반사하여 둥글게 보이므로 달, 지구, 태양이 일직선으로 배열되는 B일 때 관측된다.

04 음력 22일경 달의 위치는 C로, 달, 지구, 태양이 직각을 이루어 왼쪽 반원이 밝은 하현달로 보인다.

05 보름달이 보일 때 달은 태양의 반대 방향에 있다. 따라서 보름달이 동쪽 하늘에서 보이면 태양은 이와 반대 방향인 서쪽 하늘에 있다.

06 바로 알기 ① (가), (나), (다)는 약 7일 간격으로 관측한 달의 모습이다.
② 삭 이후 달은 공전함에 따라 (가) 상현달－(나) 보름달－(다) 하현달 순으로 관측된다.
④, ⑤ (가)와 (다)는 지구를 중심으로 태양과 달이 직각을 이룰 때 볼 수 있는 달의 모습이다.

[07~08]

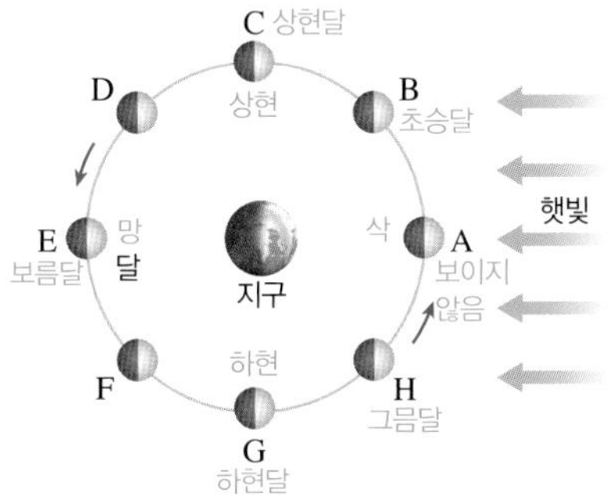

07 바로 알기 ① A－햇빛을 반사하는 면이 보이지 않는다.
③ C－오른쪽 반원이 밝은 상현달로 보인다.
④ D－상현달에서 왼쪽이 부풀어 오른 모양이다.
⑤ E－햇빛을 반사하는 면이 모두 보여 보름달로 보인다.

08 ④ 달이 E에 위치하면 달－지구－태양 순으로 위치하므로 달과 태양은 지구를 기준으로 서로 반대편에 위치한다.
⑤ 달이 지구를 중심으로 약 한 달을 주기로 공전한다.
바로 알기 ③ 달이 C에 위치할 때는 상현달, G에 위치할 때는 하현달로 보인다.

09 ①, ⑤ 달이 서에서 동으로 공전하므로 매일 같은 시각에 보이는 달의 위치는 동쪽으로 이동한다.
② 달은 지구를 중심으로 약 한 달에 한 바퀴씩 공전하므로, 하루에 약 13°씩 이동한다.
④ 달이 태양 방향에 있을 때가 음력 1일이다. 음력 7~8일에는 달이 태양, 지구와 직각을 이루는 곳에 위치하므로 해가 진 직후 남쪽 하늘에서 상현달로 보인다.
바로 알기 ③ 달의 모양은 약 한 달을 주기로 삭 → 초승달 → 상현달 → 보름달(망) → 하현달 → 그믐달 → 삭 순으로 변한다.

10 ①, ④ 일식은 달이 공전하며 태양의 앞을 지날 때 달이 태양을 가리는 현상이고, 월식은 달이 공전하며 지구의 그림자로 들어가 가려지는 현상이다.
③ 일식은 달이 삭의 위치에 있을 때, 월식은 달이 망의 위치에 있을 때 일어난다.
바로 알기 ② 일식은 달이 태양을 가리는 현상이다.

11 일식은 태양－달－지구 순으로 일직선을 이룰 때(삭), 월식은 태양－지구－달 순으로 일직선을 이룰 때(망) 일어날 수 있다.

12 바로 알기 ㄱ. 일식이 일어날 때 달은 삭에 위치에 있으므로 보이지 않는다.
ㄷ. B 지역은 그림자가 생기지 않으므로 일식이 관측되지 않는다.

13 일식이 일어날 때, 달이 서에서 동으로 공전하여 태양의 오른쪽부터 가려지고 오른쪽부터 빠져나온다.

14 ① 달이 A에 위치할 때 지구의 그림자에 달의 일부만 가려지므로 부분월식이 일어난다.
③ 달이 C에 위치할 때는 지구의 그림자에 달이 가려지지 않으므로 월식이 일어나지 않는다.
바로 알기 ② 달이 B에 위치할 때는 지구의 그림자에 달 전체가 가려지면서 개기월식이 일어나 달이 붉게 보인다.

15 (가)는 부분일식, (나)는 개기월식이 일어난 모습이다.
달이 지구 그림자 속으로 들어갈 때에는 (나)를 관측할 수 있다.
바로 알기 ③ 일식이 일어날 때는 삭으로 달이 보이지 않는다.
⑤ (가)는 태양－달－지구의 순서로 일직선을 이룰 때 일어난다.

16

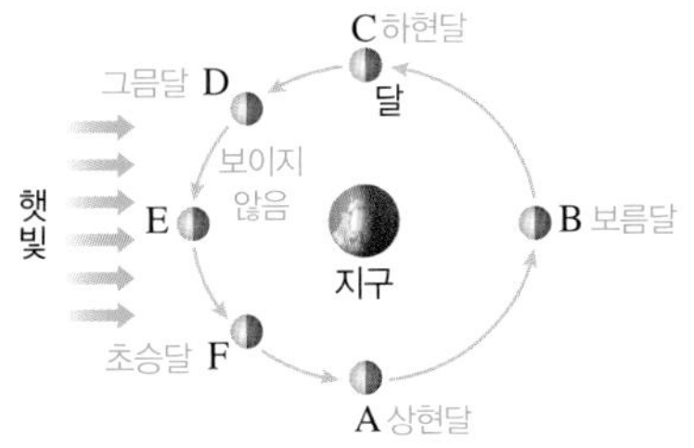

채점 기준	배점
A~F의 달의 모습을 모두 옳게 그리고, 위상을 옳게 쓴 경우	100 %
A~F 중 한 가지만 틀린 경우	80 %
A~F 중 두 가지만 틀린 경우	60 %
A~F 중 세 가지만 틀린 경우	40 %

17 (1) 개기일식은 달이 태양 전체를 가리는 지역에서, 부분일식은 달이 태양의 일부를 가리는 지역에서 관측할 수 있다.
(2) 달은 서쪽에서 동쪽으로 지구를 중심으로 공전하므로, 북반구에서 관측하면 태양의 오른쪽(서쪽)부터 가려지기 시작한다.

	채점 기준	배점
(1)	개기일식과 부분일식을 관측할 수 있는 곳을 순서대로 옳게 쓴 경우	40 %
(2)	태양이 가려지는 쪽과 그 까닭을 모두 옳게 쓴 경우	60 %

18 일식은 달의 그림자가 생기는 지역에서만 볼 수 있어 관측 가능한 지역이 좁지만, 월식은 지구에서 밤인 지역 어디에서나 볼 수 있기 때문에 관측 가능한 지역이 넓다.

채점 기준	배점
일식보다 월식을 관측할 수 있는 지역이 더 넓은 까닭을 옳게 쓴 경우	100 %
일식과 월식 중 하나의 관측 범위만 제시하여 서술한 경우	50 %

수준 높은 문제로 실력탄탄

진도 교재 118쪽

01 ④ **02** ⑤ **03** ⑤ **04** ④ **05** ⑤

01 달은 서에서 동으로 공전한다.
바로 알기 ④ 달, 태양, 별 등 천체는 동에서 서로 일주 운동한다.

02 (가)는 초승달이며, 약 3~4일 후에는 거의 상현달이 된다.
바로 알기 ㄱ. 달은 서쪽에서 동쪽으로 지구 주위를 공전하므로 B에서 A 방향으로 이동한다.

03 (가)는 상현달이고, (나)는 보름달이다.
⑤ 태양으로부터 거리는 삭일 때 가장 가깝고 망일 때 가장 멀다. 따라서 태양으로부터의 거리는 (나)가 (가)보다 멀다.
바로 알기 ① 상현달은 음력 7~8일경, 보름달은 음력 15일경 관측된다.
② 상현달은 달과 태양이 지구를 중심으로 직각을 이루므로 (가)는 남쪽 하늘에서 관측한 모습이고, 보름달은 달—지구—태양 순으로 일직선을 이루므로 (나)는 동쪽 하늘에서 관측한 모습이다.
③ 상현달은 해가 진 직후 약 6시간 동안 관측 가능하며, 보름달은 해가 진 직후 동쪽 하늘에서 떠오르고 있으므로 해가 뜰 무렵(약 12시간 후) 질 것이다. 따라서 보름달은 약 12시간 동안 관측 가능하다.
④ 상현달은 달과 태양이 지구를 중심으로 직각으로 배열되며, 보름달은 달—지구—태양 순으로 일직선으로 배열된다.

04 (가)는 일식, (나)는 월식이 일어날 때의 모습이다.
바로 알기 ③ 일식이 일어날 때 달은 보이지 않고, 월식이 일어날 때 달은 보름달로 보인다.
⑤ 태양과 달 사이의 거리는 달의 위상이 삭일 때 가장 가깝고 망일 때 가장 멀다.

05 ㄴ. 월식은 태양 — 지구 — 달의 순서로 일직선을 이루는 망일 때 일어날 수 있다.
ㄷ. 개기월식이 일어나므로 이날 달 전체가 지구의 그림자 안에 들어간다.
바로 알기 ㄱ. 월식이 진행될 때는 달의 왼쪽부터 가려져서 왼쪽부터 빠져나온다. 따라서 그림에서 월식은 A 방향으로 진행되며, 달의 전체가 지구의 그림자에서 빠져나오는 과정이다.

단원평가문제

진도 교재 119~122쪽

01 ⑤ **02** ① **03** ③ **04** ④ **05** ② **06** ⑤
07 ③ **08** ③ **09** ④ **10** ③ **11** ④ **12** ③
13 ③ **14** ⑤ **15** ④ **16** ③ **17** ③ **18** ④
19 ⑤

서술형 문제 **20** (1) A 집단: 지구형 행성, B 집단: 목성형 행성 (2) 해설 참조 **21** (1) A: 흑점, B: 쌀알 무늬 (2) 주위보다 온도가 낮기 때문이다. (3) 광구 아래에서 일어나는 대류 때문에 발생한다. **22** (1) 태양의 표면에서는 흑점 수가 증가한다. 태양의 대기에서는 홍염과 플레어가 자주 나타나고, 코로나의 크기가 커진다. (2) 지구에서는 인공위성 고장, 전력 시스템 오류, 무선 통신 장애 등이 발생할 수 있으며, 오로라가 더 자주 발생하고 다른 때보다 선명하고 넓게 관측된다. **23** (1) A 위치: 궁수자리, B 위치: 물고기자리 (2) 태양은 지구가 공전하기 때문에 연주 운동을 한다. **24** (1) 상현달 (2) 달이 공전하여 태양, 지구, 달의 상대적인 위치가 달라지면서 달이 햇빛을 반사하여 밝게 보이는 부분의 모양이 달라지기 때문이다. **25** (1) 태양 – 달 – 지구 순으로 일직선상에 있을 때 (2) 달이 공전하면서 태양이 달에 가려지기 때문이다.

01 주로 화성과 목성의 공전 궤도 사이에서 태양을 중심으로 공전하는 태양계 구성 천체는 소행성이다.

02 왜소 행성은 태양을 중심으로 공전하는 둥근 천체로, 궤도 주변의 다른 천체를 끌어당길 정도의 중력은 없다.
바로 알기 ㄷ. 태양에 가까워지면 꼬리가 생기는 천체는 혜성이다.
ㄹ. 궤도 주변의 다른 천체를 끌어당길 정도로 중력이 큰 천체는 행성이다.

03 (가)는 수성, (나)는 목성, (다)는 해왕성, (라)는 지구에 대한 설명이다. 태양에 가까운 것부터 순서대로 나열하면 (가) 수성 → (라) 지구 → (나) 목성 → (다) 해왕성 순이다.

04 A는 지구형 행성, B는 목성형 행성이다. 지구형 행성과 목성형 행성 모두 태양계 안에 분포한다.

05 바로 알기 ① 지구형 행성은 목성형 행성보다 질량이 작고 반지름이 작다.
③, ④ 지구형 행성은 고리가 없고, 위성이 없거나 적다.
⑤ 지구형 행성에는 수성, 금성, 지구, 화성이 있고, 목성형 행성에는 목성, 토성, 천왕성, 해왕성이 있다.

06

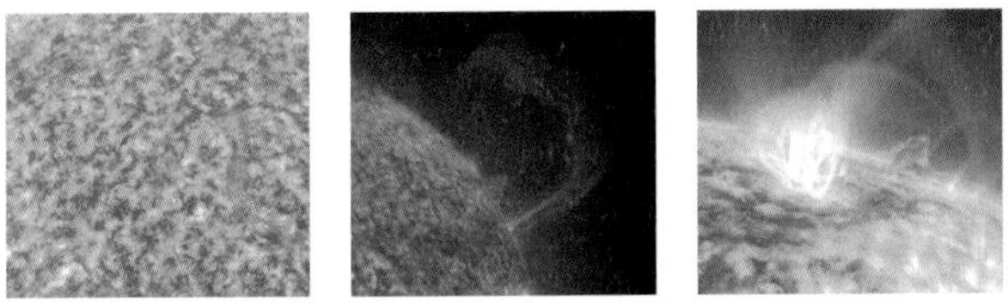

(가) 쌀알 무늬 (나) 홍염 (다) 플레어

⑤ 태양 활동이 활발해지면 홍염과 플레어가 자주 발생한다.
바로 알기 ② 쌀알 무늬는 태양의 표면(광구)에서 관측되는 현상이다.
③ 태양 표면인 광구에서 나타나는 검은 점은 흑점이다.
④ 플레어는 태양의 대기에서 나타나는 현상으로, 평상시에는 광구가 밝아서 관측하기 어렵고 개기일식 때 잘 관측된다.

07 흑점 수가 많아질 때는 태양 활동이 활발할 때이다.
바로 알기 ③ 태양 활동이 활발해지면 지구에서는 오로라가 더 자주 더 넓은 지역에서 발생한다.

08 바로 알기 ① 삼각대 → 가대 → 균형추 순으로 조립한다.
② 접안렌즈는 상을 확대하여 눈으로 볼 수 있게 한다.
④ 행성을 관측할 때는 주변이 어둡고 평평한 곳에 망원경을 설치한다.
⑤ 달을 관측할 때는 저배율로 관측한 후, 배율이 높은 렌즈로 바꿔 관측한다.

09 지구 자전으로 태양, 달, 별과 같은 천체의 일주 운동과 낮과 밤의 반복이 나타난다.
바로 알기 ①, ③ 달의 공전으로 나타나는 현상이다.
②, ⑤ 지구의 공전으로 나타나는 현상이다.

10 ③ 북쪽 하늘에서 별들은 북극성을 중심으로 시계 반대 방향(A → B)으로 회전하는 것처럼 보인다.
바로 알기 ① 별의 일주 운동 속도는 15°/h이므로 북두칠성을 관측한 시간은 3시간(=45° ÷ 15°/h)이다.
② 북극성은 북쪽 하늘에서 관측된다.
④, ⑤ 북두칠성을 이루는 별들이 실제로 시계 반대 방향으로 움직이는 것이 아니라 지구 자전에 의한 겉보기 현상이다.

11 (가)는 남쪽 하늘, (나)는 서쪽 하늘, (다)는 북쪽 하늘의 모습이다.

12 바로 알기 ㄷ. 천체는 P를 중심으로 시계 반대 방향으로 하루에 한 바퀴씩 회전한다. 이와 같은 천체의 일주 운동은 지구의 자전으로 나타나는 현상이다.

13 지구는 일 년에 한 바퀴씩 서쪽에서 동쪽으로 공전한다. 태양의 연주 운동은 지구의 공전으로 나타나는 태양의 겉보기 운동으로, 태양의 연주 운동 방향은 지구의 공전 방향과 같다.

14

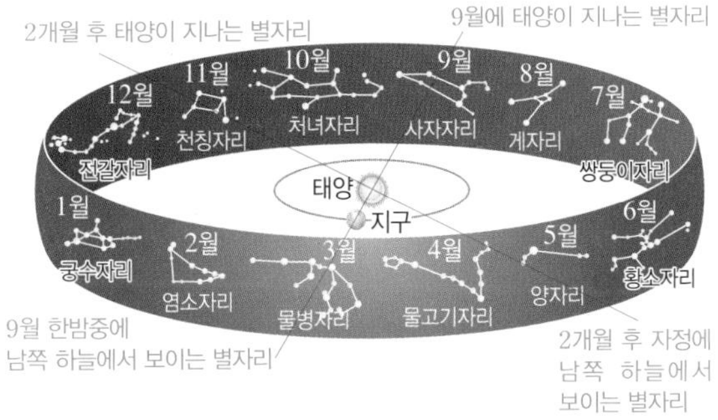

⑤ 현재 태양이 사자자리를 지나므로 9월이고, 2개월 후 11월에는 태양이 천칭자리를 지나므로 자정(한밤중)에 남쪽 하늘에서 보이는 별자리는 천칭자리의 반대편에 위치한 양자리이다.
바로 알기 ① 지구에서 볼 때 태양이 사자자리를 지나므로 9월이다.
② 한밤중에 남쪽 하늘에서는 태양의 반대편에 위치한 물병자리가 보인다.
③ 태양이 서쪽 하늘로 질 때 동쪽 하늘에서 떠오르는 별자리는 별자리 − 지구 − 태양이 일렬로 배열되어 태양과 약 180° 차이가 나므로 태양의 반대편에 위치한 물병자리이다.
④ 한 달 후는 10월이므로 태양이 처녀자리를 지난다.

15 바로 알기 ①, ② 달은 지구를 중심으로 약 한 달에 한 바퀴씩 돈다. 달의 자전 주기는 공전 주기와 같은 약 한 달이다.
③ 달의 모양과 위치가 달라지는 까닭은 달이 지구 주위를 공전하기 때문이다.
⑤ 달의 모양은 초승달 → 상현달 → 보름달 → 하현달의 순서로 변한다.

16 ③ 상현달이 보이는 위치는 지구에서 볼 때 햇빛이 달의 오른쪽을 비추는 C이다.
바로 알기 ① 보름달이 보이는 위치는 햇빛이 달의 앞면을 모두 비추는 D이다.
②, ④ 하현달이 보이는 위치는 지구에서 볼 때 햇빛이 달의 왼쪽을 비추는 A이다.
⑤는 달이 C와 D 사이에 위치할 때의 위상이다.

17 하현달의 모습이다.
③ 하현달은 달과 태양이 지구를 중심으로 직각을 이루어 왼쪽 반원이 관측되므로 새벽 6시경에 남쪽 하늘에서 관측된다.
바로 알기 ① 그림은 왼쪽 반원이 밝게 보이는 하현달이다.
② 하현달은 음력 22~23일경에 관측된다.
④ 월식이 일어날 때는 태양−지구−달이 일직선으로 배열되어 달이 보름달 모양으로 보인다.
⑤ 하현달은 자정에 떠서 해 뜨기 전까지 약 6시간 동안 관측할 수 있으며, 관측할 수 있는 시간이 가장 긴 것은 보름달이다.

18 ① 태양의 일부만 가려지므로 부분일식이다.
② 일식이 일어날 때는 삭으로, 달이 보이지 않는다.
⑤ 일식이 일어날 때는 태양의 오른쪽부터 가려지고, 오른쪽부터 빠져나온다. 따라서 그림에서 일식은 왼쪽에서 오른쪽으로 진행되고 있다.
바로 알기 ④ 부분일식은 달이 태양의 일부를 가리는 지역에서 관측된다.

19

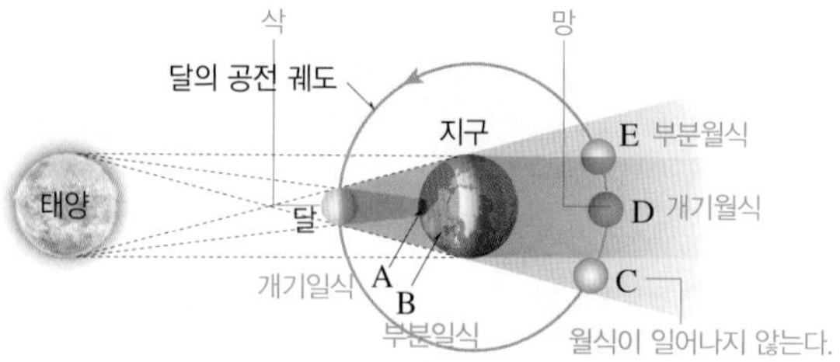

⑤ 월식이 일어날 때 달은 서에서 동으로 공전하여 지구 그림자에 들어가므로 북반구에서 달의 왼쪽부터 가려진다.
바로 알기 ①, ② 개기일식은 달이 태양을 완전히 가리는 A에서, 관측할 수 있고, 달이 태양의 일부를 가리는 B 지역에서는 부분일식을 관측할 수 있다.
③ 달이 D에 위치할 때는 망일 때이다.
④ 부분월식은 달의 일부가 지구의 그림자 안에 들어갈 때 일어나므로 달이 E에 위치할 때 부분월식이 일어나며, C에 위치할 때는 월식이 일어나지 않는다.

20 (2) 모범 답안 • A 집단이 B 집단보다 반지름이 작다.
• A 집단이 B 집단보다 질량이 작다.
• A 집단은 위성이 없거나 위성 수가 적고, B 집단은 위성 수가 많다.
• A 집단은 단단한 암석 표면이 있고, B 집단은 단단한 표면이 없다.
• A 집단은 고리가 없고, B 집단은 고리가 있다.

	채점 기준	배점
(1)	A와 B 집단의 이름을 모두 옳게 쓴 경우	40 %
(2)	물리적 특성 두 가지를 옳게 비교하여 서술한 경우	60 %
	물리적 특성 한 가지만 옳게 비교하여 서술한 경우	30 %

21 (1) 광구에서 나타나는 검은 점(A)은 흑점이고, 쌀알을 뿌려 놓은 것과 같은 무늬(B)는 쌀알 무늬이다.
(2) 흑점은 주변보다 온도가 낮아 어둡게 보인다.
(3) 광구 아래에서 일어나는 대류 과정에서 위로 올라오는 부분은 밝게 보이고 아래로 내려가는 부분은 어둡게 보여 광구에서 쌀알 무늬가 나타난다.

	채점 기준	배점
(1)	A와 B의 이름을 모두 옳게 쓴 경우	20 %
(2)	A가 검게 보이는 까닭을 온도로 옳게 서술한 경우	40 %
	온도의 수치를 포함하여 서술한 경우, 수치가 틀리면 오답 처리	0 %
(3)	B가 발생하는 원인을 대류로 옳게 서술한 경우	40 %
	대류의 어둡고 밝은 원리를 포함하여 서술한 경우, 내용이 틀리면 오답 처리	0 %

22 태양 활동이 활발할 때 태양에서는 흑점 수가 많아지고, 홍염과 플레어가 자주 발생하며, 태양풍이 강해진다. 지구에서는 자기장이 변하는 자기 폭풍이나 장거리 무선 통신이 두절되는 델린저 현상이 나타날 수 있다.

	채점 기준	배점
(1)	태양의 표면과 대기에서 나타나는 현상을 모두 서술한 경우	40 %
	태양의 표면과 대기에서 나타나는 현상 중 한 가지만 옳게 서술한 경우	20 %
(2)	지구에서 나타나는 현상 두 가지를 모두 옳게 서술한 경우	60 %
	지구에서 나타나는 현상 한 가지만 옳게 서술한 경우	30 %

23 (1) 지구가 A의 위치에 있을 때 태양은 궁수자리에, B의 위치에 있을 때 태양의 위치는 물고기자리에 위치하는 것처럼 보인다.
(2) 태양의 연주 운동은 지구가 공전하기 때문에 일어나는 겉보기 운동이다.

	채점 기준	배점
(1)	지구가 A와 B에 있을 때 태양의 위치를 모두 옳게 쓴 경우	40 %
	지구가 A와 B에 있을 때 태양의 위치를 한 가지만 옳게 쓴 경우	20 %
(2)	태양이 연주 운동하는 까닭을 지구의 공전과 관련지어 옳게 쓴 경우	60 %
	태양이 연주 운동하는 까닭을 지구의 위치가 달라지기 때문이라고만 경우	30 %

24 달의 위상은 A일 때 상현달, B일 때 보름달(망), C일 때 하현달, D일 때 삭이다.
(1) 달이 A 위치에 있을 때는 오른쪽 반원이 밝은 상현달로 보인다.
(2) 달이 태양빛을 받아 반사하는 부분의 모양은 달과 태양, 지구의 상대적인 위치에 따라 다르게 관측된다.

	채점 기준	배점
(1)	달의 이름을 옳게 쓴 경우	40 %
(2)	반사, 공전, 위치를 모두 포함하여 까닭을 옳게 서술한 경우	60 %
	공전, 위치만 포함하여 까닭을 옳게 서술한 경우	30 %

25 일식은 달이 삭의 위치에 있을 때 일어난다.

	채점 기준	배점
(1)	달, 지구, 태양의 배열과 형태를 옳게 서술한 경우	40 %
	태양, 달, 지구의 순이라고만 서술한 경우	20 %
(2)	그림과 같은 현상이 나타나는 까닭을 달의 공전과 관련지어 옳게 서술한 경우	60 %
	공전을 지칭하지 않고 서술한 경우	30 %

이 단원에서는 태양계의 구성 천체와 지구와 달의 운동에 대해 배웠어요. 지구, 달, 태양의 관계를 생각하며 배운 내용을 잘 생각해 봐요.

MEMO

시험 대비 교재

정답과 해설

V 힘의 작용

01 힘의 표현과 평형

중단원 핵심 요약

시험 대비 교재 2쪽

① 운동 상태 ② N(뉴턴) ③ 모양 ④ 작용점
⑤ 길이 ⑥ 같다 ⑦ 뺀 ⑧ 평형
⑨ 같 ⑩ 반대

잠깐 테스트

시험 대비 교재 3쪽

1 (1) × (2) ○ (3) ○ (4) ○ **2** N(뉴턴) **3** ㄹ, ㅁ
4 ① 작용점, ② 길이, ③ 방향 **5** 15 N, 동쪽 **6** ① 같, ② 더한 **7** 8 N **8** 200 N, 왼쪽 **9** ① 같, ② 반대, ③ 일직선상

계산력·암기력 강화 문제

시험 대비 교재 4쪽

◎ 힘의 합력과 평형 구하기

1 오른쪽, 15 N **2** 왼쪽, 50 N **3** 오른쪽, 30 N
4 오른쪽, 50 N **5** 330 N **6** 오른쪽, 200 N
7 왼쪽, 1500 N

1 두 힘은 같은 방향으로 작용하므로 합력의 방향은 오른쪽이고, 합력의 크기는 10 N+5 N=15 N이다.

2 두 힘은 같은 방향으로 작용하므로 합력의 방향은 왼쪽이고, 합력의 크기는 20 N+30 N=50 N이다.

3 두 힘은 반대 방향으로 작용하므로 합력의 방향은 큰 힘의 방향인 오른쪽이고, 합력의 크기는 80 N−50 N=30 N이다.

4 두 힘이 반대 방향으로 작용하므로 합력의 방향은 큰 힘의 방향인 오른쪽이고, 합력의 크기는 90 N−40 N=50 N이다.

5 두 힘은 반대 방향으로 작용하므로 합력의 방향은 큰 힘의 방향인 오른쪽이고, 합력의 크기는 x−150 N=180 N이므로 x=330 N이다.

6 물체에 작용하는 두 힘이 평형을 이루고 있을 때 두 힘의 합력은 0이다. 왼쪽으로 200 N의 힘이 작용하고 있을 때 오른쪽으로 200 N의 힘이 작용해야 두 힘의 합력이 0이 된다.

7 물체에 작용하는 두 힘이 평형을 이루고 있을 때 두 힘의 합력은 0이다. 오른쪽으로 1500 N의 힘이 작용하고 있을 때 왼쪽으로 1500 N의 힘이 작용해야 두 힘의 합력이 0이 된다.

중단원 기출 문제

시험 대비 교재 5~6쪽

01 ③ **02** ⑥, ⑦ **03** ② **04** ② **05** ③, ⑦
06 ④ **07** ⑤ **08** ③ **09** ① **10** ②, ④ **11** ②
12 ④ **13** ②

01 과학에서의 힘은 물체의 운동 상태나 모양을 변하게 하는 원인이다.
③ 책상을 힘을 줘서 밀었더니 책상이 움직인 것은 책상의 운동 상태가 변한 것이다. 즉, 책상에는 과학에서 말하는 힘이 작용한 것이다.
바로 알기 ①, ②, ④, ⑤ 물체의 모양이나 운동 상태의 변화가 없으므로 과학에서 말하는 힘이 아니다.

02 ⑥ 자동차가 벽에 세게 부딪히며 멈추면 자동차의 모양과 운동 상태가 모두 변한다.
⑦ 축구공을 세게 발로 차면 축구공의 모양과 운동 상태가 모두 변한다.
바로 알기 ① 용수철을 당겨서 늘어나는 것은 용수철의 모양이 변한 것이다.
② 책상 위에서 동전을 굴린 것은 운동 상태가 변한 것이다.
③ 볼펜이 교실 바닥에 떨어진 것은 운동 상태가 변한 것이다.
④ 고무 찰흙으로 그릇을 만든 것은 모양이 변한 것이다.
⑤ 날아오는 공에 유리컵이 깨진 것은 모양이 변한 것이다.

03 화살표의 시작점은 힘의 작용점, 화살표의 길이는 힘의 크기, 화살표의 방향은 힘의 방향을 나타낸다.

04 화살표의 길이는 10 N : 2 cm=20 N : x에서 x=4 cm이다. 따라서 동쪽으로 작용하는 힘 20 N은 동쪽을 가리키는 4 cm의 화살표로 나타내야 한다.

05 힘은 운동 상태나 모양을 변화시키는 원인이다. 이러한 힘을 표시할 때는 화살표로 나타내는데, 화살표의 길이가 힘의 크기, 화살표의 방향이 힘의 방향, 화살표의 시작점이 힘의 작용점을 나타낸다.
바로 알기 ③ 힘의 3요소는 크기, 방향, 작용점이다.
⑦ 힘의 크기와 방향이 같더라도 힘의 작용점이 다르면 힘의 효과가 달라진다.

06 힘이 작용하는 지점인 힘의 작용점이 달라서 두 컵의 움직임이 다르다.

07 두 힘이 같은 방향(오른쪽)으로 작용하므로 합력의 방향은 오른쪽이고, 합력의 크기는 150 N+100 N=250 N이다.

08 물체에 두 힘이 반대 방향으로 작용하고 있으므로 큰 힘의 방향은 오른쪽이다. 합력의 크기는 큰 힘에서 작은 힘을 뺀 값이므로 F의 크기를 x라고 하면 $x-3$ N=5 N에서 $x=8$ N이다.

09 왼쪽으로 작용하는 두 힘의 합력의 크기는 3 N+4 N=7 N이다. 따라서 물체에는 왼쪽으로 7 N, 오른쪽으로 5 N이 작용하고 있으므로 세 힘의 합력의 방향은 왼쪽이고, 합력의 크기는 7 N−5 N=2 N이다.

10 두 힘이 물체에 같은 방향으로 작용하는 경우 두 힘의 합력의 크기는 두 힘을 더한 값인 4 N+12 N=16 N이고, 두 힘이 물체에 반대 방향으로 작용하는 경우 두 힘의 합력의 크기는 두 힘을 뺀 값인 12 N−4 N=8 N이다.

11 두 힘이 평형을 이루려면 두 힘의 크기는 같고 방향이 반대이며, 일직선상에서 작용해야 한다.

12 ① 물체에 왼쪽으로 6 N의 힘이 작용하고, 오른쪽으로 6 N의 힘이 작용하고 있으므로 힘의 평형을 이루고 있다.
② 물체에 왼쪽으로 8 N의 힘이 작용하고, 오른쪽으로 5 N+3 N=8 N의 힘이 작용하고 있으므로 힘의 평형을 이루고 있다.
③ 물체에 위쪽으로 4 N의 힘이 작용하고, 아래쪽으로 4 N의 힘이 작용하고 있으므로 힘의 평형을 이루고 있다.
⑤ 물체에 대각선 위쪽으로 3 N의 힘이 작용하고, 대각선 아래쪽으로 3 N의 힘이 작용하고 있으므로 힘의 평형을 이루고 있다.
바로 알기 ④ 힘의 평형을 이루기 위해서는 위쪽을 향하는 힘의 크기와 아래쪽을 향하는 두 힘의 합력의 크기가 같아야 한다. 물체에 위쪽으로 5 N의 힘이 작용하고, 아래쪽으로 1 N+3 N=4 N의 힘이 작용하고 있으므로 힘의 평형을 이루고 있지 않다.

13 물체에 힘이 작용했을 때 물체가 정지해 있으면 물체에 작용하는 힘들은 서로 평형을 이루고 있다.
① 책상 위에 책이 놓여 있을 때 중력과 책상이 책을 떠받치는 힘이 평형을 이루고 있다.
③ 용수철에 추가 매달려 정지해 있을 때 중력과 탄성력이 평형을 이루고 있다.
④ 처마 끝에 종이 줄에 매달려 정지해 있을 때 중력과 줄이 종에 작용하는 힘이 평형을 이루고 있다.
⑤ 수평면에서 물체를 끌어도 움직이지 않을 때 마찰력과 물체를 끄는 힘이 평형을 이루고 있다.
⑥ 줄다리기에서 줄이 어느 쪽으로도 움직이지 않을 때 양쪽에서 줄을 잡아당기는 힘이 평형을 이루고 있다.
바로 알기 ② 물체가 빗면 위에서 운동하고 있으므로 물체에 작용하는 힘들이 평형을 이루고 있지 않다.

서술형 정복하기

시험 대비 교재 7~8쪽

1 답 물체의 운동 상태, 물체의 모양

2 답 N(뉴턴)

3 답 힘의 작용점, 힘의 방향, 힘의 크기

4 답 힘의 합력

5 답 힘의 평형

6 모범 답안 과학에서의 힘은 물체의 **운동 상태**나 **모양**을 변하게 하는 **원인**이다.

7 모범 답안 힘의 작용점은 **화살표의 시작점**으로 나타내고, 힘의 방향은 **화살표의 방향**으로 나타내며, 힘의 크기는 **화살표의 길이**로 나타낸다.

8 모범 답안 두 힘은 모두 **오른쪽**으로 작용하였으므로 **합력**의 방향은 오른쪽이고, 합력의 크기는 10 N+7 N=17 N이다.

9 모범 답안 두 힘의 합력의 **크기**는 **큰 힘**의 크기에서 **작은 힘**의 크기를 뺀 값이다.

10 모범 답안 두 힘의 **크기**는 같고 **방향**이 반대이며, **일직선상**에서 작용해야 한다.

11 모범 답안 종이를 찢는다, 고무줄을 늘인다, 용수철을 늘인다, 고무풍선을 손으로 누른다. 등

채점 기준	배점
물체의 모양이 변하는 예 두 가지를 모두 옳게 서술한 경우	100 %
물체의 모양이 변하는 예 한 가지만 옳게 서술한 경우	50 %

12 모범 답안 야구공이 찌그러지면서 모양이 변하고, 멀리 날아가면서 야구공의 운동 상태가 변한다.

채점 기준	배점
야구공의 모양과 운동 상태가 변한다고 옳게 서술한 경우	100 %
야구공의 운동 상태가 변한다고만 서술한 경우	50 %

13 모범 답안 힘의 크기는 10 N이고, 방향은 동쪽이다.
| 해설 | 힘의 크기는 2 N×5=10 N이다.

채점 기준	배점
힘의 크기와 방향을 모두 옳게 서술한 경우	100 %
힘의 크기와 방향 중 한 가지만 옳게 쓴 경우	50 %

14 모범 답안

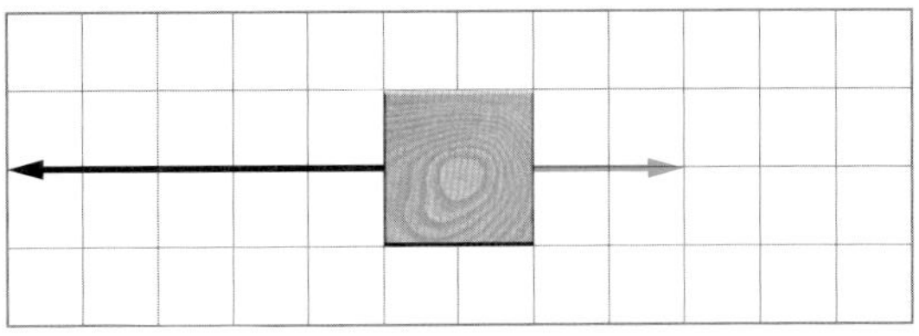

| 해설 | 10 N의 힘을 모눈종이 5칸으로 나타냈으므로 4 N의 힘은 모눈종이 2칸으로 나타낸다.

채점 기준	배점
화살표의 방향과 길이를 모두 옳게 나타낸 경우	100 %
화살표의 방향만 옳게 나타낸 경우	50 %

15 모범 답안 두 힘은 모두 오른쪽으로 작용하였으므로 두 힘의 합력의 방향은 오른쪽이고, 두 힘의 합력의 크기는 5 N+10 N=15 N이다.

채점 기준	배점
두 힘의 합력의 크기와 방향을 풀이 과정과 함께 옳게 구한 경우	100 %
두 힘의 합력의 크기와 방향만 옳게 구한 경우	50 %

16 모범 답안 두 힘 중 큰 힘인 10 N이 왼쪽으로 작용하였으므로 두 힘의 합력의 방향은 왼쪽이고, 두 힘의 합력의 크기는 10 N−5 N=5 N이다.

채점 기준	배점
두 힘의 합력의 크기와 방향을 풀이 과정과 함께 옳게 구한 경우	100 %
두 힘의 합력의 크기와 방향만 옳게 구한 경우	50 %

17 모범 답안 두 힘의 합력의 크기가 가장 큰 경우는 두 힘이 같은 방향으로 작용할 때인 8 N+3 N=11 N이다. 두 힘의 합력의 크기가 가장 작은 경우는 두 힘이 반대 방향으로 작용할 때인 8 N−3 N=5 N이다.

채점 기준	배점
두 힘의 합력의 크기가 가장 큰 경우와 작은 경우를 구하고, 그 까닭을 옳게 서술한 경우	100 %
두 힘의 합력의 크기가 가장 큰 경우와 작은 경우만 옳게 구한 경우	50 %

18 모범 답안 물체에 오른쪽으로 작용하고 있는 두 힘의 합력의 크기는 3 N+6 N=9 N이다. 물체에 작용하는 힘들이 평형을 이루고 있으므로 왼쪽으로 작용하고 있는 힘의 크기는 9 N이다.

채점 기준	배점
힘의 크기를 풀이 과정과 함께 옳게 구한 경우	100 %
힘의 크기만 옳게 구한 경우	50 %

02 여러 가지 힘

중단원 핵심 요약

시험 대비 교재 9쪽

① 지구 중심 ② 무게 ③ 질량 ④ 반대
⑤ 비례 ⑥ 반대 ⑦ 거칠수록 ⑧ 중력
⑨ 같다

잠깐 테스트

시험 대비 교재 10쪽

1 지구 중심 2 질량: 30 kg, 무게: 49 N 3 클 4 ① 오른쪽, ② 5 5 ① 방해, ② 반대 6 (1) × (2) ○ (3) × 7 ① 무거울, ② 거칠 8 ① 반대, ② 같다 9 ㄱ, ㄴ, ㅁ

계산력·암기력 강화 문제

시험 대비 교재 11쪽

◎ 지구와 달에서 무게와 질량 구하기

1 15, 147, 24.5 2 6, 58.8, 9.8 3 24, 235.2, 39.2
4 54, 529.2, 88.2 5 3, 3, 4.9 6 60, 60, 98
7 294, 30, 30 8 1176, 120, 120

1 (1) 지구에서의 질량과 같다.
(2) $9.8\times15=147$ (N)
(3) $147\text{ N}\times\dfrac{1}{6}=24.5\text{ N}$

2 (1) 지구에서의 질량과 같다.
(2) $9.8\times6=58.8$ (N)
(3) $58.8\text{ N}\times\dfrac{1}{6}=9.8\text{ N}$

3 (1) 달에서의 질량과 같다.
(2) $9.8\times24=235.2$ (N)
(3) $235.2\text{ N}\times\dfrac{1}{6}=39.2\text{ N}$

4 (1) 달에서의 질량과 같다.
(2) $9.8\times54=529.2$ (N)
(3) $529.2\text{ N}\times\dfrac{1}{6}=88.2\text{ N}$

5 (1) $\dfrac{29.4}{9.8}=3$ (kg)
(2) 지구에서의 질량과 같다.
(3) $29.4\text{ N}\times\dfrac{1}{6}=4.9\text{ N}$

6 (1) $\dfrac{588}{9.8}=60$ (kg)
(2) 지구에서의 질량과 같다.
(3) $588\text{ N}\times\dfrac{1}{6}=98\text{ N}$

7 (1) $49\text{ N}\times6=294\text{ N}$
(2) $\dfrac{294}{9.8}=30$ (kg)
(3) 지구에서의 질량과 같다.

8 (1) $196\text{ N}\times6=1176\text{ N}$
(2) $\dfrac{1176}{9.8}=120$ (kg)
(3) 지구에서의 질량과 같다.

계산력·암기력 강화 문제

시험 대비 교재 12쪽

◎ 용수철을 잡아당긴 힘의 크기와 용수철이 늘어난 길이

1 3 cm 2 48 cm 3 10 cm 4 19 cm 5 50 N
6 5 N 7 25 N

1 $5\text{ N}:1\text{ cm}=15\text{ N}:x$ $\therefore x=3\text{ cm}$

2 $50\text{ N}:30\text{ cm}=80\text{ N}:x$ $\therefore x=48\text{ cm}$

3 10 N : (35－30) cm＝20 N : x ∴ x＝10 cm

4 100 N : (13－3) cm＝300 N : x에서 용수철이 늘어난 길이 x＝9 cm이다.
따라서 용수철의 전체 길이는 10 cm＋9 cm＝19 cm이다.

5 20 N : 8 cm＝x : 20 cm ∴ x＝50 N

6 10 N : (52－50) cm＝x : 1 cm ∴ x＝5 N

7 5 N : (12－10) cm＝x : (20－10) cm ∴ x＝25 N

중단원 기출 문제

시험 대비 교재 13~15쪽

01 ②	02 ④	03 ⑤	04 ⑤	05 ④	06 ①
07 ③	08 ③, ④	09 ④	10 ①	11 ②	12 ④
13 ⑤	14 ③	15 ③	16 ②, ⑤	17 ④	18 ①
19 ④	20 ③	21 ⑤			

01 ④ 중력의 크기는 지구 중심에 가까울수록 크므로 지구에서 멀어질수록 중력의 크기는 작아진다.
바로 알기 ② 중력의 크기는 물체의 질량에 비례한다.

02 중력은 항상 지구 중심 방향으로 작용한다. 따라서 물체에는 D 방향으로 중력이 작용한다.

03 ①, ②, ③, ④ 눈이 땅바닥에 떨어지는 것, 잘 익은 사과가 나무에서 떨어지는 것, 물이 높은 곳에서 낮은 곳으로 흐르는 것, 비행기에서 뛰어내린 스카이다이버가 아래로 떨어지는 것은 모두 중력에 의해 나타나는 현상이다.
바로 알기 ⑤ 컴퓨터 자판을 눌렀을 때 다시 원래대로 돌아오는 것은 탄성력에 의해 나타나는 현상이다.

04 ⑤ 지구 표면에서 물체의 무게는 9.8×질량이다.
바로 알기 ① 물질의 고유한 양은 질량이고, 중력의 크기는 무게이다.
② 질량의 단위는 g, kg이고, 무게의 단위는 N이다.
③ 질량은 윗접시저울로 측정하고, 무게는 용수철저울로 측정한다.
④ 질량은 장소에 관계없이 측정값이 일정하지만, 무게는 장소에 따라 측정값이 변한다.

05 지구 중력의 크기＝지구에서의 무게＝9.8×질량＝9.8×20＝196 (N)이다.

06 지구에서 무게가 58.8 N인 물체의 지구에서 질량은 $\frac{58.8}{9.8}$＝6 (kg)이다. 달에서도 물체의 질량은 변하지 않으므로 6 kg이고, 달에서 물체의 무게는 지구에서의 $\frac{1}{6}$이므로
58.8 N×$\frac{1}{6}$＝9.8 N이다.

07 ㄴ. 물체의 무게는 물체에 작용하는 중력의 크기와 같다. 따라서 중력이 가장 작은 화성에서 무게가 가장 작다.
ㄷ. 질량은 물질의 고유한 양이므로 측정 장소에 따라 변하지 않는다. 따라서 금성에서도 물체의 질량은 10 kg이다.
바로 알기 ㄱ. 물체의 질량은 어느 천체에서나 같다.
ㄹ. 지구에서 물체의 무게는 (9.8×10) N＝98 N이다. 목성의 중력이 지구 중력의 2.5배이므로 무게도 2.5배이다. 따라서 목성에서 물체의 무게는 98 N×2.5＝245 N이다.

08 **바로 알기** ③ 탄성력의 방향은 탄성체를 변형시킨 힘의 방향과 반대이다.
④ 탄성체가 늘어날 수 있는 한계 이상으로 힘을 작용하면 탄성체는 탄성을 잃고 처음 상태로 돌아가지 못한다.

09 ㄱ. 탄성력의 방향은 용수철에 작용한 힘의 방향과 반대 방향이므로 왼쪽이다.
ㄷ. 탄성체가 많이 변형될수록 탄성력의 크기가 커지므로 오른쪽으로 더 잡아당기면 탄성력의 크기는 더 커진다.
바로 알기 ㄴ. 탄성력의 크기는 용수철에 작용한 힘의 크기와 같으므로 10 N이다.

10 용수철을 3 N의 힘으로 잡아당겼을 때 전체 길이가 10 cm가 되었고, 9 N의 힘으로 잡아당겼을 때 전체 길이가 14 cm가 되었으므로 차이를 구하면 6 N의 힘으로 잡아당겼을 때 용수철이 4 cm 늘어남을 알 수 있다. 따라서 6 N : 4 cm＝12 N : x에서 용수철의 늘어난 길이 x＝8 cm이다.

11 달의 중력은 지구 중력의 $\frac{1}{6}$이므로 달에서 추 6개의 무게는 지구에서 추 1개의 무게와 같다. 따라서 용수철이 늘어난 길이는 3 cm이다.

12 ①, ②, ③, ⑤ 양궁, 다이빙대, 빨래집게, 용수철저울은 탄성력을 이용한 예이다.
바로 알기 ④ 암벽 등반은 마찰력이 커야 좋은 예로 탄성력과 관계없다.

13 **바로 알기** ⑤ 접촉면의 넓이는 마찰력의 크기와 관계없다.

14 물체가 움직이지 않을 때 마찰력의 크기는 작용한 힘의 크기와 같으므로 20 N이고, 마찰력의 방향은 작용한 힘의 방향과 반대 방향이므로 왼쪽이다.

15 마찰력에 영향을 주는 요인을 알아보기 위해 실험을 비교할 때, 알아보고자 하는 요인을 제외한 다른 요인들은 실험에 영향을 미치지 않도록 모두 같은 조건이어야 한다. (가)와 (다)는 나무 도막의 무게만 다르므로 무게와 마찰력의 관계를 알기 위해서는 (가)와 (다)를 비교해야 하고, (가)와 (라)는 접촉면의 거칠기만 다르므로 접촉면의 거칠기와 마찰력의 관계를 알기 위해서는 (가)와 (라)를 비교해야 한다.

16 ②, ⑤ 물체가 잘 미끄러지게 하므로 마찰력을 작게 하기 위한 방법이다.
바로 알기 ②, ③, ⑤, ⑥, ⑦ 물체가 잘 미끄러지지 않게 하므로 마찰력을 크게 하기 위한 방법이다.

17 ㄴ. 풍등의 부피가 클수록 부력의 크기가 커진다.
ㄹ. 부력은 액체나 기체 속에서 작용한다.
바로 알기 ㄱ. 풍등은 부력에 의해 공기 중으로 뜬다. 부력의 방향은 중력과 반대 방향인 위 방향이다.
ㄷ. 물체의 재질은 부력의 크기와 상관없다.

18 부력은 물체가 물속에 잠긴 부피가 클수록 크므로 부력의 크기는 A>B이다. A에 B보다 큰 부력이 작용하는 데 물속에 가라앉아 있고, B에는 A보다 작은 부력이 작용하는 데 물 위에 떠 있으므로 A에 B보다 큰 중력이 작용했음을 알 수 있다. 따라서 중력의 크기는 A>B이다.

19 부력의 크기=물 밖에서 추의 무게−물속에서 추의 무게로 구할 수 있다. 물속에서 추의 무게는 8 N이고 추가 받는 부력의 크기가 2 N이므로 물 밖에서 추의 무게는 8 N+2 N =10 N이다.

20 넘친 물의 무게는 부력의 크기와 같다. 부력의 크기=물 밖에서 물체의 무게−물속에서 물체의 무게=10 N−7 N=3 N 이므로 넘친 물의 무게는 3 N이다.

21 ①, ②, ③, ④ 헬륨 풍선, 풍등, 배, 구명조끼는 부력을 이용하는 경우이다.
바로 알기 ⑤ 수영장에서 사용하는 다이빙대는 탄성력을 이용한 경우이다.

서술형 정복하기

시험 대비 교재 16~17쪽

1 답 중력

2 답 무게

3 답 탄성체에 작용한 힘의 방향과 반대 방향

4 답 마찰력

5 답 커진다.

6 답 중력의 방향과 반대 방향

7 모범 답안 A, **물체**에 작용하는 **중력**의 방향은 **지구 중심** 방향이므로 물체는 A 방향으로 움직인다.

8 모범 답안 **추**에는 **중력**이 아래쪽으로 작용하고, **탄성력**이 위쪽으로 작용한다.

9 모범 답안 **마찰력**은 물체의 **운동 방향**과 **반대** 방향으로 작용하므로 왼쪽으로 20 N의 크기로 작용한다.

10 모범 답안 **물에 잠긴 부피**가 클수록 **부력**이 크게 작용하므로 A보다 B에 작용하는 부력의 크기가 크다.

11 모범 답안 (1) 지구에서 물체의 무게는 9.8×질량이므로 (9.8×60) N=588 N이다.
(2) 달에서의 중력은 지구에서의 $\frac{1}{6}$이므로 달에서 물체의 무게 $=588\text{ N}\times\frac{1}{6}=98\text{ N}$이다.

채점 기준		배점
(1)	지구에서의 무게를 풀이 과정과 함께 옳게 구한 경우	50 %
	지구에서의 무게만 옳게 구한 경우	25 %
(2)	달에서의 무게를 풀이 과정과 함께 옳게 구한 경우	50 %
	달에서의 무게만 옳게 구한 경우	25 %

12 모범 답안 (1)

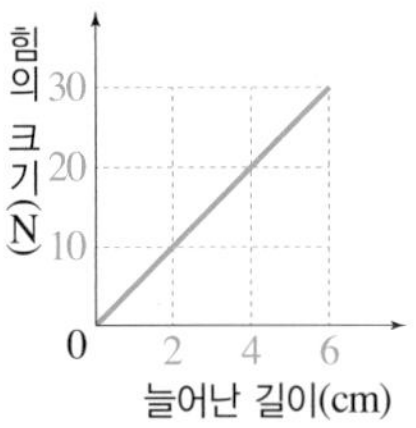

(2) 10 N의 힘으로 잡아당겼을 때 용수철이 2 cm 늘어나므로 10 N : 2 cm=x : 50 cm에서 힘의 크기 x=250 N이다.
| 해설 | 용수철을 잡아당긴 힘의 크기가 증가할수록 용수철이 늘어난 길이가 증가한다. 따라서 그래프를 그리면 원점을 지나는 직선 형태가 된다.

채점 기준		배점
(1)	용수철이 늘어난 길이와 힘의 크기 관계 그래프를 옳게 그린 경우	50 %
	가로축과 세로축의 값을 쓰지 못하고 그래프의 개형만 옳게 그린 경우	25 %
(2)	힘의 크기를 풀이 과정과 함께 옳게 구한 경우	50 %
	힘의 크기만 옳게 구한 경우	25 %

13 모범 답안 물체의 무게가 무거울수록 마찰력의 크기가 크다.
| 해설 | (가)와 (나)는 물체의 무게를 달리하였을 때 마찰력의 크기를 측정하는 실험이다. 실험 결과 물체의 무게가 무거울수록 마찰력의 크기가 크다는 사실을 알 수 있다.

채점 기준	배점
물체의 무게와 마찰력의 크기의 관계를 옳게 서술한 경우	100 %
물체의 무게가 아닌 다른 것과 마찰력의 크기 관계를 서술한 경우	0 %

14 모범 답안 헬륨 풍선에 작용하는 부력의 크기가 중력의 크기보다 크기 때문이다.
| 해설 | 헬륨 풍선에는 부력이 중력보다 더 크게 작용한다. 따라서 풍선을 놓으면 풍선은 부력에 의해 하늘로 올라간다.

채점 기준	배점
중력과 부력의 크기를 비교하여 옳게 서술한 경우	100 %
부력이 작용해서라고 서술한 경우	50 %

15 모범 답안 나무 도막에 작용하는 부력의 크기가 더 커진다.

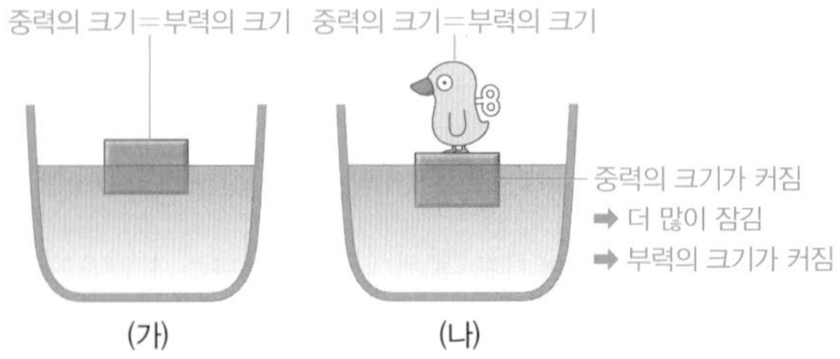

| 해설 | 물체에 작용하는 부력의 크기는 물에 잠긴 물체의 부피가 클수록 크다. 따라서 나무 도막 위에 물체를 올려 나무 도막을 물속으로 더 많이 잠기게 하면 나무 도막에 작용하는 부력의 크기도 더 커진다.

채점 기준	배점
부력의 크기 변화를 옳게 서술한 경우	100 %

03 힘의 작용과 운동 상태 변화

중단원 핵심 요약 시험 대비 교재 18쪽

① 알짜힘 ② 속력 ③ 수직 ④ 증가
⑤ 중심 ⑥ 비스듬하게 ⑦ 변한다
⑧ 중력 ⑨ 평형

잠깐 테스트 시험 대비 교재 19쪽

1 (1) 속력 (2) 운동 방향 (3) 속력, 운동 방향 2 ① 2, ② $\frac{1}{2}$ 3 ① 증가, ② 감소 4 ① B, ② C 5 (1) × (2) ○ (3) × (4) ○ 6 (1) ㉠ (2) ㉢ (3) ㉡ (4) ㉣
7 ① 중력, ② 평형 8 탄성력

중단원 기출 문제 시험 대비 교재 20~22쪽

01 ⑤	02 ①	03 ②	04 ④	05 ④	06 ④
07 ④	08 ③	09 ②	10 ③	11 ①	12 ②
13 ①	14 ③	15 ①	16 ③	17 ④	18 ②

01 알짜힘은 물체에 작용하는 힘의 합력이다. 같은 방향으로 작용하는 두 힘의 합력의 크기는 5 N+3 N=8 N이고, 합력의 방향은 두 힘의 방향과 같은 오른쪽이다.

02 물체의 운동 상태가 변하지 않았으므로 물체에 작용하는 알짜힘은 0이다. 물체에 20 N의 힘이 오른쪽으로 작용하였지만, 20 N의 마찰력이 왼쪽으로 작용하여 알짜힘이 0이 된다.

03 물체의 운동 방향은 변하고 있고 물체의 속력을 나타내는 화살표의 길이가 일정하므로 물체의 속력은 일정하다. 물체에 운동 방향과 수직 방향으로 힘이 작용하면 물체의 속력은 일정하고 운동 방향만 변하는 운동을 한다.

04 물체의 운동 방향과 같은 방향으로 알짜힘이 작용하면, 운동 방향은 일정하고 속력이 빨라지는 운동을 한다.

05 위로 던져 올린 공이 올라가는 동안에는 공의 운동 방향과 반대 방향으로 힘이 작용하여 운동 방향은 일정하고 속력이 점점 느려지는 운동을 한다.
바로 알기 ⑤ 공에 작용하는 힘은 중력으로, 연직 아래 방향으로 작용한다.

06 속력 변화는 물체에 작용하는 알짜힘의 크기에 비례하고, 물체의 질량에 반비례한다. 즉, $\frac{\text{알짜힘의 크기}}{\text{물체의 질량}}$에 비례한다.

① $\frac{30\text{ N}}{10\text{ kg}} \rightarrow 2$ ② $\frac{30\text{ N}}{10\text{ kg}} \rightarrow 3$ ③ $\frac{30\text{ N}}{10\text{ kg}} \rightarrow 2$
④ $\frac{80\text{ N}}{20\text{ kg}} \rightarrow 4$ ⑤ $\frac{80\text{ N}}{40\text{ kg}} \rightarrow 2$

따라서 속력 변화는 $\frac{\text{알짜힘의 크기}}{\text{물체의 질량}}$의 값이 가장 큰 ④가 가장 크다.

07 ㄴ, ㄷ 탁구공의 운동 방향을 크게 변화시키려면 탁구공에 작용하는 힘의 크기가 커져야 하므로 헤어드라이어의 바람의 세기를 강하게 하거나 헤어드라이어를 탁구공이 지나가는 길에 더 가깝게 놓아야 한다.
바로 알기 ㄱ. 물체의 질량이 클수록 물체의 운동 방향이 작게 변한다. 따라서 탁구공보다 질량이 작은 공을 사용해야 한다.

08 힘이 작용하는 방향은 원의 중심 방향(C)이고, 공의 운동 방향은 원의 접선 방향(D)이다.

09 ② 물체의 운동 방향과 물체에 작용하는 힘의 방향이 수직이면, 물체는 대관람차와 같이 속력이 일정한 원운동을 한다.
바로 알기 ①, ④ 그네와 바이킹은 실에 매달린 물체가 같은 경로를 왕복하는 운동과 같은 운동을 하며 물체의 운동 방향과 물체에 작용하는 힘의 방향이 비스듬하다.
③ 모노레일은 속력과 운동 방향이 일정한 운동을 하며 물체에 힘이 작용하지 않는다.
⑤ 자이로드롭은 속력이 일정하게 증가하는 운동을 하며 물체의 운동 방향과 물체에 작용하는 힘의 방향이 같다.

10 ③ 비스듬히 차올린 축구공은 포물선 운동을 하며, 속력과 운동 방향이 모두 변하는 운동을 한다.
바로 알기 ① 공의 운동 방향은 일정하지 않다.
② 공의 속력은 계속 변한다.
④ 공에 작용하는 힘은 중력이며 아래 방향으로 일정하게 작용한다.
⑤ 중력이 공의 운동 방향과 비스듬하게 작용한다.

11 ②, ③ 실에 매달린 물체가 왕복하는 운동은 운동 방향과 알짜힘의 방향이 계속 변하는 운동이다.
④ 물체에 작용하는 알짜힘은 운동 방향에 비스듬하게 작용한다. 즉, 알짜힘의 방향은 운동 방향과 나란하지 않다.
⑤ 이와 같은 운동을 하는 예로는 바이킹, 그네, 시계추 등이 있다.
바로 알기 ① 물체의 속력은 계속 변한다.

12 (가)는 비스듬히 던져 올린 물체가 포물선을 그리며 움직이는 운동이고, (나)는 실에 매달린 물체가 같은 경로를 왕복하는 운동이다.
② (가)에서 물체에는 중력이 연직 아래 방향으로 작용한다.
바로 알기 ① (가)에서 물체는 속력이 계속 변한다.
③ (나)에서 물체에 작용하는 힘의 방향은 계속 변한다.
④ (가)와 (나)에서 물체에 작용하는 힘의 방향은 운동 방향과 비스듬하다.
⑤ (가)와 (나)는 속력과 운동 방향이 모두 변하는 운동이다.

13 ㄱ, ㄷ. 비스듬히 던진 공과 놀이터에서 움직이는 그네는 속력과 운동 방향이 모두 변하는 운동을 한다.
바로 알기 ㄴ, ㄹ. 대관람차와 인공위성은 속력은 일정하고 운동 방향만 변하는 운동을 한다.
ㅁ. 리프트는 속력과 운동 방향이 모두 일정한 운동을 한다.
ㅂ. 연직 위로 던져 올라가는 공은 속력만 변하는 운동을 한다.

14 회전목마는 속력이 일정하고 운동 방향만 변하는 운동을 하고 무빙워크는 속력과 운동 방향이 모두 일정한 운동을 한다. 따라서 (가)는 '물체의 운동 방향은 변하는가?'이다.

15

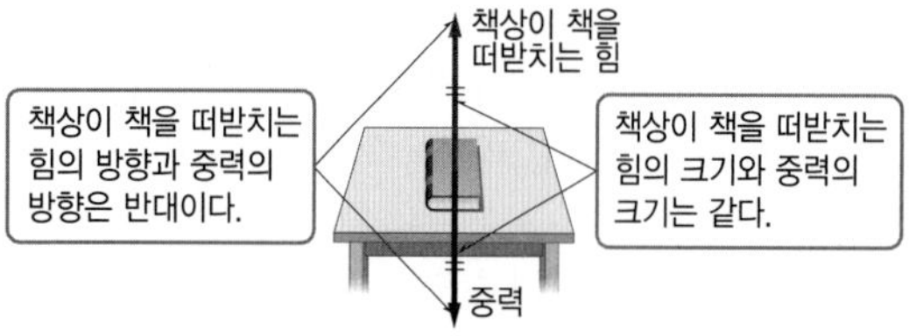
책상이 책을 떠받치는 힘
책상이 책을 떠받치는 힘의 방향과 중력의 방향은 반대이다.
책상이 책을 떠받치는 힘의 크기와 중력의 크기는 같다.
중력

책상 위에 놓인 책에는 아래 방향으로 중력이 작용하고, 위 방향으로 책상이 책을 떠받치는 힘이 작용한다. 이때 두 힘은 평형을 이루고 있으므로 방향이 반대이고, 크기가 같다.

바로 알기 ① 책에 작용하는 중력과 책상이 책을 떠받치는 힘은 평형을 이루고 있으므로 두 힘의 방향은 반대이다.

16 ③ 추의 운동 상태가 변하지 않으므로 추에 작용하는 힘은 평형을 이루고 있다.

바로 알기 ① 용수철에 추가 가만히 매달려 있으므로 운동 상태가 변하지 않는다.
② 추에는 탄성력이 위로 작용하고 있다.
④ 추에는 위쪽 방향으로 탄성력, 아래 방향으로 중력이 작용하고 있다.
⑤ 추에 작용하는 힘은 평형을 이루고 있으므로 추에 작용하고 있는 알짜힘은 0이다.

17 나무 도막의 오른쪽 방향으로는 용수철로 인한 탄성력(B)이 작용하고 있다. 나무도막이 움직이는 방향과 반대인 왼쪽 방향으로는 마찰력(A)이 작용하고 있고, 아래 방향으로는 중력(C)이 작용하고 있다.

18

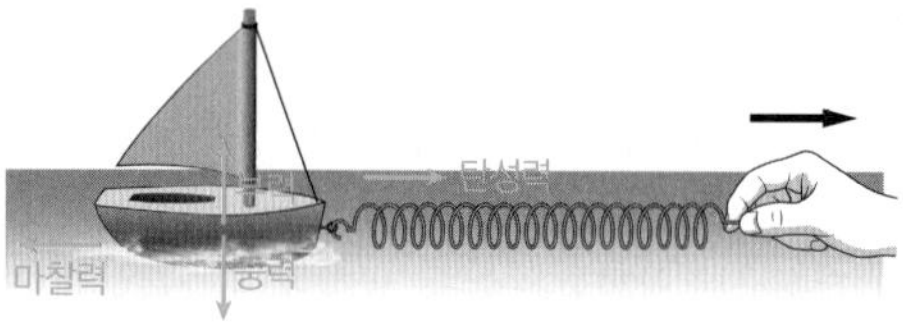
탄성력
마찰력
중력

중력은 지구 중심 방향, 탄성력은 원래 모양으로 돌아가려는 방향, 마찰력은 운동하거나 운동하려고 하는 방향의 반대 방향, 부력은 중력의 반대 방향으로 각각 작용한다.

서술형 정복하기

시험 대비 교재 23~24쪽

1 답 알짜힘
2 답 0
3 답 운동 방향
4 답 증가한다.
5 답 원의 중심 방향
6 답 비스듬한 방향
7 답 중력, 바닥이 물체를 떠받치는 힘

8 모범 답안 **알짜힘**이 물체의 운동 방향과 비스듬한 방향으로 작용했을 때 물체의 **속력**과 **운동 방향**이 모두 변한다.

9 모범 답안 물체의 **속력**만 감소하려면 **알짜힘**이 물체의 **운동 방향**과 반대 방향으로 작용해야 한다.

10 모범 답안 **알짜힘**이 물체의 운동 방향과 **수직**으로 작용하면 물체는 일정한 **속력**으로 원운동을 한다.

11 모범 답안 **비스듬히** 던져 올린 물체가 **포물선**을 그리며 움직이는 운동과 실에 매달린 물체가 같은 경로는 **왕복**하는 운동을 한다.

12 모범 답안 추의 **아래** 방향으로 중력이 작용하고, **위** 방향으로 탄성력이 작용한다.

13 모범 답안 두 힘 중 큰 힘인 600 N이 오른쪽 방향으로 작용하고 있으므로 알짜힘의 방향은 오른쪽이다. 알짜힘의 크기는 600 N−450 N=150 N이다.

채점 기준	배점
알짜힘의 방향과 크기를 풀이 과정과 함께 옳게 구한 경우	100 %
알짜힘의 방향만 옳게 구한 경우	50 %

14 모범 답안 물체에 작용한 힘의 방향은 물체의 운동 방향과 비스듬한 방향이다.

채점 기준	배점
물체에 작용한 힘의 방향을 운동 방향과 비스듬한 방향이라고 서술한 경우	100 %
물체에 작용한 힘의 방향이 비스듬한 방향이라고만 서술한 경우	50 %

15 모범 답안 (1) 회전목마는 운동 방향이 변하고 속력이 일정한 원운동을 한다.
(2) 인공위성, 대관람차, 선풍기의 날개 등

채점 기준		배점
(1)	운동 방향이 변하고 속력이 일정한 원운동을 한다고 서술한 경우	50 %
	원운동을 한다고만 서술한 경우	25 %
(2)	운동의 예를 두 가지 모두 쓴 경우	50 %
	운동의 예를 한 가지만 쓴 경우	25 %

16 모범 답안 (1) 물체의 속력과 운동 방향이 변하는 운동을 한다.
(2) 바이킹, 그네, 시계추 등

채점 기준		배점
(1)	속력과 운동 방향이 모두 변하는 운동을 한다고 서술한 경우	50 %
	운동 방향이 변하는 운동을 한다고만 서술한 경우	25 %
(2)	운동의 예를 두 가지 모두 쓴 경우	50 %
	운동의 예를 한 가지만 쓴 경우	25 %

17 모범 답안

책상이 책을 떠받치는 힘
중력

채점 기준	배점
중력과 바닥이 책을 떠받치는 힘을 모두 옳게 나타낸 경우	100 %
중력만 옳게 나타낸 경우	50 %

18 모범 답안 물체에는 탄성력이 왼쪽으로 작용하고, 중력이 아래쪽으로 작용하며, 마찰력이 오른쪽으로 작용한다.

채점 기준	배점
물체에 작용한 힘의 종류와 방향을 모두 옳게 서술한 경우	100 %
물체에 작용한 힘의 종류만 옳게 서술한 경우	50 %

Ⅵ 기체의 성질

01 기체의 압력

중단원 핵심 요약 시험 대비 교재 25쪽

① 압력	② 커	③ 커	④ <
⑤ <	⑥ 모든	⑦ 충돌	⑧ 증가
⑨ 모든	⑩ 많		

잠깐 테스트 시험 대비 교재 26쪽

1 압력 **2** ① 커, ② 작아 **3** (다) **4** ㄱ, ㄴ, ㄷ
5 ① 면적, ② 작 **6** 압력 **7** 충돌 **8** ① 운동, ② 충돌
9 30 **10** ㄱ, ㄷ, ㄹ

중단원 기출 문제 시험 대비 교재 27~28쪽

01 ③ **02** ③ **03** ⑤ **04** ② **05** ⑤ **06** ⑤
07 ②, ⑤ **08** ②, ⑦ **09** ③ **10** ① **11** ①

01 바로 알기 ③ 같은 크기의 힘이 작용할 때 힘이 작용하는 면적이 좁을수록 압력이 커진다.

02 (가)와 (나)는 힘이 작용하는 면적이 같고, 작용하는 힘의 크기와 스펀지가 눌리는 정도는 (가)<(나)이다.
(다)와 (라)는 작용하는 힘의 크기가 같고, 힘이 작용하는 면적은 (가)>(나), 스펀지가 눌리는 정도는 (가)<(나)이다.

03 ⑤ (가)와 (나)에서 힘이 작용하는 면적이 같고, 작용하는 힘은 (가)<(나)이므로 압력의 크기는 (가)<(나)이다. (다)와 (라)에서 작용하는 힘의 크기는 같고, 힘이 작용하는 면적은 (다)>(라)이므로 압력의 크기는 (다)<(라)이다.

04 ①, ③ (가)와 (나)는 작용하는 힘의 크기가 같고, (가)는 (나)보다 힘이 작용하는 면적이 좁으므로 스펀지가 눌리는 깊이는 (가)>(나)이다.
④, ⑤, ⑥ (나)와 (다)는 힘이 작용하는 면적이 같고, (나)보다 (다)에 작용하는 힘의 크기가 크므로 (나)보다 (다)의 스펀지가 깊게 눌린다.
바로 알기 ② (가)는 (나)보다 힘이 작용하는 면적이 좁다.

05

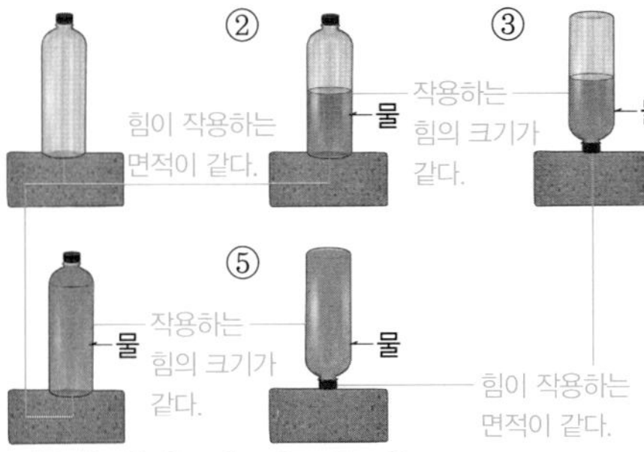

• 작용하는 힘: ①<②=③<④=⑤
• 힘이 작용하는 면적: ①=②=④>③=⑤

힘의 크기가 클수록, 힘이 작용하는 면적이 좁을수록 압력이 크다. 따라서 물이 가득 들어 있는 페트병을 입구 쪽으로 세워서 스펀지에 올려놓은 ⑤에서 압력이 가장 크다.

06 ⑤ 누름못 1개 위에 올린 풍선은 터지지만 누름못 30개 위에 올린 풍선은 터지지 않는 것으로 보아 힘이 작용하는 면적이 넓을수록 압력이 작아진다는 것을 알 수 있다.

07 ②, ⑤ 스키, 갯벌에서 사용하는 널빤지는 압력을 작게 하여 이용하는 경우이다.
바로 알기 ①, ③, ④ 바늘, 하이힐, 아이젠의 뾰족한 부분은 압력을 크게 하여 이용하는 경우이다.

08 ① 기체의 압력은 기체 입자가 용기 벽의 일정한 면적에 충돌하여 가하는 힘이다.
③ 기체의 압력이 나타나는 까닭은 기체 입자가 운동하면서 용기 벽에 충돌하기 때문이다.
④ 기체 입자가 용기 벽에 충돌하는 횟수가 많을수록 용기가 받는 힘이 커지므로 기체의 압력이 커진다.
⑤ 온도와 부피가 일정할 때 기체 입자의 수가 많아지면 기체 입자의 충돌 횟수가 늘어 기체의 압력이 커진다.
⑥ 부피와 기체 입자의 수가 일정할 때 기체 입자의 운동 속도가 빨라지면 기체의 압력이 커진다.
바로 알기 ② 온도가 일정할 때 일정량의 기체의 부피가 커지면 기체의 압력이 작아진다.
⑦ 대기압은 보통 지표면에서 1기압이며, 지표면에서 높이 올라갈수록 작아진다.

09 ③ 고무풍선에 공기를 불어 넣으면 풍선 속 기체 입자의 수가 증가하여 기체 입자의 충돌 횟수가 증가하므로 공기의 압력이 커져 풍선이 부풀어 오른다.
바로 알기 ① 풍선 속 공기의 압력이 커진다.
② 풍선 속 기체 입자의 크기는 일정하다.
④ 풍선 속 기체 입자의 운동 속도는 일정하다.
⑤ 풍선 속 기체 입자의 충돌 횟수가 증가한다.

10 ① 손바닥 전체에서 쇠구슬이 충돌하는 힘이 느껴지는 것으로 보아 기체의 압력은 모든 방향으로 작용한다는 것을 알 수 있다.

11 ㄱ. 쇠구슬이 충돌하는 힘은 기체의 압력에 해당하며, 이는 손바닥 전체에서 느껴진다.
ㄴ. 쇠구슬이 충돌하는 힘의 크기는 쇠구슬의 수가 많을수록 크게 느껴지므로 (가)<(나)이다.
바로 알기 ㄷ. 기체 입자의 수가 많을수록 기체의 압력이 증가함을 알 수 있다.
ㄹ. 쇠구슬을 같은 빠르기로 흔들었기 때문에 입자의 운동 속도에 따른 기체의 압력 변화는 알 수 없다.

서술형 정복하기 시험 대비 교재 29~30쪽

1 답 커진다.

2 답 작아진다.

3 답 압력을 작게 하는 경우

4 답 모든 방향

5 답 커진다.

6 모범 답안 압력은 일정한 **면적**에 작용하는 **힘**이다.

7 모범 답안 **힘**이 작용하는 **면적**이 좁을수록 **압력**이 커진다.

8 모범 답안 **기체 입자**가 **운동**하면서 **용기** 벽면에 **충돌**하기 때문이다.

9 모범 답안 농구공 속 **기체 입자의 수**가 늘어나고 **충돌 횟수**가 증가하여 농구공 속 기체의 **압력**이 커지기 때문이다.

10 모범 답안 에어백에 **기체**를 채우면 **압력**이 커져 부풀어 오른다.

11 모범 답안 (가)<(나)<(다), 압력은 힘의 크기가 클수록, 힘이 작용하는 면적이 좁을수록 커지기 때문이다.

채점 기준	배점
스펀지가 눌리는 정도를 옳게 비교하고, 그 까닭을 옳게 서술한 경우	100 %
스펀지가 눌리는 정도만 옳게 비교한 경우	40 %

12 모범 답안 힘이 작용하는 면적이 좁을수록 압력이 커지기 때문이다.

채점 기준	배점
연필심 쪽에 닿아 있는 손가락이 더 아픈 까닭을 힘이 작용하는 면적과 압력의 관계로 옳게 서술한 경우	100 %
그 외의 경우	0 %

13 모범 답안 (1) 바닥을 넓게 하여 힘이 작용하는 면적을 넓혀 압력을 작게 한다.
(2) 끝부분을 좁게 하여 힘이 작용하는 면적을 좁혀 압력을 크게 한다.

	채점 기준	배점
(1)	(가)에서 이용한 압력의 성질을 옳게 서술한 경우	50 %
(2)	(나)에서 이용한 압력의 성질을 옳게 서술한 경우	50 %

14 모범 답안 축구공 속 공기의 압력이 증가한다.

채점 기준	배점
공기의 압력이 증가한다는 내용을 포함하여 옳게 서술한 경우	100 %
그 외의 경우	0 %

15 모범 답안 기체의 압력은 모든 방향으로 작용한다. 기체 입자의 수가 많을수록 기체의 압력이 커진다.

채점 기준	배점
실험을 통해 알 수 있는 사실 두 가지를 모두 옳게 서술한 경우	100 %
실험을 통해 알 수 있는 사실을 한 가지만 옳게 서술한 경우	50 %

16 모범 답안 (1) 용기의 부피가 줄어들어 기체 입자의 충돌 횟수가 증가하므로 기체의 압력이 증가한다.
(2) 기체 입자의 운동 속도가 빨라지므로 기체의 압력이 증가한다.

	채점 기준	배점
(1)	실험 조건을 변화시킬 때 기체의 압력 변화와 그 까닭을 모두 옳게 서술한 경우	50 %
(2)	실험 조건을 변화시킬 때 기체의 압력 변화와 그 까닭을 옳게 서술한 경우	50 %

02 기체의 압력 및 온도와 부피 관계

중단원 핵심 요약 (시험 대비 교재 31쪽)

① 반비례 ② 일정 ③ 감소 ④ 감소
⑤ 샤를 ⑥ 감소 ⑦ 증가

잠깐 테스트 (시험 대비 교재 32쪽)

1 ① 감소, ② 증가 2 보일 법칙 3 ① A, ② C
4 충돌 횟수 5 ① 증가, ② 감소 6 샤를 법칙 7 C
8 운동 속도 9 ① 증가, ② A 10 (1)-㉡ (2)-㉠

계산력·암기력 강화 문제 (시험 대비 교재 33쪽)

보일 법칙 계산하기

1 20 mL 2 3 mL 3 4배 4 2기압 5 0.4기압
6 ㉠ 2, ㉡ 12.5

1 [방법 1] 압력이 3배가 되면 기체의 부피는 $\frac{1}{3}$이 되므로 $60\ \mathrm{mL}\times\frac{1}{3}=20\ \mathrm{mL}$이다.
[방법 2] $1기압\times60\ \mathrm{mL}=3기압\times V_{나중}$이므로
$V_{나중}=\frac{1기압}{3기압}\times60\ \mathrm{mL}=20\ \mathrm{mL}$이다.

2 바닷속으로 10 m 깊어질 때마다 압력이 1기압씩 증가하므로 바닷속 20 m에서의 압력은 대기압을 더한 값인 3기압이다.
$3기압\times1\ \mathrm{mL}=1기압\times V_{나중}$이므로
$V_{나중}=\frac{3기압}{1기압}\times1\ \mathrm{mL}=3\ \mathrm{mL}$이다.

3 [방법 1] 25 mL는 100 mL의 $\frac{1}{4}$이므로 압력은 4배가 되어야 한다.
[방법 2] $1기압\times100\ \mathrm{mL}=P_{나중}\times25\ \mathrm{mL}$이므로
$P_{나중}=\frac{100\ \mathrm{mL}}{25\ \mathrm{mL}}\times1기압=4기압$이다. 따라서 압력은 4배가 되어야 한다.

4 $4기압\times100\ \mathrm{mL}=P_{나중}\times200\ \mathrm{mL}$이므로
$P_{나중}=\frac{100\ \mathrm{mL}}{200\ \mathrm{mL}}\times4기압=2기압$이다.

5 1기압일 때 기체의 부피가 40 mL이다.
1기압×40 mL=$P_{나중}$×100 mL이므로

$P_{나중}=\frac{40\ mL}{100\ mL}$×1기압=0.4기압이다.

6 ㉠ 1기압×50 mL=$P_{나중}$×25 mL이므로

$P_{나중}=\frac{50\ mL}{25\ mL}$×1기압=2기압이다.

㉡ 1기압×50 mL=4기압×$V_{나중}$이므로

$V_{나중}=\frac{1기압}{4기압}$×50 mL=12.5 mL이다.

중단원 기출 문제

시험 대비 교재 34~36쪽

01 ⑤	02 ③	03 ⑤	04 ②	05 ①, ④	06 ①	
07 ②	08 ④	09 ②	10 ②	11 ⑤	12 ③	13 ②
14 ④	15 ①	16 ⑤				

01 ①, ②, ③ 온도가 일정할 때 압력이 증가하면 기체의 부피는 감소하고, 압력이 감소하면 기체의 부피는 증가한다. 일정한 온도에서 일정량의 기체의 부피는 압력에 반비례한다는 사실을 과학자 보일이 발견하여 보일 법칙이라고 한다.
④ 기체의 부피가 증가하면 기체 입자의 충돌 횟수가 감소하고, 기체의 부피가 감소하면 기체 입자의 충돌 횟수가 증가한다.
바로 알기 ⑤ 입자의 운동 속도는 온도에 의해서만 결정된다. 따라서 온도가 일정하면 입자의 운동 속도는 변하지 않는다.

02

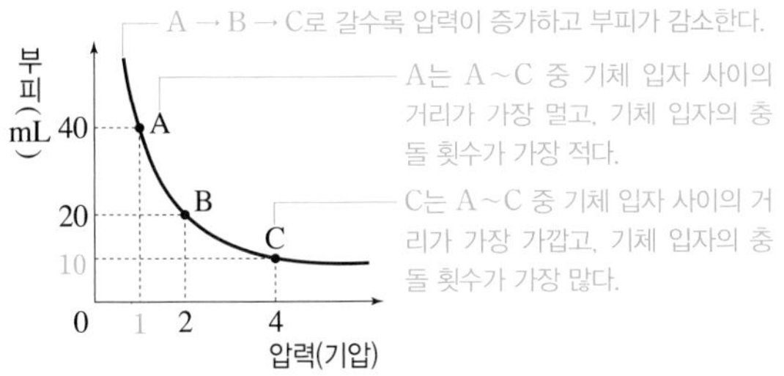
A → B → C로 갈수록 압력이 증가하고 부피가 감소한다.
A는 A~C 중 기체 입자 사이의 거리가 가장 멀고, 기체 입자의 충돌 횟수가 가장 적다.
C는 A~C 중 기체 입자 사이의 거리가 가장 가깝고, 기체 입자의 충돌 횟수가 가장 많다.
부피(mL)
40
20
10
0
1
2
4
A
B
C
압력(기압)

①, ⑥, ⑦ 일정한 온도에서 일정량의 기체의 압력과 부피 사이의 관계를 나타낸 그래프로, 압력과 부피를 곱한 값은 모두 같으며, 보일 법칙으로 설명할 수 있다.
② 40 mL는 20 mL의 2배이므로 압력은 절반인 1기압이 된다.
④ B에서 A로 변하면 일정량의 기체의 부피가 증가하므로 기체 입자 사이의 거리가 멀어진다.
⑤ A에서 C로 갈수록 압력이 증가하므로 기체 입자의 충돌 횟수가 증가한다.
바로 알기 ③ 온도가 일정하므로 A에서 C로 변해도 기체 입자의 운동 속도는 변하지 않는다.

03 바로 알기 ⑤ 실린더 속 기체에 작용하는 압력을 감소시키면 기체의 부피가 증가하여 기체 입자가 용기 벽에 충돌하는 횟수는 감소한다. 따라서 입자의 충돌 횟수는 (가)>(나)이다.

04 ㄱ, ㄹ. 압력이 증가해도 기체 입자의 수는 변하지 않으며, 온도가 일정하므로 기체 입자의 운동 속도도 변하지 않는다.
바로 알기 ㄴ, ㄷ. 피스톤을 눌러 압력을 가하면 주사기 속 공기의 부피가 감소하여 기체 입자 사이의 거리가 가까워지고, 기체 입자가 용기 벽에 충돌하는 횟수가 증가한다.

05 ①, ④ 감압 용기의 공기를 빼내면 감압 용기 속 공기의 압력이 감소한다. 따라서 과자 봉지에 가해지는 압력, 즉 외부 압력이 감소하므로 과자 봉지 속 기체의 부피가 증가하여 과자 봉지 속 기체 입자의 충돌 횟수가 감소하므로 압력이 감소한다.
바로 알기 ② 감압 용기 속 과자 봉지가 팽팽해진다.
③ 감압 용기 속 기체 입자의 수가 감소한다.
⑤ 과자 봉지 속 기체 입자 사이의 거리가 멀어진다.

06 ① 주사기의 피스톤을 누르면 주사기 속 기체의 부피가 감소하고 기체 입자의 충돌 횟수가 증가하여 기체의 압력이 증가하므로 고무풍선에 작용하는 압력이 증가하여 고무풍선의 크기가 작아진다.

07 ② 보일 법칙에 의하면 온도가 일정할 때 일정량의 기체의 부피는 압력에 반비례한다.

08 ④ 피스톤을 누르면 주사기 속 기체의 부피가 감소하므로 기체 입자의 충돌 횟수가 증가한다. 따라서 주사기 속 기체의 압력이 증가한다.
바로 알기 ①, ②, ③ 기체 입자의 수와 운동 속도는 변하지 않는다.
⑤ 기체의 부피가 감소하므로 기체 입자 사이의 거리는 가까워진다.

09 ㄴ, ㄷ. 보일 법칙과 관련된 현상이다.
바로 알기 ㄱ, ㄹ. 샤를 법칙과 관련된 현상이다.

10 ㄱ, ㄹ. 온도가 높을수록 기체의 부피가 증가하므로 기체의 부피와 기체 입자 사이의 거리는 A<B<C 순이다.
바로 알기 ㄴ. 온도가 높을수록 기체 입자의 운동이 활발해지므로 기체 입자의 운동은 C가 가장 활발하다.
ㄷ. 온도가 변해도 기체 입자의 크기와 질량은 변하지 않는다.

11 ㄷ, ㄹ. 찌그러진 탁구공을 뜨거운 물에 넣고 가열하면 탁구공 속 기체 입자의 운동 속도가 증가하여 기체 입자의 충돌 세기가 증가하므로 기체의 부피가 커져 탁구공이 펴진다. 이때 탁구공 속 기체 입자 사이의 거리가 멀어진다.
바로 알기 ㄱ. 탁구공 속 기체 입자의 수는 변하지 않는다.
ㄴ. 온도가 높아지므로 기체 입자의 운동 속도는 증가한다.

12 ①, ② 얼음물에서는 주사기 속 기체 입자의 충돌 세기가 감소하므로 공기의 부피가 감소한다.
④, ⑤ 뜨거운 물에서는 주사기 속 기체 입자의 운동 속도가 빨라져 기체 입자의 충돌 세기가 증가하므로 공기의 부피가 증가한다. 따라서 기체 입자 사이의 거리가 멀어지고, 피스톤이 바깥쪽으로 밀려난다.
바로 알기 ③ 얼음물에서는 주사기 속 기체 입자의 운동 속도가 느려진다.

13 바로 알기 ㄱ, ㄹ, ㅁ. 삼각 플라스크를 얼음이 담긴 수조에 넣으면 플라스크 속 공기의 온도가 낮아져 기체 입자의 운동 속도가 느려지므로 공기의 부피가 감소하고, 기체 입자 사이의 거리가 가까워진다.

14 ④ 유리병을 손으로 감싸 쥐면 체온에 의해 유리병 속 공기의 온도가 높아지므로 공기를 이루는 기체 입자의 운동 속도가 빨라진다. 따라서 기체 입자들이 유리병 안쪽 벽과 동전에 충돌하는 세기가 증가하여 공기의 부피가 증가하므로 동전이 밀려나 움직인다.

15 ②, ③, ④, ⑤ 온도에 따른 기체의 부피 변화 현상으로, 샤를 법칙과 관련이 있다.

바로 알기 ① 압력에 따른 기체의 부피 변화 현상으로, 보일 법칙과 관련이 있다.

16 ⑤ 기체의 부피는 온도가 높으면 증가하고, 압력이 높으면 감소한다. 따라서 일정량의 기체의 부피를 크게 하려면 온도를 높이고, 압력을 낮추면 된다.

서술형 정복하기

시험 대비 교재 37~38쪽

1 답 감소한다.

2 답 증가한다.

3 답 보일 법칙

4 답 증가한다.

5 답 샤를 법칙

6 모범 답안 **온도**가 일정할 때 일정량의 기체의 **압력**과 **부피**는 **반비례**한다.

7 모범 답안 **대기압**이 **감소**하여 과자 봉지 속 기체의 **부피**가 **증가**하기 때문이다.

8 모범 답안 **압력**이 일정할 때 일정량의 기체의 **부피**는 **온도**가 높아지면 일정한 비율로 **증가**한다.

9 모범 답안 **기체 입자**의 **운동 속도**와 **충돌 세기**가 증가하여 기체의 **부피**가 증가한다.

10 모범 답안 냉장고 속은 **온도**가 낮아 **생수병 속 기체**의 **부피**가 감소하기 때문이다.

11 모범 답안 외부 압력이 증가하면 기체의 부피가 감소하여 기체 입자의 충돌 횟수가 증가하므로 기체의 압력이 증가한다.

채점 기준	배점
실린더 내부의 변화를 기체의 부피, 입자의 충돌 횟수, 압력을 모두 포함하여 옳게 서술한 경우	100 %
실린더 내부의 변화를 기체의 부피, 입자의 충돌 횟수, 압력 중 두 가지만 포함하여 서술한 경우	50 %

12 모범 답안 풍선의 크기가 작아진다. 피스톤을 누르면 주사기 속 공기의 압력(풍선의 외부 압력)이 증가하기 때문이다.

채점 기준	배점
풍선의 크기 변화와 까닭을 모두 옳게 서술한 경우	100 %
풍선의 크기 변화만 옳게 쓴 경우	50 %

13 모범 답안 수면에 가까워질수록 압력이 작아져 공기의 부피가 커지기 때문이다.

채점 기준	배점
압력과 부피 관계를 이용하여 공기 방울의 크기 변화를 옳게 서술한 경우	100 %
그 외의 경우	0 %

14 모범 답안 뜨거운 물에 의해 데워진 컵 속 공기가 식으면서 온도가 낮아져 공기의 부피가 감소하기 때문이다.

| 해설 | 온도가 낮아지면 컵 속 기체 입자의 운동 속도가 느려져 기체 입자의 충돌 세기가 감소하므로 공기의 부피가 감소한다.

채점 기준	배점
온도가 낮아져 컵 속 공기의 부피가 감소하기 때문이라고 옳게 서술한 경우	100 %
온도가 낮아지기 때문이라고만 서술한 경우	50 %
컵 속 공기의 부피가 감소하기 때문이라고만 서술한 경우	

15 모범 답안 온도가 높아져 탁구공 속 기체 입자의 운동 속도가 빨라지므로 기체의 부피가 증가하여 탁구공이 펴진다.

| 해설 | 찌그러진 탁구공을 물에 넣고 가열하면 탁구공 속 기체 입자의 운동 속도가 빨라져 기체 입자의 충돌 세기가 증가하므로 공기의 부피가 증가하여 탁구공이 펴진다.

채점 기준	배점
온도, 기체 입자의 운동 속도, 기체의 부피를 모두 이용하여 옳게 서술한 경우	100 %
온도와 기체 입자의 운동 속도로만 옳게 서술한 경우	50 %
온도와 기체의 부피로만 옳게 서술한 경우	

16 모범 답안 (가) 압력을 낮춘다. (나) 온도를 높인다.

| 해설 | (가)와 (나)에서 모두 기체의 부피가 증가한다. (가)는 온도가 일정한 조건에서 부피가 증가하였으므로 압력이 낮아진 것이고, (나)는 압력이 일정한 조건에서 부피가 증가하였으므로 온도가 높아진 것이다.

채점 기준	배점
(가)와 (나)를 모두 옳게 서술한 경우	100 %
(가)와 (나) 중 한 가지만 옳게 서술한 경우	50 %

Ⅶ 태양계

01 태양계의 구성

중단원 핵심 요약
시험 대비 교재 39쪽

① 행성 ② 꼬리 ③ 이산화 탄소 ④ 큼
⑤ 자전축 ⑥ 작음 ⑦ 큼 ⑧ 코로나
⑨ 플레어 ⑩ 11 ⑪ 오로라

잠깐 테스트
시험 대비 교재 40쪽

1 ① 소행성 ② 태양 **2** ① 행성 ② 왜소 행성 **3** ① 행성 ② 달 **4** ① 토성 ② 고리 **5** ① 화성 ② 천왕성 **6** A **7** (1) – ㉠ (2) – ㉣ (3) – ㉡ (4) – ㉢ **8** ① 홍염 ② 플레어 **9** ① 흑점 ② 코로나 **10** ① 대물렌즈 ② 접안렌즈

계산력·암기력 강화 문제
시험 대비 교재 41~42쪽

◎ 태양계 구성 천체 구분

1 천왕성 **2** 지구 **3** 수성 **4** 금성 **5** 목성 **6** 해왕성
7 화성 **8** 토성 **9** 수성, 해왕성 **10** 목성, 수성
11 금성

◎ 태양계 행성의 분류

12 수성, 금성, 지구, 화성 **13** 목성, 토성, 천왕성, 해왕성
14 수성, 금성, 지구, 화성 **15** 목성, 토성, 천왕성, 해왕성
16 수성, 금성, 지구, 화성

◎ 지구형 행성과 목성형 행성의 분류

17 A 집단: 지구형 행성, B 집단: 목성형 행성
18 A 집단: 수성, 금성, 지구, 화성, B 집단: 목성, 토성, 천왕성, 해왕성

중단원 기출 문제
시험 대비 교재 43~45쪽

01 ③ **02** ④ **03** ⑤ **04** ⑥, ⑦ **05** ⑤ **06** ②
07 ② **08** ④ **09** ① **10** ④ **11** ④ **12** ④
13 ⑤ **14** ② **15** ① **16** ⑤ **17** ② **18** ①

01 태양을 중심으로 공전하고 모양이 둥글며 자신의 궤도 주변에서 지배적인 지위를 갖는 천체를 행성이라고 한다.

02 바로 알기 ㄱ. 왜소 행성은 행성의 위성이 아니다.

03 바로 알기 ① 수성과 금성은 위성이 없다.
② 달은 지구의 위성이다. 지구에서 가장 가까운 행성은 금성이다.
③ 목성형 행성도 태양계 안쪽에 분포한다.
④ 목성, 토성, 천왕성, 해왕성은 단단한 표면이 없고 기체로 되어 있다.

04 바로 알기 ⑥ 표면이 붉게 보이고, 극지방에 흰색의 극관이 있는 행성은 화성이다.
⑦ 태양계 행성 중 가장 바깥 궤도를 돌고 있는 행성은 해왕성이다.

05 그림은 토성을 나타낸 것이다.
바로 알기 ① 토성은 태양계 행성 중 크기가 두 번째로 크다. 크기가 가장 작은 행성은 수성이다.
② 토성은 목성형 행성에 속한다.
③ 표면이 단단한 암석으로 이루어진 것은 수성, 금성, 지구, 화성과 같은 지구형 행성이다.
④ 토성에는 수많은 위성이 있다.

06

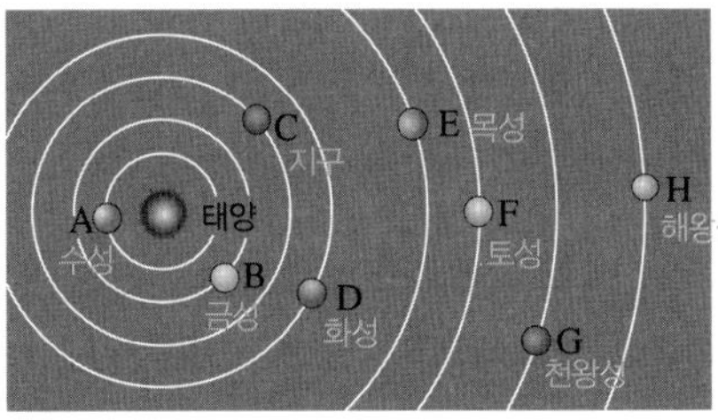

바로 알기 ② 금성(B)에는 이산화 탄소로 이루어진 두꺼운 대기가 있어 온도가 매우 높다.

07 지구형 행성은 목성형 행성에 비해 위성 수가 적고, 반지름과 질량이 작다. 또한, 지구형 행성에는 고리가 없지만, 목성형 행성에는 고리가 있다.

08 바로 알기 ㄱ. 지구형 행성 중 수성과 금성은 위성이 없고, 지구와 화성은 위성이 있다.
ㄷ. 목성형 행성은 모두 고리가 있다.

09 A는 금성, B는 토성, C는 수성, D는 목성이다. 질량과 반지름이 매우 작고 위성 수가 0인 C는 수성이고, 반지름이 지구의 약 11배인 D는 목성이다.

10 태양을 직접 관측하면 실명할 수 있으므로 태양을 투영판에 비추거나 태양 필터를 렌즈에 끼우고 관측해야 한다.

11 바로 알기 ①은 광구, ②는 코로나, ③은 채층, ⑤는 홍염, ⑥은 흑점에 대한 설명이다.

12 (가)는 흑점, (나)는 홍염, (다)는 코로나이다.
바로 알기 ① 흑점은 주위보다 온도가 낮아 어둡게 보인다.
②, ③, ⑤ 홍염과 코로나는 태양의 대기 및 대기에서 나타나는 현상으로, 광구가 완전히 가려지면 잘 관측된다.

13 1990년에는 2010년보다 흑점 수가 많으므로 태양 활동이 더 활발하다.

바로 알기 ㄱ, ㄴ은 흑점 수의 변화로는 알 수 없다.

14 A는 흑점 수가 많은 시기로, 태양 활동이 활발하다. 태양 활동이 활발할 때 지구에서는 자기 폭풍, 델린저 현상, 인공위성의 고장이나 오작동, 송전 시설 고장으로 인한 대규모 정전 등이 나타나고 오로라가 자주 발생한다.

바로 알기 ② 플레어가 자주 발생하는 것은 태양에서 나타나는 현상이다.

15 흑점은 태양의 표면에 고정되어 있고, 태양이 자전함에 따라 흑점이 이동한다.

16

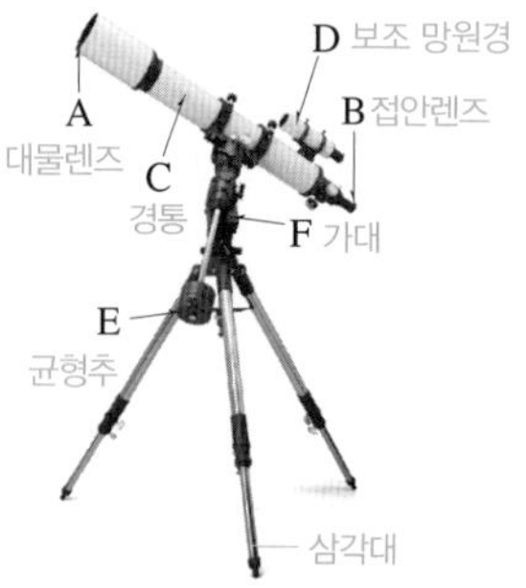

17 **바로 알기** ① 관측하려는 천체를 찾는 데 사용하는 것은 보조 망원경(D)이다.
③ 빛을 모으는 역할을 하는 것은 대물렌즈(A)이다.
④ 대물렌즈와 접안렌즈를 연결하는 것은 경통(C)이다.
⑤ 망원경이 흔들리지 않게 고정시켜 주는 것은 삼각대이다.
⑥ 망원경의 균형을 잡아 주는 것은 균형추(E)이다.

18 **바로 알기** ㄴ. 가대에 균형추를 먼저 끼운 후에 경통을 끼워 조립한다.
ㄹ. 투영판에 비친 태양 상에서 태양의 표면인 광구와 태양 표면에서 나타나는 현상인 흑점을 관측할 수 있다.

서술형 정복하기

시험 대비 교재 46~47쪽

1 **답** 태양계

2 **답** 행성, 왜소 행성

3 **답** 수성

4 **답** 수성, 금성

5 **답** 흑점, 쌀알 무늬

6 **답** 플레어

7 **모범 답안** 행성과 소행성은 태양을 중심으로 **공전**하지만, 행성은 모양이 둥글고, 소행성은 **모양**이 불규칙하다.

8 **모범 답안** 지구형 행성은 목성형 행성보다 **반지름**이 작고, **질량**이 작으며 **위성 수**가 적다.

9 **모범 답안** **주위**보다 **온도**가 낮기 때문이다.

10 **모범 답안** **코로나**의 크기는 커지고, **홍염**의 발생이 증가하며, **태양풍**이 강해진다.

11 **모범 답안** 궤도 주변의 다른 천체들에게 지배적인 역할을 하는가?

| **해설** | 행성과 왜소 행성은 태양을 중심으로 공전하고 모양이 둥글다. 하지만 행성은 자신의 궤도 주변에서 지배적인 지위를 갖지만 왜소 행성은 궤도 주변의 다른 천체들에게 지배적인 역할을 하지 못한다.

채점 기준	배점
A에 들어갈 적절한 말을 천체의 특징과 관련지어 옳게 서술한 경우	100 %
천체의 특징과 관련지어 서술하지 않은 경우	50 %

12 **모범 답안** A, A는 질량과 반지름이 지구와 비슷하고 표면 물질이 암석으로 이루어져 있기 때문에 지구형 행성에 속한다.

채점 기준	배점
A와 B중 지구형 행성에 속하는 행성을 옳게 쓰고, 그렇게 생각한 까닭을 옳게 서술한 경우	100 %
A와 B중 지구형 행성에 속하는 행성만 옳게 쓴 경우	30 %

13 **모범 답안** (1) (가) 지구형 행성, (나) 목성형 행성
(2) 반지름, 위성 수 중 한 가지
(3) 수성, 금성, 지구, 화성

| **해설** | (1) 질량이 작은 (가)는 지구형 행성이고, 질량이 큰 (나)는 목성형 행성이다.
(2) A는 목성형 행성이 지구형 행성보다 큰 특성이다.

	채점 기준	배점
(1)	(가)와 (나)를 옳게 쓴 경우	30 %
(2)	A에 들어갈 물리적 특성을 옳게 쓴 경우	30 %
(3)	(가) 집단에 해당하는 행성의 이름 네 가지를 모두 옳게 쓴 경우	40 %
	행성의 이름 한 가지당 배점	10 %

14 **모범 답안** (가) 쌀알 무늬, 광구에서 나타나는 쌀알 모양의 무늬로 광구 아래에서 일어나는 대류 현상 때문에 생긴다.
(나) 코로나, 채층 위로 넓게 뻗어 있는 진주색을 띠는 대기층이다.

채점 기준	배점
(가)와 (나)의 이름과 특징을 모두 옳게 서술한 경우	100 %
(가)와 (나) 중 한 가지만 옳게 서술한 경우	50 %

15 **모범 답안** (1) A
(2) • 태양: 코로나의 크기가 커진다. 홍염과 플레어가 자주 발생한다. 태양풍이 강해진다. 등
• 지구: 오로라가 자주 발생하고, 발생하는 지역이 넓어진다. 자기 폭풍이 발생한다. 델린저 현상(장거리 무선 통신 장애)이 발생한다. 인공위성이 고장난다. 위성 위치 확인 시스템(GPS)이 교란된다. 송전 시설 고장으로 대규모 정전이 일어난다. 등

| 해설 | A는 흑점 수가 최대인 시기이고, B는 흑점 수가 최소인 시기이다. 흑점 수가 많은 A가 B보다 태양 활동이 활발하다.

	채점 기준	배점
(1)	A를 쓴 경우	40 %
(2)	태양과 지구에서 나타나는 변화를 모두 두 가지씩 옳게 서술한 경우	60 %
	태양에서 나타나는 변화 두 가지만 옳게 서술한 경우	30 %
	지구에서 나타나는 변화 두 가지만 옳게 서술한 경우	30 %

16 모범 답안 • 가대: F, 경통과 삼각대를 연결하고, 경통을 원하는 방향으로 움직이게 한다.
• 균형추: E, 망원경의 무게 균형을 잡아준다.(=경통부와 무게 균형을 잡아준다.)
• 보조 망원경: D, 관측하려는 천체를 찾을 때 사용한다.
| 해설 | A는 대물렌즈, B는 접안렌즈, C는 경통, D는 보조 망원경(파인더), E는 균형추, F는 가대이다.

채점 기준	배점
가대, 균형추, 보조 망원경의 기호를 모두 옳게 고르고 역할을 옳게 서술한 경우	100 %
가대, 균형추, 보조 망원경의 역할만 모두 옳게 서술한 경우	60 %
가대, 균형추, 보조 망원경의 기호만 모두 옳게 쓴 경우	40 %
가대, 균형추, 보조 망원경 중 한 가지의 기호와 역할만 옳게 서술한 경우	30 %

02 지구의 운동

중단원 핵심 요약
시험 대비 교재 48쪽

① 자전축 ② 동 ③ 서 ④ 시계 반대
⑤ 북쪽 하늘 ⑥ 서 ⑦ 동 ⑧ 공전
⑨ 반대 ⑩ 물고기자리

잠깐 테스트
시험 대비 교재 49쪽

1 ① 서 ② 동 **2** ① 동 ② 서 ③ 일주 운동 **3** ① 북극성 ② 한(1) **4** ① 15° ② 자전 **5** (1) 남쪽 하늘 (2) 서쪽 하늘 (3) 북쪽 하늘 (4) 동쪽 하늘 **6** ① 공전 ② 달라진다 **7** 일(1) 년 **8** ① 서 ② 동 ③ 연주 운동 **9** 12월 **10** 궁수자리

중단원 기출 문제
시험 대비 교재 50~52쪽

01 ② **02** ①, ⑤ **03** ④ **04** ④ **05** ⑤ **06** ④ **07** ③ **08** ③ **09** ② **10** ④ **11** ① **12** ②, ④, ⑥ **13** ④ **14** ③ **15** ③ **16** ③ **17** 사자자리 **18** ①, ②, ③, ⑧

01 지구는 하루에 한 바퀴씩 서쪽에서 동쪽으로 자전한다. 지구의 자전으로 천체가 동쪽에서 서쪽으로 원을 그리며 도는 것처럼 보이는 천체의 겉보기 운동을 천체의 일주 운동이라고 한다.

02 바로 알기 ②, ④ 달의 공전으로 나타나는 현상이다. ③, ⑥ 지구의 공전으로 나타나는 현상이다.

03 북쪽 하늘에서는 별들이 시계 반대 방향으로 1시간에 15°씩 회전한다. 따라서 2시간 후에 북두칠성은 (나) 위치에서 관측되며, 회전한 각도는 30°(=2시간×15°/h)이다.

04

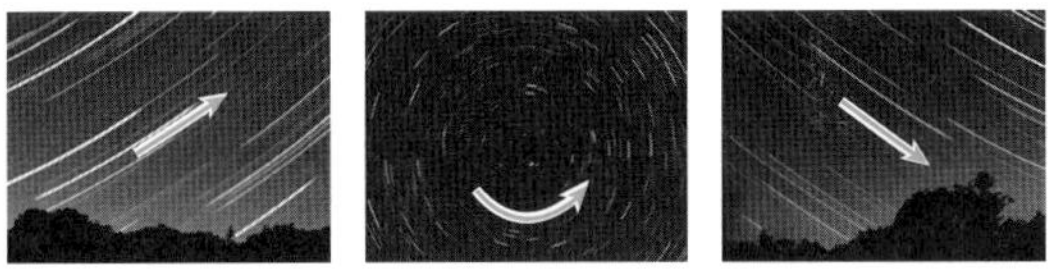
(가) 동쪽 하늘 (나) 북쪽 하늘 (다) 서쪽 하늘

우리나라에서 별의 일주 운동은 동쪽 하늘에서는 오른쪽으로 비스듬히 떠오르는 방향으로, 서쪽 하늘에서는 오른쪽으로 비스듬히 지는 방향으로 나타난다. 또한 북쪽 하늘에서는 별들이 북극성을 중심으로 시계 반대 방향으로 회전한다.

05 별의 일주 운동은 지구가 자전하기 때문에 나타나는 겉보기 운동으로, 지구가 1시간에 약 15°씩 자전하므로, 별은 1시간에 15°씩 이동하는 것처럼 보인다.

06 ㄱ. 일주 운동의 중심인 별 P는 북극성이다.
ㄴ. 별들은 1시간에 15°씩 회전하므로 관측한 시간은 2시간이다. (=30°÷15°/h)
바로 알기 ㄷ. 북극성을 중심으로 별들이 회전하고 있는 모습이 나타나므로 북쪽 하늘을 관측한 것이다.

07

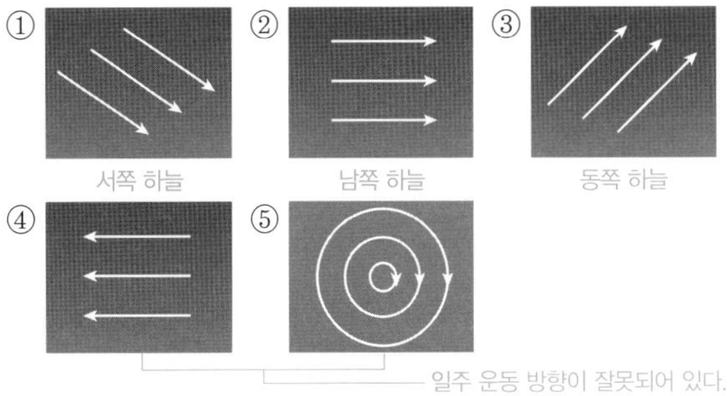

동쪽 하늘에서는 천체가 왼쪽 아래에서 오른쪽 위로 비스듬히 떠오르는 것처럼 보인다.

08 지구가 서에서 동으로 자전하기 때문에 천체들이 동에서 서로 일주 운동을 한다.
바로 알기 ㄷ. 북쪽 하늘에서는 천체가 시계 반대 방향으로 원을 그리며 움직이는 것처럼 보인다.

09 그림은 관측자가 남쪽을 향하여 관측한 모습이다. 별들은 1시간에 15°씩 동에서 서로 회전하므로 6시간 동안에는 서쪽으로 90° 움직인다. 따라서 6시간 후 남쪽 하늘에서는 처녀자리를 관측할 수 있다.

10 계절에 따라 지구에서 볼 수 있는 별자리가 달라지는 것과 태양이 별자리 사이를 이동하는 것처럼 보이는 것은 지구가 태양을 중심으로 공전하기 때문이다.

11 바로 알기 ② 지구는 서쪽에서 동쪽으로 공전한다.
③ 낮과 밤이 반복되는 것은 지구가 자전하기 때문이다.
④ 태양의 연주 운동은 지구가 공전하기 때문에 나타나는 현상이다.
⑤ 지구에서 관측할 때 지구의 공전으로 태양이 보이는 위치가 달라진다.

12 바로 알기 ①, ③ 태양의 연주 운동은 별자리를 기준으로 할 때 태양이 하루에 약 1°씩 서에서 동으로 이동하는 것처럼 보인다. 지구의 공전 때문에 일어나는 겉보기 운동으로 이때 태양은 황도 12궁의 별자리를 한 달에 1개씩 지나간다.
⑤ 태양의 연주 운동 방향은 지구의 공전 방향과 같다.
⑦ 태양이 황도를 따라 연주 운동할 때 태양 근처에 있는 별자리는 관측되지 않는다. 태양 반대 방향에 있는 별자리가 관측된다.

13 별자리를 기준으로 할 때 태양은 서에서 동으로 이동하고, 태양을 기준으로 할 때 별자리는 동에서 서로 이동한다.

[14~15]

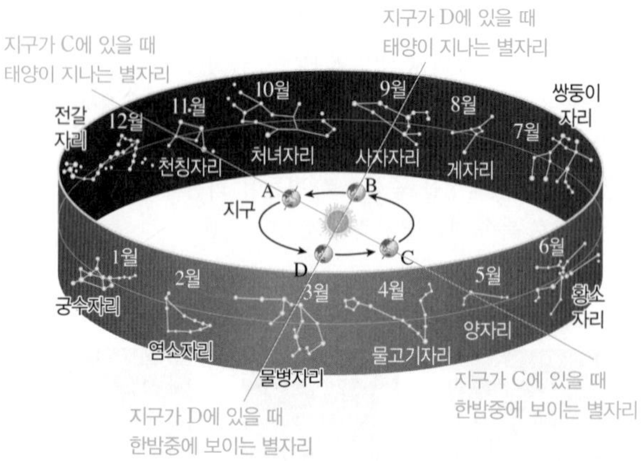

14 한밤중에 남쪽 하늘에서 양자리가 보일 때 태양은 그 반대 방향인 천칭자리를 지난다. 따라서 지구는 C의 위치에 있다.

15 바로 알기 ①, ② 지구의 공전으로 나타나는 겉보기 운동이다.
④ 지구의 공전으로 태양의 위치가 변하므로 계절에 따라 태양 반대편에 위치하여 밤에 관측되는 별자리도 변한다.
⑤ 지구가 D에 있을 때 태양은 사자자리를 지난다.

16 4월에는 태양이 물고기자리를 지나므로 한밤중에 남쪽 하늘에서는 태양의 반대편에 있는 별자리, 즉 6개월 간격의 별자리인 처녀자리를 볼 수 있다. 3개월 후인 7월에는 태양이 쌍둥이자리를 지나므로 한밤중에 남쪽 하늘에서는 태양의 반대편에 있는 별자리인 궁수자리를 볼 수 있다.

17 같은 시각에 관측할 때 별자리는 하루에 약 1°씩 서쪽으로 이동하므로 2개월 후에는 약 60° 서쪽으로 이동한다. 따라서 사자자리가 정남쪽에서 관측된다.

18 바로 알기 태양, 달, 별과 같은 천체의 일주 운동 방향은 지구의 자전 방향과 반대인 동에서 서이고, 별의 연주 운동 방향은 태양의 연주 운동 방향과 반대인 동에서 서이다.

서술형 정복하기

시험 대비 교재 53~54쪽

1 답 낮과 밤의 반복, 천체의 일주 운동

2 답 시계 반대 방향

3 답 서 → 동, 1시간에 15°(=15°/h)

4 답 서 → 동, 하루에 약 1°(=1°/일)

5 답 태양의 연주 운동, 계절에 따른 별자리 변화

6 답 일(1) 년

7 모범 답안 별은 **지구**가 **자전**하기 때문에 일주 운동을 하며, 태양은 **지구**가 **공전**하기 때문에 연주 운동한다.

8 모범 답안 **별**은 **동**에서 **서**로 일주 운동하며, **태양**은 **서**에서 **동**으로 연주 운동한다.

9 모범 답안 **지구**가 하루에 한 바퀴씩 서쪽에서 동쪽으로 **자전**하기 때문이다.

10 모범 답안 **지구**가 **태양**을 중심으로 **공전**하기 때문이다.

11 모범 답안 (1) (가), 북쪽 하늘에서 별들은 북극성을 중심으로 시계 반대 방향으로 일주 운동하기 때문이다.
(2) 30°
| 해설 | (2) 별은 북극성을 중심으로 1시간에 15°씩 회전한다.

채점 기준		배점
(1)	(가)를 고르고, 그 까닭을 일주 운동 방향으로 옳게 서술한 경우	60 %
	(가)만 고른 경우	30 %
(2)	북두칠성이 이동한 각도를 옳게 쓴 경우	40 %

12 모범 답안 (가) 동쪽, (나) 서쪽

(가)

(나)

채점 기준	배점
(가)와 (나)를 관측한 하늘의 방향을 옳게 쓰고, 별의 이동 방향을 옳게 그린 경우	100 %
관측한 하늘의 방향만 옳게 쓴 경우	50 %
별의 이동 방향만 옳게 그린 경우	50 %

13 모범 답안 별은 동쪽에서 남쪽을 거쳐 서쪽으로 일주 운동하므로, 남쪽 하늘의 별은 6시간 후 서쪽 하늘에서 관측할 수 있다.

채점 기준	배점
6시간 후에 별자리를 관측할 수 있는 하늘을 쓰고, 그렇게 생각한 까닭을 옳게 서술한 경우	100 %
6시간 후에 별자리를 관측할 수 있는 하늘만 옳게 쓴 경우	40 %

14 모범 답안 D, 지구의 공전에 의해 별자리는 하루에 약 1°씩 동에서 서로 이동하기 때문에 3개월 후에는 서쪽으로 약 90° 이동한 곳에서 볼 수 있다.

| 해설 | 지구가 서에서 동으로 공전하기 때문에 태양이 서에서 동으로 연주 운동하므로 매일 같은 시각에 밤하늘을 관측하면 별자리의 위치가 동에서 서로 이동한다. 지구가 태양 주위를 1년에 한 바퀴씩 공전하기 때문에 별자리도 하루에 약 1°씩 이동하여 3개월 동안에는 약 90°를 이동한다.

채점 기준	배점
3개월 후 같은 시간에 별자리가 보이는 위치를 쓰고, 그 까닭을 옳게 서술한 경우	100 %
3개월 후 같은 시간에 별자리가 보이는 위치만 옳게 쓴 경우	40 %

15 모범 답안 (1) (다) → (가) → (나)
(2) 지구가 공전하여 태양이 보이는 위치가 변하기 때문이다.

| 해설 | 별자리는 태양을 기준으로 매일 조금씩 동에서 서로 움직인다. 태양은 별자리를 기준으로 매일 서에서 동으로 움직이는 것으로 보인다. 이러한 별자리와 태양의 움직임은 지구가 공전하기 때문에 나타나는 겉보기 운동이다.

채점 기준		배점
(1)	먼저 관측된 것부터 순서대로 기호를 쓴 경우	40 %
(2)	별자리의 위치가 변하는 까닭을 지구의 공전과 관련지어 옳게 서술한 경우	60 %
	별자리의 위치가 변하는 까닭을 태양이 보이는 위치가 변하기 때문이라고만 쓴 경우	40 %

16 모범 답안 (가) 8월에 태양은 게자리를 지난다. (나) 지구가 A에 위치할 때 한밤중에 남쪽 하늘에서는 궁수자리가 보인다.

채점 기준	배점
(가)와 (나)를 모두 옳게 서술한 경우	100 %
(가)와 (나) 중 한 가지만 옳게 서술한 경우	40 %

03 달의 운동

중단원 핵심 요약
시험 대비 교재 55쪽

① 공전 ② 보름달(망) ③ 상현달 ④ 하현달
⑤ 서에서 동 ⑥ 태양 ⑦ 삭 ⑧ 달
⑨ 망

잠깐 테스트
시험 대비 교재 56쪽

1 위상 **2** (1) × (2) × (3) ○ **3** C **4** 상현달 **5** B **6** ① 일식 ② 월식 **7** ① B ② D **8** ① 달 ② 지구 **9** 월식 **10** 부분일식

계산력·암기력 강화 문제
시험 대비 교재 57쪽

◎ 달의 공전 궤도상의 위치에서 달의 위상 그리기

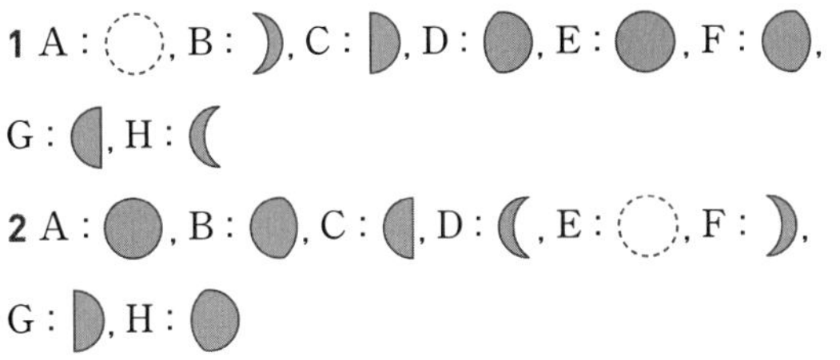

중단원 기출 문제
시험 대비 교재 58~60쪽

01 ④ **02** ② **03** ④ **04** ④ **05** ①, ⑧ **06** ② **07** ③ **08** ⑤ **09** ② **10** ① **11** ① **12** ② **13** ④ **14** ③ **15** ① **16** ③ **17** ④ **18** ⑤

01 바로 알기 ①, ② 달은 지구를 중심으로 약 한 달에 한 바퀴씩 돈다. 달의 자전 주기는 공전 주기와 같은 약 한 달이다.
③ 달의 모양과 위치가 달라지는 까닭은 달이 지구 주위를 공전하기 때문이다.
⑤ 달의 모양은 초승달 → 상현달 → 보름달 → 하현달의 순서로 변한다.

02

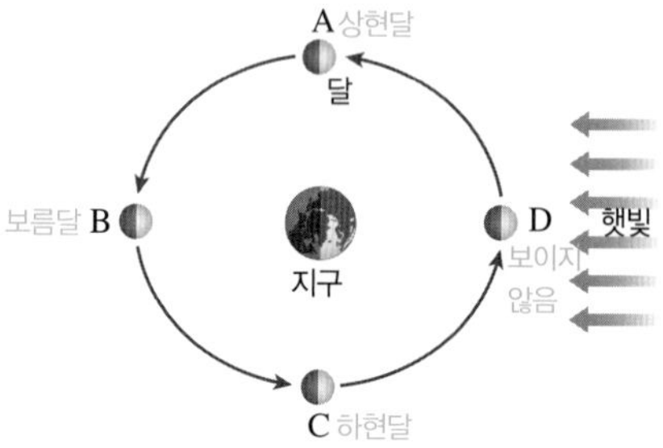

03 ④ 음력 1월 1일에 달의 위치는 삭(D)이고, 이때 달은 보이지 않는다.
바로 알기 ② 달의 위치가 B일 때는 밤새도록 보름달을 볼 수 있다.
③ 달이 A에 있을 때는 오른쪽 반원이 밝은 상현달, C에 있을 때는 왼쪽 반원이 밝은 하현달로 보인다.

[04~06]

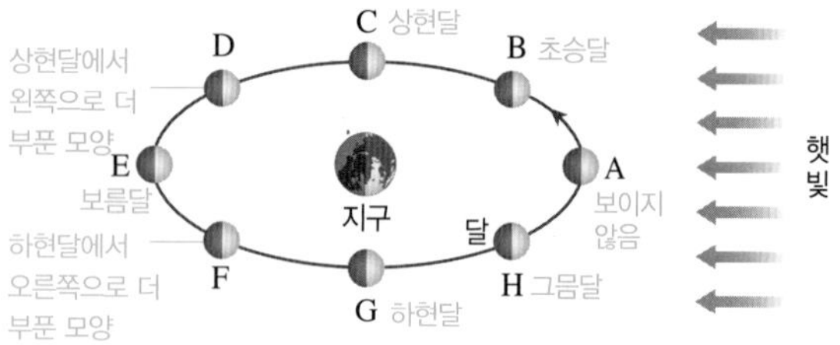

04 달이 G 위치에 있을 때는 왼쪽 반원이 밝게 보이는 하현달로 보인다.

05 바로 알기 ④ D — 상현달에서 왼쪽으로 더 부푼 모양
⑥ F — 하현달에서 오른쪽으로 더 부푼 모양

06 달이 E에 위치할 때는 음력 15일경으로, 보름달이 보인다.
바로 알기 ㄴ. 보름달은 자정에 남쪽 하늘에서 볼 수 있고, 새벽 6시경에는 서쪽 하늘에서 볼 수 있다.
ㄹ. 태양 — 지구 — 달 순으로 일직선상에 있을 때(망)는 월식이 일어날 수 있다.

07 ② 같은 시각에 달을 관측했을 때 음력 2일에는 달이 서쪽 하늘로 지고 있고, 음력 15일에는 동쪽 하늘에서 떠오르고 있으므로 달이 뜨는 시각은 늦어지고 있다.
④ 초승달은 일몰 때 지고 있으므로 자정에는 볼 수 없다.
바로 알기 ③ 달은 하루에 약 13°씩 지구를 중심으로 공전한다.

08 보름달은 해가 진 직후에 동쪽 하늘에서 떠오르고 있으므로 해가 뜰 무렵(약 12시간 후) 질 것이다. 따라서 보름달은 밤새 관측할 수 있다.
바로 알기 ① 초승달은 해가 진 후 짧은 시간 동안 관측할 수 있다.
② 상현달은 해가 진 후 약 6시간 동안 관측할 수 있다.
③ 그믐달은 해 뜨기 전에 짧은 시간 동안 관측할 수 있다.
④ 하현달은 해 뜨기 전에 약 6시간 동안 관측할 수 있다.

09 (가)는 초승달, (나)는 상현달, (다)는 보름달이다.
바로 알기 ③ (다)는 해가 진 직후 동쪽 지평선에 있어서 자정에 남쪽 하늘을 지나 해가 뜰 때 서쪽 지평선으로 진다.
④ 태양으로부터의 거리는 삭일 때 가장 가깝고, 망일 때 가장 멀다. 따라서 태양으로부터의 거리는 (가)가 (다)보다 가깝다.
⑤ 월식은 태양 — 지구 — 달 순으로 배열되어야 일어날 수 있으므로 달의 위상이 삭일 때 일어날 수 있다.

10 바로 알기 ② 일식은 달이 태양을 가리는 현상이다.
③ 월식은 달이 망의 위치에 있을 때 일어난다.
④ 달의 일부가 지구 그림자에 가려지면 부분월식이 일어난다.
⑤ 태양과 달 사이의 거리는 일식이 일어날 때가 월식이 일어날 때보다 가깝다.

11 태양 — 달 — 지구 순으로 일직선상에 있는 삭일 때 달은 보이지 않고, 일식이 일어날 수 있다.

12 일식은 지구에서 달의 그림자가 생기는 지역에서만 볼 수 있다. 개기일식은 달이 태양 전체를 가리는 지역에서 볼 수 있고, 부분일식은 태양의 일부를 가리는 지역에서 볼 수 있다.

13 바로 알기 ㄱ. 달은 서쪽에서 동쪽으로 지구를 중심으로 공전하므로, 북반구에서 관측하면 태양의 오른쪽(서쪽)부터 가려지기 시작한다. 따라서 일식의 진행 방향은 A이다.

14 태양이 달보다 매우 크지만, 매우 멀리 있기 때문에 지구에서는 태양과 달이 비슷한 크기로 보이므로 달이 태양을 가릴 수 있다.

15 달은 지구를 중심으로 서에서 동으로 공전한다. 따라서 월식이 일어날 때 달은 왼쪽부터 가려지기 시작하여 왼쪽부터 빠져나온다.

16 지구의 그림자에 달 전체가 가려지면 개기월식(B)이 일어나고, 지구의 그림자에 달의 일부가 가려지면 부분월식(A)이 일어난다.

17 바로 알기 ④ 개기월식이 일어날 때(B) 달 전체가 붉게 보인다. C에서 월식은 일어나지 않는다.

18 바로 알기 ⑤ 삭일 때 일식이 일어나 달이 보이지 않고, 망일 때 월식이 일어나 달이 보름달로 보인다.

서술형 정복하기

시험 대비 교재 61~62쪽

1 답 공전

2 답 달의 위상 변화, 일식, 월식

3 답 상현달, 하현달

4 답 음력 15일경

5 답 삭일 때, 망일 때

6 답 태양－달－지구(또는 지구－달－태양)

7 모범 답안 달이 **공전**하여 태양, 지구, 달의 상대적인 **위치**가 달라지면서 달이 햇빛을 **반사**하여 밝게 보이는 부분의 모양이 달라지기 때문이다.

8 모범 답안 보름달이 보일 때 달은 **태양**의 반대 **방향**에 있기 때문에 보름달이 동쪽 하늘에서 보이면 **태양**은 이와 반대 **방향**인 서쪽 하늘에 있다.

9 모범 답안 일식은 **달**의 **그림자**가 **지구**에 닿는 곳에서만 관측되지만, 월식은 **달**이 **지구**의 **그림자** 속에 들어가 밤이 되는 모든 지역에서 관측할 수 있기 때문이다.

10 모범 답안 **햇빛**이 지구 **대기**를 지날 때 흩어지면서 달에 **붉은 빛**이 상대적으로 많이 도달하기 때문이다.

11 모범 답안 (1) B (2) , 하현달 (3) E

| 해설 |

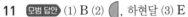

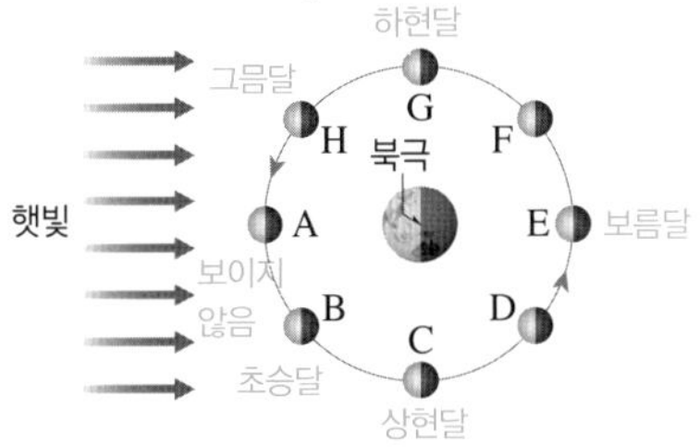

채점 기준		배점
(1)	초승달일 때 달의 위치를 쓴 경우	30 %
(2)	달의 모양을 옳게 그리고, 이름을 옳게 쓴 경우	40 %
	달의 모양만 옳게 그리거나 이름만 옳게 쓴 경우	20 %
(3)	음력 15일경 달의 위치를 쓴 경우	30 %

12 모범 답안 (가) 달이 일주 운동하기 때문이다.
(나) 달이 지구 주위를 공전하기 때문이다.

채점 기준	배점
(가)와 (나)를 모두 옳게 서술한 경우	100 %
(가)만 옳게 서술한 경우(지구가 자전하기 때문이라고 서술한 경우도 정답 처리)	50 %
(나)만 옳게 서술한 경우	50 %

13 모범 답안 (1) A : 개기일식, B : 부분일식
(2) 일식이 시작되면 태양의 오른쪽부터 가려지기 시작하고, 태양의 오른쪽부터 빠져나온다.
| 해설 | 달이 태양 전체를 가리는 지역에서는 개기일식을, 달이 태양의 일부를 가리는 지역에서는 부분일식을 관측할 수 있다.

채점 기준		배점
(1)	A와 B에서 관측할 수 있는 현상을 모두 옳게 쓴 경우	40 %
	A와 B 중 한 곳에서 관측할 수 있는 현상만 옳게 쓴 경우	20 %
(2)	태양이 가려지는 방향을 포함하여 일식의 진행 과정을 옳게 서술한 경우	60 %

14 모범 답안 (1) A, B
(2) 지구에서 밤이 되는 모든 지역에서 월식을 관측할 수 있다.
| 해설 | 월식은 달이 지구의 그림자 안으로 들어갈 때 일어난다.

채점 기준		배점
(1)	A와 B를 모두 옳게 쓴 경우	40 %
(2)	월식을 관찰할 수 있는 지역을 옳게 서술한 경우	60 %

15 모범 답안 월식, 음력 15일에는 보름달이 관측되어야 하지만 월식이 일어나 달의 일부가 지구의 그림자에 의해 가려졌기 때문이다.

채점 기준	배점
월식이라고 쓰고, 그 까닭을 옳게 서술한 경우	100 %
월식을 쓰지는 못했지만 그 까닭을 옳게 서술한 경우	60 %
월식만 옳게 쓴 경우	30 %

부록

정답과 해설

수행평가 대비 시험지

Ⅴ 힘의 작용

부력의 크기 비교하기 시험 대비 교재 64~65쪽

문제 1

(1) 부력의 크기

(2) (나)에서 부력의 크기: 1 N, (다)에서 부력의 크기: 2 N

(3) 물에 잠긴 추의 부피가 클수록 추에 작용하는 부력의 크기가 크다.

문제 2

(1) 잠수함에는 위 방향으로 부력이 작용하고, 아래 방향으로 중력이 작용한다.

(2) 해설 참조

문제 1

(1) (가)에서 힘 센서의 값과 (나), (다)에서 힘 센서의 값의 차이는 물 밖에서 추의 무게－물속에서 추의 무게이므로 부력의 크기와 같다.

(2) (나)에서 부력의 크기는 10 N－9 N＝1 N이고, (다)에서 부력의 크기는 10 N－8 N＝2 N이다.

(3) 물에 잠긴 추의 부피가 클수록 힘 센서의 값이 작아지므로 추에 작용하는 부력의 크기가 커진다.

문제 2

(1) 잠수함에는 아래 방향으로 중력이 작용한다. 부력은 액체가 물체를 위로 밀어 올리는 힘이고, 중력과 반대 방향으로 작용하므로 잠수함에는 위 방향으로 부력이 작용한다.

(2) 모범 답안 잠수함의 공기 조절 탱크에 물을 채우면 잠수함에 작용하는 중력의 크기가 커지면서 잠수함이 물에 가라앉는다. 잠수함이 가라앉는 동안 잠수함이 물에 잠긴 부분의 부피가 커지면서 잠수함에 작용하는 부력의 크기도 커진다. 잠수함이 물 위로 다시 떠오르려면 중력의 크기가 부력의 크기보다 작아져야 하므로 공기 조절 탱크에서 물을 밖으로 내보내 잠수함의 무게를 작아지게 하면 된다.

채점 기준	배점
주어진 내용을 포함하여 옳게 서술한 경우	100 %
주어진 내용 중 한 가지만 포함하여 서술한 경우	50 %

Ⅵ 기체의 성질

기체의 성질 확인하기 시험 대비 교재 66~67쪽

문제 1

(1) 공기 펌프를 이용하여 고무공에 공기를 넣는다.

(2) 고무공 속에 들어 있는 공기 입자 수가 증가하고 공기 입자의 충돌 횟수가 많아져 고무공 속 공기의 압력이 증가하므로 고무공이 부풀어 올라 커진다.

(3) 물을 가열하여 뜨거운 물에 고무공을 넣는다.

(4) 뜨거운 물에 고무공을 넣으면 공 속 공기의 온도가 높아져 공기 입자의 운동이 활발해지면서 공기의 부피가 증가하여 고무공이 부풀어올라 커진다.

문제 2

(1) 감소한다.

(2) 온도가 일정할 때 압력이 증가하면 기체의 부피가 감소하고, 압력이 감소하면 기체의 부피가 증가한다.

(3)

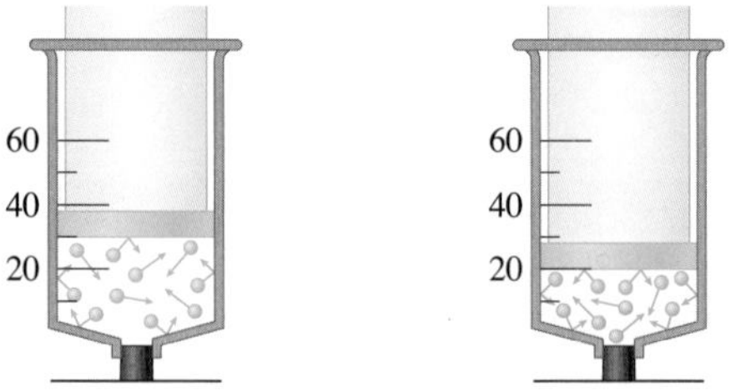

(나) 2.0기압 (다) 3.0기압

문제 1

(2) 고무공에 공기를 넣으면 고무공에 들어 있는 기체 입자의 수가 많아지므로 기체 입자의 충돌 횟수가 증가하여 기체의 압력이 증가한다.

채점 기준	배점
입자 운동을 이용하여 원리를 옳게 서술한 경우	100 %
그 외의 경우	0 %

(4) 뜨거운 물에 고무공을 넣으면 온도가 높아지므로 공기 입자의 운동 속도가 증가하고 기체 입자의 충돌 세기가 증가하여 기체의 부피가 증가한다.

채점 기준	배점
입자 운동을 이용하여 원리를 옳게 서술한 경우	100 %
그 외의 경우	0 %

문제 2

(1) 표의 결과에서 공기의 압력이 증가할수록 부피는 감소한다.

(2) 보일 법칙에 의하면 온도가 일정할 때 일정량의 기체의 부피는 압력에 반비례한다.

채점 기준	배점
기체의 압력과 부피 관계를 옳게 서술한 경우	100 %
그 외의 경우	0 %

(3) 화살표의 길이는 입자 운동의 크기를 의미한다.

채점 기준	배점
피스톤의 위치, 입자의 수, 입자의 운동 크기를 모두 옳게 나타낸 경우	100 %
피스톤의 위치, 입자의 수, 입자의 운동 크기 중 두 가지만 옳게 나타낸 경우	70 %
피스톤의 위치, 입자의 수, 입자의 운동 크기 중 한 가지만 옳게 나타낸 경우	30 %

Ⅶ 태양계

태양계 행성 분류하기 시험 대비 교재 68~69쪽

문제 1

(1) ㉠ 질량, ㉡ 반지름, ㉢ 위성 수

(2) 집단 A: 수성, 금성, 지구, 화성, 집단 B: 목성, 토성, 천왕성, 해왕성

(3) 태양계 행성은 수성, 금성, 지구, 화성을 하나의 집단으로, 목성, 토성, 천왕성, 해왕성을 다른 하나의 집단으로 구분할 수 있다. 지구가 포함된 집단은 질량과 반지름이 작고, 위성이 없거나 수가 적으며, 고리가 없다. 이에 반해 목성이 포함된 집단은 질량과 반지름이 크고, 위성 수가 많다.

(4) 해설 참조

문제 1

(3) 태양계 행성은 질량, 반지름, 위성 수 등의 물리적 특성에 따라 분류할 수 있다.

채점 기준	배점
행성을 두 집단으로 분류하고 각 집단의 공통적인 특징을 모두 옳게 서술한 경우	100 %
행성의 한 집단만 분류하고 특징을 옳게 서술한 경우	50 %

(4) 모범 답안 태양계 행성은 질량, 반지름과 같은 특징에 따라 지구형 행성과 목성형 행성으로 구분할 수 있다. 지구형 행성은 질량과 반지름이 비교적 작다. 또한 지구형 행성은 암석으로 이루어져 표면이 단단하고, 고리가 없으며, 위성 수가 적다. 수성, 금성, 지구, 화성은 지구형 행성에 속한다. 목성형 행성은 질량과 반지름이 비교적 크다. 또한 목성형 행성은 기체로 이루어져 단단한 표면이 없고, 고리가 있으며, 위성 수가 많다. 목성, 토성, 천왕성, 해왕성은 목성형 행성에 속한다.

채점 기준	배점
지구형 행성과 목성형 행성을 옳게 구분하고 특징을 모두 옳게 서술한 경우	100 %
지구형 행성과 목성형 행성 중 한 집단만 옳게 분류하고 그 특징만 옳게 서술한 경우	50 %

별의 일주 운동 알아보기 시험 대비 교재 70~71쪽

문제 1

지구가 자전축을 중심으로 하루에 한 바퀴씩 서쪽에서 동쪽으로 자전한다.

문제 2

(1) 북쪽 하늘 (2) ㉠ → ㉡

(3) 지구가 서쪽에서 동쪽으로 자전하기 때문에 북두칠성이 북극성을 중심으로 시계 반대 방향으로 움직인다.

(4) 해설 참조

문제 3

(1) 북쪽 하늘 (2) 동쪽 하늘 (3) 남쪽 하늘 (4) 서쪽 하늘

문제 1

채점 기준	배점
자전축, 동쪽, 서쪽, 하루를 모두 포함하여 지구의 자전 방향을 옳게 서술한 경우	100 %
자전축, 동쪽, 서쪽, 하루 중 두 가지만 포함하여 지구의 자전 방향을 서술한 경우	50 %

문제 2

(3) 북두칠성은 북극성을 중심으로 시계 반대 방향으로 하루에 한 바퀴 회전한다. 이와 같은 천체의 일주 운동을 지구의 자전으로 나타나는 현상이다.

채점 기준	배점
북두칠성이 이동한 까닭을 지구의 자전과 관련지어 옳게 서술한 경우	100 %
지구가 스스로 회전하기 때문이라고만 서술한 경우	50 %

(4) 모범 답안 천체의 일주 운동은 지구의 자전으로 하루 24시간 동안 북극성을 중심으로 한 바퀴씩 회전하므로, ㉠에서 ㉢까지 반 바퀴 운동하는 동안 걸리는 시간은 12시간이다. 따라서 북두칠성이 ㉢에 위치할 때의 시각은 다음 날 오전 9시이다.

채점 기준	배점
북두칠성이 ㉢에 위치할 때의 시각을 옳게 쓰고, 이를 일주 운동과 관련하여 옳게 설명한 경우	100 %
북두칠성이 ㉢에 위치할 때의 시각만 옳게 쓴 경우	50 %

문제 3

천체의 일주 운동은 지구의 자전으로 나타나는 천체의 겉보기 운동으로, 관측 방향에 따라 모습이 다르다.

(1) 우리나라의 북쪽 하늘에서는 별들이 북극성을 중심으로 원을 그리며 시계 반대 방향으로 회전한다.

(2) 동쪽 하늘에서는 별들이 왼쪽 아래에서 오른쪽 위로 비스듬히 떠오른다.

(3) 서쪽 하늘에서는 별들이 왼쪽 위에서 오른쪽 아래로 비스듬히 진다.

(4) 남쪽 하늘에서는 별들이 동쪽에서 서쪽으로 이동한다.

MEMO

오투 1-2

핵심 미니북

당장 시험이 코앞인데 정리가 안된다구요?
자~ 알맹이만 쏙쏙 정리한 핵심 미니북을 따라오세요.

01 힘의 표현과 평형

핵심 1 과학에서의 힘

1. **과학에서의 힘:** 물체의 운동 상태나 모양을 변하게 하는 원인

① 힘의 단위: N(뉴턴)

② 힘의 측정 방법: 용수철저울, 힘 센서 등을 이용한다.

③ 힘이 작용하는 현상

물체의 운동 상태 변화	물체의 모양 변화	물체의 운동 상태와 모양 모두 변화
• 굴러가던 공이 멈춘다. • 사과가 나무에서 떨어진다.	• 색 점토를 잡아당긴다. • 고무줄을 늘인다.	• 공(축구공, 야구공, 배구공 등)을 세게 차거나 친다.

2. **힘의 표현:** 힘이 작용하는 지점에서 힘의 방향과 크기를 함께 나타낸다.

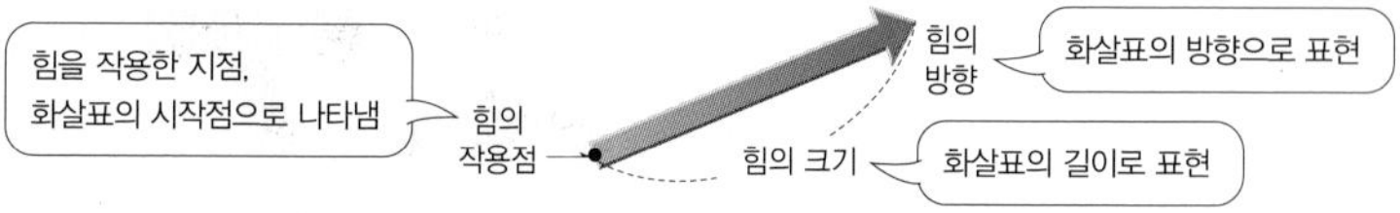

핵심 2 나란한 힘의 합력과 평형

1. **힘의 합력:** 물체에 둘 이상의 힘이 동시에 작용할 때, 이와 같은 효과를 나타내는 하나의 힘

구분	두 힘이 물체에 같은 방향으로 작용할 때	두 힘이 물체에 반대 방향으로 작용할 때
합력의 방향	두 힘의 방향과 같다.	큰 힘의 방향과 같다.
합력의 크기	두 힘의 크기를 더한 값	큰 힘의 크기에서 작은 힘의 크기를 뺀 값

2. **힘의 평형:** 물체에 작용하는 두 힘의 합력이 0이여서 물체가 아무런 힘을 받지 않는 것처럼 보이는 상태

• 물체에 작용하는 두 힘이 평형을 이루는 조건: 두 힘의 크기는 같고 방향이 반대이며, 일직선상에서 작용해야 한다.

▲ 힘의 평형을 이루는 모습

핵심 체크하기

1. 과학에서의 힘은 물체의 (　　　　)나 모양을 변하게 하는 원인이다.

2. 물체에 작용하는 두 힘이 평형을 이루는 조건은 두 힘의 크기는 같고 방향이 (　　　　)이며, 일직선상에서 작용해야 한다.

답 1. 운동 상태 2. 반대

02 여러 가지 힘

핵심 1 중력

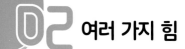

1. **중력:** 지구, 달 등과 같은 천체가 물체를 당기는 힘
① 방향: 지구 중심 방향(＝연직 아래 방향)
② 크기: 물체의 질량이 클수록 크다.

지구 중력의 방향 ▶

2. **무게와 질량**

구분	무게	질량
정의	물체에 작용하는 중력의 크기	물질의 고유한 양
단위	N(뉴턴)	g(그램), kg(킬로그램)
측정 기구	용수철저울, 앉은뱅이저울	양팔저울, 윗접시저울
특징	장소에 따라 달라진다.	장소가 바뀌어도 변하지 않는다.
관계	지구 표면에서 물체의 무게＝9.8×질량	

3. **지구와 달에서의 무게와 질량:** 지구와 달에서 질량은 같고, 달에서 물체의 무게는 지구에서 물체의 무게의 약 $\frac{1}{6}$이다.

핵심 2 탄성력

1. **탄성력:** 변형된 물체가 원래 모양으로 되돌아가려는 힘
① 방향: 탄성체에 작용한 힘의 방향과 반대 방향
② 크기: 탄성체에 작용한 힘의 크기와 같고, 탄성체의 변형이 클수록 크기가 크다.

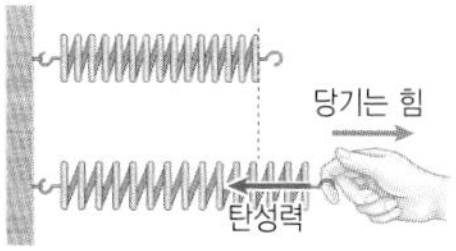

2. **용수철이 늘어난 길이와 용수철의 탄성력과의 관계**

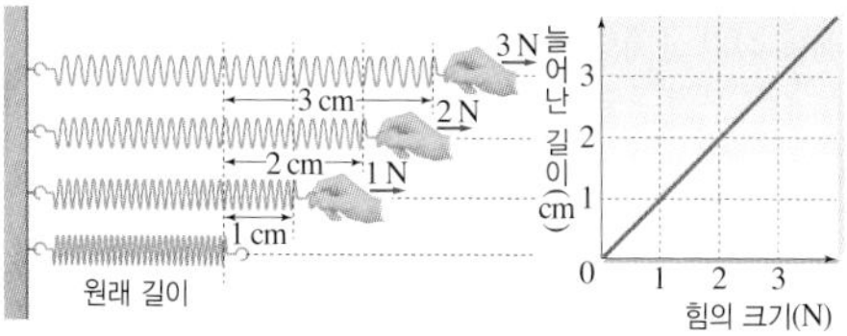

용수철이 늘어난 길이가 2배, 3배가 되면 탄성력의 크기도 2배, 3배가 된다.
➡ 용수철의 탄성력 크기는 용수철이 늘어난 길이에 비례한다.

핵심 체크하기

1. 물체에 작용하는 중력의 방향은 ( ) 방향이다.
2. 지구에서 질량이 60 kg인 사람의 달에서의 무게는 몇 N인가?
3. 탄성력의 방향은 탄성체에 작용한 힘의 방향과 ( ) 방향이다.

답 1. 지구 중심 2. 98 3. 반대

핵심 3 마찰력

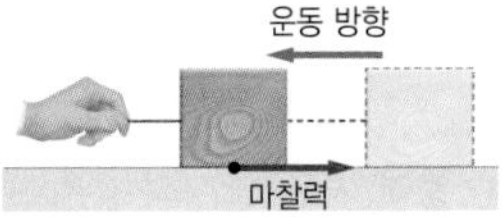

1. **마찰력:** 두 물체의 접촉면에서 물체의 운동을 방해하는 힘
① 방향: 물체가 운동하거나 운동하려는 방향과 반대 방향
② 크기: 물체의 무게와 접촉면의 거칠기에 영향을 받는다.

물체의 무게가 다를 때		접촉면의 거칠기가 다를 때	
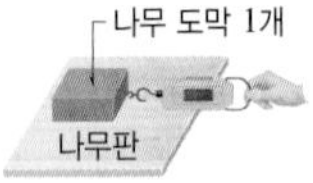 (가)	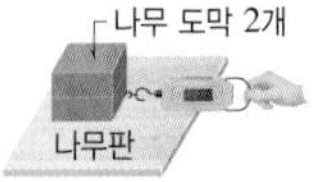 (나)	 (가)	 (나)
물체가 무거울수록 마찰력이 크다.		접촉면이 거칠수록 마찰력이 크다.	

2. **마찰력의 이용**
① 마찰력을 크게 하는 경우: 미끄럼 방지 패드, 타이어의 체인, 고무장갑의 손바닥 부분
② 마찰력을 작게 하는 경우: 수영장의 미끄럼틀, 창문의 바퀴, 자전거 체인에 바르는 윤활유

핵심 4 부력

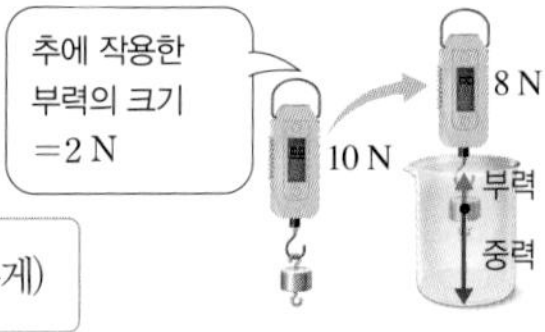

1. **부력:** 액체나 기체가 물체를 위로 밀어 올리는 힘
① 방향: 중력과 반대 방향인 위쪽으로 작용한다.
② 크기: 물체가 물에 잠기기 전후 무게의 차이와 같다.

부력의 크기=(물 밖에서 물체의 무게)−(물속에서 물체의 무게)

[모양이 같은 서로 다른 세 물체에 작용하는 부력]

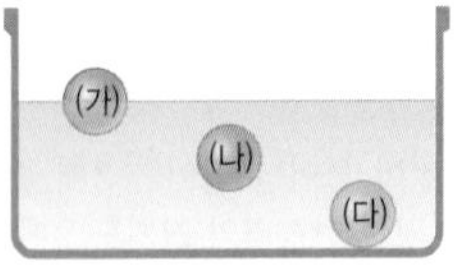

- 물에 잠긴 부분의 부피: (가)<(나)=(다)
  ➡ 물체에 작용하는 부력의 크기: (가)<(나)=(다)
  ➡ 물에 잠긴 물체의 부피가 클수록 부력이 크다.
- (가), (나): 부력=중력, (다): 부력<중력

2. **부력의 이용**
① 액체 속에서 받는 부력: 구명조끼, 구명환, 튜브, 배, 잠수함
② 기체 속에서 받는 부력: 열기구, 헬륨을 채운 비행선, 풍선, 풍등

핵심 체크하기

1. 마찰력은 접촉면이 (   )수록 크게 작용한다.
2. 물에 잠긴 물체에 작용하는 부력의 방향은 (   )의 방향과 반대이다.

답 1. 거칠 2. 중력

03 힘의 작용과 운동 상태 변화

핵심 1 알짜힘과 운동 상태 변화

1. **알짜힘:** 물체에 작용하는 모든 힘들의 합력으로, 물체가 받는 순 힘

2. **알짜힘에 따른 운동 상태 변화**

① 알짜힘이 0일 때: 물체는 정지해 있거나 일정한 운동 상태를 유지한다.

② 알짜힘이 0이 아닐 때: 물체의 운동 상태가 변한다.

운동 방향과 나란한 방향으로 힘이 작용할 때	운동 방향과 수직 방향으로 힘이 작용할 때	운동 방향과 비스듬한 방향으로 힘이 작용할 때
물체의 속력이 변한다.	물체의 운동 방향이 변한다.	물체의 속력과 운동 방향이 모두 변한다.

핵심 2 속력과 운동 방향이 변하는 운동

1. **속력만 변하는 운동:** 알짜힘이 운동 방향과 나란한 방향으로 작용한다.

구분	속력이 일정하게 증가하는 운동	속력이 일정하게 감소하는 운동
물체의 모습		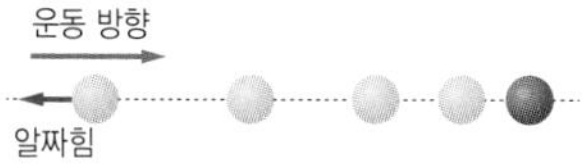
힘의 방향	운동 방향과 힘의 방향이 같다.	운동 방향과 힘의 방향이 반대이다.
예	자이로드롭, 스카이다이빙, 나무에서 떨어지는 사과	연직 위로 던져 올린 공, 브레이크를 밟은 자동차

2. **운동 방향만 변하는 운동:** 알짜힘이 운동 방향과 수직으로 작용한다.

운동	물체가 일정한 속력으로 원을 그리며 움직이는 운동
힘의 방향	원의 중심 방향으로 작용
속력	항상 일정
운동 방향	원의 접선 방향
힘과 운동	힘과 운동 방향이 수직이다.
예	인공위성, 대관람차, 회전목마, 선풍기 날개

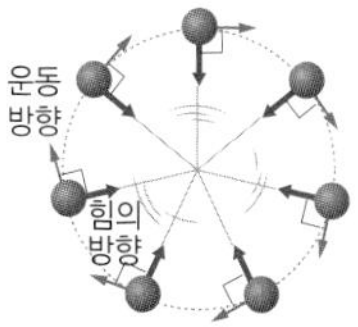

핵심 체크하기

1. 물체에 작용하는 모든 힘들의 합력으로, 물체가 받는 순 힘을 (　　　　)라고 한다.
2. 알짜힘이 운동 방향과 (　　　　) 방향으로 작용하면 속력만 변하는 운동을 한다.
3. 알짜힘이 운동 방향과 수직인 방향으로 작용하면 (　　　　)만 변하는 운동을 한다.

답 1. 알짜힘 2. 나란한 3. 운동 방향

핵심 3 속력과 운동 방향이 모두 변하는 운동

속력과 운동 방향이 모두 변하는 운동은 알짜힘이 운동 방향과 비스듬하게 작용한다.

구분	비스듬히 던져 올린 물체가 포물선을 그리며 움직이는 운동	실에 매달린 물체가 같은 경로를 왕복하는 운동
물체의 모습	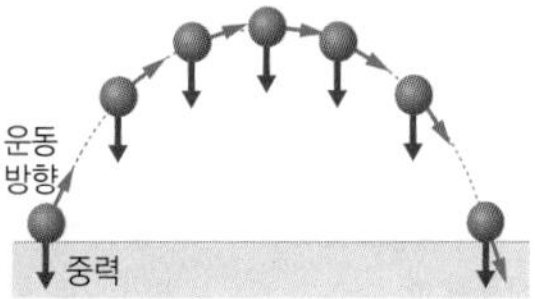	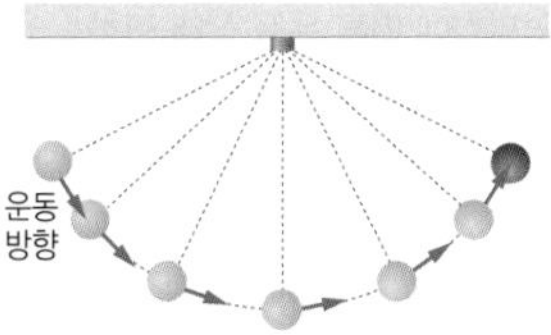
힘의 방향	중력이 항상 연직 아래 방향으로 작용한다.	계속 변한다.
속력	계속 변한다.	계속 변한다.
운동 방향	운동 경로의 접선 방향 ➡ 매 순간 변한다.	
힘과 운동	힘과 운동 방향이 비스듬하다.	
예	비스듬히 차 올린 축구공, 활시위를 떠난 화살의 운동	바이킹, 시계추, 그네

핵심 4 일상생활에서의 힘의 작용

1. 바닥에 놓인 물체에 작용하는 힘

- 바닥에 놓인 물체에는 중력과 바닥이 물체를 떠받치는 힘이 작용한다.
- 중력과 바닥이 물체를 떠받치는 힘의 방향은 반대이고, 크기는 같다.
  ➡ 물체에 작용하는 힘이 서로 평형을 이루고 있다.
  ➡ 물체에 작용하는 알짜힘은 0이다.

예 책상 위에 놓인 책에 작용하는 힘

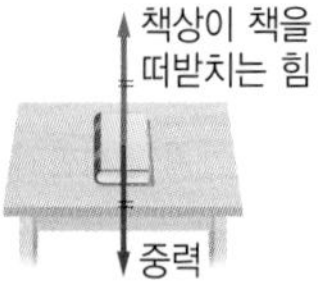

2. 평형을 이루고 있는 물체에 작용하는 힘

- 용수철에 매달려 있는 추에는 탄성력과 중력이 평형을 이루고 있다.
- 물 위에 떠 있는 튜브에는 부력과 중력이 평형을 이루고 있다.
- 문을 멈추고 있는 장치에는 마찰력과 닫히려는 힘이 평형을 이루고 있다.

핵심 체크하기

1. 속력과 운동 방향이 변하는 운동은 알짜힘이 운동 방향과 (   ) 방향으로 작용한다.
2. 바닥에 놓인 물체에 작용하는 힘의 종류는?

답 1. 비스듬한 2. 중력, 바닥이 물체를 떠받치는 힘

01 기체의 압력

핵심 1 압력

1. **압력:** 일정한 면적에 작용하는 힘

2. **압력의 크기**

구분	힘이 작용하는 면적이 같을 때	작용하는 힘의 크기가 같을 때
스펀지에 작용하는 벽돌의 수와 모양을 다르게 한 경우	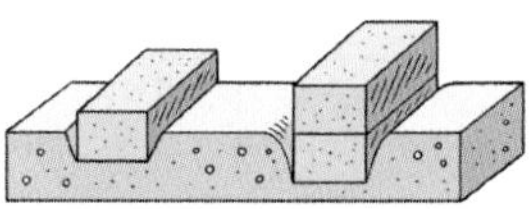 (가) (나)	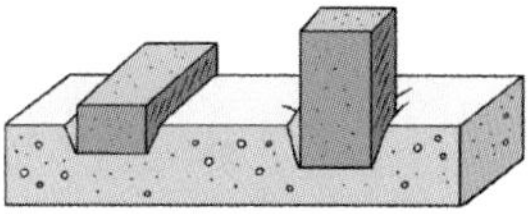 (다) (라)
힘이 작용하는 면적	(가)=(나)	(다)>(라)
힘의 크기	(가)<(나)	(다)=(라)
압력의 크기	(가)<(나) 수직으로 작용하는 힘의 크기가 클수록 압력이 커진다.	(다)<(라) 힘이 작용하는 면적이 좁을수록 압력이 커진다.

핵심 2 일상생활에서 경험할 수 있는 압력

1. **압력을 작게 하는 경우:** 눈썰매, 스키, 갯벌을 이동할 때 사용하는 널빤지
   ➡ 바닥을 넓게 하면 힘이 작용하는는 면적이 넓어져 압력이 작아진다.

2. **압력을 크게 하는 경우:** 못의 뾰족한 끝부분
   ➡ 못의 끝부분을 뾰족하게 하면 힘이 작용하는 면적이 좁아져 압력이 커진다.

3. **압력의 크기를 비교할 수 있는 현상**
   - 연필의 양쪽 끝을 같은 크기의 힘으로 누르면 뾰족한 연필심을 누른 손가락이 더 아프다.
   - 누름못 1개 위에 올린 풍선은 터지지만, 누름못 30개 위에 올린 풍선은 터지지 않는다.

핵심 체크하기

1. 일정한 면적에 작용하는 힘을 (　　　　)이라고 한다.
2. 힘이 작용하는 면적이 같을 때 압력의 크기는 수직으로 작용하는 힘의 크기가 (　　　　) 수록 커진다.
3. 힘의 크기가 같을 때 압력의 크기는 힘이 작용하는 면적이 (　　　　)을수록 커진다.
4. 눈썰매, 갯벌을 이동할 때 이용하는 널빤지는 압력을 (　　　　)게 하여 이용하는 경우이고, 못의 뾰족한 끝부분은 압력을 (　　　　)게 하여 이용하는 경우이다.

답 1. 압력 2. 클 3. 좁 4. 작, 크

핵심 3 기체의 압력

기체의 압력	일정한 면적에 기체 입자가 충돌해서 가하는 힘
특징	• 기체의 압력은 모든 방향으로 작용한다. • 용기 안에 들어 있는 기체 입자의 수가 많으면 기체 입자의 충돌 횟수가 늘어 기체의 압력이 커진다.
기체의 압력이 커지는 조건	• 기체 입자의 수: 많을수록 • 용기의 부피: 작을수록 • 온도: 높을수록 → 기체 입자의 충돌 횟수가 많아져 기체의 압력이 커진다.
찌그러진 축구공에 공기를 넣을 때의 변화	축구공에 공기를 넣음 → 축구공 속 기체 입자 수 증가 → 기체 입자들의 충돌 횟수 증가 → 축구공 속 공기의 압력 증가 → 축구공이 부풀어 오름 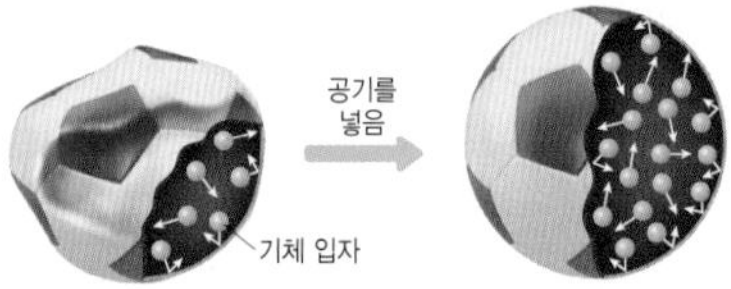

핵심 4 기체의 압력을 이용하는 예

에어백	풍선 놀이 틀	튜브

축구공	구조용 공기 안전 매트	혈압 측정기
		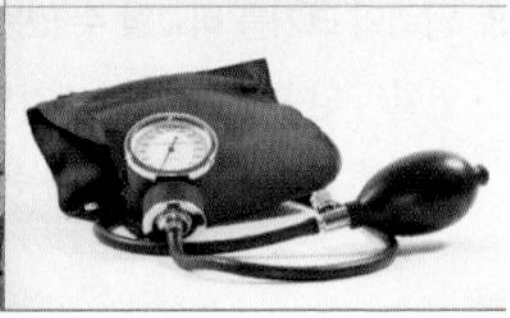

핵심 체크하기

1. 기체의 압력은 (　　　　) 방향으로 작용한다.

2. 기체의 압력이 나타나는 까닭은 기체 입자가 용기 벽에 (　　　　)하기 때문이다.

3. 기체 입자의 충돌 횟수가 많을수록 기체 압력의 크기는 어떻게 되는가?

4. 에어백, 풍선 놀이 틀, 튜브 등은 기체의 (　　　　)을 이용한 예이다.

답 1. 모든 2. 충돌 3. 커진다. 4. 압력

02 기체의 압력 및 온도와 부피 관계

핵심 1 보일 법칙

기체의 압력과 부피 관계	온도가 일정할 때 압력이 증가하면 기체의 부피는 감소하고, 압력이 감소하면 기체의 부피는 증가한다.
보일 법칙	온도가 일정할 때 일정량의 기체의 압력과 부피는 반비례한다. ➡ 온도가 일정할 때 압력과 기체의 부피 곱은 일정하다.
그래프 분석	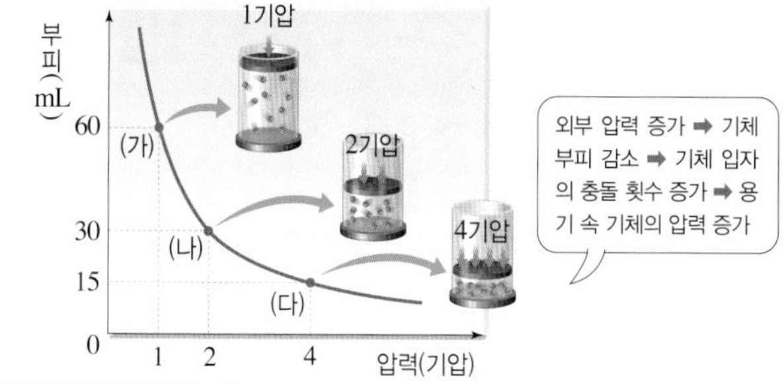 • (가)<(나)<(다): 외부 압력, 기체의 압력, 입자의 충돌 횟수 • (가)=(나)=(다): 입자의 운동 속도, 입자의 수, 입자의 크기, 입자의 질량 • (가)>(나)>(다): 기체의 부피, 입자 사이의 거리

핵심 2 보일 법칙과 관련된 현상

- 높은 산에 올라가면 과자 봉지가 부풀어 오른다.
- 헬륨 풍선이 하늘 높이 올라가면서 크기가 점점 커진다.
- 잠수부가 내뿜은 공기 방울은 수면으로 올라올수록 점점 커진다.
- 공기 주머니가 들어 있는 운동화는 발바닥에 전해지는 충격을 줄여 준다.
- 공기 침대에 누우면 침대에 가해지는 압력이 커져 공기 침대 속 기체의 부피가 줄어든다.

핵심 체크하기

1. 온도가 일정할 때 압력이 증가하면 기체의 부피는 (   )하고, 압력이 감소하면 기체의 부피는 (   )한다.
2. 온도가 일정할 때 일정량의 기체의 부피는 압력에 반비례한다는 법칙은?
3. 공기 주머니가 들어 있는 운동화가 발바닥에 전해지는 충격을 줄여 주는 것은 (   ) 법칙의 예이다.

답 1. 감소, 증가 2. 보일 법칙 3. 보일

핵심 3 샤를 법칙

기체의 온도와 부피 관계	압력이 일정할 때 온도가 높아지면 기체의 부피가 증가하고, 온도가 낮아지면 기체의 부피가 감소한다.
샤를 법칙	압력이 일정할 때 일정량의 기체의 부피는 온도가 높아지면 일정한 비율로 증가한다.
그래프 분석	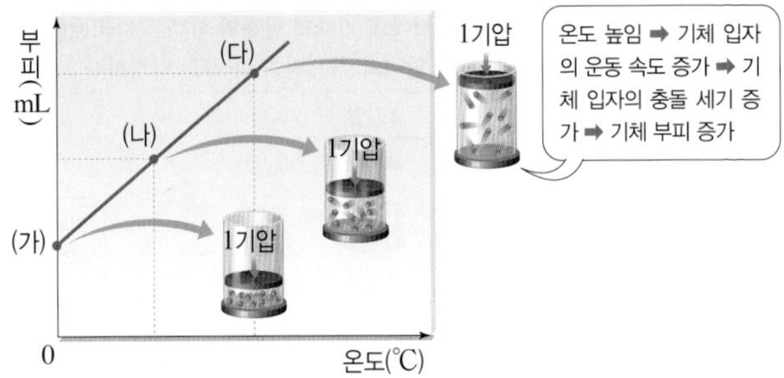 • (가)<(나)<(다): 온도, 기체의 부피, 입자의 운동 속도, 입자의 충돌 세기, 입자 사이의 거리 • (가)=(나)=(다): 입자의 수, 입자의 크기, 입자의 질량

핵심 4 샤를 법칙과 관련된 현상

- 찌그러진 탁구공을 뜨거운 물에 넣으면 펴진다.
- 겨울철 실외에서 들고 다니는 헬륨 풍선은 팽팽하지 않지만, 따뜻한 실내로 들어오면 팽팽해진다.
- 겹쳐진 그릇이 잘 분리되지 않을 때 그릇을 뜨거운 물에 담가 두면 그릇이 빠진다.
- 물 묻힌 동전을 빈 병 입구에 올려놓고 병을 두 손으로 감싸 쥐면 동전이 움직인다.
- 열기구의 풍선 속 기체를 가열하면 풍선이 크게 부풀어 오르면서 가벼워져 위로 떠오른다.

핵심 체크하기

1. 압력이 일정할 때 온도가 높아지면 기체의 부피는 (　　　　)하고, 온도가 낮아지면 기체의 부피는 (　　　　)한다.

2. 압력이 일정할 때 일정량의 기체의 부피는 온도가 높아지면 일정한 비율로 증가한다는 법칙은?

3. 열기구의 풍선 속 기체를 가열하면 풍선이 크게 부풀어 오르면서 가벼워져 위로 떠오르는 것은 (　　　　) 법칙의 예이다.

답 1. 증가, 감소 2. 샤를 법칙 3. 샤를

01 태양계 구성 천체

핵심 1 태양계 구성 천체

태양	행성	왜소 행성
태양계의 중심에 있으며, 스스로 빛을 낸다.	태양을 중심으로 공전하고, 모양이 둥글다. 태양계에는 8개의 행성이 있다.	태양을 중심으로 공전하고, 모양이 둥글다. 행성에 비해 질량과 크기가 작다.
소행성	**위성**	**혜성**
주로 화성과 목성 사이에서 태양을 중심으로 공전한다. 모양이 불규칙하다.	행성을 중심으로 공전한다. 달은 지구의 위성이다.	얼음과 먼지로 이루어져 있으며, 태양과 가까워질 때는 꼬리가 생긴다.

핵심 2 태양계 행성

1. 태양계 행성의 특징

수성	• 표면에 운석 구덩이가 많다. • 태양에서 가장 가까운 행성으로 크기가 가장 작다.	
금성	• 이산화 탄소로 이루어진 두꺼운 대기가 있어 온도가 매우 높다. • 태양계 행성 중 지구에서 가장 밝게 보인다.	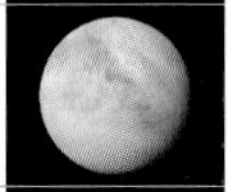
지구	• 질소와 산소 등으로 이루어진 대기와 액체 상태 물이 있다. • 1개의 위성이 있다.	
화성	• 표면이 붉고 과거에 물이 흘렀던 흔적이 있다. • 극지방에는 얼음과 드라이아이스로 이루어진 흰색의 극관이 있다.	
목성	• 표면에는 적도와 나란한 줄무늬와 대적점이 있다. • 희미한 고리가 있고 위성이 많다. • 태양계 행성 중 크기가 가장 크다.	
토성	• 표면에는 적도와 나란한 줄무늬가 나타난다. • 얼음과 암석으로 이루어진 뚜렷한 고리가 있고 위성이 많다.	
천왕성	• 청록색으로 보이고 자전축이 공전 궤도면과 거의 나란하다. • 희미한 고리와 위성들이 많다.	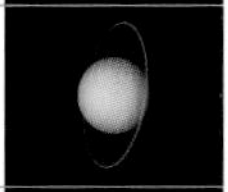
해왕성	• 청록색으로 보이고 표면에 대흑점이 있다. • 희미한 고리와 위성들이 있다. • 태양계 행성 중 가장 바깥쪽에 위치해 있다.	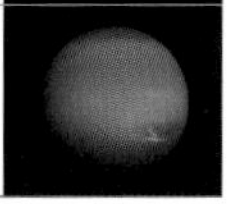

2. **태양계 행성의 분류:** 행성의 물리적 특성에 따라 지구형 행성과 목성형 행성으로 분류한다.

구분	행성	질량	반지름	위성 수	고리	표면 상태
지구형 행성	수성, 금성, 지구, 화성	작다.	작다.	적다.	없다.	단단한 암석(고체)
목성형 행성	목성, 토성, 천왕성, 해왕성	크다.	크다.	많다.	있다.	단단한 표면이 없다.(기체)

핵심 3 태양과 태양 활동

1. 태양의 표면과 대기

구분		설명
표면	**쌀알 무늬**	광구에서 나타나는 쌀알을 뿌려놓은 것 같은 무늬
	흑점	광구에서 주위보다 온도가 낮아 어둡게 보이는 부분
대기 및 대기 현상	**채층**	광구 바로 위의 붉은색을 띤 얇은 대기층
	코로나	채층 위로 멀리 뻗어 있는 진주색(청백색) 대기층
	홍염	광구에서부터 온도가 높은 물질이 대기로 솟아오르는 현상
	플레어	흑점 부근의 강력한 폭발로 채층 일부가 순간 밝아지는 현상

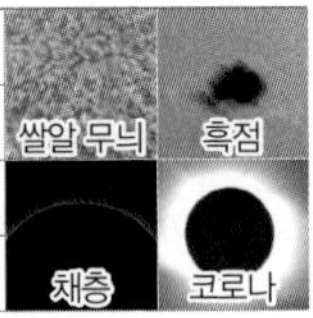

2. 태양 활동이 활발할 때 나타나는 현상

태양에서 나타나는 현상	지구에서 나타나는 현상
• 흑점 수 증가 • 코로나의 크기 커짐 • 태양풍 강해짐 • 홍염, 플레어 발생 증가	• 자기 폭풍, 델린저 현상 • GPS 교란 • 오로라 발생 횟수 증가 • 인공위성 고장

핵심 4 천체 망원경의 구조와 기능

보조 망원경	접안렌즈	대물렌즈	경통	균형추	가대	삼각대
천체를 찾을 때 이용한다.	상을 확대한다.	빛을 모은다.	대물렌즈와 접안렌즈를 연결한다.	경통부와 무게 균형 맞춘다.	경통과 삼각대를 연결한다.	경통과 가대를 받쳐준다.

핵심 체크하기

1. 태양계 구성 천체 중 태양계의 중심에 있으며 스스로 빛을 내는 천체는?

2. 지구를 비롯하여 (   )개의 태양계 행성들이 태양을 중심으로 공전하고 있다.

3. 지구형 행성은 목성형 행성보다 질량이 (작, 크)고, 반지름이 (작, 크)다.

4. 흑점은 주위보다 온도가 (높, 낮)고, 태양 활동이 활발할 때 수가 (많아, 적어)진다.

답 1. 태양 2. 8 3. 작, 작 4. 낮, 많아

02 지구의 운동

핵심 1 천체의 일주 운동

1. **천체의 일주 운동:** 태양, 별, 등의 천체가 하루에 한 바퀴씩 원을 그리며 도는 운동
   ➡ 지구 자전에 의해 나타나는 겉보기 운동

① 일주 운동 방향: 동 → 서(지구 자전 방향과 반대)

② 일주 운동 속도: 1시간에 15°씩 이동(지구 자전 속도와 같음)

2. **우리나라에서 관측한 천체의 일주 운동**

북쪽 하늘	동쪽 하늘	남쪽 하늘	서쪽 하늘

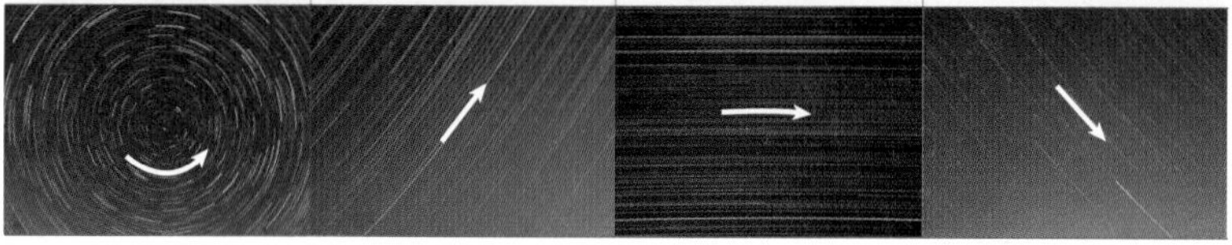

핵심 2 태양의 연주 운동과 계절별 별자리 변화

1. **태양의 연주 운동:** 태양이 별자리를 배경으로 이동하여 1년 후 처음 위치로 돌아오는 운동
   ➡ 지구의 공전에 의해 나타나는 겉보기 운동

① 연주 운동 방향: 서 → 동(지구 공전 방향과 같음)

② 연주 운동 속도: 하루에 약 1°씩 이동(지구 공전 속도와 같음)

2. **계절별 별자리 변화:** 지구가 공전하여 태양이 보이는 위치가 달라지면서 계절에 따라 밤하늘에서 보이는 별자리도 달라진다.

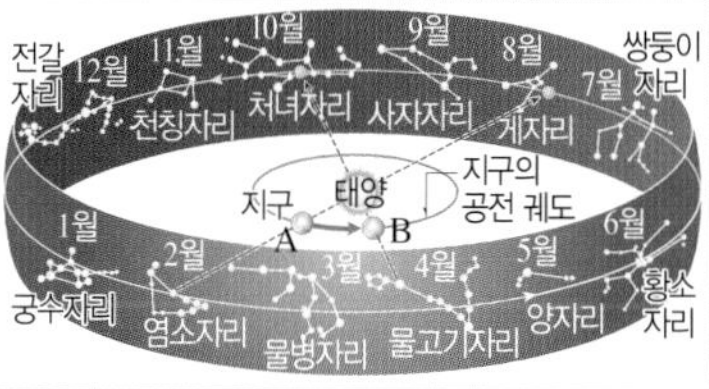

지구의 위치(월)	태양이 지나는 별자리	한밤중에 남쪽 하늘에서 보이는 별자리
A(8월)	게자리	염소자리
B(10월)	처녀자리	물고기자리

핵심 체크하기

1. 태양, 별과 같은 천체가 하루에 한 바퀴씩 원을 그리며 도는 것을 천체의 (　　　　)이라 하고, 이는 지구의 (　　　　) 때문에 나타난다.
2. 같은 시각에 태양을 관측하면 별자리를 배경으로 (서 → 동, 동 → 서) 방향으로 이동한다.
3. 지구의 (　　　　)에 의해 계절에 따라 밤하늘에 보이는 별자리가 달라진다.

답 1. 일주 운동, 자전 2. 서 → 동 3. 공전

03 달의 운동

핵심 1 달의 공전과 위상 변화

1. **달의 공전:** 달이 지구를 중심으로 약 한 달에 한 바퀴씩 서에서 동으로 도는 운동
2. **달의 위상:** 지구에서 볼 때 햇빛을 반사하여 밝게 보이는 달의 모양
3. **달의 공전과 위상 변화:** 달이 공전하면서 태양, 지구, 달의 상대적인 위치가 달라지기 때문에 위상이 변한다.
4. **달의 위상 변화 순서:** 삭 → 초승달 → 상현달 → 보름달(망) → 하현달 → 그믐달 → 삭

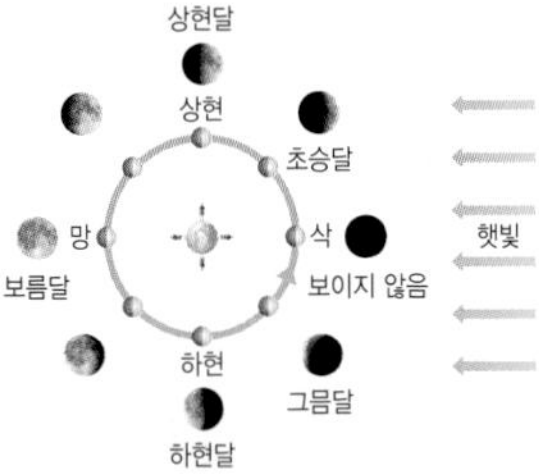

핵심 2 일식과 월식

달이 공전함에 따라 일식과 월식이 일어난다.

일식	구분	월식
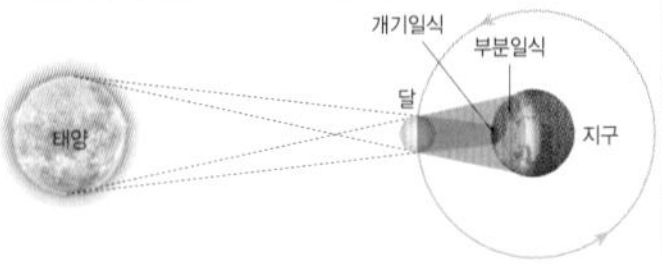	모식도	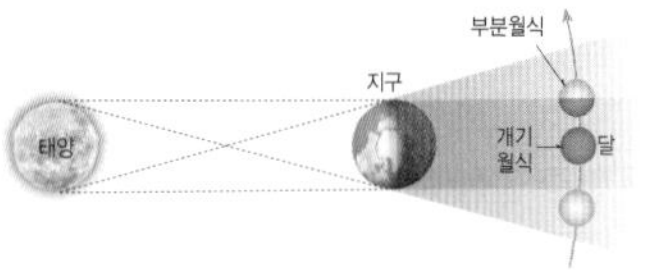
• 달이 태양을 가리는 현상 • 달이 태양 전체를 가리면 개기일식, 일부만 가리면 부분일식	정의	• 달이 지구 그림자에 가려지는 현상 • 달 전체가 가려지면 개기월식, 일부만 가려지면 부분월식
태양 – 달 – 지구 순서로 일직선을 이룬다. ➡ 달의 위상은 삭일 때	위치 관계	태양 – 지구 – 달 순서로 일직선을 이룬다. ➡ 달의 위상이 망일 때
지구에서 달의 그림자가 생기는 지역	관측 지역	지구에서 밤이 되는 모든 지역
태양의 오른쪽(서쪽)부터 가려지고, 오른쪽부터 빠져나온다.	진행 과정	달의 왼쪽(동쪽)부터 가려지고, 왼쪽부터 빠져나온다.

핵심 체크하기

1. 달이 지구를 중심으로 (   )함에 따라 지구에서 보이는 달의 모양이 바뀌는데, 이러한 달의 모양을 달의 (   )이라고 한다.
2. 달이 태양의 전체 또는 일부를 가리는 현상을 (   )이라고 한다.
3. 월식은 달의 위상이 (   )일 때 일어날 수 있다.

답 1. 공전, 위상 2. 일식 3. 망

MEMO

MEMO